潘知常生命美学系列

中华民族三百年来的美学追求

潘知常 著

美的冲突

江苏凤凰文艺出版社
JIANGSU PHOENIX LITERATURE AND ART PUBLISHING

图书在版编目（CIP）数据

美的冲突：中华民族三百年来的美学追求 / 潘知常著. —南京：江苏凤凰文艺出版社，2023.10
（潘知常生命美学系列）
ISBN 978-7-5594-7292-2

Ⅰ.①美… Ⅱ.①潘… Ⅲ.①美学史-研究-中国 Ⅳ.①B83-092

中国版本图书馆CIP数据核字（2022）第212572号

美的冲突：中华民族三百年来的美学追求

潘知常 著

出版人	张在健
责任编辑	孙金荣
责任印制	刘 巍
出版发行	江苏凤凰文艺出版社
	南京市中央路165号，邮编：210009
网 址	http://www.jswenyi.com
印 刷	南京新洲印刷有限公司
开 本	890毫米×1240毫米 1/32
印 张	16.875
字 数	480千字
版 次	2023年10月第1版
印 次	2023年10月第1次印刷
书 号	ISBN 978-7-5594-7292-2
定 价	98.00元

江苏凤凰文艺版图书凡印刷、装订错误，可向出版社调换，联系电话 025-83280257

潘知常

南京大学教授、博士生导师,南京大学美学与文化传播研究中心主任。长期在澳门任教,陆续担任澳门电影电视传媒大学筹备委员会专职委员、执行主任,澳门科技大学人文艺术学院创院副院长(主持工作)、特聘教授、博士生导师。担任民盟中央委员并江苏省民盟常委、全国青联中央委员并河南省青联常委、中国华夏文化促进会顾问、国际炎黄文化研究会副会长、全国青年美学研究会创会副会长、澳门国际电影节秘书长、澳门国际电视节秘书长、中国首届国际微电影节秘书长、澳门比较文化与美学学会创会会长等。1992年获政府特殊津贴,1993年任教授。今日头条频道根据6.5亿电脑用户调查"全国关注度最高的红学家",排名第四;在喜马拉雅讲授《红楼梦》,播放量逾900万;长期从事战略咨询策划工作,是"企业顾问、政府高参、媒体军师"。2007年提出"塔西佗陷阱",目前网上搜索为290万条,成为被公认的政治学、传播学定律。1985年首倡"生命美学",目前网上搜索为3280万条,成为改革开放新时期第一个"崛起的美学新学派",在美学界影响广泛。出版学术专著《走向生命美学——后美学时代的美学建构》《信仰建构中的审美救赎》等30余部,主编"中国当代美学前沿丛书""西方生命美学经典名著导读丛书""生命美学研究丛书",并曾获江苏省哲学社会科学优秀成果一等奖等18项奖励。

总　序

加塞尔在《什么是哲学》中说过:"在历史的每一刻中都总是并存着三种世代——年轻的一代、成长的一代、年老的一代。也就是说,每一个'今天'实际都包含着三个不同的'今天',要看这是二十来岁的今天、四十来岁的今天,还是六十来岁的今天。"

三十六年前,1985年,我在无疑是属于"二十来岁的今天",提出了生命美学。

当然,提出者太年轻、提出的年代也年轻,再加上提出的美学新说也同样年轻,因此,后来的三十六年并非一帆风顺。更不要说,还被李泽厚先生公开批评过六次。甚至,在他迄今为止所写的最后一篇美学文章——那篇被李先生自称为美学领域的封笔之作的《作为补充的杂记》中,还是没有放过生命美学,在被他公开提到的为实践美学所拒绝的三种美学学说中,就包括了生命美学。不过,我却至今不悔!

幸而,从"二十来岁的今天"、"四十来岁的今天"走到"六十来岁的今天",生命美学已经不再需要任何的辩护,因为时间已经做出了最为公正的裁决。三十六年之后,生命美学尚在! 这"尚在",就已经说明了一切的一切。更不要说,"六十来岁的今天",已经不再是"二十来岁的今天"。但是,生命美学却仍旧还是生命美学,"六十来岁的今天"的我之所见竟然仍旧是"二十来岁的今天"的我之所见。

在这方面,读者所看到的"潘知常生命美学系列"或许也是一个例证。从"二十来岁的今天"、"四十来岁的今天"走到"六十来岁的今天",其中,第一辑选入的是我的处女作,1985年完成的《美的冲突——中华民族三百年来的美学追求》(与我后来出版的《独上高楼：王国维》一书合并)，完成于1987年岁末的《众妙之门——中国美感心态的深层结构》，以及完成于1989年岁末的生命美学的奠基之作《生命美学》，还有我1995年出版的《反美学——在阐释中理解当代审美文化》、1997年出版的《诗与思的对话——审美活动的本体论内涵及其现代阐释》(现易名为《美学导论——审美活动的本体论内涵及其现代阐释》)、1998年出版的《美学的边缘——在阐释中理解当代审美观念》、2012年出版的《没有美万万不能——美学导论》(现易名为《美学课》)，同时，又列入了我的一部新著：《潘知常美学随笔》。在编选的过程中，尽管都程度不同地做了一些必要的增补（都在相关的地方做了详细的说明），其中的共同之处，则是对于昔日的观点，我没有做任何修改，全部一仍其旧。至于我的另外一些生命美学著作，例如《中国美学精神》(江苏人民出版社1993年版)、《生命美学论稿》(郑州大学出版社2000年版)、《中西比较美学论稿》(百花洲文艺出版社2000年版)、《我爱故我在——生命美学的现代视界》(江西人民出版社2009年版)、《头顶的星空——美学与终极关怀》(广西师范大学出版社2016年版)、《信仰建构中的审美救赎》(人民出版社2019年版)、《走向生命美学——后美学时代的美学建构》(中国社会科学出版社2021年版)、《生命美学引论》(百花洲文艺出版社2021年版)等，则因为与其他出版社签订的版权尚未到期等原因，只能放到第二辑中了。不过，可以预期的是，即便是在未来的编选中，对于自己的观点，应该也毋需做任何的修改。

生命美学，区别于文学艺术的美学，可以称之为超越文学艺术的美学；区别于艺术哲学，可以称之为审美哲学；也区别于传统的"小美学"，可以称之为"大美学"。它不是学院美学，而是世界美学(康德语)；它也不是"作为学科的美学"，而是"作为问题的美学"。也因此，其实生命美学并不难理解。只要注意到西方的生命美学是出现在近代，而中国传统美学则始终就是生命美学，就不难发现：它是中国古代儒道禅诸家的美学探索的继承，也是中国近现代王国维、宗白华、方东美的美学探索的继承，还是西方从"康德以后"到"尼采以后"的叔本华、尼采、海德格尔、马尔库塞、阿多诺等的美学探索的继承。生命美学,在西方是"上帝退场"之后的产物,在中国则是"无神的信仰"背景下的产物,也是审美与艺术被置身于"以审美促信仰"以及阻击作为元问题的虚无主义这样一个舞台中心之后的产物。外在于生命的第一推动力(神性、理性作为救世主)既然并不可信,而且既然"从来就没有救世主",既然神性已经退回教堂,理性已经退回殿堂,生命自身的"块然自生"也就合乎逻辑地成为了亟待直面的问题。随之而来的,必然是生命美学的出场。因为,借助揭示审美活动的奥秘去揭示生命的奥秘,不论在西方的从康德、尼采起步的生命美学,还是在中国的传统美学,都早已是一个公开的秘密。

换言之,美学的追问方式有三:神性的、理性的和生命(感性)的,所谓以"神性"为视界、以"理性"为视界以及以"生命"为视界。在生命美学看来,以"神性"为视界的美学已经终结了,以"理性"为视界的美学也已经终结了,以"生命"为视界的美学则刚刚开始。过去是在"神性"和"理性"之内来追问审美与艺术,神学目的与"至善目的"是理所当然的终点,神学道德与道德神学,以及宗教神学的目的论与理性主义的目的论则是其中的思想轨迹。美学家的工作,就是先以此为基础去解释生存的合理性,然后,再把审美与艺术作为这种解释的附庸,并且规范在神性世界、理性世界内,并赋予以不无屈辱的合法地位。理所当然的,是神学本质或者伦理本质牢牢地规范着审美与艺术的本质。现在不然。审美和艺术的理由再也不能在审美和艺术之外去寻找,这也就是说,在审美与艺术之外没有任何其他的外在的理由。生命美学开始从审美与艺术本身去解释审美与艺术的合理性,并且把审美与艺术本身作为生命本身,或者,把生命本身看作审美与艺术本身,结论是:真正的审美与艺术就是生命本身。人之为人,以审美与艺术作为生存方式。"生命即审美","审美即生命"。也因此,审美和艺术不需要外在的理由,说得犀利一点,也不需要实践的理由。审美就是审美的理由,艺术就是艺术的理由,犹如生命就是生命的理由。

这样一来,审美活动与生命自身的自组织、自协同的深层关系就被第一次发现了。审美与艺术因此溢出了传统的藩篱,成为人类的生存本身。并且,审美、艺术与生命成为了一个可以互换的概念。生命因此而重建,美学也因此而重建。也因此,对于审美与艺术之谜的解答同时就是对于人的生命之谜的解答;对于美学的关注,不再是仅仅出于对于审美奥秘的兴趣,而应该是出于对于人类解放的兴趣,对于人文关怀的兴趣。借助于审美的思考去进而启蒙人性,是美学的责无旁贷的使命,也是美学的理所应当的价值承诺。美学,要以"人的尊严"去解构"上帝的尊严""理性的尊严"。过去是以"神性"的名义为人性启蒙开路,或者是以"理性"的名义为人性启蒙开路,现在却是要以"美"的名义为人性启蒙开路。是从"我思故我在"到"我在故我思"再到"我审美故我在"。这样,关于审美、关于艺术的思考就一定要转型为关于人的思考。美学只能是借美思人,借船出海,借题发挥。美学,只能是一个通向人的世界、洞悉人性奥秘、澄清生命困惑、寻觅生命意义的最佳通道。

进而,生命美学把生命看作一个自组织、自鼓励、自协同的自控系统。它向美而生,也为美而在,关涉宇宙大生命,但主要是其中的人类小生命。其中的区别在宇宙大生命的"不自觉"("创演""生生之美")与人类小生命的"自觉"("创生""生命之美")。至于审美活动,则是人类小生命的"自觉"的意象呈现,亦即人类小生命的隐喻与倒影,或者,是人类生命力的"自觉"的意象呈现,亦即人类生命力的隐喻与倒影。这意味着:否定了人是上帝的创造物,但是也并不意味着人就是自然界物种进化的结果,而是借助自己的生命活动而自己把自己"生成为人"的。因此,立足于我提出的"万物一体仁爱"的生命哲学(简称"一体仁爱"哲学观,是从儒家第二期的王阳明"万物一体之仁"接着讲的,因此区别于张世英先生提出的"万物一体"的哲学观),生命美学意在建构一种更加人性,也更具未来的新美学。它强调:美学的奥秘在人,人的奥秘在生命,生命的奥秘在"生成为人","生成为人"的奥秘在"生成为审美的人"。或者,自然界的奇迹是"生成为人",人的奇迹是"生成为生命",生命的奇迹是"生成为精神生命",精神生命的奇迹是"生成为审美生命"。再或者,"人是人"——"作为人"——"成为人"——"审美人"。由此,生命美学以"自然界生成为人"区别于实践美学的"自然的人化",以"爱者优存"区别于实践美学的"适者生存",以"我审美故我在"区别于实践美学的"我实践故我在",以审美活动是生命活动的必然与必需区别于实践美学的以审美活动作为实践活动的附属品、奢侈品。其中包含了两个方面:审美活动是生命的享受(因生命而审美,生命活动必然走向审美活动,生命活动为什么需要审美活动);审美活动也是生命的提升(因审美而生命,审美活动必然走向生命活动,审美活动为什么能够满足生命活动的需要)。而且,生命美学从纵向层面依次拓展为"生命视界""情感为本""境界取向"(因此生命美学可以被称为情本境界论生命美学或者情本境界生命论美学),从横向层面则依次拓展为后美学时代的审美哲学、后形而上学时代的审美形而上学、后宗教时代的审美救赎诗学;在纵向的情本境界论生命美学或者情本境界生命论美学的美学与横向的审美哲学、审美形而上学、审美救赎诗学之间,则是生命美学的核心:成人之美。

最后,从"二十来岁的今天"、"四十来岁的今天"走到"六十岁的今天",如果一定要谈一点自己的体会,我要说的则是:学术研究一定要提倡创新,也一定要提倡独立思考。正如爱默生所言,"谦逊温驯的青年在图书馆里长大,确信他们的责任是去接受西塞罗、洛克、培根早已阐发的观点。同时却忘记了一点:当西塞罗、洛克、培根写作这些著作的时候,本身也不过是些图书馆里的年轻人。"也因此,我们不但要"照着"古人、洋人"讲",而且还要"接着"古人、洋人"讲",还要有勇气把脑袋扛在自己的肩上,去独立思考。"我注六经"固然可嘉,"六经注我"也无可非议。"著书"却不"立说","著名"却不"留名"的现象,再也不能继续下去了。当然,多年以前,李泽厚在自己率先建立了实践美学之后,还曾转而劝诫诸多在他之后的后学们说:不要去建立什么美学的体系,而要先去研究美学的具体问题。这其实也是没有事实根据的。在这方面,我更相信的是康德的劝诫:没有体系,可以获得历史知识、数学知识,但是却永远不能获得哲学知识,因为在思想的领域,"整体的轮廓应当先于局部"。除了康德,我还相信的是黑格尔的劝诫:"没有体系的哲学理论,只能表示个人主观的特殊心情,它的内容必定是带偶然性的。"

"子曰:何伤乎!亦各言其志也!"

需要说明的是,从"二十来岁的今天"到"六十来岁的今天",我的学术研究其实并不局限于生命美学研究,也因此,"潘知常生命美学系列"所收录的当然也就并非我的学术著述的全部。例如,我还出版了《红楼梦为什么这样红——潘知常导读〈红楼梦〉》《谁劫持了我们的美感——潘知常揭秘四大奇书》《说红楼人物》《说水浒人物》《说聊斋》《人之初:审美教育的最佳时期》等专著;而且,在传播学研究方面,我还出版了《传媒批判理论》《大众传媒与大众文化》《流行文化》《全媒体时代的美学素养》《新意识形态与中国传媒》《讲"好故事"与"讲好"故事——从电视叙事看电视节目的策划》《怎样与媒体打交道》《你也是"新闻发言人"》《公务员同媒体打交道》等;在战略咨询与策划方面,出版了《不可能的可能:潘知常战略咨询与策划文选》《澳门文化产业发展研究》;关于我在 2007 年提出的"塔西佗陷阱",我也有相关的专门论著。有兴趣的读者,可以参看。

是为序。

潘知常

2021 年 6 月 6 日于南京卧龙湖明庐

目 录

绪篇　中华民族三百年来的美学追求 ······ 1

第一篇　中国美学启蒙的历史道路 ······ 11
第一章　中国古典美学面面观 ······ 13
第二章　最后的挽歌 ······ 46
第三章　明中叶启蒙美学的崛起 ······ 71
第四章　启蒙美学的狂呼猛进 ······ 107
第五章　美学范畴的演进 ······ 143
第六章　美学启蒙的悲剧结束 ······ 160

第二篇　中国近代美学与西方美学 ······ 171
第一章　别求新声于异邦 ······ 173
第二章　从古典美学到近代美学 ······ 182
第三章　从教化到美育 ······ 203
第四章　从信仰到思考 ······ 216
第五章　王国维——一个伟大的未成品 ······ 227
第六章　王国维的末路 ······ 260
第七章　评《红楼梦》 ······ 273
第八章　"境界"说 ······ 292
第九章　王国维比我们多出什么 ······ 322

| 第十章 | 西方美学在近代中国 | 340 |

第三篇 从中国近代美学到马克思主义美学 ·········· 371

第一章 中国近代美学革命的必然归宿 ·················· 373
第二章 中国近代美学革命中的鲁迅 ···················· 415
第三章 大事因缘 ···································· 444
结束语 爱的圣徒 ···································· 509

| 末篇 中国美学何处去？ ·································· 513 |

绪　篇

中华民族三百年来的美学追求

喧嚣与沉寂,浑沌与清醒,封闭与开放,不安与迷乱,虔诚与轻信,冷静与狂躁,激荡与融合……一切都消逝了。在短暂的三百年左右的时间中,在广袤深远的中国大地上,中国美学家曾经执着地渴望和追求着近代美学的建树。从他们心灵深处涌起的美学启蒙和美学革命的巨流在动荡、撞击中沉浮,并最终凝结、聚合成为中国美学史中最为波澜壮阔的一幕。而现在,这一切都化作历史的陈迹。"闻道潮头一丈高,天寒尚有沙痕在。"在我们民族的记忆里,中国美学家三百年来的美学追求,也已经融解成为一片在顽强执拗的冲击下形成的沉默不语的河滩,一层浸透着不屈不挠的生命力和深刻热烈的痛苦的钢铁般的青灰色。就是这样,它蛰伏在那里,似乎并不介意历史对它的功罪的评说,因为它自己就是历史。这河滩,这青灰色,就象征着它的永恒存在。

　　本书试图从理论的角度加以"复制"、剖解和阐释的,正是这段已经成为陈迹但却颇为令人瞩目的历史。

　　在相当一段时间内,我们的思想触觉一直被拘禁、被束缚在某些很少加以认真理解却又盲目接受下来的思想史的、文化史的、文学史的、美学史的,乃至关于历史时期划分的种种理论模式之中,以致蜕变得那样迟钝、那样驯顺、那样循规蹈矩。本来,"思想史即思想模式的历史"。作为历史真实的理论折射,理论模式的提出无疑有助于思想探索的向纵深开掘。但是,诸如此类的理论模式一旦被异化成为本体存在,也就无一例外地转而成为限制人们的思想的、使人们蜷缩在其中以抵御外界的新鲜事物的"思想外套"。这似乎已经成为一种规律。确实,尽管"套中人"的思想生活是苍白的,但却很容易给人一种虚幻的满足感和安全感。拉封丹在一则寓言中曾经讲过:狼饿得皮包骨头,却能够自由自在地生活;狗吃得脑满肠肥,颈项上却戴着锁链。但是,狗却绝不同意去掉锁链。因为当附庸当惯了,甚至连害怕主人都是充满诗意的。一旦去掉锁链,反而会无所适从,反而会产生一种危险感、畏惧感。拉封丹的讽刺是尖锐的,倘若我们并不"讳疾忌医",它或许会给我们以意味深长的启迪。

在中国美学史的研究中,上述情况同样表现得十分典型。既定的理论模式,使人们逐渐习惯于拥挤在一个有限的领域内提出问题、认识问题乃至解决问题。这甚至已经形成一种极为普遍的惰性思维方式。对于一贯被排斥在外的大量美学史中的感性材料,它表现出令人震惊的漠然与麻木;但对于任何一点细微的希冀超出既定理论模式的努力,它的神经却像触电一样敏感。这样,中国美学史与中国思想史、中国文化史、中国文学史,中国美学史与东方美学史、西方美学史,中国古代美学史与中国近代美学史、中国现代美学史……所有的学科之间不是被某种内在的一致性深刻联系着,而是被一条条深沟相互悬隔开来。长此以往,中国美学史的研究不仅丧失了自身的丰富性,而且也丧失了存在的科学性。因此,当我们在迷途的徘徊中"却顾所来径",尝试寻找一条更加广阔的研究道路时,首先的工作似乎还不是在旧的理论模式中寻找空间,修修补补甚至"大闹天宫",而是从旧的理论模式中挣脱而出,建立新的理论模式作为概念工具和综合方法。或许,这意味着中国美学史研究的一种更为根本的转变。

"中华民族三百年来的美学追求",就是本书提出的一个理论模式。在我看来,一直被人们分割在中国古代美学史、中国近代美学史和中国现代美学史理论模式之中的从明代中叶直到20世纪20年代末的三百余年的中国美学的历史进程,只有完整地纳入上述理论模式之中,才能够最终得到科学的令人信服的解释。

所谓"中华民族三百年来的美学追求",指的是从明代中叶发端直到20世纪20年代末才最终完结的中国美学的历史进程。它是一个从中国古典美学向中国近代美学嬗变、转进并最终结束的历史进程,一个从封闭的中国古典美学走向开放的中国近代美学的历史进程,一个与整个东方的建树近代美学的刻意追求同步的历史进程,一个在东西方文化、东西方美学的对峙与冲突中重新铸造我们民族的美学理想的历史进程,一个曾经幻想独立建树民族的近代美学大厦却最终失败和幻想借助西方美学来建树民族的近代美学大厦却结果又不获成功的历史进程,一个在建树民族的近代美学大厦的艰苦探索中最终接受马克思主义美学的历史进程。

换言之,在我看来,唐宋之际的禅宗变革,就类似中国的文艺复兴。慧能的《六祖坛经》也堪称"西天"的佛教思想与中国的佛教实践相结合的思想结晶。但是,这一思想结晶的走出庙宇并逐渐向哲学、美学渗透的过程,却也相当漫长。尤其是美学,直到明清之际(从1573年的万历元年开始),才有了初步的成果,并且再直到20世纪初,才有了最终的完成——这也就是中国现代美学的诞生。"三百年来庾楼上,曾经多少望乡人",这,就是"中华民族三百年来的美学追求"。

全面描述这一历史进程,并非目前要做的工作。现在要指出的只是,"中华民族三百年来的美学追求",作为崭新的理论模式,它的建立固然是新概念工具和综合方法的产物,但它的完成却同时又要求改变旧的参照系统、旧的价值标准、旧的研究方法,要求建立新的参照系统、新的价值标准、新的研究方法。而其中最具魅力而又颇为引人瞩目的,则不能不是"宏观意识"的建立。"中华民族三百年来的美学追求"这一理论模式,要求我们必须把中国美学的历史进程放在一个宏观的时空坐标系中加以考察。在这里,纵向的坐标无疑应当是具有悠久历史的中国美学本身。它曾经有过光辉灿烂的青春,但现在却面临着极为艰难、极为复杂的彻底的新旧嬗变。横向的坐标自然应当是世界美学的总体进程。其中尤为引人瞩目的是西方美学。跨过漫长的中世纪的黑暗,它几乎与中国美学同时起步,但却扶摇直上,迅速雄踞世界近代美学的峰巅,并且反转过来强烈冲击着中国美学。显然,这横向的坐标和纵向的坐标,就组合成为中华民族三百年来美学追求的宏观背景,也就组合成为我们考察三百年来中国美学的历史进程的时空坐标系。由此出发,不难看出,长期置身中国古代社会和古代文化密不透风的襁褓之中的中国美学,一旦跨过明中叶的门槛,就不能不体味到一股迎面扑来的沉重的时代气息,就不能不沉浸在一种旷古未有的古今中外美学思想的激烈对峙与冲突的历史氛围之中。中国启蒙美学与中国古典美学的冲突、西方近代美学与中国古典美学的冲突、西方近代美学与中国近代美学的冲突、马克思主义美学与中国古典美学的冲突……总而言之,美的冲突,就构成了中华民族三百年来美学追求中贯穿始终的悲怆雄浑的主旋律。并且仿佛是命中注定,那么多的挫折磨难,那么多的大起大落,那么多的悲欢离合,那么多的苦闷挣扎,那么多的智慧痛苦,那么多的悲观失望,不约而同地横亘在中国美学的历史进程之中。它们无疑是美的冲突这一主旋律的丰富多彩的变奏和展开。而倘若把这一切加以高度的蒸发、凝结和聚合,则不难从中推出五个巨大的问号:为什么东方的中国能独立产生雄踞同期世界美学峰巅的古典美学?为什么逐渐进入近代的中国未能相应地在美学启蒙中逐渐独立产生自己的美学?为什么近代的中国借助西方近代美学的理论武器,却未能建树自己的完整的近代美学体系,更未能建树雄踞同期世界美学峰巅的近代美学?为什么近代中国未能建树自己的美学体系,却敏捷地迅速找到了马克思主义美学?为什么找到马克思主义美学之后,却一直未能同中国近现代的美学实践很好地结合起来?毫无疑问,上述五个问题,就构成了"中华民族三百年来的美学追求"理论模式的互相联系而又层层递进的五个主要方面。它们"像斯芬克斯一样向每个这样的思想家说:请你解开我这个谜,否则我便会吃掉你的体系"(普列汉诺夫语)。

尤其值得强调的是,"中华民族三百年来的美学追求"这一理论模式中蕴含着的"宏观意识",还要求我们自觉破除"美学史"与"美学理论"之间的由于历史偏见造成的巨大对峙,给"美学史"研究与"美学理论"研究以全新的现代意义的理解。唯其如此,才不仅能够科学地展示美学进程中的历史真实,而且能够使美学史研究深刻地切入现代美学研究本身,成为其中不可或缺的一部分,从而也就使美学史转而成为一门实践性的学科。

从事中国美学史的研究,绝非发思古之幽情,因而就不能"只问耕耘,不问收获"。欧洲人在阿尔卑斯山谷的道路旁悬挂了一块标语牌,上边写着:"慢慢走,欣赏呵!"我们在研究工作的山阴道上行走时,却不允许仅仅如斯。

我们不但要求自己的研究有价值,更要求自己的研究有意义。据说黑格尔在哲学史的研究过程中,给自己提得最多的问题是:它们"来自何处"和"走向何方"? 这倒与我们每一个美学史研究工作者的心情十分相似。

或许正是出于这种心情,我们才在研究伊始就提出从宏观角度对中国美学史研究本身加以讨论。这正反映出我们内心深处的迷惑:中国美学史研究,它的最为根本的目的是建立中国现代化美学体系,这是早已确定无疑的了。但问题在于:怎样才能使美学史研究与美学理论研究结合起来? 怎样才能做到"古为今用"? 怎样才能建立中国现代美学体系? 总结几十年来的经验教训,人们进行着别有会心的历史反思,至今众说纷纭,莫衷一是。在我看来,正如黑格尔曾经深刻指出的:"关于哲学史的意义,可以有多方面的看法。如果我们要想把握哲学史的中心意义,我们必须在似乎是过去了的哲学与哲学所达到的现阶段之间的本质上的联系里去寻找。"[①]中国美学史研究也应如此。中国美学史研究,并非只是用现代美学理论总结历史上美学思辨的经验教训,也并非只是用历史上的某一美学观点,刺激我们的灵感,促进现代美学研究。这种研究的结果,收获的只能是知识,不可能是思想。科学的中国美学史,应当着重剖析历史上形形色色的美学理论怎样依次作为现代美学理论的一个辩证否定的环节而存在,又怎样相互补充、否定,有机地融为一体,构成作为多种规定性的统一的现代美学,以期通过中国美学史的研究,加速建构现代美学的大厦。这就要求我们从"宏观意识"出发,着重探讨历史上的美学理论与现代美学理论在"本质上的联系"。而要做到这一点,唯一的途径,就是坚持历史的方法与逻辑的方法的统一。

历史与逻辑的统一,作为辩证逻辑的科学思维的一个普遍原则,是马克思主义熔铸、改造黑格尔哲学所取得的重大成果。黑格尔认为:研究哲学史,在一定意义上就是对哲学本身的研究。哲学研究,在一定意义上又是对哲学史的研究。哲学的发展历史(撇开其中的偶然性)的内在规律,是和正确的哲学体系的逻辑发展相一致的。黑格尔的这一思想受到马克思、恩格

---

① 黑格尔:《哲学史讲演录》第1卷,商务印书馆1964年版,第7页。

斯、列宁的高度重视。他们剔除其中的唯心主义思想,吸收合理的内核,并予以改铸,使之成为马克思主义方法体系中的一个重要原则。

毋庸置疑,美学史这一学科,由于它既属历史又属理论的特殊性质,历史与逻辑的统一,应当成为我们的指导原则和根本方法。遵循这一原则和方法,在研究过程中,我们一方面要坚持从生动历史过程着眼,把美学思想由抽象、贫乏,到具体、丰富的演变,作为美学审美范畴逻辑发展的起点、根据和基础,一方面,又要善于透过历史现象的混乱纷呈,摆脱历史的外在形式和各种偶然因素的干扰,从历史上的美学思想的矛盾运动中去发现各个审美范畴的离合聚散、演化发展的逻辑进程。这样,把历史的方法和逻辑的方法结合起来,对历史上形成的前后更替、互相对立的范畴体系发展变化的圆圈,进行深入的历史解剖和科学的理论分析,剥掉其外在形态和特殊应用,筛选出其中积极的思想成果,就能够从美学史的研究,上升为美学理论的研究。

具体而论,从逻辑的方法来看,列宁讲过:"看来,黑格尔把他的概念、范畴的自身发展和整个哲学史联系起来了,这给整个逻辑学提供了又一个新的方面。"[1]事情正是这样。假如我们承认现代美学是人类美学思辨的认识圆圈上的一个环节,是发展着的思维科学,那么也就应该承认历史上的美学思辨与现代美学内在逻辑上的一致,承认历史上各美学派别的中心范畴大致相当于思维逻辑各个不同阶段上的范畴,因此我们在研究现代美学的过程中,就应该而且必须把基础奠定在美学史的发展规律之上。逻辑的研究方法,在一定意义上讲,就是摆脱了历史形式的历史研究方法。从历史的角度看也是如此。黑格尔讲过,"哲学是在发展中的系统,哲学史也是在发展中的系统。这就是哲学史的研究所须阐明的主要之点或基本概念",只有这样,"哲学史才会达到科学的尊严"。[2] 哲学史的研究并不例外。我们知道,理论思维中各阶段的发展(表现为范畴间的转化),是以积极的扬弃为中介

---

[1] 列宁:《哲学笔记》,人民出版社1974年版,第117页。
[2] 黑格尔:《哲学史讲演录》第1卷,商务印书馆1964年版,第33页。

的。美学史尽管是美学思想的历史,但也往往如此。各美学派别之间的否定,常常使其思想精华改头换面在其他派别的理论体系中积淀下来。所以,一方面我们可以说,历史上种种不同的美学体系,只是一个美学体系在发展过程中的不同阶段罢了;另一方面,我们也可以说,那些作为各个美学体系基础的特殊原则,只不过是同一美学整体的不同分支。美学史的价值正在这里。它是美学思辨逻辑在历史上的展开。这样,美学史实际将我们头脑中的内在逻辑,外在化为历史事实了,将我们头脑中不断进行着的美学思辨凝固化、固定化了。因此,研究历史上各美学派别的基本范畴的相互矛盾及其相互否定,实际也就是研究美学思辨各个不同阶段上各范畴的相互渗透、相互补充和相互转化。正是在这个意义上,我们又可以说,历史的研究,无非就是历史形式下的逻辑的研究。

因此,历史与逻辑统一的方法论意义就在于:"历史从哪里开始,思想进程也应当从哪里开始。"①美学理论是人类对美和审美的认识历史(美学史)的理论的浓缩,人类对美和审美的认识历史则是美学理论的历史的展开。科学的美学史研究的意义和方法应当在这里寻找,美学史与美学理论的一致性也应当在这里得到科学的阐释。明乎此,我们不但应该从过去较普遍存在着的既不涉及历史上的美学思想的相互演变,又缺乏思维逻辑上的深刻解剖的为史而史的狭小研究天地中走出来,而且有理由重新审查我们对美学史的理解。在我看来,美学史研究,不是历史资料的说明,而是特殊形式下的对于现代美学的研究。因此,它不是一个独立自足的过程,不是一个以正确观点为今所用的问题。美学史研究与美学理论研究应该走在同一条道路上。任何一项具有科学价值的美学史研究成果,同时也应该具有现代美学研究的现实意义。因此,我们一方面希望美学理论研究能够注意历史的研究,使理论研究具有一种博大的历史感。另一方面,也要求自己在美学史的探讨中,把历史的研究与理论的研究融为一体,使美学史研究"达到科学的尊严"。鉴于本书的主题和论述内容,后一方面尤其具有现实意义。

---

① 《马克思恩格斯选集》第2卷,人民出版社1972年版,第122页。

这就是说，研究美学史的目的，归根结底是要揭示出美学史上那些晚出的美学思想以及它的审美概念、范畴经历了一个什么样的萌芽、发生、发展和转化的路途。通过这种研究引导我们了解美学理论本身，以俾建构现代美学的大厦。故美学史研究的，应是最一般的审美范畴的形成、运用和它们的推演（这些范畴恰恰构成了现代美学的核心部分）。经过对历史上的美学体系的这种研究，就能最终归结为现代美学研究本身。相反，倘若我们听任美学史研究只去对历史上各个美学体系作一些外在的、表面的描述，不去揭示它内部蕴含着的审美范畴相互之间的关系和各自的思想内容，以及由此形成的各个美学体系的演进规律，那么，这样的美学史研究又有什么意义呢？而时下的某些中国美学史（包括中国文艺思想史）研究论著，正是在这里失足的。在那里，美学体系与美学体系之间，美学范畴与美学范畴之间，美学家与美学家之间的内在的逻辑联系，都被外在的、偶然的事实罗列和空疏的、杂乱的思想游戏无情地湮灭了。"僵死的材料的堆积""人们所犯的错误的展览""死人的王国"，以这些称谓来评价某些中国美学史的研究论著，虽稍嫌苛刻，但毕竟恰到好处。黑格尔曾批评某些哲学家，说他们对哲学思想演进的历史，犹之音乐会上的某些动物，尽管"听见了音乐中一切的音调，但这些音调的一致性与谐和性，却没有透进它们的头脑"。这种不无深意的讽刺，是值得我们深长思之的。

第一篇

中国美学启蒙的历史道路

第一章 中国古典美学面面观

"认识你自己"

在触及本书的主题之前,有必要对中国古典美学的若干问题加以简略的考察和说明。

所谓中国古典美学,是一个特定的范畴。它指的是进入近代社会之前,在中国产生、发展、成熟并最终走向衰落的美学,在本书中严格区别于进入近代社会之后出现的中国近代美学,更严格区别于进入现代社会之后出现的中国现代美学。

上述看法,不妨作为中国古典美学的历史涵义。它从纵的历时的角度,对中国古典美学的理论背景和历史进程,给以历史的美学规定,或许不难为人们所接受。进而,我们还应当从横的共时的角度,亦即从世界美学的角度,对中国古典美学的思想内涵和理论价值给以文化的美学规定。

弄清楚这个问题很有必要。在相当一段时间内,人们在涉及中国古典美学与中国近代美学、中国古典美学与西方近代美学、中国古典美学与马克思主义美学之间的激烈对峙与冲突时,往往缺乏历史概念和准确的估价。或者认为中国古典美学缺乏完备的理论体系,尚处于潜美学的阶段;或者认为中国古典美学并不具备确定的理论涵义,是一个宽泛的概念;或者认为中国古典美学在先秦、魏晋、唐宋乃至明清之际都有其不同的质的规定,不可能用一以贯之的基本特色去加以限定;甚至认为只有西方美学才是理想的理论形态,才体现了美学演进的基本规律,而中国古典美学却始终处于一片混沌之中,我们今天在其中为之惊羡不已的光辉,只不过是西方美学的光芒照亮它时的反光,等等。之所以如此,除了"西方中心论"倾向在其中作祟,还令人忧虑地潜存着一种理论分析上的缺蔽,这就是人们习惯于从感性的、体验的、具体的角度去考察问题,却往往不善于从理性的、概括的、抽象的角度去考察问题。这种"只见木不见林"的理论分析上的缺蔽,在对中国古典美学本身的研究中,往往表现为只重微观,不重宏观;只重"是什么",不重"为什么";只重烦琐细碎的考证分析,不重粗犷奔放的提炼概括。而当我们的研究一旦被提高到一个新的历史和理论高度,亦即提高到不同美学历史形态、不同美学类型的比较研究,这种缺蔽就不能不充分暴露出来,就不能不表现为上述种种缺乏历史概念和准确估价的不足。而要有效地纠正这种偏颇,第一位的工作,自然就是在审慎而又科学的研究的基础上,从横的共时的角度,亦即从世界美学的角度,对中国古典美学的思想内涵和理论价值给以文化的美学规定。

而要解决这个问题,就不能不涉及世界美学的文化背景——世界文化以及世界文化中不同文化类型的区分等问题。

在文化研究中,曾经同样存在着由于对东方文化乃至中国文化缺乏理性的、概括的、抽象的理论分析而造成的"西方中心论"。"历史必须从中华帝国说起"。——黑格尔在《历史哲学》中宣布——"只有黄河长江流过的那个中华帝国是世界上唯一持久的国家"。但是中国人却不会为此而感激黑格尔,感激他作为西方伟大智者的睿敏。因为人们不难发现,在黑格尔指定的文化史,也就是人类精神的展现、发展的历史中,中国,只是从东方世界到古典世界,从古典世界到日耳曼帝国的精神躁动进程中的一个微不足道的环节。毫无疑问,这其中隐含着一种"西方中心论"的传统偏见。它自然并非公正。然而科学的力量是无坚不摧的。随着对西方世界之外的全部世界的越来越多的了解,在西方,类似黑格尔上述看法的传统偏见逐渐退出历史舞台。不是寻找世界的统一演进的整体范式,而是转而探询历史自身的"灵性"(克罗奇),或者探询历史中的"个体"(李凯尔特)。把铃铛系到老虎脖颈上的人开始把铃铛解了下来。"西欧的土地被当作一个坚实的'极',当作地面上一块独一无二的选定地区,理由似乎只是因为我们住在这里;而千万年来的伟大历史和遥远的强大文化则都被极其谦虚地绕着这个

'极'在旋转"。① 我们有充分的理由将这段话视作来自西方的历史反思。

确实,人类文化的心路历程是没有中心的。科学、哲学、艺术,还有本书所关注着的美学,都如此。

这样,当我们回溯历史,不难发现,人类的"伟大历史"和"强大文化"很早就开始了它那冷峻而又执着的"旋转"。迎着人类黎明的晨曦,在两河流域,在黄河流域,在印度河畔,在爱琴海畔……在一切人类足迹所及之处,几乎都回荡着人类无比自豪的最初的文明歌唱。它们组成了无数光辉灿烂的文化星座,镶嵌在人类精神文化的天空。

这无疑是人类的骄傲。然而,相应地,我们也产生了一些的苦恼。在不同的社会背景和历史背景下,无数的文化星座遵循着自己的轨道运行,创造了不同类型的文化。它们是否都各自有其素质稳定、个性鲜明的文化的规定性?它们之间在类别和源流上是否有内在联系?它们之间是否具有一种规律性的东西?不得而知。在我看来,倒是英国史学家汤因比关于人类文化的类别和源流的见解,或许可资借鉴。汤因比把"文明"作为历史研究的单位,把全部人类文化划分为 26 个"文明"。自然,汤因比的这一划分是为论证"西方文明"至高无上服务的,因而失之于主观、片面。但是,他这种对人类文化的划分本身,却给我们以深刻的启迪。我们知道,这 26 个"文明"属于不同类型,但相互之间又存在着源流关系(例如,"日本文明"只是"中国文明"的一部分,"古希腊文明"是"西方文明"的源头之一,等等)。假如把它们加以合并,则大体可以得到八种独树一帜的文化系统。这就是:埃及文化、两河流域文化、阿拉伯文化、印度文化(含东南亚大部地区)、中国文化(含日本、朝鲜、越南)、西方文化(含古希腊、古罗马直到近代欧美)、安第斯文化和玛雅文化。十分明显,就区域而论,前六种属于旧大陆文化,后两种属于新大陆文化。而六种旧大陆文化从地理位置的角度考察,则又可以细分为远东(中国、印度)、中近东和西方文化三大派系。借用一个文化人类学的术语,我把这新、旧大陆文化中的八种文化,称为八个区域文化模式。

---

① 斯宾格勒:《西方的没落》,商务印书馆 1963 年版,第 32—33 页。

在上述八个区域文化模式中硬性地区分优劣高下是不明智的。但是,从比较文化的角度,我们又有必要对其作出实事求是的分析。很明显,这八种区域文化模式由于不同的历史遭遇,并未能够全部完整地保存下来。其中如分布在现在墨西哥的尤卡坦半岛和塔巴斯哥、奇阿帕斯、韦腊克鲁斯各州,以及危地马拉、洪都拉斯、伯利兹和萨尔瓦多等地的玛雅文化,早在公元前两千多年前就已形成。西方史学家认为:"他们在农业生产、服饰、语言和性格上的统一性和共同性紧紧地把他们联结在一起,而所有这一切又都是在公元前就已牢固形成的。"[①]只是在16世纪后西班牙殖民主义者攻城略地、烧杀劫夺的暴行之下,玛雅文化才遽然消逝。安第斯文化的命运也与此相同。而埃及文化、两河流域文化、阿拉伯文化的结果则属另外一种情况。如阿拉伯文化,就其源头来看,它主要由三部分组成:首先是固有的文化,阿拉伯语言、故事、传说、散文、诗歌、谚语等等;其次是伊斯兰教文化,《古兰经》、《古兰经》注、圣训、教义学等等;最后是波斯、印度、希腊、罗马等外族文化(波斯的语言、文字、故事、传说、艺术、音乐、历史、哲学,印度的哲学、数学、医学、天文,希腊的哲学、自然科学,罗马的政治、法律等等)。"中世纪,当阿拉伯-伊斯兰文化在东方,在西班牙和西西里大放光彩之时,西欧还处在蒙昧之中,后来成为西方文化中心的那些城市,在中世纪不过是些被封建领主盘踞的碉堡,基督教的僧侣教士是当时西方最有学问的人,而他们仍俯伏在古老的教堂里誊抄宗教经卷"。然而,"公元十六世纪,土耳其奥斯曼帝国开始统治阿拉伯国家。由于长期封建残酷统治的结果,阿拉伯文化遭受了严重的破坏:丰富多彩的阿拉伯语言失去了它往日的光辉,朝霞般的阿拉伯文学只剩下几许残照,浩瀚无边的阿拉伯文化遗产,已被弃如敝屣。"[②]埃及文化和两河流域文化亦复如是。它们由于地处东西方的交汇点,不能不经常受到各个方面的强暴的干扰和潜在的浸透,一度独具性格、特色鲜明的

---

① 转引自胡春洞:《谈玛雅文明的起源》,载《历史研究》1983年第1期。
② 纳忠:《阿拉伯-伊斯兰文化史·译者序言》,引自《阿拉伯-伊斯兰文化史》,商务印书馆1982年版。

区域文化模式中不断渗入杂质,最终成为一种混合文化。在这个意义上,我们可以视之为区域文化模式的崩溃。相比之下,倒是中国文化、印度文化和西方文化在漫长的历史进程中延续了下来,它们虽然或者吸收,或者融合了其他文化的因子,但却并未因此而中断原有的文化传统,而是依旧遵循既定的文化轨道一直演进、发展下来,凝聚而成素质稳定、个性鲜明的区域文化模式。

毫无疑问,在所谓"跨文化"的研究中,上述区分有着重要的意义。它十分清楚地告诉人们,从19世纪末开始的东西方之间的伟大对话、东西方之间在文化上的对峙、冲突,正是在以中国、印度为一方,以西方为另一方的不同区域文化模式之间历史性地全面展开的。它固然意味着世界上的不同文化在不约而同地走出自己的活动天地,共同导演着一幕世界文化走向现代意义上的否定之否定的统一的活剧,但尤其意味着中国文化、印度文化、西方文化这三个区域文化模式在世界文化中日渐重要的历史地位。它促使越来越多的人日益瞩目于对它们的研究。它们各自的诞生、发展、成熟和嬗变的历史进程,它们各自的优点与缺陷,它们之间内在的历史关联和逻辑关系,尤其是它们走向统一的世界文化的历史与逻辑的必然性,它们的相互对峙、冲突乃至逐渐出现的现代意义上的否定之否定的统一,它们在统一的世界文化中的地位,这一系列问题,都有待于人们去剖析、阐释与回答。

正是从世界文化中不同文化类型的区别出发,我们才提出从横的共时的角度,亦即从世界美学的角度,对中国古典美学的思想内涵和理论价值给以文化的美学规定。也就是说,我们同样可以从文化的角度把中国古典美学规定为与印度美学、西方美学鼎足而三的素质稳定、个性鲜明的区域美学—文化模式。当我们从一个新的历史和理论高度,亦即从不同美学历史形态、不同美学类型的比较研究的高度去理解、把握乃至阐释研究对象,上述区分同样十分重要。它要求我们从感性的、体验的、具体的封闭和一元的研究中摆脱出来,转而着重从理性的、概括的、抽象的开放和多元的研究途径去提出和认识问题。而当我们把以下对峙与冲突——中国古典美学与中国近代美学的,中国古典美学与西方近代美学的,中国古典美学与马克思主义美学的——都统统理解为美学—文化模式之间的对峙与冲突,美学基本原则之间的对峙与冲突,美学致思趋向之间的对峙与冲突,美学思维机制之间的对峙与冲突,无疑就会使我们的研究充溢着一种真实的历史感,一种深刻的理论感。中国古典美学的诞生、发展、成熟的历史进程,中国古典美学的优点与缺陷,中国古典美学与印度美学、西方美学的历史关联与逻辑关联,尤其是中国古典美学最终走向统一的世界美学的历史与逻辑的必然性,中国古典美学与西方美学之间的相互对峙、冲突乃至逐渐出现的现代意义上的否定之否定的融合,中国古典美学在统一的世界美学中的地位……诸如此类的问题,都会因为上述研究视野和研究途径的转变而放射出颇具魅力的光芒。

而所有这一切,都要从重新认识中国古典美学开始,在这里,古希腊的格言对于我们将是适用的:"认识你自己!"

社会背景与文化背景

中国古典美学的产生,与中国古代社会走入文明时代的路径及其在此基础上形成的文化—心理结构有着密切关系。

从世界历史的角度讲,东方和西方在文明确立的路径上,有其根本的不同。马克思曾经多次论述及此,在《资本论》中,马克思指出:

> 在古亚细亚的、古希腊罗马的等等生产方式下……这些古老的社会生产机体比资产阶级的社会生产机体简单明了得多,但它们或者以个人尚未成熟,尚未脱掉同其他人的自然血缘联系的脐带为基础,或者以直接的统治和服从的关系为基础。

在这里,前一个"或者"指的是包括中国在内的东方社会的文明路径,又称之为"亚细亚的古代";后一个"或者"指的是以古希腊罗马为主的西方社会的文明路径,又称之为"古典的古代"。对上述两种文明路径,侯外庐先生阐释得很精辟:"如果我们用家族、私有、国家三项来做文明路径的指标,那末,

'古典的古代'是从家族到私产再到国家,国家代替了家族;'亚细亚的古代'是由家族到国家,国家混合在家族里面,叫做'社稷'。因此,前者是新陈代谢,新的冲破了旧的,这是革命的路线;后者却是新陈纠葛,旧的拖住了新的,这是维新的路线。前者是人惟求新,器亦求新;后者却是'人惟求旧,器惟求新'。前者是市民的世界,后者是君子的世界。"①

对此,我们稍加展开和推衍。

古希腊是西方文明的发源地。正如黑格尔所指出:"一提到希腊这个名字,在有教养的欧洲人心中,尤其在我们德国人心中,自然会引起一种家园之感。"②不过,从历史的角度看,它却是后起的文明。当它兴起的时候,人类文明之花已经在远东、近东和两河流域灿烂开放了。两千四百年前,希腊史学之祖希罗多德眼中的金字塔,恰似我们现代人眼中的孔庙或雅典娜神庙。然而,后起者有后起者的好处,公元前1500年前后,作为古希腊社会主体的雅利安民族,一方面拼命汲取丰富的东方文明的营养,一方面开始向外扩张。往西,他们扩张到了西西里、意大利南部乃至地中海沿岸;向东,他们扩张到爱琴海诸岛,继而扩张到小亚细亚沿海一带,甚至扩张到了黑海沿岸(因此,古希腊含东部希腊、西部希腊两部分,前者包括希腊半岛、爱琴海诸岛及小亚细亚沿海地区,后者又称"大希腊",包括西西里、意大利南部及法兰西、西班牙沿岸)。最终,古希腊在公元前11—前9世纪进入了文明时代。他们是在具备了使用铁器的生产力之后,通过用家庭的个体生产取代原始的集体大生产并瓦解原始公社,进而发展家庭私有制的途径走进文明社会的。这无疑是一种正常的、成熟的、健康的路径。它打破了以氏族血缘关系为基础的氏族社会,取消了氏族贵族的特权,整个社会不再像氏族社会那样等于是一个扩大了的家庭,人与人之间的关系也不再是单纯的氏族血缘关系,而是享有一定政治权利的公民之间所发生的(包括政治、法律、经济、文化在内的多方面的复杂的)关系。一个空前复杂、难以驾驭的外部世界冷冰

---

① 侯外庐等:《中国思想通史》第1卷,人民出版社1957年版,第13—14页。
② 黑格尔:《哲学史讲演录》第1卷,商务印书馆1964年版,第157页。

冰地横在古希腊人面前,迫使他们去认识和把握。而商品经济的发达更有助于养成独立动荡的人格和变易的观念,原始社会中"统一"的意识失去了赖以生存的环境,"个体性自由的原则进入了希腊人心中"。① 由此,古希腊人的生活是外向的,占主导地位的不是个体人格的内向的精神修养,而是对社会和自然中各种实际事物的认识和处理。

而中国则是在铁器尚未出现、商品经济尚未发展、氏族血缘关系尚未瓦解的情况下进入文明社会的,比古希腊提前了一千多年。而"因为商朝生产力并不很高,不能促使生产关系起剧烈的变化,对旧传公社制,破坏是有限度的,奴隶制度并不能冲破原始公社的外壳"②,这就使得文明社会"像单个蜜蜂离不开蜂房一样",长期不能离开"氏族或公社的脐带"③,而原始氏族遗存也就不但没能彻底破坏,反而继续以新的方式(即所谓"礼治"和"先王之道")长期沉淀在文明社会里;原始氏族的血缘关系也同样不但没能彻底清除,反而继续以不同的形式顽固寄存在文明社会中的人伦关系中(如宗法制生产方式、嫡长子继承制、纲常伦理观念,等等)。这样一种特殊的"亚细亚"式的道路,就是人们经常讲的"人惟求旧,器惟求新",它造成了中国保守务实的人格和静止循环的观念,也就使得中国人更内向,占主导地位的是人格的精神修养,而不是对社会和自然中各种实际事物的认识和处理。

需要附带提及的是印度。在文明确立的路径上,中国与印度同属亚细亚生产方式,但彼此又有细微差异。主要区别在于中国建立的是一个宗法奴隶制社会,家族伦理情感有着极其微妙的作用,以致统治者总是刻意渲染、培植借以维护宗法奴隶制度,把外在、冷酷的宗法制度、伦理情感归结为亲子之爱的血肉情理。这就使它们从强硬的规范、约束融解为发自内心的情感要求,从而提升为内在的自觉欲念,使宗法制度、伦理情感与心理形式合为一体。而印度的种姓奴隶制,则以一种任何人也无法改变的命中注定

---

① 黑格尔:《哲学史讲演录》第1卷,商务印书馆1964年版,第115页。
② 范文澜:《中国通史简编》(修订本)第一编,人民出版社1958年版,第125页。
③ 《马克思恩格斯全集》第23卷,人民出版社1958年版,第371页。

把人们粗暴地推入走投无路的困境,使人们只能在"轮回""业报""超脱""涅槃"的彼岸世界寻找一线并不可能实现的希望。由此,同属于东方国家的中国和印度便深刻地区别了开来。

显而易见,中国的文化—心理结构或区域文化模式,正是在这样的文明路径的基础上形成的。李泽厚指出:"任何民族性,国民性或文化—心理结构的产生和发展,任何思想传统的形成和持续,都有其现实的物质生活的根源。中国古代思想传统最值得注意的重要社会根基,我以为,是氏族宗法血亲传统遗风的强固力量和长期延续。它在很大程度上影响和决定了中国社会及其意识形态所具有的特征。……古老的氏族传统的遗风余俗、观念习惯长期地保存、积累下来,成为一种极为强固的文化结构和心理力量。"①此论十分深刻。恩格斯在谈到雅典奴隶制国家的产生时曾经指出:"旧氏族时代的道德影响、因袭的观点和思想方式,还保存很久,只是逐渐才消亡下去"。②"古典的古代"尚且如此,"亚细亚的古代"就可想而知了。具体而言,这种在"亚细亚的古代"这一特定文明路径基础上遗留、保存、发扬下来的原始余绪对文化—心理结构的影响,大体在下述几个方面:

第一,追求个体与社会、人与自然的朴素统一。中国古代思想家朴素地认定个体与社会、人与自然是能够而且应该统一起来的。这与西方、印度截然不同。西方古代社会的道路使个体从社会中剥离出来,这固然是人类文明发展的需要,但同时也造成了西方社会中个体与社会、人与自然的严重对立,这使西方的古代思想家跌入了无法预测、神秘变幻的"偶然性"的迷宫。马克思曾经指出:西方思想的发展,是"在一定条件下无阻碍地享用偶然性的权力","利用偶然性为自己服务"。因此,他们往往从特定的个体与社会、人与自然的对立的角度去观察人、社会和自然。为什么西方总是不断地谋求个人的向外拓展(从圣·奥古斯丁的"上帝城"到培根的"人国",从古希腊《奥德赛》到中世纪骑士文学,直到资本主义时期的《堂吉诃德》《鲁滨逊漂流

---

① 李泽厚:《中国古代思想史论》,人民出版社1985年版,第299页。
② 《马克思恩格斯选集》第4卷,人民出版社1972年版,第114页。

记》《浮士德》,都明显流露出这一倾向)？为什么灵与肉、神与魔以及神性与人性总是尖锐地冲突激荡？为什么西方往往把世界分为不可知的彼岸世界与秩序井然的此岸世界并梦寐以求从此岸世界跃入彼岸世界？一切都可以在这里得到解释。而由于种姓制度的长期存在,印度思想家则在"梵"的基础上,通过"梵我一如""色空不二"的迷津,把人、社会、自然都融解在一个虚空寂静的即真即幻、万有一空的神秘的精神世界之中。在西方,由于个体与社会、人与自然的巨大对峙,主体逐渐被异化掉了,于是有了上帝。在人生理想上,两者应加以区别。西方的宗教是超世的,印度的宗教是出世的。在西方,人在此岸世界,而上帝在彼岸世界。在印度宗教中,人与神之间似无明显区别。如黑格尔所言:印度宗教追求的是有限的存在与无限的本体的合一。① 所谓"梵"我一如。因之作为万神之神的"梵"并不像西方的上帝那样具备创造世界的力量,相反,它倒是潜在于有限的感性存在之中。爱因斯坦曾经用 $E=mc^2$ 去释"梵"之谜,很有见地。中国则不然,中国进入奴隶社会之后,由于自身融合了大量的原始余绪,故原始社会中个体与社会、人与自然的和谐统一的特性(前者如《淮南子·冥览训》中的"伏羲女娲,不设法度,而以至德遗于后世",后者如夸父逐日,渴死途中,其"遗策"还要化为邓林),犹如巨大的"集体无意识",深刻地积淀下来,使得中国古代思想家往往从特定的个体与社会、人与自然的朴素统一的角度去观察人、社会和自然。因而,在中国的文化一心理结构中,找不到西方常见的那种尖锐冲突,更找不到印度常见的那种空幻清旷。"天上神仙府,人间帝王家""道在伦理日用中""上下与天地同流""出尘居尘"……一切都是如此地和谐一致。它严格区别于西方和印度,构成中国古代思想的根本基础。

第二,原始人道主义。在西方古代社会,与氏族制的衰落相适应,个人以血缘为基础的自然情感也遭到极大的破坏。正如黑格尔在《美学》中所论,罗马人有了城邦和法律制度,在作为公共目标的国家面前,私人的人格被否定,个人被抽象化为一个罗马公民,个人的自然情感被抽象化为神圣

---

① 参看黑格尔:《哲学史讲演录》第1卷。

公民责任感。世俗的人伦情感作为社会、理性的对立面而被否定。由于进入文明社会的特殊途径,只重主观意识超脱的印度,更导致对人生、情感的冷漠与仇视。而中国古代社会的特殊途径,却使之较多保留了原始民族社会中的民主性和人道主义。正如李泽厚指出的,在文化—心理结构的"外在方面突出了原始民族体制中所具有的民主性和人道主义,'仁从人从二,于义训亲'(许慎),证以孟子所谓'仁也者,人也','老吾老以及人之老,幼吾幼以及人之幼',汉儒此解,颇为可信。即由'亲'及人,由'爱有差等'而'泛爱众',由亲亲(对血缘密切的氏族贵族)而仁民(对全氏族、部落、部落联盟的自由民。但所谓'夷狄'——部落联盟之外的'异类'在外),即以血缘宗法为基础要求在整个氏族——部落成员之间保存、建立一种既有严格等级秩序又具某种'博爱'的人道关系。这样,就必然强调人的社会性和交往性,强调氏族内部的上下左右、尊卑长幼之间的秩序、团结、互助、协调。"①从孔子的"仁者爱人""老者安之,朋友信之,少者怀之""伤人乎?不问马""子为政,焉用杀"等到孟子的"亲亲尊尊""无父无君是禽兽也",直到《白虎通义》借助细致缜密的理论剖析把情感心理与伦理内容相互沟通:"宗者何谓也?宗者尊也,为先祖主者,宗人之所尊也……族者何也?族者凑也、聚也……生相亲爱、死相哀痛,有合聚之道,故谓之族。"……在这大量的论述中,清晰地折射出中国古代思想绝少摆出一副狰狞面目,而是贯注着一种原始民主和原始人道主义的历史内容。它以自然情感为依据论证古代社会伦理关系、宗法制度的合理性,在客观上培养了我们民族重视世俗人伦情感,尊重和肯定人的生命的意义和价值的意义的传统。以血缘关系为基础的自然情感,在中国被思想家概括和提升为超生物的人类本质,深深植入中华民族的文化—心理结构。

第三,伦理原则。恩格斯曾经指出:"亲属关系在一切蒙昧民族和野蛮民族的社会制度中起着决定作用"。② 对于原始社会以血缘为基础、以等级

---

① 李泽厚:《中国古代思想史论》,人民出版社1985年版,第22—23页。
② 《马克思恩格斯选集》第4卷,人民出版社1972年版,第24页。

为特征的氏族遗绪的继承与发扬,使得伦理原则始终被放在最重要的位置上:"孝,礼之始也"(《左传·文公》),"其为人也孝悌,而好犯上者,鲜矣。不好犯上而好作乱者,未之有也"(《论语·学而》),"仁之实,事亲是也"(《孟子·离娄上》),以及"修身齐家治国平天下"等等,都缩影般地折射出古代思想家反对将"礼""德"从"政""刑"中剥离出来这一巨大的历史事实。正像黑格尔曾经睿智地指出的:"道德在中国人看来,是一种很高的修养。但在我们这里,法律的制定以及公民法律的体系即包含有道德的本质的规定,所以道德即表现并发挥在法律的领域里,道德并不是单纯地独立自存的东西,但在中国人那里,道德义务的本身就是法律、规律、命令的规定"。① 由乎此,在中国,几乎没有什么问题的探索不与伦理道德问题联系在一起。像西方那样完全同伦理道德问题区分开来的哲学、科学、文学探讨,像印度那样迄今不离宗教而将伦理道德问题完全净化的人生追索,在中国从未有过。《汉书·艺文志》云:"诸子十家,其可观者九家而已,皆起于王道既微,诸侯力政,时君世主,好恶殊方,是以九家之术,蜂出并作。"不是发端于探究自然之奥秘,也不是发端于个人之人生解脱,而是发端于修身治国之道(其极诣则为"内圣外王")。"明于治乱之道"(《管子·正世》),"审于是非之实"(《韩非子·奸劫弑臣》)。故而,倘若把西方文化称为"智者"文化,则中国文化可以称为"圣贤"文化。中国文化是一种内省的智慧。在中国,所谓"礼"无非是寻求社会的秩序化,所谓"仁"无非是寻求人伦关系的规范化,所谓"和"无非是寻找人们内在精神的和谐化。哲学是伦理哲学,历史学是伦理历史学,文学是伦理文学,美学是伦理美学。人文科学如此,即便是自然科学,也由于道德伦理的支配而生成了实用、经验的特性。总之,中国思想家倾尽全力研究的,纯乎是理想人格的完成,尤其是如何找到一种实践修养的方法,使抽象的制约性的伦理道德内在地落实到个体的感性之中,最终达到一种"极高明而道中庸"的人生境界。

第四,原始思维的余绪。原始思维是人类主体尚未从客体剥离出来的

---

① 黑格尔:《哲学史讲演录》第1卷,商务印书馆1964年版,第125页。

产物,因而它往往从主体与客体、人与自然的自在统一的角度观察社会现象。故原始人虽同样用与我们相同的眼睛去看,却用与我们不同的思维机制去感知。他们对于每种自然现象、每个存在物、每件东西的客观属性几乎都视而不见,但却天真地认定其中有深刻的内在联系。原始思维没有因果关系,他们把握的原因往往是超空间,甚至是超时间的。出于一种神秘的共生感,他们发现任何东西都可以产生任何东西。原始思维也不顾忌矛盾律,在想象和感知人与自然、单数与复数等各各不同的存在物方面,往往毫无困难。原始思维并不依赖纯智力的分析,而借助情感的体验。原始思维没有纯粹的概念,只有被不间断地在任何场合加以变通使用的具体、生动的"心象—概念",这类"心象—概念"往往把想象表现的看法与客体在空间中的形状、轮廓、位置、动作、色泽等可画或可塑的东西结合起来。总之,直观、具体、体验、个别与一般交融互摄,便构成了原始思维的内在机制。这种原始思维的思维机制,由于特殊的社会历史条件的作用,对中国人的思维机制产生了巨大的影响。中国科技史专家李约瑟在《中国的科学与文明》一书中曾就此发表意见:"当希腊思想从这种古老的观念(互渗律),移向于机械的因果概念(预示出文艺复兴时的完全破裂)时,中国人是在发展他们的有机思想方面,而将宇宙当作一个充满着和谐意志的有局部的有整体的结构"。印度则将原始思维演变成一种独断的思维机制,去把握超越现象的真如。对此,本书无暇详论。这种独特的、与西方和印度迥异的思维发展道路,使得中国最终形成、演化出自己特殊的思维机制——宏观直析,李约瑟称之为"关联式的思考"或"联想式的思考"。并指出这一种自觉的联想系统,有它自己的因果联系以及自己的逻辑,与西方特有的"从属式的思考""互相对比"。毫无疑问,中国灿烂的古代文明——哲学、科学、文学等,完全是在"宏观直析"思维机制的作用下形成并发展起来,它以个人社会的、心理的诸方面经验合理外推,把家庭结构外推到国家,把父子关系外推到君臣,把日常生活经验和感受外推到自然⋯⋯例如,中国古代科学家凭借"宏观直析",曾作出许多发现:《尚书纬·考灵曜》曾类比推理出犹如"人在大舟中,闭牖而坐,舟行而人不觉"的"地恒动不止,而人不觉"的"地动"说,比哥白尼《天体运行论》早了一千多年；元代邓牧《伯牙琴·超然观记》亦类比推理出"天地大也，其在虚空中不过一粟耳"，又把看见的天地比作树木上的果实，指出"一木所生，必非一果，一国所生，必非一人"，天才地猜测出宇宙是无限的；又如用鞭炮解释雷鸣，用下雨使日光散射解释虹……正像李泽厚指出的：中国在原始思维影响下形成的古代思维机制，与生活保持着直接联系，不向分析、推理、判断的思辨理性方向发展，也不向观察、归纳、实验的经验理性的方向发展，而是横向铺开，向事物的性质、功能、序列、效用间的相互关系和联系的整体把握方向开拓。这种思维机制强调天与人、自然与社会，以至身体与精神和谐统一的整体存在，给后世以极大的影响。

中国古代社会在进入文明时代的路径及其在此基础上遗留、保存、发扬起来的原始余绪对文化—心理结构的影响，是一个颇为复杂而又饶具趣味的问题。它给中国社会、中国文化带来的优点或缺点，或许言人人殊，但无论如何，正是它们，为中国古典美学的产生准备了独特的社会背景和文化背景，一个命中注定必须接受而又无法逾越的社会背景和文化背景。

致思趋向和基本内容

中国早期社会的历史特点和文化—心理结构，深刻影响着中国古典美学，奠定了中国古典美学的致思趋向和基本内容。

关于中国古典美学的致思趋向，人们作过多方面的探讨，也提出了许多很有价值的看法。令人稍感不足的是似尚未深入问题的实质，尚未深入揭示出其中最核心、最基本的东西。因此，中国古典美学的个性就不可能得到充分展示，中国古典美学作为区域美学—文化模式的深刻内涵也就不可能深刻显现出来。

中国古典美学的致思趋向是什么？这需要从美的本质和人的本质的相互关系谈起。美是伴随着人类实践的艰难步履诞生，并伴随人类实践的进展而进展的。因此，假如说人的本质是一种区别于"自在"之物的"自为"之物，是在"从自然向社会生成"过程中通过社会实践对必然的把握，那么，美学则是对人类本质的反思。换言之，是对什么是自由（理想）人格和人怎样才能自由的回答。正是依据对这种回答的独特方式,我们才能深刻地区分不同区域美学—文化模式的不同致思趋向,也才能深刻揭示中国古典美学的致思趋向。

由此推论,中西方美学有着截然对立的致思趋向。西方美学往往习惯于从个体与社会、人与自然的对立冲突的基础上去考察理想人格的自由的实现(从对立中求统一),注重生活对个人的价值,仰慕美丽的肉体、英雄的性格和现实的欢乐。他们追求的是美的个体价值。印度美学与中国美学相比,致思趋向也有根本的不同。印度美学从实质上说是否认美的客观存在的。他们虽然也承认花香等是美,但却认为真正的最高的美是超脱报应和生死的"涅槃"(《法句经》),是把人"由死亡引导到不死",因而他们是从超越个体与社会、人与自然的关系之上的角度("破我执法执""杂多的否定")考察理想人格自由的实现的,他们追求的是美的永恒价值。中国古典美学则始终认为,美是以个体的感性心理欲求和社会的理性道德规范的和谐统一为基本特征的。它表现为合规律与合目的,必然与自由内在统一的理想人格的自由的实现,即:中国古典美学是从个体与社会、人与自然的有条件的和谐统一的角度考察理想人格的自由的实现的。因此,中国古典美学追求的则是美的历史价值。

我们可以从中国古典美学中儒道两家美学思想的致思趋向论证上述观点。儒家美学与道家美学是中国古典美学中的双璧,它们在许多问题上的看法都是相互歧异、冲突的,然而,在根本问题上,它们却又严格地保持着一致。儒家美学认为理想人格的自由的实现,是在人与人之间的关系中培养的,离开了人们之间的伦理关系,就不可能实现理想人格的自由。因此,在儒家美学那里,理想人格的自由是与人道原则相联系的。立足于此,儒家美学一方面充分肯定个体生命的发展,并不把社会的伦理道德要求同个体的情感、欲望等要求的满足对立起来,用社会的伦理道德要求去否定个体的情感、欲望等要求。另一方面,又要求这种个体的情感、欲望等要求应当符合社会的伦理道德要求,并且这种社会伦理道德要求不应当是在个体的情感、欲望之外而应当成为个体内在的情感、欲望等要求。这就是"孔颜乐处""吾与点也"的人生境界,这也就是"由仁义行,非行仁义也"的"不全不粹不足以为美"的美学境界。那么,道家美学又如何呢?道家美学认为理想人格的自由的实现,是在人与自然之间的关系中培养的。离开了人向自然的复归,就不可能实现理想人格的自由。因此,在道家美学那里,理想人格的自由是与自然原则相联系的。立足于此,道家美学并不赞同儒家美学对人道原则的标榜。在道家美学看来,社会伦理道德是从外部强加给人的一种桎梏,追求它的结果,只会使人"以好恶内伤其身"(庄子语),与美背道而驰。与此相反,只有舍弃一切对外在的功名、利禄、富贵的追求,从自然的永恒性和无限性,合目的性和合规律性的天然统一中才能实现理想。这样,我们就清楚地看到,儒道美学尽管侧重的方面和选择的路径不同,但在根本的致思趋向上,却是完全相同的。这就是从个体与社会、人与自然的有条件的和谐统一的角度考察理想人格的自由的实现。可以认为,这就是中国古典美学作为区域美学—文化模式的最内在、最深刻、最核心的东西。

看清了中国古典美学的根本的致思趋向,不妨进而剖析中国古典美学的基本内容。如前所述,并不是所有的美学体系都能够构成区域美学—文化模式的。只有那些极为强固而又自成体系的美学思想才能在林立的世界美学之中被称为区域美学—文化模式。组成区域美学—文化模式的基本内核应该包含五个方面,亦即美学本体论、美感、美学功能、美学理想、思维机制。成功而又独创性地解决了这五个方面的问题,才能构成区域美学—文化模式。因此,对于中国古典美学基本内容的剖析,我们便从这五个方面着手。

在美学的本体论方面,中国古典美学往往把美同理想人格的自由的实现联系起来,认为真正的美是一种最高的精神境界、道德境界的实现,是在这种实现中所获得的人生自由。因而它严格区别于西方美学的美在于物的属性之类看法,但也严格区别于印度美学的美在于某种超现实的奇幻世界之类的看法。就中国古典美学与西方美学而论,日本人岩山三郎曾举过一个颇具说服力的例子:"西方人看重美,中国人看重品。例如西方人喜欢玫瑰,因为它看起来美;中国人喜欢兰花,倒不是因为它美,而是因为它有品,是人格的象征。"确乎道破了中西方美学观的根本区别。又如同是惹起战争的美女,海伦在大战后被老兵们赞誉为值得为之打十年大战的美人,但中国的杨贵妃就截然不同,她并不具备上述独立价值,因而只能"宛转蛾眉马前死"。而这一切倘若加以高度抽象和概括,则不妨认为:中国古典美学侧重的是美与善的统一,因之较多地把审美价值等同于伦理价值;西方美学则侧重于美与真的统一,因之较多地把审美价值等同于认识价值。亚里士多德认为:"一个有生命的东西或是任何由各部分组成的整体,如果要显得美,就不仅在各部分的安排上见出一种秩序,而且还须有一定的体积大小,因为美就在于体积大小和秩序。"(亚里士多德《诗学》)而西方美学的重写实、重模仿、重客观,直到典型性格美学范畴的出现,侧重模仿事实的现实主义和侧重模仿理想的浪漫主义创作方法的形成,其根源都可以追溯到亚里士多德讲的"美就在于体积大小和秩序"。而在中国,却认为"里仁为美"(《论语》),"乐者,德之华也""乐者,通伦理者也"(《乐记》),在此基础上形成了重创化、重抒情、重主观的特性,直到"意境"美学范畴的出现,则把中国古典美学的美学观推向了极致。

在美感论方面,中国古典美学始终从个体的情感、欲望同社会的伦理规范的和谐统一中去寻找审美愉悦,从未将审美愉悦同人世间的日常生活硬性地剥离开来。这是其独到之处。在西方或印度,或者将美感归之于能给人以感官愉快的匀称、和谐等物的属性(如亚里士多德美学),或者将美感推入某种具有神秘经验性质的"瞬刻永恒"的心灵体验。以后者为例,印度美学认定,物我、人生、世界、超越或解脱,一切都无所谓,有亦可,没有亦可,均如过眼烟云。真正的美感只存乎一种悟彻的心境:物我双亡、主客尽泯、二原是一的"喜"。这样的关于美感的看法,不能不充溢着一种使人可望不可即的象征和神秘的成分。而中国古典美学却并非如此,它并不悲天悯人地以救世主的身份俯瞰人生,而是无声无息、随遇而安地渗入人生的每一角落,与人世随处可得的感性快乐密不可分。对它来说,具有神秘色彩的审美不啻一件十分怪诞的事情,因为审美不过是对人世生活中存在着的感性的美的亲切观照。

在功能论方面,中国古典美学关于美学功能的看法,与西方过分强调美学功能的认识作用以及印度美学无视美学功能的看法相比,更为注重把握审美区别于认识的美学特性。确实,审美观照中含蕴着认识因素,但审美之所以为审美的关键却在于这种认识的内容是同心理的形式互不可分的。正是这种互不可分,使审美中的认识严格区别于一般的科学认识,所谓"诗无达诂",所谓"羚羊挂角,无迹可寻",所谓"可言不可言",所谓"味之者无极,闻之者动心"。相比之下,西方美学更注重审美与认识的相通之处,例如亚里士多德就把诗歌的起源归因于"求知",并宣称求知出于人的天性;中国古典美学则更注重审美与认识的区别所在。例如:"乐者,所以象德也",故"情见而义立,乐终而德尊"(《乐记》)。因此,中国古典美学较早地探讨了审美含蕴认识,但又非认识所能清晰叙说和穷尽这一根本特征,尤其强调通过审美把个体的情感、欲望导入现实的社会伦理规范中,使个体意识到自身的社会责任,从而自觉地塑造和培养自己。

在美学理想方面,"此岸世界"与"彼岸世界","质料因"与"形式因",个体与社会,人与自然,心与物,灵与肉,感性与理性等等诸如此类的对峙构成了西方美学侧重矛盾与冲突的美学理想。无所谓物我冲突,也无所谓物我和同,则构成了印度美学歇足于"虚空"之中的美学理想。中国古典美学的美学理想与上述两者均不同,它强调"和而不同""中和""乐而不淫,哀而不伤"的"温柔敦厚",强调差异、杂多的统一,以和谐为美("非和弗美"),以个体与社会、人与自然、主体与客体、感性与理性、表现与再现、内容与形式等等诸如此类的和谐统一作为美学理想构成了自身独特的美学性格。

综上所述,不难看出,围绕着对于理想人格的自由的实现的独特理解,中国古典美学关于美学的本体论、美感论、功能论、美学理想几个方面的论述,构成了中国古典美学作为区域美学——文化模式的相对稳定而又异常坚实的内核,它们是中国古典美学的致思趋向的具体展开。中国古典美学的个性风貌,中国古典美学与西方美学、印度美学的区别,归根到底应该在这里得到令人信服的解释。

"宏观直析"的思维机制

在上节中,我集中考察了中国古典美学的思维内容(思维什么)。在这一节,我打算专门考察一下素来不为人们所瞩目的中国古典美学的另一方面——中国古典美学的思维方式(怎样思维)。在我看来,古典美学的民族性格的形成,固然取决于理论思维的内容,但在某种意义上讲,更取决于理论思维的方式。中国美学史研究中,关于"思维机制"和建构理论体系的"方式"的研究,一直是个薄弱环节。而任何一个真正有成就的美学家,任何一种新的美学思潮,倘若在思维机制和研究方法上毫无创新,那是无法想象的。任何一个民族的美学体系,尤其是任何一种区域美学—文化模式,同样如此。因此,我认为,美学思想史研究,从横的角度讲,应包括"思维什么"(内容)和"怎样思维"(方式)两个方面,即美学体系的内容和建构美学体系的方式。

皮亚杰认为:"认识既不能看作是在主体内部结构中预先决定了的,——它们起因于有效地和不断地建构,也不能看作是在客体的预先存在着的特性中预先决定了的。因为客体只是通过这些内部结构的中介作用才被认识的。"这里的"内部结构"就是指的思维机制,它蕴含着理论体系的建构的全部秘密。由此,我们确信,研究中国古典美学是由何种"内部结构(思维机制)的中介作用"建构而成,不失为探讨中国古典美学的民族性格的一条捷径。

中国古典美学的诞生大致与西方古典美学和印度美学同时。但是,当西方亚里士多德等美学家依循颇为严谨的形式逻辑法则,以归纳法和演绎法作为理论思辨和反思的两大支柱,沾沾自喜地将感性的经验上升为抽象的理念和逻辑程序之时(亚里士多德的《诗学》是西方美学史上第一部最有系统的美学专著。它一开始就确定了自己的目的:"关于诗的艺术本身,它的种类,各种类的特殊功能,各种类有多少成分,这些成分是什么性质,诗要写得好,情节应如何安排,以及这门研究所有的其他问题。我们都要讨论。"而全书也正是沿着这样的逻辑途径去化解美和艺术,去建立自己的理论体系的),当印度美学通过所谓"证真如""入涅槃"的舍弃正常思辨途径的"证悟",去追求主体自我与绝对的本体互相冥合之时,中国古典美学家不无远见地走上了另外一条道路。他们深深懂得,美是"块然自生""无言独化"的,是一个充满内在生命、浑然不分的整体,是不能用刻意的理性去分析、阐释或索解的。只能体会,不可言说,"道不可言,言而非也"(《庄子·知北游》)。美是沉默不语的,当美学家超越了笨拙僵硬的构架体验到它之后,也应该陷入沉默。这种肯定使中国古典美学完全不为形而上的问题所困扰,避免了西方美学片面强调逻辑性、演绎性、分析性,处处用语言的魔杖去粉碎现实世界以至"日凿一窍,七日而浑沌死",因而始终无法从整体去把握对象的缺蔽,又与印度美学的神秘思维方式拉开了距离,而能在寻觅美的秘密的过程中物物无碍、事事无碍的领略、体悟和呈现美的天机律动。

由此,不仅被称为"专门名家,勒为成书之初祖"(《文史通义》)的钟嵘的《诗品》,"剖析而缕分之,兼综而条贯之"的叶燮的《原诗》远远不同于西方的美学著作,即使"体大思精"的《文心雕龙》亦如此。刘勰作为一个佛教徒,深受"因明"逻辑的影响,《文心雕龙》历来被誉为"空前绝后"。有趣的是,就是这样一部著作,仍然浸透了中国的理论特色,它基本上是在直观的推理、思辨过程中完成的,而不是在严格的逻辑思辨和概念推断中完成的,因而含蕴着浓重的感性成分、经验成分,并且与人们特定的感性条件、时空、环境和审美经验直接或间接相联系。尤为有趣的是它在中国美学史中的命运。像西方亚里士多德《诗学》那样雄霸几千年的情况,在《文心雕龙》问世后并没有出现。日本学者吉川幸次郎曾感叹说:"生于六世纪的刘勰,当他的书在明清之世由于刊行而增加读者之前,并没有为许多人读过。"从杨明照《文心雕龙校注》卷末的附录二(《历代著录与品评》)、附录三(《前人征引》)和附录四(《群书袭用》)看,明清之前,对此书问津的确实渺渺,并且涉及文体分类的显然多于创作理论。从中亦不难揣见中国古典美学的性格。

具体而论,中国古代美学家大都具体地、形象地、整体地把握美、审美和艺术的特质与功能。他们以大量具体生动的艺术形象或意境作为感性材料,由此生发出丰富的审美感受,并且在这种审美感受中直接进行形象的类比、提炼和概括。这样一种把握方式更像一种直觉式顿悟，它把理性的思辨融入形象、具体的画面中，在对美、审美和艺术的本质特征进行抽象概括时，始终伴随着感性形象，没有离开想象力对感性形象的创造，因而往往乘兴挥毫，一触即发，一语中的，妙语天成，在瞬间达到对美、审美和艺术的特质的把握。

同时，在把握美、审美和艺术的特质与功能过程中，中国古代美学家又往往把理性思辨与情感体验结合起来，这就使得中国古典美学一方面在内容上表现为认识的，另一方面又在形式上表现为心理的（情感的、想象的），是认识的内容与心理的形式的结合。它以理性思辨为主，却又渗透了情感体验的色泽，思辨中不是以概念，而是以情感体验为中介，以导致对事物的本质必然的认识。因而具有不明确性、无限性、不可穷尽性。这样，即使美学家自己对探索所得也只是可以意会，却难以明言，犹如盐溶于水，虽有咸味，但不见盐形。

而中国古典美学所提供的思想成果，也不是抽象的概念，而是生动可感的画面。例如被许印芳《〈诗品〉跋》赞为"分题系辞，字字创新，比物取象，目击道存"的《诗品》，就是采取了"类形""取象"而"摹神"，也就是"假象见义"的理论方法，以感性的意象去体味，呈现不同的思想成果。其次像汤惠休分析颜延之与谢灵运诗的不同美学性格云："谢诗如芙蓉出水，颜诗如错彩镂金"；苏轼用"郊寒岛瘦"概括孟郊、贾岛的苦涩诗风；胡应麟用"花蕊烂然""枯梗槁梧""落花坠蕊"来概括唐、宋、元三朝诗的不同风格；桐城派用"阳刚""阴柔"概括壮美和优美两种美学风貌，等等，都是如此。这种感性意象浸透了美学家深沉的思想。当人们接触到它时，尽管同样不能说清其中的理论含义，但却能实实在在地、具体地感受到它们，"如人饮水，冷暖自知"。

值得指出的是，中国古典美学的上述思维特征渊源于"内部结构的中介作用"，亦即渊源于独特的思维机制。因此，对于中国古典美学的思维特征的考查，应该进而转向对于中国古典美学的思维机制本身的考查。

中国古典美学的思维机制，可以称之为"宏观直析思维"。它"上揆之天道，下质诸人情，参之于古，考之于今"，从未经分析处理的笼统直观出发，直接外推,按照功能的接近或类似,把美、审美和艺术纳入一个客观规律、性能与人事活动、经验相互联系、渗透的系统之中,以俾从实用理性的高度直捷地把握美、审美和艺术的作用、功能、序列、效果。这种特性,类似朴素的系统思维,是非演绎非归纳的,但却不是非逻辑非思维的。

这里有必要从语义学角度明确一个问题:思维一词通常狭义使用,主要是指蒸发过表象的概念、判断。有些同志批评中国古典美学始终处于"潜美学"的"经验""感性"状态,便是由此出发的。但从广义的角度看,则只要能达到对事物本质的认识的,都可以称之为思维。在我看来,应该循此去了解古典美学的思维属性。这里的关键在于,有些同志简单地把心理学上讲的感觉、知觉、表象到概念的区分与从感性到理性的认识上的区分错误地混淆起来了。其实,运用了概念、判断、推理(狭义思维),也不一定能获得理性认识,达到对事物本质规律的把握。没有运用概念、判断、推理(广义思维),却可能获得理性认识,达到对事物本质规律的把握。由此可见,狭义思维与广义思维都是认识,区别只在于,后者的形式是心理的。明乎此,就不难对中国古典美学思维机制的属性作出恰如其分的分析。

中国古典美学的思维是一种广义的思维。它的思维机制是由臻美推理(这里的"推理"是广义的,不同于狭义思维的"推理",下同)与类比推理组成。臻美推理建立在想象(联想、再造性想象与创造性想象)基础上,是多种心理功能、因素的协同组合与综合作用的结果,它不脱离感性形象,又并非日常形象朴素的堆积、混杂,含蕴着一个"由此及彼,由表及里,去粗取精,去伪存真"的理性推移。类比推理是臻美推理的特例。它借对不同对象从和谐、对称角度的考察,去发现其中一个对象的未知因素。

具体言之,臻美推理是一种通过意象组合和直觉判断的矛盾运动,从整体上推出理想结果的思维方法。这就是说,思维伊始的一瞬间,为美学家所注意、所接触、所追索的美、审美和艺术活动的意象,往往蕴含着"象下之义",蕴含着美、审美和艺术的本质规律。美学家敏捷地意识到这意象中藏有某种东西,吸引他、打动他、扰乱他,尽管他说不出来,也不明确这吸引、打动、扰乱他的究竟是什么。于是他开始感受、体味、挑选和捕捉含有某种意义的意象,把它摄取到自己的心灵里,让它和许多同类的意象反复组合。每一次意象组合都是意象的本质意义的拓展和深化,直到认识的完成。例如司空图《诗品》,它与西方布瓦罗《论诗艺》在形式上很相像,但后者仍然运用狭义思维的演绎方法,前者则不然,运用的是一种广义思维的臻美方法。"饮之太和,独鹤于飞"("冲淡")、"虚伫神素,脱然畦封"("高古")、"天风浪浪,海山苍苍"("豪放")、"水流花开,清露未晞"("缜密"),都是通过一系列"比物取象"的意象组合,逐渐逼近其中的本质意义的。而严羽对艺术典型化的认识,"空中之音,相中之色,水中之月,镜中之象",同样运用了这样一种思维方法,即便中国美学史中逻辑意味最强的《文心雕龙》也不例外。例如谈"自然之道":"傍及万品,动植皆文,龙凤以藻绘呈瑞,虎豹以炳蔚凝姿;云霞雕色,有逾画工之妙;草木贲华,无待锦匠之奇。夫岂外饰,盖自然耳。至于林籁结响,调如竽瑟;泉石激韵,和若球锽……"不难看出,这里运用的显然不是理性思辨,不是演绎推理,也不是感性经验和单纯直观,而是一种"理性直观",一种臻美推理。

这样一种臻美推理的方法,其思维进程大致为:将最初为自己所注意、所接触、所追索的某一蕴含着"象下之义",蕴含着美、审美和艺术的本质规律的意象与大量同类意象反复排列组合,推出一个意象组合方案,试图使其中蕴含的理性认识得到深刻的揭示和拓展,然而却被直觉判断否定,又推出新的意象组合方案……循此类推,接连不断。在一系列否定型直觉之后,最终可能出现一个肯定型直觉。它对某一意象组合方案直捷地加以肯定,标志着理性认识的完成。

类比推理是一种从一个别对象向另一个别对象的推理,它同样是一个意象组合和直觉判断的推理运动,通过一系列意象组合和直觉判断的推理,最终在保持各自的独立性的基础上把两个个别对象联系起来,从和谐、对称的角度考察出未知个别对象的特质或功能。这种推理方法在中国古典美学中运用十分广泛。例如,对"五味""五色""五声",就是从与日常生活密切相关的"五行"的类比推理中去把握的,而对它们的社会作用的把握,同样是在与"五常""五等"的类比推理中完成的。《乐记·乐象》也用人的气质禀赋有逆顺,音乐的声音也有奸正来说明音乐与培养人的道德的关系。奸声与逆气相应,谓之"淫乐";正声与顺气相应,谓之"和乐"。"万物之理,各以类相动也"。故君子为了培养自己的德行,就应当"反情以和其志,比类以成其行"。直到清初,黄宗羲仍从"夫文章,天地之元气也",类推出现实主义作品的美学性格。这种方法从狭义思维角度看确乎十分幼稚、可笑,但若从广义思维角度看,或许却更深地触及了认识的本质。

不难看出,中国古典美学的大厦正是建立在上述"宏观直析"的思维机制之上。中国古典美学的特殊性格,统统直接或间接地渊源于这一思维机制。而作为一种独特的思维机制,它与西方美学截然相异,是认识的内容与心理形式的结合;它介于感性体验与理性认识、具体直观与抽象思维之间,是一个独立的认识环节;它含蕴着理性的积淀,又总与个性的感性、情感、经验、历史相关;它是一个有机的思维整体,想象、猜测、直觉、灵感、幻想、情感、假设都在其中有秩序地起着作用,它既不是非逻辑的,又不是非思维的,而仅仅是非西方的。

在这里,我们有必要引入一个"互补"概念。20世纪初,著名物理学家玻尔提出了震惊世界的互补原理(又称"并协")。他认为,在物理学这样一门精确科学中,我们往往能找到大量相互排斥而又相互补充的情况。它们不能用一个概念、一种表达方式去描述,而要用互相排斥、截然不同的两个概念、两种表达方式去描述。从这一原理出发,玻尔成功地用微粒说和波动说阐释了光的本质。继之,他又把"互补"原理推广到化学、生物学、遗传学、医学、心理学甚至文学艺术等社会科学,雄辩地证明:西方两千年来见惯不惊地用一种哲学语言去描述某一现象、某一系统乃至整个世界的"唯我独尊",是极不明智的。在我看来,中西方对于美、审美和艺术的探讨也是互补的(印度美学与中国同属远东文化,它们的思维机制在东西方对立中属东方一极),在它们之间,不存在谁是谁非,谁高谁低,甚至谁要向谁拱手称臣的问题。它们是借两种思维方式对美、审美和艺术作出的不同科学描述。它们既互相排斥,又互相补充,共同构成了对美、审美和艺术的完整理解。

具体讲,倘若我们不带"培根式的傲慢",不用某种先入为主的看法去考察古典美学的思维机制问题,我们就不难发现,中国古典美学的思维机制有助于从整体、综合的角度揭示美学思维的秘密。在人类美学思维的互补链模型中,想象力是一条链,理解力则是另外一条链,它们共同组成某种程度上类似生物学中的 DNA 双螺旋结构。人类的美学思维活动,实际正是这两条互补链的辩证运动。但由于社会政治、经济、文化的影响,不同民族、国度又可能各有侧重,其中注意力所在的链条,是主导链条。主导链条的性质,决定了思维机制的性质,中西方美学的思维机制的差异,就是由此而来。过去,我们的错误在于:要么只承认中国古典美学的思维机制,要么只承认西方美学的思维机制。实际只有当我们把两种相互排斥、相互矛盾的思维机制联系起来,才能完满解决关于美、审美和艺术之美的问题。这就是说,人类理想的美学思维机制,实质上是多种因素(形象与抽象,想象与概念,直觉与理智、臻美、类比推理与演绎、归纳推理等)的交融互渗。换言之,实质上是由"宏观直析"思维机制与"微观分析"思维机制所组合而成的互补结构。只有它,才为人类未来作出真正的美学发现指明了方向。这一点,已经现代脑科学最新成果加以证明了:诺贝尔奖获得者、美国神经生理学家罗杰·斯佩里在证实人脑两半球功能专门化之后,进而证实两半球在功能上又是互补协同的。因为即便在运用左脑的功能进行理论思维时,右脑也在发挥作用,它所加工控制的信息借助胼胝体的传递,进入左脑,使得左脑也具有美感、直觉、想象能力。左右脑功能因此得到配合和渗透,造成人脑思维的立体化,产生与世界同步的立体感,这就初步揭示了人脑既理性而又感性地把握世界的秘密。所以,美学不可能是别的什么,它只能是科学加诗。而从这样一个广博的理论背景去观察,不难发现,中西方的美学思维机制都有其长处和不足。西方"微观分析"思维机制,固然可以将研究对象按照森严的逻辑程序编织起来,梳理其错杂多歧的内容,使其中闪烁不定的感性材料上升为理性的聚象,使其中内在的隐秘转化为外在的坦白,从而获得一定的理论成果,但研究的触角愈涉及美、审美、艺术的本质问题,就愈发手足无措。正像德国美学家狄尔泰慨叹的:"从理论上说来,我们在这里遇到了一切阐释的极限,而阐释永远只能把自己的任务完成到一定程度"。这使得"微观分析"的思维方式对于这种矛盾感到费解,甚至陷入深深的困惑之中。因为人们习惯于使用理论语言交流相互的理性经验,"而这种经验就本质而言是超越语言的"(铃木大拙语)。中国"宏观分析"思维机制的长处和不足则恰恰相反。因而,服膺任何其中一种思维机制,或者排斥其中任何一种思维机制,都是不明智和不可能的。

二律背反的内在矛盾

从根本的致思趋向到基本的理论内容,又从基本的理论内容到"宏观直析"的思维机制,结束粗略的考查之后,或许我们已经清晰地看到,作为东西美学对峙、冲突的重要一极,中国古典美学确乎是以其独具的风貌出现在世界的东方。完全可以毫不惭愧地宣称:中国古典美学,是世界古代美学中一颗无比珍贵的美学明珠,它高高悬挂在世界古代美学辉煌壮丽的宫殿正中,放射出灿烂夺目的光辉,照耀着世界古代美学的历史进程。

然而,美不是永恒的,作为它的理论结晶的美学思想自然也不可能永恒。黑格尔在研究哲学史时曾经讲过:任何哲学都是时代的产物。这是因为,每一个哲学体系,都受它的时代的局限性的限制,即因为它是某一特殊的发展阶段的表现。个人是他的民族、他的世界的产儿。个人无论怎样为所欲为地飞扬伸张——他也不能超越他的时代、世界。[①]"哲学并不站在它的时代以外,它就是对它的时代的实质的知识。"[②]哲学思想如此,美学思想亦如此。

认真想来,中国古典美学思想之所以并不永恒,是历史的必然,也是逻辑的必然。在这历史与逻辑的必然中,深刻潜沉着中国古典美学的二律背反的内在矛盾。

从社会历史条件来看,中国古典美学毕竟是建立在被封建礼法制约着的社会的基础之上。在这种社会条件下形成的审美理想、审美趣味,虽然深

[①] 黑格尔:《哲学史讲演录》第1卷,商务印书馆1964年版,第48页。
[②] 黑格尔:《哲学史讲演录》第1卷,商务印书馆1964年版,第56页。

刻体现了个体与社会、人与自然的统一,但却只是在一个狭小、内向、封闭的社会背景下完成的。马克思在分析古代社会和资本主义社会的区别时曾说:"幼稚的古代世界,一方面是一种比现代世界更为高尚的东西,另一方面,古代世界之所以比现代世界更高尚,完全是在于力求找到完整的形象、形式和早已规定的局限性。它给予人处在被局限的观点上的满足。"[1]在这种情况下,中国古典美学形成了二律背反的特性:一方面肯定了主体与客体、感性与理性、个体与社会、人与自然的和谐发展,另一方面又极大束缚着这种发展,使之凝固化、模式化,使审美失去生动、多样的生活内容。这就构成了中国古典美学被历史条件决定了的为自身所不能解决的内在矛盾。

同时,中国古典美学的审美理想、审美趣味,是建立在中国古典哲学的基础上的。我们知道,与西方较早发展了形式逻辑和原子论相反,中国却较早发展了辩证逻辑和气一元论思想(辩证自然观)。在这种哲学思想的影响下,天文学、历法、生物学、医学、农学等得到了较大发展,伦理学的自觉原则得到了较大发展,在美学上则是意境范畴得到了较大发展。但是,这种古典哲学毕竟是朴素的,经不住明清较为精致的唯心主义的冲击,也必然为近代的进化论唯物主义所代替。与此相一致,明代之后,中国的科学技术的发展突然萎缩,伦理学的自觉原则受到一次又一次的冲击,而中国古典美学也就必然为建立在新的哲学基础上的近代美学所代替。

更具理论魅力的,还是中国古典美学自身的二律背反的内在矛盾。在本书"绪篇"中,我曾经就美学演进的认识运动作出了详尽的说明。中国古典美学的从抽象到具体、从现象到本质、从低级到高级、从简单到复杂的演进历程,是严格遵循"统一物分为二个对立的部分以及对它的矛盾着的部分的认识"这条辩证规律进行的。世界上任何一种美学体系,不论西方美学、印度美学,抑或中国古典美学,都是从个体与社会、人与自然的相互关系入手,去考察理想人格的自由的实现,亦即美、审美和艺术的。而个体与社会、人与自然的关系,从逻辑的角度看,又蕴着三个环节,这就是:相互

---

[1] 《马克思恩格斯论艺术》第1卷,中国社会科学出版社1983年版,第259页。

之间的统一关系,相互之间的对立关系,相互之间在否定之否定基础上的对立统一关系。当个体与社会、人与自然的逻辑关系展开为美学演进的历史,就转而以前后相继的不同的美学体系的姿态出现。这样,美学体系在起步之初,不论是立足个体与社会、人与自然的统一关系或者对立关系,都会由此出发去研究理想人格的自由的实现,研究美、审美和艺术,在最大限度上去做出自己的理论贡献,同时又会主观地停留在这一认识环节之中,借片面代替全面,借部分代替全体,借有限代替无限,由此形成美学体系的二律背反的内在矛盾。它最终将导致转而立足于个体与社会、人与自然的对立关系或统一关系直至立足于对立统一关系基础之上的其他前后相继的美学体系的诞生,使人类的美学思想组成一个神圣、坚固的链条,逐渐蔚为大观。中国古典美学自然不能例外,当它在个体与社会、人与自然的和谐统一基础上考察理想人格的自由的实现,考察美、审美和艺术之际,已经深刻地含蕴着二律背反的内在矛盾。它逻辑地昭示了:在中国古典美学从个体与社会、人与自然的和谐统一关系方面,成功地揭示了美、审美和艺术的不同方面之后,只能折回头来,在已有的理论成果的基础上,从个体与社会、人与自然的对立关系的角度,重新展开美、审美和艺术的不同方面,从而最终在个体与社会、人与自然的对立统一关系的基础上深刻把握美、审美和艺术的本质。这就是中国美学的一个正—反—合的大认识圆圈的完成。而其中正—反—合的逻辑进程就历史地展现为中国古典美学、中国近代美学和中国现代美学三种前后相继的历史形态。

毫无疑问,作为上述中国美学认识圆圈的一个必不可少的逻辑环节的中国古典美学,它的空前兴盛与历史跌落,应该有其内在的根据。在我看来,中国古典美学的演进可以分成一系列的历史阶段或认识圆圈,但概括地讲,它则主要是由西周—先秦和秦汉—明清之际两个历史阶段或认识圆圈组成的。第一个历史阶段或认识圆圈,是中国古典美学从原始的神学思想中挣脱出来,使自身政治伦理化的否定之否定过程。作为中国古典美学的逻辑起点的殷周阴阳美学,首先提出了"神人以和"的看法。这一看法,严格讲来,远远不是真正的美学思想,像其他意识形态一样,它是在"宗教形式中形成",在"宗教领域内活动"的,但它自身的积极内容,潜在地预示着最终将"消灭宗教本身"。① 并最终把美学同其他意识形态一起,从宗教形式中独立出来。儒家美学和道家美学是这一阶段中的两大美学高峰,屈原的美学思想则是这一历史阶段或认识圆圈完成的标志。秦汉—明清之际,是第二个历史阶段或认识圆圈,是美学从政治伦理化中解放出来,逐步走向自觉的否定之否定的过程。作为美学思想,中国古典美学至此才一点一点从哲学、伦理学等意识形态中剥离出来,竭力争取独立发展的可能,并通过汉代的"天人"、魏晋的"言意",乃至宋明的"心性"等理论环节,迅速把美学研究引向深入。其中,禅宗美学的出现预示着中国古典美学的重大转折,而王船山美学思想的出现,则标志着这一历史阶段或认识圆圈的终结。然而,在中国古典美学漫长的逻辑进程中,中国古典美学的理论思辨,始终没有脱离个体与社会、人与自然的和谐统一这一特定的美学路径,这就使得中国古典美学从未去单独研究审美主体或审美客体、内容或形式、表现或再现、理想或现实、抽象或具体,相反,都往往是瞩目于两者之间的关系。像"人禀七情,应物斯感,感物吟志,莫非自然"(刘勰语),"景无情不发,情无景不生"(范晞文语),或者是借审美主体去说明审美客体,反过来,又借审美客体去说明审美主体,借形式去说明内容,然后再借内容去说明形式……这样一种对立的两极紧密纠缠、互相限制乃至融为一体的情形,不能不承认实在是中国古典美学最突出的理论风貌。这其实就是我在上一节中讲的那种朴素系统论的方法。它注重的是关系、结构、功能。王弼下述看法或许道破了其中的奥妙:"故苟识其情,不忧乖远,苟明其趣,不烦强武,能说诸心,能研诸虑,睽而知其类,异而知其通,其惟明爻者乎? 故有善迩而远至,命宫而商应;修下而高者降,与彼而取此者服矣。"(《周易略例·明爻通变》)对此,英国学者李约瑟亦曾多次论及。如,中国思想是永着重于关系;宁愿避免实质的问题与假问题,而不断地逃避一切形而上学。当西人的思想欲问"这主要的是什么?"中国人的思想,则问"此事的起头、作用、落尾和其他一切事物是怎样关联的,

---

① 《马克思恩格斯全集》第26卷,人民出版社1958年版,第26页。

我们应怎样对付它"。并曾转述西人葛兰西语云：中国的思想不肯把人与大自然分开，或是把个人同社会人分开(参见《中国的科学与文明》)。为什么中国古典美学既充分肯定满足个体官能欲望的必要性和合理性，又努力把这种心理欲望的满足导向符合社会伦理的道德规范？为什么中国古典美学既高度重视审美对个体的感性的感染和塑造，又强调这种感染和塑造只有在能够导向社会的和谐发展时才有真正的意义？为什么中国的画家偏偏忽视写生，主张"以情造景"，而中国的诗人却忽视想象，偏偏主张"寓目辄书"？例如，唐人有李长吉之"锦囊"，宋人有梅圣俞之"诗袋"，都是典型的例子。它们体现了中国古典美学对诗歌美学特性的看法，所谓"'思君如流水'，既是即目，'高台多悲风'，亦惟所见"(钟嵘语)，所谓"眼处心生句自神，暗中摸索总非真"(元好问语)，所谓"现成一触即觉，不假思量计较"(王夫之语)。翁方纲甚至认为："诗不但因时，抑且因地……南山与秋色，气势两相高，此必是陕西之终南山，若以咏江西之庐山，广东之罗浮，便不是矣"(《石洲诗话》)。另一方面，中国画家却从不对景描摹，而是"饱游饫看，历历罗列胸中"，所谓"积好在心，久则化之……则磊落奇特，蟠于胸中……他日忽见群山横于前者，累累相负而出矣……盖心术之变化，有时出则托于画以寄其放"(董逌：《广州画跋》)。钱锺书先生亦曾论及："中国传统文艺批评对诗和画有不同的标准：评画时赏识王世祯所谓'虚'以及相联系的风格，而评诗时却赏识'实'以及相联系的风格。"(参见《中国诗与中国画》)为什么中国画家力主"以水墨最为上"(王维语)，而中国诗人反而认定"至于一物，皆成光色，此时乃堪用思"(《文镜秘府论·论文意》)？"夫画道之中，水墨最为上，肇自然之性，成造化之工。或咫尺之图，写千里之景，东西南北，宛尔目前；春夏秋冬，生于笔下！"(王维：《山水诀》)"画之色，非丹铅青绛之谓，乃在浓淡明晦之间，能得其道，则情态于此见，远近于此分，精神于此发越，景物于此鲜妍。"(沈宗骞：《芥舟学画编》卷一)另一方面，"诗贵销题目中意尽，然看当所见景物与意惬者相兼道……且，日出初，河山林嶂涯壁间宿雾及气霭，皆随日色照著处便开。触物皆发光色者，因雾气湿著处，被日照水光发。至日午，气霭虽尽，阳气正甚，万物蒙蔽，却不堪用。至晓间，气霭未起，阳气稍歇,万物澄净,遥目此乃堪用。至于一物,皆成光色,此时乃堪用思。"(《文镜秘府论》)为什么中国的戏曲要向音乐靠近,而音乐却要笨拙地摹拟现实?"本来偏重于形式的表现艺术(如音乐、舞蹈),在中国则加重了内容(再现)的因素;本来偏重内容的再现艺术(绘画、戏剧),则又加重了形式(表现)的因素。"(参见秋文:《中国戏曲艺术的美学问题》,载《文艺论丛》第12辑)为什么中国古典美学强调"兴"要同赋、比相结合,抒情要与状物写景相结合?为什么直到明中叶为止,中国古典美学除古典主义创作方法外,却没能提出浪漫主义或现实主义的创作方法?为什么中国古典美学既要求个别概念化、具体抽象化、现实理想化,又要求概括个别化、抽象具体化、理想现实化?为什么中国古典美学既要求"状难写之景如在目前",又要求"含不尽之意在于言外"?既要求"神游象外",又要求"意到环中"?既要求"亲切不泛",又要求"想味不尽"?总之,中国古典美学的一切长处与不足,都只能而且必须从中国古典美学的美学路径中得到解释。

中国古典美学的成功,就在于能够从个体与社会、人与自然的和谐统一的角度去考察理想人格的自由的实现,去考察美、审美和艺术。因为美恰恰存在于个体与社会、人与自然的统一之中,它是这种统一的感性现实的成果和表现。美之所以为美,就是因为社会的东西、自然的东西,不是外在于个体的欲望、要求、情感、爱好,而恰恰是潜沉在个体之中,成为个体内在的追求和生命价值的肯定时,它才体现为美。所以,中国古典美学已经深刻触及了人的全面发展、人的自由,以及由必然王国进入自由王国(理想人格自由的实现)的问题。毫无疑问,这正是中国古典美学极为深刻的地方,也正是中国古典美学远远超出于西方美学、印度美学的关键所在。然而,中国古典美学的成功同时就意味着不成功,因为它没有也不可能对美、审美和艺术中的众多因素加以各别的单独的深入剖析和审慎考查,往往用"理想的、幻想的联系来代替尚未知道的现实的联系,用臆想来补充缺少的事实,用纯粹的想象来填补现实的空白"。① 这就极大束缚了中国古典美学的继续开拓,并

---

① 《马克思恩格斯选集》第4卷,人民出版社1972年版,第242页。

且影响了其理论成果的科学性。

　　类似的例子可以举出很多。例如,中国古典美学以"温柔敦厚"的优美作为美学理想,这固然是其成功之处,但它同时就回避了对社会生活中激烈的矛盾冲突与抗争,回避了对人世间普遍存在的生活悲剧乃至种种可笑可怪的人物、事件的密切关注,由此,对于崇高的美学思考,对于悲剧的美学思考,对于美学内容的个别性、丰富性、多样性的美学思考,都被理所当然地疏略、回避乃至排斥了。例如,在审美的功能论问题上,中国古典美学从强调把个体的情感、欲望导入现实的社会伦理规范之中,使个体意识到自身的社会责任的特定角度出发,尤其注重审美对于感情的节制作用,所谓"和,乐之本也""乐和民性""乐以发和",所谓"发乎情,止乎礼义"。但对审美的认识作用就强调得很不够。因而那种由于对生活的深刻认识而导致的感情宣泄和意志锻炼,就同样从美学思考的视野中被理所当然地疏略、回避乃至排斥了。在美学基本理论研究中是如此,在部门美学的研究中也是如此。由于把审美价值等同于伦理价值而无视认识价值,就不可能不产生对小说戏曲的轻视,因为小说戏曲更多地含蕴着理解因素,更多地与认识价值密切相连,诸如对被反映的社会生活中种种矛盾纠葛、因果联系的剖析考察,诸如将这一切加以提炼概括并最终在作品中得到完美表现,诸如人物性格的塑造、情节冲突的安排等,都绝非中国古典美学所能完成。绘画美学中亦复如此:强调"神"而忽视"形","画以适吾意"(苏轼:《书朱象先画后》),"论画以形似,见与儿童邻"(苏轼:《书鄢陵王主簿所画折枝》),这样,最后不能不"生出许多荒谬笔墨"(郑绩语),以致康有为惊呼:"中国画学至国朝而衰弊极矣,岂止衰弊,至今郡邑无闻画人者,其遗余二三名宿,摹写四王二石之糟粕,枯笔如草,味同嚼蜡,岂复能传后以与今欧美日本竞胜哉!"(《万草堂藏画目》序言)透视问题也不例外,虽然在宗炳《画山水序》中就已经涉及到了,但在那之后却始终未能从直观经验性的描述转变为科学的总结和理论上的逻辑分析。西方美学那种在几何学、数学和光学基础上发展起来的、能够成功地计算空间关系的复杂变化并将其模写到二维度的画面上的透视学,在中国不但未能出现,而且在其传入后始终受到排斥。另一方面,中国古典美学思维机制的问题同样如此。由类比推理和臻美推理组成的"宏观直析"思维机制固然有助于从整体上直捷地把握对象的实质,但却毕竟是"顿悟"式的。一来它是"写给利根人读的,一点即悟,勿庸费辞"(夏济安语),可惜具有"利根"即所谓悟性的人太少了,因之它不但引起含混模糊莫测高深之感,而且会因为自身的巨大涵容性造成后人阐释上的随机性,往往导致闪烁其间的一星理性火花最终为缺乏"利根"的后人所遗漏、误解甚至践踏;二来它毕竟缺乏坚实的自然科学基础和形式逻辑基础,不但未曾对研究对象的任何微小细部加以寻根究底的分析理解,而且往往容易受到主体意向和感性经验的左右,因而又不能不表现出极大的或然性、模糊性和不确定性。

因此,在中国古典美学达到空前兴盛的同时,就随之开始了急遽的历史跌落。中国古典美学的后期,在禅宗美学、司空图美学中,我们不难体味到一种深沉的苦闷、焦灼、痛苦和不安,体味到中国美学家在自觉不自觉地把个体与社会、人与自然剥离开来,转而从与自身的情感、欲望、爱好相契合的人生境界中寻找审美愉悦的一种潜在的美学探索。然而,美学传统的巨大惯性使得这种微见端倪的美学转折不但未能发而为近代美学启蒙的狂呼猛进,反而融化、消失在中国古典美学历史跌落的嘈杂声中。

然而历史与逻辑的必然是不可逆转的。美学传统的巨大惯性固然可能使之延误,但却不可能使之改变。果不其然,迄至明代中叶,在中国美学的长廊中传来了姗姗来迟的中国启蒙美学的软弱而又清脆的足音。

第二章　最后的挽歌

第三进向的阙如

两千多年前的一个农历五月初五,屈原自沉汨罗江。他的自沉,使得中国失去了一个伟大的灵感,同样也因此而成为中国的一个永远的神话。

时值前所未有的春秋时代的"礼崩乐坏",透过历史的厚重帷幕,在"国人莫我知兮"的"王听之不聪也,谗谄之蔽明也,邪曲之害公也,方正之不容也"与"三王"之政、"尧舜"之治的动辄碰壁的背后,是"天命反侧,何罚何佑"的荒诞、无常,人与社会完全失去了感应、交流与协调的可能,何谓是、何谓非、何谓善、何谓恶、何谓美、何谓丑……一切的一切都混淆不堪。对此,惟有屈原心有灵犀,敏锐洞察,堪称前无古人(而且,直到王国维才堪称后有来者)。他追问、寻觅、倾诉、诅咒,以悲愤之极的《天问》来"呵而问之","极于死以为态,故可任性孤行"(王夫之:《楚辞通释》),成为中华民族历史上最早的"任性孤行"者。遗憾的是,面对严峻的命运,他最终不得不承认自己的无能为力以及为《天问》作《天对》的绝无可能。于是,唯一的抉择就是:自杀!

在无可指望的绝望中自杀,这无疑是屈原之为屈原的伟大之处。必须强调,屈原的伟大并不在于人们千百年来喋喋不休所赞扬的"爱国",而就在于人们千百年来讳莫如深所掩饰的自杀。作为一个当之无愧的文化先知,他洞若观火,以自沉汨罗为自己所选择的以芷兰之香抵御世间污秽之气的道路立下了一块巨大的"此路不通"的界碑,并且昭示着国人幡然醒悟,转而寻找新的精神出路。显然,这也正是屈原所希望于我们的唯一抉择。然而,在屈原之后,国人却仍旧"九死而不悔",为屈原的《天问》而一而再、再而三地去做《天对》。而且,直到王国维为止的两千年间,在中国都竟再无屈原式的文化先知、屈原式的洞若观火,更竟再无屈原式的自杀的效法者。这,实在可以称之为屈原之"屈"!

然而,在中华民族的精神之旅中,屈原之"屈"又实属理所当然、自然而然与不得不然。屈原的自沉之所以始终撞击着两千年来的国人心扉,始终为两千年来的国人所心领神会反复提及,其根本原因在于深刻触及了中华民族在跨过包括夏、商、周三代在内的"青铜时代"而进入雅斯贝斯所谓的"轴心时代"后的根本奥秘。"轴心时代"意味着人类走出"得乐园"而进入"失乐园",意味着私有财产以及私有观念的出现(恩格斯称之为"卑劣的贪欲"),意味着人与自然、人与社会的分裂,也意味着自我意识的觉醒,是人类精神运动或曰造"神"运动的开端。所谓"智慧的痛苦",正是因此而应运诞生。那么,如何面对这"智慧的痛苦"? 在西方,我们看到的是一往直前(可以形象地称之为"寻找父亲"),不惜彻底打破人与社会、人与自然的和谐关系,从而在人与社会的维度通过主体化的方式挣脱原始社会的血缘关系,把个体与群体加以区别,在人与自然的维度通过对象化的方式斩断人与自然的精神统一,把主体与对象加以区别,结果,在人与自然的维度是孤独的人类、在人与社会的维度是孤独的个人,由此产生的巨大孤独只能转而由作为第三进向的人与意义的维度来弥补,也就是由上帝来弥补[①]。这,就是我们在以古代两河流域为代表的苏美尔文明之中所看到的所谓"断裂性"。而中

[①] 西方宗教精神的形成是远古的图腾崇拜的最终走向神化的必然结果。它从图腾崇拜到强调自然背后的人格神,最终必然导致神灵崇拜,导致外在的超验的彼岸世界的出现。正如伯奈特在《早期希腊哲学》中指出的:"我们在这个世界上都是异乡人,身体就是灵魂的坟墓,然而我们决不可以自杀以求逃避;因为我们是上帝的所有物,上帝是我们的牧人。"同时,由于在西方进入文明社会之初,血缘关系就已经被彻底斩断,人与人之间的沟通根本无法在世俗社会实现,因此,西方人的自由无疑是以孤独为代价的,所以,上帝在西方的出现实在是必然的。在此意义上,所谓宗教精神以及终极关怀,都应该被真实地看作是对西方人的孤独的补偿。例如,在西方,约伯也有天问,所谓"天命反侧,何罚何佑",但是他却并没有自杀。因为上帝在旋风中回答了他的问题。在这里,存在着两个中国所不存在的前提:约伯是无知的,上帝是全知的。因此人并不寻求解答,一切决定于上帝。

国却截然不同,是一路向后(可以形象地称之为"寻找母亲"),坚持全力看护人与自然、人与社会的和谐关系,从而在人与社会的维度通过非主体化的方式重建原始社会的血缘关系,使得主体与群体混淆莫辨,在人与自然的维度通过非对象化的方式重建人与自然的精神统一,使得主体与自然混淆莫辨。结果,在人与自然的层面没有孤独的人类,在人与社会的层面没有孤独的个人,既然没有由此产生的巨大孤独,因此作为第三进向的人与意义的维度也就没有出现的必要。然而,由于对于人与自然、人与社会的和谐关系的全力看护纯属一厢情愿,因此如此一意孤行,就势必导致某种内在的巨大紧张①。如何消解这一内在的巨大紧张,就成为千百年来国人所必须完成的《天对》。这就是在中国文明中所看到的"连续性"。而屈原之"屈"的理所当然、自然而然与不得不然,就正与中国文明的"连续性"相关。

屈原之"屈"显然是我们理解中国美学的最佳途径。

人类世界是在人、自然、社会的三维互动中实现的,其中人与自然的维度作为第一进向,涉及的是我—它关系;人与社会的维度作为第二进向,涉及的是我—他关系。它们又都可以一并称为现实维度,是人类求生存的维度,然而,由于人与自然、人与社会的对立关系,必然导致自我的诞生,也必然使得人与自然、人与社会之间完全失去感应、交流与协调的可能。而这就相应地必然导致对于感应、交流与协调的内在需要。这一需要的集中体现,

---

① 在所有的文化模式中,只有中国文化的文化模式是非宗教性的。由于强调血缘情感,中国文化没有从图腾崇拜走向神化,而是走向了人化,也没有走向人格神,而是走向了神格人,最终导致的是祖宗崇拜(是代表血缘情感的父亲而不是代表非血缘情感的上帝)以及内在的超越的此岸世界。而且,由于中国在进入文明社会之初,血缘关系没被彻底斩断,人与人之间的沟通完全可以在世俗社会中进行,换言之,中国人不需要任何神祇就能够实现人生的超越,因此宗教精神的重要性在中国就根本不同于西方。在此意义上,甚至可以说,中国远远早于西方就实现了世俗化(但却不能导致资本主义)。因此,中国人的自由并不以孤独为代价,而身体也不是灵魂的坟墓,而正是灵魂的家园。相对于西方的约伯,屈原全知全能,"天"却一无所知。没有"神颂",只有"橘颂";没有哀歌,只有"离骚";没有"罪孽"的忏悔,只有"福佑"的祈祷。

就是"爱"。但是，真正的爱只能是一种区别于现实关怀的终极关怀,也只能是一种对于一切外在必然的超越,而这就必然融入作为第三进向的人与意义的维度之中。因为作为第三进向的人与意义的维度正是一种区别于现实关怀的终极关怀,也只能是一种对于一切外在必然的超越。人与意义的维度涉及的是我—你关系。它可以称为超越维度,是求生存的意义的维度,意味着最为根本的意义关联、最终目的与终极关怀,意味着安身立命之处的皈依,是一种在作为第一进向的人与自然维度与作为第二进向的人与社会维度建构之前就已经建构的一种本真世界。它也称为信仰的维度。因为只有在信仰之中,人类才会不仅坚信存在最为根本的意义关联、最终目的与终极关怀,而且坚信可以将最为根本的意义关联、最终目的与终极关怀诉诸实现。就是这样,人与意义的维度使得最为根本的意义关联、最终目的与终极关怀成为可能,也使得作为最为根本的意义关联、最终目的与终极关怀的集中体现的爱成为可能。至于审美,毫无疑问,作为人类最为根本的意义关联、最终目的与终极关怀的体验,它必将是爱的见证,也必将是人与意义的维度、信仰的维度的见证。

显而易见,中国并没有走上这条道路。

在人、自然、社会的三维互动中,对于人与自然、人与社会的和谐关系的全力看护,使得中国作为第一进向的人与自然维度与作为第二进向的人与社会维度出现根本扭曲。在人与自然维度,认识关系被等同于评价关系,以致忽视自然与人之间各自的规定性,片面强调两者的相互联系,并且把自然和人各自的性质放在同质同构的前提下来讨论。在人与社会维度,政治、经济以及道德情感等非自然关系被等同于自然关系,君臣、官民等非血缘关系被等同于血缘关系,总之是用以血缘为纽带的伦理关系来取代以利益为纽带的契约关系。显然,这样一来本应应运诞生的"自我"根本就无从产生。因此,尽管在中国"爱人"(孔子语)、"道大,天大,地大,人亦大"(老子语)、"天地人,万物之本也"(董仲舒语)之类的声音充盈于耳,但是,在中国却根本就没有"人",而只有"人伦",即血缘宗法关系中的人,或即"仁"。在这里,"人"是一个十分含糊的概念,既不是目的,又不是手段,既是目的,又是手段。一旦把这样的理解放入家族制度、宗法政治和科举制度为核心的现实社会关系中,就充分地展现出了它那使人误入迷途的暧昧魅力:对于每一个人来讲,为子、为臣、为民时是手段,为父、为君、为官时则是目的,但另一方面,就其对于现实社会关系的认可、依赖而言,每一个人又既不是目的,又不是手段。而在"人伦"背后的,则是自我的夭折。问题很简单,对人的看法,应该是建立在承认其独立价值(人格独立、心理独立、情感独立)的基础上。假如不是由此出发去评价人,而是从现实社会关系出发去评价人,尊重你,以你为目的,是因为你在现实社会关系中的为父、为君、为官的位置;鄙视你,以你为手段,是因为你在现实社会关系中的为子、为臣、为民的位置,那就毫无独立人格价值可言。因此,在中国是"做一个人",而不是"是一个人",是由社会("家""国")来定义自我,而不是由自我来定义社会①。人的自我意识也被曲解成身份意识,地位、职务、门第、职称、等级、衣冠、座次、面子,诸如此类都成为人的代名词,成为人的自我异化的象征。

进而言之,由于对于人与自然、人与社会的和谐关系的全力看护,加以进入"轴心时代"之后血缘关系并没有被彻底斩断,因此人与自然、人与社会之间出现的感应、交流与协调的巨大困惑就不会通过"上帝"而只会通过自身去加以解决。这样,从"原善"而不是原罪的角度来规定人,就合乎逻辑地成为中国的必然选择。本来,原罪是形而上的良知,原善却只是日常经验的良知,因此作为认识人性的资源,"原善"是没有任何意义的。但是在中国看来,与生俱来的人性却是完全可靠的。人可以由善而接近神,成为神,可以

---

① 对此,鲁迅先生洞若观火:"我们自己是早已布置妥帖了,有贵贱,有大小,有上下。自己被人凌虐,但也可以凌虐别人;自己被人吃,但也可以吃别人。""但是'台'没有臣,不是太苦了么?无须担心的,有比他更卑的妻,更弱的子在。而且其子也很有希望,他日长大,升而为'台',便又有更卑更弱的妻子,供他驱使了。"(《鲁迅全集》第1卷,人民文学出版社1981版,第215—216页)中国人就这样争来争去,忽而为子,忽而为父,忽而为臣,忽而为君,忽而为民,忽而为官……结果只争来了"两个时代":"一,想做奴隶而不得的时代;二,暂时做稳了奴隶的时代。"(同上,第212页),但却从来"没有争到过'人'的价格"(同上,第213页)、人的时代。

"满街都是圣人"。① 至于自身自然本性中的饮食男女之类的感性存在,则统统视之为"恶",一概加以清除。其结果,就是对于善恶一体的现实人格毫不留情地给以否定,转而去追求一种理想人格,并且以这种理想人格作为衡量人与非人、人与动物之间区别的标准。这样,从拒不接受恶,到直接把善肯定为人的自然本性,最终便形成了"存天理、灭人欲"的人性观。朱熹说:"形骸虽是人,其实是一块天理。"(《朱子语类》卷三十)就是这个意思。顺理成章的是,作为现实关怀的"德"也就取代了作为终极关怀的爱。我们知道,人与意义的维度只是一种可能,是否出现与如何出现,却要以不同的条件为转移。在中国,由于作为现实关怀的"德"对于作为终极关怀的爱的取代,人与意义的维度的出现,事实上就只是以"出现"来扼杀它的"出现",只是一种逃避、遮蔽、遗忘、假冒、僭代。所以鲁迅说:中国有迷信、狂信,但是没有坚信。很少"信而从",而是"怕而利用"。鲁迅还说:中国只有"官魂"与"匪魂",但是没有灵魂。这正是对中国人与意义的维度的"逃避、遮蔽、遗忘、假冒、僭代"的洞察。

有必要加以说明的是,人们往往对中国人与意义的维度的"逃避、遮蔽、遗忘、假冒、僭代"不以为然,反而坚持认为在中国人与意义的维度不但存在,而且始终存在。这无疑是缺乏深思熟虑的结果。人们往往只关注一种文化是否热衷于追求终极关怀,却不去关注这是一种什么样的终极关怀,这无疑是失之片面的。事实上,终极关怀是一个与现实关怀相对的概念。一般而言,终极关怀是现实关怀的继续,同时也是现实关怀的提升、强化。或

---

① "原善"是中国的共同起点。具体分为三种类型:孟子的性善说,荀子的性恶说,庄子的性非善非恶说。孟子所谓性,与荀子所谓性,实非一事。孟子所注重的,是性须扩充;荀子所注重的,是性须改造。因此荀子所谓"性恶"的看法不但与西方"原罪"的看法不同,而且是完全相反的,只能视作一种广义的"性善说"。庄子认为性直接来自作为本体的道。这样,庄子把本体的东西当作现实的东西来实现,当然就用不着去考虑善和恶的问题,也用不着去小心翼翼地从自我(孟子)或从社会(荀子)方面去教化,只要从外在的一切(包括社会、历史、道德)抽身退出,"反其性情而复其初",便完满具足,万事大吉。因此,这实际上还是一种"性善说"。

者说,终极关怀是现实关怀的参照、蓝图和理想。这意味着,终极关怀是一种永远无法实现的可能性。当我们从本体视界看待人时,我们说每一个人都应该实现终极关怀,这是在讲"人应该是什么"。但当我们从现实存在的视界看待人时,我们又必须说,每一个人都永远无法完全实现终极关怀,这是在讲"人事实上是什么",两者不可混同。但我们在中国文化中看到的,恰恰是两者的混同。在这里,我们看不到终极关怀与现实关怀两者之间的区别,只看到终极关怀与现实关怀之间的互动,或者说,终极关怀与现实关怀的混同(这恰与西方文化中终极关怀与现实关怀的区别形成鲜明对比)。结果,不但终极关怀丧失了理想的品格,而且现实关怀也丧失了现实的品格。如是,中国的终极关怀就与西方的终极关怀截然不同,它固然玄之又玄,但毕竟"天何言哉",最终不免为忠、孝、节、义、廉、耻、恕、仁之类具体道德标准所僭代,因此,中国人与意义的维度的"逃避、遮蔽、遗忘、假冒、僭代"也就是必然。

就"爱"本身而言,也是如此。爱,是自我与灵魂的对应物。也因此,在中国"爱"实在是一个最为陌生的领域。传统的所谓"慈爱"与"敬爱",都是有等差的爱,与真正的"爱"毫无关系。其中充斥着等级意识、功利意识,但却偏偏没有人格意识、尊严意识。显然,这已经不是"爱"而是"冷漠"。有人说,在中国,爱不是愿望、期待、追求的实现,也不是一种推动生命进入创造的力量,而是一种吸收和整合的力量。"爱就是把他人放进自己关心的范围内,这样就使他人成为自身的一部分。"[①]确实如此。而鲁迅也称中国文化的核心是"吃人",所谓"吃人"就是作为个人的从生存到发展的各种权利都被剥夺,即"轻视人类,使人不成其为人"[②],其实,这正是中国的"爱"所导致的真正效果。至于在等差之外,中国则根本无爱可言,而完全是彻头彻尾的冷漠。因为,它根本就不保护个人,而只保护等级,也不关心个人,而只关心人

---

① 郝大维等:《孔子哲学发微》,江苏人民出版社1996版,第91页。
② 《马克思恩格斯全集》第1卷,人民出版社1956年版,第411页。

的等级,因此在面对被排斥在等级之外的人的时候,就表现出了极大的冷漠。例如武大郎这样一个生前备受冷漠的弱者,在死后竟然继续领受着人们的冷漠(诸如"武大郎开店"等等),比较一下雨果笔下的卡西莫多所领受的吉卜赛女郎的关爱,就不难想见中国的冷漠是何等地令人齿冷。而作为"爱"的对立面的仇恨,那简直就可以说是中国的"国宝"了。仇恨心理作为一种在冷漠的灵魂地狱里疯狂滋生的有害分泌物,在中国实在是找到了最为适宜的土壤。想想中国人常常讽刺的"妇人之仁",再想想中国人常常提倡的"先下手为强""该出手时就出手""无毒不丈夫",在这当中,中国人竟然没有恐惧,没有悲悯,竟然反而会有如痴如醉的高峰快感,这一切,实在是匪夷所思①。显然,这仍旧与中国等级意识、功利意识的充盈与人格意识、尊严意识的匮乏密切相关。等级意识、功利意识导致的是"无我之大我""合群的自大"。"无我之大我",它犹如一个放大镜,可惜放大的不是自我的觉醒,而是自我的懦弱。自我的懦弱使得人们生活在高度的恐惧之中,并且不得不以对他人的各种形式的虐杀来保全自己。所谓"无主名无意识的杀人团",就是这一仇恨心理的真实写照。例如杀戮、暴力之类,本来全然是价值的毁灭,因此应该去进而思考公平、正义,并且从中发现普遍的苦难,从而以同情与悲悯之心去面对。但是因为没有对于人本身的关心,而只有对于"关系"的关注(例如敌我关系的划分),对于杀戮、暴力之类的热衷在中国也就理所当然(在中国没有一个朝代不是以暴力来建立的,而中国的文化、美学,实质

---

① "爱"是对于固守人性底线者的鼓励。有爱心的人无疑禀赋"妇人之仁",有爱心的人无疑肯定不会"先下手",不会动辄"出手",更不会"无毒不丈夫"。他们绝对不会因为被"无毒不丈夫""先下手"而放弃人性的底线,他们失去了现实的种种利益,但是却仍旧有所不为,有所不能,而"爱"正是对他们的鼓励。而中国文化中根本没有"爱"的位置,因此遇事不是维护人性的底线,而是为了维护自己的种种利益而彼此抢先越过人性的底线,"先下手为强""该出手时就出手""无毒不丈夫"因此而成为人们的座右铭。而越王勾践的"卧薪尝胆"为了权力而竟然极尽欺骗之能事,竟然不惜越过人性的底线,而且还成为后世的楷模。这样的文化真是匪夷所思。

上也完全是为暴力辩护的文化、美学)①。再如看杀人的快感,这是古老中国的一大特色,也最为鲁迅所深恶痛绝。它意味着等级意识、功利意识的充盈与人格意识、尊严意识的匮乏所导致的人格剥夺、人性剥夺,也意味着对于另外一个的生命的同情与爱的完全丧失。一切都被颠倒过来,人性的东西反而被消灭了。因此不但不为自己感受不到爱而羞愧,不但对于杀戮与暴虐很不敏感,而且反而学会了以感受杀戮为快,学会了享受暴虐。对于女性的仇恨也如此。等级意识、功利意识的充盈与人格意识、尊严意识的匮乏颠倒了善恶、美丑,性欲成为道德实现的工具,没有了本身的独立价值。所谓"不孝有三,无后为大",意味着中国人连坦率承认自己性欲的勇气都没有,只能羞怯地以"传种接代"的社会需要来为自己壮胆。也因此,在面对女性的时候,也就没有任何的人的意识,而只有非人的意识,没有爱,而只有恨②。要禁欲而不能,就只有把性焦虑的原因归罪于女性的诱惑;要面对真实的生命而不能,也只有把心理阳痿的原因归罪于女性的诱惑。这,就是仇恨女性的根本原因。

这样,我们在中国看到的永远只是"心路历程",但却不是"灵魂旅程"。价值之源也只是来自此岸的现实关怀,而并非来自彼岸的终极关怀。因此,尽管关注的确实是生命,但是由于自我的缺席,也由于人与意义的维度的缺

---

① 李逵为宋哥哥而不问青红皂白"排头砍去"、武松在鸳鸯楼为复仇而滥杀无辜。"这种人身上显然不是血肉,全是青铜!"(陀思妥耶夫斯基:《罪与罚》,燕山出版社2000年版,第253页)但是,在中国却根本无法看到哈姆雷特身上的那种特有的"延宕"。我们看到,就在哈姆雷特苦苦为杀人寻求正当理由之际,西方的人性被空前地提升到了一个全新的高度。在中国也无法看到拉斯柯尔尼科夫身上的那种杀人以后的"心罚历程":那种失去了做人的权利的痛楚,那种突然发现一切美好的东西都离自己而去也都与自己再也无关的痛楚,那种在杀死他人之前首先就杀死了自己的"最不幸"的痛楚。同样,在中国更看不到索尼娅身上的那种能够使得"久已生疏的一种感情泛滥于"拉斯柯尔尼科夫"心头,立刻便把他的心弄软了"的爱与悲悯。
② 例如《水浒传》中的宋江杀惜、武松杀嫂、石秀杀妻,就都是如此。

席,因此关注的只是身体而并非灵魂①。结果,在中国有自然生命但是没有神圣生命;有人伦但是没有人;有解脱但是没有救赎;有婚姻但是没有爱情;有卑贱意识但是没有高尚意识;有忧世但是没有忧生;有苦难但是没有耻辱;有使命但是没有尊严;有命运但是没有罪恶;有"通历史之变"但是没有"究天人之际";有"怀才不遇"但是没有"旷野呼告";有人生的法庭但是没有灵魂的法庭。忧生之嗟被忧世之嗟掩盖,精神的深渊处境也为外在之物例如道德伦理所掩盖。生的烦忙所导致的生命的紧张或生的悦乐所导致的生命的逍遥被借以驱除对于生存困惑的关注。于是,"忧喜不留于意""是非无措",生命中的黑暗、丑恶、卑鄙,都被遮蔽起来了。蒙难的历史、呼救的灵魂、孤苦无告的心灵更是被视而不见②。

陀思妥耶夫斯基曾说,"俄罗斯灵魂是黑古隆冬的",在我看来,中国尤其如此。中华民族真是一个不幸的族群,没有真正的精神依赖,人心犹如石头,精神只是沙漠。人性不断萎缩、蜕化,并且彻底丧失了应有的尊严。心灵世界、人性空间长期的大面积失血,更使得中国人的心灵空间、人性空间

---

① 中国的思想者大多出身平民,这一点,在形成此岸的现实关怀与身体关怀的文化传统方面,起着重要的作用。据研究,牛之所以怕人,是因为它所看到的"人"要远比实际的人要大。中国的思想者也如此。现实出路的困惑远比精神出路的困惑要大,这使得他们不能不忽视了精神出路的存在。而且,即便现实幸福对于他们也还是一个美好的理想,也还有待全力争取,那么对于现实幸福的超越又从何谈起呢? 由此我们发现:佛教的"灵魂旅程"由享尽荣华富贵的释迦牟尼来开始,中国文化的"灵魂旅程"由享尽荣华富贵的曹雪芹来开始,都不是偶然的。
② 必须强调,在躲避苦难、制造罪恶方面,中国有着过人的生命智慧;在遗忘苦难、开脱罪恶上,中国也有着成熟的心理机制。自我的夭折,使得中国人无法面对自我与世界的任何割裂,因此就必须时刻根据外界的变化来改变自己的心理状态以维持必要的平衡。同时,自我的夭折,也使得中国人无法借助意识的整合来将具体经验意象上升到意识整体,因此也就必须及时抹去所有的苦难、罪恶等具体经验意象。这样,既然没有能力面对苦难、罪恶等具体经验意象,也无法面对自我与世界的任何割裂,一种无意识的反记忆意向便会自动抹去这些记忆。这无疑并非记忆障碍,而是货真价实的意志障碍。我们所看到的把一种纯粹的自欺变为自己真正相信的事实之类的自我欺骗、自欺欺人的心理转换机制,我们所看到的那些以虚假的自尊、在主观上不负任何责任为前提的集体记忆,都是如此。

出现一个巨大的黑洞。"做戏的虚无党"、"文字的游戏国"、"戏剧的看客"、闲适的隐士、麻木的顺民,自私、猥琐、残忍、懦弱、冷漠、无情更已经成为一种"国家表情"。《芙蓉镇》中那句著名的台词所说的:活下去,像畜牲一样活下去!就是国人心态的真实写照。而加缪指出的,我们每个人都在自己身上带着监狱、罪恶和毁灭;鲁迅指出的"自南北朝以来,凡有文人学士,道士和尚,大抵以'无特操'为特色",一切所想所说所写,"都并不真相信,只是说着玩玩,有趣有趣的",其实也就是国人心态的写照。[①] 张爱玲说:"生命是一袭华美的袍,爬满了虱子。"人生是否如此? 一言难尽。但是中国人的人生里面"爬满了虱子",却是千真万确的。

心灵空间、人性空间的巨大黑洞必然导致审美的巨大黑洞。在中国,苦难、悲剧、痛苦一再失重,不把美好当美好,不把罪恶当罪恶,不把羞耻当羞耻,有苦难却没有苦难意识,有悲剧却没有悲剧意识。没有能力体验痛苦,也没有能力表达痛苦。甚至,悲剧只有在被转换为喜剧时,审美才是可能的。为暴力整容,为道德化妆,是黑暗的"软化",而不是黑暗的"弱化"。一切被描写得轻松、飘逸,不离不染,蜻蜓点水,类似游戏,只是游世、玩世、虐世、弃世,而缺乏一种被伟大的悲悯照耀着的深重的力量,没有灵魂没有尊严没有声音没有愿望,不愿自我提问、自我怀疑、自我负责,身洁如玉,无辜如羊。甚至已经习惯于一下子就从事实判断滑向道德判断,从"是与不是"滑向"该与不该",从正视"正在受苦"这个事实躲到"不该受苦"的道德安慰之中。阿德勒发现:心灵空间、人性空间出现巨大黑洞者"很喜欢在虚构中进行自我陶醉,他们感到自己并非强者,所以绕道而行——总是想逃避困难。通过这种方式,他们觉得他们比实际上的自己更强一些,更聪明一些"。[②] 中国的审美正是如此。它实质上是一种凭借自己的精神力量无限扩

---

① 在中国历史上甚至看不到真正的"恶"。作恶无疑也需要充沛的生命力,但是在中国却连敢于作恶的胆量与能力也看不到。能够看到的,只是一种平庸之极的恶。因为缺乏充沛的生命力,中国历史上的"恶"充其量也只能叫作"坏"。说得再明确一些,中国甚至连"坏人"也没有,而只有"小人"。
② 阿德勒:《生命的科学》,三联书店 1987 年版,第 45 页。

张的虚幻活动,站在泰山之上就以为自己像泰山一样巍峨,立足长江之滨就以为自己像长江一样伟大。其实,它的对象都是一些没有内容的形式,"天道""天理""天下"之类,而主体也都是没有内容的形式,因此可以凭借自己的精神力量来加以无限扩张。就是这样,无视这世界比撒哈拉沙漠全部的沙子还要重的罪恶,由主子豢养着的嗷嗷学舌唱着恶心颂歌的鹦鹉,片面强调自在逍遥的鸵鸟美学,而在背后潜伏无数萎缩的自我、去势的人性的丑陋、虚妄和卑怯。审美诗化了风花,美化着雪月,不断地为山水命名,甚至连一块石头也逃不过去。它们大都成了望夫石、仙女、猴子和猪八戒,等等。可是,人与意义的维度这一根本问题却根本没有被触及到。宴殊说世界没有意义,柳永说那就放纵吧,然后,中国人就毅然走上一条令人瞠目结舌的遗忘生命存在的审美之路。

心路历程

在中国思想的历程中,儒、道、释都走在遗忘生命存在的审美之路之上。他们的思考,正是屈原之后国人仍旧"九死而不悔"并为他的《天问》而写下的三篇《天对》[①]。

思想之为思想,就在于它创造性地理解世界、人生。儒家无疑就是如此。因此,不管儒家之前的中国是什么样的,但是儒家之后的中国却肯定是为它所决定的。所以中国人才说:"天不生仲尼,万古长如夜。"而在比喻的意义上,我们也可以说,儒家就是国人针对屈原《天问》而写下的第一篇

---

① 至于法家与墨家,则由于不符合秦统一以后的国情,其影响远不能与儒、道、释相提并论。法家的基本思路显然并非"对于人与自然、人与社会的和谐关系的全力看护",它毋宁是借助法、术、势来鼓励人与自然、人与社会的和谐关系的分裂。这在秦以前的诸国纷争中无疑颇具市场,但是秦统一以后,则显然已经不合时宜。墨家的命运更为可悲。"墨子兼爱,摩顶放踵利天下为之"(《孟子·尽心上》),它的"天志""鬼神"以及"平等""博爱"思想显然已经超出了人与自然、人与社会的维度,应该说是中国信仰之维、爱之维的萌芽。但是秦统一以后,面对唯一的政治实体,而且不存在教权与政权的分立,只能选择承认或者拒绝,"天志""鬼神"以及"平等""博爱"思想自然也就没有了施展的空间。

《天对》。

儒家显然并未理睬屈原以自沉汨罗江的方式所立下的那块巨大的"此路不通"的界碑,更并未幡然醒悟,而是始终认定人即"德性",始终强调伦理人格。在儒家看来,人只有在社会中才能生存,因此不惜以扼杀自我为代价来片面强调生命的义务。尽管,这一切只是为取消向生命索取意义而做的正面功夫,正如鲁迅所剖析的,是"骗"。

面对由于对人与自然、人与社会的和谐关系的全力看护的一厢情愿、一意孤行而导致的某种内在的巨大紧张,儒家采取的对策是:以道德作为人的本质。在它看来,生命不是欲望的有机体,而是道德的承担者,只要借助道德主体的确立把对于欲望的痛苦转变为对于道德的主动追求,就可以把欲望从身上分离出去,并且最终通过确立道德的途径来超越导致某种内在的巨大紧张的源头——欲望①。而欲望事实上又根本无法根除(而且反而加重了伦理与欲望之间的内在紧张),于是一方面竭力强调"敬"以坚定信心,另

---

① 这就是儒家所孜孜以求的"仁"。"仁"在儒家的心目中,是一个既内在又超越的终极价值。它一方面是"天道"的超越而又内在化,下贯而为人们生命中的东西。所谓"天生德于予"(《中庸》讲的"天命之谓性"更为形象),因而是"天所与我,我固有之,人皆有之"的东西;另一方面是人的生命中所开拓、呈现出的内在而又超越化,上升而与天道相合的东西,所谓"下学而上达"(《易传》讲的"与天地合德"更为形象),因而是不断努力才能拥有的东西。由上而下是来,由下而上是往,一来一往,成就了既超越又内在的生命之道。换言之,"仁"实际上就是中国人反复致意的所谓"明"。它是在我们的真实生命里显现出来的(孔子之所以要在当下生活里对仁加以指点,从心安或者不安的角度讲仁,但是却又不予以明确定义,就是这个道理),至于呈现的程度、呈现的时间、呈现的方式,则完全可以各有不同。这样,儒家就最终避开了西方式的外在化的终极关怀,而把终极关怀安放在人们心灵之中。这终极关怀是永恒的、无限的,人们在有限的一生中不可能达到它,但由于它是安放在人们心灵之中的,因此又是可以部分地、不完善地加以实现和不断趋近的。孔子说:"君子去仁,恶乎成名? 君子无终食之间违仁,造次必于是,颠沛必于是。""士不可以不弘毅,任重而道远。仁以为己任,不亦重乎? 死而后已,不亦远乎?"这正是讲的人对于"仁"的永恒的趋近、体现。"仰之弥高,钻之弥深,瞻之在前,忽焉在后","仁"就是这样地永远在人们的追求之中,同时又在人们的追求之外。

一方面不得不把"德性"不断放大（例如在孟子那里），直到通过"天理"与"人欲"的对立，把欲望这个"心魔"完全驱赶进罪恶深渊。

然而，如果人的欲望是人的自然法则，那么道德就不可能是自然法则。儒家将道德看作毋庸置疑更毋庸证明的"自然"法则，推出的实际只是一个抽象的理念而并非真实的人。而且，由于所指（伦理道德）完全是虚拟的，它与能指（生存本身）因为实际的不对应而存在着极度的紧张，这势必导致儒家建立在性善论假设基础上为屈原《天问》所作《天对》的风雨飘摇。所谓"生之忧患"只是"德之不修，学之不讲，闻义不能徙，不善不能改"，既没有灵魂需要拯救，又没有彼岸世界需要引渡，更不存在对苦难的悲悯与关怀。而人生的悲剧无非是外在因素造成的，因此只需借助外在力量去消解这外在因素，以"欢"与"合"来弥补"悲"与"离"。因而从内心来讲，中国人根本就毋需"成圣"（而只需"成德"），可见内圣之路根本走不通。而从"外王"的角度，性善论假设导致的只是人性的虚伪。中国的群体不是由契约组成，而是由血缘组成。但是从血缘出发的爱必然导致爱有等差，必然导致随着血缘关系的疏远而爱的逐渐递减以至于无。所以平等、自由的大同、大爱、博爱也就根本无从谈起。何况终极关怀已经被儒家内化于心而成为道德自觉，因此也已经被扭曲为现实关怀，而没有任何的"终极"可言了。

就以给中国美学以重大影响的儒家忧患意识为例，毋庸置疑，忧患意识在历史上的进步作用不容忽视。但尤其不容忽视的是忧患意识在理论上的重大失误。之所以如此，就在于，忧患意识的实质，是一种中国独有的责任原罪感。与西方的出生原罪不同，责任原罪不是对此岸世界的批判，不是对彼岸世界的关注，不是留居在本然的生命世界瞩望着绝对的神圣至爱的莅临，而是瞩目现实社会的和谐，瞩目人与天道的同一。然而，有待反复追询的是，天道的绝对合理性的根据何在？人与天道的同一的正当性何在？谁能担保这一切统统是真实的而不是一场骗局？与此相一致，谁又能担保天道的实现不会暗含着人本身的被奴役、被工具化和被手段化，不会导致任何一次革命都成为维护现实的天道的革命，都成为扼杀人、消灭人、奴役人的革命？更进一步，中国往往是在距离自身最近的一点设定自己的人性，例如儒家就从"德性"来为人性定性,这样一来,所有的"生之忧患"就都被推向外界,诸如"德之不修,学之不讲,闻义不能徙,不善不能改",但是却根本没有对生存困惑的关怀。因为他从不困惑,一切都是"众人皆醉我独醒",只要无愧于历史、汗青,就死而无憾。所谓"先天下之忧而忧,后天下之乐而乐",就是如此。可是,这里的"天下忧乐"是谁规定的?何况,由于天道的绝对性,它的胜利是不可阻挡的,所以任何关于天道的忧患都是偶然的,不但没有触及个人生命深处,而且毋宁说个人在心灵深处甚至是快乐的,因为能够为天下而痛苦而沾沾自喜的快乐。至于为个人的生命痛苦而歌唱,则是根本不会发生的事情。例如中国的悲剧的必然昭雪就是一个例子。因为人的本性都是美好的,因此他的蒙冤就是外在与偶然的。正是因此,中国人才不是清醒地批判现实世界,而是盲目地拥戴和接受现实世界,也才不去瞩目生命存在的根本困惑之类的话题,而去倾尽全力关注着社会的盛衰治乱、安定分裂,并简单地以"民不聊生""无立锥立地""吃不饱穿不暖"和"丰衣足食""冬有棉,夏有单""广厦千万间"作为"失道"与"得道"、"不尽欢颜"与"尽欢颜"的内在标准。与西方相比,他们虽然未曾让自己(自我)在上帝面前受审,但却始终让自身(肉体)在人伦、社会面前受审。虚无缥缈而又令人鼓舞的责任感使他们尽最大可能地压抑自己、剥夺自己、虐待自己,以俾最终得以实现或者哪怕只是更为接近人与天道的同一。"天将降大任于是人也"的神话犹如一座东方十字架,使他们自觉放逐个体于"安乐"之外,"先天下之忧而忧"的亘古原罪更使他们抛弃个人的一切:幸福、理想、自由,乃至生命。因此,在某种意义上,忧患意识可以说是一种自轻、自贱、自残、逆来顺受、人格扭曲和处处偏又盲目地以天下事为己任的意识,一种无条件地选择献身、牺牲但又从来不去追询、怀疑对象的存在根据和正当性的意识。它造就了伟大,同时也造就了愚昧;它塑造了英雄,同时也塑造了懦夫。因为这种作为天道的担当者的忧患,正是出之于一种内在的恐惧。它不敢面对真正的内在困惑,于是就将一切归咎于外在世界,一切罪恶都是因外在世界而起,因此只要改变了外在世界,就可以万事大吉。这,就是它的遁词,也是它以天天忧患不已来自欺欺人的一个巨大的精神黑洞。

进而言之,要否定一种东西,完全可以通过肯定与之相对的另外一面来进行,这,就是儒家。通过"立德、立功、立言"的操心来凸显伦理向度,所达到的正是对于人与意义维度的遮蔽(当然不是没有痛苦,但却都是道德痛苦,而不是生命痛苦)。因此,尽管儒家以"德"性预设了价值高度、人格世界、精神空间,但是由于它只是为取消向生命索取意义而做的正面功夫,因此也就缺乏真正的人性深度与人性厚度。正如康德所说,道德一旦异化为社会的维护者,就会转而成为非道德力量,转而成为自由的扼杀者。不难看出,儒家的"德性"也正是这样的自由的扼杀者。

与儒家类似,道家显然也并未理睬屈原以自沉汨罗江的方式所立下的那块巨大的"此路不通"的界碑,更并未幡然醒悟。与儒家不同的是,它始终认定人即"天性",始终强调自然人格。在道家看来,人只有在自然中才能生存,因此不惜以扼杀自我为代价来片面强调生命的规律。尽管,这一切只是为取消向生命索取意义而做的负面功夫,正如鲁迅所剖析的,是"瞒"。

面对由于对人与自然、人与社会的和谐关系的全力看护的一厢情愿、一意孤行而导致某种内在的巨大紧张,道家深刻地意识到儒家采取的对策的缺憾,不再将道德作为人性的本质,而是将自然作为人性的本质。不过,这里的"自然"仍旧是一种假设,而并非真正的自然,因此也就仍旧是对于欲望的逃避。由此,道家放弃了儒家的对于伦理道德这一所指的追求,极度的紧张也得以缓解。但是,它所获得的却只是生存本身这一能指的自然宣泄,是从儒家的"假"到自身的"无"。其中,最为核心的问题就在于:道家的自由等于自在(因此,道家的审美超越的核心不是"无穷"而是"无为")。道家十分崇尚自然,但自然本身却是大可推敲的。在道家看来,人应重返自然。这个自然是天之自然,它是"恬淡、寂寞、虚无、无为"的,因此,人也应是"恬淡、寂寞、虚无、无为"的(由此,就有了"形若槁木,心如死灰""吾丧我"等等人们耳熟能详的一系列言论)。但是,作为天之自然的产物,人类的独特禀性,诸如人的未完成性、无限可能性、自我超越性以及未定型性、开放性和创造性,不也是一种自然——人之自然吗?人类要重返自然,不是应该重返这个人之自然吗？或者说，人类不正是因为做到了"顺乎己"才最终做到了"顺乎天"吗？遗憾的是，道家虽然也不自觉地注意到了这一区别，甚至提出了"任其性情之真"这样一个值得大加发挥的命题①，但却又自觉地由此跨越而过，强迫人之自然也归属于天之自然（这，正是我们在《庄子》从《逍遥游》到《齐物论》再到《应帝王》中所看到的心路历程），例如，对"道"的遍在性的强调、对"乘物以游心"的强调（满足有限）、对由于对于肉体自由的追求而出现的"无为"的强调、对"残生伤性""弃生以殉物"的强调、对"形"的强调、对"顺物自然而与世俗处"的强调，结果，不但从人之自然出发彻底消解对象性思维的机会被失之交臂，而且这人之自然或者说人本身反而也被消解了。"忘足，履之适也；忘要，带之适也；知忘是非，心之适也。不内变，不外从，事会之适也，始乎适而未尝不适者，忘适之适也。"（《庄子·达生》）顺应自然的结果竟然是：削足以适履，细腰以适带，强不适以为适。难道这还不是人之自然或者说人本身的消解吗？这正是道家的失败。

就以给中国美学以重大影响的道家悦乐意识为例。毫无疑问，忧患意识是中国人不可或缺的精神支柱，然而，严酷的现实社会却往往不能令人满意，对社会秩序失调的殷切关注换来的反而常常是痛苦的失败。挫折、失意、流离失所，成为忧患意识的合乎逻辑的结果。那么，到何处去安慰自己的心灵？道家的对策是将人性设定为距离自身更近的"天性"，干脆连外在世界的任何东西都加以逃避（所谓"不见可欲""不撄人心"）。那么，这"天性"寄托于何处呢？当然应该是自然山水。这样在悦乐意识成熟之后，一旦遇到屈原的处境，人们便自我放逐，既不正面反抗，也不与当权者合作，不约而同地走向山水自然的怀抱，从此岸的社会秩序遁入彼岸的自然秩序，投身于超人间的山水境界，把它作为"慢形之具"。这就是所谓"仙境日月外，帝乡烟雾中，人间足烦暑，欲去恋清风"（张乔）。这当然就是所谓"悦乐"意识，对此，我在拙作《众妙之门》中曾作过具体剖析。现在要追问的是：悦乐意识

---

① 这一点，在阮籍、嵇康的美学以及苏轼的美学中都可以看到。明清美学则开始明确地由此入手，例如李贽、公安三袁，尤其是曹雪芹。

作为终极关怀是否真实,是否具有绝对根据?答案同样是否定的。当然,悦乐意识明显区别于忧患意识。它敏锐地洞察到天道之类的虚妄,不屑于效法忧患意识去斤斤计较于现实的得失、荣辱、恩怨,认为这统是"假手禽食者器""利仁义者众"。"意仁义其非人情乎,彼仁人何其多忧也?"(《庄子·骈拇》)但是,为自己选择一条倒行逆驶的道路,把自身从历史、文化、价值状态中剥离出来,重返无历史、无文化、无价值状态的自然生命,并非就是对于现实世界的一种反抗。因为问题在于,并非所有的反抗都是只能无条件地予以首肯的,反抗并非只有积极的、正面的价值。悦乐意识的要害是只承认现实的历史、文化、价值形态这一维的此岸世界。默认现实世界,或者说,公开地曲从于现实世界,这就是悦乐意识的所谓"反抗"。当人们对某种价值信念产生绝望、怀疑时,往往会转而走向否定和舍弃价值关怀本身,这固然无可非议,我们没有理由要求每一个个体都挺身而出,抗击世界的残暴、冷酷,或许,只要他能够做到不随波逐流、不落井下石,只要能够做到"零落成泥碾作尘,只有香如故",我们就没有权利去责怪他。但对于一个民族,却远不能这样看。我们绝不能由个体的某种选择推导出对价值关怀的否定和舍弃。如此这般的推导,只能导致对世界的残暴、冷酷的默许。杀人盈野、血流成河、欺诈、哀伤、眼泪、哭泣、叹息、呼告,面对这一切,怎么能设想有人竟然能够拈花微笑、逍遥自得呢?在此意义上,是不是可以说,悦乐意识是犯了无罪之罪,是在强化黑暗而不是在驱散黑暗?而且,凭借事实形态去控诉现实世界,这更令人疑窦丛生。试想,从价值关怀回到价值虚无,回到"吾丧我"的生命本然,又怎么可能指控某种价值关怀的迷失,又怎么可能成为人类生存的根据?因此,不论这种容忍现实世界的毅然抉择对人的某种处境的揭露何等尖锐、何等深刻,对现实世界的逃避又是何等勇敢、何等执着,对它本身,我们还不妨认定,仍旧是十倍的黑暗和丑恶。何况,从深层的意义看,悦乐意识与忧患意识其实并不矛盾。不论是对历史规律、礼治秩序和天道的固守还是拒斥,究其实质又都是对于生命存在的困惑的遮蔽,或者把生存转化为社会,或者把生存转化为自然,但就是不是自己,因而都是对于自我的否定①。

  道家是国人针对屈原《天问》而写下的第二篇《天对》。它确实没有再像儒家那样以道德去超越欲望,没有舍本逐末,没有在欲望痛苦之外去奢谈道德、忧患、使命、成功,等等,但是却仍旧没有能够促成问题的解决。它以不追问为追问,或者说,它进行的是消极性的否定性的追问。然而,取消了追问实际上也就取消了问题本身。因为,要否定一种东西,也完全可以通过否定与之相对的另外一面来进行。而这,正是道家。也正是因此,玄学又开始了自己的行程。在玄学看来,庄子"虽当无用""虽高而不行",因此,在王弼是借助于作为道的"无",把个体从族类、群体共同性中剥离出来,强调社会与社会之间、群体与群体之间、个人与个人之间、物与物之间都是彼此隔断、互不相属的,都是"无",因此并不存在一个外在的、既定的强制性的绝对权威的价值阐释体系,诸如"天地之仁"之类。由此,王弼尽管尚未论证美学价值取向的内涵应该是什么,但却已经论证了美学价值取向的内涵不应该是什么。其视角是具体的,其论证也是具体的,与庄子美学存在着深刻的意向差异。至于郭象,则着重论证了美学价值取向的内涵应该是什么。在美学方面,王弼认为现实世界彼此隔断,互不相属,因此无法回归本体,因为本体是"与形反"的,是"无"。然而按照这一逻辑推论下去,既然现实万物的本性不可能被外在的东西规定,也不能为本体的东西规定,那么,现实万物的本性的规定性何在呢?只能是走向自身,只能以此时自己的任何存在方式作为根据。这就从"无"走向了"有"。王弼从即世间到出世间,为了强调什么样的现实是不美的,他着意论证的是出世间与即世间的不同;郭象是从出世间到即世间,为了强调什么样的现实是美的,他着意指出的是即世间与出世间的同一。

---

① 还有人认为悦乐意识追求的就是个体的自由,其实这里的个体和自由统统不是针对社会而言。因此也就谈不上什么个体、自由。不过,在对个体自我的否定上,悦乐意识又确乎不同于忧患意识,假如说忧患意识对个体自我的否定主要表现在不能明确区分人与对象自然上,悦乐意识则表现在不能明确区分人与主体自然上。详见拙著《中西比较美学论稿》(百花洲文艺出版社 2000 年版)。

郭象对于美学的阐释无疑别有会心。在郭象看来，庄子固然提出了"泰初有无无"，但是作为立身之地的"无无"却还是没有被消解掉。同样，人之自然固然被天之自然消解掉了，但是天之自然是否也是一种对象？是否也要消解？这是庄子美学的一个漏洞，也正是郭象美学的入手之处。在郭象看来，既然是"无无"，那就是根本不存在了，所谓"块然而自生"。庄子要否定他置身其中的现实，论证现实的一切都是丑的（现实的应当是审美的），因此需要一个至高至大的美学思想，以便为人提供一个安身立命之地。郭象却是要肯定他置身其中的现实，论证现实的一切都是美的（审美的应当是现实的），因此需要一个现实可行的美学取向，以便为人提供一个进入美的殿堂的路径。这样，一切的存在就都只是现象，而且"彼无不当而我无不怡也"（郭象：《齐物论注》）。"郭象注庄子"因此成了"庄子注郭象"。既然"无"无法规定"有"，"有"就自己规定自己。事物没有了共同的本质，或者说事物走向了自己的本质。"生则所在皆本""死生变化无往而非我"，但是又互相为"缘"而不为"故"，"独化而相因"。用现代哲学的语言说，应该是：现象之外无本质，本质之外无现象，或者，现象即本质①。

玄学对道家的内在矛盾开始有所察觉，转而用人格理想取代天之自然。这当然是一个十分可喜的进步，然而却仍然未能彻底解决，仍然是"物物而不物于物""应物而不累"，而这无疑为禅宗的问世埋下了伏笔。与儒家、道家类似，禅宗显然也并未理睬屈原以自沉汨罗江的方式所立下的那块巨大的"此路不通"的界碑，更并未幡然醒悟。与儒家、道家不同的是，它始终认定人即"佛性"，始终强调宗教人格。在禅宗看来，人只有在空无中才能生存，因此不惜以扼杀自我为代价来片面强调生命的皈依。尽管，这一切只是为取消向生命索取意义而做的无谓功夫，可以称之为"躲"。

因此，假如道家是从儒家的"假"到"无"，禅宗则是再从"无"到"空"。把

---

① 假如把庄子的《齐物论》在中国美学中的重要性比作龙树的《中观》在佛教中的重要作用，那么郭象的《齐物论注》就是中国美学中的《新齐物论》。其中时空与存在的分离，使得与自然相亲的传统开始消失，也使得"意味""趣味""韵味"之类的以品味、玩味为核心的美学开始出现，这非常值得注意。

一切现象都归纳为精神现象,认为痛苦的真正原因在于精神本身,这是禅宗的独到之处。执着于外物,是一种因念念不忘而产生的"执",这"执"在禅宗看来其实也是一种外物,而"执"的消解,就是禅宗关注的所在。这样,与儒家、道家的人心感物而动、逐欲而起不同。禅宗是看破红尘。人性之本真,儒家是放在道德中维护起来,道家是放在自然中隔离开来,玄学是放在自性弥散开来,禅宗则是以"物我双遣"的所谓的"空"来加以解决,四大皆空,根本无从污染,"本来无一物,何处惹尘埃"。

具体来看,禅宗与道家一脉相承。庄玄就宇宙天地的"始终"以及"现实与超现实"等问题谈"有无",禅宗就人生世界的"真假""虚实"谈"有无",而且起码从形式上看,两者又都注重从统一、不二、相即等方面谈"有无",因此在思想方法上是共同的。不过,它们彼此之间的区别更为根本。庄子以宇宙无始无终称即有即无,多少有些有无不二的特征,但当他以形而上者的"道"去吞食有无,并想以此来融通有无的时候,就暴露出他的执于绝对本体的偏颇。禅宗则不同,与道家的形而上和单纯肯定与否定偏执的思维方法不同,禅宗是绝相和双重否定的不偏不二之中道的思维方式,这样,我们看到,道家固然注意到了"有"与"无"的区分以及"无无"的问题,郭象则干脆取消了"有""无"问题。但无论如何,两者毕竟都是"即有即无",或者偏重"无",或者偏重"有"。禅宗的明快之处是"非有非无"。例如庄子的"齐物"是在有差别的基础上的,因而并不否定万物的存在,禅宗却否定万物的存在,结果就从道家的"同一"走向禅宗的"空"。又如,庄子只是天人之学,最高范畴为道,即自然(本性、本然、无为),而禅宗则是心性之学,最高范畴为心,即空。这无疑也使得思想的发展更为深刻、深入。僧肇、道信就发现庄子"犹滞于一也"。庄子提出的"游道""入天""见独""无待""忘适""无物""无情",都并非无懈可击。"游道"是由于有"道"的存在,"入天"是由于有"天"的存在,"见独"是由于有"独"的存在,"无待"是因为有"待"的存在,"忘适"是因为有"适"的存在,"无物"是因为有"物"的存在,"无情"也是因为有"情"的存在。而禅宗的出现,则使得中国美学的思考从"无物"走向"无相",

从"无情"走向"无念",从"无待"走向"无住"。再如,庄子对于"分别"的批判和对"无分别"的推崇无疑是十分深刻的,但却毕竟还有缺陷。禅宗进而从批判"无分别"又在更高的意义上回到了"分别"。所谓别即是别,同即是同(这与西方后现代主义的观点,例如巴什勒提出的"本体上的平等""接受和接收一切差异"相近),显然就更为深刻。又如道家的"无心是道""至人无待",在禅宗看来实际也并非真正的消解。为此,禅宗从"无心"再透上一层,提出"平常心是道"。在禅宗看来,"无心"毕竟还要费尽心力去"无",例如,要"无心"就要抛开原有的心,而这抛开恰恰就是烦恼的根本源泉。心中一旦有了"无心"的执着,就已经无法"无心"了。实际上,道就在世界中,顺其自然就是道。而以"无心"的方式进入世界同样会使人丧失世界。又如,进入妙悟后的"见山只是山,见水只是水"这第三阶段,也为道家所缺乏。在这里,关键在于"得个休歇处"(即"空",这可以称之为百尺竿头,更进一步)。结果,仍旧我是我,你是你,但是我你之间并不互相否定,而是在动态的缘分之中合为一体。必须强调,这个阶段正是道家美学所欠缺的。道家美学中没有禅宗美学的"见山只是山"这第三阶段,即万物通过无分别而彼此构成分别。禅宗美学的高明之处在于:它以"空"经过肯定、否定、否定之否定来达到消解的目的,相比之下,道家的以"无"经过无我、无物、身与物化来达到消解的目的,以致最后把自我推到"道"上(所谓"以道观之"),片面地否定了分别性,片面地强调了同一性,实际上却是我与物都丧失了个性,然而,分别与无分别却仍旧存在,对立也仍旧没有消解(并非真正的物我交融),实在是有极大弊病。而禅宗的成功之处正在于克服了这一弊病。于是"更进一步",得以重返现实生活,所谓"须向那边会了,却来这里行履"(必须强调,禅宗的着眼不在于"须向那边会了"即开悟这所谓的向上门,而在于"却来这里行履"即悟后如何重新面对世界、人生这所谓的向下门)。于是,山和水被绝对肯定着、区别着,同时又被绝对否定着、融合着。山、水即佛即我,实实在在,一切现成,"见山只是山,见水只是水",只要从"非有非无"的角度去理解,就会参破这难解之谜了。当然也就真正实现了所谓的大彻大悟,真正实现了所谓的生命解脱①。

然而,从根本上讲,禅宗仍旧是对于自我的否定。以给中国美学以极大影响的禅悦意识为例,正如今道友信所指出的:禅悦意识中的自我决不是现象界中自由地生活或绝望地受苦的"自然的自我",而是"消遥的自我"。这"消遥的自我"显然不是人格价值独立的自我,而是丧失了主体性的自我,泯灭了自我的徒有其表的自我,或者说,是非人的自我。不过,禅悦意识又毕竟与悦乐意识不同,它远为精致,诱惑性也更强。具体而言,禅悦意识是悦乐意识的演进形态。悦乐意识是"安时而处顺"的重返生命本然。但这里的重返生命本然却是以"无语独化"的山水自然为中介的,它着眼于山水自然的本然状态,并且要求主体服从于这山水自然的本然状态。这样,就不能不遗留下一个重大的失误:这就是它固然开创了从价值生命回到自然生命的东方式的生存之路,但它还毕竟沾滞于外在的自然生命。它的本意是要确立一个虚无化的人间世界,结果却往往阴错阳差地确立了一个虚无化的自然世界,是"或有或无"。怎么办呢?唯一的办法就是再进一步推倒这外在

---

① 禅宗美学与道家美学一样,采取的是一种根本不进入世界而是退出世界的基本立场。人类的社会进步、文化创造、理性建构,对于它而言都是无足轻重的事情,它关心的只是个体的虚幻生存。因此,我们看到,禅宗美学像道家美学一样,是否定社会规范——否定人的文化存在——否定人之自然地层层加以否定。在庄子,是由人到天、由我到吾、由文明到自然,回到天、吾、真人、真宰;在禅宗,则是回到本来面目、本来人、自性。当然,比较而言,禅宗美学的否定要远为彻底,即连天之自然也予以消解。它既通过逃避世界、消解世界来寻求生命的超越,又进而通过逃向世界、认同世界以消解对于存在的超越本身并趋于本真的存在。这或许可以称之为对于世界的如是性、唯一性的"承当"。具体来说,庄子美学的天、吾、真人、真宰强调的是"有什么"。这毕竟是存在论的,只是在价值论上出了问题而已。禅宗美学的本来面目、本来人、自性强调的却是"是什么"。这是认定在存在论、价值论上都根本就不存在,所谓"双遣""两空",所谓"这么样不对,不这么样也不对,这么样不这么样兼有亦不对"。假如说庄子美学是反文明、反历史的,禅宗美学就是超文明、超历史的。它从根本上宣告了文明的无足轻重,而且根本就不考虑文明的存在。假如说庄子美学是从破我执即超越存在,禅宗美学就是破法执即超越超越。在这里,重要的不是世界应当是怎样的,而是世界本来就是这样的。一切的假设都无济于事,人更是什么也没有,只有立处,所以"立处即真"(僧肇)。

的自然生命,从实在的自然生命转化为空灵的自然生命。毋庸讳言,这正是玄学的一大贡献。它提出"人性以从欲为欢",这样"情"(个别、特殊)就第一次地独立于德(一般、普遍),"即有即无"。人性被设定为距离自身最近的"自性",这样,它就把自然世界转化为人格理想。禅悦意识则把中国的往往越过个人真实的欲望而直接走向空、无的做法发挥到了极致,进一步把人格理想落实到根本连人性一笔勾销的"佛性"之上,它不但取消社会的合理化,而且取消自然的合理化,不但看破红尘,而且连看破红尘也看破,结果既无世可出,也无世可入。"即有即无"转换为"非有非无"。这就从根本上道破了悦乐意识追求外在的自然世界的失误,并且最终摆脱了一切作为对立面的"物"的纠缠,使自由境界不是奠基在自然世界的基础上,也不是奠基在人格理想的基础上,而是奠基在一种悟彻心境、一种心理本体的基础上。面对"生死怖人"的烦恼,它根本不去化解其中的实际内容,而只去化解包含在其中的执着意识、心理,这样,"逍遥"就取代了"烦恼"。如此看来,在正确地脱离了"物"的纠缠(摆脱了对象性思维或二分的世界观)之后,禅悦意识同时又不正确地脱离了终极的价值关照,脱离了"大慈大悲"的菩萨心肠和"我不下地狱,谁下地狱"的爱心,于是,禅悦意识最终成了一场无可无不可的人生游戏,成为对于终极关怀的最为全面的拒斥,对于自我的最为自觉的扼杀!至于"自我",则恰恰与"德性""天性""佛性"相对立,必须时时"拂"去,"避"开、"空"掉。

禅宗是国人针对屈原《天问》而写下的第三篇《天对》。从德性到天性到自性到佛性,中国人的精神历程堪称是一路的"逆淘汰",自儒迄道而禅,中国人为自身所勾勒的是一次次的生命萎缩图和一步步的精神退化史。区别于儒家的从生命的困惑退回伦理道德,道家的从伦理道德退回天地自然,禅宗强调连天地自然都是束缚,必须把它"空"掉。而相对于道家的取消"德性"这一所指,禅宗则是干脆连生存本身这一能指也一并取消。在它看来,把作为本源的生存本身(禅宗所谓"系驴桩")都取消,痛苦自然也就没有了。然而,这样一来,终极关怀自然也就毫无必要。因此恰如中国的文明是没有精神的文明,中国的禅宗也是没有信仰的宗教。禅宗之为禅宗,恰恰正是信仰丧失之后的结果(所以"公案""顿悟"才代替了"苦行""普渡",禅宗也才弃小乘佛教而遵从大乘佛教),因此也就距离人与意义的维度最远(在此意义上,禅宗类似一场行贿与受贿的游戏)。在此之后,国人面对的就只有无选择的标准,无标准的选择。最后,既然怎么都不行,那么自然也就怎么都行,于是,中国美学也就走入了穷途末路。它的终结已经指日可待!

第三章　明中叶启蒙美学的崛起

美学启蒙的涵义

中国的美学启蒙发端于明代中叶,这正是一个"天崩地解"的时代。在这个时代,启蒙美学开始了"别开生面"的美学进程。

首先要解决的问题是,我们所说的美学启蒙是什么?它的科学涵义和美学规定是什么?

从历史与逻辑的统一来看,确定意义的美学启蒙,是一个特定的概念。在这里,仅就其与资本主义萌芽发展相适应,作为封建旧制度崩解的预兆和近代美学的先驱这一特定涵义来确定它的使用范围。简而言之,可以把它称为一种特定意义的自我批判。马克思曾经深刻地指出:

> 所谓的历史发展总是建立在这样的基础上的:最后的形式总是把过去的形式看成是向着自己发展的各个阶段,并且因为它很少而且只是在特定条件下才能够进行自我批判,——这里当然不是指作为崩溃时期出现的那样的历史时期,——所以总是对过去的形式作片面的理解,基督教只有在它的自我批判在一定程度上,所谓在可能范围内准备好时,才有助于对早期神话作客观的理解。同样,经济只有在资产阶级社会的自我批判已经开始时,才能理解封建社会、古代社会和东方社会。①

---

① 《马克思恩格斯选集》第2卷,人民出版社1972年版,第108—109页。

这就是说,一个社会的自我批判总是在自身尚未达到崩溃但矛盾又已充分暴露的条件下进行的。因为只有在这个时候,人们才有可能并且有必要回顾过去,用批判的眼光"理解"过去,从而最终走向新的建树。毫无疑问,历史上的美学思想的启蒙,同样意味着这样一种自我批判。

进而言之,美学启蒙就是对于古典美学的一种反动。美国科学哲学家托马斯·库恩曾经提出过一个科学发展的模式:

前科学→常规科学→科学革命→新的常规科学→新的科学革命→……

在前科学阶段,存在许多互相竞争的不同学派,许多水火不容的不同理论,在它们之间进行着激烈的争吵和尖锐的批评,最终建立了一个共同承认、信守的"范式"。这个范式指定什么疑难问题要加以研究,并且什么样的解决是可以接受的。于是,人们随之而转入扩充现有实验和理论的范围,以及增加它的准确性的"扫荡战",利用它而不批评它。但随着范式的适用程度的降低,破坏传统范式的活动就应运而生了。

面对着异例式危机,科学家对于现存的范式就采取了不同态度,他们研究的性质也随之改变了。互相竞争的阐释的增多,愿意试一试任何东西,表达出明显的不满,求助于哲学和对基本原理的辩论,所有这些就是由常规研究过渡到非常规研究的征象。

科学革命的开创由于越来越感觉到……在对自然界一个方面的研究中原先曾是开路先锋的现存范式已不再发生充分的作用了。[1]

此时,人们往往立足于"破",立足于"批判",虽然可能建树较少,但新范式的主要内涵,已经孕育在他们开创性的工作之中。借用梁启超的话来表达:"凡启蒙时代之大学者,其造诣不必极精深,但常规定研究之范围,创革研究之方法,而以新锐之精神贯注之。"[2]而这种"破"和"批判"的结果,必然导致接受一个新的范式。因此"一个较老的范式全部地或部分地为一个不相容的新范式所代替"(库恩)。由此又转入了新的循环。马克思从历史角

---

[1] 库恩:《科学革命的结构》,上海科学技术出版社1980年版。
[2] 梁启超:《清代学术概论》,中华书局1954年版。

度科学阐释了的"自我批判",从理论研究的角度,或许正是库恩所指出的上述"互相竞争的阐释的增多,愿意试一试任何东西,表达出明显的不满,求助于哲学和对基本原理的辩论"的破坏传统范式的活动。

回溯历史,我们不难看到,自我批判,是世界上各主要民族走出封建社会的历史必由之路,也是世界上各主要民族走出封建美学的历史必由之路。在这方面,文艺复兴时期的美学启蒙堪称典范。文艺复兴是西欧走出封建美学的枢纽。它是一个美学启蒙和思想解放的时代,而不是一个美学革命和思想成熟的时代。马克思在《资本论》中曾经指出:"在十四和十五世纪,在地中海沿岸的某些城市已经稀疏地出现了资本主义生产的最初萌芽。"这些城市就是意大利的佛罗伦萨、威尼斯、米兰和热那亚等。在此基础上,以十字军东征以及古希腊罗马文献手稿和艺术珍品的大批发现为契机,西欧进入了一个自我批判的文艺复兴时期。"文艺复兴"这个词的原意是"再生"。16世纪意大利的艺术史家瓦隆里在他所著的《绘画、雕刻、建筑的名人传》中使用了"再生"这个词,它反映了当时人们的看法:认为美学思想在古希腊罗马时期非常繁荣,中世纪却意外地跌落下去,此时才又得到了"再生"、"新生"或"复兴"。自然,这个名称是不科学的,容易使人们的认识造成混乱,误以为这一时期只是回复到古希腊罗马。实际上,它是通过古希腊罗马美学去否定中世纪的经院美学,不啻一种美学的自我批判。正如恩格斯在《自然辩证法·导言》中所评价的:"这是一次人类从来没有经历过的最伟大的、进步的变革","在惊讶的西方面前展示了一个新的世界",使得"中世纪幽灵消逝了"。正是在这个意义上,文艺复兴时期的美学被后人理解为反映资本主义萌芽发展、反对中世纪经院美学的一次自我批判的启蒙运动。因此,马克思才深刻地肯定意大利是"现代世界的曙光在那里升起"的"典型的国家",肯定文艺复兴时期的美学是"重新觉醒"的美学,肯定文艺复兴时期是"一个需要巨人而且产生了巨人——在思维能力、热情和性格方面,在多才多艺和学识渊博方面的巨人的时代"。

我们说,中国美学有自己的美学启蒙,就是指中国美学在特定条件下同样展开过这种自我批判,同样出现过"重新觉醒"的美学,同样诞生过自己美学史上的巨人,遗憾的是,我国至今没有意识到因而也就不可能承认这一美学启蒙运动,之所以如此,关键在于普遍的看法认为中国的美学启蒙似乎不同于文艺复兴的美学启蒙,尤其不同于西方曾经产生美学启蒙的"典型的国家"。这种看法是缺乏审慎考察的。

事实上,西方的美学启蒙也有不同的发展类型。由于各民族自身的历史原因,摆脱中世纪桎梏的美学自我批判的道路也会各不相同。如果说,意大利、法国等地中海沿岸国家的美学启蒙直接取得了辉煌的思想成果,英国更以其特殊的历史条件成为近代美学启蒙运动的前锋和策源地,而德国、俄国这些封建主义包袱较为沉重的国家的美学启蒙,则迈着沉重的步伐,走过了崎岖的道路。

我们不妨看看德国:"在十七八世纪,德国在欧洲几个主要国家之中还是最落后的。在十六世纪,马丁·路德领导的宗教改革终于走到和封建诸侯相妥协的道路,托马斯·闵泽尔所领导的农民起义遭到了残酷的镇压而终于挫败。从此德国在经济上长期保留了农奴制,农业生产落后,租税负担又特重,农民过着穷困痛苦的生活,工商业的情况更坏,在政治上长期处在分散状态,在日耳曼那块不算太大的土地上就有三百多个独立小国,这些小国公侯一方面摹仿法国宫廷的排场,过着骄奢淫逸的生活,不得不向原来就极端穷困的人民进行残酷的剥削;另一方面又互相倾轧,经常进行着争权夺利的战争,这对于农工商业也起了破坏的作用。加以在宗教上,这些小国也分裂成为两个阵营,北部的'新教联盟'和南部的'天主教联盟',双方斗争也很激烈。政治上和宗教上的分裂,加上英、法、荷兰、西班牙等外国势力的勾结利用,就酿成历史上一场破坏性极大的三十年战争(1618—1648年)。战争的结果使德国人口减少了四分之三,农工商业的凋敝就可想而知了。三十年战争结束后,布兰登堡公国就日渐强大起来,到了十八世纪初,它就成为普鲁士王国,在国王弗利特里希二世的统治之下,训练出一支庞大的军队,它从此就逐渐成为一个军国主义的国家,政治经济的力量都掌握在军阀(容克贵族地主)手里,这就意味着封建势力在德国不但没有削弱,反而加强了。"①

这样,现实提出的二位一体的历史课题(推翻封建制度,打碎封建统治套在资本主义经济身上的枷锁;结束政治上四分五裂的割据,实现德国的统一)凝聚成为一个必然的要求:实现资产阶级革命。然而,德国的资产阶级远未形成,因为"德国资产阶级的创造者是拿破仑"(恩格斯),德国直到19世纪初才有了资产阶级,在三百多个小国中产生出来的市民阶级缺乏决不退让的斗争精神。他们极端自私,苟且偷安,寄身于公侯的小朝廷,乞求着残羹剩饭。马克思、恩格斯经常尖锐批判的德国的"庸俗市民气",正是发端于他们。靠这些人去反封建,几乎是无法想象的。因此,德国资本主义的发展道路就不能不显得尤其漫长、曲折,并且充满了深刻的痛苦。

德国的美学启蒙运动,正是在这一历史背景下爆发的。它代表着德国当时的反封建统治和实现民族统一的历史潮流和时代使命,以理性、自由为旗帜,开始了对封建美学思想的"自我批判"。毋庸置疑,在为资产阶级制造意识形态,启发人民的民族自觉和推动德国近代美学的建树方面,德国的美学启蒙是做出了自己的历史贡献的。但是,"启蒙时代前期的文学,只是在他们推崇理智,要求思想的明确性上是合乎启蒙运动的精神。至于在革命精神方面,则不能与法国的启蒙者相提并论。"②像高特雪特,作为美学启蒙的先驱,他的启蒙美学固然不无贡献,但又远未从封建美学中剥离出来。他推崇法国新古典主义的理性、规则与明晰,反对中世纪传奇文学和近代新起的带有奇幻怪诞色彩的阿里奥斯陀《罗兰的疯狂》以及弥尔顿《失乐园》,甚至连莎士比亚作品中流露出来的反传统的美学思想他也深表厌恶,这就随时都暴露出他拖在身后的那条又粗又长的封建美学的尾巴。像鲍姆加登,被人们称为"美学之父"。确实,就从近代意义上确立美学的地位而论,他是做出了卓越贡献的。但他的美学思想从整体上来看却又充满中世纪浓

---

① 朱光潜:《西方美学史》上卷,人民文学出版社1963年版,第286页。
② 冯至:《德国文学简史》,人民文学出版社1959年版,第77页。

厚的学院气,在他那里,对于现实的美学实践的研究为抽象的思辨讨论所取代,显然仍是一个一半属于封建美学的美学家。温克尔曼的情况也相类似。他宣称:"当我想到普鲁士的专制制度和人民的残酷剥削者时,我的全身从头到脚就禁不住要战栗不已。"①他的巨著《古代艺术史》,字里行间浸透着启蒙意识,显然是在请出历史上的亡灵,借用它们的名字、战斗口号和衣服,演出德国美学启蒙的新场面。所以,这本书才在德国近代美学史上产生了深远的影响。但是,"温克尔曼认为,静穆最适合于美的品质,只有在静穆中才能产生最高的美的概念,也只有在静穆中人才能观察和认识自然和事物的本质。他引用别人的一句话,把希腊人的伟大而沉静的灵魂比作大海,表面上不管起多大的惊涛骇浪,处在一切激情里面,底下深处却永远是宁静的。显而易见,他的这种美的理想带有消极的直观的性质,他的理想人物最多只能在逆来顺受的痛苦折磨中保持所谓内心的自由,而不能积极地行动去获得真正的自由。这也充分反映了当时德国市民们在反封建斗争中怯于行动的软弱性。"②另外,他"把摹仿古希腊当作艺术家的首要任务来替代自己的创造。这就对当时德国自己的民族文学艺术的创立起了阻碍的作用。温克尔曼仍然没有摆脱古典主义框框,虽然他的古典主义推崇古希腊民主艺术,与为封建专制制度服务的古典主义有所不同"。③

  我们当然不能将中国的美学启蒙同德国、俄国的美学启蒙运动等同起来。由于社会历史特点、政治背景和文化传统的不同,它们不能不各具性格,有着自己独特的具体美学路径。即便德国与俄国之间,美学启蒙运动也不可能全然相同。但从总的发展类型上来看,它们又是有其深刻的一致性。其中,最重要的一点就是:它们都"不仅苦于资本主义生产的发展,而且苦于资本主义生产的不发展。除了现代的灾难外,压迫着我们的还有许多遗留下来的灾难。这些灾难的产生,是由于古老的陈旧的生产方式以及伴随着

---

① 转引自汝信:《西方美学史论丛续编》,上海人民出版社1983年版,第96页。
② 转引自汝信:《西方美学史论丛续编》,上海人民出版社1983年版,第102页。
③ 转引自汝信:《西方美学史论丛续编》,上海人民出版社1983年版,第105页。

它们过时的社会关系和政治关系还在苟延残喘。不仅活人使我们受苦,而且死人也使我们受苦"。① 不过,尤其要指出的是,在这样一种新旧杂陈、方生未死的复杂社会历史环境中,冲破重重阻力破土而出的反映着资本主义的萌芽发展的美学"自我批判"——美学启蒙运动,对于中国这样一个东方的文明古国,就显得更加艰难曲折,更加充溢着强烈的悲剧色彩。

社会政治、经济、思想的重大变化

明中叶的中国社会经济的进化、政治的动荡、文化的发展,都走着自己的典型道路。马克思说:"世界商业与世界市场是在十六世纪开始资本的近代生活史的。"②中国也是这样,中国社会从这时起已经处于封建解体的缓慢过程中。

支持这一论断的最根本和最主要的依据是什么呢?社会形态固然是非常复杂的现象,判定一个社会形态处于什么样的历史阶段,需要根据各方面的因素作综合的研究和探讨。但是按照马克思主义的唯物史观,这里起决定作用的是生产力发展的一定水平和社会生产关系与它相适应的程度。"资本主义社会的经济结构是从封建社会的经济结构中产生的。后者的解体使前者的要素得到解放。"(马克思:《资本论》)反过来讲,资本主义生产关系的萌芽在封建社会母体内的孕育和发展,是封建社会开始解体并进入末期的最根本的标志。

大量可靠史料证明,早在明朝的正德、嘉靖年间,即公元 15、16 世纪,资本主义生产关系的萌芽就产生了,至万历年间有较大的发展,当时城市经济日趋活跃,出现了许多规模宏大的手工工场,有的城市仅织染工人就有近万人,大都是从农村逃离出来的。这正是资本形成的第一阶段,即农业劳动和手工业劳动在农村市镇中的分离。

---

① 马克思:《资本论》第 1 卷,中国社会科学出版社 1983 年版,第 3 页。
② 马克思:《资本论》第 1 卷,中国社会科学出版社 1983 年版,第 149 页。

>染坊罢而染工散者数千人,机房罢而织工散者又数千人。此皆自食其力之良民也。(《明实录》卷361)

>正嘉之际,外骣猾集,民病而不知恤,职生厉阶……嘉靖末年,户口尚及正德之半,而今才及五分之一……大都赋役日增,则逃窜日众。(顾炎武:《天下郡国利病书》)

另一方面,适应商品经济的发展,土地的私有化和商业化程度有所提高,万历时流行"以田为母,以人为子"的说法,可见买卖土地已相当普遍了。同时,商业资本的发展,使国内外贸易额迅速增加。故《天下郡国利病书》有这样的记载:

>吴中风俗,农事之获利倍而劳最,愚懦之民为之;工之获利二而劳多,雕巧之民为之;商贾之获利三而劳轻,心计之民为之……

尽管这些生产关系中新的因素当时还比较弱小,且发展之初便受到了封建专制制度的重重束缚。但它对封建经济毕竟有一定冲击作用,从发展看,也代表着历史前进的方向。

社会政治方面的变化,值得一提的首先是统治者的腐败。封建君主的倒行逆施、穷奢极欲,加以阉党专权,横行全国,厂卫统治,无孔不入,使得国内"三家之村,鸡犬悉尽;五都之市,丝粟皆空"。其次是由于土地畸形集中造成的农民与地主之间阶级矛盾的激化,促使了农民起义的此起彼伏,愈演愈烈。又次是伴随资本主义萌芽出现的作为封建统治的对立面的新兴市民的崛起。最后是面对空前严重的社会危机,地主阶级发生政治分化,部分在野开明地主及知识分子,不满朝政的腐败,要求改革现状,组织了各种类型的政治、文化党社,他们四出活动,借讲学之机,激烈抨击当朝权贵,不仅代表了地主阶级革新派的政治要求,而且也反映了市民阶层争取平等权利和发展自由经济的愿望。值得注意的是,在封建社会日益没落之际,在新的阶级和阶级意识尚未形成以前,地主阶级中下层中的政治革新派反对封建腐朽统治集团的斗争,乃是当时进步思潮所依存的主要社会基础。

思想文化方面,伦理学思想、哲学思想的变化尤为值得注意。

中国伦理思想的演进,明中叶是一个关键的时期。我们知道,道德行为应该是自觉与自愿、理性与意志的统一,然而,从特定历史条件出发,中国古代伦理思想家较多地考察了"自觉"原则。孔子讲"顺天命""知天命",就是出自这种对自觉原则的偏颇。但这种自觉原则倘若不同自愿原则相结合,这种理性的自觉行为倘若不与意志的自由选择相结合,就会走向宿命论。程朱理学就是如此,"父子、君臣,天下之定理,无所逃于天地之间",于是,人们只能自觉顺从。因此,后期封建社会的"存天理,灭人欲"、"浑然与物同体"的"无我"境界,都不过是要求人们自觉屈服于既定统治,屈服于命运而已。因此都是影响极坏、极为腐朽的东西。迄至元、明,这种情况急遽转变,道德行为的自愿原则开始被广泛瞩目。王艮指出,"我命虽在天,造命却由我",王栋认为意志为"心之主宰",李贽断言情欲"天成",都是典型的例子,而其中细微的嬗变轨迹,不难从元杂剧中窥见。王国维对此早有察觉:元杂剧,"其最有悲剧之性质者,则如关汉卿之《窦娥冤》、纪君祥之《赵氏孤儿》,剧中虽有恶人交构其间,而其蹈汤赴火者,仍出于其主人翁之意志,即列之于世界大悲剧中,亦无愧色也。"①自然,元代属少数民族统治,伦理思想嬗变的现象似乎还不大具有说服力。但是在明中叶,我们同样可以看到这样一种伦理原则从自觉转向自愿的嬗变。《鸣凤记》在"灯前修本"一折中,描写杨继盛决定弹劾奸相严嵩时的意志斗争过程,就远比《窦娥冤》《赵氏孤儿》中的描写细致而又具体。作者借"披发赤身,满面流血"的鬼与主人公的冲突,实际写的是主人公本人的内心冲突,正像主人公自己坦露的:"我理会得了,你也不是甚么鬼,想是我忠魂游荡"……一方面,宁愿"多将颈血溅地,感悟君心";另一方面,又时时惧怕"恐有祸临"。这种激烈的意志斗争实在是明中叶道德行为原则的嬗变的缩影。正像明末清初吴伟业说的:"今之传

---

① 《王国维戏曲论文集》,中国戏剧出版社 1984 年版,第 85 页。

奇,即古者歌舞之变也。然其感动人心,较昔之歌舞更显而畅矣。……盖士之不遇者,郁积其无聊不平之慨于胸中,无所发抒,因借古人之歌呼笑骂以陶写我之抑郁牢骚。"(《北词广正谱序》)毋须讳言,这种伦理原则的嬗变深深潜沉着时代推移、思想更替的秘密。

哲学思想方面,值得一提的是陆王心学。陆王心学是在对程朱理学的批判中产生的。理学作为后期封建社会的官方哲学,十分强调在与人的功利、幸福、感性快乐相对峙相冲突中显现出来的超感性、超经验的先验理性的"天理",认为"道心为主,人心听命",主张用"无所逃于天地之间"(朱熹语)的封建天理(伦理)主宰感性,统治人心。这种思想在其诞生之初虽有历史的合理性,但在其流行于后期封建社会的几百年中,给整个民族带来的苦难是巨大的。同样出于维护封建统治,建立伦理学主体性的本体论的目的,有见于程朱的以理为本体,偏重超感性现实的先验规范的偏颇,陆王心学转而强调以心为本体,更多地与感性血肉密切相联。这样,虽然"心""良知"在心学中从抽象提升到超越形体物质的先验高度,但却毕竟不同于"理"。它或多或少地渗入了感性自然的内容和性质,具有较多的经验性和较少的先验性。"心""良知"俨然成了"性""理"的依据和基础,而原来处于主宰地位的"性""理"反而成了"心""良知"的引申和衍生物,从而"天理"也就愈益与感性血肉纠缠以至不能分别,显示出为陆王心学始所未料的由理性统治逐渐过渡到感性统治的趋向。具体言之,心学对理学那一套繁琐的省、察、克、治一类修养方法加以修正,天理被还原成良知,人的良知成为衡量一切是非的标准,这实际上也就取消了是非标准;既然人们遵自己的良知行事,"百姓日用是道",就必然认为"满街人都是圣人",圣人便被还原为凡人,这样圣人实际上也就不存在了;封建道德是地主阶级制订的行为规范,陆王心学把人的视、听、持、行等一切日常活动都说成是"良知"的表现,什么都是道,也就什么都不是道了,这又存在着实际上取消封建道德规范的可能,人的生理本能和人的道德观念并不是一回事,心学偏偏把两者混淆起来,把人的生理本能也看作"良知",这样道德便被还原为欲望;由于对本体的思辨探索转化为"不识不知"的良知,《六经》等书都成了"吾心之注脚",圣经不必多看,贤能也不必细读,这样,对思维探索还原为"不识不知"……一种理论被推到极端,往往也就会起到一种相反的作用,明末东林党人顾宪成《小心斋札记》云:"阳明先生阐发有余,收束不足。当士人桎梏于训诂词章间,骤而闻良知之说,一时心目俱醒,悦若拨云雾而见白日,岂不大快!然而此窍一凿,混沌遂亡。"斯语颇为有见。因之,陆王心学的实际作用是把在他们之前由外在信仰支配的人,明确地变为由个体内在心理—伦理要求所自觉支配的人,变为在社会的人伦日用的实践之中去积极寻求自身欲望的合理满足的人。这就预示着继先秦、魏晋之后,中国古代关于人的观念将要出现的第三次深刻变化,这将不再是人类凭借大自然,而是凭借自身而获得的又一次大解放。

社会审美心理的嬗变

为了准确把握明中叶美学思想的变化,不仅要研究当时社会政治、经济、思想方面的重大变化,还要进而研究一下社会心理的变化。

社会心理,在过去的思想史、文化史乃至美学史研究中从未受到应有的重视。然而,这并不等于社会心理问题不重要。就社会存在和社会意识的相互关系而论,固然像人们熟知的那样,社会意识是社会存在的反映,它以后者为源,而把先于自己的社会意识当作流。但是在人类的精神范围内,某一时代的思想体系却往往以当时的社会心理为源,而以先于自己的时代所创造的思想体系为流。普列汉诺夫的告诫是十分重要的:"要了解某一国家的科学思想史或艺术史,只知道它的经济是不够的。必须知道如何从经济进而研究社会心理;对于社会心理若没有精细的研究与了解,思想体系的历史的唯物主义解释根本就不可能。……因此社会心理学异常重要。甚至在法律和政治制度的历史中都必须估计到它,而在文学、艺术、哲学等学科的历史中,如果没有它,就一步也动不得。"[1]

社会心理,是在特定时期、特定国家的群体中广泛流行而又未经过系统加工的社会意识,其中包括他们的理想、要求、愿望、情感习惯、道德风尚和

---

[1] 《普列汉诺夫哲学著作选集》第2卷,三联书店1974年版,第272—273页。

审美趣味等等。在本节中,主要侧重审美趣味,亦即社会审美心理的介绍。

从当时记载的史料来看,社会审美心理的显著变化,大体可以认为是发端于明代的嘉靖年间。在此之前,社会审美心理基本上一承其旧。"明初风尚诚朴,非世家不架高堂,衣饰器皿不敢奢侈。"(《吴江县志》卷38)"国初民无他嗜,率尚简质,中产之家,犹躬薪水之役,积千金者,宫墙服饰,寋若寒素。"(《肇城志》山西二)这或许与明初继大乱之后的社会状况(社会生产力处在恢复阶段;商品经济不活跃;政治上的严刑峻法;道德礼仪上的严格控制;文化上的复古主义)有着密切的关系。但是,迄至嘉靖年间,社会审美心理却陡然剧变,清人龚自珍曾经指出:"有明中叶嘉靖及万历之世,朝政不纲,而江左承平,斗米七钱。……风气渊雅,……俗士耳食,徒见明中叶气运不振,以为衰世无足留意。其时尔时优伶之见闻,商贾之习气,有后世士大夫所必不能攀跻者。不贤识其小者,明史氏之旁支也夫。"(《江左个辩叙》,载《定庵文集》文四)他的所见是十分精到的,鉴于问题的重要性,不妨再举出明代各地的一些史料以资佐证:

山东的情况是:"至正德嘉靖间而古风渐渺。过去乡社村保中无酒肆,亦无游民。由嘉靖中叶以至于今,流风愈趋愈下,惯习骄吝,互尚荒佚。以欢宴放饮为豁达,以珍味艳色为盛礼。"(《博平县志》)

在福建,"正德末嘉靖初则稍异矣。商贾既多,土田不重,操赀交接,起落不常。……高下失均,锱铢共竞;互相凌辱,各自张皇。"(顾炎武:《天下郡国利病书》)

在江南,"正(德)嘉(靖)以前,南部风尚最为醇厚",以后,"风俗自淳而趋于薄也,犹江河之走下而不可返也。"(《云间据目抄》卷二)

在湖北,"盖在壬午、癸未(嘉靖一、二年)之间,县之风俗实一变矣。自后密迩郡邑,车马繁会,五方奇巧之选,杂然并集。"(《古今图书集成》,职方典卷1142)

嘉靖之后,社会审美心理的嬗变,最为鲜明的一点在于,对于人的价值评价有了深刻变化。

伦常身份和社会地位,曾经是封建社会的一项基本评价标准。人们的美丑贵贱,均与此相连。而随着商品经济的发达,商人和金钱日益成为主宰社会的力量和衡量人的价值的砝码。在徽州,已经一变而为"以经商为第一等生业,科第反在其次"(冯梦龙:《叠居奇程客得助 三救厄海神显灵》,载《二刻拍案惊奇》卷37)。而在景德镇,市民子弟热衷瓷窑,竟然数年无登第之人,直到因为徐万年起义,镇上瓷窑停了五个月,才有一人中举,但此后瓷窑一开,又是数年"无一举者"(转引自谢国桢:《明代社会经济史料》中册)。李贽在《焚书》中也曾经竭力为商人张目:商人"挟数万之赀,经风涛之险,受辱于关吏,忍诟于市易,辛勤万状"。这种看法的变化是值得注意的。正像马克思所说:"商人对于以前一切都停滞不变,可以说,由于世袭而停滞不变的社会来说,是一个革命的要素,……现在商人来到了这个世界,他应当是这个世界发生变革的起点。"(《资本论》第3卷)自然,对商人看法的变化同样会是社会审美心理"发生变革的起点"。进而言之,对商人看法的变化内在地潜伏着对财富、金钱的推崇。"凡是商人归家,外而宗族朋友,内而妻妾家属,只看你所得归来的利息多少为重轻,得利多的,尽皆爱敬趋奉;得利少的,尽皆轻薄鄙笑,犹如读书求名的中与不中归来的光景一般。"(冯梦龙:《叠居奇程客得助 三救厄海神显灵》,载《二刻拍案惊奇》卷37)世人惊呼"以富贵相高而左旧族"(《五杂俎》卷14)的现象,金钱超过了门第观念,比家世赫赫的没落贵族更具魅力。这样一种社会审美心理,是中国历史上从未出现过的。在明中叶,金钱、财富已经成为人们为之钻营、倾倒的内在力量。正像一首民歌中唱的:"人为你跋山渡海,人为你觅虎寻豹,人为你把命倾,人为你将身卖。细思量多少伤怀,铜臭明知是祸胎,吃紧处极难布摆。"(《林石逸兴》卷五)这种观念深深浸透了社会的每一个细胞,在社会审美心理的各个方面,都产生了强烈的影响。

　　在伦理道德方面,明中叶社会审美心理挣脱了封建伦理规范的束缚,表现出一种放荡不羁、为所欲为的坦率。婚姻爱情上,封建意识荡然消失,为一种倾泻而出的人的感情所取代。"结识私情弗要慌,捉着子奸情奴自去当!拼得到官双膝馒头跪子从实说,咬钉嚼铁我偷郎。"(冯梦龙辑:《山歌·偷》)纯真的爱情和肉欲横流这两股潮流汇聚一体,剥蚀着封建"存天理,去人欲"的阴森殿堂。"两种感情都是真实的并且能够并存在同一个人的身上……近代的人像古代的人一样,在这方面就是一个小天地,而中世纪的人则不是而且也不可能是这样。"(布克哈特:《意大利文艺复兴时期的文化》)孝悌、尊师,以贱事贵等观念也风吹云散。在江南地区,儿孙掘祖坟、焚祖尸,"鬻其地,利其藏中之物"。以弟子礼事师长的也极少见,倒是"所称门生者亦如路人,出门而不入者多矣"(《黄梨洲文集·广师说》);而"民间之卑胁尊,少凌长,后生侮前辈,奴婢叛家长之变态百出"(《从先维俗议》卷二)。

在衣食住行诸生活方式上,也传递出社会审美心理的嬗变。衣食住行诸生活方式,是社会审美心理的物质内容,统治阶级曾经采取教育的、道德的、法律的种种手段加以制约和管理,违反者罪为逾制或僭越,将受到严厉制裁,甚至处以极刑。即便这样,明中叶之后,这些方面仍然产生了剧变。正像顾起元在《客座赘语》中谈到的:"今则服舍违式,婚宴无节,白屋之家,侈僭无忌。"在生活上,明中叶以后以奢侈为美为荣。山西太原居民"靡然向奢",山东滕县"竞相尚以靡侈",而缙绅士大夫最集中的苏州城,更是号称"奢靡为天下最"。为了附庸时尚,不但富人大肆挥霍,市井贫民亦不能免。他们自认"余最贫,最尚俭朴,年来亦强服色衣,乃知习俗移人,贤者不免"。以致有人称之曰"贫而若富"。"杭州风,一把葱,花簇簇,里头空。"这种"奢侈"风尚,最鲜明的体现,是在服饰上。服饰中最高贵的是龙纹,向来只为帝王所用。明中叶后却成为寻常百姓常用的服装花纹。酷肖龙袍的蟒衣,图案仅比龙袍少一爪,只有内阁大臣才配服用。明中叶后,不但小小八品官,"系金带、衣麟蟒",而且连宫廷内管洒扫、烧火的太监也大多"衣蟒腰玉"。公服若此,便服则更肆无禁忌。妇女无视禁止穿用大红色和金绣闪光的锦罗丝缎的规定,小康人家"非绣衣大红不服",大户婢女"非大红里衣不华";男子也不示弱。白袍、乌帽的生员制服,曾经人讥为"驾幸景灵宫,诸生尽鞠躬,头乌身上白,米虫!"明中叶后理所当然为花样翻新的服装所取代。最后竟然发展到穿女式服装的地步,以致使道学家们目瞪口呆:"昨日到城市,归来泪满襟,遍身女衣者,尽是读书人。"其他住房、肩舆和日用品方面的剧变,也不亚于服饰,此处不再赘述。①

更具魅力的,或许是明中叶后文学艺术中体现出来的社会审美心理的嬗变。

在当时的诗文创作中,反对说假话、作假诗、写假文,反对摹拟、剽窃和套用陈词滥调,反对千篇一律、浮泛不切的公式化、拟古化,要求解脱束缚,破除庸腐,独抒性灵,畅所欲言,成为一时的风尚。袁宏道便曾称赞当时的诗歌名家徐渭诗中"有一段不可磨灭之气,英雄失路、托足无门之悲,故其为诗如嗔如笑,如水鸣峡,如种出土,如寡妇之夜哭,羁人之寒起",这种格调显然是十分个性化的。被鲁迅称为性情"稳实"的袁宗道,则是另一种类型。他同样在诗中吐露出自己的真实思想感情。"爱闲亦爱官,讳讥亦讳钱,一心持两端,一身期万全。"(《咏怀效李白》)勇敢地揭露了自己的内心秘密,把那些并不光彩的东西暴露到光天化日之下,娓娓道来而又动人意兴,通脱自然,隽永有味。明人许学夷在《诗源辨体》中说:"初盛唐不离景象,故其意不能尽发。今欲悉离景象,悉发真意,故其诗卑鄙至是。"抛开他对明诗的偏见不谈,这话倒是窥见了明诗与唐诗的区别之所在的。

散文创作像诗歌创作一样,无论是描写自然或抒情记事,都失去了寓景于情的传统,不同于唐宋八大家,也不同于"永州八记"或前后《赤壁赋》,它已走进感性感受的天地。一景一物,一人一事,在作家笔下都弥漫着近代日常生活的气息,从题材到表现,都是普普通通的世俗生活,日常情感,清新朴素,平易近人。

小说和戏曲更令人注意。在这里,市井平民的日常生活得到了全面的表现。没有远大的理想和深刻的内容,也没有具有真正雄伟抱负的主角形象和激昂的热情,有的只是具有现实人情味的世俗日常生活。艺术形式的美感逊色于生活内容的欣赏,高雅的趣味让路于世俗的真实。《喻世明言》《警世通言》《醒世恒言》堪称楷模。作者通过一篇篇题材不同的小说,把这

---

① 本段所引用的材料,均转引自刘志琴《晚明城市风尚初探》(载《中国文化》第1辑,复旦大学出版社版)一文。

个时代五光十色、悲喜交织的生活画面展现在我们面前。书中表现的各种各样的皇帝、官吏、和尚、侠客、强盗、闺秀、妓女、尼姑、学士、文人、商人、手工业者、店员、地主以及五彩缤纷的生活场景和言语行动,汇集成了一幅幅完整而丰富的风俗人情画,浸透着市民阶层的爱憎和理想。个人的际遇、遭逢、前途和命运逐渐失去独一无二的封建模式,也开始多样化和丰富化。各色人物都在为自己奋斗,现实生活中偶然性与必然性的关系表现得丰富而复杂。

上述都是人们时常论及的。而在我看来,真正能代表明中叶美学风貌的,应该是《西游记》和《牡丹亭》。《西游记》的基础是长期流传的民间故事(《大唐三藏取经诗话》《西游记杂剧》《西游记平话》),但这些故事形式粗糙,内容充满浓厚宗教色彩。吴承恩的再创造不是偶然的,个中原因,归根到底,应是明中叶以后社会经济的发展对文学领域所起的最终支配作用的结果,是现实的各种影响通过各种复杂的中间环节这样或那样地决定着西游故事创作的先驱者所提供的现有文学资料的改变和进一步发展的方式的结果。而孙悟空形象在吴承恩笔下的高度理想化及其在全局中绝对主导地位的确立,就充分体现出这种改变和发展的方式。因此,只要仔细分析,就可以发现在这个"美猴王"身上隐含的社会意蕴。这种社会意蕴不是别的,正是作者从自我感受出发,把从现实生活中观察到的那些与世界不协调,又不同于流俗,始终保持着独立个性,追求事业的实现的时代的孤傲者的行为与品性,聚集到孙悟空的形象上,从而赋予他以新的生命。因此,他是时代的产儿,是个有时稚气天真,有时嬉笑乐观,但始终刚毅坚强、敢作敢为、正义无私的奋斗者形象。在美学上,这是一个崇高的形象。

《牡丹亭》同样是浪漫主义的。在作品中,"情"与"理"的尖锐冲突贯穿全剧。"情"不仅仅是指爱情,更是指主人公的审美理想,而"理"则是指以程朱理学为基础的封建道德观念。在《牡丹亭》中,这种冲突既表现为杜丽娘、柳梦梅和封建家长杜宝之间公开的和面对面的斗争,也反映为青年男女为摆脱封建传统势力的影响而作出的努力。这种主要从爱情角度表现的"情"与"理"的冲突,与明中叶进步思想家反对程朱理学以摆脱礼教的束缚的思想解放运动,是一脉相通,遥相呼应的。正是在这个意义上,《牡丹亭》才比过去或同时代的爱情剧在思想上概括得更高,有着更进步、更深远的美学风貌。作者让一对陌生的青年男女在梦中相会,由梦生情,由情而病,由病而死,死而复生。这种异乎寻常、出生入死的爱情,使全剧从主题情节到人物塑造都富于浪漫主义的色彩,在爱情剧方面形成了前所未有的悲壮的崇高风格。

绘画方面,当时封建士大夫尚沉浸在"逸笔草草,不求形似,聊以自娱耳"的情境之中,"墨戏之作,盖士大夫词翰之余,适一时之兴趣",借线条本身的流动转折,墨色自身的浓淡、位置,来烘托气氛、表述心意。浸透着市井小民的俚俗之气的历史故事画、堂画、文学木刻插图、工艺美术品,等等,突然崛起,以其平易、明丽、朴素、简洁、丰富、粗犷的情趣意味,与强调诗、书、画合一的文人画双峰并峙、二水分流,使士大夫画家们一下子迷失在陌生的艺术世界之中,动辄碰壁,显得不合时宜,颇有些"怪"味了。与绘画的节奏相一致,园林建筑也打破了威严庄重的宫殿建筑的严格的对称性,迂回曲折,意趣盎然,以模拟和接近自然山林为目标的建筑美出现了。体现着后期封建社会更为自由的世俗意绪和审美理想,雕塑也一反过去的端庄秀丽,流溢出一股前所未有的世俗气味(如清代的塑像和云南筇竹寺的五百罗汉)。而严格的平面、直线的对称、堂皇富丽的暖色、繁琐细碎的雕琢等则构成明中叶之后工艺美的俗丽特色。

十分清楚,上述这一切都准确地传递出社会审美心理的嬗变。以明中叶作为分界,不难看到,社会审美心理在不同时期呈现出截然不同的风貌。假如说古典社会审美心理偏重情理统一,是个体与社会、人与自然、主体与客体、感性与理性的和谐统一的优美的反映。那么,明中叶后的社会审美心理则偏重情理对立,是个体与社会、人与自然、主体与客体、感性与理性的割裂对抗的崇高美的反映。前者的美学内容是以温柔敦厚的中和美为特征,后者的美学内容则基本上以"猖狂绝伦"的反中和美为特征;前者的艺术形式是表现与再现的结合,后者的艺术形式则基本上是表现与再现的分裂;前者的审美理想是古典的、贵族的、高雅的,后者的审美理想则基本上是近代的、平民的、世俗的;前者的审美趣味是自由的、轻松的、平静的、理性的,后者的审美趣味则基本上是矛盾的、起伏的、狂放的、感性的……这样,尽管明中叶社会审美心理作为一种近代的社会审美心理,并不完全具备其全部的特点,但假若我们把它放到从古典美学向近代美学演进的中国美学思想的认识圆圈中,就不难发现,作为近代美学思想的理论来源,明中叶社会审美心理具有重要意义和特殊价值。

古典美学的沉沦

美学思想的演进和变化,固然有其社会政治、经济、文化诸方面的历史原因,另一方面,也有理论自身的逻辑原因。换言之,美学思想的运动,不仅是与社会政治、经济、文化诸方面相一致的"公转",同时也是理论自身的"自转"。

如前所述,中国古典美学无疑是一个成功的理论创造,但这种成功同时又意味着不成功。这一切都内在地取决于中国古典美学从个体与社会、人与自然融洽统一的角度考察理想人格的塑造,考察美、审美和艺术的特殊美学路径。具体而言,从这一美学路径出发,中国古典美学曾经有过"思想内容,日以充实,研究方法,亦日以精密,门户堂奥,次第建树,继长增高"的全盛时期。那个时候,古典美学是生气勃勃、充满生命活力的,古典美学研究是具有开拓性、开放性和革命性的。在中国美学史中这段时间大致在北宋之前。但中国古典美学特殊的研究路径又毕竟限制了理论演进的大趋势和理论研究的视野。随着理论研究的深入,研究领域一旦开拓殆尽,形势急转直下。学者的聪明才力用于局部问题,派中生出小派。而且,"社会中希附末光者日众,陈陈相因,固已可厌。其时此派中精要之义,则先辈已浚发无余,承其流者,不过捃摭末节以弄诡辩,且支派分裂,排轧随之,益自暴露其缺点,环境既已变易,社会需要别转一方向,而犹欲以全盛期之权威临之,则欲有志者必不乐受,而豪杰之士,欲创新必先推旧,遂以彼为破坏之目标。"①这个时候,古典美学死气沉沉、日趋跌落,古典美学研究只具有修补性、封闭性和常规性的。北宋—明中叶(甚至直到清末民初),古典美学和古典美学研究的情况便大体如是。赫胥黎作过一个比喻:地球上生命的增加,就像往

---

① 梁启超:《清代学术概论》,中华书局1954年版。

一个大桶中放苹果,苹果放满了,但桶还有空隙,还可以往里加石子,石子在苹果中间,不会使苹果溢出来,石子加满了,还可以加细沙,最后还要几加仑水。桶就是生物圈最主要的结构,它们是土壤、大气和绿色植物。苹果、石子、细沙和水是一批批依附在生物圈内的各种生态系统。如果地球上不是首先出现了这个桶的结构,那么整个复杂的生命系统的增加都是不可能的。既然有了桶,就可以往里填入各式各样的东西,其丰富多彩与桶的单调形成鲜明的对比。① 对于中国古典美学来说,区域美学—文化模式的确立恰似一个美学的赫胥黎之桶,其中容纳的理论内容越庞杂,越多样,桶所承受的冲击、碰撞力量就越强烈,日益希冀冲破桶的局限性。另一方面,桶外的社会内容,由于现有的美学视野无法涉及又形成了美学盲区。它从外在的空间猛烈地挤压着"美学之桶",直至将其挤破为止。

所谓"美学盲区",涉及的是启蒙美学所要解决的问题,此处暂不涉及。至于古典美学所承受的内在冲突、碰撞力量,则是迄至明代中叶终于达到了顶点的。在这里,我们可以考察一下明中叶之前复古主义美学思潮的情况。

明代开国伊始,复古主义美学思潮便潜流般酝酿、运行着。宋濂、方孝孺、刘基、杨维桢、高启等人竞相揭起"复古"大旗。宋濂疾呼:"文学之事,自古及今,以之自任者众矣,然当以圣人之文为宗。"(《浦阳人物记·文学篇序》)杨维桢力倡"非先秦两汉弗之学"(宋濂《墓志铭》)。继之而起的,是洪武—永乐年间的闽中诗派与成化—弘治年间的茶陵派。高棅编选《唐诗品汇》一书,建立"诗必盛唐"的美学规范。李东阳则以台阁耆宿的地位,执掌文坛牛耳,率先提倡"复古"。他们使发端开国之初的复古主义美学从涓涓细流汇聚而为潺潺小溪。迄至弘治—万历年间,"前七子"在美学领域复又树起"复古"大旗,声言"文称左迁,赋尚屈宋,古诗体尚汉魏,近律则法李杜"(李贽:《续藏书·何景明传》)。"文自西京,诗自中唐而下,一切吐弃,操觚谈艺之士翕然宗之"(《明史·文苑传序》)。把复古主义美学拓展为滔滔大河。清人沈德潜指出:"宋诗近腐,元诗近纤,明诗其复古也。"(《明诗别裁

---

① 参见金观涛等:《西方社会结构的演变》,四川人民出版社1985年版,第128页。

集·序》)这一概括,不但对于明朝之后的诗歌,而且对于明朝之后的美学思潮,都是颇具只眼的。

从上述我们对中国古典美学在北宋之后演进情况的剖析,不难看出,明中叶前复古主义美学思潮的出现,在中国美学史上有其现实意义,更有其意蕴深长的历史意义。

从前者言之,清人朱彝尊曾经指出:"成(化)弘(治)间,诗道傍落,杂而多端,台阁诸公,白草黄茅,纷芜靡蔓……理学诸公,击壤打油,筋斗样子……北地(李梦阳)一呼,豪杰四应,信阳(何景明)角之,迪功(徐祯卿)骑之……呜呼盛哉!"(《明诗综》卷29《静志居诗话》)。确乎如此。倘若舍弃社会的、政治的原因不论,明代复古主义美学思潮产生的美学契机,就在与"台阁诸公""理学诸公"的深刻对立。

"台阁诸公",指的是执政的阁臣,诸如杨士奇、杨荣、杨溥等人。他们把文学作为歌功颂德的工具,大量炮制一味点缀升平,"发为治世之音"的应制、颂圣、酬接、题赠的诗文。一时间,"众人靡然和之,相习成风"(沈德潜语)。"理学诸公"则是指承继宋代性理美学的阴魂而来的道学诗的作者,诸如庄昶等人。他们同样不懂得美学、文学为何物,信口直道,敷衍成章。"赋诗几一首有'乾坤',每三首有'太极'"(钱锺书:《管锥编》)颠来倒去就是"太极圈儿大,先生帽子高""赠我一壶陶靖节,还他两首邵尧夫"。十分清楚,"台阁诸公"和"理学诸公"虽然主张殊异,观点不同,但从根本上讲,却都是忽视了这一点:文学,首先应当是美学的。这就深刻暴露出他们在美学思想上片面主张社会、理性、伦理对于个体、感性、情感的粗暴制约的失足,从而与后期封建社会中日趋跌落、日益僵化的中国古典美学内在地趋于一致。明代复古主义美学思潮正是敏捷地察觉到这一点,因之才起而矫之。他们从诗与文"各有体而不乱","夫文者言之成章,而诗又其成声者也。章之为用,贵乎纪述铺叙,发挥而藻饰;……若歌吟咏叹,流通动荡之用,则存乎声"(李东阳:《春雨堂稿序》)的角度,剖析了诗与文的不同美学特征;针对"诸公"对诗歌形象化的表现手法的误解,着力探索了诗歌的意象和意境的美学内涵;更针锋相对地高扬"情"的美学价值,批判"诸公""言理不言情"的缺弊。

相当一段时间内,人们往往简单斥明代复古主义美学思潮为"倒退""落后"。后来,它们在美学史中的现实意义被承认了,然而,它们在美学史上的历史意义却未能受到重视,尽管或许后者蕴含着更深长、更隽永的美学意味。

中国古典美学是从个体与社会、人与自然的统一去寻找美、审美和艺术的奥秘的,而这样一个适宜的美学路径,也确乎造就了中国古典美学自己,引导它走向成功。然而,步入后期封建社会之后,个体与社会之间、人与自然之间出现了无可弥补的裂痕。中国古典美学的安身立命之地不复存在了。于是,它自身的理论体系也出现了无可弥补的裂痕。率先发难的,是宋代的理学家。他们公开提出:"诗之作,本为言志而已……志者诗之本,而乐者其末也。末虽亡不害本之存。"(朱熹:《朱子语类》卷37《答陈体仁》)这里的"本"指的是"诗教","末"指的是"乐教"。只是在古典美学中,原本找不到这类"本末"之分,孔颖达《经解篇·正义》云:"然诗为乐章,诗乐是一,而教别者。若以声音干戚以教人,是乐教也;若以诗辞美刺风喻以教人,是诗教也。"因之,理学家的发难,引起了宋代整整一代美学家的思索,郑樵在《乐略》中针锋相对提出:"诗在于声,不在于义。"更多的人则试图重新回到传统的美学路径,以俾综合、融洽两者之间的裂痕。其中,最具典范意义的要数严羽的《沧浪诗话》。在这部美学著作中,别材——书,别趣——理,妙悟——识,透彻之悟——第一义之悟,众多的美学范畴被相对排出,试图给以说明。然而,他并未成功。郭绍虞先生对此深有感慨:"我只觉得沧浪论诗,犹依违于二者之间,不曾说得'亲切',不曾说得'沈著痛快',我只觉得沧浪论诗,犹有旁人篱壁,拾人涕唾之处,并不完全是自家闭门凿破此片田地。"[①]严羽的失足,正在于此。

自然,严羽的失败应该归咎于正在潜在地发生巨变的中国封建社会,归咎于这个社会已经无法提供那种极为充实、充满活力的美。然而,明代复古主义美学的倡导者却不可能看清这一点。美是个体与社会、人与自然融洽

---

① 《照隅室古典文学论集》上编,上海古籍出版社1983年版,第353页。

统一的感性现实的成果。但是,现在这种融洽统一的现实成果却已经不存在了。这使得他们只能从外在的封建伦理感情中去寻找美,寻找自己的诗情。而这就很难与理学家的美学思想从根本上加以区别。不过现实却需要这一区别(因为理学家美学思想的破产是有目共睹的事实),于是他们深刻地趋向被理学家弃置不顾的"乐教",亦即诗歌的音乐美。在他们眼中,严羽的失败,就在于他的调和、妥协。实际上,关键问题却在于如何给外在的封建伦理感情以艺术的表现,这才是美学的真正目的。明代复古主义美学的倡导者中,最早明确认识到这一点的是高棅。他在《唐诗品汇·总叙》中,从诗的声律、兴象、文词、理致方面,淋漓尽致地发挥了严羽的美学思想中的一极,认为"苟非穷精阐微,超神入化,玲珑透彻之悟,则莫能得其门而臻其阃奥"。这就奠定了明代复古主义美学的理论基础——复声律、兴象、文词、理致之古,以声律、兴象、文词、理致为美。"厥后李梦阳何景明等摹拟盛唐,名为崛起,其胚胎实兆于此。"(《明史·文苑传》)确实,在高棅之后纷纷登场的复古主义美学家,都是在此基础上展开自己的理论思辨的。他们认为:"情无定位,触感而兴。既动于中,必形于声……盖因情以发气,因气以成声,因声而绘词,因词而定韵,此情之源也。""物以情徵。窍遇则声,情遇则吟,吟以宣和,宣以乱畅,畅而永之,而诗生焉。故诗者,吟之章而情之自鸣者也。"由是,他们固执地自我安慰,主观地认为自己已经完成了向古典美学理想的复归。因为"诗有五声,全备者少。惟得宫声者为最优,盖可以兼众声也。李太白杜子美之诗为宫。韩退之之诗为角,以此例之,虽百家可知也"。而理学家的失足,正在"主理不主调,于是唐调亦亡……诗何尝无理?若专作理语,何不作文而诗为耶?今人有作性理诗,辄自贤于'穿花蛱蝶''点水蜻蜓'等句,此何异痴人前说梦?"字里行间,流溢出一种真理在握、正义满胸的理论讨伐的勇敢和自信。

遗憾的是,这种勇敢和自信与理学家力倡性理美学的勇敢和自信一样,毕竟都建立在一个虚幻的美学基点之上。他们不知道也不可能知道,能够赋予美学思想以活力的,只能是历史。只有历史才能够真正回答在个体与社会、人与自然日趋割裂之时,向美学提出的挑战。明代复古主义美学家却无论如何也做不到这一点。"洛阳三月花似锦,使君来时春已归。"历史决定了他们的一切努力也只能使古典美学愈发趋向沉沦。正如闻一多在《文学的历史动向》一文中指出的:"从西周到宋",中国古典美学,中国古典文学"实际也就完了"。明代复古主义美学思潮,充其量不过是"无谓的挣扎","无非重新证实一遍那挣扎的徒劳无益而已"。

中国古典美学——这个美学的赫胥黎之桶,已经非打碎不可了!而这正是明代复古主义美学思潮在中国美学史上的不可多得的历史意义。

时代弯弓上的响箭

明代中叶,一个应该用金字醒目地书写在中国美学史中的时代。

真正的美学家往往是社会中最为敏感的一部分。封建社会的分崩离析,陆王心学的潜在暗示,社会审美心理的嬗变,或许,还应加上复古主义美学思潮的破产,越来越深刻地给明中叶的美学家以启迪:个体与社会、人与自然间的融洽统一已经为相互之间的对峙冲突所取代。顺之者生,逆之者亡。

中国美学家勇敢地接受了时代的挑战。以唐寅、茅坤、唐顺之、归有光居先,以徐渭、李贽、汤显祖、公安三袁为主体,以钟惺、谭元春殿后的启蒙美学旋即奔涌而出。正像《明史·文苑传》描述的:"归有光颇后出,以司马、欧阳自命,力排李、何、王、李,而徐渭、汤显祖、袁宏道、钟惺之属,亦各争鸣一时,于是宗李、何、王、李者稍衰。"他们庄严宣告:

> 自然发乎情性,则自然止乎礼义,非情性之外复有礼义可止也。
> 人世之事,非人世所可尽。自非通人,恒以理相格耳。第云理之所必无,安知情之所必有邪?

这不啻是中国美学启蒙的振聋发聩的第一声呐喊。鲜明地悖逆于古典美学的美学理想,在个体与社会、人与自然尖锐冲突基础上对古典美学的批判告诉人们,美学启蒙的大潮已经开始有力地撞击着具有辉煌美学传统而又完全僵化了的古典美学的密不透风的封闭外壳了。

其中的关键是作为审美主体的人的被发现。人的发现,在世界美学史中是一个美学启蒙的共同起点。布克哈特在研究了意大利文艺复兴时期的文化状况后,激动地写道:"文艺复兴于发现外部世界之外,由于它首先认识和揭示了丰富的完整的人性而取得了一项尤为伟大的成就。如我们所已经看到的,这个时期首先给了个性以最高度的发展,其次并引导个人以一切形式和在一切条件下对自己做最热诚的和最彻底的研究。"①在遥远的东方,在中国,我们看到了同样的一幕。

李贽的《童心说》,是一篇当之无愧的人的发现的宣言书。他把作为人的"绝假纯真,最初一念之本心"的"童心",作为与封建"天理""闻见""道理"势不两立的对立面。而把"穿衣吃饭"作为"童心"的具体内涵:"穿衣吃饭,即是人伦物理;除却穿衣吃饭,无伦物矣。"只是,这里的"穿衣吃饭"不能理解得太实,因为他对此是这样解释的:"世间种种皆与饭类耳,故举衣与饭而世间种种自然在其中,非衣与饭之外更有所谓种种绝与百姓不同者也。"(《焚书》卷一《答邓石阳》)因此,他所说的"穿衣吃饭",实际是"人欲""感性欲望"的代名词。而其中的基本内容则是"好货"与"好色"。其中的"好货",指的是个人的贪欲的满足:"夫私者,人之心也。人必有私,而后其心乃见;若无私,则无心矣。""此自然之理,必至之符。"(《藏书》卷24《德业儒臣后论》)"好色"则是"同明相照,同类相招"(《藏书》卷37《司马相如传论》),严格地讲,它也应该是"私"或"贪欲"的一种,只是在明中叶意义尤其重大而已。恩格斯在《路德维希·费尔巴哈与德国古典哲学的终结》中,曾经指出"贪欲"在某种条件下也会成为"历史发展的杠杆",普列汉诺夫更深入阐释道:在旧制度崩溃之际,"贪欲"体现了"跟过去所建立的那种永世不移的道德决裂"的人的觉醒。由乎此,李贽"童心"说的人的自我发现的历史意义已经十分清楚了。徐渭把人的感性欲求称为"未泯之体"或"本体","人心之惺然而觉,油然而生,而不能自已者,非有思虑者以启之,非有作为以助之,则

---

① 布克哈特:《意大利文艺复兴时期的文化》,商务印书馆1979年版,第302页。

亦莫非自然也。"(《徐文长文集》卷30《读龙惕书》)因此,人应该重视自己的感性欲求,"酌其人之骸而天之。"(《徐文长文集》卷18《论中·二》)汤显祖倡言"天地之性人为贵。人反自贱者,何也?孟子恐人止以形色自视其身,乃言此形色即是天性,所宜宝而奉之。……故大人之学起于知生,知生则知自贵,又知天下之生皆当贵重也。"(《汤显祖诗文集》卷37《贵生书院说》)朱廷诲指出汤显祖之所以有此倡言,意在"慨人之罔生者众也,揭'贵生'以觉其幽"(《玉茗堂文集序》),确实道破了个中三昧。袁宏道也提出只有感性欲望才是人的本性:"夫民之所好好之,民之所恶恶之,是以民之情为矩,安得不平?今人只从理上絜去,必至内欺己心,外拂人情,如何得平?夫非理之为害也,不知理在情内,而欲拂情以为理,故去治弥远。"(《德山麈谭》)而所有这一切,不但使"儒教防溃",而且连"释氏绳检亦多所屑弃"了,它汇集成为继先秦、魏晋之后中国封建社会第三次不是"名教之所能羁络"(黄宗羲语)的人性解放的洪波大浪。

  从美学史的角度来看,明中叶人的解放,在思想媒介上与陆王心学的影响是密不可分的。启蒙美学家关于人的看法,深受陆王心学的影响,是一个严酷而又令人颇为迷惑不解的事实,对此,我们的任务只能是科学地给以说明。目前那种或者抬高陆王心学(尤其是泰州学派)的政治地位,把它称为反抗现实的"异端"思想,或者贬低明清文艺思潮的美学地位,把它称为"狂禅""轻俏"的浮泛潮流,希望通过抬高一方或贬低另一方来达到两者的统一,使问题得到合乎逻辑的解释的做法,在我看来,只能合乎逻辑地把问题弄得更加混乱不堪。实际上,在美学史研究中,不能形而上学地看待一种哲学体系对文艺思潮的影响。任何一种唯心主义都不是哲学家的主观臆造,也并非认识史上多余的骈指,而是真理长河中一段不可绕过的曲流,认识史上一个不可缺少的环节。法国唯物主义美学曾是西方美学史上光辉的一页,但马克思主义美学却偏偏产生在德国,原来它们之间还有一个不可或缺的中介——德国古典美学。我国荀子唯物主义美学的形成,也恰恰是批判、改造儒家唯心主义思想的结果。何况我们说一种思想是唯心主义,也只是在一定范围内,即指它在解决思维和存在这个问题上,颠倒了物质和精神的主次关系而言。超出了这个范围,说一种思想是唯心主义则毫无意义。进而言之,一种思想(唯物或唯心)在实际生活中可以起什么作用,是由当时的社会条件和运用这个思想的人决定的。具体到我们的论题,陆王心学对明清文艺思潮的影响,正是当时的社会条件和受到陆王心学影响的进步美学家所决定的。弄清楚这一点,对我们深入研究中国美学史中的许多类似问题,无异提供了一把钥匙。

从陆王心学的理论看,他们把在他们之前由外在信仰支配的人,明确地变为由个体内在的心理——伦理要求所自觉支配着的人,变为在社会的人伦日用的实践之中去积极寻求自身欲望的合理满足的人,这就预示着继先秦、魏晋之后,中国古代关于人的观念将要出现的第三次深刻变化。正是这种预示,为明清文艺思潮提供了一个理论的支点和起点。它促使明中叶进步美学家又一次充分自觉和明确地从人的内在要求出发,而不再是从外在信仰出发考查美学和艺术问题。明乎此,启蒙美学与陆王心学的种种关系就并非一个令人迷惑的问题了。不过,我们要强调的是,不能简单地把两者等同起来,因为从根本性质看,它们其实是两回事。

事实也是如此。陆王心学的创立,就其本意而论,是看到了当时"天下事势如沉疴积瘘,所望以起死回生"(王阳明:《与黄宗贤》)。尽管它在程朱理学的污浊空气中独树一帜,发聋振聩,使时人耳目一新。但正如我们所强调的那样,就其维护封建统治的阶级实质而言,与程朱理学是并无二致的。陆王心学把天理还原为良知,但又把良知变成天理;把圣人还原成俗人,但又把俗人变成圣人;把封建道德还原为生理欲望,但又把生理欲望变成封建道德;把对"圣经贤传"的思辨还原为不识不知,但又把不识不知变成先验的思辨。这里,陆王心学的阶级实质和政治态度是明明白白的。

如果说陆王心学是企图从危机中解救社会矛盾,明中叶启蒙美学家却几乎完全相反了。他们虽然借用了心学的某些论题,但王学往往是从右的方面批评社会弊端和程朱理学,启蒙美学家却往往是从左的方面去加以批评。界限是十分清楚的。明中叶启蒙美学家之所以往往被斥为"异端之尤",道理正在这里。举其要而言之,陆王心学以个人的"良知"作为判断是非的标准,但这"良知"又实际被规定为封建道德的"天理";陆王心学提出"愚夫愚妇与圣人同",给明中叶启蒙美学家以一定影响,促进了市民文学的发展,但它实质是要求愚夫愚妇上同于圣人,明中叶启蒙美学家则主张愚夫愚妇就是圣人;陆王心学提出"与愚夫愚妇同的,是谓同德;与愚夫愚妇异的,是谓异端",影响了明中叶审美趣味的演变,但在它那里,愚夫愚妇的内心中已经先验地蕴含着封建理性。这与明中叶启蒙美学家尊重人们的感性需要的理论主张,又是明显不同的……总之,陆王心学只不过是在客观上启发人们去寻找被中世纪埋没了的自我,而明中叶启蒙美学家却进而明确指出自我的本质在于个人的感性情欲。

这种对于人的观念的深刻变化,从根本上决定了启蒙美学在明中叶后能够对美、审美和艺术作出深刻的全新阐释。因为美、审美和艺术,归根结底是人从"自然向社会的人生成"这一历史演进过程中的结果和产物。而美学家的理论思想的演变,又总是同人的本质演进的一定历史阶段以及美学家对人的本质的认识的演变同步的。

具体而论,启蒙美学甩开古典美学的美学路径,开始尝试从个体与社会、人与自然的对峙冲突的角度考察理想人格的自由的实现,考察美、审美和艺术。我已经谈到,在古典美学中,审美主体与审美客体、形式与内容、理想与现实、表现与再现,往往紧密纠缠以至不分。启蒙美学却开始反其道而行之:它以审美主体与审美客体、形式与内容、理想与现实、表现与再现的尖锐矛盾和冲突为特征,深深渗透了明中叶社会政治、经济、文化,乃至社会审美心理的影响,流溢着一种为古典美学所不容的自我批判的色彩,体现了一种建立在个体与社会、人与自然尖锐对立冲突的基础之上的美学理想。马克思认为,在封建时代,意识到个人与社会的对立是历史的进步。在明中叶的中国,我们看到的正是这种历史的进步。

一反古典美学的古典主义,启蒙美学推出了以生活世态的真实为美的市民美学和以主观情感的真实为美的地主阶级的异端美学。前者偏重审美客体、形式、现实、再现,"极摹人情世态之歧,备写悲欢离合之致"(笑花主人:《今古奇观序》),充分显示了市民阶级脚踏实地的现实精神和津津玩味的人生态度。但在明中叶未能引起美学家的瞩目,故而理论结构未能充分展开。倒是后者,在明中叶被充分加以阐释,成为启蒙美学的核心(故本书不使用异端美学这样一个范畴)。它偏重审美主体、内容、理想、表现,鼓吹"情坦以真""任性而发"甚至"独抒性灵",把人的感性情欲提高到本体论的高度,并把它与封建伦理内容尖锐对立起来。而真正的美,就正体现在作为本体的感性情欲与封建伦理的尖锐冲突过程之中。这就使它一反古典美学的传统看法,不再以外在的"天理"为美,而是把"天理"统一于"人欲",强调人的内在的感性情欲才应该成为审美的对象。李贽认为"童心"亦即感性情欲的自然表现才是美的,才是"天下之至文":"盖声色之来,发乎情性,由乎自然,是可以牵合矫强而致乎?故自然发乎情性,则自然止乎礼义,非情性之外复有礼义可止。惟矫强乃失之,故以自然之为美耳,又非情性之外复有所谓自然而然也。"(《焚书》卷三《读律肤说》)"发乎情,止乎礼义"是中国古典美学的基本要求。它表明:美正是内在的"情"与外在的"礼义"的融洽统一的感性结果。而李贽否定"情性"必须止乎"礼义",也就撕裂了它们的融洽统一,而继之以不为"礼义"所束缚的"自然发乎情性,自然止乎礼义"。徐渭也认为真正的美应当是"取兴于人心"(《徐文长文集》卷18《论中·四》),也就是感性情欲的自然流露。"睹貌相悦,人之情也。悦则慕,慕则郁,郁而有所宣,则情散而事已。无所宣,或结而疹,否则或潜而行其幽。是故声之者,宣之也。"(《徐文长文集》卷20《曲序》)而文学作品只有成为人的感性情欲的对象化,亦即深刻肯定人的感性情欲,才会涉足美的王国。这就是所谓"人生而有情,思欢怒愁,感于幽微,流乎啸歌"(汤显祖语),"因情成梦,因梦成戏"(汤显祖语),"独抒性灵,不拘格套。非从自己胸臆流出,不肯下笔"(袁宏道语)。当然,这里的"情""梦""性灵",都是指的人的感性情欲,亦即未受封建"天理"熏染的真情实感,这种真情实感是与当时占统治地位的意识形态相对立的,他们在当时"无所不假""满场是假"的情况下,强调人的感性情欲的合法地位和自由表现,强调作家以审美主体的表现为主,直抒胸臆,摆脱束缚,这对古典美学实在是沉重的打击,在当时具有极大的启蒙意义。

"一条界破青山色"

"美好的东西不是独来的,它伴了许多好东西同来"(泰戈尔语)。恢张"性灵",弘扬"自我",这意味着对于蜕变为"以理杀人"的僵化了的古典美学确实是一种反动,也意味着古典美学传统格局的被打破,充分凸出了作为本体的人的感性情欲要为自己创造更为适宜于容纳它的理论格局。因之,启蒙美学就不但鲜明地区别于古典美学,同时也深刻地具备了美学启蒙的下列历史意义。

对古典美学思想的中和原则的突破。 古典美学提倡"温柔敦厚"的优美,禁止人们从这一美学原则超逸而出。而启蒙美学从强调情感的真实出发,坚决反对古典美学思想的束缚。李贽讲:"且夫世之真能文者,比其初皆非有意于为文也。其胸中有如许无状可怪之事,其喉间有如许欲吐而不敢吐之物,其口头又时时有许多欲语而莫可所以告语之处,蓄极积久,势不能遏。一旦见景生情,触目兴叹;夺他人之酒杯,浇自己之垒块;诉心中之不平,感数奇于千载。"(李贽:《焚书·杂说》)他认为,作家只有等到自己蓄积了饱满的感情,不吐不快的时候,才能写出好作品来,而这种感情,乃是胸中的"垒块"和"不平",也就是对现实的强烈不满。这就必然突破古典美学"发乎情,止乎礼义"的"中和"原则的框架。其他如:"如冷水浇背,陡然一惊,便是兴观群怨之品"(徐渭语);"大喜者必绝倒,大哀者必号痛,大怒者必叫吼动地,发上指冠"(宗道语);"务以快其愤结,过当而后止,久而徐以平"(汤显祖语)等,都意味着启蒙美学独尊感性情欲,开始冲破"发乎情,止乎礼义"的古典美学观,开始把感性的、充满市俗人情的社会生活推上美的殿堂,深刻体现了美学理想从古代的优美转向近代的崇高,从古代的英雄传奇转向市井人情,从古典的、理性的转向现实的、感性的这一巨大的历史事实。

还值得一提的是李贽对于《琵琶记》的研究。元明之际的著名戏曲家高则诚的名剧《琵琶记》,在当时曾引起广泛的争论,但大多局限在"本色语"的范围内。唯独李贽独具慧眼,从作品大团圆的结局入手,触及了一个新的领域:

> 吾尝揽《琵琶》而弹之矣：一弹而叹，再弹而怨，三弹而向之怨叹无复存者。此其故何耶？岂其似真非真，所以入人之心者不深耶！(《焚书》卷三《杂述》)

《琵琶记》的故事本身是一个凄楚悲怆的结局，但高则诚却从古典美学的美学理想出发，代之以喜剧结局。这种"似真非真"的美学处理，使得"彼高生者，固已殚其力之所能工，而极吾才于既竭。惟作者穷巧极工，不遗余力，是故语尽而意亦尽，词竭而味索然亦随以竭"。这与李贽"何以怨？怨以暴之易暴，……今学者唯不敢怨，故不成事"(《焚书》卷三《杂述》)，"不愤而作，譬如不寒而颤，不病而呻吟也"(《焚书》卷三《杂述》)的看法是一致的，表明李贽已经登上了悲剧美学范畴之堂，可惜他未能进而加以探讨，因而未能入悲剧美学范畴之室。

浪漫主义创作方法的出现。启蒙美学把感性情欲提高到本体论的高度，这就超出了强调理想与现实、审美主体与审美客体融洽统一的古典主义创作方法。把双足放在浪漫主义的大地。它建构了新型的理想与现实、审美主体与审美客体的对峙冲突关系。"生天生地，生鬼生神。极人物之万途，攒古今之千变"(汤显祖：《宜黄县戏神清源师庙记》)；"人，情种也，人而无情，不至于人矣，曷望其至人乎？情之为物也，役耳目，易神理，忘晦明，废饥寒，穷九州，越八荒，穿金石，动天地，率百物；生可以生，死可以死，生可以死，死又可以不死，生又可以忘生，远远近近，悠悠漾漾，杳弗知其所之。"(张琦：《衡曲麈谭》)启蒙美学把理想和审美主体放到主导的位置，由理想、审美主体出发，把大千世界中的人物、事件、风云雷电、草木花石，都包容到一起，把它们打碎、拆开或化解，然后重新加以整合，构成一个新的艺术整体，因而也就构成了一个新的美学境界。

于是，美的理想、审美主体在艺术创造中获得了一种绝对的自由。它无视外在现实、审美客体的客观逻辑，"情不知所起，一往而深，生者可以死，死可以生。生而不可与死，死而不可复生者，皆非情之至也。"(汤显祖：《牡丹亭题词》)汤显祖的《牡丹亭》更无视封建社会的政治专制和伦理束缚:"今昔异时,行于其时者三:理尔、势尔、情尔。以此乘天下之吉凶,决万物之成毁。作者以效其为,而言者以立其辩,皆是物也。事固有理至而势违,势合而情反,情在而理亡,故虽自古名世建立,常有精微要渺不可告语人者。……是非者理也,重轻者势也,爱恶者情也。三者无穷,情亦无穷。"(汤显祖:《沈氏弋说序》)汤显祖认为,纵观历史,理、势、情"三者不获并露而周施",或者"理至而势违",或者"势合而情反",或者"情在而理亡",也就是说"情"与"理"的尖锐冲突通贯今古。因此,作者在作品中应该创造一个"有情之天下",去取代现实世界的"灭才情而尊吏法"的"有法之天下"。(汤显祖:《青莲阁记》)

浪漫主义典型理论的滥觞。 古典美学的人物性格论,以类型为核心。它侧重人物性格的某种共性,例如忠孝、廉洁、奸险、善良之类,并把这种类型贯穿到人物性格的一颦一笑、一举一动之中。启蒙美学不同。它借审美理想、审美主体对人物性格加以肯定或否定的改造,充分突出性格个性的主观性和虚幻性:

> 笑者真笑,笑即有声;啼者真啼,啼即有泪;叹者真叹,叹即有气。杜丽娘之妖也,柳梦梅之痴也,老夫人之软也,杜安抚之古执也,陈最良之雾也,春香之贼牢也;无不从筋节窍髓,以探其七情生动之微也。(王思任:《批点玉茗堂牡丹亭序》)

而人物活动于其中的客观世界也不再是一个制约着人物行动的外在环境,而成为人物性格的投影。事件完全由人物性格的主观意志去决定、去选择、去完成:

> (杜丽娘)梦其人即病,病即弥连,至手画形容传于世而后死。死三年矣,复能溟莫中求得其所梦者而生。(汤显祖:《牡丹亭题词》)

> 肃斗南(剧中主人公)者,从无名、无象中结就幻缘,布下情种,安如

>是,危如是,生如是,死如是,受欺、受谤如是,能使无端而生者死、死者生,又无端而彼代此死,此代彼生……(范香令:《梦花酣题词》)

可见,人物性格遵循自己的感性情欲展开生活道路、矛盾纠葛,展开与他相对立的外在环境的冲突,这就已经导致古典美学转为启蒙美学过程中性格理论内在美学特质、美学结构的深刻变化。

自然美和朴素美的提倡。启蒙美学注重感性情欲,注重美学理想、审美主体的抒发,也就必然把内容与形式对立起来,反对拘泥于字句法度之间,在形式上过于雕琢,而要求自然美和朴素美。这就与古典美学的强调内容与形式融洽统一相区别,因而启蒙美学提倡的自然美、朴素美与古典美所持有的自然美、朴素美有其不同的美学内涵:

>风行水上之文,决不在于一字一句之奇。若夫结构之密,偶对之切;依于理道,合乎法度;首尾相应,虚实相生:种种禅病,皆所以语文,而皆不可以语天下之至文也。(《焚书》卷三《杂述·杂说》)

所谓"天下之至文",如前所述,正是指的"童心"的自然而然的表现。也正是出于这个原因,袁宏道才披露自己的创作要求是:"一变而去辞,再变而去理,三变而吾为之意忽尽,如水之极于淡泊,芭蕉之极于空,机境偶触,文忽生焉。"(《行素园存稿引》)汤显祖才公开宣称:只要内容需要,在戏剧演唱形式方面"不妨拗折天下人嗓子";张琦才认为:形式应"因其道而治之,适于自然……期畅血气心知之性,而发喜、怒、哀、乐之常,斯已矣。"(《衡曲麈谭》)在启蒙美学看来,只有这种"浩浩荡荡、悠悠冥冥,直使高山、巨源、苍松、修竹,皆成异响,而调亦觉自协"的艺术形式,才是为理想与现实、审美主体与审美客体激烈冲突的艺术内容所需要的最为适宜的艺术形式。

作家主体构成的美学反思。"爝火不能为日月之明,瓦釜不能为金石之声"。什么样的人才能成为作家?古典美学高度重视这一问题。然而由于审美主客体相互纠缠的特定考察途径,却未曾也不可能将此剖析清楚。一般说来,看法大致有二:其一是不承认作家的主体结构有什么特殊之处。朱熹就认为:"古之君子,德足以求其志,必出于高明纯一之地,其于诗固不学而能。"(《晦庵先生朱文公文集》卷39《答杨宋卿》)另外一种看法则认为作家的主体结构有其独特之处。这就是艺术技巧的修养。吕本中断言:"前人文章各自一种句法,……学者若能遍考前作,自然度越流辈。"①韩驹则提出:"学诗当如学参禅,未悟且遍参诸方,一朝悟罢正法眼,信手拈出便成章。"(《陵阳先生诗》卷一《赠赵伯鱼》)上述两种看法,皆失之肤浅。全新的美学途径,使得启蒙美学有可能作出更为深刻的解释。袁中道敏捷地注意到,真正的作家,"间发为诗文,俱从灵源中溢出,别开手眼,了不与世匠相似"。原因何在? 就在于"发源既异"。具体考察"其别于人者有五":

  上下千古,不作逐块现场之见,脱肤见骨,遗迹得神,此其识别也;天生妙姿,不镂而工,不饰而文,如天孙织锦,园客抽丝,此其才别也;上至经史百家,入眼注心,无不冥会,旁及玉简金叠,皆采其菁华,任意驱使,此其学别也;随其意之所欲言,以求自适,而毁誉是非,一切不问,怒鬼嗔人,开天辟地,此其胆别也;远性逸情,潇潇洒洒,别有一种异致,若山光水色,可见而不可即,此其趣别也。(《珂雪斋文集》卷九《妙高山法寺碑》)

古典美学中从"识""才""学"之类标准入手研究作家主体构成的并非没有,袁中道的特点则在于把作家的主体构成同哲学家、政治家、道德家严格区别了开来,转而从审美的角度去加以探索。当然,他的探索是不成熟的,还有把"识""才""学""胆""趣"相并列的不足,这反映了他认识上的模糊、含混的一面。汤显祖则直接把作家的主体构成归之为"灵性":"有灵性者自为龙耳"(《玉茗堂文集·张元长嘘云轩文字序》),"心灵则能飞动,能飞动则下上天地,来去古今,可以屈伸长短生灭如意,如意则可以无所不如。"(《玉茗堂

---

① 郭绍虞辑:《宋诗话辑佚》卷下《童蒙诗训》,中华书局1980年版。

文集·序丘毛伯稿》)这里,汤显祖把审美结构"灵性"亦即把与一切外在的功利目的、利害得失激烈抗争着的自由的心理状态,作为作家主体构成的本质因素,是深刻触及了近代意义上的作家主体构成理论中最为本质的东西的。

文学发展观的更新。对于文学的历史过程,古典美学与启蒙美学是相对立的。古典美学固然承认古今文学的演变,"四言变而《离骚》,《离骚》变而五言,五言变而七言,七言变而律诗,律诗变而绝句,诗之体以代变也。"(胡应麟:《诗薮》)然而从中得出的却是文学日益退化的结论:"《三百篇》降而《骚》,《骚》降而汉,汉降而魏,魏降而六朝,六朝降而三唐,诗之格以代降也。"(胡应麟:《诗薮》)显然,这是伦理型的中国古典美学必然导致的结果。相比之下,启蒙美学似乎已经意识到了历史与伦理之间的深刻矛盾,因之着意把文学的发展过程从伦理束缚中剥离出来,力图恢复其客观面目,由此出发,启蒙美学与之针锋相对,指出他们的失足,在于"不知有时也,要知有文"。(袁宏道:《袁中郎全集》卷21《与友人论时文书》)又说:

> 文之不能不古而今也,时使之也。……唯识时之士,为能隄其隄而通其所必变。(袁宏道:《袁中郎全集》卷20《雪涛阁集序》)

> 事人物态,有时而更;乡语乡言,有时而易;事今日之事,则亦文今日之文而已矣。(袁宏道:《袁中郎全集》卷22《与江进之》)

这是从社会学方面作的分析。从此出发,他们对古典美学的"退化"论进行了激烈抨击。同时,他们还从文学发展的内在的逻辑必然上推断:

> 夫法因于敝而成于过者也。矫六朝骈俪钉饾之习者以流丽胜,钉饾者固流丽之因也,然其过在轻纤。盛唐诸人以阔大矫之。已阔矣,又因阔而生莽,是故续盛唐者以情实矫之。已实矣,又因实而生俚。是故续中唐者以奇僻矫之。然奇则其境必狭,而僻则务为不根以相胜,故诗

之道,至晚唐而益小。有宋欧、苏辈出,大变晚习,于物无所不收,于法无所不有,于情无所不畅,于境无所不报,滔滔莽莽,有若江湖。今之人徒见宋之不唐法,而不知宋因唐而有法者也。如淡非浓,而浓实因于淡。然其敝至以文为诗,流而为理学,流而为歌诀,流而为偈诵,诗之弊又有不可胜言者矣!(袁宏道:《袁中郎全集》卷21《雪涛阁集序》)

之所以不惮冗长抄下这段话,是因为它实在太重要了。假如我们回顾一下西方两百多年后才出现的黑格尔对于逻辑方法的强调,或许也就释然了。尤其值得注意的,是他们更从美学的角度进行了论述,

大抵物真则贵,真则我面不能同君面,而况古人之面貌乎?(袁宏道:《袁中郎全集》卷21《与丘长孺》)

唯夫代有升降,而法不相沿,各极其变,各穷其趣,所以可贵,原不可以优劣论也。(袁宏道:《袁中郎全集》卷21《叙小修诗集》)

这样痛快淋漓的议论,古典美学确实难以望其项背。总而言之,"世道既变,文亦因之,今之不必摹古者也,亦势也。"(袁宏道:《袁中郎全集》卷21《与江进之》)而正是从这样一个角度,启蒙美学才响亮地喊出了"真诗在民间"的口号。袁宏道指出:"故吾谓今之诗文不传矣。其万一传者,或今闾阎妇人孺子所唱《擘破玉》《打枣杆》之类,犹是无闻无识真人所作,故多真声,不效颦于汉魏,不学步于盛唐,任性而发,尚能通于人之喜怒哀乐嗜好情欲,是可喜也。"(袁宏道:《袁中郎全集》卷21《叙小修诗集》)这种看法深刻体现了建立在进步发展观基础上的新的审美趣味,在性质上与古典美学为吸取营养而光顾民间文艺迥然相异。

就是这样,中国启蒙美学犹如超逸而出的第一块历史碎片,"蓄极积久,势不可遏",一旦从母体中挣扎而出,便"喷玉唾珠",迸射出"昭回云汉"的思想光辉,在广袤深远的美学殿堂中大放光明。

"万古常疑白练飞,一条界破青山色。"中国美学历史翻开了新的一页。从本章开始,本书使用了一系列西方美学中常见的美学范畴,如"崇高""优美""悲剧""浪漫主义",等等。这样做,主要是为了在中西美学对比中加深对中国启蒙美学的理解。应当强调的是,它们与中国启蒙美学的某些范畴是有其微妙差别的,换句话讲,它们只是对中国启蒙美学的某种说明,但却并非中国启蒙美学本身。

第四章　启蒙美学的狂呼猛进

深刻的片面

在中国美学史的讲台上，很长时间没有听到如此富有生气而又令人振奋的声音。启蒙美学以荡涤一切的气度、肆无忌惮的精神，掀起了一场自我批判的狂澜，"致天下耳目于一新"（《四库全书总目提要》）。"一时闻者涣然神悟，若良药之解散，而沉疴之去体也。"（朱彝尊：《静志居诗话》）于是，"天下之文人才士始知疏瀹性灵，搜剔慧性，以荡涤摹拟涂泽之病，其功伟矣！"（钱谦益：《列朝诗集》）陶望龄在当时已经名满天下，然而，当启蒙美学的大潮席卷大地之时，他也舍弃旧学，忝列其中。《静志居诗话》称他："中岁讲学逃禅，兼惑公安之论，遂变芸夹尧竖面目，白沙在泥，与之俱黑，良可惜也。"透过颠倒是非的偏谬之见，不难看到陶望龄美学思想的演变痕迹。黄平倩也是早就出名的学者，随着对启蒙美学认识的渐趋深入，同样毅然弃旧图新，为启蒙美学"所转，稍稍失其故步"（袁小修：《珂雪斋集选·书方平弟藏慎轩居士卷末》）。更具深意的是，一些曾经与启蒙美学相敌对的人，也震慑于启蒙美学的理论魅力，纷纷倒戈从之。如后七子之一屠隆，受徐渭的影响，明显地倒向启蒙美学，《四库全书总目提要》称他"沿王李之途饰而又兼涉三袁之纤佻"是可信的。又如梅蕃祚，他是复古主义美学思潮的推波助澜者，然而后来却投身于启蒙美学。"往余为诗，一时骚士争推毂余，今则皆戟手詈余矣。"（梅蕃祚语，转引自袁宏道《叙梅子马王程稿》）明中叶发端的美学启蒙，影响之广泛，主张之深刻，声势之浩大，由此不难窥见。

但是，长期独霸美学讲坛的古典美学，是绝不会默认这种异端的声音的。僵化，造成了它令人难以置信的固执和自信，也造成了它极端专横跋扈的粗暴与阴冷。还在启蒙美学发端之初,它便从中听出了几丝异乎寻常的不谐和音。后七子之一谢榛稍稍向启蒙美学跨近一步,李攀龙等人便忍无可忍,大加讨伐,并与之割席。李贽被诋为左道、狂禅,最终被逼自戕。汤显祖遭到沈璟等人的围攻。而被攻击最厉害的,要数公安三袁。复古主义美学思潮是最终被他们击退的,他们是启蒙美学的大功臣,然而却不免又是古典美学的大"罪人"。公安派初兴,诅咒、谩骂声便已不绝于耳:什么"孤陋寡闻之士,以为诗本性情,眼前光景口头语,无一不可成诗。……'无书不读',昔人以为美事,而今人中分之而相谑。执是谑以衡人,病'无书'者十九,病'不读'者十一,……"(李维桢:《二西洞序》)之类,以致三袁自己不能不感慨万端:"世之大人先生,好古而卑今,贱耳而贵目,不虚心尽读其书,而毛举一二谑笑之语,便以为病,此辈见人一善如箭攒心,又何足道。"(袁中道:《游居柿录》)在这种四面围攻的美的冲突中,初出襁褓的启蒙美学无力抵御古典美学的猖狂进攻,只好且战且退,最终不免败下阵来。公元1631年,也就是启蒙的猛将袁宏道逝世二十一年之后,陈子龙删订出版了李攀龙的《盛明诗选》,他在该书序言中自述:

> 或谓诗衰于齐、梁而唐振之,衰于宋、元而明振之。夫齐、梁之衰,雾縠也,唐黼黻之,犹同类也。宋、元之衰,沙砾也,明英瑶之,异物也,功斯迈矣。且唐自贞元以还,无救弊超览之士,故不复振,而为风会忧。二三子生于万历之季(李攀龙、王世贞)而慨然志在删述,追游夏之业,约于正经以维心术,岂曰能之,国家景运之隆,启迪其意智耳。

字里行间,游荡着的是"前后七子"的阴魂,在我看来,这不啻是一篇古典美学卷土重来的宣言书。

毋庸置疑,明中叶发端的启蒙美学之所以如此脆弱,就在于它是有其理论上的不足之处的。它的成功在于把人的感性情欲上升为本体,以感性情欲的真实为美。然而,它的失败也在这里。

首先,启蒙美学高扬感性情欲,但审美客体方面的问题却没有受到重视,这就使得大量不堪一提甚至不堪入目的感性材料都堂而皇之地进入了文学殿堂。袁中道《中郎先生全集序》讲:"先生诗文如《锦帆》《解脱》,意在破人之执缚,故时有游戏语,亦其才高胆大,无心于世之毁誉,聊以抒其意所欲言耳。"显然是觉察到了这种偏颇,这种偏颇对文艺界的影响是不良的。不过,它在启蒙美学的高潮时期并未充分暴露,倒是在公安末流中被充分加以推衍,把主观心灵当作搜之不尽的源泉,结果落到"蝼蟥蜂虿"皆可尽兴(公安派江进之语),"冲口而发,不复检括"的地步。谐词谑语,一时成为风尚。

其次,从审美主体来看,启蒙美学认为文艺作品应体现作者的真实的感性情欲,但却有两点不足:他们不可能理解,人的感性情欲之所以能成为美,从根本上说不是一种天赋或先天功能,而是奠基于人类社会实践的历史进程,因而是有其客观内容和社会属性的。抽象的感性情欲根本不存在。同时,他们的感性情欲中有着较多的消极因素,尤其是公安派,他们虽然师承李贽的思想,但在生活的严肃性、学习的钻研精神、斗争的坚决态度上,均不能也不愿效法李贽。因之,他们放浪不羁,蔑视社会伦理规范,追求个性自由,却又放弃对社会的责任感。追求士大夫阶级的闲情逸趣,或与世沉浮,或消极避世,甚至发展到"认欲为理"的境地(《金瓶梅》的出现,就是这一美学观的反映),把许多丑恶的情欲,如势利心、富贵心,说成人类本性,从美学角度肯定了放浪形骸和超脱、纵欲以至淫乱的生活方式。

又次,造成了审美标准的混乱。反对拟古是对的,但以"童心""性灵"为标准也有其偏颇之处。他们不但错误地肯定了六朝宫体、《金瓶梅》、明季民歌中的猥亵、色情部分和小说选集、民歌选集中的黄色部分,而且为反对复古派的崇古轻今而片面强调"今",因而菲薄汉唐,推重宋元,甚至将当时为害最深的八股文也肯定在内,说什么"理虽近腐,而意则常新;词虽近卑,而调则无前"(袁宏道:《与友人论时文》)。只因时文"体无沿袭""文不类古",就不反对它那机械的格套,充分暴露了启蒙美学的不能自圆其说的理论上的幼稚和不成熟。

然而要强调的是,不能因为明中叶启蒙美学掺杂了一些不好的东西,甚至造成了古典美学的卷土重来(这是一个很复杂的问题,本篇末章将加以分析),就轻易否定其在美学史上的历史作用(从清初一直到现代美学诞生之后,明中叶启蒙美学所受到的不公平待遇,可能是三百年来最大的美学冤案之一)。恰恰相反,应当给其以极高的历史评价。明中叶启蒙美学的错误,是一个深刻的错误。明中叶启蒙美学的片面,是一种深刻的片面。多年以来,人们习惯于用是否"全面"来衡量一个美学家、一个美学流派、一个美学思潮,实际上,"深刻的片面"是远远高于"平庸的全面"的标准的。道理很简单:在美学历史的进程中,任何人、任何流派、任何美学思潮,都只是置身在相对的、遥遥没有尽头的跑道上。在这里,任何一种理论探索,都将在岁月的长河中经受不断的筛选、洗刷和冲洗,部分得到确认,部分遭到剔除,而即便是已被确认或剔除,也很难作为终极的定论。真理是前进着的。理论也是前进着的。理论探索的自由,正是为理论探索的局限性所决定的。理论的建树,不在知识的积累,而在错误的纠正。在探索的道路上善于犯错误(只有如此才能突破旧的理论模式),或许比停留在原地的平庸的"一贯正确"更逼近真理。

从美学史看,启蒙美学的高潮席卷过去之后,随着缺点的逐渐展开,启蒙美学的倡导者们也曾有所察觉。年代较晚的袁中道,就曾屡次批评其兄,并说明袁宏道"学以年变,笔以岁老",晚年诗风渐趋谨严,信手涂抹的则为少年未定之作("少时偶尔率易之语……岂先生之本旨哉!")。

竟陵派在这方面却做出了极大的努力,从美学思想上看,竟陵派与李贽、公安派是一脉相承的。但在追求个性解放、提倡以感性情欲方面却比他们稍为逊色。"我辈诗文到极无烟火处"(钟惺语),这句话常被人们批评为骚人墨客的孤怀,但若联系当时的社会现实,这话正表明他们更明确地将自己的审美理想和世俗之见对立起来,很有一点"众人皆醉我独醒"的气味。不过,生于公安派之后,又清晰地看到了其弊端,这就使竟陵派在继续主张"手口原听我胸中所流",写"性情之言"的同时,处处注意纠正公安派流于浮泛的弊端。竟陵派提出不应为性灵而性灵,须有"义理足乎中"(钟惺语),这显然意在使"性灵"说充溢着深长的哲理。其次,竟陵派认为公安派末流浮滑庸俗的作品,其原因在于未得古人之真谛,故他们力主"学古"。但学古不是泯灭自我,而是"以吾与古人之精神,俱化为山水之精神,使山水文字不作两事,好之者不作两人"(钟惺语),要"自出眼光","专其力,壹其思,以达于古人"(谭友夏语),要"不为古人役而使古人若为受役"(李维桢语)。因此,竟陵派的理论主张在反传统的内容方面比李贽、公安派略嫌温和了一些,而且,他们的修补又不仅是局部的,更存在着回头折入古典美学死胡同的失误。这样,也就不可能从根本上扭转启蒙美学的偏颇。究其原因,十分复杂,但从哲学思想上讲,则是与他们深受陆王心学的影响有密切关系的。

新的起点

迄至清初,从社会氛围、思想面貌、审美理想、审美趣味乃至文艺创作,都清晰地折射出倒退性的历史挫折所带来的巨大变易。封建地主阶级借助外力重新建立了牢固的统治,黑暗势力分外加重了。进步的理想、要求惨遭扼杀。明中叶开始的夸张狂热的空想和激扬痛切的呼号骤然萎缩,个体与社会、人与自然又从另外一个角度再次尖锐对峙:明中叶用从感性情欲出发的"真"与现实生活的否定内容相抗衡的审美理想,在清代转而沉浸在对现实生活的具有否定性质的感受之中,满足于对人间炎凉世态、悲欢离合的严酷冷峻的解剖和揭露、洞悉幽隐的否定和判决。

由此,启蒙美学便被推上了一条新的起跑线。

作为历史性的美学转折的一个过渡环节,黄宗羲、廖燕、贺贻孙等人的美学思想,是启蒙美学从胚胎到成长的一个新的高峰。

一反古典美学标举的空言"为生民立极,为天地立心"的理想人格("醇儒"),启蒙美学以能"经纬天地、建功立业"的豪杰作为心目中理想人格的楷模。这种浸透近代精神的理想人格有其更为广阔的眼界和更为深刻的时代意义:

> 从来豪杰之精神,不能无所寓。老、庄之道德,申、韩之刑名,左、迁之史,郑、服之经,韩、欧之文,李、杜之诗,下至师旷之音声,郭守敬之律

> 历,王实甫、关汉卿之院本,皆其一生之精神所寓也。苟不得其所寓,则若龙挛虎跛,壮士囚缚,拥勇郁遏,垒愤激讦,溢而四出,天地为之动色,而况于其他乎?(黄宗羲:《靳熊封诗序》)

从哲学、政治、科学到文学艺术领域,众多杰出创造都是历代豪杰的精神之所寓。黄宗羲认为,豪杰的精神是一定要表现出来的,如果它"不得其所寓",便同"龙挛虎跛、壮士囚缚"一样,造成激烈的挣扎冲突,使"天地为之动色"。换言之,豪杰的精神正是在反抗、挣脱"囚缚"中表现出来的。黄宗羲心目中的理想人格是近代意义上的充满追求、探索和反抗精神的战士。

启蒙美学把"韩、欧之文""李、杜之诗""王实甫、关汉卿之院本"视为豪杰精神之所寓,即理想人格的美学体现。这就必然坚持明中叶发端的以感性情欲为本体,"独抒性灵"的启蒙美学。他们庄严宣布:

> 我生天地始生,我死天地亦死。(廖燕:《二十七松堂集·三才说》)

> ……然欲索和于仆,则非所愿也。和诗,仆最不喜,或强为之,则有之亦以此为鄙久矣。……无论其所和佳不佳,而必以我性情之物为供他人韵脚之用,性情之谓何。况时地异趣,必有格然不相合者,而步之趋之,牵强凑拍,以求附其辞象其意,全诗皆为人用,而我不存焉,虽不作可也。(廖燕:《二十七松堂集·答李湖长书》)

> 情者,可以贯金石、动鬼神。(黄宗羲:《南雷文案》卷一《黄孚先诗序》)

这种看法显然是与古典美学"温柔敦厚"的优美审美理想相对抗的。黄宗羲公开提出"不以博温柔敦厚之名,而蕲世人之好也"(《金介山诗序》),认为只有"激扬以抵和平,方可谓之温柔敦厚"。倘若把哀怨排除在外,认为只有喜乐才会引起审美愉悦,结果只会带来"有怀而不吐,将相趋于厌厌无气而后已"。贺贻孙认为:"作者之旨,其初皆不平也!若使平焉,美刺讽诫何由生,而兴、观、群、怨何由起哉？鸟以怒而飞，树以怒而生，风水交怒而相鼓荡，不平焉乃平也。"（《水田居遗书·诗余自序》）因而高呼："吾以哭为歌。"（《水田居遗书·自书近诗后》）廖燕认为："凡事做到慷慨淋漓激宕尽情处，便是天地间第一篇绝妙文字。"（《二十七松堂集·山居杂谈》）并自述："燕近作文，则必在患难后、病后、贫无立锥后，此三后者，固文章之候也。生平气盛，亦常恨此。至此颇觉释然，非忘恨也。满腔愤恨，尽驱入寸管云雷中作冰雪灭。……古今文章皆叹声耳，无论悲喜也。"（《二十七松堂集·与澹归和尚书》）显然，这种看法继承了明中叶启蒙美学否定古典美学"温柔敦厚"的优美审美理想的积极内容，是其后来者。他们并不讳言这一点："文莫不起于朴而敝于华。自李于鳞王元美之徒以其学毒天下士，皆从风而靡。缀袭浮词，臃肿夭阏无复知有性灵文字。"（廖燕：《二十七松堂集·与魏和公先生书》）

值得注意的是，明中叶启蒙美学，往往只注意以感性情欲为本体的抒情写愤，对它与时代的关系以及它本身的客观价值却注意不够。对此，许多后人都看出来了。章学诚说："牢骚者，有屈贾之志则可，无屈贾之志则鄙也。"（章学诚：《文史通义·质性》）就是一个例证。"抒情写愤"只有与时代密切联系，才是真正的崇高。而从理论上证明这一点，正是黄宗羲等人的贡献。黄宗羲认为：愈是民族矛盾异常尖锐的时期，崇高之美愈能迸发出夺目的光辉。"文章之盛，莫盛于亡宋之日"，就是这个意思。他指出：

> 夫文章，天地之元气也。……逮夫纪运危时，天地闭塞，元气鼓荡而出，拥勇郁遏，垒愤激讦，而后至文生焉。（《南雷文约》卷四《谢皋羽年谱游录注序》）

> 其文盖天地之阳气也。阳气在下，重阴锢之，则击而为雷；阴气在下，重阳包之，则搏而为风。（《南雷文约》卷四《缩斋文集序》）

凛然的民族气节（即文中的"阳气""元气"）受到屈辱的压抑、禁锢，就会"鼓荡而出,拥勇郁遏,坌愤激讦","击而为雷",成为"至文",感天地而动鬼神。由此,他对明末"血心流注""凄楚蕴结"的民族志士的诗篇给予了极高的评价,认为"终不可灭亡使不留于天地"。廖燕则以山水为喻,说:"故吾以为山水者,天地之愤气所结撰而成者也。天地未辟,此气尝蕴于中,迨蕴蓄既久,一旦奋迅而发,似非寻常小器足以当之,必极天下之岳峙潮回海涵地负之观,而后得以尽其怪奇焉。其气之愤见于山水者如是,虽历今千百万年,充塞宇宙,犹未知其所底止。故知愤气者,又天地之才也。"(《二十七松堂集·刘五原诗集序》)贺贻孙也指出:"……使皆履常席厚乐平壤而践天衢,安能发奋而有出人之志哉,必历尽风波震荡,然后奇人与奇文见焉。……往哲能不负英灵,从风波震荡中激之而成耳。"(《水田居激书序》)这样,他们的美学思想就浸透了巨大而实在的社会内容和时代感,使审美从个人走向社会。因之深刻触及了崇高的美学本质,是启蒙美学的重大理论突破。

由此推衍开来,黄宗羲提出,"发于心著于声音,未可便谓之情也","有一时之性情,有万古之性情",只有"万古之性情",才能给人以巨大的感染力量,起到塑造理想的"豪杰"的作用。而要创造出具有"万古之性情"的作品,首要的是"知性",即树立一种具有浓厚泛神色彩的唯物主义世界观。

> 彼知性者,则吴楚之色泽,中原之风骨,燕赵之悲歌慷慨,盈天地间,皆恻隐之流动也,而况于所自作之诗乎!(《马雪航诗序》)

这样,启蒙美学便逐渐意识到,无所不在的美原来是气的流衍的表现。讲得更为清楚一些的,就是廖燕说的"古今绝奇山水,只如一篇绝佳文字。燕他日作此一篇文字,亦只如替丹霞山临一副本身,非有所增损于其间也"(《二十七松堂集·与乐说和尚》)。"太史公文章固奇,当时人物亦奇,方成一部《史记》。"(《二十七松堂集·山居杂谈》)而这样一种认识就使得启蒙美学逐渐把明中叶启蒙美学"心灵无涯,搜之愈出"的唯心主义基点挪向一个更为科学的唯物主义基点之上,提出"夫人生天地之间,天道之显晦,人事之治否,世变之污隆,物理之盛衰,吾与之推荡磨励于其中,必有不得其平者。……此诗之原本也。"(黄宗羲:《朱人远墓志铭》)雨果曾经讲过,只有"从那被生活的震撼所造成的内心裂缝里"流出来的才是美的。这里,"震撼"的程度不同,造成的裂缝不同,流出来的美也就不同。在我看来,这正是黄宗羲等人的美学思想与李贽等人的美学思想的深刻区别之所在。

倘若稍微把问题推开一些,我们不难看到,黄宗羲等人之所以能把启蒙美学向纵深发展,与他们哲学思想的演变有着直接的关系。如前所述,明中叶启蒙美学曾经借助主观唯心主义的陆王心学的某些命题和因素作为自己美学思想的支点和理论媒介,演出了一场声势浩大的美学启蒙的活剧。然而,随着美学启蒙的深入发展,陆王心学导致的恶劣后果便日益暴露出来,而当时代和启蒙美学的内在逻辑向人们提出更高的理论要求,陆王心学则不但不能满足,甚至转而成为对立面。于是,迄至清初,从明中叶开始的对古典美学和程朱理学的批判,就合乎逻辑地同对一度曾信奉过的陆王心学的批判融为一体。这个事实告诉我们,一场严肃的美学思想的启蒙运动,是不能以一种不成熟、不科学的哲学形式作为自己的思想武器的。即便在运动之初不得已而以之作为批判古典美学的理论媒介,随着运动的深入,也会发现自己与之处于逐渐对立的地位,迫使人们回过头来清除这一理论给自己带来的不良影响,走向科学的唯物主义。在这方面,黄宗羲、廖燕、贺贻孙等人或许是一个典范的例证。黄宗羲是心学最后一位大师——刘宗周的学生,陆王主观唯心主义的影响,对于他应该是很深的。但社会现实的历史必然和理论难关的逻辑必然,却使他毅然作出抉择,开始明显地倾向于唯物主义,认为"盈天地间皆气也""无气则无理",并借此去解释美学问题。具体言之,他把上述自然观中的理气说引入社会观中的心性说:"夫在天为气者,在人为心,在天为理者,在人为性。理气如是则心性亦如是,决无异也。"(《清儒学案》中一)这种对性的解释不免掺杂了神秘色彩,而且把气和心等同起来,蕴含着把人与天地万物化为一体,从而把物质、精神相混,模糊唯物主义与唯心主义分界的危险,但本意却在力图证实气是万物本原,自然界连同人之心性都是由气而来。这种将理气说引入社会观的努力的积极意义是应当肯定的。由此推论,对于美、审美和艺术这一微妙复杂的高级思维活动、情感活动,黄宗羲很自然地从"气"的角度加以解释,从而在重阴锢阳发为迅雷、重阳包阴搏为疾风的天地之气的激剧变化中为启蒙美学找到了坚实的唯物主义的哲学依据。

黄宗羲等人的美学思想,从启蒙美学的认识圆圈来看,构成了一个高于明中叶启蒙美学的认识环节,使审美理想、审美趣味从基于主观唯心主义的浪漫主义逐渐转向基于唯物主义的现实主义。它预示着人们的审美理想、审美趣味将日益沉浸在现实之内,或痛定思痛,或不满现实,对社会作出愈来愈多的揭露和描写,从而具有深刻的历史批判的因素,并最终转向批判现实主义。

"推故而别致其新"

在黄宗羲等人之后把启蒙美学推向深入的,是王夫之和叶燮。

共同的唯物主义的世界观,使王夫之、叶燮在启蒙美学的认识环节上,远远超出于黄宗羲、廖燕、贺贻孙。在后者,美、审美和艺术的一系列问题的解答,毕竟是模糊含混的,臆测的成分多于科学的成分。在王夫之、叶燮却不然。清人王士禛曾经这样评价叶燮:"每怪近人稗贩他人以佣货作活计者,譬之水母以虾为目,蟹不能行,得狉獌负之乃行。夫人无目则已矣,而必借他人之目为目,假他人之足为足,安用此碌碌者为? 先生卓尔孤立,不随时势转移,然后可语斯言之立。"(转引自沈德潜:《归愚文钞·叶先生传》)这种评价对王夫之也是适宜的。他们已经完成了从唯心主义美学向唯物主义美学的转变,开始以崭新的面貌在美学启蒙的舞台上出现,因之也就不再"借他人之目为目,假他人之足为足",而能给美、审美和艺术以科学的唯物主义的阐释。

王夫之在中国美学史上首先指出了美的客观属性,认为:"百物之精,文章之色,休嘉之气,两间之美者也。"(《诗广传》卷五)所谓"百物之精"是指"阴阳有兆而相合,始聚而为清微和粹"(《张子正蒙注·参两篇》)的事物;所谓"文章之色"即"一色纯著之谓章,众色成采之谓文"(《诗广传》卷四)。它们在对立统一的基础上姿态纷呈。"休嘉之气"则是阴阳和合之气。故王夫之和叶燮申说：

> 是以乐者，两间之固有也。然后人可取而得也。两间之宇，气化之都，大乐之流，大哀之警，暂用而济，终用而永。泰而不忧其无节，几应而不爽于其所逢，中和之所成，于此见矣。（王夫之：《诗广传》卷四）

> 两间之固有者，自然之华，因流动生变而成其绮丽。（王夫之：《古诗评选》卷五）

> 凡物之生而美者，美本乎天者也，本乎天自有之美也。（叶燮：《己畦文集》卷六《滋园记》）

如此成熟的唯物主义美学思想，远远超出前此的启蒙美学。只要想一想当时的德国还聚集在美学之父鲍姆嘉通（1714—1762）的大旗下，信奉着"美学的对象是感性知识的完善"的唯心主义美学原则，就不难断定王夫之、叶燮美学思想的历史意义和理论价值了。

把握了唯物主义美学思想，王夫之、叶燮在批判古典美学的美学启蒙中，也就区别于明中叶常见的义愤和诅咒，代之以科学和理性。王夫之师法张载，张子哲学的一个突出特色，就是科学的思辨。在《正蒙》的《参两》《动物》等篇中，他借助天文、气象、生物等自然知识，坚持从世界本身去说明世界，彻底否定诸如玄学"以无为本"、佛学"以心法起灭天地"等于物质世界之外去虚构精神本体的观点，使自己的理论体系不时闪现出感性的光辉和博大的气魄。王夫之真正继承了张载。在哲学理论上，他"入其垒，袭其辎，暴其恃而见其瑕"，把"先我而得者已竭其思"的哲学范畴，一一给以科学的改铸和规定，"推故而别致其新"，创立了终结古典哲学的启蒙哲学。在美学上，他指出要克服古典美学的根本缺弊，关键在于反其道而用之，"总以灵府为达径，不从文字问津渡"。只有这样，才能"尽废古今虚妙之说而返之实"，给美、审美和艺术以科学的唯物主义的阐释。对于古典美学"意致""神会"

"无思无虑始知道"之类排除对美、审美和艺术的复杂关系的逻辑剖解和论证,在直观的类比和臻美推理中去直接臆测事物的本质的研究方法,王夫之给以激烈批评。在王夫之看来,人类通过清晰的概念运动,完全可能从现象进入本质,揭示出美、审美和艺术的奥秘:"彼之言曰:念不可执也。夫念,诚不可执也。而惟克念者,斯不执也。有已往者焉,流之源也,而谓之曰过去,不知其未尝去也。有将来者焉,流之归也,而谓之曰未来,不知其必来也。其当前而谓之现在者,为之名曰刹那(自注:谓如断一丝之顷),不知通已往将来之在念中者,皆其现在,而非仅刹那也。"(《尚书引义·多方一》)另一方面,对程朱理学家美学思想"截然分析",将"理"本体化,"穷理而失其和顺",也提出了批评:"有即事以穷理,无立理以限事。故所恶乎异端者,非恶其无能为之理也,囿然仅有得于理,因立之以概天下也。"(《续春秋左氏传博议·士文伯论日食》)叶燮也深刻地认识到古典美学的致命缺点在于:知其"所然",不知其"所以然"。他批评"唐宋以来,诸评诗者,或概论风气,或指论一人,一篇一语,单辞复语,不可殚数"。他的美学著作《原诗》便自觉地从传统的"是什么"转向近代意义上的"为什么",从本原论——正变论——创作论——批评论,展现出一种反传统的理论趋势。《四库全书总目提要》指责《原诗》"虽极纵横博辨之致,是作论之体,非评诗之体也"。我们从反面去体味,就知道这是一种极清醒的认识。

限于篇幅,我们只能简单地举出几个例子加以剖析。

遵循明中叶发端的启蒙美学开辟的美学道路,王夫之、叶燮从个体与社会、人与自然的对峙冲突的角度,进一步把审美主体、审美客体从紧密缠绕、相互交融中剥离出来。在这方面,叶燮的努力尤其值得珍视。在审美客体方面,古典美学一贯笼统称之以"物""造化""景",从未具体条分缕析。明中叶之后,启蒙美学也未给审美客体以应有的地位,故直到黄宗羲,尚且笼统称之为"阴阳"。而叶燮则十分重视审美客体的作用,他首先要对审美客体作一番正本清源的研究。他指出,作为能够"发为文章,形为诗赋"的审美客体,是由三个"足以穷尽万有之变态"的基本因素构成的。"三者缺一则不成物":"曰理、曰事、曰情。""理"指的是审美客体隐含其中的客观规律,"事"指的是审美客体之所以存在的客体事物,"情"指的是客观事物之所以成为审美客体的审美感性情状。而"情理交至,事尚不得耶",因此,"情"从外在的方面,"理"从内在的方面,共同对客体"事"物加以美学规定。这种看法,在中国美学史上是前无古人的。然而,叶燮没有驻足于此,他指出,"理、事、情"只是构成审美客体的必要条件,而其中"总而持之,条而贯之者,曰气",则是构成审美客体的充分而又必要的条件。理、事、情"三者藉气而行者也",一旦气尽,则三者"俱无从施也"。这里,叶燮作了一次大胆的猜测,我们今天已经不难说明,审美客体之所以成为审美客体,最根本之处,在于它是人类实践的历史成果。叶燮探索至此,但却无法作出正确回答,只好折回头,到古典美学中重新借用颇具神秘意味的"气"的范畴。这不能归咎于叶燮个人。值得指出的,倒是叶燮对于审美客体的研究,开辟了一个全新的领域。对审美主体,叶燮不满于明中叶启蒙美学中"灵性""趣"之类的范畴,进而把审美主体解剖为"所以穷尽此心之神明,凡形形色色、音声状貌,无不待于此而为之发宣昭著"的四个基本因素,"曰才、曰胆、曰识、曰力"。从主次关系看,则"先之以识;使无识,则三者俱无所托"。叶燮的"识"大体同于明中叶的"灵性""趣",只是更富于理性色彩。引人注目的是,在分别剖析了审美主体、审美客体的构成的基础上,叶燮又进而指出,"以在我之四,衡在物之三,合而为作者之文章",从而阐明了相互对立着的审美主体、审美客体之间的统一关系,建立了区别于古典美学"情景交融"的"物我相衡"的美学思想。这样一种"物我相衡"的美学思想,含蕴着真理的颗粒,它的坐标是指向未来的。

关于艺术美的美学性质,是又一个重大理论问题。古典美学对此曾作过大量研究,但大多是感性的"妙悟"。王夫之则把感性经验升华为深邃的理论思维,从而获致深刻的美学成果。他指出:"诗家自有藏山移月之旨,非一往人所知。"(《唐诗评选》卷四)在他看来,情感活动和认识活动是截然相异的。"性,道心也;情,人心也。恻隐、羞恶、辞让、是非,道心也;喜怒哀乐,人心也。"(《读四书大全说》)这里,"道心"是指以事物本身为对象的认识能力,"人心"是指以事物价值为对象的情感能力。"斯二者互藏其宅而交发其用,虽然不可不谓之有别已"。由此推论,王夫之认为:"诗源情,理源性。""诗以道性情,道性之情也。性中尽有天德、王道、事功、节义、礼乐、文章,却分派与易、书、礼、春秋去,彼不能代诗而言性之情。诗亦不能代彼也。"(《明诗评选》卷五)因此,诗歌的特点在于"使人自动",亦即具有潜移默化的感染力,而不必像理论文章那样"恃我动人"。这样,王夫之就从知其"所以然"的层次,把艺术美的美学特质从只知其"所然"的古典美学的"吟咏情性"推进到一个新的理论水平。在这里,最为值得注意的是王夫之在理论分析过程中的近代意义上的进步。平心而论,古典美学对艺术的美学特性的认识是堪称深刻的,但又共同地充溢着直观性、感受性,很少线索分明的理论分析。王夫之则以概念运用的正确和理论分析的清晰而胜过了他们。

王夫之进而把"性情"的美学内涵规定为"兴观群怨""四情",赋"兴观群怨"以真正的美学涵义。郭绍虞先生认为"兴观群怨说"在古典美学中与"温柔敦厚说"是始终不相融洽的,直到"明末清初之际,一般士大夫再度受到民族的压迫",于是黄宗羲、申涵光、王夫之才对此有了"较新的见解"。① 深入言之,我认为"兴观群怨"与"温柔敦厚"的相互冲突,正深刻体现了古典美学二律背反的内在矛盾。明中叶之后,"兴观群怨"从"温柔敦厚"的美学原则中解放出来,逐渐得到合理的阐释。徐渭指出:"果能如冷水浇背,陡然一惊,便是兴观群怨。"(《青藤书屋文集》卷十七)这还是把"兴观群怨"理解成一个整体。王夫之则进而把它们剖分为两两一组的"四情"(郭绍虞先生称赞此举为"石破天惊之论"):"于所兴而可观,其兴也深;于所观而可兴,其观也审。以其群者而怨,怨愈不忘;以其怨者而群,群乃益挚。"(《薑斋诗话》卷一)这里,王夫之既"广摄四旁"又"无细不章",一方面从"兴而可观"和"观而可兴"的方面具体剖析了"性情"之所以成为审美性情的内在根据;另一方面,又从"群者而怨"和"怨者而群"的方面具体剖析了"性情"之所以能够给人以美学愉悦的内在根据。在我看来,像王夫之这样把美学研究作为纯粹的理论思维,去理智地、细致地加以考察在古典美学是绝对不可能的。

---

① 参见郭绍虞:《兴观群怨说剖析》,载《照隅室古典文学论集》下册。

形象思维问题也是一个理论难题。借助认识环节的某些断裂的碎片，古典美学曾经成功地作出了某些回答。对王夫之、叶燮等人来说，则是要在此基础上更进一步。他们指出：形象思维严格区别于逻辑思维。叶燮说："可言之理，人人能言之，又安在诗人之言之！可征之事，人人能述之，又安在诗人之述之！必有不可言之理、不可述之事，遇之于默会意象之表，而理与事无不灿然于前者也。"王夫之也指出，形象思维是现成"一触即觉，不假思量计较"，"一觅巴鼻，鹞子即过新罗国去矣"。在研究形象思维的过程中，他们并没有滑入严羽的老路，而是一直强调"非理抑将何悟？"（《薑斋诗话》卷一），"非谓无理有诗，正不得以名言之理相求耳。"（《古诗评选》卷四）也就是说，其中的"理"应该是含蕴不露的"至理"，作者始终"不道破一句"而已。这种看法是十分精当的。当时，在唯物主义基础上解决形象思维问题，有助于进而解决真、善、美三者的关系，有助于解决生活真实与艺术真实的关系，有助于解决艺术创造中感性与理性的关系，因此，应该认为是启蒙美学的重大理论突破。

通过上述分析，我们看到，由于清初严峻的政治形势，启蒙美学失去了曾经有过的前呼后应、天下风从的社会基础，加之是从明中叶发端的启蒙美学的认识环节开始理论探索的，王夫之、叶燮在批判古典美学的激烈程度和彻底程度方面，稍逊于前者，但冷静的思考、对自己的美学前辈的某些片面性的纠正，尤其是坚固的唯物主义美学的理论基础，却使他们能从另外一个角度，在理性的法庭上去对古典美学"伸斧钺于定论"（王夫之语）。历史与伦理、"责任伦理"与"意向伦理"、价值判断与事实判断、理论思辨与直观臆测……一切由于历史原因被古典美学淹没混杂的巨大矛盾，都在近代意义上加以展开，从而做出了独特的贡献。

戛然而止的最强音

并不是所有的美学家都能成为思想的巨人，值得庆幸的是历史将这样的荣誉给了戴震与曹雪芹。

在此之前，多少杰出的启蒙美学家已经无私地贡献了自己的全部才华，使得明末清初成为中国美学史中最为引人注目的一页。然而,他们毕竟只是真正的思想顶点来临之前的准备,只是审美认识圆圈中一个又一个不可或缺的环节。只是到了戴震与曹雪芹,才是认识圆圈的真正完成。在他们那里,时代的悲怆忧愤和灵魂震颤……无不含孕其中,成为中国启蒙美学的最强音。

清中叶是一个极为特殊的时期。清政府的高压政策、古典美学的沉渣、复古主义的回流使艰巨的思想探索更其艰难。但是,美学启蒙的大潮并没有因此而停住脚步。

昂首挺立在大潮浪尖之上的是"弄潮儿"戴震和曹雪芹。从启蒙美学的逻辑进程来看,明中叶启蒙美学家推动美学从个体与社会、人与自然的统一中分裂出来,转而以感性情欲为本体,开始了古典美学的自我批判,但他们对于人的本质、美的本质的认识,却是建立在唯心主义基础上的。这就使他们无法正确回答美、审美、艺术的一系列问题。清初王夫之、叶燮有见于此,在唯物主义基础上重新对人的本质、美的本质加以解释。他们给启蒙美学以坚实的唯物主义基础,从唯物主义的科学思辨的角度重新阐释美、审美和艺术的奥秘。可是又未能吸取明中叶启蒙美学激烈的批判精神,未能着重在内容方面不断开拓明中叶开辟的从个体与社会、人与自然的对峙冲突去考察理想人格自由的实现的美学路径。而这正是戴震和曹雪芹面临的美学课题。

美学思想的演进,是与对于人的本质的认识的演进同步的。美学史的这个规律,对戴震也是适用的。当然,戴震一生从未写过美学方面的论著或论文,但他的哲学思想却深刻地触及了美学的本质。他说:"人之为人,舍气禀气质,将以何者谓之人哉?"(《孟子字义疏证·中》)这真是石破天惊之语。人们喋喋不休争论了上千年的人的本质之谜,戴震用人不过是一种自然物,一种生物学意义上的存在的回答,去加以破解。人与自然"合如一体",相互之间存在着物质的统一性。因此,人类是自然界的一部分。同时,"天下唯一本,无所外。有血气,则有心知"(《孟子字义疏证·上》),故思维的基础也是物质。在这样的基础上,戴震建立了"一本"的"人性"论。它彻底否定了在此之前的一切"人性"论,批判了它们的偏颇和谬妄,把尊卑贵贱不同的人统统还原为自然的人、生物的人,从而为近代社会冲破中世纪的黑暗而降临提供了坚实的理论根据。当时有人把戴震的"人"论"归于自得",这虽然不尽相宜,但却道出了戴震学说鲜明而强烈的近代色彩。

在美学思想方面,戴震从"一本"的"人"论出发,提出:"天地之气化,流行不已,生生不息,其实体即纯美精好;人伦日用,其自然不失即纯美精好。""究之美好即实体之美好,非别有美好以增饰也。"(《绪言》卷上)这里的"实体",戴震又称之为"性",是指人区别于其余生物的特殊属性,它决定了本身的"纯美精好"。戴震实际上强调了"美在生命"这一思想,也就是说,他认为美就是自然的人、生物的人本身。"美在生命",审美则出之于"生命"本能。"鄙野之人","示之而知美恶之情"(《原善》卷下)。正是缘于此,他又说:"血气心知有自具之能:口能辨味,耳能辨声,目能辨色,心能辨乎理义。味与声色在物,不在我,接于我之心知,能辨之而悦之,其悦者,必其尤美者也。"(《孟子字义疏证》)审美是与生俱来的生命本能,因此能使人"悦之";之所以被肯定是美的东西,也正是出自对于生命之美的推崇。戴震认为人们应该自由地抒发感情。"生养之道,存乎欲者也;感通之道,存乎情者也。"(《原善》)

在研究方法上,戴震从认识论的角度批判古典美学的伦理内容,也有独到之处。在李贽、公安派,是从伦理学的角度批判古典美学的伦理内容(所谓理欲之争、情理之辩),在王夫之、叶燮,是从认识论的角度冲击古典美学的伦理框架。其间遗落的一个重大的理论环节就是从认识论的角度去批判古典美学的伦理内容。戴震敏捷地把握到了这一点。在"一本"的"自得"的"人"论基础上,把由李贽、公安派发其端的启蒙美学的思想内容纳入由王夫之、叶燮发其端的启蒙美学的认识论框架之中,这无疑是启蒙美学的重大理论进展。戴震的美学思想虽然十分粗糙,用今天的观点去衡量,更有许多不足(例如无视人的社会性,把生理快感等同于美感),但在中国美学史上仍有其巨大的革命意义,他把美同人的生命活动联系在一起,从根本上扭转了前此美学的唯心主义基础,无疑是最彻底、最深刻的美学启蒙,离近代美学也就只有一步之遥了。

几乎与戴震同时,曹雪芹也高高地举起了启蒙美学的大旗。在《红楼梦》中,他借史湘云之口指出:"阴阳……不过是个气,器物赋了成形。"具体到人,他借贾雨村的口说:"天地生人,除大仁大恶,余者皆无大异,……清明灵秀,天地之正气,仁气之所秉也。"而"上则不能为仁人、为君子,下亦不能为大凶大恶"的是"正邪两赋而来的人"。尽管字面上有所区别,但究其实旨,曹雪芹的这一看法与戴震是相互一致的。而在美学上,曹雪芹则认为美是"天之自然而有,非人力之所成也",美的本质在于"有自然之理,得自然之气"。这便为宝玉讲的:"此处置一田庄,分明见得人力穿凿扭捏而成。远无邻村,近不负郭,背山山无脉,临水水无源,高无隐寺之塔,下无通市之桥,峭然孤出,似非大观。争似先处有自然之理,得自然之气呢?虽种竹引泉,亦不伤于穿凿。"①

从上述唯物主义美学思想出发,在审美主体,曹雪芹提出了重"情"。他不仅借《石头记》"从头至尾抄录回来传奇问世"的空空道人之口明确宣称:《石头记》"大旨谈情",甚至让空空道人见色生"情、传情入色",易名"情僧",改《石头记》为《情僧录》,旧红学家花月痴人有见于此,明确断言:"……作是书者,盖生于情,发于情,钟于情,写于情;深于情,恋于情;纵于情,囿于情;癖于情,痴于情;乐于情,苦于情;失于情,断于情;至极乎情,终不能忘乎情。惟不忘乎情,凡一言一事,一举一动,无有不用其情。"②这种对"情"的推崇,显然是承袭明中叶启蒙美学而来,是与古典美学截然对峙的。只是曹雪芹讲的情,是既对立、又统一的,所谓"以情悟道、守理衷情",对审美客体,曹雪芹公开提出:"离合悲欢、兴衰际遇,则又追踪蹑迹,不敢稍加穿凿,徒为供人之目而反失其真传者。"③不能轻视这几句话。在我看来,全部启蒙美学的真谛也就在这几句话之中了。它是对古典美学的叛逆和冲击。"追踪蹑迹,不

---

① 《红楼梦》,人民文学出版社1982年版,第232—233页。
② 一栗编:《红楼梦卷》第1册,中华书局1963年版,第54页。
③ 《红楼梦》,人民文学出版社1982年版,第5页。

敢稍加穿凿"的批判现实主义,使曹雪芹看到了个体与社会、人与自然的对峙冲突,因之毅然转向了描写"离合悲欢、兴衰际遇"的以崇高为最高境界的全新的美学理想,转向了"好一似食尽鸟投林,落了片白茫茫大地真干净"的悲剧观。"绛珠之泪至死不干,万苦不怨"的黛玉,"纵然是齐眉举案,到底意难平"的宝钗,"知命强英雄"的凤姐,"枉与他人作笑谈"的李纨,"缁衣乞食"的惜春,"流落瓜洲渡口"的妙玉……从最初的"薄命司"一直到全书结尾的"情榜证情",所有的人物,无一例外地笼罩在一片"悲凉之雾,遍被华林"的反抗、冲突但最终又难逃毁灭的悲剧气氛中和崇高境界里。这样一种美学思想显然与明中叶启蒙美学的美学思想一脉相承,但又比后者更彻底、更激烈、更充满美学力量。罗丹指出,"古代艺术的含义是:人生的幸福、安宁、优美、平衡和理性",近代艺术的含义则是"表现人类苦痛的反省,不安的毅力,绝望的斗争意志,为不能实现的理想所困而受的苦难"(《罗丹艺术论》)。在曹雪芹"反倒新奇别致"的启蒙美学之中,我们看到的正是这样一种根本的转变。

开辟鸿蒙,谁为情种

当然,面对屈原所立下的巨大的"此路不通"的界碑,国人也始终未能幡然醒悟,在我看来,曹雪芹所力主的"情性"就非常值得注意。它意味着国人转而寻找新的精神出路的开始。

从明中叶开始,中国美学的无视向生命索取意义的人与意义维度以及为此而采取的"骗""瞒""躲"等对策,逐渐为人们所觉察,其中,被汤因比称为"最后的纯粹"的王阳明堪称序曲,他的"龙场悟道"意味着真正的思想不可能是别的什么,而只能是"愚夫愚妇亦与圣人同"的"人人现在",这就是所谓"切问而近思",即最切之问、最近之思。正是他,迈出了至关重要的第一步,率先在心之体的角度统一了宋明理学的天人鸿沟,为人心洗去恶名,提倡"无善无恶",不过在心之用的角度却仍旧认为"有善有恶",因此天人还是割裂的。王畿迈出了第二步,统一了心之用,这就是他提出的心、意、知、物"四无"说。罗汝芳进而把心落实为生命本身,"盖人之出世,本由造物之生机,故人为之生,自有天然之乐趣"(罗汝芳:《语录》),从而迈出了第三步。至此为止,他们都是在将"天理"这一"自然"原则加以自然化,而且真诚地认为良知的自然流行肯定会转化为积极的道德成果,然而却导致了"天理"的灰飞烟灭,导致尊天理灭人欲最终转向灭天理尊人欲①。李贽正是因此而应运诞生。有感于人们始终为传统所缚的缺憾,李贽疾呼要"天堂有佛,即赴天堂;地狱有佛,即赴地狱",甚至反复强调"凡为学者皆为穷究生死根因,探讨自家性命下落"②。而李贽所迈出的决定性的一步则在于,干脆把它落实到"人必有私"的"穿衣吃饭即是人伦物理"之中,这是第四步,也是中国美学走出自身根本缺憾的第一步。他不"以孔子之是非为是非","颠倒千万世之是非",提倡庄子的"任其性情之情",各从所好、各骋所长、各遂其生、各获其愿,认为"非情性之外复有礼义可止",从而把儒家美学抛在身后;同时认为"非于情性之外复有所谓自然而然",因此没有必要以"虚静恬淡寂寞无为"来统一"性命之情",从而把道家美学也抛在身后。应该说,这正是对于生命的权利以及自主人格的高扬。在他的身后,是"弟自不敢齿于世,而世肯与之齿乎"并呼唤"必须有大担当者出来整顿一番"的袁宏道,是"人生坠地,便为情使"(《选古今南北剧序》)的徐渭,是"第云理之所必无,安知情之所必有邪!"(《牡丹亭记题词》)的汤显祖,是"性无可求,总求之于情耳"(《读外余言》卷一)的袁枚,等等。从此,"我生天地始生,我死天地亦死。我未生以前,不见有天地,虽谓之至此始生可也。我既死之后,亦不见有天地,虽谓之至此亦死可也。"(廖燕:《二十七松堂集·三才说》)伦理道德、天之自然开始走向人之自然,伦理人格、自然人格、宗教人格也开始走向个体人格,胎死于中国文化、中国美学母腹千年之久的自我,开始再次苏醒。

在这方面,最值得注意的是《红楼梦》。作为中华民族的美学圣经与灵魂寓言,在中华民族的心灵历程中,《红楼梦》的出现深刻地触及了中国人的

---

① 也因此,当时的所谓"狂禅"颇值回味。"狂之为狂"是一种必然,也是一种无奈。思想的禁锢无处不在,而冲破禁锢又无路可走,这就必然超越儒家的"意"与"必"的偏执,表现为"狂者的胸次"。这是一种自由精神的特殊释放。
② 《李贽文集》第1卷,社会科学文献出版社2000年版,第1页。

美学困惑与心灵困惑:作为第三进向的人与自我(灵魂)维度的阙如。同时也为解决中国人的美学困惑与心灵困惑提供了前所未有的答案:以"情"补天,弥补作为第三进向的人与自我(灵魂)的维度的阙如。

"开辟鸿蒙,谁为情种",曹雪芹深知中国美学的缺憾所在,同时也没有简单地从尊天理灭人欲转向灭天理尊人欲。他发现大荒无稽的世界(儒道佛世界)中,只剩下一块生为"情种"的石头没有使用,被"弃在青埂峰下",但是偏偏只有它才真正有用,于是毅然启用此石,为无情之天补"情"①,亦即以"情性"来重新设定人性(脂砚斋说:《红楼梦》是"让天下人共来哭这个'情'字"),弥补作为第三进向的人与自我(灵魂)的维度的阙如。这无疑意味着理解中国美学的一种崭新的方式(因此《红楼梦》不是警世之作,而是煽情之作)。"因空见色,由色传情,传情入色,自色悟空",《红楼梦》实在是一部从生命本体、精神方式入手来考察民族的精神困境的大书。它作为中华民族的美学圣经与灵魂寓言,将过去的"生命如何能够成圣"转换为现在的"生命如何能够成人",同时将过去的理在情先、理在情中转换为现在的情在理先。先于仁义道德、先于良知之心的生命被凸显而出,"情"则成为这个生命的本体存在。这"情"当然不以"亲亲"为根据,也不以"交相利"的功利之情为根据,而是以"性本"为根据。由此,曹雪芹希望为中国人找到一个新的人性根据,并以之来重构历史。我们看到,在"德性""天性""自性""佛性"之后,发乎自然的"情性",就被曹雪芹放在"温柔之乡"呵护起来(类似《麦田里的守望者》中的小男孩霍尔顿的守望童心,大观园中的贾宝玉则是守望"情性"),坚决拒绝进入社会、政治、学校、家庭、成人社会,不容任何的外在污染,"质本洁来还洁去",则成为《红楼梦》的灵魂展示的必要前提。鲁迅先生发现:"自有《红楼梦》出来以后,传统的思想和写法都打破了。"②堪称目光犀利。

从"情性"这样一个新的人性根据出发,《红楼梦》首先颠覆了全部历史:

---

① 陀思妥耶夫斯基在《卡拉马佐夫兄弟》中也曾说过:"人们将会说:'一块曾被建筑师嫌弃的石头竟成了基石。'"(陀思妥耶夫斯基:《卡拉马佐夫兄弟》,人民文学出版社1999年版,第475页)

② 《鲁迅全集》第9卷,人民文学出版社1981年版,第231页。

暴力、道德的历史第一次为"情性"的觉醒所取代。

《红楼梦》的出现,是中国的人性觉醒的标志。犹如释迦牟尼在城门口看到了生老病死,也犹如海德格尔大梦初醒的"向死而在",在第二十八回中,中国的宝玉也第一次睁开了人性之眼:"试想林黛玉的花颜月貌,将来亦到无可寻觅之时,宁不心碎肠断!既黛玉终归无可寻觅之时,推之于他人,如宝钗、香菱、袭人等,亦可到无可寻觅之时矣。宝钗等终归无可寻觅之时,则自己又安在哉?且自身尚不知何在何往,则斯处、斯园、斯花、斯柳,又不知当属谁姓矣!——因此一而二,二而三,反复推求了去,真不知此时此际欲为何等蠢物,杳无所知,逃大造,出尘网,使可解释这段悲伤。"①显然,在中国人的心灵历程中,这实在是石破天惊的一瞥!而当自我在千年之后开始诞生,个体与社会的脱节也就成为必然。对一切说"不",回到自身,回到"情性",则是当然的选择②。一切都是虚无,一切都无意义,只有情感才是人生根本的根本,只有情感才至高无上。从此,他不再志在河汾,而是壁立千仞,从二十四史、孔孟老庄、社稷本位直接退回大荒山无稽崖,退回《山海经》中的苍茫大地。天空的阙如与灵魂的悬置由此得以彰显而出。历史之所以构成历史,不再是暴力、道德,而是"情性"。不是成就功名,而是守护灵魂,成为寻觅中的生命"香丘"的全新内涵。《三国演义》的帝王将相、《水浒传》的绿林好汉,《西游记》的志在功名、《金瓶梅》的衣冠禽兽,都相形见绌。而《芙蓉女儿诔》的从屈原的为国家而哭到宝玉的为丫鬟而泣、《怀古诗》的从为英

---

① 《红楼梦》,人民文学出版社1982年版,第385页。
② 不过,这里的"情性"又严格区别于传统。众所周知,中国历来是个重"情"的社会,这无疑与中国的重身体而不重灵魂的传统有关。"情"属于身体而不属于灵魂,一切的灵魂问题、精神问题都被身体化。与此相应,每个人都只有身,没有心,也都必须在"由吾之身,及人之身"的心意感通中进行沟通,有人身观念,没有人格观念,充斥其中的是人情的磁场以及生理的成长与心理的停滞。《红楼梦》却根本不同,它所力主的"情性"仍旧属于身体,还是在"由吾之身,及人之身"的心意感通中实现,但是已经没有了任何功利的规定("礼义"或者"情性之外"的"所谓自然而然"),而是真正的人性本身,同时,尽管还并非通过对于自我的强调来高扬生命的权利,但是却已是通过对于"任其性情之情"的强调来高扬生命的权利。

雄而歌到为幽魂而悲、《五美吟》的颠覆男性历史,以及《葬花辞》的拒绝对衰败了的美学的认可,则是人性觉醒的最好证明。

进而,从"情性"这样一个新的人性根据出发,《红楼梦》颠覆了全部人性:灵魂阙如的人性第一次为"情性"的觉醒所取代。

曹雪芹生当康乾盛世,其时并没有足够的征兆显示出中国封建社会的行将衰落,但是他仅仅从自己家族的衰落就写出了它的行将衰落,这几乎可以称之为一个奇迹,而他本人也完全可以因此而被称为文化先知。之所以如此,对于灵魂阙如的人性的洞察,应该说是一个根本原因。皇帝的住处是"不得见人的住处",醉心功名利禄、仕途经济的男人是"须眉浊物"。而贾敬、贾政的炼丹吃药与心如死灰,则意味着被正统道德的标准视作社会栋梁的男性实际上也只是须眉浊物,徒具躯壳。一切为传统文化所能够塑造出来的最好的并且被千百年来的传统社会一再肯定的男性形象,在曹雪芹的笔下都被还原为男性的颓废。"十万将士齐解甲,竟无一人是男儿",经历了漫长裹脑时代的男性,要比经历了漫长裹足时代的女人更为不堪。如果说男性或者为某种事业英勇地死去,或者为某种事业卑贱地活着,那么这些男性就是为了活着而卑贱地活着。他们的存在,说明由于人格与灵魂的阙如,中国文化尽管犹如百足之虫,死而未僵,但是已经没有了任何的创造性,而只有没落了的历史和虚伪的道德。女性也是如此。弱者的助纣为虐,或者说,弱者的对自己以及另外一些弱者的摧残,尤其令人不堪。然而,我们在《红楼梦》中看到的却恰恰是这样一幕。这是一些传统文化所能够塑造出来的最合乎"理想"的"好"女性,从正统道德的标准看,也都应该被明确肯定,但是从"情性"的标准看,由于人格与灵魂的阙如,却只能令人生厌,只是弱者的助纣为虐以及弱者的对自己以及另外一些弱者的摧残,只是文化的僵尸与历史的木乃伊。在这些人,首先,生命被用作男女、夫妇、父子、君臣、礼仪,生命成为手段而并非目的;其次,被异化为道德木乃伊与冷香丸,人性沦丧,女性妻性母性被奴性吞噬,甚至自我男性化,变得六亲不认,冷酷无情;再次是生命被异化为道德工具或者弄权工具,生命被贬低为生殖工具,无疑是女性的悲哀,但是不但并不以此为悲哀,而且进而再把自己自觉扭曲为道德工具或者弄权工具,那才真是痛中之痛。例如,从正统道德的标准看,袭人无疑是一个劳动模范,但是从"情性"的标准看,却正是灵魂沦落的象征;从正统道德的标准看,王夫人也无可挑剔,但是从她身上所表现出来的日夜念佛与孝道,与她的霸道以及对于美丽女孩(例如晴雯)的仇恨的强烈对比,却恰恰说明了她对于真实生命、对于"情性"的冷漠①;宝钗尤其如此,在当时正统道德的标准看来,她无疑是一个优秀青年,但是却是一个集极端伪善、暴虐与极端可怜、顺从于一身的"优秀青年",常年食用"冷香丸"这一象征,已经将她的生命被完全冷却这一事实暴露无遗。而灵魂阙如,在曹雪芹看来,恰恰是一个民族的不治之症。正是因此,曹雪芹先知般地预见到了中华民族将要大难临头:灵魂阙如的人性必将导致中华民族的巨大悲剧,也必将导致中国社会的整体溃败②。

同时,《红楼梦》标榜"背父兄教育之恩,负师友规训之德"的人物,将自己为中国历史确立的全新的人物谱系和盘托出。

在《红楼梦》看来,尧、舜、禹、汤、文、武、周、召、孔、孟、董、韩、周、程、张、朱,应运而生,属传统认可的大仁谱系;蚩尤、共工、桀纣、始皇、王莽、曹操、

---

① 她的对于晴雯的仇恨正是对于美丽的生命活力的仇恨。她自己对于生命活力的压抑势必导致对于她人的生命活力的嫉妒仇恨。我们记得,在雨果的《巴黎圣母院》中,那个副主教在反省自己对于美丽的吉卜赛少女的迫害时,就曾为自己辩护说:"谁让她这么美丽!"鲁迅在《坟·寡妇主义》中也曾经剖析说:"至于因为不得已而过着独身生活者,则无论男女,精神上常不免发生变化,有着执拗猜疑阴险的性质者居多。欧洲中世纪的教士,日本维新前的御殿女中(女内侍),中国历代的宦官,那冷酷险狠,都超出常人许多倍。别的独身者也一样,生活既不合自然,心状也就大变,觉得世事都无味,人物都可憎,看见有些天真欢乐的人,便生恨恶。尤其因为压抑人欲之故,所以于别人的性底事件就敏感,多疑;欣羡,因而嫉妒。其实这也是势所必至的事:为社会所逼迫,表面上固不能不装作纯洁;但内心却终于逃不掉本能之力的牵掣,不自主地蠢动着缺憾之感的。"王夫人其实也是如此。
② 曹雪芹之后,我们在龚自珍的感叹中更为清晰地看到了这一点:"左无才相,右无才史,阃无才将,庠序无才士,陇无才民,廛无才工,衢无才商;抑巷无才偷,市无才驵,薮泽无才盗。则非但鲜君子也,抑小人甚鲜。"那么,为什么会如此?还是与"裹脑"有关:"才士与才民出,则百不才督之缚之,以至于戮之。戮之非刀非锯非水火;文亦戮之,名亦戮之,声音笑貌亦戮之。"(龚自珍:《乙丙之际箸议第九》)

恒温、安禄山、秦桧,应劫而生,属传统否定的大恶谱系,但是实际上却都不值一提,《红楼梦》以"修治天下,挠乱天下"八字评语,表露了自己对这一评价的不屑。而对"在上则不能成仁人君子,下亦不能为大凶大恶""其聪俊灵秀之气,则在万万人之上;其乖僻邪谬不近人情之态,又在万万人之下"的"情痴情种""逸士高人""奇优名倡",例如"前代之许由、陶潜、阮籍、嵇康、刘伶、王谢二族、顾虎头、陈后主、唐明皇、宋徽宗、刘庭芝、温飞卿、米南宫、石曼卿、柳耆卿、秦少游,近日之倪云林、唐伯虎、祝枝山,再如李龟年、黄幡绰、敬新磨、卓文君、红拂、薛涛、崔莺、朝云之流",《红楼梦》则倾注了全部的深情①。显然,这不啻是为中国历史确立了全新的人物谱系②。

在这方面,最具代表性的是宝玉。作为中国文学中的亚当,他是传统社会的"废物","诗礼簪缨之族"的"废物",但也是具有良材美质的"废物"。"痴""傻""狂""怪""愚顽偏僻乖张"③,犹如伊甸园未食禁果的亚当。作为"情"的象征,他在社会中总是"闷闷的""不自然""厌倦",并且不断向姐妹们交代自己的死亡,充满了"滴不尽""开不完""睡不稳""忘不了""咽不下""照不见""展不开""捱不明""遮不住""流不断"的生命忧伤;作为天生的"情种",一岁时抓周,"那世上所有之物摆了无数",他"一概不取,伸手只把些脂

---

① 《红楼梦》,人民文学出版社1982年版,第28—30页。
② 鲁迅说:"人有读古国文化史者,循化而下,至于卷末,必凄有所觉,如脱春温而入于秋肃,勾萌绝朕,枯槁在前,吾无以名,姑谓之萧条而止。"(鲁迅:《鲁迅全集》第1卷,人民文学出版社1981年版,第63页)曹雪芹的时代正处于"文化史"之"秋肃"与"卷末"。也因此,曹雪芹对于天地所生异人的精神谱系的梳理就尤其重要。在我看来,中国美学存在着两大精神谱系,其一是从《诗经》到《水浒传》,其二是从《山海经》到《红楼梦》。远古神话中的"精卫填海""夸父逐日""刑天舞干戚"等都具备着初步的生命痛苦与悲剧意识,但是以儒、道、释为基础,屈原、杜甫、李白、《三国演义》、《水浒传》、《西游记》等却弃《山海经》而去,另起炉灶,令人欣慰的是,曹雪芹独具慧眼,再一次回到《山海经》所开创的精神谱系。而且,大凡新美学的创立,也必须从精神谱系的梳理开始。它令我们想起此后的王国维所梳理的叔本华尼采的精神谱系,鲁迅所梳理的摩罗诗人谱系。当然,这三个精神谱系还都有不足之处。新美学的创立,还必须开始新的精神谱系的梳理,参见本书第二篇第七章。
③ 《红楼梦》,人民文学出版社1982年版,第8页。

粉钗环抓来";七八岁时,他就会说"女儿是水作的骨肉,男人是泥作的骨肉。我见了女儿,我便清爽;见了男子,便觉浊臭逼人";作为"逆子",他与满脑子功名利禄的严父水火不容,无视传统对自己的设计和规范,拒绝承担家庭责任和人伦义务,"于国于家无望",不做诸葛亮,也不做西门庆。读《西厢记》津津有味,看到科举程文之类却头疼不已;和大观园中的女孩们如胶似漆,见正经宾客却无精打采;成天"无事忙",做"富贵闲人",但听到别人提及"仕途经济",便斥之为"混帐话"……总之,一切被传统公认为有价值的东西,都被他唾弃、抛弃,一笔勾销。"除四书外,杜撰的太多",就是"四书"也是"一派酸语"。僧道没有一个是好东西,参禅也不过是"一时的玩话罢了"。至于他口口声声说的"死后要化成飞灰",也正是对于以传统文化作为立足点的根本否定。

与宝玉形成对照的,是作为中国文学中的夏娃的林黛玉。《生命中不能承受之轻》中萨宾娜评价托马斯说:"我喜欢你的原因是你毫不媚俗。在媚俗的王国里,你是个魔鬼。"[1]林黛玉同样如此,她是传统社会这个"媚俗的王国里"最叛逆的"魔鬼"。不但从来不去劝宝玉"去立身扬名",从来不说功名利禄、武死战文死谏之类混帐话,而且全部生命就犹如花朵、犹如诗歌,不为传世,不为功名,只是生命的本真流露、灵魂的激情燃烧。一次"葬花",一次"焚稿"(黛玉临死关心的也只是自己的"诗本子",而她用"焚稿"来"断痴情",也说明她是将诗与生命等同),恰似精神祭礼,展现出她的惊世奇绝,"葬花辞"则是她自己所作的精神挽歌,"花谢花飞飞满天","天尽头,何处有香丘","一朝春尽红颜老,花落人亡两不知",在繁华中感受着悲凉,那遗世独立的风姿,睥睨一切的眼神,足供我们万世景仰。至于"质本洁来还洁去",则是她以亘古未有的"洁死"对于龌龊不堪的男性世界所给予的惊天一击。同时,还有宝琴湘云等小姐群落、晴雯鸳鸯司棋金钏香菱等少女群落、妙玉三姐芳官等女儿群落,一样风华绝代,光彩照人。我们知道,巴尔扎克的写作是从男人开始的,安徒生的写作是从孩子开始的,曹雪芹的写作则是

---

[1] 米兰·昆德拉:《生命中不能承受之轻》,敦煌文艺出版社2000年版,第9页。

从女性开始的。无疑,注意到女性问题并非曹雪芹的贡献。明人葛征奇已有"天地灵秀之气,不钟于男子"而"应属乎妇人"(葛征奇:《续玉台文苑序》)的看法,但是他所强调的只是对于女性的侧重,曹雪芹的贡献在于对于男性的绝对排斥以及对于理想女性的高度推崇。他不再为男性树碑立传,不再写传统的非人的"堂庙文章",而是"离堂庙而入闺房",开天辟地首次提出:"为闺阁昭传"。在他看来,理想女性代表着最最自由也最最高贵的灵魂。"有才色的女子,终身遭际,令人可欣、可羡、可悲、可叹者甚多","其行止见识皆出我之上","可破一时之闷,醒同人之目"。他甚至宣称,这都是一些真正的精英,不屑名利,为爱殉身,因此远比那些文臣武将更具魅力:"活着,咱们一处活着;不活着,咱们一处化灰化烟,如何?"他的理想,也是在她们之前死去,在她们的泪海里漂到子虚乌有的故乡。为此,他将她们的称谓——"女儿"视为言语的禁忌:"这女儿两个字,极尊贵、极清净的,比那阿弥陀佛、元始天尊的这两个字号还更尊荣无对的呢!你们这浊口臭舌,万不可唐突了这两个字,要紧。但凡要说时,必须先用清水香茶漱了口才可。"[①]所谓"清水漱口",正是对在人格与灵魂的阙如基础上形成的霸权话语的抗拒。同时更以"女儿"的是非为是非、以"女儿"的标准为标准:"家里姐姐妹妹都没有,单我有,我说没趣;现在来了这们一个神仙似的妹妹也没有,可见这不是个好东西。"脂砚斋特别提醒说:"通篇宝玉最要书者,每因女子之所历始信其可,此谓触类旁通之妙诀矣。"确实如此。在一个荒唐无稽的世界上,只有青埂峰上剩下的儿女之情才有可观的价值。因此,从"女儿""触类旁通"的,正是"情性"的根本奥秘。

还值得注意的是,从"情性"这样一个新的人性根据出发,《红楼梦》使得作为第三进向的人与自我(灵魂)的维度的阙如得以弥补。

进入历史的人们只有经过"情"的洗礼,才能使历史的创造本身具备自由的灵魂。而"情"的集中体现,无疑应该是爱情,在中国,就像李敖所说,几千年来连创造出几个像样的爱情故事的能力都没有(中国甚至没有爱情诗

[①] 《红楼梦》,人民文学出版社1982年版,第31—32页。

歌,只有悼亡诗歌),更不要说爱情本身了。中国人在两性关系中关心的只是婚姻,而并非爱情。因此,把两性连接起来的不是灵魂,而是身体,也不是对于各自的权利的尊重,而是你中有我、我中有你。例如,能否令人安心、安身,能否以心换心、"交心"等等。因此,对于作为爱情的温床的"性"则始终讳莫如深。与西方的性压抑相反,在中国是性根本就没有萌芽。对七情六欲都毫无知觉,更不会形之于色,无知无欲,无可奈何,而且,由于把性交作为繁衍的必须,因此认为无比肮脏,不但在展开性关系之前必须先确定它的道德属性,而且竟然会时时怕"性交"会"亏"了身体。同样,由于两性之间的关系不是自我的选择,而是社会的选择,因此只能够一切依靠社会。这导致中国的人身的美学的失败,处处以自身没有性的吸引力为荣,对于爱人的要求也往往非性化,男欢女爱都趋向同性化,"颠凤倒鸾"的性别暧昧到处可见,异性中的同性,同性中的异性,成为中国的一大特色。甚至,中国人根本就不知道如何去得到异性,只能像阿Q那样说"你和我困觉"。总之,在中国爱情属于身体而不属于灵魂,爱情问题被完全地身体化了。

"情"之为"情",与自我、灵魂密切相关。也因此,在中国有婚姻,也有性,但是却就是没有"情"。而且,不是经济,也不是政治,而是"情"的出现,才真正宣告了中国传统社会的崩溃。它不是历史前进中可有可无的佐料,而是动摇中国传统社会的根本力量,也是历史前进的根本前提。所以,自我与灵魂在中国一旦苏醒,"情"也就必然应运而生。这一点,贾母洞察入微,她能够容忍男女之间的苟合之事(因为"性"对于传统社会而言,不但不可怕,而且还是一种必要的补充),但是绝对不能容忍"(爱)情"的萌芽。袭人也如此,与贾宝玉同领警幻训事而成其男女之欢能够做到心地坦然,听到贾宝玉真情的表露却被吓得魂飞魄散。因为"(爱)情"正是对等级意识、功利意识的根本否定,也正是对人格意识、尊严意识的高扬。曹雪芹生当其时,毅然以他红楼世界中的新伦理——"意淫"祭起了"情"的大旗。具体来看,"意淫"首先体现为宝玉的"情不情"。这是一种千古未有的博爱,所谓"千古情人独我痴",一切道德与功利都失去了意义,被升华为诗意的、纯净的人性,成为无意义的人生中的意义,成为对抗人格与灵魂的阙如的精神力量。

飘落在身边的桃花,因为怕"抖落下来"被"脚步践踏了",便"兜了那些花瓣来至池边,抖在池内",这是对"被抛出"的"无家可归"的自然的"情";面对秦可卿之死,"只觉心中似戳了一刀似的",面对金钏儿之死,"心中早已五内摧伤",面对尤三姐之死,"接接连连闲愁胡恨,一重不了一重添",面对晴雯之死,甚至"雷嗔电怒",这是对"无保护"的"无家可归"的女性的"情"。如此真"情",实为石破天惊。

"意淫"其次体现为黛玉的"情情"。传统最不重"情"而重"(伦)理","意淫"却最重"情"。而且,没有情,毋宁死。这一点,在黛玉身上表现得最为突出。在人间,贾宝玉是她"唯一的知己",因此,也就成为她生命中绝对的"唯一"。这就是"情情"。因此黛玉接受了宝玉所赠送的手帕后,在上面题诗时通体燃烧的就是"情情"。由此看来,高鹗续写的《红楼梦》在宝玉娶宝钗之际让黛玉焚稿而死并对宝玉充满了恨意,无疑与曹雪芹的原意相背。实际"情情"中的黛玉不会为自己的不幸流泪,因为宝玉的不幸才是她最大的不幸。原稿写贾家被抄,宝玉牵连入狱,黛玉担心宝玉的安危,终日以泪洗面而死,以自己的方式报答了她平生唯一的知己,无疑才写出了真正的情爱。传统美学甚至可以容纳《牡丹亭》中杜丽娘的含欲的情梦,却不能容纳林黛玉的不含欲的"情情",道理在此。戚序本第五十七回前总批云:"作者发无量愿,欲演出真情种……遂滴泪研血成字,画一幅大慈大悲图。"让我们联想到的,就是"情情"。当然,"情情"不仅在黛玉身上历历可见,在其他人物身上也历历可见。龄官在蔷薇花架下一笔一笔、一字又一字地画"蔷"字而痴及局外人的是"情情";尤三姐以身所殉的是"情情";司棋勇于流露的是"情情"。在第三十六回中,宝玉先在梨香院中受到龄官的冷遇,继而又亲眼目睹了龄官与贾蔷的痴情,不由得心中"裁夺盘算,痴痴的回至怡红院"并对袭人长叹:"昨夜说你们的眼泪单葬我,这就错了。我竟不能全得了。从此只是各人各得眼泪罢了。"因此深悟人生情缘各有分定,于是每每暗伤:"不知将来葬我洒泪者为谁?"其中所"深悟"的,也是"情情"。这里的"情情"即中国式的全新的情爱。"金玉良缘"与"木石前盟"之间的差异,也就在这里。

"金玉良缘"是世俗的婚姻,要靠对暗号来彼此沟通,让人联想到"门当户对";"木石前盟"是彼此的情爱,凭借心有灵犀就可以融洽无间。宝玉、黛玉和宝钗的三角关系与传统的三角关系的根本不同,正在于前者面对的是新旧人性的冲突。因此,《红楼梦》通过"金玉良缘"批判的不是婚姻,而是人性;《红楼梦》通过"木石前盟"高扬的也不是新的婚姻,而是新的人性。

值得强调的是,《红楼梦》对于"情"的强调,其深意并不在于男女之间,而在于为进入历史的人们进行灵魂的洗礼。这一点,可以从神话形式的"木石前盟"看出。"石头"的化身曾在仙界天天为一棵仙草浇水,仙草遂化为绛珠仙子,与"石头"同下人间,愿以毕生之泪还报其"灌溉之情"。这一象征关系规定了他们的情爱只是生命的美感和无意义人生的"意义",所以一方面在故事情节的发展中,"木石前盟"必然被世俗化的"金玉良缘"取代,情爱在现实生活中也必然走向毁灭——这唯一净土也不能为现实的世界所宽容,另一方面,在第三进向的期待中,心灵却必然经过"情"的洗礼才能够诞生。这,就是还泪故事的全部秘密。以泪洗石,水枯石烂,没完没了的哭泣洗尽了心灵这块冥顽的顽石,使之透明,并成为美玉。换言之,泪尽之时也就是人性的彻悟之时,只有在以"情"(不是以知识、道德)来洗涤了灵魂的污垢之后,才有可能塑造出一个前所未有的灵魂——自由的灵魂。更为重要的是,为进入历史的人们进行灵魂的洗礼,《红楼梦》进而把对于悲剧的理解指向"共同犯罪"。曹雪芹在前言中就指出:他写作的动机是出于"自愧"。"今风尘碌碌,一事无成,忽念及当日所有之女子,一一细考较去,觉其行止见识,皆出于我之上。何我堂堂须眉,诚不若彼裙钗哉?实愧则有馀,悔又无益之大无可如何之日也!当此,则自欲将已往所赖天恩祖德,锦衣纨绔之时,饫甘餍肥之日,背父兄教育之恩,负师友规谈之德,以至今日一技无成、半生潦倒之罪,编述一集,以告天下人:我之罪固不免,然闺阁中本自历历有人,万不可因我之不肖,自护己短,一并使其泯灭也。"①"闺阁中本自历历有人"的

---

① 《红楼梦》,人民文学出版社1982年版,第1页。

忏悔,以及因为自己的罪而发现了他人的美好,这种意识亘古未有。而宝玉目睹家族的龌龊、人间的耻辱而又意识到自己是"泥猪癞狗""粪窟泥沟",并因而主动承担罪责,背上十字架,实在堪称中国的一个未完成的基督,完全就是作者心态的写照。至于作品本身,则不但除了赵姨娘以外(这似乎是一个败笔),《红楼梦》没有谴责任何一个人,例如贾母、王熙凤,甚至例如薛蟠、贾环,等等。而且,正如王国维所早已指出:其中所描写的都是"通常之道德,通常之人性,通常之境域"所导致的"共同犯罪"。因此,倘若人们说《红楼梦》的悲剧来自外在劫难固然不妥,但是倘若说《红楼梦》的成功在于写了梦、空、幻,写了"宠辱之道,穷达之运,得丧之理,死生之情"的悉数看破,写了万丈雄心一时歇,其实也还是皮相之见。例如高鹗就写了宝玉出家的决绝,王国维对此极为赞赏。但是这却已经远离了曹雪芹的本意,已经把宝玉写成了甄士隐。高鹗写的只是色空知识以及色空知识中的解脱,曹雪芹要写的却是色空体验与色空体验中的悲剧。是"空"不离"色",以"情"补天。尽管最终的结果是失败。宝玉顿悟"我只是赤条条无牵挂"之际"不觉泪下"而不是欢欣愉悦,就是这个原因。在"通常之道德,通常之人性,通常之境域"所导致的"共同犯罪"中,一切都是无望的挣扎,一切"好"都会"了","木石良缘"仍旧无缘,最美丽的生命偏偏获得最悲惨的结果,白茫茫一片真干净。然而,爱情不灭,美丽永恒。显然,《红楼梦》所给予我们的全部启迪,也就在这里!

然而,《红楼梦》毕竟只是一个前所未有的开始,而并非结束。因此它的以"情"来弥补作为第三进向的人与自我(灵魂)的维度的阙如,也有其根本的缺憾。

一切还要回到作为第三进向的人与自我(灵魂)的维度本身。弥补作为第三进向的人与自我(灵魂)的维度的阙如,还有"情"与"爱"的根本不同。"情"的基础只是本然的情欲。但是,一种真正的关怀绝对不能从本然的情欲出发,否则就只能是虚假的、伪善的。因为本然的情欲自身没有任何超验的价值根据,因此,曹雪芹的"情性"实在脆弱至极,人性根本无从在其中维系,而顶多只象征着中国美学的最后一声叹息①。我们看到:宝玉最后也发现自己的同情是无效的,自己不过就是"赤条条来去无牵挂",黛玉的结论更是"无立足境,是方干净"。最终,既然连动物、花草、儿童都天生禀赋的"情"都无法立足,中国美学也就从此"泪尽而逝",成为绝响。

而爱则根本不同,它是超越本然情欲的终极关怀,是生命存在的终极状态。它不是以我自身的感觉为依据,也不是以他人的感觉为依据,不是为了使自己心灵安宁,也不是为了使他人心灵安宁。爱是你、我与终极关怀同在。爱,意味着不论何时都存在着一种神圣至上的纯全存在,意味着个体与这神圣至上的纯全存在的相遇。因此,爱就是在一个感受到世界的冷酷无情的心灵中创造出的温馨力量。这是在温爱他人受阻时的一种义无反顾的力量。爱是自我牺牲,爱是无条件的惠顾,爱是对于每一相遇的生命的倾身倾心。它永远不停地涌向每一颗灵魂、每一个被爱者,并赋予被爱者以神圣生命,使被爱者进入全新的生命。

这样,在我看来,坚决拒绝进入社会、政治、学校、家庭,在意识到人格与灵魂的阙如后悬崖撒手,可以通过"爱",也可以通过"情",但是坚决拒绝进入社会、政治、学校、家庭、成人社会,在意识到人格与灵魂的阙如后不但悬崖撒手,而且毅然进入新的社会、政治、学校、家庭呢? 就只能通过"爱"。"情",正是《红楼梦》的选择。这使得它意识到了传统的全部缺憾,但是由于它仍旧是在"由吾之身,及人之身"的心意感通中加以实现,仍旧是在本然情性里面展开的,没有更高、更超越的价值依据,因此归根结底也就仍旧属于身体而并非属于灵魂。从而不可避免地导致两种结果:或者既然本然情欲

---

① 在这方面,《红楼梦》的以抒情传统来抗拒叙事传统,是一个颇为值得关注的问题。人性意识乃至美学意识的觉醒必须从个人在邂逅命运时的行动以及对于行动后果的责任的承担开始。这在《红楼梦》无疑并无可能。因此我们看到的是抒情的内容、叙事的形式,个体诞生之后的作为自由意志的"行动""责任""承担"都并不存在。也因此,与其说贯穿于《红楼梦》始终的是"悲剧",还不如说是"悲剧感"——在作为自由意志的"行动""责任""承担"之外的某种神秘的事先预知的"悲剧感",《红楼梦》所做的一切也都只是对于这一"悲剧感"的浓墨重彩的渲染。

成为终极根据,那么任何维护一己的自私要求就都成为合理的了;或者是使得"情"沦为有具体对象的,结果它不但不是平等地惠临每一个人,而且反而粗暴地把一些人排斥出去,从对于他人的给予变为对于他人的剥夺。宝玉作为神瑛侍者的不断灌溉,换来的是黛玉作为绛珠仙子的还泪故事,"满纸荒唐言"换来的是"一把辛酸泪"(仅仅是"还泪";不是与不幸同在,而是同情这不幸),道理在此;《红楼梦》能够"悲天"但是却无法"悯人",道理也在此。曹雪芹未能找到新的社会、政治、学校、家庭,道理还是在此。这意味着:中国一步就跨越了西方从获罪到救赎的漫长过程。然而,尽管意识到了情的重要,但是由于没有意识到自我、个体才是情之为情的根本,因此,这里的"情"也就无法提升为"爱"。而唯一正确的选择,却正是"爱"。爱,是自我与灵魂的对应物。爱意味着从更高的角度来体察人类的有限性,来悲悯人这个荒谬的存在。而且,爱只是通过生命个体,而不是通过"人民""家族""国家"来面对生命的虚无、苦难与黑暗。爱也不是"补情"而是"补偿",它无法抵消人性的丑恶,也无法寻觅到生命的香丘,唯一能够做的,是以爱来偿还人所遭受的苦难,并且与人之苦难同在。由此,也就不但坚决拒绝进入社会、政治、学校、家庭,不但在意识到人格与灵魂的阙如后悬崖撒手,而且毅然进入新的社会、政治、学校、家庭,这就是爱之为爱的"大悲大悯、大悯大善、大善大美"的精神境界。

"情情"与"爱情"的差异也是如此。"问世间,情为何物,直教生死相许?"(元好问语)恩格斯说,爱情产生于中世纪骑士与有夫之妇的通奸行为。这提示我们:爱情并不是与人类生命俱来的,而是西方中世纪的特定现象。只有建立在男女平等基础上的个人化性爱,才可以称之为爱情。与之相应,婚姻无疑属于社会,爱情只能属于个人。而因为自我没有诞生,在中国就往往会用许多属于婚姻的东西来置换爱情的内涵,《红楼梦》也未能例外。尽管已经意识到了以婚姻置换爱情的缺憾,但是自我毕竟没有诞生,解决的方式仍旧属于婚姻,而并不属于爱情(例如对于永结同心、白头偕老之类美好愿望的关注)。首先,是不存在男女平等的基础,女性地位的卑贱使得宝玉与黛玉之间并不存在平等的情感交流,其次,是没有个人化的表现,既不排外,也不排他,最后是没有性爱的内涵,不但黛玉吸引宝玉的原因与性特征无关,而且宝玉对她也没有性爱要求,警幻仙子对宝玉的训诫"好色即淫,知情更淫",更充分说明"情情"对于身体的禁止。

事实上,所谓"情情"只是一种发自本然情性的赤子之心、似水柔情,这是一种女性与儿童常有的情感。因为本然情性是人性中最纯洁的部分,从反抗以婚姻置换爱情的缺憾来看,在自我没有诞生之前,这无疑已经是最为理想的状态,但是从爱情的角度看,这又是根本不够的。在"情情"中,自我根本就没有出场,出场的只是一个永远长不大也永远不想长大的儿童(补情之后的石头就成为玉即透明的石头,也就是成为儿童)①。这个儿童固然重"情"但是却畏惧成长,畏惧浊物,畏惧一切成长即丰富性的生命,甚至以死来表示自己不愿长大,因为长大即意味着堕落,所谓"质本洁来还洁去"。由此,《红楼梦》的"情情"(中国的最高层次的爱情)要的就不是爱本身,而是自然、天然的情,如果一定要称之为爱情,那也只能是一种中国式的否定生命的爱情,产生于不健康的、病弱的生命的爱情,产生于倒退、停滞、不愿长大的儿童的爱情。

爱情首先是个人自我的作品,是个人自由创造的结果。但是在《红楼梦》却恰恰相反,因此主动型的爱在其中却成为被动型的情。在爱情中成为终点的东西,在《红楼梦》中却成为起点。犹如从爱情出发只会去照风月宝鉴的正面,即生命,在《红楼梦》中,从"情"出发却只会去照风月宝鉴的背面,即死亡。这就是说,作为自我没有出场的产物,《红楼梦》中的"情情"关注的只是"自己想是什么",而并非"自己实际是什么"。在这里,自我尚未诞生,自我与世界、他人混沌不分,一切都只是镜子,自己在这面镜子中看见的都仍旧是自己的映像。这显然是一种既"完整"而又"完美"的状态,由于在其中缺乏理性的自我疆界,难免会出现"万能的幻觉",置身中,就会导致某

---

① 陀思妥耶夫斯基也常描写"贫苦无告的孩子",认为他们不同于"偷吃了禁果"、"令人生厌,不值得爱"的"大人","同大人们有天壤之别","仿佛完全是另一种生物,有着另一种天性。"(陀思妥耶夫斯基:《卡拉马佐夫兄弟》上,人民文学出版社1999年版,第352页)但是,与曹雪芹的思路却恰恰相反。其中的深意颇值探究。

种一厢情愿的幻想,而且必然会将这种实际是对婴儿期"完美"状态的追忆的"无为而无不为"的"万能的幻觉"视为真实,这样,在成年人看来,现实是一种不"完美"状态,只有诉诸行动,才能够发生改变(因此,西方的爱是火,能够把一切焚烧成灰),而在婴儿看来,现实是一种"完美"状态,只要哭泣,就可以改变一切。《红楼梦》也如此,在它看来,只要哭泣,就可以改变一切。

由此,"情情"最终必然走向自怜。史湘云说林黛玉是个戏子,一切都是表演,而且只是为了一件事情:悲痛与不幸。她所揭示的,正是林黛玉的"自怜"。她看不到自己以外的世界。一切都是心情所致。所谓"潇湘仙子",这里的"湘"就使人想起"湘君","湘"与水、镜子、悲伤、失去有关,无疑正是黛玉作为自怜者的象征(犹如西方爱慕自己水中倒影的那喀索斯)。推而广之,宝玉称黛玉为"颦颦",说明一见钟情的主要是"怜",而不是"爱"。是对于黛玉的"痴情"而不是性。而出于怜的情一旦实现,也就不可能再"爱"。爱情必须是性与情的统一,但却未必是性与婚姻的统一,因此偷情、通奸都不必都在婚姻面前止步,也不都是不可饶恕之罪。渡边淳一《失乐园》中的久木和凛子以爱的狂喜和痛苦为我们展现的正是这一点。但是"意淫"却没有"性","皮肤滥淫"则没有"情",可见,关注的都是情的普遍性与性的普遍性,而且二者彼此割裂,但是爱情关注的却必须是情的特殊性与性的特殊性,而且二者必须融为一体。所以,《红楼梦》中的"情情"是没有"初恋"的,而这在西方却是主要的,而且《红楼梦》中只有宝玉的所谓吃胭脂,而西方却是令人心动的接吻。因此,宝玉是以良好的主观愿望自欺欺人,黛玉是因此而对于一切欢乐的绝望,这实际是两个人在玩"过家家",根本与爱情无关①。

结论:《红楼梦》的出现,深刻地触及了中国人的美学困惑与心灵困惑,同时也为解决中国人的美学困惑与心灵困惑提供了前所未有的答案。但是

---

① 埃·弗洛姆曾经郑重提示同情与爱之间的"被爱"与"施爱"、"爱的对象"与"爱的的能力"、"坠入情网"与"长久相爱"的区别,以及"因为我被爱,所以我爱"与"因为我爱,所以我被爱"、"因为我需要你,所以我爱你"与"因为我爱你,所以我需要你"的区别,无疑给我们以深刻的启示。参见弗罗姆:《爱的艺术》,四川文艺出版社1986年版,第1—7页、第46页。

由于自我始终没有出场,因此这无所凭借的"情"最终也就必然走向失败①。历史期待着"自我"的隆重出场,期待着从以"情"补天到以"爱"补天,期待着从引进"科学"以弥补作为第一进向的人与自然的维度的不足和引进"民主"以弥补作为第二进向的人与社会的维度的不足到引进"信仰"从而弥补作为第三进向的人与自我(灵魂)的维度的阙如。而这,正是从王国维开始的新一代美学家们的历史使命!

由此我们看到,作为启蒙美学认识圆圈的螺旋发展必然出现的批判总结,戴震、曹雪芹基本上完成了这一历史任务。他们把明中叶崛起的启蒙美学的理论成果都作为一个个必要的认识环节而纳入自己的启蒙美学理论,把启蒙美学推向了顶峰,逻辑地昭示着近代美学的诞生。

时代上稍后于戴震、曹雪芹的,是"性灵派"的主将袁枚。他的启蒙美学的核心是"性灵"美学范畴。这一范畴与公安派的"独抒性灵,不拘格套"密切相关。他的美学思想在当时是有其进步作用的,在美学史上也有其一定的地位。但它又有其根本的不足,这就是已经失去了启蒙美学的高度自我批判的自觉意识。作为启蒙美学的殿军,他本应把启蒙美学的理论成果全面展开,并具体实现向近代美学革命的转进。令人遗憾的是,他从这一理论基点上退了下来,不但未能发扬戴震、曹雪芹的唯物主义美学思想,而且未能继承明中叶启蒙美学的美学传统。他所谓"性灵",由于往往与"动心""夺目""悦耳""适口"相关,因而缺乏深刻的社会内容和美学内容,以致往往沦为一种对低级庸俗的快感的赞赏,表现为一种启蒙美学的历史性的倒退。这点在这里就不再赘述了。②

---

① 从明代开始,中国学者的思想上的无助状态令人瞩目。日本学者沟口雄三在《中国前近代思想之曲折与展开》一书中就曾反复揭示李贽的思想"饥饿感"。而今看来,这一"饥饿感"正是源于信仰之维、爱之维的缺乏。

② 限于篇幅,本书对各启蒙美学家的评述略为简单。我在《美学大观》一书中(河南人民出版社出版),对李贽、公安派、汤显祖、黄宗羲、王夫之、叶燮、戴震、曹雪芹和袁枚的美学思想,均有专题评述,请参看。

第五章　美学范畴的演进

研究美学范畴的必要性

从辩证逻辑的角度讲,美学范畴是反映美学研究对象的各个基本方面的属性、关系、行程的基本概念。

确实,任何学科都离不开范畴,任何科学规律都是以范畴形式加以表现的。中华民族一经从蒙昧和野蛮状态中脱离出来,就开始借用或创造一些词语表达审美和艺术活动的不同阶段和不同方面,经过长期历史演变,这些词语便固定下来,凝聚成为一套完整的范畴。诸如"形神""风骨""气韵""虚静""意境""趣味"等等。在美学和文艺理论史中,美的范畴在哲学、佛学中的孕育,范畴的出现、展开、演变、扬弃,众多的范畴按纵横两方面的从属、交叉、并列、重叠等关系日益组织起来,形成一张反映社会性的人们美学思辨的范畴之网,这些都标志着对审美和艺术活动的认识一步步提高和深化的过程。进步的和落后的美学及文学理论的相互斗争、相互渗透和相互转化,正是通过对一些基本范畴的继承、扬弃,或赋予不同的解释表现出来的。美的认识圆圈的完成,也是通过把以往各个体系中的重要范畴纳入一个新体系而变为其中的环节来实现的。这些基本范畴的长期流行或骤起骤落,以及其涵义的截然不同或渗透补充,正反映了美学认识螺旋前进的客观进程,可以从中窥见历史与逻辑的一致。

明中叶伊始,美学路径从在个体与社会、人与自然统一的基础上考察美、审美和艺术转而变为在对立的基础上考察美、审美和艺术,这就导致一系列美学范畴的产生、演变、扬弃或展开。限于篇幅,在本章我打算对几个蕴含着古典美学与启蒙美学的激烈冲突的美学范畴的演进作一些典范性的剖析。

从"意境"到"趣味"

作为美学范畴,意境始于六朝绘画理论,但它被赋予新的美学规定并上升成为古典美学的基本美学范畴,却是在唐代。从美学性格看,它遵循"温柔敦厚"的优美美学原则,既要求概括个别化、抽象具体化、理想现实化,又要求个别概括化、具体抽象化、现实理想化,趋向某种理性,却不以概念为中介,也不趋向确定的概念,而是介于似与不似、可喻不可喻、可言不可言、可解不可解之间,在个体与社会、人与自然的和谐统一中,不着痕迹地趋向某种目的,某种"不可明言之理"……实际上,这种看法已经十分接近西方所谓审美的"无目的的目的性",不过我们是直指本心,点到即止,不像西方那样用明确的语言严密地表达出来而已。

意境美学范畴在中国美学史中的影响是十分大的,直到今天,仍有不少人将它作为普遍适用的美学模式去到处套用。然而,既然意境美学范畴是在一定的历史条件下合乎逻辑地出现的,也就不能不合乎逻辑地有其历史的内在矛盾。社会历史条件方面的原因,在本篇第一章第五节中业已作过说明。这里将着重分析意境美学范畴所蕴含的内在矛盾。意境美学范畴是个体与社会、人与自然(即个别与概括、具体与抽象、现实与理想)的融洽统一。意境的成功,就在于融和了这对立冲突的双方,造成了一种深厚隽永、情景交融的美。然而,从审美对象来讲,这种美主要来自绘画,是一种绘画美。这种绘画美准确地体现了中国古典美学的审美理想、审美趣味的时代风貌,但也给审美和艺术的发展带来了很大的弊病。以诗歌为例,诗是缘情抒愤的艺术,从美学特性上讲,并不适宜于空间的描绘,因此这种"诗中有画"的提倡,就使得诗歌的美学特性受到了压抑。诗人的满腔悲愤一旦形诸文字,就要约束和规范,寻寄托之物或觅假借之景,情感大闸被牢牢控制住,人为的审美桎梏约束着诗歌的生命。从审美本身来看,它要求一切主观感情都不能有自己的独立形象,要求主观感情客观化,一切都融解在客观外界事物的传神写照之中。它的成功在于使人凭借大自然和客观外物获得了解放。在人的审美观照中,大自然、客观外物的审美特性发挥到了极致,流动在人们的想象和情感中,使人的情感得到含蓄的表现。意境审美范畴充分体现了封建地主阶级自然、和谐、中和、恬淡的审美理想、审美趣味。但这种成功同时就意味着不成功。因为这种表现与再现、概括与个别、抽象与具体、理想与现实的紧密纠缠以至互相限制,阻碍审美向多样化、个性化的方向发展,这就构成了意境审美范畴的内在矛盾。

从历史与逻辑统一的角度讲,我们不能不看到,意境毕竟是历史的产物,只体现了生活在"局限状态"下的封建社会的审美理想、审美趣味,一俟社会迅速向前发展,它作为基本审美范畴的地位也将被后继的审美范畴取而代之。对此,近代美学家王国维已经有所察觉,对词中意境至南宋而顿衰的现象,他迷惑不解地自问:"北宋风流,渡江遂绝。抑真有运会存乎其间耶?"对北宋至清,意境所体现的审美理想、审美趣味无法在作品中充分表现出来的情况,他更自问云:"抑观我观物之事自有天在,固难期诸流俗欤?"(王国维《人间词话》)实际上,这种趋势在唐代就已孕育着了。唐代大量不能用意境审美范畴加以规范的诗歌已经隐含着意境的内在矛盾了。而宋代一些诗人的诗歌以及宋词、元曲、元画的出现,更意味着逐渐与意境相背离(王骥德《曲律》:"诗不如词,词不如曲,故是渐近人情")。明初,人们已经预感到审美范畴转变的来临,宋濂曾经不无感慨:"近来学者,类多自高,操觚未能成章,辄阔视前古为无物。且扬言曰:曹、刘、李、杜、苏、黄诸作虽佳,不必师;吾即师,师吾心耳。故其所作,往往猖狂无伦,以扬沙走石为豪,而不复知有纯和冲粹之音,可胜叹哉,可胜叹哉!"(《宋文宪公全集》卷37《答章秀才书》)这里的"师吾心""猖狂无伦,以扬沙走石为豪"和"纯和冲粹之音",恰恰标志着两种截然不同的美学风貌,而在"可胜叹哉,可胜叹哉"的伤感背后,正是意境审美范畴独定一尊的地位的结束。因之,明中叶之后,意境美学范畴为趣味美学范畴所取代。

关于"趣味",明中叶有"意趣""天趣""机趣""生趣""逸趣""真趣"或"适趣"种种说法。由于找不到一个约定俗成的术语,只好用现代色彩较浓的"趣味"作为统称(当然有中国的特殊的内涵)。一般来讲,唐代以前,很少有人提起"趣"字,更没人将它作为一个独立的审美范畴。唐人窦蒙《语例字格》曾举出九十种美学概念,但却没有"趣"。值得注意的是严羽提出的"兴趣",以及王若虚、元好问提出的"境趣",它们都预示着后代趣味审美范畴出现的逻辑必然性,但着重点在"兴"在"境"而不在"趣",故虽扩展了审美主客体关系的范围,其内涵与趣味审美范畴并不相同。到了元代,绘画美学率先提出了"趣"的审美范畴,"不复较其似与不似",主观的意兴心绪压倒一切,艺术家的个性特征也空前地得到表现。在此,虽然它并没有最终从意境的藩篱中超脱而出,但它将主体与客体、个人与社会不自觉地加以对立的重主观、重个人的特色,却使它成为从古典美学的意境向启蒙美学的趣味过渡的不可缺少的一环。

明中叶,最先以趣味取代意境的是李贽。他按照时代的要求,对元代绘画美学中"趣"的范畴加以改铸,以新的审美理想、审美趣味加以贯注和充实,振聋发聩地喊出了:"天下文章当以趣为第一"。与李贽同时或稍后,在小说、戏曲、诗歌领域谈到趣味的人很多,如屠隆、汤显祖、徐渭、李开先、袁宏道、叶昼、钟惺、王季重等人。在艺术领域,李日华说,"境地愈稳,生趣愈流";徐世溥说,"同是园趣而有荡乐悲戚之不同";周亮工甚至在谈到印章艺术时也提出,"斯道之妙,原不一趣"。可见,趣味已经被普遍接受从而成为基本的审美范畴。

由于中国美学史中关于审美范畴的涵义往往缺乏明确的规定,人们在使用中也各有会心,因此对趣味很难作出一个清晰的界说。从趣味审美范畴的出现、发展、成熟过程来看,明代关于趣味的论述,大致包含这样几方面的内容。首先,文艺作品应该是"真人"的"意"所抒发出来的真情。这里的真情与昔日不同。过去主要指与社会伦理相融洽,这里却主要针对传统伦理礼法而言("性情之发,无所不吐";"法律之持,无所不束"),能够冲破伦理礼法的,则为有"真情"的作品,也就是有趣味的作品。现实令人失望,理性令人怀疑。审美不断转向个人和主体,人们对现实的审美感受具有否定的内容,于是便用从情感主体出发的"真"与之对立。其二,与意境注重内容与形式和谐统一相反,趣味审美范畴以对完美形式的空前蔑视为特征,表现了对内容的狂热追求。屠隆说:"妙合天趣,自是一乐。"汤显祖说:"凡文以意趣神色为主","不惜拗折天下人嗓子"……正因为对内容的重视,民间文艺引起了人们的广泛兴趣:"《古歌》《子夜》等诗,俚情亵语……诗人道之,极韵极趣。"(陆时雍:《诗镜总论》)其三,强调激烈冲突的生活内容。趣味审美范畴推崇的不是对雍容华贵的上层社会的生活的描写,而是对人情世俗的津津玩味,甚至是对性欲的疯狂追求:"以杀人为好汉,以渔色为风流"。因而只有那种使人"大惊""大疑",感情受到强烈震颤的作品才是有趣味的。袁中道说,"山之玲珑而多态,水之涟漪而多姿,花之生动而多致","流极而趣生焉"。(《珂雪斋文集》卷一《刘玄度集句诗序》)这里的"多态""多姿""多致",表现了个体与社会、主体与客体的激烈斗争过程,表现为它们之间的对立、冲突和抗争,表现为美丑并存的生活内容的展现。"流极而趣生"则表现为审美感受中的动荡不安("流极")后的审美愉悦。趣味说把审美观照奠定在主体与客体、个人与社会的对立抗争之上,追求激荡不安后的审美愉悦,从而走出了古典美学的狭小天地。当然,这种审美理想、审美趣味的演进也是泥沙俱下的,它也含蕴着把情与理、个人与社会绝对对立起来,过多追求感官享受,一味偏重琐碎的情感抒发等缺陷,这在一种新美学理想诞生之际是不可避免的。

迄至清朝,时代的变化,使趣味审美范畴的内涵注入了新内容。历史的挫折,使清代美学家进行各有会心的美学反思之后,尖锐批评了明中叶美学家在趣味审美范畴内涵中留下的个人主义的病态性、脱离生活的空想性,使审美理想、审美趣味从真情走向真实,并且力求把审美理想、审美趣味同现实斗争、国家安危结合起来。黄宗羲认为,民族矛盾、社会矛盾愈是异常尖锐,应运而生的文艺作品愈容易具有感天地动鬼神的作用,愈容易永垂不朽。因为作家内心("阳气")受到屈辱的压抑、禁锢,就会"鼓荡而出,拥勇郁遏,坌愤激讦","发为迅雷","而后至文生焉","苦趣"生焉。这样,"趣味"审美范畴经过明清两代美学家从不同角度、不同侧面、不同层次详细地加以研究探讨,作为一个起初最抽象、最贫乏的规定,从抽象到具体、从简单到复杂、从低级到高级,离开它的源头愈远,它就膨胀得愈大,逐步从自在至自为,成为一个初步成熟的审美范畴。

我曾经指出,中国美学史上建立在人与社会、人与自然的有条件的和谐关系上的以优美为核心的古典美学,成熟于唐代。北宋—明中叶美学思想发生逆转,基本上偏于理性和社会。作为对这种逆转的反拨,明中叶之后逐渐偏向感性和个人,出现了向建立在人与社会、人与自然的对立关系上的以崇高为核心的近代美学的过渡。"趣味"审美范畴的出现和初步成熟,是与这种美学思想的演变相互对应的。在这里,审美感受中由想象所趋向的情感和理解,已经不复像在古典美学中那样,倾向合规律性的自由形式的玩味、欣赏、领悟,而是转而倾向于合目的性的必然内容的探寻和追求,巨大的伦理情感和深邃的哲理思维的渗透交融,构成了"趣味"审美范畴的鲜明特色。在中国美学史上,"趣味"审美范畴的出现是一件大事,它犹如一个拔地而起的坐标点,昭示着近代美学的诞生,更为艺术的进一步发展开辟了一条坦途,它基本上挣脱了束缚着人们的审美观照的诗画结合,表现与再现紧密纠缠以至彼此限制的桎梏,使审美得到了充分的、个性化的发展。倘若不是如此,明中叶之后相继出现的浪漫主义、现实主义、批判现实主义思潮,都是无法想象的。因此,当我们以充分解放了的审美观照置身现代美学、现代艺术的洪流之中,不应该也不可能对"趣味"审美范畴(尽管它只是涓涓细流)的开拓之功不表示应有的尊敬。

在我们从历史与逻辑统一的角度指出从意境到趣味这样一个审美范畴的演进过程之后,严格地讲,并不意味着研究的结束,而是意味着研究的开始。美学史之中的大量疑点,由此而清晰地暴露出来,期待我们去历史地合乎逻辑地加以解释。限于篇幅,我们只能简单作几点解释。

明中叶谈论、研究以意境为审美标准的人很多,起码不少于当时谈论、研究以趣味为审美标准的人,有时甚至在同一美学家身上也会出现意境、趣味相混杂的情况,如何解释这种现象呢?

这种五彩缤纷的历史现象是正常的。历史当然要比逻辑更丰富、更生动、更错综复杂。在新旧审美理想、审美趣味之间并没有一道截然把它们严格地区别开来的鸿沟,因此,在一个特定的历史时期,不同审美理想、审美趣味方生未死、新旧杂陈的情况,是十分自然的。从明中叶开始,古典的美学思想急剧地衰落下去。正统文人"不关风化体，纵好也徒然"的审美理想固然对此无法拯救，而如前后七子、姚鼐、方东树等人既不满于正统美学思想的束缚，又不愿弃旧图新与世俗的审美理想、审美趣味挽起手来，于是为了摆脱统治阶级的正统美学和世俗的审美理想、审美趣味的沉重压力，他们力图重振盛唐诗风，恢复古典美学的统治地位，因而大力提倡"意境"。他们犹如与风车搏斗的骑士。这就是明清时代大量谈论"意境"而常常为我们疏忽了的基本原因。由此，我们一方面固然要承认明清对意境的理论研究有一定成绩。但另一方面更要注意到唐宋和明清两个不同时代意境研究的不同历史意义。只有把握住这一点，我们才能对明清文艺思潮某些反常现象作出正常的合乎情理的解释。

颇有意味的是，仿佛有意作为一个对比，明清进步美学家很少去讨论"意境"问题。在李贽、公安三袁、钟惺、谭元春、汤显祖、黄宗羲、廖燕、贺贻孙等人的著作中，都很少看到意境方面的论述，相反，他们都不约而同地对趣味审美范畴进行了深入探讨。关键在于："意境"和"趣味"是两个不同时代的审美范畴，代表了不同的审美标准。在这个意义上，甚至可以说是坚持以意境作为审美标准，还是主张以趣味作为审美标准，去评价明清文艺创作的美学风貌，恰恰是我们看一个美学派别、一个美学家的美学观点是进步抑或落后的一个标志。尤其值得注意的是，还有一些既主张"趣味"又主张"意境"的美学家(如祁彪佳、谢榛、吴乔、王士禛和屠隆)，他们在美学思想上往往是左右摇摆，如谢榛、王士禛和屠隆，虽然同为后七子，但却处在李贽大力倡导"意心""趣"，反对假诗假文，并获得极大影响的情况下(屠隆已处在公安派的时代，且与袁宏道、汤显祖交情甚厚)，美学思想上都存在与李贽、公安派合流的趋势，因此在他们著作中"趣味""意境"并存的情况可以给人以深刻的启发。

更为重要的问题是，不仅不同美学派别，不同美学家对于意境或趣味有不同的态度，尤其值得注意的是，即使在进步美学家那里，也并非绝对不讲意境。例如李贽、袁中道、金圣叹都在大力提倡趣味的同时，偶尔谈到过意境。从表面上看，是他们并没有明确意识到两者的对立，但深入一层去看，却恰恰反映出尽管他们大力提倡新的审美理想和审美趣味,但在他们的美学思想中仍不可避免地存在着阶级的和时代的局限性,在他们"更新而趋时"的美学思想中,混杂着新的幼芽和旧的陈渣。他们的批判,往往要披上旧形式的外衣,新审美理想、审美趣味同旧传统的纠葛,形成他们美学思想上独创与因袭、活东西与死东西、内容与形式等多重矛盾,这无疑是时代矛盾的反映。

在王夫之、叶燮的著作中,很少甚至绝口不谈"趣味"问题,却对"意境说"作了大量的深入探讨,这是中国美学史上的一个令人迷惑的特殊现象,应该专门去分析、研究,这里只能笼统言之。王夫之、叶燮从唯物主义哲学思想出发,对美学史上一直未能从理论上很好解决的审美主体与审美客体的关系作了详尽的阐发,因而使意境研究达到了一个空前的理论高度,从这一点而论,他们与李贽、黄宗羲等人的启蒙美学思想在根本上是一致的,不宜简单地割裂开来。但我们又不能回避他们的理论研究的不足之处。"二十年中,放废荒山",被举世"名者、利者、势者、外饰者、役役者、浮夸者、托于物者""目为怪物"的叶燮,其美学思想是较为公允的,对于"视听步趋,苟有所触于境,动于心,何一非吾躬忧患之所丛,感慨之所系乎"的"悲凉郁勃,牢落不偶,多不平之平"的文学作品,他是推崇的(从此出发,很容易走向"趣味"范畴)。他之所以较多谈到意境,很可能与他孤处偏远的山村,远离政治、文艺斗争的中心有关。王夫之的后半生也是在村庄孤寂地度过,与叶燮不同的是,地主阶级革新派的主观立场,为他的美学思想投上了一层二重性的阴影:既涵蕴着"新的突破旧的"的思想锋芒,又基本上没有摆脱封建审美意识的沉重桎梏。他的主观立场限制了自己的理论视野,使他不能从生活实际,而只能从前人的思想资料中探索历史转折关头所提出的理论问题。他对前后七子确实有所不满,但只是批评他们"心非古人之心,但向文字索去",却认为倘若"因于鳞而尽废拟古,是惩王莽而禁人学周公",这种审美理想,在当时无论如何不能说是进步的。在"天崩地解"的时代,这种情况的出现十分自然(王夫之美学思想的二重性,正是17世纪中国时代矛盾的缩影。从历史与逻辑统一的角度去看,王夫之美学思想的价值恰恰在这里,而不在为人们所津津乐道的情景说、意境说之类)。明乎此,我们就不致因为王夫之对意境说的提倡,而动摇了明中叶之后审美趣味从意境到趣味演变这样一个基本的看法。

明清时代意境与趣味两个范畴的纷然杂陈,或弃或取,还有着更深刻的逻辑意义。美学史上的不同体系和范畴,都这样那样地包含着真理,因此在它们之间,不仅是对立的,更是统一的,从意境与趣味范畴间的关系来看,一方面,意境本身并非一个形式逻辑的固定范畴,而是一个辩证逻辑的流动范畴,因此,它不是一成不变的。北宋之后,意境范畴自身便开始了变化,逐渐从主客体统一向偏重主体演变,因之也就在一定程度上与"趣味"范畴重合起来,更重要的是,任何范畴都是暂时的,又是永恒的:作为一个范畴,它总要为后起的范畴所否定,但这里的否定,同时又包含着对前者的肯定。它否定的只是前者把自身的基本原则发挥为全体时所夸大了的、绝对化了的部分,而同时又使其中的合理因素在否定过程中获得新生和发展。这样,前一个范畴的基本原理就成了后者的美学内涵的前提,并且从属于这一范畴。严格地讲,在从意境到趣味的范畴演变中,我们看到的同样是这样的一幕:"落红不是无情物,化作春泥更护花",在从意境到趣味的演进过程中,意境的美学内涵并没有荡然消逝,而是无声无息地在后起的"趣味"范畴中积淀下来,重新放射出光和热。

从"以幻为奇"到"不奇之奇"

古典美学的审美理想、审美趣味以个体与社会、人与自然的朴素的和谐统一为基本特征,以"温柔敦厚"的优美为最高的美学境界,这样一种特殊的审美理想、审美趣味,造就了不朽的唐诗、宋词,以及书法、绘画,使它们作为中华民族的象征屹立于世界文明的长廊。但是,另一方面又极大地阻碍了小说、戏剧、叙事诗等文学体裁的繁荣。

因为古典的审美理想、审美趣味是从主体与客体、人与社会、感性与理性、形式与内容的统一这样一个模式去审美和构筑理论体系的,因此,古人对于审美对象的观照,既不导向一种超越感性的理想的追求(浪漫主义),也不导向一种深入感性的现实的体认(现实主义),而是停留在一种经验的、模糊的对审美对象的功能、关系的体验之中(古典主义)。毫无疑问,强调再现生活的叙事文学是不适宜于这样一种审美模式的,它必须扭曲自己的形象。

明中叶前的叙事文学正是如此。它不可能做到真实地反映生活,只能通过一种虚假、奇幻的情节的陈述,去表现那种古典的审美理想、审美趣味。从历史上看,初期的神鬼怪异小说,本意就在"张皇神鬼,称道灵异",在神鬼怪异故事的背后,是作者对人与社会、主体与客体的朴素统一的潜在追求。之后的英雄传奇,也"多托往事而避近闻,拟古且远不逮",又"主在娱心,而杂以劝惩"(鲁迅语)。可见虽从神鬼世界回到了人间,但现实生活仍只是一道淡淡的影子,疏远而且隔膜,最终还是希冀通过不同的故事去"劝惩"个人对社会的服从,去宣传一种古典主义的优美的境界。而这一切,在理论形态上则表现为"以幻为奇"的文学观念,例如葛洪《神仙传自序》的"深妙奇异",沈既济《任氏传》的"志异",沈亚之《湘中怨辞》的"事本怪媚",李公佐《南柯太守传》的"稽神语怪,事涉非轻",张无咎《批评北宋三遂平妖传》的"以幻为奇",都鲜明地体现了这种趣味。

迄至明中叶,古典美学日趋式微,近代美学日趋萌芽。审美理想、审美趣味转而侧重于现实与实践的复杂的对立、冲突、抗争,主体与客体的激烈矛盾以及美丑的并存,这就是对于"崇高"这一境界的审美追求。明中叶之后小说的繁荣(以《西游记》《金瓶梅》《红楼梦》为标志)以致成为明清两代的文学正宗,它的美学根源恰恰表现在这里。《金瓶梅》以恶霸豪绅西门庆一家的兴衰荣枯的罪恶史为主轴,真实地暴露了明代后期中上层社会的黑暗、腐朽和不可救药。它的美学价值在于一反往日"以幻为奇"的虚假,代之以彻底、无情的暴露。正如张竹坡所精辟分析的:明中叶前的小说用的是"韵笔",美学特点是"花娇月媚",而《金瓶梅》的美学特点则是"市井文字"。《红楼梦》则更是这样。曹雪芹执着地追求感性的现实体认,宣布:欲"今人换新眼目","至若离合悲欢,兴衰际遇,则仅追踪蹑迹,不敢稍加穿凿,徒为供人之目而反失其真传者",这一美学追求是耐人寻味的。因之在《红楼梦》中,已经蜕尽了荒诞离奇的色彩,生活本身成了作家所要描写的主体。一切"事迹原委"都要以是否符合人生真相而决定取舍,很显然,这是小说乃至叙事文学从古典主义向现实主义(同时也是向浪漫主义),从古典审美理想、审美趣味向近代审美理想、审美趣味的美学的深化。

这种美学的深化,更集中地表现在美学范畴的演进之中。即空观主人的《拍案惊奇·序》云:"今之人,但知耳目之外,牛鬼蛇神之为奇,而不知耳目之内,日用起居,其为谲诡幻怪,非可以常理测者固多也。"《二刻拍案惊奇·序》云:昔日小说好ախ失真,错在"知奇之为奇,而不知无奇之所以为奇,舍目前可纪之事,而驰骛于不议不论之乡"。孔尚任说:"传奇者,传其事之奇焉者也,事不奇则不传。……《桃花扇》何奇乎? 其不奇而奇者,扇面之桃花也;桃花者,美人之血痕也;血痕者,守贞待字,碎首淋漓不肯辱于权奸者也;……帝基不存,权奸安在? 惟美人之血痕,扇面之桃花,啧啧在口,历历在目,此则事之不奇而奇,不必传而可传者也。"(《桃花扇小识》)脂砚斋云:《红楼梦》的成功在于"虽平常而至奇"。……类似言论在明中叶后的小说及戏曲序跋中触目皆是,清晰凸现出叙事文学的观念在人们心目中的变化,这就是从"以幻为奇"到"不奇之奇"的变化。

"以幻为奇"的美学意蕴正如前述,那么,"无奇之奇"的美学内涵又是什么呢?

首先,它深刻体现了崭新的审美理想。古典的审美理想追求"温柔敦厚"的优美。因此它以幻为奇,不是从生活中去寻找美,而是从理性中、从理想中去寻找美,故诗化的、程式化的、传奇的色彩很浓。而"无奇之奇"的提出则是建立在以崇高为核心的近代审美理想之上的。《金瓶梅》对感性材料,一律按照本来面目去描写,决不存哗众取宠之念,以至屈从于世俗偏见而违心在现实面前闭上双眸,更不怀侥幸苟且之心回避开探隐抉疑的写实而跌入古典的审美模式。在这里,有的就是日常生活的衣食起居、柴米油盐。正像高尔基在评价16世纪前后的英国文学对欧洲现实主义文学发展的贡献时指出的:"正是英国文学给了欧洲以现实主义戏剧和小说的形式。它帮助欧洲替换了十八世纪资产阶级所陌生的世界——骑士、公主、英雄、怪物的世界,而代之以新读者所接近、所亲切的自己家庭环境和社会环境,把他的姑姨、叔伯、兄弟、姐妹、朋友、宾客，一句话，把所有的亲故和每天平凡生活的现实世界，放在他的周围。"①这个评价正可以用来说明这一时期中国小说风貌的变化。

其次，"不奇之奇"要求充分重视细节的真实。"以幻为奇"十分强调情节，以传奇性来吸引人，"不奇之奇"却把细节描写置于情节描写之上，以对平凡的世俗生活的细微、真切的描写来吸引人。张竹坡赞扬《金瓶梅》：读《金瓶梅》就好像有一个人"亲曾执笔，在清河县前，西门家里，大大小小，前前后后，碟儿碗儿，一一记之，似真有其事，不敢谓操笔伸纸做出来的"(《金瓶梅读法》)。曹雪芹也竭力反对那种"自相矛盾太不近情理"的奇幻，反对那种"诌掉了下巴的话"、"编的影子都没有的"故事。《儒林外史》卧闲草堂本的回评更指出："直书其事，不加断语，其是非自见也。"当然，有了细节，不一定能达到艺术真实。但达到艺术真实的作品，却必须重视细节描写，因为细节是生活的基本因素，只有细节真实了，才能实现生活的真实。

最后，"以幻为奇"在人物性格问题上强调类型性，把类型性作为一种平均数的观念来理解与规范，强调对现实的审美感受作理想化的处理，对同类人物的特征作经验性的概括，以俾通过类型性人物表达伦理、理性的内容，以满足人们的伦理判断和理性认知的要求。"不奇之奇"则一反这种做法，十分强调个别性，强调个性的客观性、真实性。曹雪芹痛斥古典的类型化描写"千部共出一套"，"满纸潘安、子建、西子、文君"，"逐一看去，悉皆自相矛盾，大不近情之语"，指出自己笔下的人物并非"大仁"或"大恶"之人，而是"正邪两赋而来一路之人"，"上则不能成仁人君子，下亦不能为大凶大恶，置之于万万人中，其聪俊灵秀之气则在万万人之上，其乖僻邪谬不近人情之态又在万万人之下"。脂砚斋亦"最恨近之野史中，恶则无往不恶，美则无一不美，何不近情理之如是耶？"指出要写"真正情理之文""至情至理之妙文"。这就是要求真实地描写那个黑暗、窒息又充满了顽强探索的悲剧时代中的人物。

---

① 高尔基：《俄国文学史》，上海译文出版社1979年版，第66页。

值得注意的是,美学观念从"以幻为奇"向"不奇之奇"的演进并不是偶然的,它不仅深刻体现了我们民族审美心理结构的变化,而且也深刻顺应了世界文艺思潮的演进。世界各国的叙事文学的观念固然因地理环境、生活条件、民族性格的不同而表现出不同的特质,但又有其内在的相似之处。如在小说的美学内容问题上,都经历了由写鬼神怪异到写英雄传奇最后到写普通人的日常生活这样三个阶段。雨果在《〈克伦威尔〉序》中说过:初民时代产生颂诗,这就是《圣经》,古代产生荷马史诗,近代则产生莎士比亚戏剧:"颂诗中之人物为伟人,如亚当、该隐、诺亚之类,史诗中之人物为巨人,如亚奇里斯、亚特罗斯、俄雷斯特斯之类,戏剧中之人物为凡人,如哈姆雷特、马克白斯、奥赛罗之类。"雨果所讲的"近代",大致与我国的明末清初相当。在这样一个历史时期,西方出现了莎士比亚戏剧,中国则出现了《金瓶梅》《红楼梦》等作品,西方以写普通人的日常生活作为作品的美学内容,中国亦如此。由此不难看到,提倡"不奇之奇",强调从普通人、普通生活中汲取题材,这实在是中国美学史上的一次引人瞩目的革命。

从"乐而玩之"到"惊而快之"

审美对象的变化势必带来审美感受的变化。适应这一变化,美学理论中也出现了对这一新审美感受的规定。

明中叶之前,与以"温柔敦厚"的优美为最高境界的古典主义审美理想相对应,人们在审美过程中理智与意志处于和谐的状态,没有痛感,没有内心的激荡不安,获得的是恬适、自然、赏心悦目、悠然自得,始终处于一种轻松愉快、平静愉悦之中。我国古典美学称之为"乐"。"乐者乐也","乐而不淫,哀而不伤","不图为乐之至于斯也"。小说理论则称之为"高士善口赞扬""才人怡神嗟呀"的合乎"戏而不谑""张而不弛"的《诗》《礼》之教的审美愉悦。这种审美观在长期的封建社会中虽然起了稳定社会、融洽情感的作用,但却也极大束缚了人们感情的自由抒发,使许多社会现象被拒于作家的艺术视野之外,这就不可避免地限制了文学创作的发展。在颇具近代色彩的小说、戏曲异军突起,取诗词的地位而代之以后,一反旧的美学风貌,或者重感性享受,重悲欢离合,"以杀人为好汉,以渔色为风流",或者以狂热的审美理想去否定现实的审美感受,以对完美形式的空前破坏,对感性材料的极度蔑视为特征。古典美学中曾经一度融洽无间的关系(个体与社会、人与自然),现在却突然相互挣脱,成为对峙、抗争的双方了。这种美学风貌在理论上的反映,便是徐渭提出的"如冷水浇背,陡然一惊,便是兴观群怨之品",李贽提出的"自然发于情性,则自然止乎礼义"。

这样,就产生了一个亟待解决的问题:这种突然出现的横亘在文学发展的必经之路上的审美感受是否有其存在的合理性?最早试图解决这一问题的是屠隆。他在《由拳集》卷十二《唐诗品汇选释断序》中分析说:"人不独好和声,亦好哀声。哀声至于今不废也,其所不废者,可喜也。"汤显祖进而分析:这一审美感受在于"务以快其愊结、过当而后止,久而徐以平"(《玉茗堂文之三·调象庵集序》)。袁宏道也提出,"流极而趣生",亦即在这种"流极"的令人"歌舞感激,悲恨笑忿错出"的主体与客体的尖锐对立、冲突和抗衡中,在美丑并存的你死我活的矛盾中才会产生激荡不平的审美愉悦——"趣"。李贽从悲剧美的角度提出:审美应以真为美,凡是符合于"真"的审美感受就是美的。因此他批评了《琵琶记》"似真非真",故"入人心者不深",使人"三弹而向之怨叹无复存者"(《焚书》卷三《杂述》)。但这些论述并非主动的科学考察,只是在审美观照中直观地获得的感性知识和经验,虽然客观上具有理论胚胎的价值,但毕竟只是现象的描述、分析,未能上升到理论高度。

迄至清初,沉重的亡国之痛使美学一反常态,深深沉浸在对现实生活的只有否定性质的感受中,满足于对人间世态炎凉、悲欢离合的严酷冷静的解剖和揭露,洞悉幽隐的否定和判决。个体与社会、人与自然又从另一个角度尖锐对立起来。于是,怎样为文学作品的这一美学风貌找到理论根据,更成为一个迫切需要解决的问题。黄宗羲、廖燕、贺贻孙等人从哲学和社会学的高度提出,文艺作品生于"天地之元气""天地之阳气"。每当厄运降临时,天地闭塞,"阳气在下,重阴锢之,则击而为雷",于是便产生了"吹沙崩石,擎雷走电"的"以哭为歌"的文学,出现了以"凄怆""哀怨"为美的审美心理。金圣叹、徐震等人则从哲学和心理学的角度作出分析。金圣叹承继明中叶启蒙美学尤其是李贽的刚刚萌芽的悲剧思想,提出《西厢记》《水浒传》不应以"大团圆"结束,而应分别以"惊梦"和梁山泊英雄"惊噩梦"的悲剧作为结束,从而在启蒙美学中首次把悲剧推上了美学殿堂。但为什么悲剧有其存在价值呢?从审美角度,金圣叹反复强调:"读一句吓一句,读一字吓一字""以惊吓为快活,不惊吓处亦便不快活也""读之令人心痛,令人快活。"惊吓"和"快活",两种截然不同的感受,在新的社会条件下却融汇成一种新的美感。它不再是一种单纯("乐")的美感,而是融会了惊、吓、疑、急、悲、忧等情绪反应,是一个从惊转化为喜,从疑转化为快,从悲转化为悦,从忧转化为喜,从急转化为慰的心理过程。毛宗岗指出:"文不险不奇,事不急不快""不大惊则不大喜,不大疑则不大快""令人惊疑不定,真是文章妙境"。徐震也指出:小说的功能在于,"描写人生幻境之离合悲欢,以及喜喜恶恶,令阅者触目知惊"。这些看法告诉我们,单纯的美感是微不足道的,真正的美感只有在悲、痛、惊、吓、疑等多种情绪反应的主体与客体的尖锐对立、冲突和抗衡中,在美丑并存的你死我活的矛盾中才会产生激荡不平的审美愉悦——"快"。这就从审美心理上证明"惊"也是美感的一种,从而证明了明中叶小说戏曲美学风貌的合理性。

但是,这个问题的最终解决,应归功于魏禧。他的成功在于把明中叶后从社会学或从心理学对新审美感受加以研究的两种不同的思维途径有机地结合起来:

> 故曰:"风水相遭而生文"。然其势有强弱,故其遭有轻重,而文有大小。洪波巨浪,山立而汹涌者,遭之重者也;沦涟漪漱,皱蹙而密理者,遭之轻者也。重者,人惊而快之,……轻者,人乐而玩之,……要为阴阳自然之动,天地之至文,不可以偏废也。(魏禧:《文瀫叙》)

不难看出,这段话与宋代苏洵《仲兄字文甫说》中一段文字关系密切。苏洵曾以"水"喻审美主体,以"风"喻审美客体,论证说:"是其为文也,非水之文也,非风之文也。二物者非能为文,而不能不为文也,物之相使而出于其间也,故此天下之至文也"。但他只讲了审美主客体的关系,魏禧则进而讲了审美主客体关系的不同类型,从而为明中叶审美感受的合理性提供了美学根据。"风水相遭而生文"。但"风"作为审美客体又有一个"势"的问题。故魏禧用"势有强弱"来概括两种不同的审美客体。或者是高山大海,深渊雷电,惊心动魄的命运抗争,荡人肺腑的主客体矛盾冲突,甚至是死暂时压倒了生,丑暂时战胜了美;或者是风和日丽、鸟语花香、柔媚、和谐、恬静、秀雅。这正是两种不同的美。而它们一旦与审美主体"相遭",便会产生两种不同效果,因而引出两种特点不同的审美愉悦。"重者,人惊而快之",意谓对"重者"的审美观照,心情是复杂、多变的。当客体仿佛挟巨大力量以不可阻遏的强劲气势排山倒海而来,人们会不由自主地感到它不可抵抗,不敢贸然接近它,主体与客体尖锐对立,难免产生惊惧退避的态度,一旦发现它不能危害自身,转化为对人类力量的自信和自尊,便由想象的恐惧痛感和不自由感,纵身一跃,成为快感和自由感(席勒:"崇高则是激动的、不安的、压抑的,需要纵身一跃才能达到自由。"),变为对人的伦理道德力量的快感,转而产生一种"浩然自快其志"的审美愉悦。而"轻者,人乐而玩之",则说明了主体与客体之间的一种一触即合、交融无间的审美愉悦。前者是诉诸伦理心理的激励昂扬,后者是诉诸感官心理的和谐享受。由此,产生"大小"不同的"文"。颇有意味的是,魏禧十分强调前者,认为它们与优美感一样,是美的一个方面,"要为阴阳自然之动,天地之文,不可偏废也"。这一点与西方近代文艺思潮兴起的特点一致。18世纪,英国爱迪生也是把"美、新奇、伟大"并列,以强调崇高的地位。这里,魏禧讲的轻重不同的势,实际指的是优美与崇高的关系,这样,魏禧从自然的崇高——主体的崇高感——作品中的崇高,对"惊而快之"作了全面准确的论述。尽管由于哲学世界观的限制,魏禧并不懂得从社会的、历史的实践观点去考察优美与崇高,但他毕竟总结了前人以及同代人的理论成果,在历史与逻辑所能允许的条件下,作出了极为成功的理论总结(不妨与博克对崇高的分析或康德从"美的分析"过渡到"崇高的分析"作一个对比),弥足珍贵。

"惊而快之"美学范畴在美学史中有其突出的历史地位。它不仅奠定了明中叶后审美理想、审美趣味的理论基础,对明中叶之后审美观照中由想象所趋向的情感和理解不再倾向于合规律性的自由形式的领悟、玩味,而是更多地倾向于合目的性的必然内容的探索追求,巨大的伦理情感和深邃的哲理思维的渗透交融的美学特征作了科学的总结,更为文学创作的健康发展开辟了广阔的道路。

第六章 美学启蒙的悲剧结束

启蒙美学的夭折

以明中叶为起点的美学启蒙走过了自己的坎坷道路:它在个体与社会、人与自然的对峙基础上,以"天理"(理性)与"人欲"(感性)的激烈冲突为中心环节,借"趣味"美学理想批判古典美学的"意境"美学理想,借"陡然一惊"的浪漫主义或现实主义的创作方法批判古典美学的"温柔敦厚"的古典主义创作方法,借"惊而快之"的崇高批判古典美学的"乐而玩之"的优美,借"不奇之奇"的美学内容批判古典美学的"以幻为奇"的美学内容……遵循从唯心主义美学到唯物主义美学的逻辑进程,循序表现为浪漫主义——现实主义——批判现实主义三大美学思潮。

然而,期待中的近代美学革命终未能出现。曾经轰轰烈烈在中国大地上席卷而过的美学启蒙思潮,尽管催发了"重新觉醒"的美学理想的萌芽,却反倒在清中叶出人意料地全面夭折了,一度试图在"理性法庭"对古典美学"伸斧钺于定论"(王夫之语)的启蒙美学家的思想火花,不但没能聚合升华为灿烂夺目的"火流",反倒成为封建统治者禁毁的对象,受到残酷的审判。与西方启蒙美学的蓬勃发展背道而驰,中国启蒙美学折入历史回流之中。

由是,作为清中叶启蒙美学思潮的代表,袁枚、曹雪芹和戴震不仅生前受到来自各个方面的批判,死后亦遭到一致的贬抑。例如,曹雪芹历尽毕生心血写就的《红楼梦》,无疑是他的启蒙美学思想的真实写照,然而,顺应当时古典美学的卷土重来,高鹗率先发难,通过续写《红楼梦》后四十回,巧妙而又无情地按照古典美学的标准加以歪曲篡改,直到他认定"书虽稗官野史之流,然尚不谬于名教"才悻悻然罢手。曹雪芹笔下真实的、复杂的、立体的人物性格,在高鹗笔下则统统成了公式性、单调性、平面性的。曹雪芹在写作过程中始终以"真"为准则,"追踪蹑迹,不敢稍加穿凿",严格地写出生活的全部真实,"令世人换新耳目"。但高鹗却又回到了"千部一腔,千人一面"的"陈腐旧套"。就美学理想角度而言,高鹗不仅为书中的每一个人物安排了一条"光明的尾巴",更为全书设计了一个"大团圆"的结局,这一切与曹雪芹的金陵十二钗正册、副册、又副册中的所有人物从"薄命司"到"情榜证情"的悲剧,以及"落了片白茫茫大地真干净"的真实的历史必然,相去何止千里。……经过在上述问题上的歪曲篡改,《红楼梦》的思想锋芒和美学光辉便都被"细加厘剔""截长补短",甚至一笔勾销了。平步青《霞外捃屑》卷九指出:"(石头记)初仅钞本,八十回以后轶去,高兰墅侍读(鹗)续之,大加删易(以下作者并举出一些例子),世人喜观高本,原本遂湮。"这段话披露了一个巨大而严峻的历史事实,一幕发生在东方文明古国的惊心动魄的美学悲剧,而在《红楼梦》之后拼命与之攀亲戚的《红楼圆梦》《品花宝鉴》《青楼梦》之类小说,以及其中"怡红后代"之流的主人公,更深刻折射出《红楼梦》之后一变而为狭邪小说,再变而为鸳蝴派小说的美学思潮的历史转折。

古典美学传统的卷土重来和沈德潜、翁方纲、姚鼐、方东树、纪昀等人对启蒙美学的全面清算是同时的。其中最典型的要数沈德潜。他是叶燮的学生,但却全面背叛了老师的美学主张。在美学内容方面,他抛弃了叶燮的强调表现生活中的真善美的一面,却发展了叶燮的消极一面,重新标举"温柔敦厚,斯为极则";在发展观方面,他抛弃了叶燮"沿流讨源""相续相禅"的"时有变而诗因之"的观点,认为诗美"至有唐为极盛",宋元以下则都"流于卑靡";在审美创造方面,他抛弃了叶燮"观物于博""征自然之理"的观点,主张"经史诸子,一经征引,都入咏歌";在理论研究方法上,他抛弃了叶燮的"作论之体"以及对审美客体的"理、事、情"和审美主体的"才识胆力"的细致区分,又回复到"评论之体",主张对"繁音促节"的"格调"的大力研讨……总之,沈德潜的"格调说"是对明清美学启蒙全面反攻倒算的一个开端。以其为发端,翁方纲的"肌理说"、姚鼐的"桐城派"等相继登场。而启蒙美学思潮却如"隔日黄花",一落千丈。

此后,尽管鸦片战争曾经使某些人警觉起来,其时也有过龚自珍具有民主主义色彩的美学追求,但美学界生机殆尽却已不可挽回。民族新苦难使中华民族独立自主地产生中国近代美学的美好幻想便永远破产了。"别求新声于异邦",成为中国近代美学革命应运而生的历史大趋势。

巨大的历史惯性

稍稍早于中国,西方开始了自己的美学启蒙。在三百年左右的时间内,西方不仅拥有了一大批成绩卓著的美学家,更已经迅速摆脱中世纪神学美学的束缚,成功地由美学启蒙转向美学革命,登上世界近代美学顶峰。然而,中国的美学启蒙却非但没有推动近代美学的诞生,反倒连自身也半途夭折,从而丧失了在美学领域的领先地位。这一切促使我们转入深沉的历史反思和美学反思。

毫无疑问,真实的原因应该到社会经济、政治的发展中去寻找。明中叶的资本主义萌芽始终未能发展成为近代资本主义经济,市民阶层也始终没能转变成为近代资产阶级,社会仍旧沿着旧轨道跌落下去。清朝建立后,封建统治日趋巩固,文化思想上伴之而来的是程朱理学的权威竟得以在"御纂""钦定"的形式下恢复。文化政策起了强化封建传统惰性的作用。"一方面大兴文字之狱,开四库馆求书,命有触忌讳者焚之,他方面又采取了一系列的愚弄政策,重儒学、崇儒士。……另一方面乾隆二十二年(1757)以后,中国学术与西洋科学,因受了清廷对外政策的影响,暂时断绝关系。因此,对外的闭关封锁与对内的'钦定'封锁,相为配合,促成了所谓乾嘉时代为研古而研古的汉学,支配着当时学术界的潮流"。① 这就掩埋了17世纪启蒙美学的思想光芒,使之被人遗忘,濒于夭折;由是中国美学启蒙转向美学革命,继而独立建设近代美学的潜在可能也就丧失殆尽。同时,明中叶的资本主义萌芽本身根本不可能导致资本主义经济的出现,建立在这样一种毫无前途的资本主义萌芽基础上的中国启蒙美学,自然也就根本不可能导致近代

---

① 侯外庐:《中国早期启蒙思想史》,人民出版社1956年版,第410—411页。

美学的诞生,而只能导致自身的流产。

我曾经较为详细地剖析了明中叶社会审美心理的嬗变,指出它必然导致启蒙美学的出现。这个结论,自然是有其根据的。只是现在我要进一步指出,正像资本主义萌芽不可能导致中国启蒙美学成功地转向近代美学,明中叶出现的社会审美心理的自身雄辩地说明它同样不能导致中国启蒙美学成功地转向近代美学。

具体言之,其时的审美心理的嬗变的确形成一股强大的社会风气,给当时的许多人以深刻的影响。但它本身却未能像西方文艺复兴中蓬勃兴起的社会审美心理那样稳步发展,直接推动了资产阶级的意识形态乃至资本主义制度本身的最终形成,然后上升为社会传统,继续指导整个社会的衣食住行的消费方式和人们的精神文化生活。而且,还不仅止于此。尽管其时的审美心理给中国人带来了很多新颖的,甚至一时很难接受的东西,但若与西方文艺复兴时期的社会审美风气相比,又有其明显的不足。主要体现在以下几个方面。

其一,关于社会审美心理嬗变,拉伯雷在《巨人传》中曾作过出色的描述。他说:随着社会的变化,人们终于找到了一个给他们指明前途的神瓶。神瓶给他们的答案只有两个字——"喝呀":"请你们畅饮!请你们到知识的源泉那里去……研究人类和宇宙,理解物质世界和精神世界的规律,……请你们畅饮知识、畅饮真理、畅饮爱情。""喝呀"这两个字似乎也能概括中国社会审美心理的嬗变。实际上,只要略一分析,就会发现两者是不同的。在西方,这两个字体现了资产阶级渴求知识、科学和进步的心理。在中国这两个字却体现在生活方式的"奢侈"之上。"束书不观、游谈无根"则成了补充的一面。薛岗在《辞友称山人书》中谈及当时的社会风气时说,很多知识分子"未通章句,亦议风骚,诘其所学,茫无应声",这真是"剥去面孔十层"之语,是当时社会审美心理的一个缩影。生活方式的开放固然体现了人的觉醒,但如此不思进取、不求变革的状况却也真实地说明了人的觉醒的程度。

其二,社会审美心理的嬗变的地域性,也是一个值得重视的问题。社会审美心理的嬗变,在明中叶主要集中在城市。而在社会审美心理发生嬗变的城市的周围,则是封建经济、封建势力的汪洋大海,"姑苏……市井小人,百虚一实,舞文狙诈,不事本业,盖视四方之人,皆以为椎鲁可笑"(谢肇淛:《五杂俎》)。这条材料清楚表明了城乡之间在社会审美心理中新与旧之间的尖锐对立。只是,"椎鲁"的"四方之人"并不只是"可笑",更有其可怕的一面。"小农是被贫困所压迫、被人格依赖和心智愚昧所强制的"。① 社会审美心理不但不能"夺其故习",反而助长了强烈的抵触情绪。他们以家法、家规、族规、乡例、乡约、土俗、民情的形式,切断了商业城市、商业中心之间的经济联系,使之成为孤岛。因此,社会审美心理的嬗变不能从商业城市、商业中心蔓延而出,并难免自生自灭。

即便在商业城市、商业中心,情况也是极为复杂的。明代的商业经济,主要表现在贩运业上,容易繁荣,更容易衰萎,这不能不影响社会审美心理的嬗变。更其重要的是,在经商过程中,人们往往不是靠正当的商品流通、交换取得利润,不是靠等价交换,而是靠巧取豪夺去攫取暴利。这使商人与土地资本、高利贷资本结合的趋势大为增强。而明中叶的商人,不但大多与农村有直接关系;甚至存在着乡镇中大量整族、整乡出资出人经商,豪绅在乡为恶霸,在城市为帮会把头的情况,造成了资本主义萌芽与封建经济的融合贯通。这就又造成了商业城市、商业中心的一个鲜明特色:社会审美心理中新的嬗变与传统意识的强化同步增长。徽州、泉州、漳州都是商业繁华之地,社会审美嬗变的迹象也较为明显,然而同时,这几个地方的传统意识也大为强烈:

> 节妇烈女,惟徽最多。今仅一百三十年,而增入者,至数百人,犹深山穷谷,不能尽蒐者。(赵吉士:《徽州府志》卷二《风俗》)

> (在漳州)若夫寻常闺闱之内,差敦四维。妇人非老大,足迹不踰阃,而贞女烈姬,在在有黄鹄之韵焉。(张燮:《漳州府志》卷三十《艺文》)

---

① 《列宁选集》第1卷,人民出版社1960年版,第165页。

相反相成的新旧社会审美心理的激烈对抗、冲突,无疑更增加了社会审美心理嬗变延续、演进的难度,并最终造成了社会审美心理的嬗变的夭折。

其三,社会审美心理的嬗变,其本身也有其复杂性。这就是封建文化的腐朽杂质混杂在社会审美心理的嬗变之中。明中叶社会审美心理的嬗变,与控制城市政治、经济大权的缙绅士大夫密切相关。如奢侈,"原其始,大约起于缙绅之家,而婢妾效之,浸假而及于亲戚,以逮邻里"(《阅世编》卷八)。大学士张居正,"性喜华楚,衣必鲜美耀目,膏泽脂香,早暮递进";工部郎徐渔浦,"每客至,必先侦其服何抒何色,然后披衣出对,两人宛然合璧";其次像金赤城"每过入室,则十步之外,香气逆鼻,水纳雾縠,穷极奢靡";王大参每逢外出,"妖童执丝簧,少妇控弓弩,服饰诡丽,照耀数里"(《万历野获编》卷十二)……封建文化杂质的混杂,形成了社会审美心理嬗变内容的驳杂、含混,铸就了社会审美心理嬗变的脆弱性格。

由上所述,我们不难看出,中国美学启蒙缺少一个适宜自身生长的社会政治、经济和文化环境。犹如它的诞生、演进乃至兴盛有其历史的必然性一样,它的最终夭折同样有其历史的必然性。

探索者的悲剧

人类的思想跨度是有限的。现实的巨大变化固然可以造成思想的飞跃,然而,当思想从产生它的现实中纵身一跃之后,同时也就离开了它的思想跳板——现实。新的飞跃需要新的现实的支撑,否则,它就不可能挪动一步。

从这种基本看法出发,或许我们已经完全可以对中国的美学启蒙的夭折作出无可辩驳的解释了。但实际上,这是远为不够的。因为现实固然可以造成思想的飞跃,但这思想飞跃的幅度、力量、高低却并不仅仅决定于现实本身。换言之,思想的飞跃,除了服从于"公转"的推动,同时也服从于"自转"的推动。因此,在把中国的美学启蒙的夭折视作社会的悲剧的同时,尤其应当把它视作美学思想探索的悲剧。只有如此,问题的讨论才可能深入一步。

任何美学—文化模式都有其特定的内在理论潜力。一旦美学—文化模式被历史地确立下来，其内在理论潜力也就相应地被确立下来了。美学家的研究工作，说到底，不过是对于这一潜力的挖掘工作。假如说，确立美学—文化模式时的工作是创造性的和开拓性的，那么，建立美学—文化模式之后的工作则是完善性的和发现性的。不过，随着这种完善性、发现性工作的日趋细微，美学—文化模式的内在理论潜力被挖掘殆尽，美学—文化模式也就转而成为一种完善而又僵硬的程式。这也就是说，危机到来了。

不能认为美学—文化模式的危机的到来必然引起革命。因为任何美学—文化模式都有相应的调节机制。只有调节机制的努力宣告失败的时候，美学—文化模式的革命才会出现。中国美学启蒙的夭折应该从这里得到美学的解释。

不论是西方的文艺复兴，抑或中国的美学启蒙，都是走出中世纪过程中的一种美学领域内的自我批判。不过，它们又各具特点。西方的中世纪美学，是一种以神性为本体的神学美学。从圣奥古斯丁一直到托马斯·阿奎那，始终以上帝取代了柏拉图的"理式"，至高无上的美就是上帝。上帝是"活的光辉"，而世间万事万物的光辉则只不过是这一"活的光辉"的折射。因此，感性事物的美只在于人们由此可以观照或体会到上帝的美。感性事物本身是毫无独立的美学价值的。中国古典美学是以理性为本体的。它充溢着较多的感性色泽，包容了原始的人道主义，即所谓"极高明而道中庸""居尘出尘"。因此，在美学启蒙过程中，中国美学家的处境反倒更困难一些。因为西方神学美学其实只是一种宗教，与美学并无共同之处，所以很容易找到批判的立足点，并且很容易从中挣脱出来（只要社会现实提供了可能）。中国则不然。中国古典美学是一种伦理学，从内在的伦理框架中挣脱出来，无疑要比从外在的宗教框架中挣脱出来困难得多。因为人们不容易找到一个与古典美学截然对立的立足点。西方是借人性批判神性，中国则只能借感性批判理性。这种批判不但误差较大，而且，由于是用一种片面批判另外一种片面，往往会新旧混淆，造成一种半斤八两的错觉，甚至会使人回头折入古典美学，因为古典美学毕竟有其一贯正确的光荣传统。

具体而言,中国古典美学的上述特性,就表现在"儒道互补"的调节机制上。"儒家强调不以规矩不能成方圆;道家主张任从自然才能得天真。它们之间的矛盾,常常表现为历史和人的矛盾,政治和艺术的矛盾,社会与自然的矛盾。从美学的角度来说,前者是美学上的几何学,质朴、浑厚而秩序井然;后者是美学上的色彩学,空灵、生动而无拘无束。前者的象征是钟鼎,它沉重、具体而可以依靠;后者的象征是山林,它烟雨空濛而去留无迹。从表面上看来,二者是互相对立和互相排斥的,但是在最深的根源上,它们又都为同一种忧患意识即人的自觉紧紧地联结在一起。"①"前者强调艺术的人工制作和外在功利,后者突出的是自然,即美和艺术的独立。如果前者由于以其狭隘实用的功利框架,经常造成艺术和审美的束缚、损害和破坏,那么,后者则恰恰给予这种框架和束缚以强有力的冲击、解脱和否定。……儒家强调的是官能、情感的正常满足和抒发(审美与情感、官能有关),是艺术为社会政治服务的实用功利;道家强调的是人与外界对象的超功利的无为关系亦即审美关系,是内在的、精神的、实质的美,是艺术创造的非认识性的规律。如果说,前者(儒家)对后世文艺的影响主要在主题内容方面;那么,后者则更多在创作规律方面,亦即审美方面。"②……正像人们所逐渐注意到的,中国古典美学的互补机制,有其巨大的作用。一般来说,儒家美学往往表现为正统的一面,道家(唐代之后,还应加"释")美学则往往表现为非正统的一面。外来美学(如佛学美学)的输入,总是要先经过补机制的反刍,改头换面之后方才与正机制发生接触。而美学—文化模式的危机却恰恰走过一条相反的道路。当儒家美学在社会上失去信誉,无法回答现实提出的质询时,中国美学家采取的方法并非是打碎这一体系,从现实的美学实践的研究中提炼新的美学理论,而是摇身一变,现成地退入补机制道家美学之中。这种情况,构成了中国古典美学极度稳定的美学性格。美学启蒙中出现的正是最为典型的一幕。面对中国古典美学—文化模式的危机,启蒙美学不是

---

① 高尔泰:《论美》,甘肃人民出版社1982年版,第254页。
② 李泽厚:《美的历程》,文物出版社1981年版,第54页。

跳出现有的理论模式,重铸理论武器,而是退入补机制之中,借道反儒。历史与人、社会和自然、伦理学与美学、感性和理性,诸如此类近代意义上的深刻的美学矛盾,被混同于古典意义上的道家和儒家的美学矛盾。由是,近代启蒙美学无疑很难导入近代美学革命。下面这个有趣的历史事实证实了上述这一理论推断,即:明中叶至清中叶的美学家几乎全为儒、道、释兼修的人物。

因此,中国的美学启蒙从起步伊始,就与西方路径各异。例如,西方从中世纪神学美学中挣脱出来之后,热情歌颂人与人生。在文艺复兴时期的思想家、作家那里,有大量对于人与人生的赞美。中国的情况不尽相同。早在先秦时代,中国就已经开始了人的觉醒——理性的觉醒、族类意识的觉醒。只是现在这种理性和族类意识反过来又凌驾于感性、个体之上。因之,中国启蒙美学导致的是一度被扭曲了的感性、个体意识的觉醒。由此推进,同样不难走出中世纪。然而,启蒙美学家却未能这样做,他们只是现成地遁入道家"补机制"之中,在道家美学对于感性、个体意识的强调中寻觅理论武器。于是,一场近代意义上的新人与旧人、进步与落后的不同美学内容的冲突,便荒唐地融解在古典意义上的君子与小人、理想与现实的同一美学形式之中。问题在于,明中叶后的社会已属封建社会末期,个体的感性存在同社会的普遍要求已经处于一种根本的分裂状态,作为个体感性存在的要求的实现已经不为社会所允许,反之,社会的普遍要求的实现对个体来说又必然是一种否定。换言之,现在已经不是审美与具体的道德规范的矛盾,而是审美同整个社会的矛盾了。这样,上述遁入"补结构"的美学途径固然十分有利于在资本主义萌芽基础上产生的美学自我批判,但却又最终抑制了启蒙美学家从互补结构中超逸而出的可能,更粗暴地窒息了希冀打碎这互补结构的任何微小的可能。在对美与现实的关系上,中西方古典美学曾为客观存在的自然和社会披上了一层伦理或宗教的面纱。但文艺复兴中,这种看法被普遍抛弃了。布鲁诺欢呼说:"瞧!这就是诺拉人(Nolan),他掠过大气,跃入天空,飞越众星,超脱了宇宙的境界。他那勤勉和好奇心的钥匙,把凡能为我们打开的真理的密室,呈现在我们任何一种感觉和智力之前。他把大自然的外衣和面纱都剥得净光。"①代之而起的,是"镜子"说:"当你想看一下你所画的画是否与取于自然界的物体完全相符时,你就去找一面镜子。"(达·芬奇语)"画家应该研究包罗万象的大自然,应该把自己大量的理智用在所见的一切事物上,要利用构成每一所见物体的最优良成分。通过这样的办法,画家的心灵就似乎变成了一面镜子,真实地反映面前的一切,好像变成了第二自然。"(达·芬奇语)"我们的视觉就如同一面镜子,因为,它承受出现在我们面前的任何一种状态。"(丢勒语)大自然完全恢复了它本身的客观面貌。面纱被揭去了。它与肯定人的现世生活的幸福、强调人对自然的控制与征服的启蒙意识是完全一致的。但中国启蒙美学则不能做到这一点。对大自然的看法,启蒙美学家只是从强调美与人道原则统一的儒家美学转入美与自然原则统一的道家美学,因之,虽然否认了大自然的美与外在的人道原则的联系,但却把大自然的美同内在的自然原则联系了起来。因之,大自然的面纱并未最终揭去。对大自然的研究仍出自一种价值评价。强调真实地面对自然和现实的启蒙美学的真理颗粒,就这样最终又必然被窒息在神秘直觉的古典美学观之中。

审美的社会化、世俗化、平民化,是一个美学启蒙无法回避的重要问题,中世纪的中西方美学无疑都是把审美同神学或伦理混杂在一起,因之是狭窄的、封闭的、贵族的。在美学启蒙中,这种看法无疑要受到批判。而中国启蒙美学家虽然曾经把审美同社会生活联系在一起,但在广度和深度上显然不如西方的文艺复兴。卡斯特尔维屈罗指出:"诗的发明原是专为娱乐和消遣的,而这娱乐和消遣的对象我说是一般没有文化修养的人民大众。"塔索尼指出:"诗关系到一般人民的教育。"阿尔伯蒂指出:艺术之迷失方向,不是在抛开传统的时候,而是在不以博得全体人民喜爱为目的的时候。② 这是一种真正近代意义上的审美的解放。而在中国,确实很难找到类似论述。

---

① 转引自《文艺复兴时期的美学思想》,载《美术译丛》1985年第2—3期。本节未注明出处者,均引自此文。
② 均见朱光潜:《西方美学史》上卷,人民文学出版社1963年版。

明中叶曾经出现以世态真实为美的市民美学思潮,"极摹人情世态之歧,备写悲欢离合之致",但在理论上并未能够受到理论界的高度重视。准确地讲,下层的市民美学思潮的粗俗性格,最终却只能在上层的典雅骀荡的启蒙美学之中曲折地得到表现,这就使得启蒙美学一方面从道家美学的角度批判了儒家美学用外在的伦理规范去限制审美的独立发展,另一方面又从同样的角度用上层的高级、纯粹和优雅抗拒了来自下层的低级、浅薄和粗俗。与西方文艺复兴相比,差距是明显的。

诸如此类的现象,在启蒙美学中可以找到很多。总之,启蒙美学家已经深刻意识到了中国古典美学中掩盖着的个体与社会、人与自然之间的尖锐对峙和冲突,但由于他们没能彻底跳出古典美学的伦理型框架,而是现成地退入道家美学,因之不但不可能找到新的理论途径,而且反而陷入了一种二律背反的矛盾。近代意义上的美学萌芽与古典意义上的道家美学,就这样被充斥和混杂在一起,构成了启蒙美学的基本特色。倘若我们忽略了这一点,对启蒙的夭折就很难找到答案,启蒙美学对我们就只能是一座"杨柳堆烟,帘幙无重数"的神秘殿堂。

第二篇

中国近代美学与西方美学

第一章 别求新声于异邦

东方的觉醒

在东方世界,19世纪中叶预示着一个重要的转折。在此之后,整个古老的东方,尤其是亚洲和非洲东北部的一些主要文明古国,开始艰难而又执着地从长期延续着的封建社会转向近代社会。1839年奥斯曼帝国的改革运动,1808—1841年埃及的穆罕默德·阿里改革,1850年前后波斯的密尔札·塔吉汗改革,1856—1868年埃塞俄比亚的提奥多二世改革,1868年日本的明治维新,还有中国在19世纪60年代的洋务运动……改革运动的不约而同的相继爆发,仿佛在向世界,尤其是向西方,宣告一度沉浸于日趋腐朽的古老文明不能自拔的古国的复苏。在这里,我们可以指出的是,东方世界的这种共时的历史转移,与西方资本主义的发展有着内在的关联。

从18世纪末到19世纪初,西方资本主义由早期的"原始积累"转而为"自由"资本主义。随之而来的便是对于商品市场和原料产地的垂涎。而在西方殖民主义的长期蹂躏之下的拉丁美洲和撒哈拉以南的非洲大陆,却已经不可能成为理想的商品市场。这样,西方资本主义就十分自然地把侵略目标指向了经济发展和社会组织相对来说较为发展的亚洲和非洲东北部地区,使这些地区濒临全面毁灭的边缘。军事工业的繁荣,更使西方资本主义的侵略有恃无恐。东方的军事大国(奥斯曼帝国、波斯和中国)除了不断地投降和议之外,几乎已经别无良策。这样,西方资本主义凭借廉价商品和军事优势两门"重炮",由西东渐,步步进逼。伴随着西方资本主义世界市场的建立过程,东方世界赖之生存的经济基础、封建统治受到了全面的挑战。

东方世界文明古国的不约而同的历史转移正是在这种背景下应运而生

的。从上层的改革到下层的斗争,从军事、科技的引进到文化的吸收,直到政治的革命,从资产阶级问世到无产阶级登上历史舞台,上述历史转移在几十年的时间中迅速深入和蔓延。迄至20世纪初,已经发展成为一场东方世界的强大的民主运动。"在亚洲,到处都有强大的民主运动在增长、扩大和加强。那里的资产阶级还同人民一起反对反动势力。数万万人民正在觉醒起来,追求生活,追求光明和自由。这个世界性的运动使一切懂得只有通过民主制度才能达到集体主义的觉悟之人多么欢欣鼓舞!"①

一场血腥劫掠和残酷剥削,竟然诱发了东方世界的觉醒。或许,这就是黑格尔讲的历史往往在悲剧性的二律背反中行进。值得注意的是,马克思在《不列颠在印度统治的未来结果》一文中,曾经作出过经典性的剖析,认为诸如政治统一、新式军队、自由报刊、土地制度、新知识阶层、电报、蒸汽机,等等,都是英国殖民主义"充当了历史的不自觉的工具"的积极结果,他甚至预言:英国的殖民统治,"在亚洲造成了一场最大的,老实说也是亚洲历来仅有的一次社会革命。"②他的剖析和预言当然都是对的。

东方文化曾经是世界的骄傲。中国文化、印度文化、阿拉伯文化、埃及文化、两河流域文化等,犹如灿烂夺目的星辰,照耀着人类文明的道路。然而,进入近代之后,它们却急剧地跌落下去。这一点,东方是在西方的炮口之下认识清楚的。于是,向西方文化学习,就成为东方的共同趋势。当然,对于几千年来一直在世界文明中具有很高地位的亚洲和非洲东北部地区的国家来说,这种倒转过来的不再是向西方输送自己的文化而是毕恭毕敬地向西方文化学习(并且是在西方的大炮军舰的威逼之下),就不能不走过一段共同的痛苦的心路历程。

不妨看看日本。作为四面环海、门户洞开的岛国,日本人很早就意识到了亡国灭种的危机。因此,他们之中的先进分子,在18世纪前期就曾经透过"锁国"的沉重帷幕,艰难地吮吸西方的文明之风。它的标志就是"兰学"

---

① 《列宁选集》第2卷,人民出版社1960年版,第449页。
② 《马克思恩格斯选集》第2卷,人民出版社1972年版,第67页。

的传播。"兰学"指的是荷兰人和荷兰语书籍中所介绍的西方文化知识（主要是医学、天文学）。正是通过这样一个小小的通气孔，日本开始对西方有所了解。只是好景不长，至18世纪末，由于封建文化的统治者的迫害，"兰学"的思想成果荡然无存。继之而起的，是在19世纪二三十年代产生的后期水户学，"锁国""攘夷""明神皇之大道、拒夷狄之邪教"之类的议论甚嚣尘上。直到中国1840年鸦片战争的惨败和1851年美国的军舰大炮撞开了国门，日本才又一次在狂妄中醒来，"海禁"又复大开。然而，这种开放仍旧是不彻底的。"东洋道德、西洋艺术"的口号，道破了他们接受西方文化的深刻用心。但这终究为日本学习西方文化拓宽了道路。迄至明治维新前后，全面"求知识于世界"，成为日本举国一致的呼声。日本走过的接受西方文化的道路是十分典型的。

西方美学与艺术的东渐是与西方文化的东渐同步的。它的传入与影响，使古老的东方从自我陶醉的对于古典美学的盲目信奉和追求中挣脱出来，开始了痛苦的脱胎换骨。西方美学的思想成果，因此而成为东方走向近代美学革命的共同的历史阶梯。

"青蛙跳出了水面"

中国文化与西方文化的对峙与冲突，就是在上述亚洲的觉醒、东方的觉醒的历史背景下发生的。

自1840年起，帝国主义用大炮把欺侮和掠夺强加于"日之将夕，悲风骤至"的中华帝国。亡国灭种的危机感刺激与激励着每一个中国人。"变亦变，不变亦变。变而变者，变之权操诸己；不变而变者，变之权操诸人"。[①] 退一步讲，"若使地球未辟，泰西不来，虽后此千年率由不变可也。无如大地忽通，强敌环逼，士知诗文而不通中外，故锢聪塞明而才不足用……"[②]然而，要变革图新，就要具备一种新型的世界观和理论武器。由于中国资产阶级是

---

① 《严复诗文选》，人民文学出版社1959年版，第15页。
② 《康有为政论集》上册，中华书局1981年版，第151页。

在外国资本主义的入侵中现成地由商人、地主、官僚转化而来,他们无暇也不可能熔铸自己的理论武器,相反却失落在无穷的迷惑与困扰之中。梁启超曾经回忆当时的思想历程:"我们(按指与谭嗣同、夏曾佑)几乎没有一天不见面,见面就谈学问,常常对吵,每天总大吵一两场……那时候,我们的思想真'浪漫'得可惊,不知从那里会有恁么多问题,一会发生一个,一会又发生一个,我们要宇宙间所有的问题都解决,但帮助我们解决的资料却没有,我们便靠主观的冥想,想得的便拿来对吵,吵到意见一致的时候,便自以为已经解决了。"①中国资产阶级面临的就是这种情况。唯一的出路,是从西方文明中现成地寻觅理论武器,但又必然地遭到顽固的守旧势力的反对。

中国人犹如"井底之蛙",实在太闭塞了。古老得已经僵化的传统文化,压得他们透不过气来。"学者若生息于漆室之中,不知室外更何所有,忽穴一牖外窥,则粲然者皆昔所未睹也。环顾室中则皆沉黑积秽,于是对外求索之欲日炽,对内厌弃之情日烈。"②不过,这种对于西方文明的关注与接受,又有其艰难的演进过程。这是一个大题目,本文不拟赘述。

总的来看,西方近代文化全面东渐到中国之后,在中国文化的各个领域都有所渗透,迅速剥蚀和瓦解着传统大厦上的釉彩,笼罩在中国文化之上的五光十色的伦理特质逐渐消退。从本体论讲,在西方,"中世纪只知道一种意识形态,即宗教和神学","中世纪把意识形态的其他一切形式——哲学、政治、法学,都合并到神学中,使它们成为神学中的科目"。③而在中国,占统治地位的则是纲常伦理。作为中国文化的中心,纲常伦理支配或影响着文化的各个领域,这些领域存在的最终目的,都不过是为了"扶持名教,砥砺气节"。因此,以科学精神为核心的西方近代文化的东渐,不啻是巨效而又及时的腐蚀剂,它把中国文化从伦理特质的笼罩下剥离出来,使它踏上近代科学的文化跑道。这是准确把握中西文化冲突的历史意义的关键之点。舍此

---

① 《亡友夏穗卿先生》,载《晨报·副刊》1924年4月29日。
② 梁启超:《清代学术概论》,中华书局1954年版。
③ 《马克思恩格斯选集》第4卷,人民出版社1972年版,第251页。

我们就可能误入文化史的迷宫,为近代史中中国的文化价值观念的紊乱局面,人们的无所适从,以及所谓"世风日下,人心浇薄"的表象所迷惑,忘记了这不过是传统文化脱胎换骨前的必由之路,在此之后,正是中国现代文化的价值观念规范的最终确立。

在西方文化的影响下,中国文化不但有本体方面的内在衍变,还有中国文化的结构方面的分解和重组。我们曾经反复强调,在中国,并没有纯粹的近代意义上的美学或文艺学研究。推而广之,我们现在也不妨说,中国从来就没有纯粹的近代意义上的哲学、政治学、教育学、法学、史学、自然科学等学科。它们的真正独立自足的发展,是在西方文化东渐之后的近代。例如,在哲学研究中,唯物和唯心、主观和客观、认识论、实在论之类的课题第一次被置于研究视野之内。侯生的《哲学概论》和《希腊古代哲学史概论》等著作相继面世。在政治学研究中,严复《政治讲义》之类著作的出现,标志着国家、民族、政体、天赋人权等一系列论题,第一次有了严肃、认真的讨论。又如史学研究,一反昔日的一家一姓的封建帝王史观,"叙述人群进化之现象,而求得其公理公例"的新史观推出了新的史学成果,梁启超的《中国史叙论》《新史学》,夏曾佑的《中国古代史》犹如"一唱天下白"的"雄鸡"。自然科学方面,随着詹天佑、徐寿、李善兰、华蘅芳等第一批近代科学家的诞生,声、光、化、电、医、算等各个门类、各个学科也不同程度地先后建立起来……传统文化的保守、呆滞、封闭、沉闷、凝固格局一扫而空,代之而起的是进步、活泼、开放、丰富、生气勃勃的近代新文化格局。尽管它可能还很幼稚,不成熟,但毫无疑问,它却蕴含了巨大的生命力。因为它的坐标是指向未来的。

"新时代则需要新扫帚"

在西方文化东渐的历史背景下,中国近代美学革命的诞生就是必然的了。

所谓中国近代美学革命,就是中国资产阶级在美学领域取代封建地主阶级的一场美学革命,就是中国近代美学取代中国古典美学的一场美学革命。我们曾经指出,可以把中国古典美学视作一个超稳定的区域美学——文化模式。它具有强大的再生能力和广袤的涵容空间,因此,除非危机来临,否则中国古典美学很难自行从完美无缺的区域美学—文化模式中挣脱出来,更不可能自行砸碎长期束缚着自己的区域美学—文化模式,并重新为自己铸造新的区域美学—文化模式。现在,机会已经来了。中国近代社会的风云激荡,哲学思想、伦理思想、文学创作的弃旧图新,尤其是个体与社会、人与自然的尖锐对峙与冲突——它已经不是可以用个体与具体的伦理规范之间的尖锐对峙与冲突的假象所能掩饰了,人们已经普遍意识到了个体的感性欲望同整个社会的根本要求的全面的尖锐对峙与冲突,所谓"究竟是社会正确,还是我正确"(娜拉语)的名言之所以在中国流行,正说明了这一点,这一切都使得中国古典美学与之截然对立起来,出现了混乱和无秩序的危机。无法解释这一切,无法理解这一切,无法评价这一切,无法容忍这一切……危机像瘟疫一样迅速蔓延开来,最终呈现一种剧烈的动荡状态。

套用汤因比关于文明衰落的著名比喻,不妨这样讲,当错综复杂的近代美学实践向中国美学家提出新的疑问和要求时,他们已经无法及时作出反应,因为他们手中的理论武器——中国古典美学,早已残破不堪。为了建立新的美学规范,近代美学家把目光敏捷地投向启蒙美学。

黑暗、专制的时代掩埋了美学启蒙的大潮,但它阻挡不了历史的脚步。19世纪末,中国美学的回音壁上,我们终于又一次听到了启蒙美学那勇猛无畏的潮音。正如梁启超追述的:启蒙美学,"在过去二百多年间,大家熟视无睹,到这时忽然像电气一般把许多青年的心弦震得直跳。"(《中国近三百年学术史》)近代的美学家是那样欢欣鼓舞。谭嗣同热情赞颂王夫之的著述为"昭苏天地"的"一声雷",不仅从政治上肯定"惟国初船山先生,纯是兴民权之微旨",更从哲学上肯定"衡阳王子精义之学",是"五百年来,真通天人之故者"。章太炎也感慨系之:"当清之季,卓然能兴起顽儒,以成光复之绩者,独赖而农一家而已!"显而易见,启蒙美学家的美学思想的真理颗粒,在近代重放光辉,起着一种思想酵母的特殊作用。

然而,中国启蒙美学的大潮固然能够在中国近代美学革命的洪流中重新涌起巨澜,但却毕竟不是近代美学革命的洪流本身。历史毕竟已经掀开了新的一页。"新时代则需要新扫帚。"(海涅语)美学风向仪也随之敏捷地调节自己。值得注意的倒是：近代美学的倡导者们甚至没有像西方近代美学革命那样，回到"中世纪"，借用古人的"名字、战斗口号和衣服"，"演出世界历史的新场面"。为什么会如此呢？道理很简单，西方近代美学蓬勃兴起之时，它的倡导者所代表的阶级，在世界上置身于社会发展的峰巅。在思想的同一水平线上，它不可能找到可以师法的楷模，只能把探索的目光投向历史，在历史的美学宝库中寻找足资借鉴的真理颗粒。中国近代美学革命却不然。当它开始自己的美学进程之时，西方近代美学已经在历史的台阶上腾越而上，完成了自己的美学革命，建立了成熟的近代美学体系，成为中国近代美学革命可以直接师法的楷模。因此，中国近代美学革命已经完全没有必要师法前辈的启蒙美学思想了。于是，中国美学的坐标开始缓慢而又执着地遥遥指向西方。

或许，可以借用耗散结构①作为新的概念工具，来解决关于问题的讨论。中国古典美学在后期不啻一种不与外界发生接触的处于封闭的平衡状态的平衡结构，一种死的结构。它之出现危机，走向崩溃，是必然的。而要重建美学规范，唯一的办法，只有使它远离平衡状态，进入开放系统，通过大量吸收外来美学——文化信息，最终走向新的美学规范。因之，变平衡结构为耗散结构，这无疑是近代美学革命的根本途径。

我们正是应该在这个意义上来认识中国近代美学革命大胆引进西方美学(本书中"西方美学"，一般均指的是西方近代资产阶级美学)的重要意义，也正是应该在这个意义上来认识中国近代美学革命的倡导者们所做出的卓越贡献。因为近代美学革命的洪流一旦涌起，人们所做的第一项工作，就是向西方学习。

现在许多人有大恐惧，我也有大恐惧。

---

① 关于耗散结构，因为问题较复杂，请读者参见有关的资料。我这里主要借其是一种非平衡状态的有序状态来说明。

> 许多人所怕的,是"中国人"这名目要消灭;我所怕的,是中国人要从"世界人"中挤出。(鲁迅:《随感录·三十六》)

而这种"中国人要从'世界人'中挤出"的"大恐惧",就深刻发源于对某种历史与逻辑的必然的反思。例如王国维,中日甲午战争的惨败,使他幡然醒悟:"未几而有甲午之役,始知世尚有所谓(新)学者,家贫不能以资供游学,居恒怏怏。"(《静庵文集续编·自序》)到上海后,当他在《田岗佐代治文集》中偶然读到康德、叔本华的文章,大喜过望,从此一发而不可收,毅然走向西方美学。他公开提出:"异日发明光大我国之学术者,必在兼通世界学术之人,而不在一孔之陋儒。"只有"破中外之见",向西方学习,"学术界……庶可有发达之日"。同样具有典范意义的,还有鲁迅。1907年前后,鲁迅在东渡日本期间遥望在风雨中飘摇不定的故国,就寄厚望于中国近代美学的建立,并已经开始探索中国近代美学革命的必由之径了。在此时所写作的文章中,鲁迅反复研究对比并指出,中国文化、中国美学具有悠久的传统,"自具特异之光彩",然而在近代却历史性地全面跌落下去。之所以如此,根本原因在于"孤立自是,不遇校雠"。因此,要建立中国近代文化、近代美学,"必洞达世界之大势,权衡校量,去其偏颇,得其神明,施之国中,翕合无间。外之既不后于世界之思潮,内之仍弗失固有之血脉,取今复古,别立新宗。"(《坟·文化偏至论》)由是,他响亮地喊出了:"今且置古事不道,别求新声于异邦。"

王国维、鲁迅的美学抉择是中国近代进步美学家整整几代人的缩影。从与他们同时的蔡元培、李大钊、周作人、胡适、陈独秀到稍后一些的郭沫若、茅盾、郑振铎、陈望道、李石岑等等,无不如此。胡适认为,中国只有"模仿"西方美学,才有出路。蔡元培更从历史经验出发,指出中国之所以落后于西方的文艺复兴,迟迟不能产生近代美学,原因就在于"中国文明只在他固有的范围内,固有的特色上进化。故文艺的中兴,在中国今日才开始发展"。因此,为了不失时机地迎头赶上,就要认真学习"思想之自由,文学美术之优秀"的西方。直到郭沫若、茅盾、郑振铎,仍然认为应该从西方"哲学美学及各大名家的论文下手"去建构中国近代美学:"民族的文艺的新生常常是靠了一种外来的文艺思潮的提倡"(茅盾语)。如郑振铎就曾经反复强调:"目前最急的任务,是介绍文学的原理。""无论是批评创作,或谈整理中国文学,如非对于文学的根本原则,懂得明白,则所言俱为模糊影响之谈,决不能有很坚固,很伟大的成功,甚至时而要陷入错误。"(邓演存译:《〈研究文学的方法〉按语》)而"文学的根本原理,到现在还没有输入"。并剖白自己的心愿:"我愿意有一部分人出来,专用几年工夫,把文学知识多多地介绍过来——愈多愈好——庶作者不至常有误解的言论,读者不至常为谬论所误。"[1]……由此可见,"别求新声于异邦"确乎已经成为中国近代美学革命的大趋势,已经成为中国近代美学家的共同心声。而且也唯其如此,长期闭关锁国的中国人,才不再"回到中世纪",而是直接借用西方美学的"名字、战斗口号和衣服",在古典美学的废墟上建树近代美学,开始"演出世界历史的新场面"。

---

[1] 《郑振铎文集》第4卷,人民文学出版社1985年版,第384页。

第二章　从古典美学到近代美学

美、美感、美学的对象

"你曾经历过的即使是最不自觉的环境,共同做成了你现在这个人。无限数的努力集中起来,造成你的个性,你的个性发挥出来又成为无限数努力;你的心灵是一个水晶镜头,它把宇宙从四面八方射过来的光线集中在一个焦点上,又把它们向无限的空间像扇子似的放射开去。"①泰纳的这段活,不妨用来描述中国近代美学革命洪流的涌起。是的,三百年的"最不自觉的环境",以及"无限数的努力集中起来"诱发并塑造了近代美学革命本身。它把整个美学"宇宙从四面八方射过来的光线"都凝聚、汇集在自己的"水晶镜头"之上,然后"又把它们向无限的空间像扇子似的放射开去",开始艰难而又不无神圣地建树着自己的近代美学大厦。

中国近代美学革命的进展速度是令人叹为观止的。美国学者史密斯女士在《王国维的早期思想》一书中曾经指出:"在他(王国维)那么短促的接受西方哲学的过程中,他掌握西方哲学概念的能力是十分可惊叹的。"缪钺在《王静安与叔本华》一文中也指出,在"别求新声于异邦"的过程中,王国维"胸中如具灵光,各种学术经此灵光所照即生异彩"。这一特点不仅仅属于王国维个人而且也属于整个时代,是中国近代美学中"别求新声于异邦"的基本特点的缩影。西方花费几百年才获致的理论成果,中国近代美学家却在短短几十年内便不但接受而且消化了。

中国古典美学有其完全不同于西方美学的历史特征和理论特色。由

---

① 泰纳:《巴尔扎克》,见《文艺理论译丛》1957年第2期。

此,中国近代美学革命在批判古典美学的同时,就不能不为自己的理论体系进行着艰苦的理论探索。首先面临的一个问题,就是美学研究的对象与方法。关于前者,蔡元培曾经概括说:

> 通常研究美学的,其对象不外乎"艺术"、"美感"与"美"三种。以艺术为研究对象的,大多着重在"何者为美"的问题;以美感为研究对象的,大多致力于"何以感美"的问题;以美为对象的,却就"美是什么"这一问题来加以讨论,我以为"何者为美","何以感美"这种问题虽然重要,但不是根本问题,根本问题还在"美是什么"。单就艺术或美感方面来讨论,自亦很好;但根本问题的解决,我以为尤其重要。①

近代美学家大多遵循康德美学。康德这样概括了全部人类理性,认为"可以归结为三种,……认识的能力、愉悦与否的感觉和愿望的能力"。② 它们分别是哲学、美学、伦理学的研究对象。从康德出发,王国维也把理性能力分解为三部分,即思维、感情与意志,三者的对象分别是科学、美术和道德。这种看法是有代表性的。蔡元培也曾作出过类似的说明:"美学观念者,基本于快与不快之感。与科学之属于知见,道德之发于意志者,相为对待。科学研究在乎探究,故论理学之判断,所以别真伪。道德在乎执行,故伦理学之判断,所以别善恶。美感在乎鉴赏,故美学之判断,所以别美丑。"③陈望道则更具体:"有许多美学家说:美感是快感,但不是快感的全部。就是说,快感分美感的与非美感的两部,美感居其一部,这为美学所研究……"(《美学概论》)所以美学就是美的感觉的学科。这一看法同康德美学相契合,在中国近代美学中有着广泛的代表性。至于美学的研究方法,中国近代美学对西方美学"自上而下"与"自下而上"两种方法,都颇感兴趣。出于对古典美学

---

① 见金公亮《美学原理·序》,正中书局1947年版。
② 《判断力批判·导论》,商务印书馆1985年版。
③ 《蔡元培哲学论著》,河北人民出版社1985年版,第155页。

研究方法的厌恶,近代美学家对"自下而上"的方法尤其瞩目。如蔡元培在德国留学时,不但听了哲学心理学家冯德讲的康德美学,而且受到冯德派学者摩曼教授的实验心理学的美学观点、方法的影响,并做过审美心理试验。王国维也曾翻译过丹麦海甫定的《心理学大纲》,流露出对心理学方法的浓厚兴趣。然而,由于种种条件的限制,中国近代美学家对"自下而上"的研究方法始终是心向往之,却又始终未能涉足。在中国近代美学中占主导地位的,是"自上而下"的研究方法。这虽然使得中国近代美学的研究略显单调,但比之古典美学的研究方法,则是一大进步。

既然弄清了美学的对象和方法,随之而来的问题就是美的本质是什么。对此,王国维明确回答说:

> 美之性质,一言以蔽之曰:"可爱玩而不可利用者是已",虽物之美者,有时亦足供吾人之利用。但人之视为美时,决不计及其可利用之点……
>
> 一切之美,皆形式之美也。……就美术之种类言之,则建筑、雕刻、音乐之美之存在于形式,固不俟论,即图画、诗歌之美之兼存在材质之意义者,亦以此等材质适于唤起美情故,故亦得视为一种之形式焉。①

所谓"可爱玩而不可利用者",倘将其展开,则指的是超利害、超功利和超概念,即如王国维所说,是美的本质。蔡元培的看法也大体相同。王国维、蔡元培所论与康德一脉相承,而中国的近代美学家也泰半同意此说:"主美者以为美术目的,即在美术,其于他事,更无关系。诚言目的,此其正解",而"沾沾于用,甚嫌执持"(鲁迅语);"无论什么事物的美不是预备着为自己所独享的,是贡献于大家的"(王统照语);"艺术的精神就是这没功利性"(郭沫若语);"非美感的快感是'关心'的,即有计较心功利心的,如看见桃红可爱,就想吃彼。美感是'无关心'的,如看见夕阳初月,鲜艳可爱,每觉毁誉皆忘,

---

① 《古雅之在美学上之位置》,见《海宁王静安先生遗书·静庵文集续编》。

怡然自得,更不图谋,也无蓄意攫取之心"(陈望道语);"美术品之所以美,就在于他能够给我们很好的理想境界。所以我们可以说,美术品的价值高低就看它超脱现实的程度大小,就看它所创造的理想世界是阔大还是狭窄"(朱光潜语),等等。不过,这些美学家在美的本质上虽然都是唯心主义的,都主张美是超利害、超功利、超概念的,但从美的产生上,又可以把他们区分为客观唯心主义和主观唯心主义两派。王国维主张美"乃意志于最高级之完全之客观化也",可以作为前者的代表。而范寿康认为,"所谓观照乃是我们对于美的对象的一种态度。而所谓欣赏乃是由美的观照在我们内心所行的一种关于价值的体验",故"美的评价的对象,不单全在技巧,不单在题材,却是在于由技巧题材所表现的那种作品中永久流动的生命或精神,只有这生命或精神乃是唯一之美的评价的对象。"(《美学概论》)可以作为后者的代表。

需要说明的是,我们的上述区分是十分粗略的。并不是说,上述美学家的美学思想中就毫无唯物主义美学的因素,更不是说,中国近代美学就没有唯物主义美学了。实际上,近代美学中的唯物主义美学也是有的,像李大钊,他很早就明确提出了美在生活的看法:

> 听说北京有位美术家,每日早晨,登城眺望,到了晌午以后,就闭户不出了。人问他什么缘故,他说早晨看见的,不是担菜进城的劳动者,便是携书入校的小学生。就是那推粪的工人,也有一种清白的趣味,可以掩住那粪溺的污秽。因为他们的活动,都是人的活动。他们的生活,都是人的生活。他们大概都是生产者,都能靠着工作发挥人生之美。到了午间,那些不生产只消费的恶魔们,强盗们,一个个都出现了。你驾着鸣鸣的汽车,他带着凶纠纠的侍卫,就把人世界变成鬼世界了。①

毫无疑问,这种把"人生之美"同劳动、创造联系起来的看法是符合唯物主义立场的。同样值得注意的,是鲁迅、郭沫若等许多作家、批评家,他们大多受到

---

① 《光明与黑暗》,见1919年3月2日《每周评论》。

过康德美学的影响,但又先后脱离出来,开始接受唯物主义美学。如鲁迅,就经历了从接受康德美学转变为接受普列汉诺夫等人的唯物主义美学的过程。

然而,更具魅力也更现实的,或许是美的价值问题。因为任何美学家,即便是鼓吹超利害、超功利、超概念的美学家,他的研究总是曲折地面对现实的。绝对超脱的美学家,永远也不会有。关于美的价值问题,近代美学大体有三种看法。分别以王国维、蔡元培、鲁迅为代表。王国维认为,美的价值在于"以美灭欲"的人生解脱:

> 美术之务,在描写人生之苦痛与其解脱之道,而使吾侪冯生之徒,于此桎梏之世界中,离此生活之欲之争斗,而得其暂时之平和,此一切美术之目的也。①

蔡元培对于美的价值的看法,从理论上讲,与王国维没有大的出入:

> 哲学之理想,概念也,理想也,皆毗于抽象者也。而美学观念,以具体者济之,使吾人意识中,有宁静之人生观,而不至疲于奔命,是谓美学观念唯一之价值。②

这种看法,同样是从审美对利害关系和对象自身的超越去分析的。但蔡元培又说:

> 成人生活,联缀种种概念以应付之;积久而成疲劳,则有资于直观之美,以为调剂。(蔡尚思:《蔡元培学术思想传记》)

无疑,在王国维的美学思想中我们找不到这类看法。这就使他们的看法泾

---

① 《红楼梦评论》,见《海宁王静安先生遗书·静庵文集》。
② 《蔡元培先生全集》,台湾商务印书馆出版,第140页。

渭分明地被区分开了。鲁迅关于美的价值的看法,在早期是二元的。一方面,认为"沾沾于用,甚嫌执持",另一方面,又指出:

> 盖缘人在两间,必有时自觉以勤劬,有时丧我而惝恍,时必致力于善生,时必并忘其善生之事而入于醇乐,时或活动于现实之区,时或神驰于理想之域;苟致力于其偏,是谓之不具足。……文章不用之用,其在斯乎?(《摩罗诗力说》)

这种看法与蔡元培相同。但在实际运用过程中,鲁迅对"不用之用"的"用"一方面,突出给以强调:

> 故人若读鄂谟以降大文,则不徒近诗,且自与人生会,历历见其优胜缺陷之所存,更力自就于圆满。此其效力,有教示意;既为教示,斯益人生;而其教复非常教,自觉勇猛发扬精进,彼实示之。凡苓落颓唐之邦,无不以不耳此教示始。(《摩罗诗力说》)

这就又鲜明地区别于蔡元培了。

相对于美的本质、美的价值,美感或许更是一个神秘莫测的问题。由于近代美学起步之初,受康德美学影响甚大,因而对美感的阐释也往往是从"无一切利害关系"的角度出发。最典型的,是蔡元培的论述:

> 康德立美感之界说,一曰超脱,谓全无利益之关系也;二曰普遍,谓人心所同然也;三曰有则,谓无鹄的之可指,而自有其赴的之作用也;四曰必然,谓人性所固有,而无待乎外烁也。夫人类其同之鹄的,为今日所堪公认者,不外乎人道主义,……而人道主义之最大阻力,为专己性,美感之超脱而普遍,则专己性之良药也。[①]

[①] 《蔡元培哲学论著》,河北人民出版社1985年版,第155页。

上述看法几乎就是对美的看法的直接推演。值得注意的是稍后鲁迅等唯物主义美学家关于美感的看法。鲁迅指出,"秋花为之惨容,大海为之沉默"之类说法,倘若作为理论研究,则实在是荒谬的。"我就从来没有见过秋花为了我在悲哀,忽然变了颜色;只要有风,大海总在呼啸的,不管我爱闹还是爱静。"(《新秋杂识(三)》)因此,鲁迅认为:

> 盖凡有人类,能具二性:一曰受,二曰作。受者譬如曙日出海,瑶草作华,若非白痴,莫不领会感动。……(《儗播布美术意见书》)

美感是客观存在的美的反映,这无疑是质朴的唯物主义美学的美感论。之后,随着唯物主义美学思想的深入,鲁迅对美感中社会关系的印痕,对其中潜在的、社会的、阶级的功利因素,又逐渐有所说明,使之趋于完整。

美学范畴

瞩目于悲剧美学范畴的研究,或许是中国近代美学革命的重要特点之一。

近代美学革命对于悲剧美学范畴的研究,是与启蒙美学的理论探索互为源流的。作为共同的特点,它们都不是对悲剧的专门技术问题感到兴趣,而是全力对悲剧进行深沉的现实思考。即是从美学的角度对内在于近代社会的悲剧性,对近代社会个性与社会、人与自然的巨大对峙的哲学思考。

中国近代美学家中,最早探讨悲剧美的是王国维。他认为,悲剧是"人生之命运"的一种"自感"的流露。"人生之命运,固无异于悲剧"。按照王国维的看法:"生活之本质何?欲而已矣!""欲与生活与苦痛三者一而已矣","呜呼!宇宙一生活之欲而已。"①而美的作用,就在于使人从"欲"超脱而出,得到"一种势力之快乐"。而既然"人生之命运,固无异于悲剧",这样,悲剧美就成为"一种势力之快乐"的峰巅。然而,所谓悲剧美,其美学涵义是什

---

① 《红楼梦评论》,见《海宁王静安先生遗书·静庵文集》。

么呢？

> 由叔本华之说，悲剧之中又有三种之别：第一种之悲剧，由极恶之人，极其所有之能力，以交构之者。第二种，由于盲目的运命者。第三种之悲剧，由于剧中之人物之位置及关系而不得不然者；非必有蛇蝎之性质与意外之变故也，但由普通之人物，普通之境遇，逼之不得不如是；彼等明知其害，交施之而交受之，各加以力而各不任其咎。此种悲剧，其感人贤于前二者远甚。①

原来，悲剧就是生活的欲望为自我造成的一种人生痛苦，是先天的"欲"与现实的冲突，实质在于"此生活此痛苦之由于自造，又示其解脱之道不可不由自己求之者也"。② 悲剧分为三种。其中极恶的人为非作歹或由盲目的命运控制所造成的悲剧，由于它们缺乏普遍性，故还不是悲剧之最；而第三种悲剧，却是彻头彻尾的悲剧，是悲剧之最。"何则？彼示人生最大之不幸，非例外之事，而人生之所固有故也。若前二种之悲剧，吾人对蛇蝎之人物与盲目之命运，未尝不悚然战栗，然以其罕见之故，犹幸吾生之可以免，而不必求息肩之地也。但在第三种，则见此非常之势力，足以破坏人生之福祉者，无时而不可坠于吾前。且此等惨酷之行，不但时时可受诸己，而或可以加诸人。躬丁其酷，而无不平之可鸣，此可谓天下之至惨也。"③他还明确指出：《红楼梦》就是"第三种之悲剧"，是"彻头彻尾之悲剧"。这无异又一次高举起启蒙美学的旗帜，为《红楼梦》在清中叶后的不平等的美学遭遇，为被卷土重来的古典美学清算践踏了的启蒙美学的美学理想，从理论上给以强有力的昭雪。

对于王国维提倡的近代美学理想，近代进步美学家都是极为赞同的，但角度又不尽相同。蔡元培曾经深有感慨地说：文学"在近代的残杀的环境

---

① 《红楼梦评论》，见《海宁王静安先生遗书·静庵文集》。
② 《红楼梦评论》，见《海宁王静安先生遗书·静庵文集》。
③ 《红楼梦评论》，见《海宁王静安先生遗书·静庵文集》。

中,他是哭泣多于笑语的。在他里头,充满着求解不得的郁闷,充满着悲悯慈爱的泪珠,充满着同情的祈祷的呼声。以文学为娱乐品,真是不知文学为何物了"。① 他具体分析了古典美学与启蒙美学争执不下的几部作品,指出:"《西厢记》若终于崔张团圆,则平淡无奇,惟有原本之终于草桥一梦,始足发人深省。《石头记》若如《红楼梦》等,必使宝黛成婚,则此书可以不作。原本之所以动人者,正以宝黛之结果一死一亡,与吾人之所谓幸福全然相反也。"而悲剧的美学效果,正在"能破除吾人贪恋幸福之思想",从而树立正确的人生理想。这一看法,较之王国维,积极因素无疑更多一些。而胡适等人则是从揭露黑暗、冷酷的社会现实,促人反省的角度,大力提倡悲剧美的。胡适认为:"中国文学最缺乏的是悲剧观念。"他这样阐释悲剧观念:"悲剧观念:第一,即是承认人类最浓挚最深沉的感情不在眉开眼笑之时,乃在悲哀不得意无可奈何的时节;第二,即承认人类亲见别人遭遇悲惨可怜的境地时,都能发生一种至诚的同情,都能暂时把个人小我的悲欢哀乐一齐消纳在这种至诚高尚的同情之中;第三,即是承认世上的人事无时无地没有极悲极惨的伤心境地……有这种悲剧观念,故能发生各种思力深沉,意味深长,感人最烈,发人猛省的文字。这种观念乃是医治我们中国那种说谎作为思想浅薄的文字的绝妙圣药。"② "五四"前后的近代进步美学家对于悲剧美大多都是作如是观的。

  应该给以高度评价的,是鲁迅的悲剧观。他在《再论雷峰塔的倒掉》中指出悲剧的美学特征是:"将人生的有价值的东西毁灭给人看。"在马克思主义美学"东渐"之前,鲁迅的看法是近代美学中关于悲剧探索的最富价值的理论成果。鲁迅关于悲剧的看法并不是悲剧的完整定义,而是对悲剧美学特征的深刻概括。在鲁迅看来,悲剧反映的是人生有价值的东西的毁灭。即反映的是有血有肉的感性存在的人生,是客观的社会生活,这就强调了悲剧同社会生活的密切联系,从而严格区别于王国维的悲剧观,把立足点从唯

---

① 《蔡元培选集》,中华书局1959年版,第320页。
② 《胡适文存》第1卷,亚东出版社1928年版,第207—208页。

心主义移向唯物主义。他又首次把价值观念引进了悲剧学说。西方美学传统的悲剧观往往以两种对立的理想、伦理观念之间的冲突和对峙为基础,而无视有价值与无价值、正义与非正义的根本区别。鲁迅的悲剧观恰恰深刻地挖掘出此中底蕴,因之比单纯用伦理观来认识悲剧更加深刻,更能触及到悲剧的本质。他后来又将近代的悲剧作品产生的美学效果同古代作品加以对比:

> (近代的作品)我们看了,总觉得十二分的不舒服,可是我们还得气也不透地看下去。这因为以前的文艺,好像写别一个社会,我们只要鉴赏;现在的文艺,就在写我们自己的社会,连我们自己也写进去;在小说里可以发见社会,也可以发见我们自己;以前的文艺,如隔岸观火,没有什么切身关系;现在的文艺,连自己也烧在这里面,自己一定深深感觉到;一到自己感觉到,一定要参加到社会去!①

悲剧能够使人"烧在这里面",并且奋起"参加到社会去",或许,这就是鲁迅乃至整个近代美学革命格外瞩目于它的根本原因了。

推而广之,悲剧美可以附属于美学中的崇高美学范畴。对于崇高,近代像启蒙美学一样给予了高度重视。王国维指出:

> 若此物大不利于吾人,而吾人生活之意志为之破裂,因之意志遁去,而知力得为独立之作用,以深观其物,吾人谓此物曰"壮美",而谓其感情曰"壮美之情"。②

这种崇高观明显吸收了叔本华"意志破裂"之说。把崇高看成超出生活利害而使人意志分裂的形式。但有时,王国维又从"美在形式"出发,给崇高以另

---

① 《集外集·文艺与政治之歧途》。
② 《红楼梦评论》,见《海宁王静安先生遗书·静庵文集》。

外一种解释：

> 由一对象之形式，越乎吾人知力所能驭之范围；或其形式大不利于吾人，而又觉其非人力所能抗，于是吾人保存自己之本能，遂超越乎利害之观念外，而达观其对象之形式。①

这里又不难看出康德形式主义的崇高观。但在康德的论述中，字里行间流溢着的是对人的力量的肯定，而王国维却把康德的合理内核抛弃掉了。蔡元培也曾对崇高作了深入的研究。他分崇高为"至大"和"至刚"两类。"至大"如"存想恒星世界，比较地质年代，不能不惊小己的微渺"；"至刚"如"描写火山爆发，记述洪水横流，不能不叹人力之脆薄"。面对"至大"和"至刚"的崇高之美："自以为无大之可言，无刚之可恃，则且忽然超出乎对待之境，而与前所谓至大至刚者胼合而为一体，其愉快遂无限量。当斯时也，又岂尚有利害得丧之见能参预其间耶！"②可见，人的肉体、生命等等，在"至大""至刚"面前都是有限的，渺小的，唯其精神能够超逸而出，与之"胼合"。

与崇高相对的，是优美美学范畴。近代美学对之也曾给以理论上的说明和研究。近代美学家普遍意识到对于古典美学的美学思想，"优美"在后期封建社会，起了极大的作用，在近代仍有其束缚审美个性、粉饰生活的可能。鲁迅毕其一生都公开表示厌恶优美的美，他认为："在风沙扑面、虎狼成群的时候，谁还有这许多闲工夫，来赏玩琥珀扇坠，翡翠戒指呢。"(《小品文的危机》)因而直白道出自己的美学理想："魂灵被风沙打击得粗暴，因为这是人的灵魂，我爱这样的魂灵；我愿意在无形无色的鲜血淋漓的粗暴上接吻。漂渺的名园中，奇花盛开着，红颜的静女正在超然无事地逍遥，鹤唳一声，白云郁然而起……。这自然使人神往的罢，然而我总记得我活在人间。"(《野草·一觉》)但是，近代美学家并没有拒绝对"优美"的美学特性的理论

---

① 《古雅之在美学上之位置》，见《海宁王静安先生遗书·静庵文集续编》。
② 《蔡元培选集》，中华书局1959年版，第57页。

研究。王国维认为,优美,是"由一对象之形式不关于吾人之利害之念,遂使吾人忘利害之念,而以精神之全力沉浸于此对象之形式中"。① 他把"优美"视作超出生活利害而使人沉醉的形式,视作"形式之对称、变化及调和"②之美,显然是借鉴了康德的"纯粹美",但却把"依存美"拒之门外。蔡元培对优美的看法,与王国维相近:"美者,都丽之状态,高者,刚大之状态",③所谓"都丽",同样指的是"形式之对称、变化及调和";而"优雅之美,从容恬淡,超利害之计较,泯人我之界限,例如避(当为'游')名胜者,初不作伐木制器之想;赏音乐者,恒以与众不同乐为快;把这样的超越而普遍的心境涵养惯了,还有什么卑劣的诱惑,可以扰乱他吗?"④这种理论剖析,无疑是十分深刻的。

艺术美问题

中国近代美学的革命,导致了文学理论、艺术理论的一系列变化,限于篇幅,我们只能举出几个方面,简单作些介绍。

艺术起源问题。古典美学为这个问题蒙上了一系列神秘的色彩。启蒙美学则基本未能涉足。真正做出理论贡献的是近代美学。王国维从康德的"无利害关系"和席勒的游戏说寻找到了有力武器,认为"文学者,游戏的事业也。人之势力,用于生存竞争而有余,于是发而为游戏",⑤这样的解释很省力气,但因此也带有较大的片面性。蔡元培的看法不同。他这样批评"游戏说":有些美术家,说美术的冲动,起于游戏的冲动。动物有游戏冲动,可以公认。但是说到美术上的创造力,却与游戏不同。他一反传统的研究方法,从"古物学的材料"和"人类学的材料"入手,得出结论:"凡是美术的作为,最初是美术的冲动……这种冲动,与游戏的冲动相伴,因为都没有设加

---

① 《古雅之在美学上之位置》,见《海宁王静安先生遗书·静庵文集续编》。
② 《古雅之在美学上之位置》,见《海宁王静安先生遗书·静庵文集续编》。
③ 《蔡元培先生全集》,台湾商务印书馆版,第712页。
④ 《蔡元培先生全集》,台湾商务印书馆版,第898页。
⑤ 《文学小言》,见《海宁王静安先生遗书·静庵文集续编》。

的目的,又有几分与摹拟自然的冲动相伴,因而美术上都有点摹拟的痕迹。"①这个看法,显然比王国维的看法更科学一些。蔡元培断然否定艺术起源于"游戏"。他认为"动物也有游戏冲动",但却没有创造出艺术,因此人除了具有动物与人共同具有的游戏冲动外,还有为动物所不具备的美术冲动。"美术冲动"是指的一种艺术创造的欲望、情绪。倘若仅仅认为艺术起源于"相伴"的美术冲动和游戏冲动,那么就还是将艺术起源归因于人的一种孤立于社会实践的心理功能。蔡元培的可贵之处,在于他同时又认为艺术起源与"摹拟自然"也有关系。"初民美术的开始,差不多都含有一种实际上目的,例如图案是应用的便利;装饰与舞蹈,是两性的媒介;诗歌舞蹈与音乐,是激起奋斗精神的作用。"②把艺术起源同人类实践联系在一起,显然是一种朴素的唯物主义观点。遗憾的是,蔡元培是把"摹拟自然"与"美术冲动"、"游戏冲动"并列的,这就极大限制了他取得更出色的理论成果,作出更全面的艺术起源问题的阐释。这一时期的鲁迅的艺术起源论则是二元(劳动与宗教)的。

艺术分类问题。近代美学家从不同的美学思想出发,提出了各自的设想。蔡元培从"动"与"静"入手;鲁迅则从另外一个角度入手,认为"美术有可见可触者,如雕画,雕塑,建筑,是为形美,有不可见不可触者,如音乐,文章,是为音美。顾中国文章之美,乃为形声二者"(《儗播布美术意见书》)。后来,鲁迅又增加了"意美"。称艺术"所涵,遂具三美:意美以感心,一也;音美以感耳,二也;形美以感目,三也"(《汉文学史纲要》)。

为小说争取正宗地位,是近代美学革命的标志之一。古典美学把小说视为"闲书",启蒙美学曾经为之正名,但他们往往着眼于个别作品。历史把这个任务交给了近代美学。康有为曾在《闻菽园居士欲为政变说部诗以速之》中说:"我游上海考书肆,群书何者销流多?经史不如八股盛,八股无如小说何。"遥望西方,"方今大地此学盛,欲争六艺为七岑"。这就使他认识

---

① 《蔡元培选集》,中华书局1959年版,第130页。
② 《蔡元培选集》,中华书局1959年版,第131页。

到,小说实在是政治改良的理论武器。但他未能身体力行地去提倡,倒是他的大弟子梁启超,全力提倡,做出了重要的贡献。梁从文学观念的革命入手,指出文学的目的是反映生活而不是"言志载道"。这是因为,人们有其独特的审美需要:

> 凡人之性,常非能以现境界而自满足者也。……故常欲于其直接以触以受之外,而间接有所触有所受……此其一。人之恒情,于其所怀抱之想象,所经阅之境界,往往有行之不知,习矣不察者;无论为哀为乐,为怨为怒,为恋为骇,为忧为惭,常若知其然而不知其所以然……此其二。①

而能够满足上述审美需要,"常导人游于他境界,而变换其常触常受之空气者","和盘托出,彻底而发露之"者,唯有小说。正是从这种新文学观念出发,梁启超把小说推上了"文学最上乘"。认为小说在社会生活中"如空气,如菽粟,欲避不得避,欲屏不得屏"。梁启超对小说的提倡,在当时影响十分强烈。严复、夏曾佑在《国闻报》附印说部缘起》中说,"欧美东瀛,其开化之时,往往得小说之助",而中国"说部之兴,其入人之深行世之远,几几乎出于经史上,而天下人心风俗,遂不免为说部之所持"。故"余旨所在,则在乎使民开化"的小说,在文学中有至高无上的地位(《〈新世界小说社报〉发刊辞》)。更把小说与改造世界联系起来,认为"有释奴小说之作,而后美洲大陆创开一新天地。有革命小说之作,而后欧洲政治特辟一新纪元。……小说势力之伟大,几几乎能造成世界矣",因此大声疾呼:"政治焉,社会焉,侦察焉,冒险焉,艳情焉,科学与理想焉,有新世界乃有新小说,有新小说乃有新世界。"这种绝对化、片面化的看法,自然有其缺陷,但无可否认,正是因此,才使近代美学与古典美学的第一次交锋取得了成功。

文学观念的变革,是一个不容忽视的问题。古典美学把"文以载道"作

---

① 《小说与群治之关系》,载1920年《新小说》第1卷第1期。

为文学观念的核心。近代美学则彻底给以否定,代之以表现人生、反映现实的新文学观。王无生指出,文学创作,并非"载道",而是"愤政治之压迫""痛社会之混浊""哀婚姻之不自由"。[①] 黄摩西指出:"小说之描写人物,当如镜中取影,妍媸好丑令观者自知。最忌搀入作者论断,或如戏剧中一脚色出场,横加一段定场白,预言某某若何之善,某某若何之劣,而其人之实事,未必尽肖其言。即先后决不矛盾,已觉叠床架屋,毫无余味。故小说虽小道,亦不容着一我之见,……写社会中种种人物,并不下一前提语,而其人之性质、身份,若优若劣,虽妇孺亦能辨之,真如对镜之无遁形也。夫镜,无我者也。"[②]迄至"五四"前后,陈独秀纵观西方文艺思潮的演进规律,提出:"吾国文艺犹在古典主义、理想主义时代,今后当趋向写实主义,文章以纪事为重,绘画以写生为重,庶足挽今日浮华颓败之恶风。"[③]刘半农在《中国之下等小说》中提出,今日小说应致力于下等社会实况的描写。至于一度对立的文学研究会和创造社,理论主张虽然各异,但文学观念从实质上看却是相同的。如鲁迅从"只有真的声音,才能感动中国的人和世界的人"出发,主张文学应该"真诚地、深入地、大胆地看取人生并且写出他们的血和肉"。郑振铎认为文学"决不是以娱乐为目的",它是"人生的反映",它的"伟大的价值",就在于能"通人类的感情之邮"。而成仿吾则强调把社会生活的内容"用强有力的方法表现出来","使一般的人对于自己的生活有一种回想的机会与评判的可能",从而"在冰冷而麻痹了的良心,吹起烘烘的炎火,招起摇摇的激震"。尽管取径不同,但在表现人生、反映现实这一根本问题上,他们的文学观念却是完全一致的。

文学形式的变革,是近代美学革命中起步较晚但又影响最大,成绩最昭著的方面之一。近代美学革命起步之初,谭嗣同、梁启超曾经提出过"新文体"主张。随后,裘廷梁和陈子褒分别在1898年和1899年曾经明确提出"崇

---

① 《中国历代小说论》,载1906年《新世界小说报》第1期。
② 《小说小话》,载1907年《小说林》第1卷。
③ 《答张永言》,载1915年《新青年》第1卷第4号。

白话废文言"的口号,却未能引起人们的注意。充分意识到这一历史必然的是胡适:

> 文学革命的运动,不论古今中外,大概都是从"文的形式"一方面下手,大概都是先要求语言文字文体等方面的大解放。欧洲三百年前各国国语的文学起来代替拉丁文学时,是语言文字的大解放,十八十九世纪法国嚣俄英国华次活等人所提倡的文学改革,是诗的语言文字的解放;近几十年来西洋诗界的革命,是语言文字和文体的解放。这一次中国文学的革命运动,也是先要求语言文字和文体的解放。(《谈新诗》)

1917年1月1日,胡适率先发难,在《新青年》2卷5号刊出《文学改良刍议》正式揭出文学形式改革的大旗。他指出:文学改良须从八事入手。这八事为:须言之有物;不摹仿古人;须讲求文法;不作无病之呻吟;务去烂调套语;不用典;不讲对仗;不避俗字俗语。其中有五条是侧重于文学形式的。它不仅是对旧文学形式的批判,而且是建设新文学形式——白话文学的纲领。随之,主将陈独秀亲自披挂上阵,发表了《文学革命论》。他从文体、语言形式着眼,几乎否定了包括汉赋、唐诗和宋词在内的汉—宋的全部文学。宋之后的文学,陈独秀认为"元明剧本"和"明清小说"是近代文学之粲然可观者,马致远、施耐庵和曹雪芹更是"盖代英豪",但却被固执古典美学的明代前后七子和归有光、方苞、刘大魁和姚鼐等"十八妖魔辈"百般摧残,以致他们的姓名几不为国人所识。现在的当务之急,就是用白话文取代文言文,开展一场文学形式的革命。在此基础上,文学形式变革的运动风涌而起,迅速冲垮了古典美学固守的旧文学形式的防线。在这期间,钱玄同、刘半农等人也对文学形式变革发表了很好的意见。

对古典美学的批判

"别求新声于异邦",使近代美学革命充满了蓬勃的生命力。于是,曾经一度沉寂了下来的对于作为"满身披挂的尸体"的古典美学的批判就在积极建树近代美学大厦的同时,又一次拉开了紫红色的大幕。

近代美学家们意识到,同在文化上"日显死相","老大的国民尽钻在僵硬的传统里,不肯变革,衰朽到毫无精力了"(鲁迅语)相一致,在美学上同样"日显死相","老大的国民"被拘缚在"僵硬"的古典美学传统中,奄奄一息,日趋委顿。不彻底否定、批判古典美学,就不但不能建立起近代美学的理论大厦,而且反而会又一次受到根深蒂固的古典美学的否定、批判、铲除和清扫。

古典美学是建立在个体与社会、人与自然的融合统一基础之上的,近代美学革命的洪流一旦涌起,锋芒所向,首先也就在这里。鲁迅指出:"平和为物,不见于人间,……外状若宁,暗流仍伏,时劫一会,动作始矣。"(《摩罗诗力说》)这就是说,古典美学所立足的那样一种个体与社会、人与自然的绝对的统一(看不到对峙冲突)的"平和",从来就"不见于人间"。固执这一点,就会把美学引向"文以载道"或"为艺术而艺术"的歧途。前者是儒家美学的必然结果,后者是道家美学的必然结果。儒家美学把感情的抒发同伦理规范联系在一起;道家美学的要害在于"不撄人心"。就根本而言,两者殊途同归。因此,古典美学最终使人"拘于无形之图圄,不能舒两间之真美",却反而产生"颂祝主人,悦媚豪右"的廊庙文学,"心应虫鸟,情感林泉""悲慨世事,感怀前贤"的山林文学。鲁迅、周作人、郑振铎都击中要害地对此进行了批判。

以批判为基础,近代美学的倡导者进而指出,古典美学的根本弊病是"假"。它粉饰社会、粉饰人生、弄虚作假、无病呻吟,鲁迅一针见血地称之为"瞒和骗":

> ……中国人向来因为不敢正视人生,只好瞒和骗,由此也生出瞒和骗的文艺来,由这文艺,更令中国人更深地陷入瞒和骗的大泽中,甚而至于已经自己不觉得。世界日日改变,我们的作家取下假面,真诚地,深入地,大胆地看取人生并且写出他的血和肉来的时候早到了;早就应该有一片崭新的文场,早就应该有几个凶猛的闯将!(《坟·论睁了眼看》)

仔细想来，古典美学个体与社会、人与自然融洽统一的美学路径，使审美主体与审美客体，表现与再现，内容与形式相互纠缠以至不分，一旦僵化为美学模式，一方面会粗暴地反对真实地反映现实，另一方面又会粗暴地干涉真实地抒发情感。沿着这条路滑下去，"瞒和骗"必然是它的历史归宿。上述鲁迅的这段话，可以看作是近代美学革命批判古典美学"瞒和骗"的宣言。

"大团圆"是古典美学粗暴地反对反映真实的一个主要表现。王国维、蔡元培对此都有批判，但较为深刻的是胡适与鲁迅。胡适指出："团圆快乐的文学，读完了，至多不过能使人觉得一种满意的观念，决不能叫人有深沉的感动，决不能引人到彻底的觉悟，决不能使人起根本上的思量反省。例如《石头记》写林黛玉与贾宝玉一个死了，一个出家做和尚去了。这种不满意的结果方才可以使人伤心感叹，使人觉悟家庭专制的罪恶，使人对于人生问题和家族社会问题发生一种反省。"他认为："这种'团圆的迷信'乃是中国人思想薄弱的铁证"，"作书人明知世上的真事都是不如意的居大部分，他明知世上的事不是颠倒是非，便是生离死别，他却偏要使'天下有情人都成了眷属'，偏要说善恶分明，报应昭彰。他闭着眼睛不肯看天下的悲剧惨剧，不肯老老实实写天工的颠倒惨酷，他只图说一个纸上大快人心，这便是说谎的文学。"(《文学进化观念与戏剧改良》)鲁迅指出："普遍、永久、完全，这三种宝贝，自然是了不得的，不过也是作家的棺材钉，会将他钉死。"(《且介亭杂文·答〈戏〉周刊编者信》)"大团圆"正是这样的"棺材钉"："大团圆"是一种主张"十全十美"的"十景病"。县有十景，菜有十碗，药有十全大补，点心有十样，音乐有十番，阎罗有十殿……实际都是在"瓦砾场上修补老例"，是一种虚幻的美丽，圆满的假象。他激烈批评张生与莺莺的团圆："张生和莺莺到后来终于团圆了。这因为中国人底心理，是很喜欢团圆的，所以必至于如此，大概人生现实底缺陷，中国人也很知道，但不愿意说出来；因为一说出来，就要发生'怎样补救这缺点'的问题，或者免不了要烦闷，要改良，事情就麻烦了。而中国人不大喜欢麻烦和烦闷，现在倘在小说里叙了人生底缺陷，便要使读者感着不快。所以凡是历史上不团圆的，在小说里往往给他团圆；没有报应的，给他报应，互相骗骗——这实在是关于国民性的问题。"(《中国小说的历史的变迁》)这样,也就把对"大团圆"的批判从真实性的角度深化到了"国民性"问题。他进而指出:这种"用瞒和骗,造出奇妙的逃路来,而自以为正路"(《坟·论睁了眼看》)的"大团圆","不但使读者落诬妄中,以为世间委实尽够光明,谁有不幸,便是自作,自受"(《坟·论睁了眼看》),更阻碍着近代美学革命的步伐。"中国如十景病尚存,则不但卢梭他们似的疯子决不产生,并且也决不产生一个悲剧作家或喜剧作家或讽刺诗人。所有的,只是喜剧底人物或非喜剧非悲剧底人物,在互相模造的十景中生存,一面各各带了十景病。"(《坟·再论雷峰塔的倒掉》)从而深刻地提醒着人们彻底否定"大团圆"的高度自觉。

对于古典美学粗暴地干涉抒发真实感情的一面,近代美学革命的倡导者同样给以彻底批判和否定。鲁迅洞察到了古典美学的虚假,他厌恶这种伪君子式的抒情,形象地称之为"才从私窝子里跨出脚便说'中国道德第一'"。在他看来,这种干涉,严重损害了我国古代伟大作品的美学价值,像《离骚》尽管"中亦多芳菲凄恻之音",但同"求索而无止期,猛进而不退转"的西方作品相比,"反抗挑战,则终其篇未见有,感动后世,为力非强",不免"自趁其神思"而未竟"神思之乡"(《摩罗诗力说》)。刘半农更指斥古典美学造成的旧文坛:"现在已成假诗世界……明明是贪名爱利的荒伧,却偏偏做山林村野的诗;明明是自己没本领,却偏喜大发牢骚,似乎这世界害了他什么;明明是处于青年有为的地位,却偏喜写些颓唐老境;明明是感情淡薄,却偏喜作出许多诚挚的'怀旧'或'送别'诗来;明明是欲障未曾打破,却喜在空阔幽渺之处立论,说上许多可解不解的话儿,弄得诗不像诗,偈不像偈,诸如此类,无非是不真二字在那儿捣鬼……"而且,这种虚伪美学与封建社会的虚伪道德是互为表里的:"自有这种虚伪文学,他就不知不觉与虚伪道德互相推波助澜,造出个不可收拾的虚伪社会来。"(《诗与小说精神上之革新》)这样的批判确实是入木三分。

对于古典美学的方法的批判,是启蒙美学未及提出的重要课题。近代美学革命则从启蒙美学的理论终点上前进了一大步。蔡元培指出:"吾国人重文学,文学起初之造句,必倚傍前人,入后方可变化,不必拘泥。吾国人重哲学,哲学亦因历史之关系,其初以前贤之思想为思想,往往为其成见所囿;日后渐次发展,始于已有之思想,加入特别感触,方成新思想。吾国人重道德,而道德自模范人物入手。"①而由此沉积承袭下来的古典美学亦复如是。"'天秩有礼'。礼之始,固以自然之法则为本也。惟千年来,纯以哲学演绎法为事,而未能为精深之观察、繁复之实验,故不能组成有系统之科学。美术则自音乐以外,如图画书法饰文等,亦较为发达,然不得科学之助,故不能有精密之技术,与夫有系统之理论。"②而这样"以一种哲学演绎法为事,而未能为精深之观察、繁复之实验"的研究方法,就形成了古典美学的保守、因袭、照抄、直观等缺弊。"自今日观之,其所谓体格,所谓义法,纠缠束缚,徒便摹拟,而不适于发挥新思想之用;其所载之道,亦不免有迂谬窒塞,贻读者以麻木脑筋,风痹手足之效者焉。先入为主,流弊何已!"③胡适更是以批判古典美学的方法上的缺弊,提倡近代美学的科学、实证的方法为己任。他说他无论干什么——推翻古文字,鼓吹白话文,考证古典小说,都是要提倡和实行新的"思想方法"。由此出发,他指出:"求知是人类天生的一种精神上的最大要求,东方的旧文明对于这个要求不但不想满足他,并且常想裁制他,断绝他。所以东方大圣人劝人要'无知',要'绝圣弃智',要'断思惟',要'不识不知,顺帝之则'。……要人静坐澄心,不思不虑,而物来顺应。"④古典美学的缺弊,他是清晰地看到了的,作出的批判也是有力的。

除了上述三个方面,近代美学革命在古典美学所涉及的许多方面,都对之大加讨伐。这种批判,就整体而言是广泛而又及时的。它为中国近代美学革命的发展铺平了道路,在美学史上也有其重要地位。自然,实事求是地讲,这种批判也有失之于粗率而又肤浅之处,但就当时的情况而论,或许也正因为其粗率而又肤浅,才使其做到了广泛而又及时,并最终达到了击溃(不是击败)古典美学的强大防线的目的。近代美学革命的倡导者称此为

---

① 《蔡元培先生全集》,台湾商务印书馆版,第747页。
② 《蔡元培先生全集》,台湾商务印书馆版,第710页。
③ 《蔡元培选集》,中华书局1959年版,第1页。
④ 《我们对于西洋近代文明的态度》,载1926年《现代评论》第4卷第83期。

"绝对之是"。曾经破门而出,为桐城派张目的林纾,曾经一再表示,他虽然没有什么理论可以为自己辩解,但却坚信自己是对的:"吾识其理,乃不能道其所以然","吾辈已老,不能为正其是非,悠悠百年,自有能辨之者,请诸君拭目俟之。"堂堂文学大家,竟然不敢以长期居统治地位的古典美学为自己辩护,这不正从反面证明了近代美学革命批判古典美学的功绩所在吗?

第三章　从教化到美育

"教化"美学范畴的涵义

"教化"与"美育"是两个意蕴不同的美学范畴。它们凝聚着不同美学理想关于审美教育思想的精华,在中国美学史中具有重要地位。近年来,它们引起了研究工作者的注意与研究。但是,他们的研究又有其缺陷,这缺陷在于未能从历史的角度,去合乎逻辑地对从教化到美育的美学范畴的演进加以科学的说明。

审美教育,是一种引导受教育者主动建立自由运用客观规律以保证实现社会目的的美的形式的活动,是人类"按照美的规律塑造物体"的宏伟历史在个体感性形式中的缩影。几千年来,中国无数贤哲在这个问题上做了大量的理论探索,并形成了富有民族性格的美学思想。

据史籍记载,夏、商时已经有了学校。教学内容大体为祭祀、军事、乐舞与文学等,其中蕴含着审美教育的因素,可以视作中国美学史审美教育思想的滥觞。然而,这种思想毕竟还被笼罩在宗教的阴影之中,还只是宗教美学的附丽品。迄至西周,"学在官府","教之以六艺",即礼、乐、射、御、书、数。蔡元培先生指出:"吾国古代教育,用礼、乐、射、御、书、数之六艺,乐为纯粹美育;书以记实,亦尚美观;射御在技术之熟练,而亦态度之娴雅;礼之本义在守规则,而其作用又在远鄙俗;盖自数之外,无不含有美育成份者。"[①]可见,西周的审美教育思想较之夏、商,有了较大的发展,业已从神的荫庇下走向"民"与"人",从宗庙走向宫廷了。

---

① 《蔡元培教育文选》,人民教育出版社1980年版,第195页。

孔子是古代审美教育思想的集大成者。他一方面继承了西周"六艺"中较有价值的东西,另一方面更对其内涵加以深刻的改铸,在"六艺"的科目方面,他废"射""御""数"而易之以"诗""易""春秋"。在"六艺"的内容方面,他强调以"温柔敦厚"为核心的"文行忠信"。这一改铸,是极大地适应了社会制度激烈变革后,逐渐从武事教育转向伦理和审美教育的"武士亦逐渐转化为文士矣"(童书业语)的社会发展的。因而深刻触及了审美教育的本质,奠定了中国古典美学审美教育思想的基本原则。后世绵延一千余年的"教化"美学,则只不过是它的合乎逻辑的历史展开。

在古典美学家看来,人是一个二重化的存在:一方面他是一个个体的感性存在,有属于他自身的感觉、要求、愿望、情感、个性;另一方面他又是一个普遍的社会存在,他必须履行社会向他提出的、不以他个性为转移的普遍要求。因此,人是通过社会去实现他的自由的存在物。这样,就必须将社会的道德规范化解为人们内心情感中的自觉要求,变"绝对命令"的他律为"习成而性与成"的自律,让人们像"好色"那样去"好德"。而要做到这一点,就要提倡"教化"。通过其"入人也深,化人也速"的作用,去"道(导)乐",去"制欲"。《乐记》所谓的"乐也者,圣之所乐也;而可以善民心,其感人深,其移风易俗,故先王著其教焉","先王之制礼乐也,非以极口腹耳目之欲也,将以教平民好恶而以人道之正也",正是如此。这里的"善民心""感人""移风易俗",都意谓使人的情感不为外在的各种邪恶的事物所引诱,而使之"反人道之正"。就是使情感符合于伦理道德的要求,使社会在理性方面加以强制的东西成为个体在感性、欲望、情感中自觉追求和喜爱的东西,使感性与理性摆脱外在对立而趋于统一。

这样一种审美教育思想,在世界美学史上是前无古人的,它坚持从主体与客体、感性与理性、个体与社会、人与自然的融洽统一的角度研究美、审美和审美教育。"天人合一","居尘出尘",不舍弃感性而又超乎感性,不出乎世间而又超越世间,本来极高、极大的道德法则、伦常秩序,却又与人的感性存在、心理情感息息相通,它不止是纯形式,又有其诉诸社会心理的依据和基础。因而能够高扬人类的伦理主体,推动着社会中的无数个体通过审美的教化，主动建立自身的文化—心理结构。过去人们往往过多地指责"教化"，显然是失之于皮相的。但是，我们也应看到，在"教化"美学范畴中，主体与客体、感性与理性、个体与社会、人与自然，既来自截然不同甚至尖锐对立的两个世界，却又要求它们一致，交融甚至同一，这只有在中国封建社会个体与社会、人与自然处于相对统一状态这一独特的历史条件下才有可能做到，并且要以牺牲审美的多样性、丰富性以及审美主体的充分发展作为沉重代价。而伴随着封建社会的解体，"教化"美学范畴在维护封建社会统治方面，更起了极为可耻的作用：封闭守旧、麻木不仁、安贫乐道、愚昧、迂腐、残忍……民族性格中积重难返的这一切历史性损伤，难道"教化"美学可以解脱罪责吗？

正因如此，明中叶之后，启蒙美学家一次又一次冲击着"教化"美学范畴。徐渭提出：文学作品只有"从人心中流出""使人陡然一惊"，才是佳品；李贽认为文学作品必须"夺他人之酒杯，浇自己之垒块，诉心中之不平，感数奇于千载"；汤显祖疾呼"理之所必无""情之所必有"……甚至也有一些美学家开始对"教化"的以"圣贤""醇儒"为楷模的目标和以"温柔敦厚"为核心的美学内容直接产生了怀疑。黄宗羲认为：审美教育所要塑造的不应是空言误国的"圣贤""醇儒"之类的理想人格，而应是"经纬天地、建功立业"的"拥勇阻遏，垒愤激讦，溢而四出，天地为之动色"的充满反抗精神的战士。袁枚则提出："'温柔敦厚'四字，亦不过诗教之一端，不必篇篇如是"；且公开表示："温柔敦厚"的教化，是"不可信者"。由此不难看出，"教化"美学范畴的退出美学舞台，已经成为历史与逻辑的必然。

"美育"美学范畴的确立

"美育"美学范畴的出现，是在资产阶级革命蓬勃兴起的清末民初。

中国近代的思想家是在特殊的历史关头走上美学研究道路的。建立在个体与社会、人与自然的严重剥离和激烈冲突基础上的近代社会，给长期生活在封建环境中和服膺于封建文化传统的中国人带来了从未有过的苦闷。如何弥补内心深处的时代创痕？如何平衡或化解内心深处的激烈动荡、冲突与痛苦？如何为近代中国人找到一个能够安身立命的精神绿洲？更重要的是，如何塑造一种与时代步调相一致的新型的理想人格？……这一系列时代课题驱使近代的思想家不仅深刻地走向美学，而且更深刻地走向审美教育，由是，"美育"美学范畴应运而生。作为最早向西方探索真理的启蒙思想家，严复曾经敏捷地意识到："吾国有最乏而宜讲求，然犹未暇讲求者，则美术（美育）是也。美育可以"移情动魄""移风易俗"，使人民"有高尚之精神"。在这里，他把古典的"教化"美学范畴与近代的"美育"美学范畴尖锐对立起来，希冀人们从"教化"的束缚中挣脱出来，讲求"美育"的研究和实践。遗憾的是，对于"美育"问题，他也"未暇讲求"。倒是王国维、蔡元培、梁启超、鲁迅等人继之而起，做了大量的"讲求"和提倡。

作为康德美学和叔本华美学的信奉者，王国维坚持认为：近代人的人生苦闷是无法解决的。"牝牡之欲，家室之累"，立德、立功、立言这些主体的、感性的、个体的东西，与作为主宰、控制力量的客体、理性、社会犹如双峰并峙，绝对不可能统一。这使他深深喟叹"终古众生无度日"，但实际上，却又苦心寻找解脱途径。1906年他在《论教育之宗旨》一文中，提出要培养"完全之人物"，就要施行美育教育："盖人心之动，无不束缚于一己之利害，独美之为物，使人忘一己之利害而入高尚纯洁之域，此最纯粹之快乐也。孔子言志，独与曾点；又谓兴于诗，成于乐。……美育者……使人之感情发达，以达完美之域。"在他看来，"生活之本质何？欲而已矣！"人生则犹如钟表之摆，往复于苦痛和倦厌之中，此欲既偿，彼欲旋至，"一欲既终，他欲随之"。那么，究竟有否超度众生的桥梁？王国维答曰："有。唯美之为物，不与吾人之利害相关系；而吾人观美时，亦不知有一己之利害"。"美术之务，在描写人生之苦痛与其解脱之道，而使吾侪冯生之徒，于此桎梏之世界中，离此生活之欲之争斗，而得其暂时之平和。此一切美术之目的也"。在王氏眼里，这也就是美育的目的。在审美观照中，人们是一个"西风林下，夕阳水际，独自寻诗去"的自由游戏的"纯粹主体"，是一只"挣破庄周梦，两翅驾东风"的艺术的蝴蝶，这就不啻从人生苦闷中得到了解脱。由此出发，他在《论小学校唱歌科之材料》一文中指出，美育以"调和感情"为"第一目的"，以"陶冶意志"为"第二目的",两者相较,"自以前者为重"。亦即美育不仅是超功利的,而且是超概念的,所以审美、艺术都应以自身为目的。就审美教育对象而言,王国维认为:只有在上流社会,美育才能见成效;下流社会则不然,唯有以等而下之的艺术次品——古雅去代替。"古雅之价值,自美学上观之,诚不能及优美及宏壮,然自其教育众庶之效言之,则虽谓其范围较大,成效较著可也","可为美育普及之津梁"。

王国维在近代美学史中的开创地位是必须肯定的。他第一个抛弃了教化审美范畴,以"美育"取而代之,且给之以近代的美学内涵。他强调美育的超功利,意在借"美"来抚平人世创伤,不无匡世之心。强调美育的超概念,则因为倘若美育像"教化"那样以"奴隶"的身份去为德育服务,势必导致"善"未得而"美"已失,"第二目的"未达而"第一目的"已失;反之,遵循"美"、遵循"第一目的"倒容易促成"美"与"善"、"第一目的"与"第二目的"的真正合一。自然,王国维提倡的"美育"无疑是一条逃避现实的道路。在他看来,要达到真正的自由,通过对现实生活的革命改造是行不通的,而且是残酷、可怕、粗野的,最理想的选择是:从日常的现实生活领域转移到美的领域中去。这典型地反映了当时中国知识分子在资产阶级十分软弱的情况下既缺乏必胜的信心,又缺乏斗争的勇气。他们讨厌当时庸俗的现实生活,又不具备用革命手段去改造这种现实生活的物质力量,于是只能用逃避现实的办法来在注定不能实现的理想中寻找安慰。恩格斯曾经批评席勒用"逃向康德的理想来摆脱鄙俗气",而实际上却只是"以夸张的庸俗气来代替平凡的庸俗气"。这一批评对于王国维也是适宜的。

不过,王国维的逃避现实有其特殊意义。这就是客观上并非号召人们不问政治,躲进象牙之塔,而是把美育视作达到政治自由的手段。正因为这样一种特殊的原因,王国维对于审美教育的特殊崇拜,才给近代中国留下了强烈的印记。在他之后,"美育"逐渐为国人所知,成为一时的潮流。蔡元培就深受王国维介绍的西方美学的影响,给王国维的审美教育思想以高度评价,称誉他的成就"不是同时人所能及的"。之所以如此,一方面固然因为蔡元培也是一个资产阶级美学家,同样站在历史唯心主义立场上,到意识形态领域去寻找社会发展的动力;另一方面又因为他是一个革命者,往往用革命的观点去理解王国维(自然也包括康德)的美学思想。因而对其中的客观方面作出了夸大的估计,而看不到其中的根本缺陷。实际上,蔡元培本人的美育思想与王国维是不尽相同的。

1912年,在《对于教育方针之意见》中蔡元培第一次提出了"美育"。在此之后,他倾尽毕生之力,从事美育研究和美育实践。在他看来,"美育者,应用美学之理论于教育,以陶养感情为目的者也"(《教育大辞书》)。"人人都有感情,而并非都有伟大而高尚的行为,这是由于感情推动力的薄弱。要转弱而为强,转薄而为厚,有待于陶养。陶养的工具,为美的对象,陶养的作用,叫做美育。"①既然美育的特点在于感情的激发、熏陶、感化,也就与"计较利害,考察因果,以冷静之头脑判定之"的"智育"既严格区别又"相辅而行"。具体而论,蔡元培认为,美育的理论根据就在于:它"介乎现象世界与实体世界之间,而为之津梁",这里的"实体世界",显然是源于康德美学,不过又经过了蔡元培的改铸,其中不可知的意味已经大为减少了。蔡元培接着说道:

> 在现象世界,凡人皆有爱恶惊惧喜怒悲乐之情,随离合生死祸福利害之现象而流转。至美术,则即以此等现象为资料,而能使对之者,自美感以外,一无杂念。……人既脱离一切现象世界相对之感情,而为浑然之美感,则即所谓与造物为友,而已接触于实体世界之观念矣。故教育家欲由现象世界而引以到达于实体世界之观念,不可不用美感之教育。

我们或许还记得,在蔡元培那里,美感是被归结为无关心的超脱,归结为人心所向的普遍性。正是它,才能使人脱离"爱恶惊惧喜怒悲乐之情""离合生死祸福利害之现象",一跃而进入"实体境界"。于是"火山赤蛇、大风破舟"的可骇可怖之景,一入图画,则可"转堪展玩","灿烂之蛇,多含毒汁,而以审

---

① 《蔡元培先生全集》,台湾商务印书馆版,第640页。

美之观念对之,其价值自若"。正是因此,美育才能够"提起一种超越利害的兴趣,融合一种划分人我的僻见,保持一种永久平和的心境"(《文化运动不要忘了美育》),从而最终实现自己的教育目的。蔡元培的审美教育思想显然是渊源于西方美学(尤其是康德、席勒)的。

蔡元培的对美育范畴的阐释较之王国维有了较大发展。首先,蔡氏提倡美育,是借非功利的口号,把美育作为一种冲破封建束缚,争取个性自由的武器:"美术之所以为高尚的消遣,就是能提起创造精神。……美术一方面有超脱利害的性质,一方面有发展个性的自由。所以沉浸其中,能把占有的冲动逐渐减少,创造的冲动逐渐扩展。"[①]这种看法显然与王国维不同。后者希望的是通过审美而绝对弃绝功利,遁离生活,前者则希望通过这种自由的审美状态,使意志的主动性直接地重新作用感性世界,故在反粗陋的功利目的上,他们有相似之处,但在更高的合目的性上却泾渭分明。其次,在美育实践上,蔡一反王以古雅教育众庶的传统偏见,把目光转向人民大众,疾呼"提起普通人优美高尚的兴趣","所谓独乐乐不如与人乐乐,寡乐乐不如与众乐乐"。在此基础上,他主张打破从孔夫子开始的封闭的审美教育方法,使美育走向普及:"我们中国人自己的衣服、宫室、园亭,知道要美观;不注意于都市的美化。知道收藏古物和书画,不肯合力设博物院。这是不合于美术进化公例的。"[②]这种使审美教育从狭隘、自私走向博大、普遍,从"身体的美、个人的美"走向公共的美、社会的美,反映出资产阶级革命的平等观念和要求用美育"改进社会"的愿望。

蔡元培对"美育"范畴的阐释是推进了其自身美学涵义的丰富、升华和演进的。尤为可贵的是,蔡元培更在审美教育的实践方面付出了巨大的精力,为近代美学史上所仅见。因此,在近代美学史中,"美育"二字是与蔡元培的名字密切相关的。但从思辨行程来看,蔡元培的审美教育思想又有其根本矛盾之处。蔡氏反复强调,美育的作用是"由于感情的推动力",这当然

---

① 《蔡元培选集》,中华书局1959年版,第186页。
② 《蔡元培先生全集》,台湾商务印书馆版,第804页。

抓住了问题的症结,但却因之忽视了理性认识的作用。这就失之过当了。王国维信奉此说,与他认为美育目的在于"调和感情"是相符合的。蔡氏认定美育的目的在于提高道德、完善人格、改进社会,却显然与他对美育的作用的说明不尽符合。这样一种审美教育理论中的根本矛盾之处,归根结底仍然要从中国资产阶级本身的二重性中得到解释。马克思在谈到德国资产阶级及他们的美学家康德时说过:"软弱无力的德国市民只有'善良意志',康德只讲'善良意志',哪怕这个善良意志毫无效果,他也心安理得,他把这个善良意志的实现以及它个人的需要和欲望之间问题的协调都推到彼岸世界。"(《德意志意识形态》)到处鼓吹美育"足以破人我之见,去利害得失之计较,则其所以陶养性灵"而已的蔡元培的美育观的失足之处,其实也在这里。

颇有趣味的是,在王国维、蔡元培审美教育思想中深深潜沉着的感性与理性、个人与社会对峙抗争的根本矛盾,又被以梁启超为代表的与超政治、超功利相反的"政治功利化"美育观鲜明地突出出来了。

梁启超是资产阶级改良派的主将与灵魂。他从社会生活、政治生活的需要出发,去研究美学问题,认为"美是人类生活一要素——或者还是各种要素中最要者,倘若在生活内容中把'美'的成份抽去,恐怕便活得不自在甚至活不成。"①因而断言"美"就是"生活于趣味","没趣便不成生活"。那么,趣味的源泉在哪里呢?他认为有三:一是"对境之赏会与复现",即与自然之美相接触而消除疲劳;二是"心态之抽出与印契",即"正中下怀"的释然与开心;三是"他界之冥构与蓦进",即超越现实而进入理想。而要达到这种境界,就要靠美育。美育"功能"在于"把那渐渐坏掉了的爱美胃口,替他复原,令他能常常吸受趣味的营养,以维持增进自己的生活健康"。"人之恒情,于其所怀抱之想象、所经阅之境界,往往有行之不知,习矣不察者……有人焉,和盘托出,彻底而发露之,则拍案叫绝曰:'善哉善哉,如是如是'",于是"渐渐坏掉了的爱美胃口"因之"复原"。循此推理,很自然便得出了"小说救国"

---

① 《美术与生活》,见《饮冰室文集》第39卷。

的为人所熟知的结论("今日欲改良群治,必自小说界革命始;欲新民,必自新小说始")。梁启超的美育观得到了陶曾佑、狄平子、徐念慈、康有为等人的呼应。

然而,美育毕竟不同于认识教育或道德教育,它不是对人的理性的社会性而恰恰是对人的感性的社会性的塑造,因此,一切成功的文艺作品,具有普遍性的、深刻的、社会的东西,只有渗透在个体的欲望、需求、情感之中,才能引起读者的兴味,才会起到审美教育的作用。属于社会的伦理道德、政治、法律等原则,在它还没有表现为个体的欲望、需求、情感时,不论它的意义如何重大,都不可能是美的,因而也不可能具有审美教育的功用。梁启超在理论上的根本偏颇,就在此处。

置身两种美育观之间,能够融洽诸说,作出理论界说的是鲁迅。

早期的鲁迅,尚未完全摆脱王国维、蔡元培、梁启超的影响。但是,鲁迅又有其独特的思想道路,使得他能够较为正确地解决"美育"问题,这是激进的人道主义思想所使然。这样一种思想使他在思想探索的起步之初便超越了同代的理论家,不再满足于科学进步,也不再满足于排满革命,而瞩目于如何改造"国民性"。他在《科学史教篇》的结语中指出:

> 故人群所当希冀要求者,不惟奈端(牛顿)已也,亦希诗人如狄斯丕文(莎士比亚);不惟波尔(波义耳),亦希画师如洛菲罗(拉斐尔);既有康德,亦必有乐人如培得呵芬(贝多芬);既有达尔文,亦必有文人如嘉来勒(卡莱尔)。此凡者,皆可以致人性于全,不使之偏倚,因以见今日之文明者也。

这就使鲁迅超越过科学进步、政治改良,进入人性问题的殿堂,从而使人性研究与美学研究相互沟通,并把自己美学思想的出发点,奠定在改造国民性、塑造理想人格这一个很高的基点上。

鲁迅指出,古典的"教化"美学是一种"不撄人心""无所欲、无所求"的美学,在它的长期潜移默化的影响下,使中国人养成了"安雌守雄,笃于旧习"

"见善而不思式"的孱软无能的性格,为了"活身是图,不恤污下","宁蜷伏堕落而恶进取","性解之出,亦必竭全力死之","旧染既深,辄以习惯之目光,观察一切,凡所然否,谬解为多"(《摩罗诗力说》),"纵唱者万千,和者亿兆,也决不足破人界之荒凉"(《破恶声论》)。"试稽自有文字以至今日,凡诗宗词客,能宣彼妙音,传其灵觉,以美善吾人之性情,崇大吾人之思理者,果几何人?上下求索,几无有矣。"(《摩罗诗力说》)。鲁迅的这一结论虽然未免武断,缺乏对古典美学"教化"范畴的认真分析,但"教化"范畴的缺陷与不足,他却是准确地把握住了。因此他提出用"美育"取"教化"而代之。而美育的核心就是"美善吾人之性情,崇大吾人之思想",就是"致人性于全",努力塑造"大都不为顺世和乐之音,动吭一呼,闻者兴起,争天拒俗,而精神复深感后世人心,绵延至于无已"的为近代中国所期待着的新型的理想人格,使人的精神获得彻底解放。从而最终变"沙聚之邦","转为人国,人国既建,乃始雄厉无前,屹然独见于天下。"(《文化偏至论》)

而在实施"美育"的途径上,鲁迅也有其独到之处,这就是美育的"不用之用"。他提出:理想人格的建立,关键在"自觉","自觉至,个性张",这里的"自觉",不是古典美学赖以立足的伦理学的自觉原则,恰恰是鲁迅一贯提倡的自愿原则。他认为:只有经过意志的自由选择、自由行动,理想人格才能建立起来。而这也就与古典美学严格区别开来了。

> 盖诗人者,撄人心者也。凡人之心,无不有诗,如诗人作诗,诗不为诗人独有,凡一读其诗,心即会解者,即无不自有诗人之诗。无之何以能解?唯有而未能言,诗人为之语,则握拨一弹,心弦立应,其声澈于灵府,令有情皆举其首,如睹晓日,益为之美伟强力高尚发扬,而污浊之平和,以之将破。平和之破,人道蒸也。(《摩罗诗力说》)

这里的"美育"与"教化"殊异,尽管"美育"也是一种"教":"此其效力,有教示意;既为教示,斯益人生;而其教复非常教,自觉勇猛发扬精进,彼实示之。凡苓落颓唐之邦,无不以不耳此教示始。"(《摩罗诗力说》)这就是说,美育是

"不用之用"。一方面,无助于衣食、宫室,另一方面,又可能"斯益人生"。但又不是一般的"斯益人生",而是在"自觉勇猛发扬精进"方面"斯益人生",这正是美育的大"用"。鲁迅又指出:"顾实则美术诚谛,固在发扬真美,以娱人情,比其见利致用,乃不期之成果"(《儗播布美术意见书》),这里的"不期之成果"与上述"教非常教"相类,都指的是"不用之用",这使得鲁迅在整体上深刻区别于王国维、蔡元培,也区别于梁启超,较为准确地解决了美育的基本理论问题。

"教化"与"美育"的美学对比

在古典美学中,"教化"美学范畴是使社会的要求、理性的规范内化在个体的感性之中的手段,这也就是"教胄子,直而温,宽而栗,刚而无虐,简而无傲"(《尚书》)。因而"教化"的目的在于达到"神人以和",即个体与社会、人与自然的融洽统一的境界。而近代美学的"美育"美学范畴,却着眼于新型的理想人格的塑造。这种新型的理想人格,是与当时的社会相冲突的。它建立在自愿但却可能盲目的基础之上,强调反抗、斗争,强调意志自由。不再以传统的"圣贤""醇儒"为理想人格的楷模,而以"斗士""豪杰"作为新型理想人格的楷模。例如王国维美育观就潜沉着恢复人的内在本性这一根本目的,在他的理论主张中透露出来的宣扬美的独立价值、宣扬艺术的独立价值、借静观之我否定生活之我、借感性否定理性、借个人否定社会、借自然否定传统、借直觉否定逻辑……实质上都是意在通过审美和艺术,使个体从封建社会的必然王国中挣脱出来,进入近代社会的意志"自由"的王国,回到自我,这在客观上显然是在为反封建的个性解放争夺合法地位。梁启超的美育观处于另外一极,但他的着眼点依旧是个体的自由意志,希图通过"小说"去改造人,然后借被赋予了自由意志的个体去同与自身激烈冲突着的社会殊死抗争。尤其值得一提的是鲁迅。从对中国社会"民性柔和,既如乳羔,则一狼入其牧场,能杀之使无遗孑,及是时而求保障,悔迟莫矣"(《破恶声论》)的深刻认识出发,他极力提倡"以深广的慈母之爱,为一切被侮辱和损害者悲哀、抗议、愤怒、斗争"的珂勒惠支的版画,提倡永濑义郎"有力的美"

的木刻,提倡画家司徒乔描写了"人们和天然苦斗"的风景画,提倡狮虎鹰隼的伟美壮观:"它们在天空、岩角、大漠、丛莽里是伟美的壮观,捕来放在动物园里,打死制成标本,也令人看了神旺,消去鄙吝的心。"(《半夏小品》)只有这样,才能使人民"勇健有力,果毅不怯斗",与同自身尖锐对峙着的旧制度、旧传统一死相拼。

其次,在审美教育的途径方面,"教化"美学范畴与"美育"美学范畴也不相同。古典美学视"教化"为"感人深,移风易俗"的工具,因此只有"先王著其教焉"(《乐记》)。例如音乐教育(这里的音乐,指的是古乐、大乐、正乐,实际都是帝王之乐),所谓"王者功成作乐",诸侯大臣按其功劳的大小,接受帝王的赐乐,而老百姓则仅有接受帝王音乐教化的权利,这就是"与民同乐":"若夫礼乐之施于金石,越于声音,用于宗庙社稷,事乎山川鬼神,则此所与民同也。"而借教化使百姓上达于仁义,实际上是上达于帝王的思想感情。这样一种"教化"思想,必然表现出封闭、狭隘、贵族化、高雅化的性格。正像蔡元培批评的那样:"自己的衣服、宫室、园亭,知道要美观;不注意于都市的美化。知道收藏古物和书画,不肯合力设博物院。"而近代美学的"美育"美学范畴却不是这样。它的美学风貌完全是近代的,已经脱离了昔日那种被少数人垄断的局面,在广度上大大前进了一步。不但包括音乐、图画、游戏、文学,而且扩展到家庭胎教、家庭育婴、幼稚园、辩论会、纪念会、展览会,甚至道路、建筑的美化,公园的建设,名胜古迹的保存,公坟的设置,尸体的火化以及美术馆、剧院、影戏院、历史博物馆、古物学陈列所、人类学博物馆、植物园、动物园等场所,表现出开放、博大、平民化、世俗化的性格,意味着审美教育已经走出了过去的小天地,真正进入了社会。

又次,在审美教育的内容上,"教化"美学范畴与"美育"范畴也不相同。"教化"要求审美教育的内容应该是个体与社会、人与自然、感性与理性的和谐统一。《尚书·尧典》中提出"人神以和",孔子强调审美教育的内容应该"乐而不淫,哀而不伤"。因此古典美学有"温柔敦厚"的诗教之说。朱自清《诗言志辨》指出:"温柔敦厚"是"和",是"亲",是"节",是"敬",也是"适",是"中"。这种以礼节乐、以理节情的"温柔敦厚"就构成审美教育的内容。而

"美育"却要求近代审美教育的内容,应该是个体与社会、人与自然、感性与理性的对抗冲突,它或者以真为美,强调美真结合,以真实(揭露丑恶现实)作为审美教育的最高原则;或者以善为美,强调美善结合,以善作为审美教育的最高原则;或者注重合目的的思考;或者偏重超目的的体味;或者强调冷静地认识现实,"引起疗救者的注意"(鲁迅语);或者强调情感的鼓舞作用,"立意在反抗,指归在动作",使人的内在本性猛醒。鲁迅在《爱罗先珂童话集·序》中指出:"我觉得作者所要叫彻人间的是无所不爱,然而不得所爱的悲哀,而我所展开他来的是童心的,美的,然而有真实性的梦。这梦,或者是作者的悲哀的面纱罢? 那么,我也过于梦梦了,但是我愿意作者不要出离了这童心的美的梦,而且还要招呼人们进向这梦中,看定了这真实的虹,我们不至于是梦游者。""招呼人们进向这梦中,看定了这真实的虹",这种明确的目的,使鲁迅无比厌恶审美教育中的"瞒和骗"。鲁迅心目中的审美教育,是引导人们真实地认识生活,"养成他们有耐劳作的体力,纯洁高尚的道德,广博自由能容纳新潮流的精神。"(《我们现在怎样做父亲》)近代美学革命还把审美教育同开发智力和劳动生产联系在一起。就后者而论,蔡元培指出:"文明时代分工的结果,不是美术专家,几乎没有兼营美术的余地。那些工匠,日日营机械的工作,一点没有美术的作用参在里面,就觉枯燥的了不得;远不及初民工作的有趣。近如 Morris 痛恨于美术与工艺的隔离,提倡艺术化的劳动,倒是与初民美术的境象,有点接近。这是很可以研究的问题。"①在当时的社会条件下,能否这样去做,是另外的问题。在这里我们要指出的是,对于审美教育的这一认识,已经不但是把审美教育从伦理束缚中剥离出来,还它以自身的科学内容,而且是更合乎逻辑地使之浸透到科学探索和日常劳动之中了。毫无疑问,近代美学革命对审美教育的内容的理解,已经远远超出了古典美学的框架,充溢着为古典美学"教化"美学范畴所不具备的近代的历史内容和理论内涵。

---

① 《美术的起源》,载 1920 年《新潮》第 2 卷第 4 期。

第四章 从信仰到思考

思维机制的历史建构

1848年,费尔巴哈在一次著名的讲演中大声疾呼,希望人们"从信仰者转变为思想者",勇敢投身于资产阶级的思想启蒙。列宁热情洋溢地将他的这个行动称为"启蒙的无神论者的最典型的例证"。

"从信仰者转变为思想者",确实是资产阶级思想启蒙的重要特征之一(梁启超在概括中国资产阶级思想启蒙的特征时,也引用了这句话。参见《中国近三百年学术史》)。它意味着人们自身思维机制的历史建构:从信仰走向思考。

从心理层次上讲,美学理论是思维机制对刺激信息和理论场信息进行复杂组织之后产生的。具体言之,思维机制是一个对外界信息的接收器和加工器,它对外界输入的信息加以选择和整合,中国美学的富有民族性格的理论内容,正是在自身特殊思维机制的基础上形成的。然而,在理论形成过程中,思维机制不仅仅对外界信息加以摄取、过滤、筛选("同化"作用),更在外界信息的刺激作用下完成自身的"不断建构"(顺应作用)。思维机制对外界信息的作用是"同化",外界信息对思维机制的作用是"顺应"。"同化"与"顺应"总是同时发生、互相渗透的。在中国美学的整体进程中,思维机制在主体与客体的相互作用中不断发展、演进。我把这种思维机制从低级到高级的发展、演进称为"建构"。

中国古典美学的思维机制,可以称之为"宏观直析"思维(见第一篇第一章)。它"上揆之天道,下质诸人情,参之于古,考之于今",从未经分析处理的笼统直观出发,直接外推,按照功能的接近或类似,把美、审美和艺术纳入一个客观规律、性格与人事活动、经验相互联系及渗透的系统之中,以俾从实用理性的高度直捷地把握美、审美和艺术的作用、功能、序列、效果。因此,与西方美学截然相异,中国古典美学的思维机制是认识的内容与心理形式的结合。它介乎感性体验与理性认识、具体直观与抽象思辨之间,是一个独立的认识环节。它含蕴着理性的积淀,又总与个体的感性、情感、经验、历史相关,它是一个有机的思维整体,想象、猜测、直觉、灵感、幻想、情感、假设都在其中起着它们应起的作用。总之,它既不是非逻辑的,又不是非思维的,但却是非西方的,按照上述费尔巴哈的划分,我们可以把它作为"信仰型"的思维机制。

但是,由于社会背景、思维基础等种种条件的限制,中国古典美学的思维机制毕竟是"用理想的、幻想的联系来代替尚未知道的现实联系,用臆想来补充缺少的事实,用纯粹的想象来填补现实的空白"[①],以致总是直观、综合、形象、不脱离当下经验地感知外在对象,而无法逻辑、分析、抽象、超越当下经验地反映外在对象,满足于"但言其当然,而不言其所以然者之终古无弊哉"(阮元:《畴人传》)。这样既毋庸担忧客观实践的检验,又不受形式逻辑的制约,就会容忍思维的模糊性、朦胧性,沉溺于封闭、循环、保守等思维缺陷之中,甚至为了某种需要,去"主观地应用"概念自身的"对立面同一的灵活性"(列宁语),去随心所欲地解释一切,成为"通向诡辩术的桥梁"。十分明显,中国古典美学的一切缺陷,像它的一切精华一样最终都可以在这里得到解释。

由此看来,中国美学的思维机制的"有效地和不断地建构",就成为历史与逻辑的必然。然而,由于造就、制约古典美学思维机制的社会历史条件长期延续下来,使得它通过世代相沿的获得性遗传和个体的学习过程而凝结沉淀为某种相对稳定的文化—心理素质。期待中的思维机制的经常而有效地建构并未出现。它有待于社会历史条件的根本改变和演进。

---

① 《马克思恩格斯选集》第4卷,人民出版社1972年版,第242页。

历史过程

从深远广袤的思维机制的历史建构过程来看,它并非可以毕其功于一朝一夕,而是经过了一个缓慢而艰苦的过程。按照恩格斯的杰出分析,当社会历史条件逐渐开始改变和演进之际,思维机制的改进往往并未引起人们的注意。在此情况下,新的社会要求和旧的思维方式同时存在,似乎成为一种规律性的现象。"十三世纪至十七世纪发生的一切宗教改革运动,以及在宗教幌子下进行的与此有关的斗争,从它们的理论方面来看,都只是市民阶级、城市平民,以及同他们一起参加暴动的农民使旧的神学世界观适应于改变了的经济条件和新阶级的生活方式的反复尝试。"①直到18世纪资产阶级的法学思维方式才正式取代了旧的神学思维方式,同样,"无产阶级起初也从敌人那里学会了法学的思维方式,并从中寻找反对资产阶级的武器。无产阶级的第一批政党组织,以及它们的理论代表都是完全站在法学的'权利基础'之上的。"②这一情形直到马克思主义的出现才被彻底加以改变。

纵观中国美学史,中国古典美学思维机制的"有效地和不断地建构",同样经过了一个缓慢甚至艰巨的过程。明中叶之后,中国美学启蒙大潮第一次在美学领域认真地开始了具有历史意义的"自我批判"。然而,这种以摆脱传统思想的束缚为目的的全面的自我批判,却合乎规律地表现为全新的审美理想、审美趣味和旧的思维机制的并存不悖。正像普列汉诺夫指出的那样,一个时代的意识形态决不会和自己的先辈作全线的、在人类知识和社会关系的一切问题上的斗争的。斗争往往首先是在前一时代占据领导地位的省份爆发,然后才扩展到被攻击省份的最忠实的同盟者身上。明中叶启蒙美学的演进也是这样。两种审美理想、审美趣味的冲突首先是在古典美学占据领导地位的感性与理性、个性与社会的关系的"省份"爆发的。因此,中国古典美学思维机制的历史建构显示出一如既往的沉寂和冷漠。及至西

---

① 《马克思恩格斯全集》第21卷,人民出版社1965年版,第545页。
② 《马克思恩格斯全集》第21卷,人民出版社1965年版,第545页。

方资本主义又突然袭来,使整个社会发生了畸形的变化。国破家亡的危机,使得中国人从"天下第一"的迷梦中惊醒过来,向西方学习,尽力吸收西方近代自然科学的新成果及哲学、社会学、伦理学、美学的新知识,是中国近代意识形态的最显著的特点。从19世纪中叶起,我国已开始翻译介绍西方近代的数学、天文学、地理学、古典力学以及声、光、电、化方面的知识;中日甲午战争后,严复介绍了赫胥黎的《天演论》,震动一时;19世纪西方自然科学划时代的三大发现——生物进化论、细胞学说、能量守恒及转化定律也迅速但又残缺不全地进入中国,成为我国意识形态变革的自然科学基础。而"以太""星云""原子""细胞""电""力"等自然科学概念、西方资产阶级哲学诸流派、西方近代的实验方法以及形式逻辑,都被大量引入,用以批判封建意识形态,改造传统理论结构,改造传统思维机制。

其中最具代表性的是严复,他从近代史上中国人不断向西方学习的结果中敏捷地认识到:关键在于思维机制的改造,否则,"徒补苴罅漏,张皇幽渺,无益也"。他尖锐地指出:"民智不开,则守旧、维新,两无一可。"意识到自身思维机制的缺陷,他曾反复对比中、西不同思维机制:中国委天数,西方恃人力;中国夸多识,西方尚新知;中国谨遵古训,西方推重公例;中国重心成之学,西方尚实测内籀……并通过翻译《穆勒名学》和耶芳斯的《名学浅说》,大力宣传:"若问西人后出之新理何以如此之多……其途不过二端,一曰内籀,一曰外籀。"(《西学门径功用》)而中国的思维机制根本不从客观事实的观察、归纳出发,也不用客观事实去验证,一味依赖主观臆造或古旧训条。传统的概念更极不严密精确。例如"气":"今试问先生所云气者究竟是何名物?可界说乎?吾知彼必茫然不知所对也。然则凡先生所一无所知者,皆谓之气而已,指物说理如是,与梦呓又何以异乎?""出言用字如此,欲使治精深严确之科学哲学,庸有当乎?……他若'心'字、'天'字、'道'字、'仁'字、'义'字,如此等等,……意义歧混百出。"(《名学浅说·按语》)严复的认识是十分深刻的,应该被认为是近代中国自觉改造传统思维机制的开端。

与此相一致,中国古典美学的思维机制问题受到了广泛的注意。王国维指出:西方思维机制与中国不同,"非哲学的,而宁科学的也",故"东方古文学之国,而最高之文学无一足与西欧匹者"。他懂得,"一切真理唯存于具体的物中,与黄金之唯存于矿石中无异,其难只在搜寻之",因而强调"以概念比较直观"的近代思维机制远远胜过"以概念比较概念"的古代思维方式。而为了推进思维机制的重新建构,他甚至鼓吹"冲决网罗","肆其叛逆而不惮","图一切价值之颠覆"。蔡元培亦具体分析了我国"惟千年来,纯以哲学之演绎法为事,而未能为精深之观察、繁复之实验","不得科学之助"的思维机制的缺陷。评述说:"吾国人重文学,文学起初之造句,必倚傍预人,入后方可变化,不必拘泥。吾国人重哲学,哲学亦因历史之关系,其初以前贤之思想为思想,往往为其成见所囿;日后渐次发展,始于已有之思想,加入特别感触,方成新思想。吾国人重道德,而道德自模范人物入手。三者如是,美术上遂以不能独异",①更不能形成"系统之理论"。一贯主张"全盘西化"的胡适,更是改造旧思维机制的急先锋,他宣称:无论是推翻古字,鼓吹白话文,研究文学史,考证古典小说,实际都是要提倡和实行"新的思想方法"。他批判旧思维机制的弊病,是"终身作细碎的工作,而不能做贯串的思想,如蚕食叶而不吐丝"。②而实际上"我们人类所需要的知识,并不是绝对存立的'道'哪,'理'哪,乃是这个时间,这个境地,这个我的这个真理"。鲁迅面对中国古典美学思维机制的顽固势力曾人声疾呼:要提倡"天马行空似的大精神",扫荡"萎靡锢蔽"的传统,"将碍脚的旧轨道不论整条或碎片,一扫而空"。他断言:"没有冲破一切传统思想和手法的闯将,中国是不会有真的新文艺的。"另一方面,对于"近世之人,稍稍耳新学之语,则亦引以为愧,翻然思变,言非同西方之理弗道,事非合西方之术弗行,掊击旧物,惟恐不力",痛斥曰:"近不知中国之情,远复不察欧美之实,专拾西人'牙慧','活剥'外国,"按其实则仅眩于当前之物,而未得其真谛",是"惟枝叶之求"。他敏捷地意识到:"别求新声于异邦"的"真谛"在于思维机制的历史建构,因之他盛

---

① 《蔡元培先生全集》,台湾商务印书馆版,第747页。
② 《几个反理学的思想家》,见《胡适文存》。

赞西方古代希腊的思维方法："尔时诸士,直欲以今日吾曹滥用之文字,解宇宙之玄纽而去之。然其精神,则毅然起叩古人所未知,研索天然,不肯止于肤廓。"认为它比之"神秘而不可测"的"以注释易征验,以评骘代会通,博览之风兴,而发见之事少"的思维方法,是远为科学和值得效法的。而且,鲁迅在早期就明确意识到把培根的归纳法(内籀)和笛卡儿的演绎法(外籀)结合起来,"初由经验而入公论,次更由公论而入新经验","偏于培庚之内籀者固非,而笃于特嘉尔之外籀者,亦不云是,二术俱用,真理始昭。"(《科学史教篇》)这就在一定程度上突破了建立在绝对不相容的对立环节之上,而往往形而上学地夸大某一认识环节的近代美学思维机制的局限性。

不留遗憾的征服

随着社会历史条件的根本改变,随着人们审美理想、审美趣味的变革的逐渐深入,中国美学的思维机制的历史建构就成为历史与逻辑的必然。

这也就是说,日趋僵化的旧思维机制,在继续主体对外界信息加以"同化"的同时,逐渐侧重于主体对外界信息的"顺应",并循此完成新思维机制的历史建构。在此过程中,思维机制的改变大体有下述几个方面:

从封闭变为开放。古典美学思维机制,从系统论角度看,是一个趋于"死寂"的平衡系统。因此它往往辗转于为人熟知的传统思维材料之中,思维空间异常狭小,体现出线性思维的特色,而对大量现实生活中涌现出来的新思维材料,旧思维机制不但拒绝"同化",更拒绝使自己"顺应"它们,从而完成自身的历史建构。完成自身的历史建构之后的近代美学思维机制,从系统论角度看,则近乎一个生气勃勃的耗散结构。思维空间极大地开拓了,理论触角不断向纵深延伸。它集中表现为对外界信息的同化功能的增加。鲁迅的《摩罗诗力说》是近代美学的伟大纲领。作者之所以能够完成这篇划时代的论文,与思维机制从封闭变为开放有极大关系。从外界信息来看,仅仅对"摩罗诗派"的介绍部分,涉及到的著作就有 11 种(其中日文 6 种、英文 4 种、德文 1 种)。这一情况我们在几乎所有的美学文章中都能看到。黄人《清文汇序》讲:"中兴垂五十年,中外一家,梯航四达,欧、和文化,灌输脑界,异质化合,乃孳新种,学术思想,大生变革……极此所往,四海同文之盛,期当不远。"黄人对思维机制的"异质化合"的分析是精到的。美学历史的发展,也证明了并且继续证明着他"四海同文之盛"的预言。由是,理论家在研究过程中,纷纷改变了思维的参照系,从纵向比较改为横向比较,以俾研究对象的真实价值能够清晰地显现出来。在理论研究方面,最具说服力的是对小说美学地位的评价在中国古代美学与中国近代美学中的变化。中国古典美学素来不重小说,从思维机制的参照系看,与以《诗经》《楚辞》为参照系不无关系。近代之后,小说被重新认识与评价,与参照系的改变很有关系。梁启超认为:欧美、日本的改革都是靠小说才成功的。故中国亦当以小说为第一,"欲新一国之民,不可不先新一国之小说……"这样一种对小说的推崇,显然与梁启超变纵向比较为横向比较,变换了思维机制的参照系相关。狄平子《论文学上小说之位置》也谈道:

> 吾昔见东西各国之论文学家者,必以小说家居第一,吾骇焉。吾昔见日人有著《世界百杰传》者,以施耐庵与释迦、孔子、华盛顿、拿破仑并列,吾骇焉。吾昔见日本诸学校之文学科,有所谓《水浒传讲义》《西厢记讲义》者,吾益骇焉。继而思之,何骇之有欤? 小说者,实文学之最上乘也。

一反千年不易之论,认为小说"实文学之最上乘也",实在是新的参照系使然。在作品的美学评价方面,古典美学在评价一部作品时(即便是评小说或戏剧),由于思维机制的限制,往往以之与《诗经》《楚辞》与李白、杜甫诗歌去对比,故陷入一个自我封闭的由感性材料上升为理论,再由理论回到原感性材料的同义循环之中,使理论研究难以深入。在近代美学中我们却可以看到思维机制的一种全新的迹象。林纾在《译孝女耐儿传序》说:

> 中国说部,登峰造极者,无若《石头记》。叙人间富贵,感人情盛衰,用笔缜密,着色繁丽,制局精严,观止矣。其间点染以清客,间杂以村姬,牵缀以小人,收束以败子,亦可谓善于体物,终竟雅多俗寡,人意不

专属于是。若迭更司者,则扫荡名士美人之局,专为下等社会写照,奸狯驵酷,至于人意所未尝置想之局,幻为空中楼阁,使观者或笑或怒,一时颠倒,至于不能自已,则文心之邃曲,宁可及耶?

《红楼梦》是一部伟大的作品,体现了近代美学的审美理想、审美趣味,但毕竟不是完全成熟的,一旦与迭更司(狄更斯)的小说加以比较,便可以对它的美学成熟作出准确、科学的评价。

  从模糊转向精确。中国古典美学的思维机制,与审美实践保持直接联系,不向分析、推理、判断的思辨理性方向发展,也不向观察、归纳、实验的经验理性的方向发展,而是横向铺开,向事物的性质、功能、序列、效用间的相互关系和联系的整体把握方向开拓。它给中国古典美学带来强调"天人合一"的长处,同时也带来思维模糊、含混甚至荒唐可笑的缺陷。中国近代美学的思维机制,则从根本上改变了这种情况。它变模糊为精确,变含混为清晰,变荒唐可笑为科学可信。从宏观的角度讲,中国古典美学一直未能在哲学、文学和美学三者之间划清美学的界线,使之作为一个学科独立出来。但近代美学却做到了。王国维曾着重指出:"天下之事物非由全不足以知曲,非致曲不足以知全"。① 在准确权衡任何一门学科乃至各门学科之间的关系上,他是深知"全"与"曲"的辩证关系的。在他看来,哲学居于学科之巅,此所谓"全"。"虽一物之解释,一事之决断,非深知宇宙人生之真相者不能为也。"②由此出发,他把各门学科分成科学、史学、文学,统统隶属于哲学。他强调我国从《易·系辞》上下传到诸子之书,都是"亦哲学,亦文学",就是有鉴于此。"且定美之标准与文学上之原理者,亦唯可于哲学之一分科之美学中求之。"也就是说,美学是艺术哲学。这样,王国维也就严格区分了哲学、美学、文学三者之间的隶属关系,从而为他进一步阐释美学的内容、对象、特性等问题奠定了坚固基础。之所以如此,显然与王国维的近代美学思维机

---

① 《国学丛刊序》,见《海宁王静安先生遗书·观堂别集》。
② 《国学丛刊序》,见《海宁王静安先生遗书·观堂别集》。

制密切相关。从微观角度讲,近代之后,蔡元培的研究别开生面。他认为:"音乐者,合多数声音,为有法之组织,以娱耳而移情者也。"①这个定义,把音乐剖析为质料(声音)、结构(有法之组织)、目的(娱耳),以及达到这一目的环节(移情)。他认为所谓"声音"来自两个方面,具有不同的含义,一是来自人的肌体,"人声,歌曲也";一是来自物体,即"音器",主要以金、革、丝、竹等为主。而声音具有什么样的条件才能成为音乐艺术的素质呢?他用声学的知识(如振动频率)去对音调、音阶、音色、谐音等加以解释,认为音乐作为一门艺术,就是遵循一定的规律、法则,把这些不同的音素加以综合而构成一个统一的整体。"合各种高下之声,而调之以时价,文之以谐音,和之以音色,组之而为调、为曲,是为音乐。故音乐者,以有节奏之变动为系统,而又不稍滞于迹象者也。"这显然是把近代声学、物理学的知识,应用于音乐构成成分、变化规则的分析了。梁启超的美学探讨也表现出同一特征。他针对古典美学"美善相乐"的特点(引人注目地提出"真美合一"的口号),主张美的分析与科学的分析的有机统一。他强调"求美从真",以"真"为前提,并且要求美学家、艺术家要有"极明晰极致密的科学头脑"。这样一种思维,要求按形式逻辑原则作出绝对肯定或否定的陈述,要求概念同被描述对象完全一致而保持它的确定性,显然是臻于成熟的近代思维机制的标志。

从保守转向创新。中国古典美学的思维机制由于是一种趋于"死寂"的平衡结构,故而具有强大的保守性、凝聚性、稳定性。任何研究对象,都已被大体确定在某一固定位置上,与其他研究对象建立了大体确定的关系或联系。它们彼此约束牵制,而又最终受制于思维结构本身。这样,曾经在封建社会发展中起过积极作用的儒道美学,如"日月经天,江河行地",成了"万事之根本,百川之源头"。社会实践和审美实践中提出来的新疑难、新问题,被认作早已解决而漫不经心地束之高阁,冲破儒道美学的束缚则更是大逆不道。近代美学的思维机制却反其道而行之,开始不断地研究社会实践和审美实践中提出的新疑难和新问题。胡适提出:要用"从具体的事实与境地下

---

① 《蔡元培先生全集》,台湾商务印书馆版,第244页。

手的'怀疑精神'解放许多'古人的奴隶'"。他抛开清人关于《红楼梦》的"清世祖与董小宛恋爱说""康熙朝政说"等种种穿凿附会的梦呓,认定"科学方法的《红楼梦》研究"是"处处存一个搜求证据的目的;处处尊重证据,让证据做向导,引我到相当的结论上去"(《红楼梦考证》,见《胡适文存》)。因而才能够从《雪桥诗话》《八旗文经》《熙朝雅颂集》等书中爬梳提取出有力的证据,得出作者是汉军旗人曹雪芹,以及他是曹寅的孙子而并非儿子等结论,把"红学"研究大大推进了一步。又如,中国古典美学历来以"温柔敦厚"的"中和"之美作为审美理想、审美趣味的标准。直到明中叶,人们才对之产生了怀疑,但对之进行了最深刻批判的却是近代的鲁迅:"中国之治,理想在不撄……有人撄我,或有能撄人者,为民大禁,其意在安生,宁蜷伏堕落而恶进取,故性解之出,亦必竭全力死之。"(《摩罗诗力说》)在鲁迅看来,真正的审美理想的原则应该是崇高。这种看法,显然来自对社会实践、审美实践的冷静分析。正像鲁迅后来谈及的:"当时的风气,要激昂慷慨,顿挫抑扬,才能被称为好文章,我还记得'被发大叫,抱书独行,无泪可挥,大风灭烛'是大家传诵的警句。"(《集外集·序言》)显然,正是这种精神,奠定了鲁迅理论研究的基础,推而广之,也奠定了整个近代美学研究的基础,而这也正是近代美学思维机制的最可宝贵之处。

"只有科学的征服才是不留遗憾的征服。"(拿破仑语)近代美学思维机制对于古典美学思维机制的征服,严格地说,正是这样一种"不留遗憾的征服"。

不过,思维机制的历史建构毕竟是在极为复杂的社会历史条件下起步的,因而,它的道路不可能是笔直的和单向度的。从中国近代美学革命中思维机制的历史建构中出现的一次又一次历史的回流来看,完全证明了这一点。或是津津乐道什么"仁之至,义之尽,天理人情之极则"的中国儒道学说倘若不自东往西盛行于西方各国,从而"大变其鄙俗",西方将终古沦为异类,幸好"今此通商诸国,天假其智慧,创火轮舟车以速其至,此圣教将行于泰西之大机括也。……尧舜孔孟之教,当遍行于天地所覆载之区,特自今日为始,造物岂无意哉!?"(李元度:《答友人论异教书》)或是以旧思维机制为体,以新思维机制为用,使思维机制"殖民地化"(它集中体现在"学衡派"的美学主张以及"鸳蝴派""东方文化派"的美学主张中。像"学衡派"自吹是"学贯中西",却痛斥西方近代美学是"浪漫的混乱"。他们曲解西方美学的核心是"中庸",用来反证中国古典美学之尚未过时,旨在保存濒于僵死的中国古典美学和旧思维机制,演出了一场颇具殖民地色彩的复古丑剧)。这一切,正像鲁迅慨叹的,"每一新制度,新学术,新名词,传入中国,便如落在黑色染缸,立刻乌黑一团,化为济私助焰之具"(《花边文学·偶感》)。

尤其使情况变得复杂的是,即便以新思维机制为本体,例如在中国近代美学革命的倡导者那里,思维机制的历史建构仍然是异常艰难的。一方面,旧思维机制的传统,"像梦魇一样纠缠着活人的头脑"(马克思语),只要稍加疏忽,就会使新思维机制的历史建构功败垂成。而且,它更潜沉在新思维机制之中,使之产生令人不易察觉的种种扭曲。其中最为典型的是,在接受了马克思主义美学之后,不是对之加以科学地领会,而是抱着一种传统的注释圣贤经典的态度,在潜在的封闭、模糊、保守的心理状态下去容纳马克思主义美学的内容,结果极大损害了马克思主义美学的科学性,更妨碍了现代美学的健康发展。另一方面,由于中国近现代革命的特点和苏联的影响,对中国近代美学革命中思维机制的历史建构也造成了一些不好的影响。就前者而论,我们知道,中国革命是以政治斗争为中心环节的,出于某种特殊需要,它必然要求政治上的某些要求普遍化、抽象化,最终形成一种约束力极强的社会要求,强迫所有的部门、所有的人去服从,它使得一切都掺杂了不允许独立思考、无条件服从政治斗争的社会普遍心理,近代美学的思维机制由是而发生扭曲,日益趋于僵化的和不去注重独立的理论思辨,这一缺陷,在文化和美学中心移到解放区之后,表现得更为典型一些。就后者而论,接受马克思主义美学,中国是假道于苏联的。这样,苏联理论界、美学界中当时普遍存在的简单化、教条化(例如"拉普")的思维机制同样给中国以强烈的影响。

上述诸方面的情况,限于篇幅,不可能详述,但仅从粗略的勾勒之中,已不难窥见中国近代美学思维机制历史建构的曲折、多维与复杂。它构成了世界美学史中最为意味深长的一幕。

第五章　王国维——一个伟大的未成品

永远的神话

1927年6月2日,王国维在北京颐和园昆明湖黯然自沉。作为一代学术赤子与学术烈士,他的死使得20世纪的中国失去了一个伟大的灵魂,但是,也因此而成为20世纪的中国的一个永远的神话。

对于任何人而言,诞生都只是一个纯粹的私人事件,而死亡则不然。就自杀而言,则尤其不然。它是令人震惊的最为内在的事件。这"最为内在的事件",在一般世人,是对于外在世界的绝望,是走投无路的形而下"死",在思想家,则是缘起内在信念的毁灭,是走投无路的形而上"死"。王国维的自杀正是如此。远远超过春秋时代的"礼崩乐坏"、明末清初时代的"天崩地解"、晚清的"道术为天下裂"与"数千年未有之巨劫奇变",使得他命中注定地与一个"前人以及同时代的人所无力解决的问题"邂逅,他的成功就在于勇敢地面对这一问题,但是他的失败却在于不但没有解决这个问题,而且反而为这个问题所压倒。他为此而争分夺秒地燃烧(他的一生似乎就是为了燃烧),燃烧成一道发光的曲线,然后——突然爆炸,最终——演绎而为走投无路的形而上"死"是王国维的命中之命,什么都无法代替它。著名的《三十自述》除了学术,其他经历一概没有涉及,堪称王国维的哲学绝命书,可见学术在他心目中的位置。而他自己也说:"余平生惟与书册为伍,故最爱而最难舍去者,亦惟此耳。"①因此,学术的命运,也就是他的命运。一旦发现学问做不下去,自然是唯余一死。爱因斯坦的挚友埃伦费斯特1933年自杀后,

---

① 王德毅编:《王国维年谱·叙例》,台湾商务印书馆1967年版,第3页。

爱因斯坦就剖析说:"由于无法容忍的内心冲突而放弃生命的自然归宿,今天,在精神健全的人们中间是少有的事;这只有在那些清高的、道德高尚的人才有可能。这种悲剧性的内心冲突使我们的朋友埃伦费斯特永逝了。所以像我这样十分了解他的人都知道,这个无瑕的人主要也是良心冲突的牺牲者;任何一位年过半百的大学教师发生这种或那种形式的良心冲突,乃是无可避免的。""最近几年中,由于理论物理经历了奇特的飞跃式的发展,这种状况更尖锐了。一个人要学习并且讲授那些他并不衷心赞同的东西,总是一件困难的事,这对于一个耿直成性的人,一个认为明确就意味着一切的人更是一种双倍的困难。况且,加上年过半百的人适应新思想总会碰到愈来愈多的困难。我不知道有多少读者在读了这几行之后能充分理解这种悲剧。然而主要地正是这种悲剧使他厌世自杀。"①与此相似,被爱因斯坦称为"最有才智"的洛仑兹,当新的发现打破了古典物理学时,也悲哀地说过,我感到遗憾的是,我为什么不在旧的基础崩溃之前死去。这同样是发现学问做不下去后的"唯余一死"。

显然,对于王国维来说,这走投无路的形而上"死"就是他的精神墓碑,犹如撒手悬崖就是贾宝玉的精神墓碑。然而,倘若简单地认为王国维走投无路的形而上"死"是死于晚清的"道术为天下裂"与"数千年未有之巨劫奇变",则又未免肤浅。"文化神州丧一身","凡一种文化值衰落之时,为此文化所化之人,必感苦痛,其表现此文化之程量愈宏,则其所受之苦痛亦愈甚;迨既达极深之度,殆非出于自杀无以求一己之心安而义尽也。"进而,"盖今日之赤县神州,值数千年未有之巨劫奇变,劫尽变穷,则经文化精神所凝聚之人,安得不与之共命而同尽。"②在这里,"值数千年未有之巨劫奇变"固然可叹,但是,"劫尽变穷"才真正可悲。费尽了全部的心力并且预支了全部的生命能量,却于偏偏"劫尽变穷",偏偏"强聒而力持,亦终归于不可救疗之

---

① 库兹涅佐夫:《爱因斯坦传》,商务印书馆1988年版,第237页。
② 陈寅恪:《陈寅恪诗集》,三联书店2001年版,第13页。

局",①偏偏命中注定的只是惨重的失败！王国维,这个大河民族的守望之神,当他历尽九九八十一难而完成生命的最后登攀,早已等待着他的,竟然只是"死亡峡谷"。郑板桥曾感叹:"天生孔子,其气尽矣。"难道,天生王国维,也"其气尽矣"?

而且,联想到王国维最初接触到西方思想之际的豪情万丈,我们不能不问:中国美学乃至中国文化确乎面对着"值数千年未有之巨劫奇变",但是,王国维不是已经找到了"第二之佛教"的西方思想作为挽狂澜于将倾的拯救之良方了吗？为什么毕生服膺于西方思想,但是最终却只能发出呼天喊地而天地不应的感叹:"若夫深湛之思,创造之力,苟一日集于余躬,则俟诸天之所为欤！俟诸天之所为欤！"②为什么曾经给他带来莫大之快乐的西方思想最终却不但不是一种心灵的安慰反而成为一种致命的伤害？为什么曾经使他强大起来、丰富起来的西方思想最终却不但未能使之生而且反而使之死？总之,王国维的西学之旅为什么最终竟成为地狱之旅、死亡之旅？

……

就是这样,王国维走投无路的形而上"死"凝聚成为我们民族心灵深处的一种不堪回首的精神创伤、一个世纪隐痛、一曲生命绝唱。

回应这精神创伤、世纪隐痛、生命绝唱,则无疑是我们的责任与使命。

"昨夜西风凋碧树,独上高楼,望尽天涯路。"

众里寻他千百度:从康德到叔本华

作为世纪第一学人,王国维在20世纪中国美学史中的出现,堪称奇迹。

20世纪,在中国乃至中国美学都是一个重估人类一切的世界,而不是人类重估一切的世界。在这方面,王国维是一个弥足珍贵的起点。历史酿就他,其全部的意义就是要称量过去的全部世界。因此,他似乎不是美学家,而是炸药。他的意义就在于:他所反对的,是国人从来没有反对过的。由于

---

① 陈寅恪:《陈寅恪诗集》,三联书店2001年版,第13页。
② 《王国维文集》第3卷,中国文史出版社1997年版,第473页。

他的诞生,我们必须把美学的历史划分为"他之前"与"他之后"。也是由于他的诞生,我们突然意识到:头足原来可以倒置,平原竟然都是丘陵,而国人眼中的金字塔实际却是海市蜃楼。他的貌似枯槁的短句子中的蕴涵是如此丰腴,简直就是一场风暴,一下子就卷走了中国美学堆积千年的陈腐的思想垃圾。在灵魂的境地从未学会站立的中国美学,也终于得以学会了站立。

显然,王国维不但是世纪第一学人,而且也是曹雪芹美学思想的第一传人。第三进向的人与意义的维度,三百年后在王国维那里再次得以凸现。不过,值得注意的是,这一切已经并非像曹雪芹那样是依赖于中国传统思想资源,而是在西方美学的语境下得以完成。

1877 年 12 月 3 日,王国维出生于浙江海宁双仁巷。这一年,光绪七岁,慈禧四十三岁,马克思五十九岁,恩格斯五十七岁,尼采三十三岁,严复二十三岁,康有为十九岁,蔡元培九岁,梁启超四岁,而叔本华已经辞世十七年。

与贾宝玉类似,王国维自幼对孔孟老庄就毫无兴趣。他自称"平生读书之始"开始于"十六岁,见友人读《汉书》而悦之,乃以幼时所储蓄之岁朝钱万,购前四史于杭州"①。这是在 1892 年。显然,从一开始,他的"悦"而读书,指向的就是曹雪芹所谱写的"天地所生异人"的谱系。1894 年,在他十七岁的时候,"未几而有甲午之役,始知世尚有所谓(新)学者,家贫不能以资供游学,居恒怏怏。"显然,这更是他从曹雪芹所谱写的"天地所生异人"的谱系进而转向西方所谱写的"新学"人物谱系的开始。

王国维与西方思想的亲密接触,主要是在 1901 年至 1911 年的十年时间。1898 年,王国维到上海《时务报》任书记之职,在日本田冈君的文集中首次看到被引用的康德、叔本华哲学,顿时心有戚戚。1901 年,二十五岁的王国维开始大量接触西方文化。最初,王国维阅读的是康德的哲学著作,如《纯粹理性批判》等等,然而窒碍难解,于是"更辍不读",转而"读叔本华之《意志及表象之世界》一书。叔本华之书,思精而笔锐。是岁前后读二过,次及于其《充足理由之原则论》《自然中之意志论》及其文集等,尤以其《意志及

---

① 《王国维文集》第 3 卷,中国文史出版社 1997 年版,第 470 页。

表象之世界》中《汗德(今译作康德)哲学之批评》一篇,为通汗德哲学关键。至二十九岁,更返而读汗德之书,则非复前日之窒碍矣"。①

在《三十自序》中,王国维把这一时期称为"独学之时代"。"体素羸弱,性复忧郁,人生之问题,日往复于吾前,自是始决从事于哲学。"②"独学之时代"也就是"独上高楼"之时代。1903年,王国维在《哲学辩惑》提出"异日昌大吾国固有之哲学者,必在深通西洋哲学之人,无疑也"。③ 1905年王国维又在《论近年之学术界》中把西洋思想称为"第二之佛教"④。这充分显现了王国维的目光之卓越。然而,推崇西学在当时应该说是一时之风尚,王国维望尽天涯路,在纷至沓来、令人目不暇接的西方大潮中,为什么最终却与当时所有人的选择不同,偏偏与叔本华"心有戚戚焉",首先就是一个需要加以考察的问题。

就西方而言,人之为人,曾经是个美丽的神话。自亚当、夏娃伊始,西方最先发现的本来是自己的与上帝竟然完全不同的"羞处",自己的邪恶、丑陋、龌龊,自己的必死、软弱、无能,但是却加以百般掩饰。例如,思考对于西方来说往往只会令上帝发笑,但是西方却用"真理"把自己推进甜蜜家园;世界本来置身荒谬之中,但是西方却以"理想"把自己送入甜蜜梦乡;生命的归宿必然就是死亡,但是西方却以"不朽"为自己建起永恒的纪念碑;前途事实上根本就无法预知,但是西方却以"进步"为诱饵并幻想光明在前。理性主义的魔法,更是使西方得以将渴望超越自己的邪恶、丑陋、龌龊与自己的必死、软弱、无能的愿望投射到抽象、普遍、绝对、必然、确定、本质之上,从而为自己建起一个虚幻的形象。个别、具体、相对、偶然、不确定、现象,诸如此类人类生命中唯一的真实被不屑一顾,个体、自我,这人类生命的唯一载体更被碾成粉末。"宇宙的中心""万物的灵长""理性的动物""社会的动物""万物的尺度"……这就是人的定义;万能、高贵、高尚、纯洁、美好、神圣、平静、

---

① 《王国维文集》第3卷,中国文史出版社1997年版,第471页。
② 《王国维文集》第3卷,中国文史出版社1997年版,第471页。
③ 《王国维文集》第3卷,中国文史出版社1997年版,第5页。
④ 《王国维文集》第3卷,中国文史出版社1997年版,第36页。

幸福、永恒、不朽、无限,这则是人的形象。西塞罗说:只要我们想象神,眼前就出现了人的形象。反过来无疑更为明确:只要我们想象人,眼前就出现了神的形象。人形的神,这无疑就是西方为自己臆造的一切。从此,西方开始生活在一种虚幻的美好世界中。真实的生命存在是虚假的,外在的理性本质才是真实的。个体的一切是渺小的,人类的"类本质"才是神圣的。罪恶只属于肉体,灵魂却终将得救,道路是曲折的,前途则一片光明。撒旦是人类的异数,地狱是恶魔的归宿,天堂是未来的必然,进步是历史的宿命。而且,人无往不胜,人无所不知,人无所不能。在此基础上,西方甚至盲目地形成了某种乐观主义的态度、某种"一切问题都是可以由人解决"的"力量假设"。人类的"类"意识的觉醒、本质力量的觉醒也随之出现。也因此,人有本质,宇宙有实体,人类有归宿,理性万能、至善和完美,就成为在思考人之为人之时的逻辑起点。由此不难看出,西方对于自己的种种描述实际上只是人类在走出伊甸园之后的心理自慰,只是西方在婴儿摇篮中用于自我欣赏、自我怜悯的催眠曲,也只是掩饰西方黑暗与自我困惑的乌托邦、海市蜃楼与甜蜜的梦。遗憾的是,身在庐山之中的西方却陶然忘机,不但将错就错,而且甚至对此始终懵然不知。

审美之为审美,更曾经是个美丽的神话。既然理性活动是人类的本质活动,审美活动也就只能作为理性活动的附庸,作为一种形象思维、形象阐释的活动。也因此,所谓审美活动不但因为自身已经被理性法庭审判过了,被无罪开释的审美活动本身自然已并非真实的审美活动,而且它在理性主义的地基上面对的也实际已是一个生活中根本就不存在的东西。结果,它或者在理性的指导下形象地解释生活,或者闭上双眼一味地玩味生活,或者处心积虑地想方设法去美化生活,游戏、净化、距离、无功利,就是美学家们所津津乐道的一切。

然而,究其实质,它又难免存在着某种虚假甚至是虚伪——一种骨子里的虚伪,一种以屈从于理性的方式来逃避现实的虚伪。不但损毁着审美的本真,遮蔽着生命的显现,而且制造着虚假的光明,粉饰着虚幻的太平,苦难与之擦肩而过,反省更形同虚设。这就是西方所谓的"玫瑰筵席"。犹如西方人在喝了"忘川之水"后才能上"天堂",审美活动只是在与苦难保持距离的基础上才能够愉悦释怀。这样,在审美活动中固然也会绽露光明,但是这所谓的光明,其实还是黑暗,甚至是比黑暗更黑暗的黑暗,或者,在这光明的背后,隐藏了更为巨大的黑暗。因此,当"罪恶"一旦暴露其"野蛮"的一面,审美活动立刻就手足无措。不但事先对于这样惨烈的人间悲剧从未察觉——事实上根本就无法察觉,更无从对之加以揭露。披着光明外衣的黑暗常常比赤裸裸的黑暗更加可怕,在审美活动身上,我们所看到的就是这样的一幕!在西方美学的历程中,也就是这样书写着审美活动的耻辱。

与人之为人和审美之为审美相同,美学之为美学,也曾经是个美丽的神话。出于对于作为理性活动附庸的审美活动辩护的需要,西方美学家纷纷以走出"洞穴"世界(现象世界)"进入纯粹光明的人"自居,追求无黑暗的光明世界(理念世界),经历"向日式"的精神炼狱,也甘为可见世界中的创造光和光源者。他们把世界统一于抽象的知识,固执一种纯粹的知识论立场,形而上学地思、形而上学地言、形而上学地在。与此相应,美学信奉的是"光明"隐喻(知识论)、"镜子"隐喻(符合论)、"信使神"隐喻(证明体系)。换言之,美学成为在真理中展开自己的知识型的美学,真理的展开方式是证明,证明的单位则是命题。它处处以知道得更多作为快乐之源,因而事实上只是"被赋予了思想的石头"。海德格尔的批评很深刻:一片森林,只有借助空隙,阳光才可能照得进来。空隙是光明得以进入的前提,也是真正的澄明之境。现在却放逐了黑暗,结果,真正的问题化为乌有,思想成为游戏(因为必须按照思想的法则去思想,所以思想就成为思想的对应物)。

值得欣慰的是,这种看法,在西方现代美学中终于遇到了强劲的挑战。

一切的一切还要从康德说起。作为一位真正深刻的美学大师,康德尽管没有能够真正走出西方传统美学的藩篱,但是却毕竟最早意识到了理性思维的失误。他所做出的本体界与现象界的著名二分,或许无论在什么意义上都应该被视为消解根深蒂固的理性思维的第一声号角。正是康德,导致了传统本体论的终结。他摧毁了人类对传统本体论的迷信,并且只是在界定认识的有限性的意义上,为本体观念保留了一个位置。对此,只要回顾一下康德《纯粹理性批判》一书的"本体论的证明"部分,以及他所强调的"存在(Sein)显然非一实在的宾辞,即此非能加于事物概念上之某某事物之概念"①,就可以一目了然。对此,尼采可以说是心领神会的:"当此之时,一些天性广瀚伟大的人物竭精殚虑地试图运用科学自身的工具,来说明认识的界限和有条件性,从而坚决否认科学普遍有效和充当普遍目的的要求。由于这种证明,那种自命凭借因果律便能穷究事物至深本质的想法才第一次被看作一种妄想。康德和叔本华的非凡勇气和智慧取得了最艰难的胜利,战胜了隐藏在逻辑本质中,作为现代文化之根茎的乐观主义。当这种乐观主义依靠在它看来毋庸置疑的永恒真理,相信一切宇宙之谜均可认识和穷究,并且把空间、时间和因果关系视作普遍有效的绝对规律的时候,康德揭示了这些范畴的功用如何仅仅在于把纯粹的现象,即摩耶的作品,提高为唯一和最高的实在,以之取代事物至深的真正本质,而对一种本质的真正认识是不可能借此达到的;也就是说,按照叔本华的表述,只是使梦者更加沉睡罢了。"②

而在康德关于鉴赏判断的考察中,应该说已经包含了直觉的成分,并且已经开始了对于审美活动的独立性的追求,这一点,就体现在康德对于审美活动的"中介"性质的强调上,然而,却毕竟并非审美活动的彻底性的实现。这原因,无疑与康德哲学的主要目的是为了把"理性"从"神性"中剥离出来密切相关。康德虽然把审美活动作为中介,而且赋予它自己独特的先验原理:"对象的客观合目的性",及其变体"对象的主观合目的性",但毕竟只是中介,没有进而把它推进到独立的审美活动的世界之中。康德之所以要通过四个悖论来不无艰难地考察审美活动,奥秘正在这里。因此,康德所考察的问题只是:一方面,通过审美活动,理性的自由原则怎样到达那充满诗意的必然性的王国,理性的原则怎样渗透到感性中去?显然,这是从理性化的角度出发。另一方面,通过审美活动,自然的机械的世界怎样具有道德意义,美为什么是道德的象征?显然,这则是从道德化的角度出发。

---

① 康德:《纯粹理性批判》,商务印书馆 1960 年版,第 430 页。
② 尼采:《悲剧的诞生:尼采美学文选》,三联书店 1986 年版,第 78 页。

康德之后,出人意料的是,黑格尔并没有从康德出发,去完成他的工作,而是逆向而动,把理性思维发展到了极点,构筑了一个泛逻辑主义的美学体系。在其中,理性甚至成为精神实体,而人实际上已经失去了自主、独立、个性,失去了自由,结果就更为严密地窒息了空灵的审美生命。因此,在"绝对正确"的背后又隐含着绝对的错误。不过,革命已经无可避免。稍加审视,就不难发现,与此同时,甚至一些哲学大家也开始把目光投向了理性思维后面的审美之思。谢林把消除一切矛盾,引导人们达到绝对同一体的唯一途径设定为审美直观,甚至宣称:"我坚信,理性的最高方式是审美方式……没有审美感,人根本无法成为一个富有精神的人","不管是在人类的开端还是在人类的目的地,诗都是人的女教师。"①席勒则从对于人类的沦为"断片"的生存困境出发,指出通向自由生存之路即审美("游戏")之路,从而在美学史上首次把审美之思提到了与理性思维彼此平等的高度。

不过,更为令人瞩目的还是两位最为当时学界切齿难容的美学家,他们是:叔本华、尼采。

叔本华服膺于康德,同时又超出于康德。他与德国几位著名的美学家生活在同一时代,但美学禀赋却又截然不同。对于当时人们所津津乐道、争论不休的种种话题,他似乎绝无兴趣,但对理性思维所造成的生命消解却又深恶痛绝。在他看来,最为根本的东西,不是上帝,但也不是物自体,而是生命意志。在叔本华那里,本体从"理性"转向了作为西方现代哲学的转折点的"意志"。它的提出,与康德的自在之物直接相关。康德提出自在之物,无疑是意义深远的。因为它不是我们的对象,所以就不可能像独断论那样去做出独断,也无法像怀疑论那样去怀疑了。然而也有其消极的一面。所谓自在之物毕竟是一个非对象的对象,既无法肯定也无法否定,它与我们毫不相关,无异一个多余之物。于是,康德的本意本来是要为理性划定界限,然而,不料同时也把理性的局限充分地暴露出来了。"人类理性在它的某一个知识部门里有一种特殊的命运:它老是被一些它所不能回避的问题纠缠困

---

① 谢林。转引自刘小枫:《诗化哲学》,山东人民出版社1986年版,第35、36页。

扰着;因为这些问题都是它的本性向它提出的,可是由于已经完全越出了它的能力范围,它又不能给予解答。"①结果在为理性划分界限时也为非理性腾出了地盘。既然理性无法解决"物自体"之谜,无法达到形而上学,非理性便呼之欲出了。换言之,理性既然无法突破经验世界以认识彼岸世界的理性本体,就干脆反过来在自身大作文章。问题十分明显,在理性之外谁能够去面对这个非同一般的领域呢? 这显然已经不再是理性的话题,而成为非理性的话题了。理性主义哲学的大师就这样成为了反理性哲学的前驱。

叔本华的敏捷恰恰表现在这里。他发现:重要的是非理性的主体,但是康德却没有把主观立场贯彻到底,没有从思维到直观,从理性到非理性,而是跳过了更为根本的直观"胶着"在思维之中,跳过了丰富多彩的非理性"胶着"在理性之中。"例如在第383页,他就无保留地说:'如果我将思维着的主体拿走,那么整个形体世界也必然要垮,因为它不是什么而是在我们主体的感性中的现象,是主体的一种表象。'"②但是这一重要思想在第二版中却被删改。而这,正是叔本华所要关注的。因此他在《作为意志和表象的世界》一书伊始就宣布了他的这一发现:"那认识一切而不为任何事物所认识的,就是主体。"③于是不再借助于客体去达到对于主体的认识,而是直接去认识主体。"唯有意志是自在之物","认识的主体"也向"欲求的主体"转换,这就是叔本华提出的"我欲故我在"。对象世界被干脆利索地否定了,变成了在我们之中和我们亦在其中的世界。而且,在康德之前是我们在时间中,现在却是时间在我们中。然而这样一来,理性主体本身也无法存在了。走投无路之际,干脆把它们一同抛弃。"世界是我的表象",我是表象世界得以存在的基础,因此就要研究这个比表象世界更为根本的"我"。结论:世界是意志。而这,正是非理性的思想起点。叔本华就这样顺理成章地走向了非对象的"我要",即意志,也就是非理性。理性的思既然对于自在之物无能为

---

① 康德:《纯粹理性批判》,第一版序。
② 叔本华:《作为意志和表象的世界》,商务印书馆1982年版,第592页。
③ 叔本华:《作为意志和表象的世界》,商务印书馆1982年版,第28页。

力,就必然要被非理性的"要"代替。不再有对象,只有欲望,这就是叔本华的选择。在此意义上,可以看出叔本华的"意志"与自在之物之间的联系。就自在之物对于对象的否定而言,叔本华的意志说是继承了的,然而就自在之物对于理性的限定而言,叔本华的意志说则根本未予考虑。在它看来,重要的不是限制,而是干脆抛弃掉理性,转而以非理性代替之。结果,在康德是通过对于神性的抛弃走向了理性,使得信仰失去了对象,然而最终却导致了非理性,转而为非理性提供了可能。不再是"理性不能认识自在之物"而是"非理性能够认识意志"。最终,叔本华通过对自在之物的扬弃实现了从康德攻击的传统形而上学到现代非理性主义的转移,完成了从客体到主体的过渡,从理性到非理性的过渡,从正面的、肯定的价值到反面的、否定的价值的过渡,从乐观主义到悲观主义的过渡。至于美学的思考也不例外。既然生命不受理性思维的支配,是一种盲目而不可遏止的冲动("痛苦"),人类就必须寻求某种解脱。其方式有二:禁欲,其极端就是自杀;审美,在纯粹的观审、直观的浸沉中达到客体的自失、个体的忘怀。这样,他考察的是世界,追问的却是人生。于是,从他开始,西方美学在本体论上就必然由传统的理性本体论转向现代的生命本体论,美学不再是由概念构成的美学,而是在概念中的美学。这样,一向为人们所奉为唯一的、神圣的思维方式——理性思维也就必然要转向一种新的思维方式——审美静观。在美学史上,审美之思就是这样第一次凌驾于理性思维之上,并且成为生存的根基。毫无疑问,这实在是石破天惊的发现。如是,西方源远流长的美学理论以及顽强支撑着这一美学理论的理性思维本身,就不能不面对着有史以来第一次发生的认真的挑战。

比之叔本华,尼采虽只是一个后来者,但又实在是有过之而无不及。他同样自觉地拒斥根深蒂固的理性本体论,而瞩目于生命本体论;同样自觉地拒斥理性思维,而瞩目于审美静观。在他看来,源远流长的西方理性传统应该一笔勾销。长期以来,人们已经习惯了通过理性思维去追求外在世界,却偏偏遗忘了内在的生命世界。但问题的重要性恰恰在于:人类绝不可以遗忘了内在的生命世界。因此,必须消解掉理性思维并且代之以审美"沉醉",

这个沉沦了的世界才能最终得到拯救。"人作为文化的创造者,首先是一个艺术家,然后才是科学意识"(狄尔泰的概括),这就是尼采的结论。不过,尼采又与叔本华不同,后者是否定生命,强调悲观的生命意志,尼采却是肯定生命,强调乐观的强力意志。然而,也正是因此,尼采也就更为深刻地觉察到了20世纪人类生存中的"颓废"与"虚无"境遇。

这样,西方在被抽象、普遍、绝对、必然、确定、本质主宰了千年之后,开始普遍地意识到:这一切都是虚假的。人不是钢琴键,因此也不可能是我思故我在——不但不是,而且是我思故我少在。此时,就像托尔斯泰笔下的卡列宁在崩溃之后所经历的感觉:"如今他经历到的感觉,就好像一个人横过悬崖上面的桥梁之际,突然发现桥断了,而底下就是深谷。那个深谷便是生活本身。"人性的面纱被完全揭开之后,"底下"的"深谷"也无情地呈现出来,这就是:我在故我思!

生命总是以个体的形式存在,自我的诞生,不亚于宇宙在大爆炸中的诞生。自我的诞生就是世界的诞生。一个新的自我的诞生,就是一个新的世界的诞生。对于世界而言,我无足轻重,对于我而言,我却就是一切。陀思妥耶夫斯基曾经借地下室人的口说:要不世界完蛋,要不我没茶喝?我说,世界完蛋吧,而我要永远有茶喝。而在俄国废除农奴制后,整个文学界都在举行盛大的庆祝活动,陀思妥耶夫斯基也没有去分享大家的欢乐,不但如此,他还干脆躲进了地下室。因为在他看来,俄罗斯的理想并不是他的理想。这一切和他没有关系。1914年8月2日,卡夫卡的日记也只有两句:"德国向俄国宣战。——下午游泳。"把个人的细节与世界、时代的大事相互连接,说明他同样不肯为世界所左右,同样坚持以个人的理想去面对世界,坚持捍卫最个人、最最内在的东西。也因此,存在就是存在。存在先于本质,在存在之前、之中、之后都不存在什么本质,存在先于任何抽象、普遍、绝对、必然、确定、本质的概括①。而且,对于任何的抽象、普遍、绝对、必然、确

---

① 叔本华:"生活是一件悲惨的事情,我将用一生来思考它。"这说明,从他开始,思考问题的出发点已经不是理性、知识,而是个体生命存在本身了。

定、本质的概括来说,我都必须例外一次,因为我本来就是一个例外。如果不是自己为自己打开自由之门,而是被任何抽象、普遍、绝对、必然、确定、本质的概括引入某种原来并不属于自己的生活,这样的生活,就是再好也不值得一过。

必须看到,自我的诞生,对于西方来说,并非常人所谓的"福音"。千百年来,西方都是超然于个体之外而存在的,但是几乎仅仅就在一夜之间,人类的秘密便大白于天下了,然而,随之而来的,却是高高在上的"做人"的自信被与个体俱来的痛苦、绝望、孤独、罪孽撕扯得支离破碎。人是什么?生命是什么?这一切曾经有过明确答案的问题又成为无解的。理念、实体、逻各斯、必然、因果、时空等范畴被生命、意志、酒神精神、悲剧感、厌恶、荒谬、烦恼、恐惧等范畴取而代之。经过了千百年的理性生活,西方突然发现,自己所过的仍旧是虚假的生活。理性主义不但没有使人走向真实,而且反而使人失去了自己的本真。加缪说:这是一个完全陌生的世界。卡夫卡说:无路可走。海德格尔说:无家可归成为世界命运。在这里,人性成为地狱,而且这地狱根本不是通向天堂的必由之路,而是一个永远不可跨越的荒原,一场永远的劫难。过去在理性的预设下,西方处处从明确无疑的价值规范出发,现在却必须每天都去默默忍受生命本身的混乱、晦涩、不可理解,借用西方的一个著名比方,我们翻阅的是世界这部书的第零卷、第负一页。所谓被抛于此,既有且无,既如此又不能如此。生命的自我开放、自我揭露,生命的绝望,生命的荒谬,生命的悲剧……就是这样严峻、冷酷地展现在我们面前。歌德终其一生思考的问题是:浮士德如何得救?在寻找"光明的瞬间"中由"光明的圣母"指引方向,或许就是他的答案。而在陀思妥耶夫斯基,终其一生思考的问题却是:如果上帝不存在,我将如何活下去?在尼采,终其一生思考的问题却是:"当我们通过无际的虚无时不会迷失吗?"在这背后,是西方从对自身的肯定、确信到对自身的否定、怀疑,从乐观主义到悲观主义,从人无所不知到人有所不知……传统的人性之"底"终于被"问"破了,千百年来似乎牢不可破的人性基础成为无源之水、无本之木,西方千年酣睡其中的甜蜜大梦终于一朝梦醒。① "光明的瞬间"已经不复存在,到处是黑暗、黑暗……"光明的圣母"也无处可寻,横行其间的就是恶魔撒旦。

不过,这并非就意味着西方从此一蹶不振。应该说,真正的生命只是从这里才真正地得以开始。我们固然需要寻找希望的东西但却并不就需要寻找生活之外的东西,固然需要一种更伟大的生活但也并不就需要生活之外的另外一种生活。痛苦、绝望、孤独、罪孽的个人是可笑的、屈辱的,然而仍旧是真实的。虽然没有了胜利的事业,但是失败的事业也同样令人感兴趣。人生有意义,当然值得一过,人生没有意义,同样值得一过。只有在预期胜利、成功、希望、把握的条件下,才敢于接受挑战,那岂不是连懦夫也敢于一试?人的生命力量不仅表现在能够征服挑战,而且尤其表现在能够承受挑战,不仅表现在面对光明、温暖、幸福、快乐时能够得到正面的展示,而且尤其表现在面对黑暗、苦难、血腥、悲剧时得到负面的确证。坦然面对失败,承受命运,正是人之为人的真正的力量所在。加缪笔下的西西弗斯不就是一个在荒诞的世界中不得不理性地生活下去的英雄?维纳斯不也诞生于一片虚无的泡沫?确实,我们不得不如此,但是我们也可以把这种"不得不"转化为一种悲悯、一种期待,也可以把"宿命"转化为"使命"。这对事实来说当然无意义,因为它改变不了事实,但是对人却有意义,因为它在造成人的痛苦的同时也造成了人的胜利。其中的关键是:"承当。"于是最终西方发现:命运仍旧掌握在自己的手里。

既然生命的真实是个体,那么审美活动无疑就大有用武之地。就其实质而论,审美活动本来就应该是个体的对应形式,只是在理性主义的重压

---

① 西方从对人类理性的"放之四海而皆准"的迷信转向了对人类理性的"放之四海而未必皆准"的怀疑,从对人类未来的美好、幸福的憧憬转向了对人类未来的悲剧结局的恐惧,从对人类自身的充满激情的赞颂转向了对人类自身的痛心疾首的鄙弃……"信仰失落""意义失落""理想失落""价值失落""终极关怀失落",成为令人触目惊心的场景。因此,高更的诘问才会如此引人瞩目:"我们从何处来?我们是什么?我们向何处去?"这实在是一个20世纪式的提问,在此之前,西方是不可能提出这类问题的。因为答案是众所周知的:我们是上帝创造的,我们是上帝的臣民,我们要到天堂去。而现在却完全不同了。

下,它才不得不扭曲自己的本性,去与真理为伍,勉为其难地图解生活或者博人一笑。现在生命一旦回归个体,审美活动也就顺理成章地回归本性,成为生命个体的"一个通道"(海德格尔语)。里尔克曾将诗人的工作阐释为:"我赞美"。这实在是一语道破审美活动之真谛。审美活动并非游戏、净化、距离、无功利,而是赐予、显现、无蔽、敞开、澄明、涌现,这是理论与判断之外自己显现着的东西,隐匿的存在因此呈现而出,不在场因此呈现而出。换言之,审美活动并不面对"秘密",而只面对"神秘",因为前者展现的只是"世界如何",而后者展现的不是"世界如何",而是——"世界存在"。

审美活动因此而从制造虚假的光明走近真实的黑暗,生命固然有其美好的一面,但是还有其悲剧的一面,而且,就其本质而言,生命本身就是悲剧,是已经写成的悲剧和尚未写成的悲剧中最令人震惊的悲剧。作为"一个通道",审美活动对此无疑无从回避。不但无从回避,而且必须始终执着地呈现着世界,以便更完整、更不虚伪、更不矫揉造作地"赞美"世界。叔本华认为审美活动意在摆脱苦难,尼采认为审美活动意在使人快乐,实际上,审美活动只是为了更为深刻地体验苦难、冲突、分裂、毁灭,甚至不惜把苦难推向极致,从而开启自由的大门,使得生命因此而开放、敞开、启迪、觉醒,并且在其中得到淋漓尽致的呈现。乌纳穆诺说:我们不当吃鸦片以求自适,而应当在灵魂的创伤上撒盐粒或酸醋。马克思说:消除罪恶的唯一办法就是首先要真实地揭示罪恶。契诃夫《第六病室》的伊凡·德米特里奇说:"受到痛苦,我就喊叫,流眼泪;遇到卑鄙,我就愤慨;看到肮脏,我就憎恶。依我看来,只有这才叫做生活。"索尔仁尼琴说:一句真话能比整个世界的分量还重。阿多诺说:让苦难有出声的机会,是一切真理的条件。斯皮尔伯格说:《辛德勒名单》是"用血浆拍成的"。审美活动就是如此。因此,它使得西方再一次体验到了亚当和夏娃的一丝不挂的恐惧、耻辱,但却又只能如此,因为审美活动正是这样一种面对自由而且对自由负责的生命活动。有一种看法认为:审美活动表现的是所谓"异化"。这显然不够深刻。因为生命的悲剧是自古而然的,审美活动只是第一次真实地把它呈现出来,而不以伪装它们不存在而加以逃避而已。正如维特根斯坦说:在这个无聊的世界上,我们居然还能够活着,这本身就是奇迹,就是美。

　　毫无疑问,叔本华的美学与西方现代美学的全部思考并不能简单地画上等号,但是,作为西方现代美学的起点,他的思考却无疑开启了全新的西方现代美学。借用柏拉图的话,我们可以说,开始真正按照美学的尊严来研究美学,在西方,应该是自叔本华。这个西方美学的撒旦,勇敢地拉开了遮蔽真实世界的"摩耶之幕"。在他看来,过去人们长期在幻梦中生活,不知道为何而生,也不知道为何而死,不知道生之意义,也不知道死之意义,只有他才挣扎着要清醒过来。不仅要活着,而且要知道怎样活着,更要知道为什么活着。由此,他开始关注个人,关注生存,并且走向人文关怀、终极关怀,尝试在现代意义上重建人与意义的维度。而这,也正是王国维的"前人以及同时代的人所无力解决的问题"。屈原之后,儒、道、禅是回避了这一问题,曹雪芹却是尽管面对了这一问题,但是却局限于中国传统思想资源的贫瘠,最终无力予以解决。生当斯时,早在接触叔本华思想之前的1903年就在《游通州湖心亭》和《来日二首》中写下"人生苦局促,俯仰多悲悸""人生一大梦,未审觉何时"的王国维,及时地把握住了历史的契机,毅然走向叔本华,从而将那个无数国人所百思不得其解的"前人以及同时代的人所无力解决的问题"再次推向了美学的前台,从而也真正拉开了中西美学对话的帷幕。

死生事大

　　借助于西方叔本华的思想,王国维的思考从一开始就与众不同:"体素羸弱,性复忧郁,人生之问题,日往复于吾前,自是始决从事于哲学。"① 再看他的内心世界:"厚地高天,侧身颇觉平生左,小斋如舸,自许迴旋可。聊复浮生,得此须臾我。"(《点绛唇》)"试上高峰窥皓月,偶开天眼觑红尘,可怜身是眼中人。"(《浣溪沙》)"君看岭外嚣尘土,讵有吾侪息影区!"(《重游狼山寺》)不难看出,他所焦虑的"人生问题",完全是个体的生命困惑。例如在《人间词》150阕中,"人间"字样出现了38次,而与"人间"二字相对等、相依

---

① 《王国维文集》第3卷,中国文史出版社1997年版,第471页。

存者,惟一"梦"字而已。显而易见,这里的"梦"也已经完全不同于人生如梦的古老叹息,而是一种个体觉醒之后的困惑。这意味着:与传统的对于国家、天下的困惑不同,王国维是因为"人生之问题"而走向美学的,这无疑是一个前无古人的新的起点。"宇宙之变化,人事之错综,日夜相迫于前,而要求吾人之解释,不得其解,则心不宁。叔本华谓人为形而上学之动物,洵不诬也。哲学实对此要求,而与吾人以解释。夫有益于身者与有益于心者之孰轩孰轾,固未易论定者。"①而"人生之问题"的核心,就是源于个体生命困惑的"忧生",而且"忧与生来讵有端",所谓"死生之事大矣哉"。中国美学历史中"石破天惊"的千古一问:个体的生命存在如何可能?就是与"忧生"俱来的生命困惑。作为美学传人,我们曾经频频自问:在20世纪初,美学家为什么会成为美学家?王国维又究竟比我们多出了什么?现在来看,答案十分清楚,就是:个体的觉醒。百年来,美学家至今仍对我们产生深刻影响的为什么首先是他,而我们为什么也不得不一次次地回到王国维提供的起点,原因就在这里。时代的巨手,撩开了人性的面纱,才使得被遮蔽千年的个体生命存在艰难地露出了冰山一角。王国维的过人之处,就在于率先把握住了这样一个世纪性的主题,并且努力为之命名。而所谓审美活动,在王国维看来,就只能是个体生存的对应之物。审美活动也必然与个体生命活动密切相关。个体生命活动只有通过审美活动才能够得到显现、敞开,审美活动只有作为个体生命活动的对应才有意义。王国维因此而成为中国文化的遗腹子,成为那个"道术为天下裂""数千年未有之巨劫奇变"的时代的第一发言人。

这样,我们不能不又一次想起了屈原。"至今呵壁天无语,终古埋忧地不牢。"(王国维《尘劳》)屈原问天无语,埋忧无地,最终以自沉汨罗江为自己所选择的以芷兰之香抵御世间污秽之气的道路立下了一块巨大的"此路不通"的界碑,并且昭示着国人幡然醒悟,转而寻找新的精神出路。然而,在屈原之后,国人却仍旧"九死而不悔",为屈原的《天问》而写下了儒、道、禅这三

---

① 《王国维文集》第3卷,中国文史出版社1997年版,第4页。

篇《天对》。显然,真正意识到屈原自杀的文化意义的,是王国维。西方美学的借鉴,使得他深刻意识到人与自然、人与社会的分裂,也意识到自我意识的觉醒。个体生命困惑,孤独的灵魂,这样一个前无古人的出发点,推动着他每天都在跟自己所熟悉的世界告别。传统的世界在他的背后永远关上了大门,一切一切都已经轰然倒塌,千年来始终支撑着中国美学家的作为"依凭"的"德性""天性""自性""佛性",甚至"情性",也已经不复存在。我们之为我们,固然有所"凭",我之为我,却根本无所"凭"。"黯淡谁能知汝恨,沾涂亦自笑余痴。书成付与炉中火,了却人间是与非"(《书古书中故纸》),"自是思量渠不与,人间总被思量误"(《蝶恋花》),"试问何乡堪着我?欲求大道况多歧。人生过处惟存悔,知识增时只益疑"(《六月二十七日宿硖石》),"人间事事不堪凭,但除却,无凭两字"(《鹊桥仙》),"人间须信思量错"(《蝶恋花》),用现代的语言来描述,这应该被称为一种"虚无"的状态。儒、道、禅追问的无疑都是人文关怀为何失效这一中国精神危机的根本问题,但是未能在这样的追问中猛醒,未能意识生命根本就是一种虚无。王国维则堪称最初的猛醒,意识到人文关怀的失效在于生命根本就是一种虚无,意识到个体的生命永远在任何人文主义的关怀之外,所谓"人间地狱真无间,死后泥洹枉自豪。终古众生无度日,世尊只合老尘嚣"(《平生》)。这使我们想起莎士比亚笔下的马克白的那句著名台词:"这是一个愚人所讲的故事,充满了噪音和狂怒,却找不到一点意义。"从此,大地裂为深渊,个体耸立于大地之间,深陷于永恒的乌有,无以寄托、无以附着、无以支撑。"乌有"预示了世界的不可知,而自己便是那不可知中悬浮的一颗微粒,在悬浮中不定地漂移着。值得庆幸的是,逃离了所"凭",却成全了思想的聚焦;陷入了极度孤独,才完成了灵魂的升华。王国维毫无拘束的思想火花因此而奔放不羁,直抵生命最深层次,王国维从心灵流溢出的思想碎片也因此而比那些经过人为加工过的理论要更为真实和可靠。

个体的生命既然是虚无的,那么,人性之为人性,就不能是"德性""天性""自性""佛性",也不能是"情性",而只能是那个被"德性""天性""自性""佛性"千方百计要"拂"去、"避"开、"空"掉的"欲望"。在他看来,"生活之本质何？欲而已矣。""欲望与生活、苦痛，三者一而已矣。"①欲望竟然成为与生俱来的本体，此说当属开天辟地。须知，在中国美学，生命观固然不同，但是认为人天性是好的，所有的问题都是被外界污染的结果，却是其中的共同之处。因此"欲望"也就成为共同的敌人。现在欲望竟然成为与生俱来的本体，而且，此"欲"绵绵，永无绝期，这无疑令人为之怵然。"至于生活之欲，人与禽兽无以或异。"②"夫势力之欲，人之所生而即具者，圣贤豪杰之所不能免也。"③因为人之有生，人之欲生，于是便产生了人。这样，生命的状态就类似于某种"拼飞"(《拼飞》)的状态，用叔本华的话说，就是某种"无目标无休止的追求挣扎"，这，曾经令无数学人为之困惑，甚至语带讥诮。人类的人性根据竟然来自与禽兽无以或异的"欲望"，仅此就足以使王国维被列入从古到今唯一一个与传统对垒的疯人行列。然而，正是"欲望"，才使得美学回到了坚实的地面。倘若美学家不是从真切的生命体验中走来，而是从理论的书页中走来，或者从虚幻的"德性""天性""自性""佛性"甚至"情性"中走来，那么，你还有可能指望他什么？王国维的著作因此才成为中国人的不竭的灵魂再生之源。相比之下，与他同时或者在他之后的诸多所谓美学大师的美学其实都是美学"魔方"，只有他的美学才是高山。

由此，王国维敏捷地越过了传统美学的"忧世"陷阱。在他看来，欲望的成为与生俱来的本体，意味着美学的根源不在"忧世"而在"忧生"，因而，他思考的不是社会的缺陷，而是生命本身的缺陷。"我国无纯粹之哲学，其最完备者，唯道德哲学与政治哲学耳。"④与此对应，他们虽是哲学家，"无不欲兼为政治家者"⑤。如此美学显然为王国维所不屑。同时，欲望是人之为人的与生俱来的本体，不存在东西方的差异。因此，生命本身的缺陷也显然是没有东方、西方的区别的。"疑思想上之事，中国自中国，西洋自西洋者，此

---

① 《王国维文集》第1卷，中国文史出版社1997年版，第2页。
② 《王国维文集》第3卷，中国文史出版社1997年版，第6页。
③ 《王国维文集》第3卷，中国文史出版社1997年版，第7页。
④ 《王国维文集》第3卷，中国文史出版社1997年版，第7页。
⑤ 《王国维文集》第3卷，中国文史出版社1997年版，第7页。

又不然"。何者?"知力人人之所同,宇宙人生之问题,人人之所不能解也",因而苦痛,因而怀疑,因而有对于思想真谛之渴求。关于美学的思想毋论来自外国或出自本国,"其偿我知识上之要求而慰我怀疑之苦痛者,则一也"①。或许外国思想"其观宇宙人生也",在方法或表述上与中国有所不同,但是在解决人生之问题这个最终的目的上,却是一致的。倘若不顾这最终目的的一致,而纠缠于"彼此之见","此大不然者也"。由此,王国维得以轻松地跨越"忧世"的思考,跨越直接服务于社会的美学,转而以"忧生"的思考来救度精神的饥荒、灵魂的空虚、心灵的困惑。

而与中国传统美学相比,王国维的美学也截然不同。对于自我的存在的拒绝,使得中国传统美学通过取消向生命索取意义的方式来解决生命的困惑,而对于自我的存在的见证,使得王国维转而通过向生命索取意义的方式来解决生命的困惑,如此一来,也就从我们的世界进入我的世界,并且开始从悲观主义、痛苦、罪恶的角度看世界,长期被中国传统美学从乐观主义、快乐、幸福的角度掩饰起来的美学新大陆得以显露而出。早在1903年,还在青春期的王国维就在《游通州湖心亭》和《来日二首》中写道:"人生苦局促,俯仰多悲悸""人生一大梦,未审觉何时"。之后的诗句,例如"天末同云暗四垂,失行孤雁逆风飞。江湖廖落尔安归?陌上金丸看落羽,闺中素手试调醯。今朝欢宴胜平时。"[《浣溪沙(天末同云暗四垂)》]"侧身天地苦拘挛","终古诗人太无赖,苦求乐土向尘寰。"(《杂感》)诉说的仍旧是同一情愫。挥之不去的一切终将灰飞烟灭的人生荒诞感、悲凉感,深刻洋溢其中,无论怎样,面对死亡,所有人都是失败者,既然如此,一切奋斗也就皆无意义,这怎不令人沮丧万分?何况,这就是人生的困境,人类的命运。完全没有办法改变,惟有惆怅与伤感而已。古人已矣,后人未至,吾欲与宇宙共存,与时间常在,然不能矣,于是深深感到了人生的寂寥与悲凉,由此,固守着生命的感悟,洞察了人生悲剧,生命的痛苦、凄美、沉郁、悲欢才有史以来第一次进入思想的世界。"人之有生,以欲望生也。欲望之将达也,有希望之快乐

---

① 《王国维文集》第3卷,中国文史出版社1997年版,第39页。

不得达,则有失望之苦痛。然欲望之能达者一,而不能达者什,故人生之苦痛亦多矣。若胸中偶然无一欲望,则又有空虚之感乘之。此空虚之感,尤人生所难堪,生命意志自足确立。""人生者,如钟表之摆,实往复于痛苦与倦厌之间者也"①。于是,生命成为一场彻头彻尾的悲剧,一场心灵的地狱之旅,一种可怕的末日之感,神秘的悲剧情怀充斥于其中。生命犹如昙花,仅仅只能一现。生命之为生命,无非就是从死亡中盗取生命,无非就是营造死亡,无非就是对死亡的临深履薄,无非就是对于死亡的供奉。也因此,不但生命的意义要死亡来剪彩、揭示,美学也要由死亡来签发出生证明。生命的高贵必须从先行到死开始,个体也唯有直面死亡才能直面自由。"欢必居悲前,死必在生后"。既然最后一击肯定来自死亡,由此回头看生命,自然悲观无限。必然死内在于生、制约着生,死就是生,生就是死。一个自由的人也必然是一个思考死亡的人,不会去思考死亡的人不可能是一个自由的人。美学的思考则必须从先行到死开始,死亡是美学的福音。只有置身死亡的深渊才有可能作出生的决断,因此一旦勘破死生,生命的不可重复性就被发现、意识。美学的问题因此比过去大大地丰富了,并且担当起荆棘、深渊、峡谷、火坑、陷阱,因此才会感受到黑暗、虚无、无意义和生命中的荒谬、丑恶、卑鄙,唤醒沉沦着的人,从而回到本真存在,回到人的开放性、不确定性、敞开性。千年来死亡问题在中国传统美学中的压抑和不得宣泄,在王国维身上终于喷射而出,并且孕育出一种全新的美学。

吾侪所学关天意

在20世纪中国美学的历程中,王国维的开拓之功何其巨大。他并非黄昏才起飞的猫头鹰,而是早在暗夜中就高高飞翔的夜莺——不无痛苦的夜莺。他对于人性、审美的创造性理解,都是作为问题而存在的思想,都是伟大的提问、敏锐的预见,其中存在着思想的巨大张力与多元对话的恢弘空间。而他的最大的成功,或许应该说,就在于早在20世纪之初,就以天才的

---

① 《王国维文集》第1卷,中国文史出版社1997年版,第2页。

敏锐洞察到美学转向的大潮,并且直探美学的现代底蕴。他有着"无量悲哀",有着殊异的哲学气质,不是中国历史上所常见的高蹈者、逍遥者,而是"纠缠如毒蛇,执着如怨鬼",忧生孤苦,衣带渐宽,固守着生命的感悟,洞察着人生悲剧,并且敢于把他的独得之秘公布于世。这独得之秘,就是审美活动与个体生命活动密切相关。个体生命活动只有通过审美活动才能够得到显现、敞开,审美活动也只有作为个体生命活动的对应才有意义。

也因此,作为一种全新的美学,王国维的美学无疑是一种前所未有的在西方美学影响下产生的灵魂话语、精神话语、生命话语。"吾侪所学关天意",与当时的保守、维新、洋务、革命等四种流行话语不同,它的问世,第一次为中华民族的精神生存确定了灵魂向度、审美向度。

个体生命存在本身的被遮蔽使得"我国无纯粹之哲学"也无纯粹之美学,王国维发现:"德配天地"的孔子"仁义"之说缺乏"哲学之根柢",一般的"小说、戏曲、图画、音乐诸家,皆以侏儒倡优自处,世亦以侏儒倡优畜之"①,"无往而不着此乐天之色彩,始于悲者终于欢,始于离者终于合,始于困者终于亨"②,"自忘其神圣之位置与独立之价值","无独立之价值也久矣"③。因此,"以东方古文学之国,而最高之文学无一足以与西欧匹者"(《文学小言》)。其中的原因就在于:传统美学所造就的只是精神大面积失血的伪审美,根本无涉于人与意义的维度。而伴随着始终被遮蔽着的个体生命存在本身的浮出水面,美学之为美学,也就回归到人与意义的维度。既然此"欲"绵绵,永无绝期。"人生者,如钟表之摆,实往复于痛苦与倦厌之间者也"。④那么,"息肩之所""解脱之鼎"安在?痛苦既深,必求所以慰藉之道。一劳永逸的办法,只有自杀。痛苦的来源既然是欲望,那么解决的方法就只有使之彻底消失。至于暂时的解脱,固然有人世的快乐,但是"人世有限之快乐其

---

① 《王国维文集》第3卷,中国文史出版社1997年版,第7页。
② 《王国维文集》第1卷,中国文史出版社1997年版,第7页。
③ 《王国维文集》第3卷,中国文史出版社1997年版,第7页。
④ 《王国维文集》第1卷,中国文史出版社1997年版,第2页。

不足慰藉彼也明矣",这就"不得不反而求诸自己"①,在生命的痛苦面前谦卑地俯下身去,倾听来自它内部的叹息、悲伤,于是审美活动就应运而生。"唯美之为物,不与吾人之利害相关系,而吾人观美时,亦不知有一己之利害。"②它虽无法带来"永远的平静",但是却可以带来瞬间的超越。"役夫之昼"被转换成"国君之夜"。由此,所谓审美活动,在王国维看来,就成为个体生存的对应之物。"夫人之所以异于禽兽者,岂不以其有纯粹之知识与微妙之感情哉!"③此说一出,令人醍醐灌顶,耳目为之一新。于是真正的美学应该是直接发自灵魂深处而没有经过伦理道德检验的美学,应该是与纯粹之哲学完全一致的纯粹之美学,由此出发,王国维才会偏偏去读前四史而冷落了十三经,才会偏偏在美学生命的开篇就写《红楼梦评论》却无视圣人圣言的经典精神资源的存在,也才会偏偏选择了宋元戏曲作为研究对象而不去理会传统的文学艺术。犹如林黛玉爱的是花朵背后的与伦理道德无关的纯美生命,他所爱的是文化背后的与伦理道德无关的精彩灵魂。这就是他的不死与必死的全部奥秘。同样,真正的文学艺术应该是直接发自灵魂深处没有经过伦理道德检验的文学艺术,应该是与反映铁与火的文学艺术完全不同的充盈血和泪的文学艺术。由此出发,无疑只有"遂关千古登临之口"的"以血书者",才能"眼界始大,感慨遂深"④,也才是真正的作为"彻头彻尾之悲剧"的文学艺术。而王国维本人的区别"自道身世之戚"与"俨有释迦基督担荷人类罪恶之意"⑤、区别"政治家之眼"与"诗人之眼"、区别"诗人之忧世也"与"诗人之忧生也"⑥,以及坚持"真正之大诗人则又以人类之感情为其一己之感情","遂不以发表自己的感情为满足,更进而欲发表人类全体之感

---

① 《王国维文集》第3卷,中国文史出版社1997年版,第353页。
② 《王国维文集》第3卷,中国文史出版社1997年版,第321页。
③ 《王国维文集》第3卷,中国文史出版社1997年版,第6页。
④ 《王国维文集》第1卷,中国文史出版社1997年版,第144页。
⑤ 《王国维文集》第1卷,中国文史出版社1997年版,第144页。
⑥ 《王国维文集》第1卷,中国文史出版社1997年版,第147页。

情,彼之著作实为人类全体之喉舌。"①"文学中之诗歌一门,尤与哲学有同一之性质,其所欲解释者,皆宇宙人生上根本之问题。"②"宝玉之苦痛,人人所有之苦痛"③,"诗人之眼,则通古今而观之"④,其全部的理由也在于此。

具体来看,王国维的美学思想可以分为四个部分:天才、游戏、古雅、境界。

"天才"就是灵魂痛苦者。由于将生命存在从赖以凭借的虚幻的"德性""天性""自性""佛性"剥离出来,并且维系于人与意义的维度,灵魂的痛苦必然会随之而生。其中,痛苦最深者就是王国维所谓的"天才"。"天才者,天之所靳,而人之不幸也。"蚩蚩之民"虽有大疑大患,不足以撄其心。""若夫天才,彼之所缺陷者与人同,而独能洞见其缺陷之处。彼于蚩蚩者俱生,而独疑其所以生。一言以蔽之,彼之生活也与人同,而其以生活为一问题也与人异;彼之生于世界也与人同,而其以世界为一问题也与人异。"因为"知人所不能知,而欲人之所不敢欲。"⑤而且,这"大疑大患"令人无以为生又不能不生,必须解决又无法解决,难以承担又惟有承担。显然,"天才"的界定与中国的所谓英雄圣贤、帝王将相、孔孟老庄全然不同,而完全来自叔本华。所以,王国维在《叔本华之哲学及其教育学说》中宣布"叔本华之论此问题也,最为透辟"⑥,而且不惜"兹援其说"来为自己造势,并且将其构建为自己美学思想的第一部分。当然,王国维关于"天才"的提法又有不同侧重。其一,是指禀赋着审美向度者,他们区别于禀赋政治向度、伦理向度者,不是"域于一人一事",而是"通古今而观之",犹如叔本华区别的"照亮他生活道路的提灯"与"普照世界的太阳"⑦。这实际就是指将生命存在从赖以凭借的虚幻的

---

① 《王国维文集》第3卷,中国文史出版社1997年版,第30页。
② 《王国维文集》第3卷,中国文史出版社1997年版,第72页。
③ 《王国维文集》第1卷,中国文史出版社1997年版,第9页。
④ 《王国维文集》第1卷,中国文史出版社1997年版,第166页。
⑤ 《王国维文集》第3卷,中国文史出版社1997年版,第353页。
⑥ 《王国维文集》第3卷,中国文史出版社1997年版,第318页。
⑦ 叔本华:《作为意志和表象的世界》,商务印书馆1982年版,第262—263页。

"德性""天性""自性""佛性"剥离出来并且维系于人与意义的维度之后诞生的痛苦最深者。对于李煜的评价就是基于此。为什么"词至李后主而眼界始大,感慨遂深"?就是因为这个审美向度的存在,因为"以自然之眼观物,以自然之舌言情"①,是"生于深宫之中,长于妇人之手","禀赋着赤子之心","不失其赤子之心者也"②。对于贾宝玉的评价也是基于此。这正如叔本华所指出的:"他虽然受到前辈们及其作品的教育和熏陶,但是通过直观所见事物的印象,直接使他怀胎结果的却是生活和这世界本身。因此,即令是最好的教养也决无损于他的独创性"③。其次,是指能够写出"遂关千古登临之口"之作的大师。天才人物意志最强,所以苦痛最深,慰藉之道也就与众不同。他是灵魂的化身,也是对于非灵魂的拒绝,维系于人与意义的维度,关注的不是历史的铁与火而是灵魂的血和泪,也不再以功利、伦理、暴力为力量,最无用但又最尊贵,是"不为一时之势力所诱惑者",从不"齐于博弈"④,又"毋忘其天职,而失其独立之位置"⑤,因此能够知人所不知,欲人所不敢欲,言人所不能言,最终写常人所不能写、画常人所不能画、唱常人所不能唱、雕刻常人所不能雕刻,创作出"遗泽且及于千百世而未沫"⑥的传世之作。

"天才"的灵魂痛苦只能在"游戏"中得以解脱。倘若"天才"是指维系于人与意义的维度的生命的内涵,"游戏"就是指的维系于人与意义的维度的生命的特征。"游戏"来自叔本华美学,也来自康德、席勒美学。在强调"非功利性"上,叔本华与康德、席勒的主张并无二致,但在更高的"合目的性"上,彼此却截然不同。前者绝对非功利并逃离生活,后者却意在使意志的主动性直接重新作用感性世界,是通过扬弃功利而重返生活。王国维指出,欲望的痛苦可以别有蕴藉,这就是游戏。中国长期以来由于人与意义的维度

---

① 《王国维文集》第1卷,中国文史出版社1997年版,第153页。
② 《王国维文集》第1卷,中国文史出版社1997年版,第145页。
③ 叔本华:《作为意志和表象的世界》,商务印书馆1982年版,第327页。
④ 《王国维文集》第3卷,中国文史出版社1997年版,第30页。
⑤ 《王国维文集》第3卷,中国文史出版社1997年版,第8页。
⑥ 《王国维文集》第3卷,中国文史出版社1997年版,第25页。

的阙如,因此从来就以生命服从于历史,醉心"河汾之志",追求建功立业,从来就"无希望,无蕴藉"。然而生命一旦维系于人与意义的维度,历史一旦服从于生命,"希望""蕴藉"就是必须的。"游戏"就是这样被王国维推上美学的前台。在《文学小言》中,他指出:"人之势力,用于生存竞争而有馀,于是发而为游戏。婉娈之儿,有父母以衣食之,以卵翼之,无所谓争存之事也。其势力无所发泄,于是作种种之游戏。逮争存之事亟,而游戏之道息矣。唯精神上之势力独优,而又不必以生事为急者,然后终身得保其游戏之性质。"①这意味着人们往往以为只有成人状态才是正常的,工作状态才是正常的,但在王国维看来却不然。实际人在"游戏"状态才是正常的,但是这不是所谓"儿戏",而是一种"无用之用"的自由的精神生命、开放的灵魂生命。而在《人间嗜好之研究》中他又进而指出:"文学、美术亦不过成人精神的游戏。"在《文学小言》中他也强调:"文学者,游戏的事业也。"这就是说所谓文学、美术的功能都无非游戏的最高表现,也无非解脱苦痛的最佳药剂、填补空虚的最好消遣。过去最缺乏,也是今日最需要者。人与动物的区别,就在于他有纯粹知识与微妙感情的追求。"而成人以后,又不能以小儿之游戏为满足,于是对其自己之感情及所观察之事物而摹写之,咏叹之,以发泄所储蓄之势力。故民族文化之发达,非达一定之程度,则不能有文学"。因此修齐治平以及立德、立功、立言,都是无所谓的。从灵魂的蒙尘、灵魂的阙如到灵魂的欢乐、徜徉、开放和灵魂的天真烂漫,才是最最重要的。所以"余谓一切学问皆能以利禄劝,独哲学与文学不然。""此其所以但为天才游戏之事业,而不能以他道劝者也。"不过,王国维关于"游戏"的看法又与叔本华有一定差距。后者认为根本无用,而前者认为无用而又有大用。应该说,这与王国维对于"游戏"在维系于人与意义的维度的生命中的特殊意义的阐释密切相关。

"天才"的灵魂痛苦更适宜于在"古雅"的古色古香中陶醉。"古雅"是王国维自创的一个美学范畴,他为此专门写了《古雅之在美学上之位置》一文,

---

① 《王国维文集》第1卷,中国文史出版社1997年版,第25页。

指出通常的优美和崇高（宏壮）存在于自然和艺术中，而古雅只存在于生活中。优美和崇高都是形式的美，是第一形式的美，古雅则是形式之形式之美，是第二形式的美。古雅与优美、壮美存在明显区别，但又互相联系。它们的共性是"可爱玩而不可利用者"；可以称之为"低度之优美""低度之宏壮"。它们的不同则在于：古雅并非"天才"的灵魂痛苦的解脱，而是天才的灵魂痛苦生命的流溢，或者说，是天才的灵魂痛苦生命的缓冲，是一种生活趣味、贵族趣味，一种程式美（王国维把它解释为"第二形式的美"，似有不妥）。天才为先天的判断，古雅是后天的经验；天才非人力可得，古雅却"非藉修养之力不可"，总的来看，它不是天才的创作，或者只是天才作品之外的创作。所谓"书有陪衬之篇，篇有陪衬之章，章有陪衬之句，句有陪衬之字"。"神兴枯涸之处"，"以古雅弥缝之"；而要弥缝之，"则固非藉修养之力不可"。①这无疑与王国维对于中国美学的特性的深刻领会有关，可以理解为一种对于中国的笔韵墨趣之类的把表现力（写实的技巧）转移为表现性（程式美）的美的把握，使得"美者愈增其美"。

"天才"的灵魂痛苦的象征则是境界。"境界"是对于维系于人与意义的维度的生命的灵魂痛苦的象征的把握。没有人与意义的维度的凸现以及由于人与意义的维度的凸现而导致的灵魂痛苦，就没有境界的问世；没有境界的问世，人与意义的维度的凸现以及由于人与意义的维度的凸现而导致的灵魂痛苦也就无缘得以提升。区别于《红楼梦评论》中的"悲剧"所面对的"天才"的灵魂痛苦在客观叙事中的美学内涵，亦即"客观叙事类作品所塑造的自由世界"或者"审美活动在客观叙事作品中所建构起来的世界"，《人间词话》中"境界"所面对的问题是："天才"的灵魂痛苦在主观抒情中的美学内涵，亦即"主观抒情类作品所塑造的自由世界"或者"审美活动在主观抒情类作品中所建构起来的世界"。

最后还要稍加说明的，是1912年到1927年自杀为止的王国维。在此阶段，王国维确实正如学术界所普遍认为的，不再接触西方美学，更不再接触

---

① 《王国维文集》第3卷，中国文史出版社1997年版，第34页。

叔本华美学,而是"欲向故纸觅新知"。有人说,这是王国维悔其少作,最终退出中西美学之间的对话。事实并非如此。在王国维,原因无疑应该是多方面的,借助于西方美学而仍旧无法解决生命的痛苦有之,因为从不做第二流想,不以一隅自限,也不以一得自喜而退出美学研究也有之,但是后悔自己的对于西方美学的接受并从此退回中国传统美学,则根本就不曾有之。事实上,中国统治者编纂的历史通过叙事才成为"历史",通过在诠释历史的过程中建构了自身的合法性,全然是对于历史的驯化、美化,使之成为一个道统的大叙事,成为践行、强化主流意识形态的场所,成为权力修辞的祭坛,正如鲁迅所说,充其量只是"家谱",因此诸如《二十四史》《资治通鉴》,全是腐朽的治国术。然而由于历史证据的阙如以及维系于人与意义的维度的敏锐眼光的阙如,使得无法进行证伪的工作。也因此,王国维的转向历史就完全是出于他的深谋远虑。一旦解构了这一切,也就解构了主流意识形态的伪精神话语、伪灵魂话语的合法性。而"吾辈生于今日,幸于纸上之材料外,更得地下之新材料,由此种材料,我辈因得据以补正纸上之材料,亦得证明古书之某部分全为实录,即百家不雅驯之言,亦不无表示一面之事实。此二重证据法,惟在今日始得为之,虽古书之未得证明者,不能加以否定,而其已得证明者,不能不加以肯定,可断言也"①。因而可以以"地下之学问"来解构"纸上之学问",精神的颠覆,文化的颠覆,被王国维这个拖着辫子的老学究再一次颠覆了回来,历史由此得以直接越过《二十四史》《资治通鉴》之类而再次开始,就类似于曹雪芹在《红楼梦》的大荒山无稽崖上从女娲补天开始重新书写民族的历史。

总的来看,王国维的出现,似乎纯属偶然,但它却是20世纪初的中国的一个历史奇迹!尽管我们可以给王国维好几项第一,诸如第一个将西方美学引进中国,第一个用美学方法研究古典名著,第一个对《红楼梦》的"精神"和"美学上之价值"等问题进行真正美学的探讨和评价,等等,但是我们实在不能说王国维的美学研究在具体内容上取得了多大的学术成就,我们读王

---

① 《王国维文集》第4卷,中国文史出版社1997年版,第2页。

国维的美学论著,不是读这些美学论著本身,而是读王国维,读王国维的全新思想与思路,并且,通过王国维来读20世纪的初年,甚至来读整个20世纪。

如果我们把目光从王国维的具体美学成果离开,就不难发现,王国维的真正贡献在于他所开启的20世纪思想的另一源头。这是一个始终被排除在人们的研究视野之外的思想源头,甚至,至今也没有被人谈及。

毋庸讳言,透过形形色色的美学观点、美学学说,不难发现,以儒、道、禅为代表的中国美学存在着一个共同的失误,这就是:以作为第一进向的人与自然维度与作为第二进向的人与社会维度来"逃避、遮蔽、遗忘、假冒、僭代"作为第三进向的人与意义的维度,并提出、把握所有的美学问题。这显然是一个不可饶恕的错误。我们知道,作为第一进向的人与自然维度与作为第二进向的人与社会维度作为现实维度并不是人类与世界之间关系的全部,准确地说,它只是人类以现实关怀作为阐释框架时所界定的世界,侧重的是人类与世界之间的外在关系以及对于世界的必然性的领域的把握。倘若意识及此,而且自觉地不去跨越它为自己所划定的界限,应该说,它所开辟的思想道路还是非常重要而且十分有效的。然而,假如竟然不自量力,以为从它出发就可以包打天下,就可以提出和把握所有的问题,并以此来"逃避、遮蔽、遗忘、假冒、僭代"作为第三进向的人与意义的维度,就难免以偏概全,并且铸成大错。遗憾的是,我们在中国思想的历史中所经常看到的,恰恰正是这样的一幕。

严格而言,美学的根本问题并不在作为现实维度的人与自然维度和人与社会维度之中,而是在它们之外。然而以儒、道、禅为代表的中国美学却偏偏固执地坚持从这一维度出发,来提出和把握所有的美学问题,例如,把美学问题归结为要千方百计"拂"去、"避"开、"空"掉"欲望"的"德性""天性""自性""佛性"的问题,结果就难免以偏概全,不但使得我们的美学眼光极为狭隘,而且使得真正的美学问题被排斥于美学的视野之外。事实上,在侧重对于人类与世界之间的外在关系以及对于世界的必然性的领域的把握的现实维度之中,根本就没有真正的美学问题。

王国维的真正贡献恰恰在此。借助西方叔本华的美学,他率先清楚地觉察,不论具体的看法存在着多少差异,但是只要是强调从作为现实维度的人与自然维度和人与社会维度出发,就必定会假定存在着一种脱离人类生命活动的纯粹本原,假定人类生命活动只是外在地附属于纯粹本原而并不内在地参与纯粹本原,假定这个纯粹本原既然作为本体的存在是预设的,是抽象的、外在的和先于人类的生命活动的。由此,在作为现实维度的人与自然维度和人与社会维度中建构起来的就只能是对生命的一种抽象理解,即从对于生命的具体经验进入对于世界的抽象把握,所获得的也只能是对于生命的一般知识。当然,就特定的角度而言,这种对于生命的抽象把握、一般知识无疑也是人类文明的一种"觉醒"。但是假如就以此为真理,以致尽管抓住的只是某一方面的世界、某种有限的东西,但是却要固执地认定它就是一般的东西、无限的东西,甚至转而否定掉其他的东西,就会导致失误。例如,从作为现实维度的人与自然维度与人与社会维度出发,审美活动就只有在能够成为关于生命准伦理的条件下才是可能的,也才是有意义的。它所面对的并非生命本身,而是被预设的生命。因此从表面上看,从作为现实维度的人与自然维度和人与社会维度出发的美学已经为自己构筑起一座逻辑严密、秩序井然的大厦,但是实际根本不然。因为真正的审美活动却偏偏被排斥在这座大厦之外,徘徊流浪无家可归。因为就其根源而言,审美活动是要先于作为现实维度的人与自然维度和人与社会维度的"根"与"源",这是一种"本体论上的先于",也是一种"根据上的先于",而离开审美活动的作为现实维度的人与自然维度和人与社会维度根本就是不可能的,也是违反人性的。而且,一旦把审美活动置放于作为现实维度的人与自然维度和人与社会维度的框架之中,使之成为作为现实维度的人与自然维度和人与社会维度的附庸,审美活动本身也就不可能存在了。因为审美活动在人类的所有生命活动之中是与自由最最密切相关的,但是在作为现实维度的人与自然维度和人与社会维度中,由于一切总是彼此外在、相互限制,自由事实上也就从根本上成为一种不可能,当然,从作为现实维度的人与自然维度和人与社会维度出发的美学也往往要标榜自己对于自由的追求与忠诚,可是在其中自由却从对于必然的超越转换成为对于必然的服从,从人之为人的根本属性转换成为人之为人的一种属性,因此实际上实现的只是自由的条件而并非自由本身,因此最终也就无法达到自由,甚至是与自由背道而驰。不言而喻,走出这一困境的唯一途径,只能是从作为超越维度的人与意义的维度出发重建美学,而这,正是王国维的贡献之所在。而从作为超越维度的人与意义的维度出发重建美学,无疑也就是王国维所开启的20世纪思想的另一源头。

再从美学的内涵来看,王国维所开启的20世纪思想的另一源头的重要性更为显豁。

作为超越维度的人与意义的维度,使得美学的内涵发生了根本的转换。对于自我的存在的拒绝,曾经使得以儒、道、禅为代表的中国美学长期滞留于"我们的世界",这导致乐观主义、快乐、幸福的角度以及以取消向生命索取意义的方式来解决生命的困惑,但是王国维所开创的美学却并非如此。它是对于自我的存在的见证,是从悲观主义、痛苦、罪恶的角度看世界,也是通过向生命索取意义的方式来解决生命的困惑,如此一来,美学也就进入了"我的世界"(在人类层面是孤独的个体,在宇宙层面是孤独的人类)并且力求为"我的世界"立法。

这无疑也与西方叔本华美学有关。康德说,人是目的,但是在叔本华看来,实际上,自我才是目的。我的出现,不亚于宇宙在大爆炸中诞生。对于一个人来说,只有当自我诞生时,世界才诞生。一个新的生命诞生,就是世界的重新诞生。对于世界而言,我无足轻重,对于我而言,我就是一切。世界对于每个人来说都截然不同。克尔凯郭尔觉醒之后就要"退出全体",雅斯贝斯要说:真正体验过克尔凯郭尔和尼采思想的人,已经无法按照学院模式继续思考。这无疑有助于我们理解叔本华美学。确实,面对生命的具体事实,以前的美学只会对它发呆。因为只有个体才是真实的,这真实的个体始终在以前的美学之外。然而,"上帝造出了我之后,便把模子打碎了。"因此真正的美学就必须学习让个体存在,而不是扭曲它,必须从自身的体验出发,去捍卫人类空间中最个人、最内部的立场。而且,不是让人发现个人之外的东西,而是发现自己。我的存在对我来说不是一个思维的对象,而是一个始终介入的事实。不是在理论上看到,而是在生活中遭遇到。这样,真正的美学问题就始终是个人的。

进而言之,个人的美学必然是"黑暗"的。寻找光明一直是美学的理想,可是从叔本华开始的西方美学却异乎寻常地"爱"上了黑暗。这因为它让人发现的是两个东西:生命的不完整以及生命的不完整所带来的为人类所无法承受的苦难。置身"我的"世界,使得美学家先行到死,地狱之门为此提前向他们打开,并且在生命结束之前就得以与魔鬼交谈,从而直接地面对人类的失败,人类的希望的无望,人类的悲剧性命运,而它所否定的恰恰是人类的虚假的希望,人类的自以为是的乐观主义,在它看来,人类无往而不浴于苦海劫波,这是人之所遭遇并被命定必须要隶属之的世界。人本来就"在世界中",这是一个最为沉痛的事实,也是一个必须接受的事实。因此,最为神秘的不是世界的"怎样性"(最为重要的也就不是追问世界的"怎样性"),而是世界的"这样性"。世界就是这样的。世界只是如其所是,在此之外,一切都无法假设,也不应假设,一切都呈现为自足的本然性,作为一个离家出走而且绝不回头的弃儿,生存只能被交付于一次冒险。你无法设想别的世界与别的生活方式,因为你只有这样一个世界和这样一种生活方式,只拥有现在、此生,而别无其他选择。这或许可以称之为:世界是人类的唯一拥有。陶渊明在《归园田居》中感叹过"误落尘网中,一去三十年",但事实上,在"尘网中"的人类完全不是"误落",而是只能如此。世界不是碰巧强加给人类的,而是就是如此、只能如此、必须如此。人类在其中只能背水一战,让死亡为生命作证,从而重返终极关怀,进入伟大的澄明之境。

而王国维之为王国维,他的思想探索的重大意义,应该说也就在这里。人的脱离种种伦理、政治的束缚而直接面对虚无,可以称之为"第二次诞生",称之为因为对于生命本身的觉悟而诞生。在中华民族,王国维开始的就是这样的"第二次诞生"。当中国需要黑暗的时候给中国人以黑暗,这就是王国维所给予中国人的光明。黑暗就是光明。由此,国人才知道生命是何等的虚妄,苦难是何等的深重,也因此,担当生命就是担当虚无,觉悟生命就是觉悟苦难。生命与虚无在王国维那里成为对等的概念。个人建构的价值、个人体验的意义、个人担当的责任、个人践履的信念、个人守护的尊严、个人坚持的自我,一句话,个人自我的美学,就是这样被王国维带入了这个顽固不化而又嗷嗷待哺的国度。

第六章　王国维的末路

伤心最是近高楼：成也痛苦，败也痛苦

如上章所述，在王国维那里，生命被还原为个体，因此，个体唯余"痛苦"，个体就是"痛苦"。结果，与传统的"生生不已"的生命美学形成"反讽"，一种全新的充满悲剧意识的生命美学诞生了。遗憾的是，王国维为这一全新的发现而手足无措：既然个体必亡，既然个体生存的虚无再也无法用"天下""汗青"之类去遮掩，生命也就进入一种孤立无援的绝境。然而，这千百年来为他所第一次发现的生命的"痛苦"固然确实"可信"，但是却绝不"可爱"，王国维为此寝食难安。无法也无力去拒绝这千百年来为他所第一次发现的生命的"痛苦"的"可爱"，正是王国维的"心病"之所在，也正是最终导致他的形而上"死"的根本原因。

成也"痛苦"，败也"痛苦"，为"痛苦"而生，也为"痛苦"而死，在我看来，就是王国维之为王国维了。"宇宙之变化，人事之错综，日夜相迫于前，而要求吾人之解释，不得其解则心不宁。叔本华谓人为形而上学之动物，洵不诬也。哲学实对此要求，而与吾人以解释。"①为此，王国维最初与叔本华哲学"为伴侣"，并且"大好之""心怡神释"。但是从 1904 年写《红楼梦评论》时却已经产生了绝大之疑问。1907 年，王国维更写下一段著名的世纪困惑与哲学绝命书："余疲于哲学有日矣。哲学上之说，大都可爱者不可信，可信者不可爱。余知真理，而余又爱其谬误。伟大之形而上学，高严之伦理学，与纯粹之美学，此吾人所酷嗜也。然求其可信者，则宁在知识论上之实证论，伦

---

① 《王国维文集》第 3 卷，中国文史出版社 1997 年版，第 4 页。

理学上之快乐论,与美学上之经验论。知其可信而不能爱,觉其可爱而不能信,此近二三年中最大之烦闷。"①"疲于哲学"也就是厌学,而厌学的结果肯定就是厌命、厌世,就是自杀。可是,为什么费尽千辛万苦历经千年百年才找到的"学"竟然使人生"厌"？无疑并不是因为它所阐释的生命"痛苦"的"可信",而是它所阐释的生命"痛苦"的并不"可爱"。个体意义上的生命虚无作为一个难题横逆而来,"此吾辈才弱者之所有事也。若夫深湛之思,创造之力,苟一日集于余躬,则俟诸天之所为欤！俟诸天之所为欤！"②王国维呼天喊地,然而天地不应。"人生过处唯存悔,知识增时只益疑",然而却"书成付与炉中火",深入的研究对他不但不是一种安慰,而且反而成为一种巨大的伤害。为了自救不得不思考,为了思考却不得不伤害自己。思考不但没有使王国维变得强大起来,反而使他将生命消耗殆尽,思想自身中某种可以为之生为之死的东西的阙如,使得王国维已经找不到一个可以继续活下去的理由,高楼没有爬上去,天涯也没有望尽,最终只有以投水自尽的方式,来摆脱自己的美学困惑。

必须强调,王国维的自杀并没有结束他的思考,而是以这样一种奇特的方式将日夜纠缠于其内心深处的巨大困惑呈现给了后人,因此,他也得以死于不死！作为一个"为哲学而生"而并非"以哲学为生"的思想者,王国维无异于中华文化的"托命人",他不以"天下为己任",而以"文化为己任",甚至就是文化本身,纵使"睡也还醒,醉也还醒",又何曾醒？或许举身赴池,不醒也罢！总之,是一个以文化为生命的纯粹的学人,文化的需要就是他的需要,文化的命运就是他的命运。因此,王国维与康德不同,却与叔本华、尼采神似。不是把生活中的痛苦化解为思想中的痛苦,而是把思想中的痛苦转化为生活中的痛苦,甚至不能自拔,为之生也为之死,预支了全部的生命能量。现在,既然在思想中无法解决人生苦恼,自然是唯余一死。既然文化是他的命中之命,那么,除了将自己的生命化作一个思想的问号横亘在20世

---

① 《王国维文集》第3卷,中国文史出版社1997年版,第473页。
② 《王国维文集》第3卷,中国文史出版社1997年版,第473页。

纪中国的必经之途,为个体生命之虚无缥缈而悲,为中华文化之花果飘零而长歌当哭,并以此来期待着后人的解决,自然也已经绝无其他选择。

"人总得有条出路啊!"面对王国维的自杀,每每令人想起陀思妥耶夫斯基的这句感叹。随之,一种说不出的不安就会油然而生。作为王国维的后人,不论是谁,只要他走得更远一些,更勇敢一些,就必然会迎头撞上王国维的困惑(当然,前提是他们是否敢于走得如此之远)。这,或许可以称为中国人心中的"王国维情结"了。为此,我们完全有理由拒绝接受他的死亡。因为,无言的死,就是无限的活。思想家的选择自杀,其实也就是主动引导着后人对于他的死亡文本的阅读。死者的坟茔,就是生者的讲坛。何况,比起王国维的一生中为我们所带来的所有震撼与挑战,他的自杀为我们所带来的实在是一次更富魅力的震撼与挑战。为此,我们必须时时面对王国维的自杀,并且,通过重新思想王国维的自杀来重新进入王国维的思想。

美学绝命书:解脱之事,终无可能

事实上,王国维的成也"痛苦",败也"痛苦"以及为"痛苦"而生,也为"痛苦"而死,错就错在尽管认识到人生就是痛苦,但是却没有认识到痛苦就是人生,因此才想方设法一定要去解脱,一旦无法解脱,则不惜一死。

我们已经知道,王国维是因为"人生之问题"而走向美学的,所谓"体素羸弱,性复忧郁,人生问题,日往复于吾前。自是始决从事于哲学。"而"人生之问题"的核心,就是源于个体生命困惑的"忧生",而且"忧与生来讵有端"。这无异于中国美学历史中"石破天惊"的千古一问。个体的生命存在如何可能?就是与"忧生"俱来的生命困惑。也因此,他对美学的期待也就不仅仅是个体痛苦的揭示,而且更应该是个体痛苦的救赎。然而,王国维可以承认个体痛苦的"可信",但是却无法承认个体痛苦的"可爱",但是这毕竟是一种"独疑其所以生"而又不能不"生"的痛苦,一种不仅仅要"观他人之苦痛"而且更要"觉自己之苦痛"的痛苦,那么,"解脱之道"安在?传统的思考由于回避了其中的实质,无疑如同隔靴搔痒,例如,从生死选择出发的自杀与否、从生活方式选择出发的在家与出家、从道德选择出发的"自利"与"利他"、从功利选择出发的"成圣"(出世)与"成仁"(入世),或者由于把精神的解脱置换为肉体的解脱,或者由于把精神的解脱置换为生活方式的改变,或者把个体精神的解脱置换为集体道德的抚慰,或者把个体精神的解脱置换为社会评价的关注,显然,都无助于问题的解决。

也正是因此,王国维又一次把目光投向了西方。他在"癸卯春,始读汗德之《纯理批评》,苦其不可解,读几半而辍。嗣读叔本华之书,而大好之。"但是,"后渐觉其有矛盾之处",并且在他的《红楼梦评论》中"提出绝大之疑问"①,又在他的《叔本华与尼采》中"畅发"有加。事实上,在接触叔本华哲学之前,王国维就已经深深体验到人生的虚无与失望,茫昧于生命意义的晦暗不彰,叔本华关于生活、欲与痛苦三者合一的悲观主义,只是证实、强化了王国维原已拥有的悲观情怀,因此也是"可信"的。他要求助于叔氏的,只是个体痛苦的解脱之道。这就是他所要追求的"可爱"。遗憾的是,他最终抱憾而归。这,应该就是叔氏的不"可信"。王国维感叹的"旋悟叔氏之说,半出于其主观之气质,而无关于客观之知识"②,显然就是这个意思。

1903年,王国维开始读《作为意志和表象的世界》,仅仅一年多后的1904年春,他就指摘叔本华"徒引据经典,非有理论的根据也"。③ 此后在《叔本华之哲学及其教育学说》《叔本华与尼采》《书叔本华遗传说后》等文中,他更进一步否定了叔氏"解脱之道"的"可信",认为"其说灭绝也,非真欲灭绝也,不满足于今日世界而已"。④ 在他看来,首先,解脱意味着"拒绝意志",那么,"拒绝"算不算一种意志呢? 其次,意志为宇宙之本体,"非一切人类及万物各拒绝其生活之意志,则一人之意志亦不可得而拒绝。"⑤叔本华只讲个体的解脱,未讲世界的解脱,与其意志同一说明显矛盾。可见,个体解脱根本不可能,因为个体的人拒绝意志还要以全人类与万物都拒绝意志为

---

① 《王国维文集》第3卷,中国文史出版社1997年版,第469页。
② 《王国维文集》第1卷,中国文史出版社1997年版,第18页。
③ 《王国维文集》第3卷,中国文史出版社1997年版,第469页。
④ 《王国维文集》第3卷,中国文史出版社1997年版,第354页。
⑤ 《王国维文集》第1卷,中国文史出版社1997年版,第16页。

前提,如果个体拒绝但是他人不拒绝那个体就无法彻底拒绝①。最后,王国维又用佛教、基督教至今没有引领人类进入解脱来说明人类解脱不可能。从"可见诸实事者"来说,释迦示寂、基督献身之后,人类及万物仍然在无尽的欲望中痛苦挣扎,一切都"不异于昔",看上去是"能之而不欲",实际在王国维看来正是"欲之而不能"②。

由此,王国维与叔本华分道扬镳,在叔本华看来,解脱完全可能,而在王国维看来,"解脱之事,终无可能"。以他的《论性》《释理》《原命》这三篇论文为例,《论性》就揭示人性的善恶斗争永恒无已,终无解决之日;《释理》也认定理性无法推动人性去化恶为善;《原命》更申说人类的行为受种种原因牵制,自由只是奢望。结果,"终古众生无度日,世尊只合老尘嚣"(《平生》)、"侧身天地苦拘挛,姑射神人未可攀"(《杂感》)。这,无疑是一种彻底的悲观主义。不过,王国维恰恰不满足于此。他没有因此而走向对于痛苦的承担,而是走向对于痛苦的缓解。遍读王国维介绍叔本华(以及尼采)的文字,会发现"慰藉"这一类的字眼在文中屡屡出现,在《叔本华与尼采》一文中,他说:"若夫天才者,彼之所缺陷者与人同,而独能洞见其缺陷处。彼与蚩蚩者俱生,而独疑其所以生。一言以蔽之,彼之生活也与人同,而其以生活为一问题也与人异;彼之生于世界也与人同,而其以世界为一问题也与人异⋯⋯彼知人之所不能知,而欲人之所不敢欲,然其被束缚压迫也与人同。夫天才之大小,与其知力意志之大小为比例,故苦痛之大小亦与天才之大小为比例。"进而,王国维强调:"彼之痛苦既深,必求所以慰藉之道。"同时,王国维又以己度人,说叔本华、尼采他们的学说,也是"彼非能行之也,姑妄言之而已,亦非欲言诸人也,聊以自娱而已。何则? 以彼知意之如此而苦痛之如彼,其所以自慰藉之道,固不得不出于此也。"③"彼等所以为此说,无他,亦聊

---

① 这说明王国维回避了解脱论在逻辑上必然导致的自杀问题,而且强调个体出世缺乏相应环境、前提,并以叔本华的"意志同一"来表达这一困惑,可见他心目中的解脱不是自杀而是人类同时进入寂灭之境界。
② 《王国维文集》第1卷,中国文史出版社1997年版,第17页。
③ 《王国维文集》第3卷,中国文史出版社1997年版,第473页。

以自娱而已。"由此,透露出王国维对待"痛苦"的基本思路:既然"解脱之事,终无可能",那么,就不得已而求其次,以"慰藉"来求得痛苦的暂时缓解。

换言之,王国维以彻底的悲观主义为理想,这无疑不同于乐观主义。"然一切伦理学的理想,果皆可能与欤?""要之理想,可近而不可即,亦终古不过一理想而已矣。"何况,任何主义都必然包含悖论(这是王国维的一大发现),为肯定欲望而提倡节欲和为否定欲望而拒绝自杀,都会陷入悖论。这样,彻底的悲观主义导致的就不是自杀、寂灭,而是审美。王国维之所以从叔本华的"知之无限制说",转而唱意之无限制说",从叔本华的"知力之快乐"转向尼采的"意志之势力",就是要用他所发明的"知力意志"来解决叔本华的矛盾,即"专以知力言"的缺陷。在他看来,解脱生审美,忧生即审美。然而,尼采的审美是展现悲剧,是悲剧的见证。这一点,王国维也有所察觉。他在介绍席勒的美学思想时就复述云:"美术文学非徒慰藉人生之具,而宣布人生之最深意义之艺术也。"①但是在他本人看来,却是"慰藉满足非求诸哲学及美术不可","人类之知识感情由此而得其满足慰藉者"②。仍旧以审美为解脱,又走了中国美学传统的老路。

当然,王国维所谓的审美又毕竟有其新意。这就是所谓"纯粹知识"。这是一个叔本华的概念。在他看来,意志固然主宰一切,但在某些特殊情况下,比如审美静观中,认识的主体却可能不再被意志操控,而成为无知无欲的纯粹主体,被静观的对象也可能从物物关系中孤立起来,成为能够体现该事物种类本质的"理念"。由此而来的"纯粹知识",是相对于意志而言的,就是所谓纯粹审美(艺术),而王国维由此进一步又引申出"纯粹学术"的内涵。在王国维学术生涯中,这无疑是一个极为值得关注的"引申"。"疲于哲学"之后,王国维"渐由哲学而移于文学,而欲于其中求直接之慰藉也"。但这一"文学"时期却只是一个过渡期。"诗歌乎?哲学乎?他日以何者终吾身,所

---

① 《王国维文集》第3卷,中国文史出版社1997年版,第369页。
② 《王国维文集》第3卷,中国文史出版社1997年版,第6页。

不敢知,抑在二者之间乎?"①可见他十分明白自己不可能在文学中安顿身心。很快,他就转向了面向"可信"之学的古史考证时期。实际上,这也就是从"纯粹审美"走向"纯粹学术"。事实证明,这一选择是他所能够作出的最好选择。文史考据之学堪称"纯粹知识",并且因其"纯粹"而统一了"可爱"和"可信",不但远离现实社会,而且对从事者来说确有某种解脱的性质。结果,历经哲学、文学时期后,王国维终于在古史考据之中安顿下来。②"成书之多,为一生冠"。"厚地高天,侧身颇觉平生左。小斋如舸,自许廻旋可。"(《点绛唇》)"掩卷平生有百端,饱更忧患转冥顽。……更缘随例弄丹铅。闲愁无分况清欢。"(《浣溪沙》)在这里,多重无奈中也确实流露出些许的满足。就是这样,王国维通过摆脱了生活之欲的"纯粹知识"而实现了一种"纯粹"的人生方式。③

然而,纯粹学术虽然并非"直接蕴藉",但是却毕竟仍旧是"蕴藉"而已,而且仍旧是一种虚假的"蕴藉"。须知,"可信"的知识尽管并不全部拒绝"可爱"的要求,但是重要的是这里并不全部拒绝的是哪一种"可爱"。波兰尼说的:"真理的思维隐含着寻求真理的欲望,而正是在这一意义上它是个人的。但是,由于这样的一种欲望是追求某种与个人无关的东西的,所以,这一个人动机具有一种与个人无关的意向。"④"可信"的知识并不全部拒绝的,正是追求客观真理、科学知识的感情这样一种"可爱",而不是知识本身的那种"可爱"。也因此,当王国维一旦梦醒,"解脱之事,终无可能"的个体痛苦最终一旦产生了对于"纯粹知识"的"蕴藉"的免疫力,王国维就非死不可。作为中国的第一号老实人,王国维也实在别无选择!

---

① 《王国维文集》第3卷,中国文史出版社1997年版,第473页。
② 逃亡日本时候,他曾对人苦笑声称:自己不懂西方哲学。
③ 中国文人受中国文化教育,濡染之深,沦肌浃髓,在近现代史中,中国有许多杰出之士最后都为中国文化这一诱人的黑洞所吸纳,皈依于此,陶陶然、昏昏然,自以为得人生之真谛,甚至不惜"悔其少作"。"所向披靡,令人神旺"的章太炎"转入颓唐";曾骂"这国故的臭东西"的吴稚晖,后来也沦入其中;周作人最终更是被传统审美文化吞噬得尸骨无存。
④ 波兰尼:《个人知识》,贵州人民出版社2000年版,472页。

"彻底"与"透底"

百年之后再来评价王国维的选择,应该并非一件难事。既然不仅仅人生就是痛苦,而且痛苦就是人生,那么主动承担痛苦以及审美只是痛苦之为痛苦的呈现,就是必然的选择。然而王国维却不然,他没有意识到痛苦就是人生,因此竟然拼命地去寻找痛苦之源(在他之后的鲁迅,就不再如此虚妄地去寻"源"),而是要对症下药,去拼命地寻找解脱之道,遍寻不着,还是其心不死,再转而去寻找蕴藉之道,其结果,是整个地让出了生命的尊严。借用鲁迅的说法,本意是求"彻底",实际却反而"透底","连自由的本身也滑掉了"①,走到了自由的反面。如果我们联想到,在他之后,鲁迅的成功恰恰在于承认痛苦就是人生,承认痛苦不但"可信"而且"可爱",对此就会一目了然。

然而,更为引人瞩目的却并非对于王国维的评价,而是关于王国维的思考。"王国维为什么没有能够走得更远?"这才是一个真正亟待回答的问题。尽管"独上高楼",然而最终天涯却没有望尽,高楼也没有到顶。在我看来,王国维所代表的,是一个信仰维度阙如的民族试图在学术上超越学术强国时经历的一次惨重的失败,这是一个民族的最为深刻的内伤,没有硝烟,却同样残酷。

王国维没有能够走得更远,原因无疑有方方面面,但是归结到底,究其根本,则显然是因为他在精神上站得太低,没有一个能够包容苦难的灵魂。生命是虚无的,这是一个事实,但是在个体没有觉醒之前却无法意识到这一事实,个体一旦诞生,生命的虚无也就应运而生。人类第一次意识到存在所强加给自身的一切都是如何的虚妄,而这虚妄所强加给自己的痛苦又是如何的深重,在此意义上,人体的诞生无异于第二次诞生,而第二次诞生的根本含义就是承担,对于虚无以及由此而来的痛苦的承担。因此,对于生命的

---

① 《鲁迅全集》第5卷,人民文学出版社1981年版,第103页。

虚无以及由此而来的痛苦的发现需要的只是"实话实说",只是诚实与勇气(所以我们才称王国维为中国的第一号老实人)。至于生命的虚无以及由此而来的痛苦是否有救,却要凭借灵魂(信仰)才能够回答。须知,灵魂(信仰)正是个体生命的对应物。在第二次诞生中人类一旦对于人的弱点、有限性有了充分的了解之后,就必然会走向信仰,这是一种从生命中生长出来的"奇迹",而不是什么宗教狂热的产物(因此,尽管精神现象可以群体化,但是灵魂却必须是个体的)。要从生命的虚无以及由此而来的痛苦中脱身而出,仅仅依靠人自身的力量是不行的,那样只会使得虚无更加虚无、痛苦更加痛苦。要知道,直面生命的虚无以及由此而来的痛苦的勇气固然很重要,但是直面生命的虚无以及由此而来的痛苦的目的并不是要显示我们懂得痛苦甚至不怕痛苦,而是要承担人性与世界的丰富,展现灵魂的超越与自由。因此,重要的甚至不是直面生命的虚无以及由此而来的痛苦,而是如何从生命的虚无以及由此而来的痛苦中超越出来。最终的起因是要直面生命的虚无以及由此而来的痛苦,最终的态度却必须是如何从生命的虚无以及由此而来的痛苦中超越出来。而要做到这一点,就必须借助于灵魂(信仰)。因为只有灵魂(信仰)是在生命的虚无以及由此而来的痛苦之上的,它是对于一种价值的持守与践履,也是一种真正的力量,更是人类真正的觉悟。通过它对于生命的虚无以及由此而来的痛苦的超越,人类表达了自己超越生命的虚无以及由此而来的痛苦的愿望。因此,体验生命的虚无以及由此而来的痛苦的结果,应该是更爱人类,应该是更充满了人所特有的欢乐与喜悦,否则,承担生命的虚无以及由此而来的痛苦的动力何在?

显然,这一切对于叔本华等西方大哲来说,都是不言而喻的。用《卡拉马佐夫兄弟》中的佐西马长老所强调的话说,这是一种"获得世界的方式"。它是一种素质、状态、态度、境界,是一种从内到外的精神建构,换言之,"获得世界的方式"就是爱这个世界的方式。因此,不论叔本华等西方大哲的观点如何,但是他们在灵魂深处都肯定是一个有信仰的人,他们的精神结构也肯定都是完整、深刻、博大的①。但是,就王国维而言,对于这样一种"获得世界的方式"却实在是一无所知。面对几乎可以说是突兀而来的生命的虚无以及由此而来的痛苦,王国维的思考明显缺乏一种起码的内在力量、精神皈依。例如,尽管同样是在思考生存的根本问题,但是王国维与叔本华等西方大哲却根本就不在一个层面上。前者依托的是经验,后者依托的是信仰②。其中的差别,王国维自己并非不知,与叔本华之说"半出其主观的气质"一样,王接受叔氏之说时也是如此,而且,在谈及叔本华等西方大哲时,他就曾明确指出:"彼非能行之也,姑妄言之而已;亦非欲言诸人也,聊以自娱而已。何则?以彼知意之如此而苦痛之如彼,其所以自蕴藉之道,固不得不出于此也。"③那么,为什么叔本华可以终生坚信其哲学而王国维则不能,并且要弄到自杀的地步呢?差别在于叔本华是"生命"(本体)的,而王国维是"生活"(经验)的。从1904年开始,在《红楼梦评论》中王国维就已经批评叔本华的解脱论无法实现,在《叔本华与尼采》中又批评意志同一说和美学天才论只

---

① 因此叔本华谈的是悲观,但是充盈的却是昂扬奋发的生命力量。对于人们不敢正视的人生的正视,这正是他所带给我们的昂扬奋发的生命力量。"真理有如一种植物,在岩石堆中发芽,然而仍是向着阳光生长,钻隙迂回地,伛偻、苍白、委屈,——然而还是向着阳光生长。"(叔本华:《作为意志和表象的世界》,商务印书馆1982年版,第200页)

② 王国维认为叔本华美学的根本在于快乐论与利己主义,这无疑是一种误读,因为叔本华的美学是立论于意志寂灭。而"拒绝生活之欲者,又何自来欤?"显然是来自"天惠之功"。叔本华指出:"天惠之功和再生在我们看来只是意志自由唯一直接的表现","解救只能由于信仰","而这个信仰又只能来自天惠","自由是天惠的王国"(《作为意识和表象的世界》,商务印书馆1982年版,第553—558页)。王国维缺乏信仰的维度,因此认识不到。中国的宗教不探讨未来,不关注过去,只关注现状,是一种心理安慰技术,并不含信仰,而只是对于已经发生的遭遇的神秘解释,只是用来劝慰人们放弃生活之欲的修辞方式,由此我们看到,王国维批评梁启超《近世第一大哲康德之学说》中的错误十有八九,实际他的错误更为根本。把宗教划给了下流社会,就是一个失误。在《近代之学术界》中发现对于印度佛教之接受,没有意识到宋儒接受的已经只是被中国化了的佛教,也是一个失误。率先学习"西洋思想",但是没有意识到其中的基督教思想的重要,还是一个失误。

③ 《王国维文集》第3卷,中国文史出版社1997年版,第353—354页。

是自慰方法,而不是客观知识。而且对于意志同一说、博爱主义、美学天才论都不同意。王国维注意到叔本华的学说与行为"往往自相矛盾",不惜将叔本华的立论从意志寂灭扭曲为快乐论与利己主义,并且斤斤计较于"解脱之足以为伦理学上之最高之理想与否,实存于解脱之可能与否",更怀疑"意志之寂灭之可能与否",还质问"拒绝生活之欲者,又何自来欤"。对此,许多后来者都认为这折射出王国维对于叔本华的睿智批评,其实不然,这恰恰表露出王国维仍旧滞留于传统中国的思路而不能自拔。实际上,叔本华的立脚地是本体论(生命的),他尽管酣畅淋漓地揭示了生命的悲剧与虚无,但是却从未丧失生存的勇气与信念,或者反过来说更为清楚,正是为了不丧失生存的勇气与信念,他才去酣畅淋漓地揭示生命的悲剧与虚无。因此否定意志的契机在于信仰,由信仰而来的"天惠之功"与"原罪"正是解脱的动力与原因,而由美德走向禁欲、渴望的解脱以及"极受欢迎而被欣然接受"的死,在他也就都是顺理成章之事。但是王国维却未能深刻意识及此,他确实避开了叔本华的矛盾,但是也避开了叔本华的深度。王国维的立脚地是经验论(生活的),基于生命意义的危机而希图通过哲学探究人生终极之理的王国维,理所当然地要求哲学具有可信性,这充分显示出他对自己的生活实践的强烈的知识论的要求(在"可爱"与"可信"的冲突中放弃了哲学,就是因为他不愿意再以哲学上的矛盾来增加人生之苦),而且与叔本华从来没有想过要在生活中实践他的禁欲解脱论恰恰相反。然而,"可爱不可信"的说法本身就是对于哲学的误解,哲学当然就不是"可信"的,一旦从"可信"入手去要求"可爱",就会再一次陷入中国传统的封闭的精神怪圈。这个封闭的精神怪圈堪称只依靠经验来生活的中国传统的公开的秘密:因为背后没有信仰作为依托,只能以经验为支架,并且以谈论经验的方式谈论信仰,难免就事论事,就痛苦说痛苦,最终只能沉湎于无限循环,为痛苦而痛苦,无法从中突围而出,因此也就永远无法达到"可爱"。换言之,经验是事实,但是不是价值,倘若没有价值介入,经验就很容易僭代价值,价值于是就成为伪价值①。就此而言,王国维与传统没有任何不同。他与传统的不同之处只是在于,第一次意识到了"伪价值"的存在。至于"伪价值"的由来,他懵然不知;如何去寻求真正的价值,他更一筹莫展②。

事实上,要寻求真正的价值,必不可缺的是一种对于哲学的"可爱"以及灵魂、信仰的人性想象,这就是所谓的信仰之维、爱之维。遗憾的是,这一切在中国人的生命中始终就没有酝酿而出。"不可想象",就是中国所津津乐道的"想象";无信无求、无持无守、无敬无畏,就是中国所延绵不绝的精神状态;争夺地狱的统治权,"得者王侯败者贼",就是中国所信奉的价值关怀。联想到与他同时的所谓"革命"也无非就是"驱除鞑虏",无非就是"清算"与"复仇",不能不承认,这其实已经不是美学的缺陷,而是精神的缺陷。它意味着:汉民族实在是一个不幸的族群。灵魂的黑暗与信仰的阙如,使得它根本就不具备人性想象的能力与可能,更无从去面对生命的虚无以及由此而来的痛苦。王国维的悲剧就在这里。以宝玉那样的听《寄生草》之类的做法来解脱生命的虚无以及由此而来的痛苦,显然已经舍弃叔本华意志本体论而沦入经验的泥潭。所谓"蕴藉"就更如此。在叔本华审美只是"自失",只是面对生命的虚无以及由此而来的痛苦中的一种暂时的抽身而出与作壁上观(纯粹无欲主体早已存在,并非审美活动的产物),因此不但并非解脱,也并非蕴藉。但是王国维却不然,在确信"解脱之事,终无可能"之后,转而又

---

① 王国维从"嗜好"的角度研究审美活动,就是一个例子。实际"嗜好"只是所谓的"喜爱",是一个经验范畴。真正的审美活动显然应该是来自作为价值范畴的"爱"本身。而且,尽管王国维也曾经多次谈到"博爱",例如,"以他人之快乐,为己之快乐,他人之苦痛,为己之苦痛,于是有博爱之德。""于正义之德中,己之生活之欲已加以限制,至博爱,则其限制又加焉。""拒绝自己之欲,以主张他人者,谓之'博爱'。"(《王国维文集》第3卷,中国文史出版社1997年版,第322页)显然,王国维所理解的"博爱"仍旧还是"同情",是一个经验范畴,而不是来自作为价值范畴的"爱"本身。
② 叔本华的意志本体从逻辑上根本站不住脚,只有凭借信仰才得以成立。而且,叔本华认为可以得救,因此才止于永恒正义。但是王国维根本无法得救,所以止于悲剧。也因此,叔本华是从艺术本性的无用走向了艺术功能的无用,而王国维则从艺术本性的无用走向了艺术功能的无用之用。

求助于"蕴藉"。而所谓"蕴藉",从表面上看是从世界中退出,实际却是从生命的虚无以及由此而来的痛苦中退出。让意识回到觉悟以前,用第二次诞生中所产生的慧眼去观照、回味觉悟之前的岁月,犹如老人回味童年,结果生命的虚无以及由此而来的痛苦尽管实际存在但却被有意无意地遗忘,这,就是所谓的"蕴藉"。与所要寻求的真正的价值相比,无疑也相距甚远。因此,应该说,通过观照生命的虚无以及由此而来的痛苦而走出灵魂的黑暗与信仰的阙如,正是第二次诞生的必然结果。由此,王国维也完全可以去选择面对生命的虚无以及由此而来的痛苦的另外一种方式,这是一种对于哲学的"可爱"以及灵魂、信仰的人性想象。它是无条件的,是作为一个真正的人的内在的精神需要,它是终极关怀,即便生命无处不是虚无,即便生命从来就是痛苦,也不改初衷。凭借它,王国维才能够不仅不被痛苦吞没,并且更感受到光明。但是由于精神的缺陷,王国维却无力做到(一百年以后的中国美学家也没有人能够做到)。中国人太古老了,他们一出生,就有几千年。王国维自然也不例外。由此,是否可以说,王国维的失败并不在于哲学创造力不够或者学术环境的转移等等,而在于灵魂的黑暗与信仰的阙如?至于他的自杀,则是因为灵魂的黑暗与信仰的阙如所导致的生命失败的必然结果①。历史对他是太残酷了!历史的更加残酷表现在:王国维的失败竟然延续了此后的整个世纪,时值新的百年之交、千年之交,我们必须要从王国维的失败中走出,去寻找新的出路、新的可能性、新的精神天空、新的灵魂天空。

---

① "苦难没有认清,爱也没有学成"(里尔克,转引自《海德格尔诗学文集》,华中师范大学出版社 1994 年版,第 86 页),里尔克这句诗用在王国维身上再合适不过。

第七章　评《红楼梦》

《红楼梦》研究,在中国被称为"红学",但是,前人的研究往往忽视了《红楼梦》与民族的精神底蕴的内在关系,忽视了《红楼梦》作为民族的伟大灵魂苏醒与再生的史诗的一面,而王国维正是由此入手,进入《红楼梦》所开创的灵魂的维度,尤其是进入对于"第三种悲剧"即"悲剧之悲剧"的揭示,从而开创了一种阐释《红楼梦》的新的可能性。但是,在经由人与灵魂的维度进入悲剧之后,他却转而寻求"解脱",结果为自己的美学思考留下了深刻的遗憾。

它给中国美学带来了颤栗

王国维的美学思考起步于《红楼梦评论》(1904年),这无疑并非偶然,而是深思熟虑的结果。

我已经指出,《红楼梦》开创了全新的从人与灵魂的维度考察美学的思路。《红楼梦》的出现,深刻地触及了中国人的美学困惑与心灵困惑,这就是:作为第三进向的人与自我(灵魂)维度的阙如。同时也为解决中国人的美学困惑与心灵困惑提供了前所未有的答案,这就是:以"情"补天,弥补作为第三进向的人与自我(灵魂)的维度的阙如。而王国维在美学思考起步伊始就由此入手,从《红楼梦》"接着讲",目光之远大,思维之敏捷,令人叹服。

而且,王国维之所以没有从传统的儒、道、释美学"接着讲",也实在不是出于不欲,而是出于不能。因为"道"不再相同,昔日那些美学大家,他已经根本不屑与谋。"披我中国之哲学史,凡哲学家无不欲兼为政治家者,斯可异已!孔子大政治家也,墨子大政治家也,孟、荀二子皆抱政治上之大志者也。汉之贾、董,宋之张、程、朱、陆,明之罗、王无不然。岂独哲学家而已,诗人亦然。'自谓颇腾达,立登要路津。致君尧舜上,再使风俗淳。'非杜子美之抱负乎？'胡不上书自荐达,坐令四海如虞唐。'非韩退之之忠告乎？'寂寞已甘千古笑,驰驱犹望两河平。'非陆务观之悲愤乎？如此者,世谓之大诗人矣！至诗人之无此抱负者,与夫小说、戏曲、图画、音乐诸家,皆以侏儒倡优自处,世亦以侏儒倡优畜之。所谓'诗外尚有事在','一命为文人,便无足观',我国人之金科玉律也。呜呼！美术之无独立之价值也久矣。此无怪历代诗人,多托于忠君爱国劝善惩恶之意,以自解免,而纯粹美术上之著述,往往受世之迫害而无人为之昭雪也。此亦我国哲学美术不发达之一原因也。"①这就是说,由于"无独立之价值","皆以侏儒倡优自处,世亦以侏儒倡优畜之","多托于忠君爱国劝善惩恶之意",造成了"我国哲学美术不发达"。"故我国无纯粹之哲学,其最完备者,唯道德哲学,与政治哲学耳。至于周、秦、两宋间之形而上学,不过欲固道德哲学之根柢,其对形而上学非有固有之兴味也。其于形而上学且然,况乎美学、名学、知识论等冷淡不急之问题哉！更转而观诗歌之方面,则咏史、怀古、感事、赠人之题目弥满充塞于诗界,而抒情叙事之作什佰不能得一。其有美术上之价值者,仅其写自然之美之一方面耳。甚至戏曲小说之纯文学亦往往以惩劝为旨,其有纯粹美术上之目的者,世非惟不知贵,且加贬焉。于哲学则如彼,于美术则如此,岂独世人不具眼之罪哉,抑亦哲学家美术家自忘其神圣之位置与独立之价值,而蒇然以听命于众故也。"②

进而言之,更为严重的是,传统的儒、道、释美学不但"无独立之价值","皆以侏儒倡优自处,世亦以侏儒倡优畜之","多托于忠君爱国劝善惩恶之意",不但"自忘其神圣之位置与独立之价值,而蒇然以听命于众",而且根本没有揭示人生的真相。王国维称之为"餔餟的文学":"吾人谓戏曲小说家为专门之诗人,非谓其以文学为职业也。以文学为职业,餔餟的文学也。职业的文学家,以文学为生活;专门之文学家,为文学而生活。今餔餟的文学之

---

① 《王国维文集》第3卷,中国文史出版社1997年版,第7页。
② 《王国维文集》第3卷,中国文史出版社1997年版,第7页。

途,盖已开矣。吾宁闻征夫思妇之声,而不屑使此等文学嚣然污吾耳也。"①"餔餟的文学,决非文学也"②。"故文绣的文学之不足为真文学也,与餔餟的文学同。"③而"餔餟的文学"的实质,在王国维看来则是:"眩惑。""夫优美与壮美,皆使吾人离生活之欲,而入于纯粹之知识者。若美术中而有眩惑之原质乎,则又使吾人自纯粹知识出,而复归于生活之欲。如粗粆蜜饵,《招魂》《启》《发》之所陈;玉体横陈,周昉、仇英之所绘;《西厢记》之《酬柬》,《牡丹亭》之《惊梦》;伶元之传飞燕,杨慎之赝《秘辛》;徒讽一而劝百,欲止沸而益薪。所以子云有'靡靡'之诮,法秀有'绮语'之诃。虽则梦幻泡影,可作如是观,而拔舌地狱,专为斯人设者矣。故眩惑之于美,如甘之于辛,火之于水,不相并立者也。吾人欲以眩惑之快乐,医人世之苦痛,是犹欲航断港而至海,入幽谷而求明,岂徒无益,而又增。则岂不以其不能使人忘生活之欲及此欲与物之关系,而反鼓舞之也哉!眩惑之与优美及壮美相反对,其故实存于此。"④

这样,王国维不能不发出绝大之疑问:"回顾我国民之精神界则奚若?试问我国之大文学家,有足以代表全国民之精神,如希腊之鄂谟尔,英之狭斯丕尔,德之格代者乎?吾人所不能答也。其所以不能答者,殆无其人欤?抑有之而吾人不能举其人以实之欤?二者必居一焉。由前之说,则我国之文学不如泰西;由后之说,则我国之重文学不如泰西。前说我所不知,至后说,则事实较然,无可讳也。我国人对文学之趣味如此,则与何处得其精神之慰藉乎?"⑤当然,王国维这样说,并不意味着在他心目中就真的没有"足以代表全国民之精神"的"大文学家",只是它在中国作为"其有纯粹美术上之目的者,世非惟不知贵,且加贬焉"而已。王国维毅然决然地从《红楼梦》"接着讲",而没有从传统的儒、道、释美学"接着讲",就已经隐含着他的美学

---

① 《王国维文集》第1卷,中国文史出版社1997年版,第29页。
② 《王国维文集》第1卷,中国文史出版社1997年版,第24页。
③ 《王国维文集》第1卷,中国文史出版社1997年版,第25页。
④ 《王国维文集》第1卷,中国文史出版社1997年版,第4—5页。
⑤ 《王国维文集》第3卷,中国文史出版社1997年版,64页。

抉择。

真正的文学作品绝无"眩惑"之诱,由此出发,王国维认为《红楼梦》是"有纯粹美术上之目的者",并且"足以代表全国民之精神"。"此书中壮美之部分,较多于优美之部分,而眩惑之原质殆绝焉。"①故《红楼梦》自足为我国美术上唯一大著述"。②中国美学中的"一绝大著作曰《红楼梦》"。③ 在他看来,《红楼梦》之所以能够为"大"甚至能够为"绝大",就在于它独辟蹊径,揭示了人与灵魂的维度。他指出,"美术之价值,存于使人离生活之欲,而入于纯粹之知识"④,是"诗歌的正义"的超越,也是"普通之道德"的超越,完全是"开天眼而观之"的结果(叔本华所谓直观的结果),依此而绝欲解脱后获得的则是"永远之知识"。显然,这意味着转而将美学放在人与灵魂的维度来加以考察。而在中国美学之中,将美学放在人与灵魂的维度无疑是从《红楼梦》开始的。它是灵魂的叩问而不是社会的叩问,是个人与永恒的对话而不是社会与永恒的对话。王国维在《红楼梦评论》的第一章就首先探讨的是人与灵魂的维度。人生而有欲,"欲与生活与痛苦,三者一而已矣。"⑤而问题的解决,在传统的儒、道、释美学,都是在人与自然、人与社会的维度着手的。"百年之间,早作而夕思,穷老而不知所终,问有出于此保存自己及种姓之生活之外者乎?无有也。百年之后,观吾人之成绩,其有逾于此保存自己及种姓之生活之外者乎?无有也。又人人知侵害自己及种姓之生活者之非一端也,于是相集而成一群,相约束而立一国,择其贤且智者以为之君,为之立法律以治之,建学校以教之,为之警察以防内奸,为之陆海军以御外患,使人人各遂其生活之欲而不相侵害:凡此皆欲生之心之所为也。夫人之于生活也,欲之如此其切也,用力如此其勤也,设计如此其周且至也,固亦有其真可欲者存欤?吾人之忧患劳苦,国亦有所以偿之者欤?则吾人不得不就生活之

---

① 《王国维文集》第 1 卷,中国文史出版社 1997 年版,第 12 页。
② 《王国维文集》第 1 卷,中国文史出版社 1997 年版,第 23 页。
③ 《王国维文集》第 1 卷,中国文史出版社 1997 年版,第 5 页。
④ 《王国维文集》第 1 卷,中国文史出版社 1997 年版,第 16 页。
⑤ 《王国维文集》第 1 卷,中国文史出版社 1997 年版,第 2 页。

本质,熟思而审考之也。"①而王国维"就生活之本质,熟思而审考之"的结果实在是石破天惊:"科学上之成功,虽若层楼杰观,高严巨丽,然其基址则筑乎生活之欲之上,与政治上之系统立于生活之欲之上无以异。然则吾人理论与实际之二方面,皆此生活之欲之结果也。由是观之,吾人之知识与实践之二方面,无往而不与生活之欲相关系,即与苦痛相关系。"②这就是说,从人与自然、人与社会的维度("知识与实践之二方面")根本就无助于问题的解决,传统的儒、道、释美学千百年来在这个问题上完全是一无是处并且一错再错。那么,正确的道路安在?"兹有一物焉,使吾人超然于利害之外,而忘物与我之关系",此"则非美术何足以当之乎"③?而"美术"之所以"足以当之",正是因为它所涉及的是人与灵魂的维度,是"自何时始,来自何处"这样一个"人人所有之问题,而人人未解决之大问题也"。"人苟能解此问题,则于人生之知识,思过半矣。而痴痴者乃日用而不知,岂不可哀也欤!"而"《红楼梦》一书,非徒提出此问题,又解决之者也"。④这,就是《红楼梦》能够为"大"甚至能够为"绝大"的原因之所在。

王国维所揭示的《红楼梦》所开创的灵魂的维度十分重要。研究《红楼梦》的学问(所谓"红学"),至少在乾隆十八年(1753年)就已经开始。按曹雪芹书中所说"披阅十载,增删五次"的说法再往上推到乾隆八年或九年即1743年或1744年,到王国维为止,它应该已有160年左右的历史。遗憾的是,盛名之下,其实难副。索隐派不过是"嘘气结成的仙山楼阁",考据派不过是"砖石砌成的奇伟建筑"(顾颉刚),王国维在《红楼梦评论》"余论"中批评索引派与考证派的缺憾,认为都是昧于"美术之渊源"。"苟知美术之大有造于人生,而《红楼梦》自足为我国美术上之唯一大著述,则其作者之姓名与其著书之年月,固当为唯一考证之题目。而我国人之所聚讼者,乃不在此而

---

① 《王国维文集》第1卷,中国文史出版社1997年版,第1—2页。
② 《王国维文集》第1卷,中国文史出版社1997年版,第3页。
③ 《王国维文集》第1卷,中国文史出版社1997年版,第3页。
④ 《王国维文集》第1卷,中国文史出版社1997年版,第6页。

在彼;此足以见吾国人之对此书之兴味之所在,自在彼而不在此也。"①这,"足以见二百余年来,吾人之祖先对此宇宙之大著述如何冷淡遇之也"②。而"冷淡遇之"的关键,就是忽视了《红楼梦》与民族的精神底蕴的内在关系的角度,忽视了《红楼梦》作为民族的伟大灵魂苏醒与再生的史诗的一面。王国维正是由此入手,进入《红楼梦》所开创的灵魂的维度,从而开创了一种阐释《红楼梦》的新的可能性③。

更为重要的是,王国维所揭示的《红楼梦》所开创的人与灵魂的维度,还意味着中华民族的美学灵魂的觉醒与民族灵魂的觉醒。就前者而言,"吾人且持此标准,以观我国之美术"④,不难发现,所谓"内在超越"无非是无信仰、无神圣的代名词,"天下""丹青"之类,也只是对于社会的叩问,而并非对于灵魂的叩问。新世纪的美学,则必须接着《红楼梦》讲,"逮争存之事亟,而游戏之道息矣。惟精神上之势力独优,而又不必以生事为急者,然后终身得保其游戏之性质。"⑤这里的"精神上之势力",正是人与灵魂的维度的必然。所以,"生百政治家,不如生一大文学家。何则?政治家与国民以物质上之利益,而文学家与以精神上之利益。夫精神之于物质,二者孰重?且物质上之利益,一时的也;精神上之利益,永久的也。前人政治上所经营者,后人得一旦而坏之,至古今之大著述,苟其著述一日存,则其遗泽且及于千百世而未沫。"⑥就后者而言,梁启超曾指出:"吾国四千余年大梦之唤醒,实自甲午战

---

① 《王国维文集》第 1 卷,中国文史出版社 1997 年版,第 23 页。
② 《王国维文集》第 1 卷,中国文史出版社 1997 年版,第 9 页。
③ 相比之下,梁启超只是利用《红楼梦》来宣扬改良主义;陈铨只是视《红楼梦》为"东方《民约论》",并且借此宣传"民主"与"大同";汪精卫只是把《红楼梦》视为"中国家庭小说";蔡元培也只是把《红楼梦》视为"吊明之亡,揭清之失"之作。而且,王国维的《红楼梦评论》比蔡元培的《〈石头记〉索引》要早 13 年,比胡适的《红楼梦考证》要早 17 年,比俞平伯的《红楼梦辩》要早 19 年。
④ 《王国维文集》第 1 卷,中国文史出版社 1997 年版,第 5 页。
⑤ 《王国维文集》第 1 卷,中国文史出版社 1997 年版,第 25 页。
⑥ 《王国维文集》第 3 卷,中国文史出版社 1997 年版,第 63—64 页。

败割台湾偿二百兆以后始也。"①能够意识到"吾国四千余年"是在做"梦",这显然意味着他已经是一个"梦醒"者。但是,认为"实自甲午战败割台湾偿二百兆以后始",则事实上他还只是"梦中说梦",还没有真正"梦醒"。在王国维看来,其实,最初的"吾国四千余年大梦之唤醒",实在应该从《红楼梦》开始。也因此,全部的中国文化、中国美学的历史应该分为《红楼梦》之前的历史与《红楼梦》之后的历史。而且,就《红楼梦》之前的历史而言,可以说,《红楼梦》是传统中国文化、中国美学的结束,它反映了传统中国文化、中国美学的方方面面;就《红楼梦》之后的历史而言,可以说,《红楼梦》是中国文化、中国美学的全新开始,它就是中国的一种前所未有的新文化、新美学。

由此我们看到,面对《红楼梦》,王国维关注的不是它与中国文化的关系,而是它与中国文化精神的关系。同样面对《红楼梦》,王国维不但阐释《红楼梦》,而且同时也在阐释中华民族的美学灵魂、民族灵魂,阐释着它的曾经所是、现在所是与未来所是。也因此,面对《红楼梦》,王国维甚至也在自我阐释,他在《红楼梦评论》中借题发挥,说出了他的困惑、他的思考、他的希望。《红楼梦评论》,恰似王国维本人的旷野呼告,正是从这里,王国维牵起了20世纪思想的另一源头。《红楼梦》本身也得以免除再次退回大荒山无稽崖成为无用之石的噩运。当年波德莱尔的《恶之花》出版之时,雨果曾评价说:它给法国文学带来了颤栗。而不论是曹雪芹的《红楼梦》,还是王国维的《红楼梦评论》,为中国美学所带来的,也同样正是颤栗。

悲剧之悲剧

进入人与灵魂的维度,就必然进入悲剧。

没有人与灵魂的维度,就没有悲剧。在传统的儒、道、释美学中,命运意识是始终缺席的。由于个人的没有诞生,传统的儒、道、释美学必然拒绝彼岸的神的存在,因此也就必然拒绝命运的存在。命运成为可以抗争的对象,命运更被敌对化了。不论愚公还是窦娥,命运都是被坚决拒绝的对象(神派

---

① 梁启超:《戊戌政变记》,中华书局1954年版,第1页。

两位神仙帮助,则反映了中国人的某种侥幸心理)。为此,窦娥甚至敢于斥责天地。在传统的儒、道、释美学看来,悲剧只是意外、偶然或者不幸事件(因此中国没有旷野呼告,只有哀叹呻吟,连上梁山都是被逼无奈的结果)。只是某种偶然的不幸"遭遇",一旦遭遇结束,一切也就结束了。因此,需要的并非对于全部世界的质疑,而是"拨乱反正"。换言之,蒙冤是偶然的,昭雪是必然的。所谓大团圆的结局,就是这样出场的。① 进而,命运意识的缺席,更使得中国人的悲悯之心始终缺席。习惯于把罪恶归罪为"替罪羊",而不反思人性共同的弱点;习惯于把责任推给别人,以致在结束了对他人的审判以后又积累着被他人审判的罪证;习惯于把罪恶集中于坏人一身,把优点集中于好人一身。本来,悲剧之为悲剧,就在于双方都无罪(都有自己的理由)也都有罪(都给对方造成了伤害),但是现在其中的一方却因为无辜而无罪,结果有罪的就只能是对方,这无疑并非真正的悲剧(与古希腊悲剧观相距甚远)。于是,由于缺少对于责任的共同承担,人与人之间彼此隔膜,无法理解,灵魂的不安、灵魂的呼声几成绝响。因为人人都害怕承担责任,都想方设法为自己辩护并把责任推给别人,于是到处是自私的麻木。世界也一片冷漠。

在此意义上,中国的悲剧实际上都是伪悲剧。之所以如此,原因就在于:在中国个人始终没有能够诞生。这样,与生俱来的人性就被认为是完全

---

① 对此,与王国维同时的学人也多有诟病。例如胡适就说:"中国文学最缺乏的是悲剧的观念。无论是小说,是戏剧,总是一个美满的团圆……有一两个例外的文学家,要想打破这种团圆的迷信,如《石头记》的林黛玉不与贾宝玉团圆,如《桃花扇》的侯朝宗不与李香君团圆;但是这种结束法是中国文人所不许的,于是有《后石头记》《红楼圆梦》等书,把林黛玉从棺材里掘起来好同贾宝玉团圆;于是有顾天石的《南桃花扇》使侯公子与李香君当场团圆!""作书人明知世人的真事都是不如意的大部分,他明知世上的事不是颠倒是非,便是生离死别,他却偏要使'天下有情人都成眷属',偏要说善恶分明,报应昭彰。他闭着眼睛不肯看天下的悲剧惨剧,不肯老老实实写天下的颠倒惨酷,他只图说一个纸上大快人心。这便是说谎的文学。"(胡适:《文学进化观念与戏剧改良》,见《胡适文存》第 1 卷,亚东出版社 1928 年版,第 207—208 页)

可靠的,人人都可以沿着"美大圣神"的道路接近神甚至成为神,以至于"满街都是圣人"。而且,也由于在中国个人始终没有能够诞生,在中国关注的就不是"原罪"而是"本心",所谓恻隐之心、羞恶之心、辞让之心、是非之心①。然而倘若说原罪是形而上的良知,那么本心就只是日常经验的良知。所谓善有善报,恶有恶报,从对于人性的认识的角度而言,根本没有什么意义。何况,在这里没有灵魂的自我意识,也没有灵魂的挣扎叩问,更没有灵魂的审判法庭,只有"怀才不遇"与人生的审判法庭,秩序中的位置以及针对秩序的自我调整取代了自由的个体。因此在悲剧来临之前,只是远离小人而不是灵魂拯救,在悲剧来临之后,也只是"受蒙蔽者无罪"而不是灵魂审判。显而易见,就对于悲剧的阐释而言,这,无疑是十分肤浅的。

相对于中国的伪悲剧,王国维开始提倡真正的悲剧。在《红楼梦评论》的第二章中王国维就从欲的先验性隐喻入手,通过石头的自坠红尘、自登彼岸、自造痛苦与自己解脱,提示着每一个人的"入此忧患劳苦之世界"。在《红楼梦评论》的第三章中王国维则正面谈及悲剧,他指出:"吾国人之精神,世间的也,乐天的也,故代表其精神之戏曲、小说,无往而不著此乐天之色彩:始于悲者终于欢,始于离者终于合,始于困者终于亨;非是而欲餍阅者之心,难矣。"②而"《红楼梦》一书,彻头彻尾的悲剧也"。③"《红楼梦》一书与一切喜剧相反,彻头彻尾之悲剧也"④。而从伪悲剧向悲剧转变的关键,则是意

---

① 窦娥的悲剧只是源于她的道德形象的被破坏,因此所抗争的也只是道德形象的破坏者。破坏者与被破坏者双方都没有超出道德领域。《儒林外史》对知识分子的批判也是从道德出发,就是孙悟空这样的英雄也没有打出佛门,他的金箍棒也只是为佛门上下飞舞。总之是都没有从生命本身出发。这令我们想起:荆轲的悲剧之所以不存在任何的悬念,之所以还只是在易水边就已经完成而且已经达到高潮(至于此后的血溅秦廷却已经并不重要),正是因为它关注的只是道德,而不是从生命出发。而西方的悲剧却是从生命的自我毁灭出发。俄狄浦斯的悲剧并不来自任何的外在力量,自我戕害,自作自受,在否定对方的同时偏偏也否定了自己。因此也就没有什么"不该受苦"的道德安慰可以躲避。
② 《王国维文集》第1卷,中国文史出版社1997年版,第10页。
③ 《王国维文集》第1卷,中国文史出版社1997年版,第11页。
④ 《王国维文集》第1卷,中国文史出版社1997年版,第10页。

识到悲剧是个人之诞生的必然结果。王国维指出:"除主人公不计外,凡此书中之人有与生活之欲相关系者,无不与苦痛相终始,以视宝琴、岫烟、李纨、李绮等,若藐姑射神人,敻乎不可及矣。夫此数人者,曷尝无生活之欲,曷尝无苦痛?而书中既不及写其生活之欲,则其苦痛自不得而写之;足以见二者如骖之靳,而永远的正义无往不逞其权力也。又吾国之文学,以挟乐天的精神故,故往往说诗歌的正义,善人必令其终,而恶人必罹其罚:此亦吾国戏曲、小说之特质也。《红楼梦》则不然,赵姨、凤姐之死,非鬼神之罚,彼良心自己之苦痛也。"①王国维认为"诗歌的正义"完全是一种虚假的正义,其结果也无非是"善人必令其终,而恶人必罹其罚",真正的正义则是他所谓的'永远的正义',即对善人和恶人都一样的正义。此一"永远的正义"源于个人的诞生。从个人的角度看,凡人皆有欲,凡有欲皆有不满,凡有不满皆有苦,痛苦就是一切有生之人的良心自己之痛苦。因此永恒的人生真理,即生欲苦罚一也,自造孽自解脱一也。悲剧之为悲剧,就是人人所有之痛苦,就是自犯罪、自加罚、自忏悔、自解脱。这无疑与"吾国人之精神"完全相悖。

关于悲剧,王国维最为重要的看法是对于"第三种悲剧"即"悲剧之悲剧"的揭示。这可以在王国维对于《桃花扇》与《红楼梦》的褒贬中看出。显然,《桃花扇》是社会悲剧,《红楼梦》是存在悲剧。那么,它们谁更为悲剧?梁启超在此之前就曾公开扬《桃花扇》而贬《红楼梦》,而王国维却针锋相对地贬《桃花扇》而扬《红楼梦》。"故吾国之文学中,其具厌世解脱之精神者,仅有《桃花扇》与《红楼梦》耳。而《桃花扇》之解脱,非真解脱也"。"故《桃花扇》之解脱,他律的也,而《红楼梦》之解脱,自律的也。且《桃花扇》之作者,但借侯、李之事,以写故国之戚,而非以描写人生为事。故《桃花扇》,政治的也,国民的也,历史的也;《红楼梦》,哲学的也,宇宙的也,文学的也。此《红楼梦》之所以大背于吾国人之精神,而其价值亦即存乎此。彼《南桃花扇》《红楼复梦》等,正代表吾国人乐天之精神者也。《红楼梦》一书与一切喜剧

---

① 《王国维文集》第1卷,中国文史出版社1997年版,第10—11页。

相反,彻头彻尾之悲剧也。"①显然,在王国维看来,《桃花扇》之主人公的出家"入道",都并非自己之选择,而且也只是一种"故国之戚"的解脱,与对于个人之"生活之欲"的"解脱"无关。因此,王国维断言,这里的动机仍然是"他律"的,作为"自律"的"自由意志"并未出场,而"自由意志"的出场,我们可以在《红楼梦》中看到。这正是"《红楼梦》之所以大背于吾国人之精神"的所在。

进而,王国维正面提出自己的看法:"由叔本华之说,悲剧之中又有三种之别:第一种之悲剧,由极恶之人,极其所有之能力,以交构之者。第二种,由于盲目的运命者。第三种之悲剧,由于剧中之人物之位置及关系而不得不然者;非必有蛇蝎之性质与意外之变故也,但由普通之人物,普通之境域,逼之不得不如是;彼等明知其害,交施之而交受之,各加以力而各不任其咎。此种悲剧,其感人贤于前二者远甚。何则?彼示人生最大之不幸,非例外之事,而人生之所固有故也。若前二种之悲剧,吾人对蛇蝎之人物与盲目之命运,未尝不悚然战慄,然以其罕见之故,犹幸吾生之可以免,而不必求息肩之地也。但在第三种,则见此非常之势力,足以破坏人生之福祉者,无时而不可坠于吾前。且此等惨酷之行,不但时时可受诸己,而或可以加诸人。躬丁其酷,而无不平之可鸣,此可谓天下之至惨也。若《红楼梦》,则正第三种之悲剧也。""又岂有蛇蝎之人物、非常之变故,行于其间哉?不过通常之道德,通常之人情,通常之境遇为之而已。由此观之,《红楼梦》者,可谓悲剧中之悲剧也。"②显然,王国维认为真正的悲剧"非必有蛇蝎之性质与意外之变故",而是"由于剧中之人物之位置及关系而不得不然者","不过通常之道德,通常之人情,通常之境遇为之而已","非例外之事,而人生之所固有故也",并且无人所可以幸免。这样,悲剧之为悲剧就被从传统的善恶、是非的框架转而放入了神秘的命运框架。在这里,悲剧就是悲剧,不必去寻找原因,也无原因可寻。同时,悲剧不再是人避之不得才被迫要"受"的苦,因此

---

① 《王国维文集》第1卷,中国文史出版社1997年版,第10页。
② 《王国维文集》第1卷,中国文史出版社1997年版,第11—12页。

在悲剧中人无法抗争而只能挣扎。进而,悲剧之为悲剧还是"彼等明知其害,交施之而交受之,各加以力而各不任其咎",因此,在悲剧中每个人都有罪,都是无罪的罪人与无罪的凶手(真正伟大的作品中是不会有凶手的,把赵姨娘写成坏人是《红楼梦》的唯一败笔),都犯下了无罪之罪。因为双方都以有限妄称无限,或者以相对僭代绝对,固执于自己所信奉的伪神圣、伪终极,结果自由为自身所带来的却是对于罪恶的选择,所以必然导致悲剧。换言之,悲剧双方都无罪(都有自己的理由)也都有罪(都给对方造成了伤害),因此并非善恶、是非所可以判断。这样,悲剧就只能是共同犯罪的结果,因而,面对悲剧,最为迫切的就不是把罪归罪于"替罪羊",不是把责任推给他人,而是进而反思人性共同的弱点、共同的责任,以及悲剧背后所深刻蕴涵着的存在的相关性(这令人想起舍勒的"道德的责任共负原则")。

既然悲剧是人类之罪,是人类共同选择的结果,是人类自编、自导、自演的,那么,在其中我扮演什么角色,我应该负什么责任,就也是王国维所关注的问题。就此,他提出了"原罪"的看法。曹雪芹在《红楼梦》的前言中就已经提出了"自愧"的思想。认为"今风尘碌碌,一事无成,忽念及当日所有之女子,一一细考较去,觉其行止见识,皆出于我之上。何我堂堂须眉,诚不若彼裙钗哉?实愧则有馀,悔又无益之大无可如何之日也!当此,则自欲将已往所赖天恩祖德,锦衣纨袴之时,饫甘餍肥之日,背父兄教育之恩,负师友规谈之德,以至今日一技无成、半生潦倒之罪,编述一集,以告天下人:我之罪固不免,然闺阁中本自历历有人,万不可因我之不肖,自护己短,一并使其泯灭也。"[①]这种由于自己的"罪固不免"而产生的生命忏悔(并非俞平伯的"情场忏悔")与作品中宝玉揭露自己是"泥猪癞狗""粪窟泥沟"并且主动背上原罪的十字架完全一致。也因此,曹雪芹又提出了"还泪"说。自称"满纸荒唐言,一把辛酸泪",十年写作也就是十年还泪。脂砚斋甲戌本第一回批云:"知眼泪还债,大都作者一人耳。余亦知此意,但不能说得出。"并在"满纸荒唐言,一把辛酸泪"一句上批道:"能解者方有辛酸之泪,哭成此书。壬午除

---

① 《红楼梦》,人民文学出版社1982年版,第1页。

夕,书未成,芹乃泪尽而逝。余尝哭芹,泪亦待尽。"也给人以启发。至于作品中以还泪的隐喻来写黛玉,死亡不说断气、闭眼、心跳停止,而说"泪尽而亡","欠泪的,泪已尽",身体的衰弱,也不用苍白、消瘦,而说"泪少了",例如第四十九回中就说:"近来我只觉心酸,眼泪却像比旧年少了些的,心里只管酸痛,眼泪却不多。"必须强调,这种"自愧""还泪"的思想,给王国维以极大的启示①。他指出:悲剧之为悲剧,"实由吾人类之祖先一时之谬误","固可谓干父之蛊者也",或者是"意志自由之罪恶也","吾人之同胞,凡为此鼻祖之子孙者,苟有一人焉,未入解脱之域,则鼻祖之罪终无时而赎,而一时之误谬,反复至数千万年而未有已也"②,"而《红楼梦》一书,实示此生活、此苦痛

---

① 鲁迅在比较《红楼梦》与晚清谴责小说的不同时,也指出后者"嬉笑怒骂之情多,而共同忏悔之心少。"(见鲁迅《小说史大略》油印本),言下之意无疑是:《红楼梦》嬉笑怒骂之情少,而共同忏悔之心多。

② "此可知生活之欲之先人生而存在,而人生不过此欲之发现也。此可知吾人之堕落,由吾人之所欲,而意志自由之罪恶也。夫顽钝者既不幸而为此石矣,又幸而不见用,则何不游于广漠之野、无何有之乡,以自适其适,而必欲入此忧患劳苦之世界,不可谓非此石之大误也。由此一念之误,而遂造出十九年之历史与百二十回之事实","未知其生活乃自己之一念之误,而此念之所自造也。及一闻和尚之言,始知此不幸之生活,由自己之所欲;而其拒绝之也,亦不得由自己,是以有还玉之言。所谓玉者,不过生活之欲之代表而已矣。故携入红尘也,非彼二人之所为,顽石自己而已;引彼登岸者,亦非二人之力,顽石自己而已。此岂独宝玉一人然哉?人类之堕落与解脱,亦视其意志而已。""然则解脱者,果足为伦理学上最高之理想否乎?自通常之道德观之,夫人知其不可也。夫宝玉者,固世俗所谓绝父子、弃人伦、不忠不孝之罪人也。然自太虚中有今日之世界,自世界中有今日之人类,乃不得不有普通之道德,以为人类之法则。顺之者安,逆之者危;顺之者存,逆之者亡。于今日之人类中,吾固不能不认普通之道德之价值也,然所以有世界人生者,果有合理的根据欤?抑出于盲目的动作,而别无意义存乎其间欤?使世界人生之存在,而有合理的根据,则人生中所有普通之道德,谓之绝对的道德可也,然吾人从各方面观之,则世界人生之所以存在,实由吾人类之祖先一时之误谬。诗人之所悲歌,哲学者之所瞑想,与夫古代诸国民之传说,若出一揆。若第二章所引《红楼梦》第一回之神话的解释,亦于无意识中暗示此理,较之《创世纪》所述人类犯罪之历史,尤为有味者也。夫人之有生,既为鼻祖之误谬矣,则夫吾人之同胞,凡为此鼻祖之子孙者,苟有一人焉,未入解脱之域,则鼻祖之罪终无时而赎,而一时之误谬,

之由于自造,又示其解脱之道不可不由自己求之者也。"①所以,必须"自犯罪,自加罚,自忏悔,自解脱"。王国维甚至说:"予之为此论,亦自知有罪也矣。"②这当然并非王国维的懦弱,而是他的勇敢。因为"原罪"与"忏悔"的观念所带来的,恰恰是一种真正的自由灵魂的超越。叔本华说:"悲剧的真正意义是一种深刻的认识,认识到[悲剧]主角所赎的不是他个人特有的罪,而是原罪,亦即生存本身之罪。"③王国维所达到的,正是这样一种对于悲剧的真正"深刻的认识"。

王国维关于"悲剧之悲剧"以及"原罪""忏悔"的看法无疑十分重要。在传统的儒、道、释美学,往往通过性善论来建立道德责任,认为人时刻都在变恶,"苟不教,性乃迁",因此要"时时勤拂拭,莫使有尘埃",所以悲剧当前,重要的不是责任,而是躲避(通过逃避道德责任而把自己降低到恶的水平)。对于社会的批判所唤起的也只是指责而并非良知。勾践失败以后一味复仇,甚至不惜要阴谋诡计;项羽只在失败时候才感到"愧对江东父老"(胜利

  反复至数千万年而未有已也。则夫绝弃人伦如宝玉其人者,自普通之道德言之,固无所辞其不忠不孝之罪;若开天眼而观之,则彼固可谓干父之蛊者也。知祖父之误谬,而不忍反复之以重其罪,顾得谓之不孝哉!然则宝玉'一子出家,七祖升天'之说,诚有见乎所谓孝者在此不在彼,非徒自辩护而已。"(《王国维文集》第1卷,中国文史出版社1997年版,第15页)

① 《王国维文集》第1卷,中国文史出版社1997年版,第8页。
② 《王国维文集》第1卷,中国文史出版社1997年版,第9页。
③ 叔本华:《作为意志和表象的世界》,商务印书馆1982年版,352页。中国人关心的只是遭遇,不是凭借自己获得任何力量,而是凭借机遇去获得某种超人的力量,凭借机遇而成为奇迹。"悬念"因此而不可或缺。希腊悲剧的意义在于:未来已经被先行决定了,从一开始就向人走来,无法躲避,是未来选择人,而不是人选择未来,希腊悲剧就是表现对于未来不可选择的震惊。主动迎接未来,先行到未来。基督教的出现则是未来的揭示。从此命运剧转向性格剧,不是能否逃避、能否选择的问题而是人怎样担当或者完成命运,怎样迎接未来到现在。中国的悲剧的昭雪却是必然的,蒙冤是偶然的。这里的一个严肃的问题是,一个文化中缺乏罪感,便只会由外部强制力来惩罚当事人,却不能引发良知的悔罪感和公开道歉。没有罪感,法律只能从外部惩治犯罪,却无法唤起人的良知以预防犯罪。

时候却没有感到"愧对江东父老");武松杀人时没有意识到自己已经是罪恶的共谋,等等。然而,在一个人类彼此休戚与共的世界,面对罪恶,如果我们的灵魂不得安宁,那说明我们的良知尚在,如果我们心安理得,则说明我们的良知已经麻木。传统的儒、道、释美学的失败在于此,王国维美学的成功也在于此。英国诗人约翰·堂恩的诗歌众所周知:"谁都不是一座岛屿,自成一体……任何人的死亡都使我受到损失,因为我包孕在人类之中。所以绝对不必去打听丧钟为谁而鸣;丧钟为你而鸣。"这正是王国维开始萌生着的所思所想,也是一种日渐成长、成熟起来的巨大的精神力量。原罪就是欠债,忏悔就是还债,古老中国亘古未有的灵魂的不安、灵魂的呼声,由此不难一见。①

挣破庄周梦,两翅驾东风

进入人与灵魂的维度,就必然进入悲剧。但是,进入悲剧以后又当如何?

按照正常的逻辑,无疑是应该与悲剧共始终。理由很简单,既然生命就是悲剧,那么真正的生存就应该是与悲剧共始共终、同生共死。担当生命就是担当悲剧。而觉悟也无非就是对于悲剧的觉悟,而不可能是别的什么。维特根斯坦说过,哲学是"给关在玻璃瓶中的苍蝇找一条出路";阿德勒说,说这话的人自己就是这样的一只苍蝇;而波普尔则说甚至在维特根斯坦的后期也没有找到让苍蝇从瓶中飞出去的途径,因此只能活着去体验死亡。浮士德也要去"无人去过""无法可去""通向无人求去之境"的地狱。加缪则说:我们每个人都在自己身上带着监狱、罪恶和毁灭。这意味着:接受悲剧、承受悲剧、体味悲剧、咀嚼悲剧,而不去征服悲剧,更不去摆脱悲剧,甚

---

① 当然,这一思想在古代中国也并非踪迹全无,例如老子就说过,"受国之垢,是谓社稷主。受国不祥,是谓天下王","战胜者以丧礼处之",意谓不是杀人有理,而是杀人可哀,可惜没有被发扬光大。

至去徒劳地寻找悲剧的原因。犹如西西弗斯,他只是服从,但是却反而以承当的方式表示了自己的拒绝:除了让我接受惩罚,你还能够对我做什么?人就是这样地拼死去撞地狱之门,也就是这样去试图最终找到通向永恒之路。

然而王国维却并非如此,在经由人与灵魂的维度进入悲剧之后,他似乎是被自己亲手放出来的恶魔吓坏了。不但往往从对于"悲剧"的阐释倒退到对于"悲剧感"的阐释,像《红楼梦》那样以抒情传统抗拒叙事传统,从而回避个人在面对命运时的行动以及对于行动后果的责任的承担这一根本问题,而且在第四章的"红楼梦之伦理学上之价值"中,他还开始千方百计地寻求"解脱"。他把这一"解脱"确定为:"拒绝一切生活之欲者。"在他看来,没有"拒绝一切生活之欲者",就是自杀也并非解脱(因此而产生的痛苦也只是由于欲望没有得到满足而产生的痛苦)。"故金钏之堕井也,司棋之触墙也,尤三姐、潘又安之自刎也,非解脱也,求偿其欲而不得者也。彼等之所不欲者,其特别之生活,而对生活之为物,则固欲之而不疑也。"而"真正之解脱,仅贾宝玉、惜春、紫鹃三人耳"。① 因为他们是"拒绝一切生活之欲者"(因此而产生的痛苦是由于意识到欲望是一切痛苦之源头而产生的痛苦)。这无疑是错误的。"解脱之事"无疑并非"终无可能",但是却并不是从悲剧中"解脱"。这或许与王国维仍旧沉浸于希望对等地消除悲剧这一传统思维模式有关。于是错误地去寻找悲剧的"原因"(须知,悲剧根本就没有原因),并且进而错误地从这一根本就不存在的原因中去"解脱"而出。这无疑就使得他在错误的道路上越走越远。最终,甚至从曹雪芹所开创的美学道路上大踏步地倒退。例如,曹雪芹只是以"出家"作为抗议,而绝对不会有以当和尚为解脱的考虑。而且即便出家,也要强调"终不忘,世外仙姝寂寞林"。为王国维所津津乐道的"解脱"出现于后四十回,那完全是高鹗的败笔。怜悯被冷漠打败,悲剧被禅道彻悟打败。王国维选中叔本华而不是尼采,在解脱之前

---

① 《王国维文集》第1卷,中国文史出版社1997年版,第8页。

就拒绝生活之欲,并且如此看重后四十回而置前八十回于不顾,正类似于从曹雪芹向高鹗的倒退,也是他美学探索缺乏彻底性的集中表现。实际上,《红楼梦》中前八十回的自杀都不是"拒绝一切生活之欲者"这一种,而有着真正的悲剧精神,因为曹雪芹想写的正是那种"求偿其欲而不得者"也的"非解脱"。可惜,王国维的满腔苦水使得他根本不顾宝玉在出世与入世之间的两难①。

也因此,王国维所提出的以"审美"为"蕴藉"的解脱方式就十分可疑。必须指出,王国维提倡美育比蔡元培要早十一年。蔡元培于1917年在北京神州学会发表了著名的讲演《以美育代宗教》,并在1917年8月在《新青年》第三卷第六号发表了《以美育代宗教说》一文。王国维则早在1906年《去毒篇》中就已经提出:"美术者,上流社会之宗教。"②尽管一个从康德出发,一个从叔本华出发,但是思路是一致的。而在1904年的《红楼梦评论》中王国维也早已经以艺术为解脱了:"设有人焉,备尝人世之苦痛,而已入于解脱之域,则美术之于彼也,亦无价值。何则? 美术之价值,存于使人离生活之欲,而入于纯粹之知识。彼既无生活之欲矣,而复进之以美术,是犹馈壮夫以药石,多见其不知量而已矣。"③"美术之务,在描写人生之苦痛与其解脱之道,而使吾侪冯生之徒,于此桎梏之世界中,离此生活之欲之争斗,而得其暂时之平和,此一切美术之目的也。""故美术之为物,欲者不观,观者不欲;而艺术之美所以优于自然之美者,全存于使人易忘物我之关系也。"④"能使吾人

---

① 事实上,完全以叔本华的哲学来阐释《红楼梦》,缺陷是明显的,何况并未将叔本华的哲学坚持到底。曹雪芹说:"那宝玉原是灵的,只因声色货利所迷,故此不灵了。"可见,仍旧是把"情性"假设为先天的,把"声色货利"假设为后天,仍旧是"防止污染"。因此,此"玉"(曹雪芹)非彼"欲"(叔本华)。同时,以"灭绝生活之欲""寻求解脱之道"来阐释《红楼梦》,缺陷也是明显的,其实,《红楼梦》的真谛完全不在"示人以解脱之道"。
② 《王国维文集》第3卷,中国文史出版社1997年版,第25页。
③ 《王国维文集》第1卷,中国文史出版社1997年版,第16页。
④ 《王国维文集》第1卷,中国文史出版社1997年版,第3页。

超然于利害之外者","非美术何足以当之乎?""故究竟之慰藉,终不可得也。"①"自已解脱者观之,安知解脱之后,山川之美,日月之华,不有过于今日之世界者乎?"②必须指出,王国维的对于审美的提倡在当时有其积极意义。其实当他在《红楼梦评论》中讨论审美在伦理学上之价值时,这一思想已经萌芽。美育的提倡,是王国维文学思想中与近代文论主流最接近的一个方面,但是,其中的差异更是不容忽视。我们知道。以启蒙派为代表的主流文论也提倡审美教育,其目的却在于把中国普通民众塑造为"新民",以便适合于近代化的国家。而王国维的美育,则一再强调第一目的只是无关利害的审美,潜移默化的熏陶作用只是第二目的,但是,毕竟也存在内在的偏颇。因为,它毕竟只是一只"挣破庄周梦,两翅驾东风"的"蝴蝶",意味着在人自身窃据了上帝的宝座之后的对于终极者的反叛,"涂之人可以为禹"(荀子),如此而已。所以王国维才提出"美育代鸦片",意在以心灵鸦片代替物质鸦片,"彼于缠陷最深之中,而已伏解脱之种子:故听《寄生草》之曲,而悟立足之境;读《胠箧》之篇,而作焚花散麝之想。"其实质则误以为靠自己就可以改变命运(这是自力宗教的通病)。因为从表面上看审美是从世界中退出,实际却是从生命的悲剧中退出。让意识回到觉悟以前,用第二次诞生中所产生的慧眼去观照、回味觉悟之前的岁月,犹如老人回味童年,结果生命的悲剧尽管实际存在但却被有意无意地遗忘,这,就是所谓的以"审美"为"蕴藉"

---

① 《王国维文集》第 1 卷,中国文史出版社 1997 年版,第 2 页。
② 《王国维文集》第 1 卷,中国文史出版社 1997 年版,第 15 页。在《论教育之宗旨》(1903 年)中王国维也指出:"盖人心之动,无不束缚于一己之利害;独美之为物,使人忘一己之利害而入高尚纯洁之域,此最纯粹之快乐也。"美育"使人之感情发达,以达完美之域","美育即情育"(《王国维文集》第 3 卷,中国文史出版社 1997 年版,第 58 页)。他在《论近年之学术界》《论哲学家与美术家之天职》等文章中,多次批评以文学和学术为手段的风气,而极力提倡美育。在《孔子之美育主义》(1904 年)、《教育家之希尔列尔》(1906 年)、《论近世教育思想与哲学之关系》(1906 年)、《人间嗜好之研究》、《去毒篇》等一系列文章中,他也都反复提到以文学、美术、音乐对国人进行美的教育。

的解脱。与所要寻求的真正的目标相比,这无疑是相距甚远,甚至可以说是背道而驰①。

---

① 其实,王国维自己对于"解脱"也是满腹疑惑:"然则举世界之人类而尽入于解脱之域,则所谓宇宙者不诚无物也欤?然有无之说,盖难言之矣。夫以人生之无常,而知识之不可恃,安知吾人之所谓有,非所谓真有者乎?则自其反而言之,又安知吾人之所谓无,非所谓真无者乎?即真无矣,而使吾人自空乏与满足、希望与恐怖之中出,而获永远息肩之所,不犹愈于世之所谓有者乎!然则吾人之畏无也,与小儿之畏暗黑何以异?自已解脱者观之,安知解脱之后,山川之美、日月之华,不有过于今日之世界者乎?读'飞鸟各投林'之曲,所谓'一片白茫茫大地真干净'者,有欤?无欤?吾人且勿问,但立乎今日之人生而观之,彼诚有味乎其言之也。"(《王国维文集》第3卷,中国文史出版社1997年版,第15页)其中的"安知"与"又安知"所透露出来的,正是一种迷茫。真正的解脱,谁也没有见过。因此尽管"安知解脱之后,山川之美、日月之华,不有过于今日之世界者乎",王国维仍旧是解而不脱,自沉昆明湖无疑就是解而不脱的证明。

第八章 "境界"说

最终之原因,则由于国民之无希望、无蕴藉

自王国维"境界"说问世,20世纪学人如获至宝,专著论文层出不穷,然而,盲人摸象者众,登堂入室者寡。其中,最令人聚讼纷纭的,就是境界之为境界的内涵。

但是,为要考察境界之为境界的内涵,首先却需要考察王国维为什么要提倡"境界"。

在我看来,提倡"境界",是王国维美学思想的逻辑必然。

我们已经知道,"天才"就是灵魂痛苦者,"天才"的灵魂痛苦只能在"游戏"中得以解脱,"天才"的灵魂痛苦更适宜于在"古雅"的古色古香中陶醉,那么,"天才"的灵魂痛苦的象征又应该是什么?显然,人与意义的维度的凸现以及由于人与意义的维度的凸现而导致的灵魂痛苦,必须也只能在审美中得以提升。因此,"天才"的灵魂痛苦的象征也只能在审美中寻觅。在此意义上,我们才会深刻地理解王国维的良苦用心。《红楼梦评论》所考察的是"天才"的灵魂痛苦在客观叙事中的象征,这就是所谓"悲剧之悲剧";而在《人间词话》中,王国维要进而考察的是"天才"的灵魂痛苦在主观抒情中的象征,这个象征,就是"境界"。可以说,没有人与意义的维度的凸现以及由于人与意义的维度的凸现就没有境界的问世,而没有境界的问世,人与意义的维度的凸现以及由于人与意义的维度的凸现而导致的灵魂痛苦也就无缘得以提升。

具体来说,王国维的提倡"境界",存在着一个从生命话语—到精神话语—到审美话语的心路历程。

人与意义的维度的凸现以及由于人与意义的维度的凸现而导致的灵魂痛苦,使得王国维洞穿了全部的历史。他与宝玉同属女娲在大荒山无稽崖青埂峰上剩下的那块顽石,也共同源自《山海经》中的苍茫大地。生命状态的息息相通、心心相印,使得犹如曹雪芹的颠覆了全部的历史,他也毅然承担了这一"天降大任"。结果,历史的风尘,再也无法淹没灵魂的恪守。历史被还原为在大荒无稽后看到的惟余风情,于是,在过去,是生命服从于历史,生命话语服从于历史话语,而现在,是历史服从于生命,历史话语服从于生命话语。人与意义的维度得以凸现,而王国维也就是这样以自己的思想点燃起生命的火炬,并且以自己的反戈一击标识出阙如已久的历史之为历史的生命向度、历史之为历史的精神向度。鲁迅说:"悲凉之雾,遍被华林,然呼吸而领会之者,独宝玉而已。"其实我们还可以说,数百年后的清末民初,"悲凉之雾,遍被华林,然呼吸而领会之者",独王国维而已。

生命话语意味着透过纷纭的文化污染与道德污染后的生命与生命的拈花微笑以及生命本真的相通,它以心灵去领悟生命存在的敞开,并且第一次没有了任何的食肉动物的嫌疑。由此,传统的精神话语因为参与了对于历史的弄虚作假而必须进而予以颠覆。《资治通鉴》的历史,《三国演义》的历史,缺乏"哲学之根柢"的孔子"仁义"之说,"皆以侏儒倡优自处"的"小说、戏曲、图画、音乐诸家",屈原的报国,杜甫的忠君,李白的野心,等等,都被王国维一举颠覆。长期以来充斥精神疆域的丧魂落魄者们终于为充盈着面对历史衰败所必须的悟性与灵气的王国维们所取代。结果,类似于《红楼梦》的透过无数文化僵尸、历史木乃伊的风尘而直接作为精神芬芳的领悟者的空空道人、茫茫大士、渺渺真人,也类似于《红楼梦》中的宝琴在"大江东去""卷起千堆雪"背后看到了"无限英魂在内游"的战争博弈中的生灵涂炭,不再以江山社稷为意而只是钟情于对于生命的讴歌与赞美的王国维也在充满了须眉浊物的历史背后看到了一个时代的文化遗民、精神遗民的高贵身影,在历史的铁马金戈、刀光剑影背后看到了生命的在场。这是一场从生命开始的灵魂自叙,也是一场从生命开始的全新的精神话语的建构①。

审美话语无疑是生命话语、精神话语的升华,堪称中国灵河边的神瑛侍者、绛珠仙子们所吟唱的歌声。它并不经过头脑中的伦理道德的检验,而是直接将生命燃烧为火炬,在历史中洞见生命,在生命中洞见审美,是民族的心灵文本,是民族的文化现场,也是从历史中升华而出的高贵灵魂的无尽诉说与抒情表达。历史因此而被确立起作为最高向度的审美向度,蒙尘的历史因此而获得了创造的意味与生命的诗意。而境界,则是审美话语"眼界始大,感慨遂深"的必然结果。

境之为境界维系于人与意义的维度。就境界而言,外在世界只有进入我们的视野,才能成为我们的一部分,才是属人的存在。它是进入我们眼中或是被我们心灵所感受到的东西,是内在世界的一部分,并且因此也就不

---

① 由此,从《山海经》到《红楼梦》,中国美学中真正的精神资源与经典文本也终于浮出水面。与传统的中国美学的精神资源与经典文本相比,王国维所选择的这些美学文本或者是思想,或者是人物,或者是作品,似乎很不纯粹,但是他(它)们却又都有其一致之处,这就是都堪称是以"无量悲哀"折磨着自己的文化灵魂,都堪称是毕生厮守着苦难的美学脊梁。而且,他(它)们的生命状态都是相通的,因此不论是谁"拈花",来自所有对方的反应必然都是"微笑"。美学之为美学,只有面对这些对象才"眼界始大,感慨遂深";旷古美魂,也只有在面对这些对象时才能够从历史的地平线上冉冉升起。由此甚至不难联想,尽管王国维并没有写什么理论体系之类的著作,但只是去与中国历史上的这些最优秀的文化灵魂对话,只是去深入阐发这些中国历史上的最优秀的文化灵魂,就已经是最为出色的美学的研究了。例如,从曹雪芹的写女儿国到王国维的写《红楼梦评论》,其间的文化命脉的流动如何其动人心魄!帝王将相,乱世英雄,河汾之志,经世之学,文死谏,武死战,以及《资治通鉴》《三国演义》《水浒传》中所描述的生命历程,与《红楼梦》中女儿们的珠泪涟涟相比又岂可同日而语?前者铁马金戈,应有尽有,但是偏偏灵性全无,没有灵魂、尊严、高尚、人性、美丽,到处是生命的飘零、心灵的蒙尘、灵魂的阙如。后者却把一切都通通完全颠覆了:传统的一切被视若粪土,而灵魂、尊严、高尚、人性、美丽却被奉若神明。由此重理文化脉络,纵观中国美学的真正的大势走向,当不难从中国美学的一蹶不振中重新寻找到全新的精神资源。显然,王国维正是这样做的。遗憾的是,这样一项非常值得毕生为之努力的工作却后继无人。看来,打通其中的"一线血脉",不但需要渊博的知识,而且需要生命状态的息息相通。薛蟠们又如何读得懂林黛玉?

再被等同于外在世界。这使我们想起禅宗所说的:"一切色是佛色,一切声是佛声。"禅宗的不是风动、不是幡动而是心动的提示,也使我们意识到:此时的"风"与"幡"都从世界脱离而出,成为境界的象征。在中国美学传统中,就反复强调"本乎形者融灵,而动变者,心也"(王微:《叙画》)。《广川画跋》也称范宽是:"心放于造化炉锤者,遇物得之,此其为真画者也。"在这里,值得注意的是,境界是在内心中融汇成形的,而不是简单的对于外物的反映。因此,对于心而言,无所谓世界而只有境界。如果我没有看到那朵花,那朵花对于我来说就是根本不存在。心生则境生,心灭则境灭。例如"草木皆兵",从现实的角度讲当然是虚假的,但是从心理感受的角度说却是完全真实的。"草木"就是"皆兵"。再如"一朝被蛇咬,十年怕井绳",从现实的角度讲当然也是虚假的,但是从心理感受的角度说却是完全真实的。"井绳"就是"蛇"。这里已经摆脱了主客相符的问题,转而进入了超越主客的人的内在世界。此时此刻,一切感受都是真实的,都是当下之真,无所谓真、假。夸张一点说,就审美活动而言,只有心灵才是真实的,而且是唯一的真实。一切都为我们的感知、我们的心灵所决定。心灵就是整个世界,所以中国美学才慨然宣称:"吾心即宇宙。"在此意义上,梁启超说的"境者心造也,一切物境皆虚幻,唯心所造之境为真实",王阳明说的"你未看此花时,此花与汝心同归于寂,你来看此花时,则此花颜色一时明白起来,便是此花不在你的心外"(王阳明:《传习录》),就都给我们以深刻的启迪。

一般而言,所谓境界,是审美活动在对自由生命的定向、追问、清理和创设中不断建立起来的一个理想的世界。正像里尔克吟咏的:审美活动的真谛就在于使生命的"本质在我们心中再一次'不可见地'苏生。我们就是不可见的东西的蜜蜂。我们无终止地采集不可见的东西之蜜,并把它们贮藏在无形而巨大的金色蜂巢中"。境界之为境界,就正是这"无形而巨大的金色蜂巢"。它是人的最高生命世界,是人的最为内在的生命灵性,是人的真正留居之地,是充满爱、充满理解、充满理想的领域,是人之为人的根基,是人之生命的依据,是灵魂的归依之地。

这是一个源初、本真的世界。自由的境界体现着人与世界的一种更为源初、更为本真的关系。它先于在二分的世界观的基础上形成的人与世界的物质的关系或者科学的、意识形态性的关系,是与世界之间的一种相互理解。在自由的境界,人与世界处在一个层次上,"我们不妨模仿康德有关时间的一句名言,说:我在世界上,世界在我身上。"①或者说,人既不在世界之外,世界也不在人之外,人和世界都置身于自由境界之中。同时,在自由境界之中,人诗意地理解着世界,重新发现了被分割前的"未始有物"的世界,并且"诗意地存在着"。或许正是因此,海德格尔才会出人意料地宣布:美是作为真理存在起来的一种方式。② 而我们也才有充分的理由宣布,审美活动不但是人的存在方式,而且同时也是自由境界的存在方式。显而易见,只有从这个角度去理解美,才能够真正有助于对审美活动与自由本性的内在关系、审美活动与人的理想实现的内在关系的理解。③ 试想,自由境界原来是如此源初、如此本真而又如此普通、如此平常的生命存在。用禅宗的话讲,"是如人骑牛至家",是"后山一片好田地,几度卖来还自买",是"挑水砍柴,无非妙道",只是由于我们自己的迷妄与愚蠢,才把它弄得不源初、不本真而又不普通、不平常了,才把它从自由的境界变为冷冰冰的世界。那么,还有

---

① 杜夫海纳:《美学与哲学》,中国社会科学出版社 1985 年版,第 33 页。
② 正是因此,胡塞尔才会强调:"一个想要见东西的盲人不会通过科学论证来使自己看到什么,物理学和生理学的颜色理论不会产生像一个明眼人所具有的那种对颜色意义的直观明晰性。"(胡塞尔:《现象学的观念》,上海译文出版社 1986 年版,第 10 页)梅罗-庞蒂也才会强调只有回到"概念化之前的世界",回到"知识出现前的世界",才能找到直觉的对象。"回到事物本身,那就是回到这个在认识以前而认识经常谈起的世界,就这个世界而论,一切科学规定都是抽象的,只有记号意义的,附属的,就像地理学对风景的关系那样,我们首先是在风景里知道什么是一座森林、一座牧场、一道河流的。"(梅罗-庞蒂:《知觉现象学》序言)
③ 杜夫海纳更是再三阐释:"审美经验揭示了人类与世界的最深刻和最亲密的关系。"(杜夫海纳:《美学与哲学》,中国社会科学出版社 1985 年版,第 3 页)审美活动"所表示的主客关系,不仅预先设定主体对客体展开或者向客体超越,而且还预先设定客体的某种东西在任何计划之前就呈现于主体。反过来,主体的某种东西在主体的任何计划之前已属于客体的结构"(同上书,第 60 页)。甚至声称:"我在认识世界之前就认出了世界,在我存在于世界之前,我又回到了世界。"(同上书,第 26 页)

什么理由不去重新领承审美活动的馈赠,还有什么理由不去重返自由的境界呢?"人应该同美一起只是游戏,人应该只同美一起游戏。"席勒的宣言只有在把美理解为自由的境界的时候,才有了真正的生命力。

这也是一个可能、未知的世界。人活着,总要去寻觅一片属于自己的生命的绿色和希望的丛林。自由境界正是这生命的绿色和希望的丛林。它内在于人又超越于人。它不是一面机械反映外在世界的镜子,也不是一部按照逻辑顺序去行动的机器,更不是一种与人类生存漠不相关的东西,而是人类安身立命的根据,是人类生命的自救,是人类自由的谢恩。它"为天地立心,为生民立命",为人类展现出与现实世界截然相异的一片生命之岛;它为晦暗不明的现实世界提供阳光,使其怡然澄明;它是使生命成为可能的强劲手段,是使人生亮光朗照的潜在诱因,是使世界敞开的伟大动力,是一种人类精神上的难以安分的诱惑,诱惑着人们在追求中实现自己的自由本性——哪怕是只是在理想的瞬间得以实现。正是自由境界,使"人不再生活在一个单纯的物理宇宙之中,而是生活在一个符号宇宙之中,语言、神话、艺术和宗教则是这个符号宇宙的各部分,它们是织成符号之网的不同丝线,是人类经验的交织之网。人类在思想和经验之中取得的一切进步都使这个符号之网更为精巧和牢固。人不再能直接地面对实在,他不可能仿佛是面对面地直观实在了。人的符号活动能力进展多少,物理实在似乎也就相应地退却多少。在某种意义上说,人是在不断地与自身打交道而不是在应付事物本身。他是如此地使自己被包围在语言的形式、艺术的想象、神话的符号以及宗教的仪式之中,以致除非凭借这些人为媒介物的中介,他就不可能看见或认识任何东西。人在理论领域中的这种状况同样也表现在实践领域中。即使在实践领域,人也并不生活在一个铁板事实的世界之中,并不是根据他的直接需要和意愿而生活,而是生活在想象的激情之中,生活在希望与恐惧、幻觉与醒悟、空想与梦境之中"。[①] "今宵梦在故乡做,依旧故乡在梦

---

① 卡西尔:《人论》,上海译文出版社1985年版,第33—34页。

里",这里的"故乡"就绝非物理上的时空位置,而是某种精神家园、某种自由境界。更为重要的是,世界只有一个,境界却可以无穷。这正如僧肇所说:"万事万形,皆由心成;心有高下,故丘陵是生也。"从境界出发,对同一种现实却会有不同的反应,可以自由地建构自身。"意之为状,不可胜穷"(杨简)。而且,人的存在就是境界式的存在。境界决定了你的存在,一旦确立,它就是你的真实,就是你的生命。

不过,境界之为境界尽管维系于人与意义的维度,但是对于人与意义的维度的满足却可以是真实的,也可以是虚假的。在中国,我们所看到的,就恰恰是对于人与意义的维度的"逃避、遮蔽、遗忘、假冒、僭代"。事实上,在中国并不存在生命话语,因此所谓精神话语乃至审美话语也只是一种虚妄。由于在民族童年时期出现的首次自我分裂[即作为观察者的自我(I)和作为被观察者的自我(me)的分裂]中出现的不是与作为被观察者的自我(me)分离的作为观察者的自我(I)(这将导致自我扩张),而是与作为观察者的自我(I)分离的作为被观察者的自我(me),因此导致自我的萎缩。从表面上看,中国美学无疑是关注人与意义的维度的,但是事实上却是以关心为不关心。它的本体只是一种伪本体,只是一种虚假承诺,不是"陈述",而是"予名"。一旦设立起来,马上就转向对于禀赋着本体性质的世界图景、生命图景的勾勒。简而言之,是本体被融于现实之中。而这无疑就隐含着世界的诗化、生命的诗化这一根本要求。它把人的终极关怀看作功利的和现实的存在,使之失去了纯粹性和独立性,却禀赋着灵活性和多样性,时时处处当下即可实现,从而最终成为一个空洞的可以用现实中的任何东西去填充的能指。逃避甚至扼杀历史赋予自身的多样发展的可能性,梦幻世界成为真实世界,理想人生成为现实人生,从复杂回到单一,从创造回到重复,从运动回到静止,从冲突回到和谐,从瞬间回到永恒……它的失误在于不是向前以对人类命运的终极关怀作为生存的界定,而是折回头来走向人所自来的母体子宫——生命的本真状态和自然的原始状态,走向虚幻自足的自然感性。正像王国维发现的:传统的"德性"等"从经验立论,不得不盘旋于善恶二元论之胯下","所论者非真性"①,因为"吾人之意志不由于'自律',而其行为即不得谓之道德,盖除良心之命令外,一切动机皆使意志不由自律而由'他律',而夺去其行为之道德上的价值。"②这,正是"国民之精神上之疾病"的根源。其结果,尽管是"人人有诗,代代有诗"(杨慎:《李前渠诗引》),"自风雅来三千年于此,无日无诗,无世无诗"(刘将孙:《彭宏济诗序》),但是却必然导致一种审美主义的虚伪,必然导致真正的终极关怀的阙如、苍白和尴尬。

中国传统美学所谓的境界就是如此,由于国人都是在一种自我幻觉的误认中进入审美活动的,审美主体并非内在自足的现实实体,而是虚无缥缈的关系实体。它置身一个向心式的网络结构,全部的目标无非是融入中心(否则就是孤魂野鬼),也无非是通过自己的努力来不断强化、扩大这一网络,从而也通过这个网络来不断肯定自己(网络就是自己的本质力量)。因此所谓审美活动无非就是人与人、人与天地万物之间的相互阐释、相互投射、相互灌注、相互定义、相互成就。它扼杀"欲望",美化"暴力",软化"专制",只是一个虚幻的镜子空间、虚拟空间,以天地万物为镜,自我指涉,相互隐喻,无限膨胀其至想入非非。联想一下拉康所说的作为主体与自身身体的想象性关系的误认的"镜像阶段",就不难发现,其实中国传统美学所谓的境界也就是以天地万象为镜,把自己的放大了的影子误认为自己,折射出的是一种软弱心态下的想象虚构,一种懦弱的作为心理补偿的自恋。而王国维的全部美学工作则正是有鉴于中国的"老耄的疾病""亡国的疾病"。在他看来,这都是由于心灵的空虚,"其最终之原因,则由于国民之无希望、无慰藉。一言以蔽之,其原因存于情感上而已。""苟不去此原因,则虽尽焚二十一省之莺粟种,严杜印度、南洋之输入品,吾知我国民必求所以代雅片之物,而其害与雅片无以异,固可决也。"而"感情上之疾病,非以感情治之不可"。③由此,王国维着眼扭转境界之为境界的根本立足点,使之从对于人与意义的

---

① 《王国维文集》第3卷,中国文史出版社1997年版,第243页。
② 《王国维文集》第3卷,中国文史出版社1997年版,第310页。
③ 《王国维文集》第3卷,中国文史出版社1997年版,第23—25页。

维度的"逃避、遮蔽、遗忘、假冒、僭代"转向对于人与意义的维度的毅然承当。

庶几水中之盐味，而非眼里之金屑

提倡"境界"，也是王国维接受西方美学的必然。

清末民初，《国学月报》介绍王国维以宣扬和阐释境界的《人间词话》"是用新的眼光，观察旧文学的第一部书"。以后，钱锺书也称誉是书"时时流露西学义谛，庶几水中之盐味，而非眼里之金屑"①；李长之则评价说："科学社会主义的新兴文艺批评与他无缘……但他被了点西洋近代思想的微光，这是好兆头。"②上述几段话，都突出地强调王国维美学思想已经具备了"新的眼光"，并使西方美学思想与自己的美学思想融会贯通，为在"西学"影响下诞生的20世纪中国美学做出了决定性的贡献。但是，更多的学人却认为王国维的"境界说"是中国传统美学的继承，而且是中国古典美学的集大成。这种评价，固然出于后人对王国维的一种赞誉心理，但它却不但并不符合历史事实和逻辑事实，而且在事实上贬低了王国维的"境界说"，也极大地妨碍了我们对"境界"的特定美学贡献的把握。

事实上，犹如王国维的在《红楼梦评论》中对于"悲剧"的思考，王国维的在《人间词话》中对于"境界"的思考同样地与摄取西方美学并加以融会贯通、脱胎换骨密切相关。正是西方美学的"先获我心"，才驱使着王国维渴望在主观抒情类作品中再现"最完全之世界""形而上学之需要""终身之蕴藉"③，从而为传统的境界美学内涵注入了全新的活力。当然，王国维本人的借鉴、吸收西方美学并非一成不变，"悲剧"思考与"境界"思考本身也存在明显区别，因此王国维对于西方美学的摄取与融会贯通、脱胎换骨又有所不同，这无疑亟待我们去进一步研究、思考，但是，倘若因此而轻率得出王国维

---

① 钱锺书：《谈艺录》，中华书局1984年版，第24页。
② 李长之：《王国维文艺批评著作批判》，载《文学季刊》创刊号，1934年。
③ 《王国维文集》第3卷，中国文史出版社1997年版，第354页。

从西方美学抽身退出甚至重返中国美学传统,则显然是错误的。

《人间词话》中的前面九则是对于"境界"的理论阐释,自第十则至第五十二则是关于"境界"的批评示范。因此,我们不妨就由《人间词话》中的前面九则入手,对《人间词话》中"境界"思考的摄取西方美学并加以融会贯通、脱胎换骨略加深入阐释。

《人间词话》的第一则是"境界"的提出,而第六则、第七则则是对"境界"的提出的补充说明。在第一则中,王国维提出"词以境界为最上"①。然而,为什么"词以境界为最上",其中却蕴涵着王国维在摄取西方美学基础上的自己的独到看法。对此人们往往有所忽视。首先,"境界"这个范畴并非王国维所独创,而为中国美学所常常习用。而王国维自己也未能明确加以区别,而是经常将关于"境界"的自己所采用的特定用法与学术界的一般用法相互混淆。例如"古今之成大事业大学问者必经过三种之境界""'明月照积雪''大江流日夜''中天悬明月''长河落日圆',此种境界,可谓千古壮观。"②这些就都是在一般用法的意义上运用"境界",没有特定的含义。如果学人们从此入手去把王国维在涉及"境界"时的特定用法与一般用法相互混淆,就会误以为王国维主要是从中国美学出发,因此是中国美学的集大成。结果王国维的创新之处反而被埋没了③。其次,是从"意境"的角度去阐释"境界",并且把目光集中在"意"与"境"的关系之上。但是实际上王国维在《人间词话》写作之前的《人间词乙稿》中就使用过"意境"范畴,例如,"温韦之精艳,所以不如正中者,意境有深浅也。珠玉所以逊六一,小山所以愧淮海者,意境异也。"④(《人间词乙稿·序》)在写作《人间词话》之后的《宋元戏曲史》

---

① 《王国维文集》第 1 卷,中国文史出版社 1997 年版,第 141 页。
② 《王国维文集》第 1 卷,中国文史出版社 1997 年版,第 147、153 页。
③ 在考察王国维美学时,这是一个务必高度关注的问题。其他诸如在《人间词话》中屡屡出现的"气象""骨""神""格调""情""韵""洒落""悲壮""豪放""沉着""凄婉""凄厉"等等,也都是一般用法,而并非王国维的创新。
④ 《王国维文集》第 1 卷,中国文史出版社 1997 年版,第 176 页。

中也使用过"意境","元剧最佳之处,……一言以蔽之,曰有意境而已。"①但是偏偏在《人间词话》中没有使用"意境",显然他是想通过"境界"来表达自己的特定的思考。那么,这个特定的思考是什么？在我看来,区别于《红楼梦评论》中的"悲剧"所面对的"天才"的灵魂痛苦在客观叙事中的美学内涵,亦即"客观叙事类作品所塑造的自由世界"或者"审美活动在客观叙事作品中所建构起来的世界",《人间词话》中"境界"所面对的问题是:"天才"的灵魂痛苦在主观抒情中的美学内涵,亦即"主观抒情类作品所塑造的自由世界"或者"审美活动在主观抒情作品中所建构起来的世界"。而它自身的美学内涵则包括三个方面,首先,"境界"是一个描述性的范畴,这个世界是由作者的能感之、作者的能写之、读者的能赏之构成的第三进向的世界,它意味着,抒情类作品必须有境界,这个境界不在审美活动之前,也不在审美活动之外,而就在审美活动之中。其次,"境界"是一个评价性的范畴,这个由作者的能感之、作者的能写之、读者的能赏之所建构的第三进向的世界必须是一个自由的世界,所以王国维才说,抒情类作品"以境界为最上",有境界的作品才为"高格""名句"。最后,"境界"是一个特定性的范畴,要建构这个第三进向的自由世界,必须是在作者能真实地感之、在作品能真实地写之、在读者能真实地赏之的基础之上,所以王国维才说,"境界""所以独绝者在此"。显然,其中最为关键之处在于:真。只有这个以真为前提的境界和这种将以真为前提的境界作为抒情类作品的最高成就的看法才是王国维的贡献。王国维强调的"境非独谓景物也。喜怒哀乐,亦人心中之一境。故能写真景物,真感情者,谓之有境界。否则谓之无境界"②,正是在向我们提示这一点。第八则讲的"境界有大小,不以是而分优劣"③,也是在提醒我们,区别境界"优劣"的是是否有"真景物,真感情",而不是境界的大与小。第六

---

① 《王国维文集》第1卷,中国文史出版社1997年版,第389页。
② 《王国维文集》第1卷,中国文史出版社1997年版,第142页。
③ 《王国维文集》第1卷,中国文史出版社1997年版,第143页。

则指出:"境非独谓景物也。喜怒哀乐,亦人心中之一境界。"①也是在强调区别境界"优劣"的是是否有"真景物,真感情",而不在境界的在"景物"或者在"人心"。②

这仍旧与摄取西方美学并加以融会贯通、脱胎换骨有关。如前所述,王国维的美学思考起步于摄取西方美学,康德的"不关利害之快乐",叔本华的"被观之对象,非特别之物,而此物之种类之形式"以及"观者之意识,非特别之我,而纯粹无欲之我",给他以根本性的影响。尤其是叔本华的"纯粹无意志"的美学,更令王国维有"先获我心"之快。《红楼梦评论》中的"悲剧"则可以看作"纯粹无意志"的美学的融会贯通、脱胎换骨。然而,王国维对叔本华美学也并非盲目信奉。就在《红楼梦评论》中就同时有"绝大之疑问"。应该说,王国维的"疑问"是敏锐而深刻的。叔本华从康德的"无目的的合目的性"转向"理念",从只是不涉及利害与概念的"共通感"转向什么都没有的"意志"。而且,这"意志"也开始走向了否定的层面,在康德那里存在着的"客观合目的性"的和谐以及"主观合目的性"的崇高(由否定到肯定的辨证转换),在叔本华这里都不复存在。他所面对的只有否定性的对象,而且在面对否定性对象时,不但不再存在由否定到肯定的辨证转换,而且反而还要进而否定自己,以便静观世界悲剧、人生悲剧。这意味着:没有了外在必然的束缚,道德成为个人的事情,因此一直被排斥在外的欲望也就成为个体生命的本体,成为生命的力量来源。这当然是叔本华的重大贡献。然而,叔本华的阐释却仍旧存在问题。在他看来,个体生命还要服从于整体生命,作为

---

① 《王国维文集》第1卷,中国文史出版社1997年版,第142页。
② 王国维在《人间词话》中还指出:"大家之作,其言情也必沁人心脾,其写景也必豁人耳目。其辞脱口而出,无矫揉妆束之态。以其所见者真,所知者深也。诗词皆然。持此以衡古今之作者,可无大误矣。""人能于诗词中不为美刺投赠之篇,不使隶事之句,不用粉饰之字,则于此道已过半矣。""言情""写景"的有境界就是其"其所见者真,所知者深",而且,"其所见者真,所知者深"还是衡量古今的有无境界的根本标准:"持此以衡古今之作者,可无大误矣。"同时,王国维所说的"此道",也是指的"其所见者真,所知者深"。这里的"其所见者真,所知者深"与"真景物,真感情"相同。

个体生命的本体的欲望也只是作为整体生命的本体的意志所设下的骗局。因此,既然欲壑难填,既然欲望所带来的是无边的痛苦,而欲望背后的主宰又是意志,那么,唯一的出路就在于对于意志的否定,但是意志又是根本的,它根本无法自我否定。显然,叔本华所昭示的道路确实存在"绝大之疑问"。也因此,使得王国维寝食难安。而在针对这一"绝大之疑问"而写的《叔本华与尼采》中,我们则可以看到王国维的新思考。在王国维看来,叔本华未尝不"喜自由",不"强于意志",他大概过分偏爱自己的无欲之静观,因此忘记了这种"静观"本身也是"意志"的表现,由此他发现尼采指出的"欲寂灭此意志者,亦一意志也"要比自己的"将毋欲之而不能"更有力量。因此,他进而注意到尼采的"强力意志"。所谓"强力意志",是尼采针对生命意志的哲学回应。叔本华与尼采的哲学,正如王国维所看到的:"其强于意志,相似也;其富知力,相似也;其喜爱自由,相似也。"①但是在叔本华的哲学中,作为生命本体的意志却并不存在在尼采"强力意志"中所蕴涵的那种"神圣之自尊",所以在审美活动中它完全被拒绝在主体之外,这导致了叔本华的悲观主义。而那个口口声声称道自己是为一百年后准备思想但是一百年后我们仍旧还是没有跟上他的思想的尼采却截然不同,在他看来,叔本华既误解了生命的性质,也误解了意志的性质。事实上,前者不是自保,而是超越,后者也不是以匮乏为基础的生存竞争,而是以过剩为基础的强力意志。因此叔本华的意志的最大失误就是空洞,也就是没有解决"向何处"这一根本内容。实际,意志不是欲望,而是强力。强力是使意志成为意志的东西,强力是意志的自律。因此,整体生命的意志根本就是子虚乌有,意志就是个体生命的意志。这样,尼采彻底剥离了意志的形而上学色彩,把它还原到人的此在。生命本体在面对否定性对象时,不但不再存在由否定到肯定的辨证转换,不但无须通过纯粹的观审来扬弃自己,无须通过否定自己去达到审美之境界,无须否定自己的意志并观照苦难,而且反而需要解放意志,在其中沉醉、奔

---

① 《王国维文集》第 1 卷,中国文史出版社 1997 年版,第 353 页。

突,以便直面一切悲剧。这样一来,审美活动也就不是生命的镇静剂,而是生命的兴奋剂,更不是来自意志的完满,而是来自生命的充实。它感受、肯定、强化、完成着生命,在承认人生悲剧的前提下勇敢地肯定人生。

尼采的"强力意志"对于王国维而言同样是"先获我心"。他把叔本华的"天才"与尼采的"超人"结合起来,把叔本华的"知之无限制说"与尼采的"意之无限制说"结合起来。最终,提出既"知人所不能知",又"欲人所不敢欲"的"知力意志"。这"知力意志"一方面弥补了叔本华"专以知力言"的缺陷,另一方面又没有陷于束缚于"充足理由之原则"的"生活之欲",填平了叔本华的"知力"与尼采的"意志"之间的鸿沟。而且,其中地位更为重要的已经不是"知人所不能知"的"知"而是"欲人所不敢欲"的"意"。这"意"尽管并非与叔氏作为世界本体的"弥天大欲"无关,但是已经确实更近于康德强调的优美之"促进生命的感觉"与崇高之"生命力"的"更加强烈的喷射",尤其更近于尼采的"强力意志"。于是,叔本华的"纯粹无欲之静观"让位于"精神之全力","无意志的认识"让位于"欲为其主"的"知力意志",叔本华的"纯粹无意志"让位于"超越乎利害之观念"的"生命"意志,"是吾人保存自己之本能,遂超越乎利害之观念外,而达观其对象之形式"①。

而在此后的《论哲学家与美术家之天职》中,王国维又进而将"知力意志"中的"意志"称为"势力"或"势力之欲":"夫势力之欲,人之生而即具者,圣贤豪杰之所不能免也。而知力愈优者,其势力之欲也愈盛。人之对哲学及美术而有兴味者,必其势力之优者也,故其势力之欲亦准之。今纯粹之哲学与纯粹之美术既不能得势力于我国之思想界矣,则彼等势力之欲,不于政治,将于何求其满足之地乎?且政治上之势力,有形的也,及身的也;而哲学美术上之势力,无形的也,身后的也。故非旷世之豪杰,鲜有不为一时之势力所诱惑者矣。虽然,无亦其对哲学美术之趣味有未深,而于其价值有未自觉者乎?今夫人积年月之研究,而一旦豁然悟宇宙人生之真理,或以胸中惝

---

① 《王国维文集》第3卷,中国文史出版社1997年版,第31页。

恍不可捉摸之意境,一旦表诸文字、绘画、雕刻之上,此固彼天赋之能力之发展,而此时之快乐,决非南面王之所能易者也。"①此前的"知力意志"还没有摆脱对于人生的"洞见其苦痛之处","而苦痛如彼",而"势力"则已经是"一旦豁然悟宇宙人生之真理"后的"决非南面王之所能易者"的"快乐"。它分为"政治上之势力"的"有形"和"哲学美术上之势力"的"无形"两种,"而一旦豁然悟宇宙人生之真理,或以胸中惝恍不可捉摸之意境,一旦表诸文字、绘画、雕刻之上"的,显然是后者。同时,在稍后的《人间嗜好之研究》中,王国维在"势力之欲""生活之欲""嗜好"之间又做区分:"嗜好之为物,本所以医空虚的苦痛者,故皆与生活无直接之关系。然若谓其与生活之欲无关系,则甚不然者也。人类之于生活,既竞争而得胜矣,于是此根本之欲复变而为势力之欲,而务使其物质上与精神上之生活超于他人之生活之上。此势力之欲,即谓之生活之欲之苗裔,无不可也。人之一生,唯由此二欲以策其知力及体力,而使之活动。其直接为生活故而活动时,谓之曰'工作',或其势力有余,而唯为活动而活动时,谓之曰'嗜好'。"②这里谈的实际还是"势力之欲"的"有形"与"无形"。"有形"的"势力之欲",就是"直接为生活故而活动"的"生活之欲";"无形"的"势力之欲",就是"生活之欲"的超越,即"唯为活动而活动"。当然,这里的"势力之欲","若谓其与生活之欲无关系,则甚不然也"。"此势力之欲,即谓之生活之欲之苗裔,无不可也。"③而且,王国维仍旧称"生活之欲"为"根本之欲",也称"势力之欲"为"生活之欲之苗裔",从中不难看到与叔本华仍旧保持着的血肉联系。但是,这里的"根本之欲"已经不是"匮乏""自保",而是"过剩""扩张"。因此也就不是求生存的意志,而是求强力的意志。当然,两者又有不同,尼采的强力意志泛滥不羁,但是王国维

---

① 《王国维文集》第3卷,中国文史出版社1997年版,第7—8页。
② 《王国维文集》第3卷,中国文史出版社1997年版,第28页。
③ 《王国维文集》第3卷,中国文史出版社1997年版,第28页。

"势力之欲"则只能以"高致"称之①。

审美活动乃至境界的出现无疑与作为求强力的意志的"势力之欲"直接相关。在王国维看来,审美活动不在"欲望自觉有罪"的"卑怯的窥望",也不在"意志寂灭"或"无欲地静观之处",而在势力充实,不可以已的"势力之欲",或者如尼采所说的我须以"全意志意欲"之处。当"势力之欲"受到"因果之法则与空间时间之形式束缚""无限之动机与民族之道德压迫"时,就必然求"蕴藉之道"。这,就是审美活动。"若夫最高尚之嗜好,如文学、美术,亦不外势力之欲之发表。希尔勒尔既谓儿童之游戏存于用剩余之势力矣,文学美术亦不过成人之精神游戏。故其渊源之存于剩余之势力,无可疑也。且吾人内界之思想感情,平时不能语诸人或不能以庄语表之者,于文学中以无人与我一定之关系故,故得倾倒而出之。易言以明之,吾人之势力所不能于实际表出者,得以游戏表出之是也。若夫真正之大诗人,则又以人类之感情为一己之感情。彼其势力充实,不可以已,遂不以发表自己之感情为满足,更进而欲发表人类之感情。彼之著作,实为人类全体之喉舌,而读者于此得闻其悲欢啼笑之声,遂觉自己之势力亦为之发扬而不能自已,故自文学言之,创作与鉴赏之二方面亦皆以此之势力之欲为之根柢也。"②显然,在这里已经不是过去的"使人达于无欲之境界"③,也不是"吾人之心中,无丝毫生活之欲存"④,而是"若谓其与生活之欲无关系,则甚不然也"的"诗人之忧

---

① 王国维曾用一个出自《列子·周穆王》的比喻来说明尼采和叔本华的不同:"叔氏之天才之苦痛,其役夫之昼也;美学上之贵族主义,与形而上学之意志同一论,其国君之夜也。尼采则不然,彼有叔本华之天才,而无其形而上学之信仰,昼亦一役夫,夜亦一役夫,醒亦一役夫,梦亦一役夫,于是不得不弛其负担,而图一切价值之颠覆。"(《王国维文集》第3卷,中国文史出版社1997年版,第355页)王国维无疑是褒扬尼采,但是王国维毕竟还没有历练出一个足以忍受"一切价值之颠覆"的灵魂,由此而来的重压是他那颗几乎时刻刻寻求慰藉的中国心所根本无法承担的。真正做到这一点的,是鲁迅。
② 《王国维文集》第3卷,中国文史出版社1997年版,第30页。
③ 《王国维文集》第3卷,中国文史出版社1997年版,第156页。
④ 《王国维文集》第1卷,中国文史出版社1997年版,第4页。

生也""诗人之忧世",无欲就不可能有忧,而没有个人之忧也就没有生命之忧。这样,所谓审美活动也就并非"不敢笑""不敢鸣其痛苦者",而是"敢笑""敢鸣其痛苦者"。最终,它穿越伦理与欲望的千古分裂,呈现着"其所发明所表示之宇宙人生之真理之势力与价值"的"神圣""快乐",在情欲的基础上真实地向人性敞开。所以"美术文学非徒慰藉人生之具,而宣布人生最深之意义之艺术也。一切学问,一切思想,皆以此为极点。"在《论哲学家与美术之天职》里王国维声称:"天下有最神圣、最尊贵而无与于当世之用者,哲学与美术是已。"[①]当然,在这里所谓审美活动已经与叔本华的摆脱痛苦有所区别,已经并非叔本华"纯粹无欲"的"冷眼",而是王国维"能与花草共忧乐"的"热心"[②],但是也并非尼采的体验苦难、冲突、分裂、毁灭,而是意在使人快乐(只有到了鲁迅,才把尼采的美学真正贯彻到底)。至于境界,则无非就是审美活动在主观抒情中"呈于吾心而见于外物"的"须臾之物",于"宇宙人生"中所直观到的可"以记号表之(美术)"的"理念",或者是"一旦表诸文字、绘画、雕刻之上"的"豁然悟宇宙人生之真理"的"胸中惝恍不可捉摸之意境"。

《人间词话》的第二则提出:"有造境,有写境,此理想与写实二派之所由分。"[③]它指的是塑造境界的两种方式。一种是写实,一种是虚构。而在第五则中进一步指出:不论是写实还是虚构,都"必遗其关系、限制之处"。显然,所强调的仍旧是境界的必须在人与意义的第三维度重新组织材料,而与"自然中之物,互相限制"的人与人、人与社会的维度无关。而这里的"必遗其关系、限制之处",也并不是指的中国传统美学所说的"物我两忘"之类,而是指的脱离人与自然、人与社会的现实维度的种种限制,转而在终极关怀中直观世界。显然,正如我在第二章中所剖析的,这同样是来源于西方美学。

《人间词话》的第三则涉及的是两种不同的境界。"有我之境,以我观

---

① 《王国维文集》第3卷,中国文史出版社1997年版,第6页。
② "诗人视一切外物,皆游戏之材料也。然其游戏,则以热心为之。""词人之忠实,不独对人事宜然,即对一草一木,亦须有忠实之意。"(《王国维文集》第1卷,中国文史出版社1997年版,第169页)
③ 《王国维文集》第1卷,中国文史出版社1997年版,第141页。

物","无我之境,以物观物"①,今人往往把"有我之境,以我观物"认作是突出表现抒情主人公的感情色彩,把"无我之境,以物观物"认作是抒情主人公的感情融化于自然之中,这种看法是肤浅的。实际上,它所涉及的审美活动与欲望的关系,仍旧与西方美学有关。就后者而言,王国维认为"无我之境,人惟于静中得之"。这里的"静",本于叔本华。叔本华认为:在以物观物中,"因了客体的美,纯粹的认识未经斗争就已经占了优势,就是说,容易形成它的理念之认识的那种特性,已经从意识那里毫无阻力地,因而也是不知不觉地移走了意志,……于是剩下来的是认识的纯粹主体,甚至不带有关意志的一丝残余"。② 因此,王国维"无我之境,以物观物"实际指的是在"无欲"状态下在"人惟于静中"形成的作为"优美"范畴的境界类型。不过,这里的"无欲"又有所扩大。它剔除了"吾人之心中,无丝毫生活之欲存"与"吾人生活之意志为之破裂,因之意志遁去"之类的看法,而代之以"忘利害之念"的"以精神之全力沉浸此对象之形式中",是"吾人保存自己之本能,遂超越乎利害之观念外,而达观其对象之形式",这里的"保存自己之本能"的意志已经是摆脱了"生活之欲"的"势力之欲",已经是相对于"生活之欲"的"动"而言的,显然已经不同于"纯粹无意志"的意志,尽管并没有完全离开叔本华。就前者而言,王国维认为"有我之境,于由动之静时得之",这里的"由动之静"(以我观物),首先也本于叔本华所谓审美观照中"欲望的压迫"与"和平的静观"两者的"撕裂"与"交织"。不过,王国维"有我之境,以我观物"尽管指的在"存欲"状态下在"于由动之静时"形成的境界类型,但是它也已经并非叔本华的壮美而是王国维综合西方"古今学者"的看法后"要而言之"所总结的"宏壮"。它"由一对象之形式,越乎吾人知力所能驭之范围,或其形式大不利于吾人,而又觉其非人力所能抗,于是吾人保存自己之本能,遂超越乎利害之观念外,而达观其对象之形式,如自然中之高山大川、烈风雷雨,艺术中

---

① 《王国维文集》第 1 卷,中国文史出版社 1997 年版,第 142 页
② 转引自佛雏:《王国维诗学研究》,北京大学出版社 1999 年版,第 242 页。

伟大之宫室,悲惨之雕刻像,历史画、戏曲、小说等皆是也。"①可见,也仍旧是相对于"生活之欲"的"动"而言的。

《人间词话》的第七则:"'红杏枝头春意闹',著一'闹'字,而境界全出。'云破月来花弄影',著一'弄'字,而境界全出矣。"②是从"能写之"的角度来讨论如何使"境界全出",这里的蕴涵于"红杏枝头"的"春意"无疑并非季节的自然世界,而是季节的生命世界。因此不"闹"则无从得见;这里的渗透于"云破月来"之中的花影斑驳,也无疑并非花影的自然关系,而是花影的生命关系,因此不"弄"也难以一见。不过,与本书的主旨关系毕竟不大,因此此处不再讨论。

除上述几则之外,王国维提及境界的还有一些,同样也与西方美学有关。例如,"原夫文学之所以有意境者,以其能观也"③,这里的"观",并非孔夫子"诗可以观"的"观",也非中国传统美学中的"以天合天",而是西方康德、叔本华美学思想中的"直观"或"静观"。"能观",是创造境界的先决条件。王氏所谓"能观",意谓诗人在对客体的直接观照中形成的一种超时空的"领悟",叔本华称之为"审美的领悟"。而"能观"的关键在于审美主体本身"合乎自然",即超功利又非概念,"自由"地进入审美观照之中,此际的审美主体,如王国维所形容的:"犹积阴弥月而旭日杲杲也。……犹鱼之脱于罾网,鸟之自樊笼出,而游于山林江海也。"④是王国维常说的"自然之眼""自然之舌""胸中洞然无物",总之,"无我"(无欲)而后"能观",亦即能够做到"审美的领悟"。再如,"隔"与"不隔"。人们往往认为,王国维的"隔"与"不隔",是指的语言表现上的"不使隶事之句""不用粉饰之字",这固然不失为一得之见,但倘若剖析之,仍可见还是来自西方美学的影响。叔本华说,"每件艺术作品,其真实的目的,在于向我们显示生活与事物的真实面目(按=

---

① 《王国维文集》第3卷,中国文史出版社1997年版,第31页。
② 《王国维文集》第1卷,中国文史出版社1997年版,第143页。
③ 《王国维文集》第1卷,中国文史出版社1997年版,第176页。
④ 《王国维文集》第1卷,中国文史出版社1997年版,第3页。

理念),而由于客观与主观的种种偶然性的雾障,它就不能被每一个人直接地辨认出来,艺术扫去了这层雾障。"王国维亦说:"唯诗歌一道,虽借概念之助,以唤起吾人之直观,然其价值全存于其能否直观与否。"可见还是西方美学,奠定了王国维"隔"与"不隔"的理论基础。所谓"不隔",也就是"一己之感情"与"人类全体之感情"的同一,并且使之成为"人类全体之喉舌";所谓"隔",则往往固执于某种"一己之感情",固执于情欲、概念,并且"皆著我之色彩",并把它强加于人,因而自然的"势力之欲"的展示,常常蒙上一定的"雾障","犹之西子之蒙不洁",故"隔"则"势力之欲"晦,"境界"不复"全出"。再如,"境界有二,有诗人之境界,有常人之境界。诗人之境界,惟诗人能感之而能写之。"①为什么呢?正如王国维在《人间词话·附录》中指出的:"夫境界之呈于吾心而见于外物者,皆须臾之物,惟诗人能以此须臾之物,镌诸不朽之文字,使读者自得之;遂觉诗人之言,字字为我心中所欲言,而又非我之所能自言,此大诗人之秘妙也。"②而这只有"诗人之境界"才能做到。在这里,尤其值得注意的是"若夫悲欢离合、羁旅行役之感,常人皆能感之,而唯诗人能写之。"③它意味着作为"生活之欲"的"苗裔","势力之欲"并没有远离人生,相反倒是更贴近人生,感受、肯定、强化、完成着人生,是在承认人生悲剧的前提下勇敢地肯定人生。所以,"读者于此得闻其悲欢啼笑之声","其入于人者至深,而行于世也尤广。"④显然,没有西方美学,就不可能有"常人之境界""诗人之境界"这样两种划分。再如,王国维提出的"意余于境"与"境多于意"也类似于叔本华的"两种"方式,"一种方式是被描写的人同时也就是进行描写的人","再一种方式是待描写的完全不同于进行描写的人"⑤。

至于《人间词话》的第九则,则明确提出:"沧浪所谓兴趣,阮亭所谓神

---

① 《王国维文集》第1卷,中国文史出版社1997年版,第173页。
② 《王国维文集》第1卷,中国文史出版社1997年版,第173页。
③ 《王国维文集》第1卷,中国文史出版社1997年版,第173页。
④ 《王国维文集》第1卷,中国文史出版社1997年版,第125页。
⑤ 叔本华:《作为意志和表象的世界》,商务印书馆1982年版,第344页。

韵,犹不过道其面目,不若鄙人拈出'境界'二字,为探其本也。"①在弄清楚了王国维提倡"境界"的逻辑必然与接受西方美学的必然之后,应该说,这里的"探其本"是完全名副其实的。当然,"探其本"的美学内涵与王国维关于境界思考的特定贡献密切相关,然而,对此的深入探讨只有俟诸下节再深入展开了。

"道其面目"与"探其本"

在《人间词话》的第九则中,王国维雄视百代、睥睨前贤:"严沧浪《诗话》谓:'盛唐诸人,唯在兴趣。羚羊挂角,无迹可求。故其妙处,透彻玲珑,不可凑泊。如空中之音、相中之色、水中之月、镜中之象,言有尽而意无穷。'余谓:北宋以前之词,亦复如是。然沧浪所谓兴趣,阮亭所谓神韵,犹不过道其面目,不若鄙人拈出'境界'二字,为探其本也。"②然而,"道其面目"与"探其本"之间区别的深意何在?

从过去的研究来看,看法有三,其一是境界的"探其本"在于"情景交融",其二是境界的"探其本"在于"真情实感",其三是境界的"探其本"在于"真"。前两种看法由于没有能够意识到王国维的美学思考与传统美学根本区别,因此仍旧从"道其面目"的角度去加以理解,尽管冠之以"集传统美学之大成"之类的名目,但是显然既没有登堂更没有入室。第三种看法较为接近王国维的本意。不过,一般认为这里的"真"是指"事实本身"、"本质规律"或者"理念",这显然只是已经登堂,但是却仍旧没有入室。不过,从"事实本身"到"本质规律"再到"理念",已经隐含着一条逐渐逼近王国维的所思所想的逻辑脉络。

在我看来,倘若从王国维所全力开拓的那条全新的从人与灵魂的维度考察美学的思路着眼,应该说,王国维所谓的"探其本"意味着他已经明确地转向对于审美活动的人与灵魂的维度的思考。境界之为境界,就是这一思

---

① 《王国维文集》第 1 卷,中国文史出版社 1997 年版,第 143 页。
② 《王国维文集》第 1 卷,中国文史出版社 1997 年版,第 143 页。

考的结晶。因此,"道其面目"与"探其本"的区别,就在于传统美学由于人与灵魂的维度的阙如,因此在美学思考中只能"道其面目",而从王国维所全力开拓的那条全新的从人与灵魂的维度着眼,在美学思考中却完全可以"探其本"。① 也因此,王国维的境界之为境界,就是为传统美学所百般回避的生存之真,即第三进向的真实。

在第一章中,我已经指出,对于自我的存在的拒绝,使得中国传统美学通过取消向生命索取意义的方式来解决生命的困惑。沧浪所谓"兴趣",阮亭所谓"神韵"都与此有关。这使得中国美学中虽然有诗歌但是却没有诗性,犹如在现实的人物品藻中被品藻的人物已经不再重要,重要的只是对于品藻之辞藻与比喻之意象的品味欣赏,在中国美学中也只是对于"意象"的把玩,这就是所谓的"兴趣""神韵"。至于"此中有真意"的"真意",则早已在"不求甚解"中被"物我两忘"了。② 换言之,中国美学喜欢讲"返朴归真",但是尽管中国美学确实做到了"返朴",但是却始终没有"归真"。在中国美学中,"真"始终是缺席的。也因此,中国美学无非是将诗神化,以诗为宗,但是却遗忘了所要天命般地担负起来的神圣关怀——"真",因而诗性始终是缺席的。而对于自我的存在的见证,使得王国维转而通过向生命索取意义的方式来解决生命的困惑,如此一来,王国维也就在中国美学的历程中第一个发现了诗性。试想,没有诗性的诗歌又怎能配称诗歌之名? 他从"兴趣""神韵"之类对于"意象"的把玩中抽身而出,直接正视生命存在本身,毅然进入生命的本真,"境非独谓景物也。喜怒哀乐,亦人心中之一境界。故能写真

---

① 从狭义的角度看,"兴趣"针对的是"以文字为诗,以议论为诗",借助于"第一义之悟"来提示审美活动的必须"情动于中而形于言","神韵"针对的是有明诸七子的片面强调格调,沿袭"情动于中而形于言"的传统,强调"言外之趣"。在此意义上,它们的没有能够"探其本"的表层原因无疑也可以做更为细微的讨论,但是本书关注的是它们没有能够"探其本"的深层原因,因此从略。
② 中国的以诗歌为主,与西方的以戏剧小说为主,其背后的美学根据也正在这里。对于"意象"的把玩,诗歌恰恰是最为适宜的体裁之一。屈原的诗歌与古希腊的悲剧之间的差异就在这里。对于悲剧的体验,它走向的是抒情性而并非叙事性。而从宋代开始,对于"意象"的把玩则走向了完全的自觉。

景物,真感情者,谓之有境界。否则谓之无境界。""真景物,真感情",这就是王国维所发现的诗性,也就是王国维所谓的境界①。

由此看来,"道其面目"的"兴趣""神韵"与"探其本"的境界之间差异实在悬殊。由于没有直接正视生命存在本身,没有毅然进入生命的本真,一切都以"天下"为转移,"先天下之忧而忧,后天下之乐而乐",因此尽管可以因为社会的痛苦而痛苦,但是这一切毕竟在自身之外,既不可能将社会的痛苦转化为自己的痛苦,又反而还会为能够为社会分担痛苦而私下沾沾自喜。人们不断追问:"痛苦向文字转换为何失重?"也不断反省:为什么悲剧只有转换为喜剧,在中国才一切都是可能的? 结论却是显而易见的:生存的盲视、苦难的冷漠,使得中国美学实质上只是一种看客的美学、冷漠的美学、道

---

① 因为同质,所以才有"象";也因为没有任何个人生存的空隙,所以才有"气";因为差异的被从异质统一为同质,所以才有"和",中国的"意象""元气""和谐",就是这么一些东西。而它们之所以是道的显现,之所以能够"象其物宜",而审美活动之所以能够"会意""心领神会",关键就在于同质同构造就了一个没有缝隙、没有灵性的空间(自由的灵魂因此在其中根本无法呼吸)。至于趣味、神韵,则只能出现在人成为标准化的产品之后。这里的所谓趣味、神韵,实际就是苏轼的所谓"妙在似与不似之间",在此之外,类似的还有"门在半遮半掩之间""心在半梦半醒之间"。由此,我们从来就没有把世界"拖出晦暗状态"(海德格尔语),但是却妄言我们"涤除玄鉴"(老子语),获得了审美心胸,进入了"不隔"的"澄明之境",所谓"悟境",所谓"化境"。与现实对峙、与存在对抗的"个体""自我"被"诗意地"遮蔽了,激情、欲望、主张、愤怒被"优美地"置换了,我们龟缩于群体的庇护下,躲藏在社会人伦的掩体中,不知不觉间已成为弱者。一方面,由于在中国的美学中所谓根本没有任何的实在的内容(例如权利主体),也因而没有任何的实在对象,因此可以无限扩张,可以在没有现实的自由的想象中投射为任何的空洞形式;另一方面,种种美丽的假相在昭示我们:一切都是现成的,只要你进入,就是光明在前,就是自由的境界。然而人的劣根性却在"美"的旗号可怕地滋生。陀思妥耶夫斯基发现,人类最怕的就是选择的自由,亦即怕被抛在黑暗中,畏惧"白茫茫大地",孤独地去探索他自己的路。在中国,审美活动就恰恰遮蔽了这所谓的"最怕"。就是起到了这个作用。相比之下,王国维的"偶开天眼觑红尘,可怜身是眼中人",与李白的"对影成三人"、苏轼的"起舞弄清影"就完全不同,一点也不逍遥、潇洒,一口咬定了痛苦,沉浸在"属于使人的生存比动物的生存更为痛苦的那些东西之内"(叔本华:《作为意志和表象的世界》,商务印书馆1982年版,第409页)而绝不妥协。因此而成为一种深刻的灵魂感悟。

遥的美学。也正是有鉴于此,王国维转而另择他途。此中心态,不难从他对于"自由意志"的强调中察觉。在比较《桃花扇》与《红楼梦》的"道其面目"与"探其本"之间的差异时,王国维指出:《桃花扇》主人公尽管出家"入道",但是却仅仅是一种"故国之戚"的解脱。之所以如此,就是因为在此动机仍然是"他律"的,而作为维护了自我选择之神圣与尊严的"自由意志"却并未出场。《红楼梦》却不然,在王国维看来,"自由意志"的在场状态,正是"《红楼梦》之所以大背于吾国人之精神"之处,也正是与"吾人之沉溺于生活之欲,而乏美术之知识"的根本区别。王国维在介绍康德的伦理学思想时则说得更为清楚:"吾人之意志不由于'自律',而其行为即不得谓之道德。盖除良心之命令外,一切动机皆使意志不由自律而由'他律',而夺去其行为之道德上的价值。"由此,不难看出,这种离开了作为维护自我选择之神圣与尊严的"自由意志"的"他律"传统,才是"国民之精神上之疾病"的根源。而中国的"美术"中"神圣"与"独立"的缺席,以及人于灵魂维度的阙如,乃至"中国之衰弱极矣",就与此相关。而真正的美学意味着作为维护了自我选择之神圣与尊严的"自由意志"的在场,也意味着因为洞察了生命存在本身而产生的忧心,它拒绝冷漠,并且拒绝对于苦难、罪恶的视而不见,犹如拒绝西壬女妖的诱惑人的歌声。苦难必须有见证,也必然转化为悲剧。不见证苦难,文字就会失重,不把苦难转化为我的痛苦,文字同样就会失重。对于生存的洞视,以及真之光辉,这,就是王国维所要命名的"境界"。

这里,有必要更进一步讨论王国维所强调的"直观""不隔"等范畴,以考察"探其本"的"境界"的深刻内涵。"原夫文学之所以有意境者,以其能观也","直观者,乃一切真理之根本"[1],"此境界唯观美时有之"[2]。它包括:"被观之对象,非特别之物,而此物之种类之形式"、"观者之意识,非特别之我,而纯粹无欲之我"[3]。应该说,这意味不是旁观、品味,而是在旁观、品味

---

[1] 《王国维文集》第3卷,中国文史出版社1997年版,第326页。
[2] 《王国维文集》第3卷,中国文史出版社1997年版,第156页。
[3] 《王国维文集》第3卷,中国文史出版社1997年版,第155页。

之前就已经置身其中,已经直接进入生存之真,意味呼唤真并昭示真。"文学之事"在于"其观物也深"①,这是个"所见者真,所知者深"的世界。而"文学中有二原质焉,曰景,曰情。前者以描写自然及人生之事实为主,后者则吾人对此种事实之精神的态度也。故前者客观的,后者主观的也,前者知识的,后者感情的也。自一方面言之,则必吾人之胸中洞然无物,而后其观物也深,而其体物也切;即客观的知识,实与主观的情感为反比例。自他方面言之,则激烈之情感,亦得为直观之对象、文学之材料:而观物与其描写之也,亦有无限之快乐伴之。要之,文学者,不外知识与感情交代之结果而已。苟无锐敏之知识与深邃之感情者,不足与于文学之事。此其所以但为天才游戏之事业,而不能以他道劝者也。"②中国美学有意、象与情、景的区别,也有审美主体与审美对象的区别,但是王国维在这里所着眼的却已经并非意、象与情、景的区别,也并非审美主体与审美对象的区别,而是在强调:这一切只有进入"直观",才是可能的。也就是说:只有在旁观、品味之前就已经置身其中,已经直接进入生存之真,只有呼唤真并昭示真,才是可能的。而且,"真感情"与"观我"有关,"真景物"与"观物"有关。总之,境界的深浅就在于"观"之深浅。"不隔"的问题也如此。朱光潜先生等主张以"隐显""意内言外"来阐释,犹如李泽厚先生的主张以主客观关系来阐释"意境"(境界),显然是错误的,其意义只在于一再显示,一旦离开人与意义的维度,20世纪的著名美学家们从王国维的起点上倒退得有多远。所谓"不隔""妙处唯在不隔""语语都在目前,便是不隔",假如说"直观"是从作者的角度强调"境界",那么"不隔"就是从读者的角度来强调"境界"。倘若能够真实地"感之",真实地"写之",自然在读者就会油然产生"不隔"的感觉。它同样意味不是旁观、品味,而是在旁观、品味之前就已经置身其中,已经直接进入生存之真,意味呼唤真并昭示真。而在"兴趣""神韵"中,人由于实现了对于神圣者的反叛,窃取了终极者的宝座,将审美神化。人像上帝一样,"涂之人可以为

---

① 《王国维文集》第1卷,中国文史出版社1997年版,第25页。
② 《王国维文集》第1卷,中国文史出版社1997年版,第25—26页。

禹"（荀子语），自我做秀，自我礼赞，自我美化，自我欣赏，自我圣化。神圣被遗忘，真被遮蔽。然而"境界"却并不是人审出来的、创造出来的，而是被"真"照亮的。"真"先要向人道说，然后人才能说（"兴趣""神韵"却是只有人自己在说）。说是因为听。说如果不是以听为前提，如果没有听者，那么人将无言。美学欲对"真"有所言说，也必然是先已经领受了"真"的召唤，先已经有所聆听，人自己并不说，而是"真"自己在向人说。"真"在命人言说，然后人受命而吟。"境界"正是感受到"真"的存在后的歌唱，正是对于"真"之赐予的感恩，也正是传言与莅临、应答与赞美。

从具体的作品评论无疑更能够透视王国维的境界之为境界。

从王国维的评论来看，他"谓之有境界"的作品，往往是那些"能写真景物，真感情者"。例如，"山谷云：'天下清景，不择贤愚而与之，然吾特疑端为我辈设。'诚哉是言，抑岂独清景而已。一切境界，无不为诗人设。世无诗人，即无此种境界。夫境界之呈于吾心，而见于外物者，皆须臾之物，惟诗人能得此须臾之物，镌诸不朽之文字，使读者自得之，遂觉诗人之言，字字为我心中所欲言，而又非我之所能自言。此大诗人之秘妙也。境界有二：有诗人之境界，有常人之境界。诗人之境界，惟诗人能感之而能写之，故读其诗者，亦高举远慕，有遗世之意，而亦有得有不得，且得之者亦各有深浅焉。若夫悲欢离合、羁旅行役之感，常人皆能感之，而惟诗人能写之。故其入于人者至深，而行于世也尤广。"①这"此须臾之物"，为什么"惟诗人能感之而能写之"？原因就在于"所见者真，所知者深"："大家之作，其言情也必沁人心脾，其写景也必豁人耳目。其辞脱口而出，无矫揉妆束之态。以其所见者真，所知者深也。诗词皆然。持此以衡古今之作者，可无大误也。"②而"所见"与"所知"则正是对于生存的洞视，以及真之光辉。王国维指出："若夫真正之大诗人，则又以人类之感情为其一己之感情。彼其势力充实，不可以已，遂不以发表自己之感情为满足，更进而欲发表人类全体之感情。彼之著作，实为人类全

---

① 《王国维文集》第1卷，中国文史出版社1997年版，第125页。
② 《王国维文集》第1卷，中国文史出版社1997年版，第154页。

体之喉舌"①,其中所反复强调的"人类全体"及"人类全体之感情",不是指的"为天地立心,为生民立命""先天下之忧而忧,后天下之乐而乐"之类,而是指的生命本真。不论是《诗经》还是《楚辞》,也不论是李白还是杜甫,谋求群体的庇护,都是中国美学的共同之处。例如即便是面对战争,《诗经》所关注的也只是士兵"靡室靡家""不遑启居"的痛苦,"曰归曰归"的渴望,以及家中的"妇叹于室"的幽情,以至甚至连战功也比不上"有敦瓜苦,烝在栗薪"。灵魂维度的阙如与历史维度的凸出有目共睹。但是王国维却不然,他的目光穿透了这一切,直视着作为真之光辉的生命本真②。由此出发,王国维对于纳兰容若、李后主的推崇无疑是顺理成章:"纳兰容若以自然之眼观物,以自然之舌言情。此初入中原,未染汉人风气,故能真切如此。北宋以来,一人而已。"③"词至李后主而眼界始大,感慨遂深,遂变伶工之词而为士大夫之词。周介存置诸温韦之下,可为颠倒黑白矣。'自是人生长恨水长东。''流水落花春去也,天上人间。'《金荃》《浣花》,能有此气象耶?"④"尼采谓:'一切文学,余爱以血书者。'后主之词,真所谓以血书者也。宋道君皇帝《燕山亭》词亦略似之。然道君不过自道生世之戚,后主则俨有释迦、基督担荷人类罪恶之意,其大小固不同矣。"⑤"词人者,不失其赤子之心者也。故生于深宫之中,长于妇人之手,是后主为人君所短处,亦即为词人所长处。""客观之诗人,不可不多阅世。阅世愈深,则材料愈丰富,愈变化,《水浒传》《红楼梦》之

---

① 《王国维文集》第3卷,中国文史出版社1997年版,第30页。
② 从王国维的比较中不难有所体察:"南唐中主词:'菡萏香销翠叶残,西风愁起绿波间。'大有众芳芜秽,美人迟暮之感。乃古今独赏其'细雨梦回鸡塞远,小楼吹彻玉笙寒。'故知解人正不易得。"(《王国维文集》第1卷,中国文史出版社1997年版,第144页)"细雨梦回鸡塞远,小楼吹彻玉笙寒",为什么逊之? 就在于它的绮丽迷幻、真假莫辨,尽管淡淡忧思隐显其中,但是却痛而不苦,忧而不愁,超然而且逍遥,"菡萏香销翠叶残,西风愁起绿波间"却不然,"众芳芜秽,美人迟暮",痛而及苦,忧而复愁,这就是所谓直视着作为真之光辉的生命本真。
③ 《王国维文集》第1卷,中国文史出版社1997年版,第153页。
④ 《王国维文集》第1卷,中国文史出版社1997年版,第144—145页。
⑤ 《王国维文集》第1卷,中国文史出版社1997年版,第145页。

作者是也。主观之诗人,不必多阅世。阅世愈浅,则性情愈真,李后主是也。"①"以自然之眼观物,以自然之舌言情","以血书",尤其是"俨有释迦、基督担荷人类罪恶之意",应该说已经把对于生存的洞视,以及真之光辉阐释得清清楚楚②。

王国维对于《古诗十九首》的评论,也是一个深入理解王国维的境界之为境界的窗口。

王国维对《古诗十九首》的评价甚高,认为"写情如此,方为不隔"。那么,《古诗十九首》是如何做到"写情如此,方为不隔"的?陆时雍的总结可以作为一个重要提示:"十九首近于赋而远于风,故其情可陈,而其事可举也。虚者实之,纡者直之,则感寤之意微,而陈肆之用广矣。夫微而能通,婉而可讽者,风之为道美也。"(陆时雍《诗镜总论》)在这里,值得注意的是"陈肆之用",它强调的正是对于生存的洞视,以及真之光辉。而"微而能通,婉而可讽"之类的"风之为道"(例如"兴趣""神韵")则无视生存的本真,无视真之光辉,一味玩味、抒情、表现,或者将现实的痛苦虚化,将长期分离的痛苦转换

---

① 《王国维文集》第1卷,中国文史出版社1997年版,第145页。
② 王国维在《列子之学说》中也指出:"释迦、耶稣等等常抱一种热诚,欲以己所体得之解脱观救济一切。"饶宗颐先生曾将"流泪的文学"与"流血的文学"加以区别:"王氏亦谓其平生最爱尼采所言以血书者,举后主之词为例。余意以血书者,结沉痛于中肠,哀极而至于伤矣。词则贵轻婉,哀而不伤,其表现哀感顽艳,以'泪'而不以'血';故'泪'一字,最为词人所惯用(且常用于结句警策之处)。间曾试论:'人远泪阑干,燕飞春又残。''旧时衣袂,犹有东风泪。'此伤春之泪也。'残月出门时,美人和泪辞。''为问世间离别泪,何日是滴休时?'此伤别之泪也。'故国梦重归,觉来双泪垂。'此亡国之泪也。'酒入愁肠,化作相思泪。''愁肠已断无由醉,酒未到,先成泪。'此怀旧思乡之泪也。'泪眼问花花不语,乱红飞过秋千去。'此无可告语之泪也。'红泪自怜无好计,夜寒空替人垂泪。'此徒呼奈何之泪也。'细看来不是杨花,点点是,离人泪。''倩何人唤取红巾翠袖,揾英雄泪。'此泪之可以回肠荡气者也。'男儿西北有神州,莫滴水西桥畔泪!''白发书生神州泪,尽凄凉,不向牛山滴。'此泪之可以起顽立懦者也(用杨升帆说)。故泪虽一绪,事乃万族。词中佳句,盖无不以泪书者,已足感人心脾,一唱三叹,特不至于'泪尽而继之以血'耳。"(饶宗颐:《〈人间词话〉平议》,载《文辙——文学史论集》,台湾学生书局1991年版)

为"盈盈一水间,脉脉不得语"的玩味;或者完全回避现实的痛苦,转而展示其"为物也多姿"的一面,借助"时序""物色"的抒情消解"分离""孤独"的处境。吴淇评《明月何姣姣》云:"无限徘徊,虽主忧愁,实是明月逼来;若无明月,只是捶床捣枕而已,那得出户入房许多态?"这无异是对于生存的本真、真之光辉的直面。但是,后来"逼来"的明月却被推开了,成为"不著一字,尽得风流",生存的本真、真之光辉也无影无踪。严羽用汉魏的"不假悟"与从谢灵运到盛唐诸公的"透彻之悟"加以区别,其中的"不假悟",也可以借用来说明《古诗十九首》的"不隔"。在《古诗十九首》中,完全是所见所感,是"叙物以言情"的"情物尽",即景象与意义都蕴涵其中的情感反应(王国维后来删去了"一切景语,皆情语也"这句话,或许他发现这并非中国美学的普遍情况,但是在《古诗十九首》中却确实如此),一切都直接就是情,而不是源于情。而唐代却是"源于情",是"缘情而绮靡"。诗人独立于、中立于、外在于生存的本真、真之光辉去玩味、抒情、表现,宋代则是"源于理",诗人独立于、中立于、外在于生存的本真、真之光辉去思索、体认、吟咏。这样,通过"修辞学转向",生存的本真、真之光辉就被转化为无谓的语言游戏,于是,中国美学终于做到了在现实的苦难中逍遥、游戏、拈花微笑。

在从"怎么说"的角度即从技巧层面加以讨论之外,从"说什么"的讨论角度即从内容层面加以讨论也很有必要。在这方面,王国维关于《昔为倡家女》一诗的评价颇为典范。王国维指出:"'昔为倡家女,今为荡子妇。荡子行不归,空床难独守。''何不策高足,先据要路津?无为守穷贱,轗轲长苦辛。'可为淫鄙之尤。然无视为淫词、鄙词者,以其真也。五代北宋之大词人亦然。非无淫词,读之但觉其亲切动人。非无鄙词,但觉其精力弥满。可知淫词与鄙词之病,非淫与鄙之病,而游词之病也。'岂不尔思,室是远而。'而子曰:'未之思也,夫何远之有?'恶其游也。"①前者"淫"而后者"鄙","可为淫鄙之尤",但是却"无视为淫词、鄙词",个中缘由,就在于:"以其真也。""非无淫词,读之但觉其亲切动人。非无鄙词,但觉其精力弥满。"这就是说,不是

---

① 《王国维文集》第1卷,中国文史出版社1997年版,第156页。

从"为天地立心,为生民立命""先天下之忧而忧,后天下之乐而乐"之类的伦理评价入手,而是从生命本真入手。我们知道,中国美学始终推重"温柔敦厚""怨诽而不乱"的美学标准,直到有清一朝,也是如此。张惠言说:"意内而言外谓之词。其缘情造端,兴于微言,以相感动,极命风谣,里巷男女哀乐,以道贤人君子幽约怨诽不能自言之情,低徊要眇,以喻其致。"①从表面上看,他也提倡"意内而言外",也强调"缘情""比兴",但是这里的"意"与"情"却无非"贤人君子""不能自言之情,低徊要眇"的"幽约怨诽",突出的还是"低徊要眇,以喻其致"之类的"温柔敦厚""怨诽而不乱"的美学标准,而并非对于生存的洞视,以及真之光辉。至于周济,虽然不满于张惠言的看法,但是他的看法也仍旧是万变不离其宗:"感慨所寄,不过盛衰:或绸缪未雨,或太息厝薪,或己溺己饥,或独清独醒,随其人之性情、学问、境地,莫不有由衷之言。见事多,识理透,可为后人论世之资。诗有史,词亦有史,庶自树一帜矣。若乃离别怀思,感士不遇,陈陈相因,唾瀋互拾,便思高揖温、韦,不亦耻乎!"②这里作为"由衷之言"的"性情、学问、境地",也仍然不过是"见事多,识理透,可为后人论世之资"的"为天地立心,为生民立命""先天下之忧而忧,后天下之乐而乐"之类"感慨",依然并非对于生存的洞视,以及真之光辉。相比之下,王国维的美学思想的突破无疑是显而易见的。

---

① 张惠言:《词选·序》
② 周济:《介存斋论词杂著》。

第九章　王国维比我们多出什么

为审美而审美、为文学而文学

作为20世纪中国美学的开山祖师,王国维的历史地位已经无可置疑。然而,历史为什么在众多的美学家中间选择了王国维,为什么偏偏是王国维而不是其他任何一位美学家得以独领风骚?换言之,王国维比我们究竟多出了什么?这一切,都期待着回答,而且也必须回答。

从时间的维度上看,中国现代美学发生于20世纪的第一个十年而终结于80年代末90年代初,从性质上看,中国现代美学可以区分为以梁启超为代表的社会美学与以王国维为代表的生命美学这两大取向。毋庸置疑,在相当长的时间内,以梁启超为代表的社会美学都始终占据着主流美学的地位,李泽厚的实践美学在80年代更曾经独步一时,然而,笑到最后的却毕竟是以王国维为代表的生命美学。历史最终在众多的美学家中间选择了王国维,而且也恰恰是王国维而不是其他任何一位美学家得以最终独领风骚。风头正健的时代骄子、暴风雨来临前的海燕、"圣之时者也"的推波助澜的鼓手、时代精神的传声筒,最终让位于置身时代而又超出时代的人类文明的守夜人、发出"猫头鹰"式不祥之音的与世不谐的孤独者、反抗主流美学的抗议者、"虽千万人,吾往矣"的思想者。这无疑是以梁启超为代表的社会美学之外的另外一个美学传统——真正的美学传统,是主流美学之外的异类,是飞溅而出的思想碎片,是无声的中国中的美学惊雷,但是,它却比以梁启超为代表的社会美学的生命更为久远,并且还必将随着时代变迁而历久弥新,更显其深刻和伟大。历史最终证明而且还将继续证明:只有以王国维为代表的生命美学才开创了真正的美学方向。

我们知道,不论是作为20世纪美学革命的发端的1898年至1907年,还是反传统浪潮一浪高过一浪的"五四"新文化运动期间,以梁启超为代表的社会美学都始终是新世纪美学的中心。救亡图存的背景,使得当时的美学思考都只注意到"救亡图存"这一功利性的吁求,这使得它往往把"救亡图存"问题的解决放在首位,因而也往往将"忧世"与"忧生"、生存(建设理想社会)与生命(建构灵魂家园)问题截然对立起来,并且希冀以前者的解决来取代后者的解决。而且,即使偶尔探讨比较形而上的问题,也往往要求它必须是解决一切社会问题的济世良方。因而,忽视审美活动的本体性存在,强调审美活动的工具性存在,认为审美活动是社会改革的工具、救亡图存的工具、改造国民性的工具,为政治革命而美学革命,就成为以梁启超为代表的社会美学的必要前提。以梁启超为例,置身"国竞之世"却内忧外患,而且偏逢多难之秋,因此,为救亡图存,首须建立现代国家;建立现代国家,首须塑造现代国民;而要塑造现代国民,舍文学之外也别无良策。于是,梁启超倡言"三界革命"。这样,由于强调文学为"救亡图存"服务,强调以欧西之道取代孔孟之道,以通俗之文取代精雅之文,"文以载道"的具体内涵得以转换,因此而既不同于中国美学传统,也不同于晚清的诗文革新运动,然而,即便是将文学作为将国人从古代"部民"变成现代"国民"的最好的新民之工具,但也仍旧只是"工具"。因此从深层的角度,就仍旧与中国美学传统保持着内在的一致。

王国维的睿智与深刻则在于,早在1905年,在《论近年之学术界》一文中他就指出:"又观近数年之文学,亦不重文学自己之价值,而唯视为政治教育之手段,与哲学无异。如此者,其亵渎哲学与文学之神圣之罪,固不可逭,欲求其学说之有价值,安可得也!故欲学术之发达,必视学术为目的,而不视为手段而后可。汗德《伦理学》之格言曰:'当视人人为一目的,不可视为手段。'岂特人之对人当如是而已乎,对学术亦何独不然。然则彼等言政治,则言政治已耳,而必欲渎哲学文学之神圣,此则大不可解者也。"[1]倘若联想到《论近年之

---

[1] 《王国维文集》第3卷,中国文史出版社1997年版,第38页。

学术界》的发表距离梁启超发表《论小说与群治之关系》(1902年)仅仅三年,无疑不难想见,面对已经风靡全国而且已经成为一种新的学术时尚的以梁启超为代表的社会美学,年仅28岁的王国维不仅没有盲目跟从,而且直斥"其亵渎哲学与文学之神圣之罪",这是何等的大彻大悟、何等的痛快淋漓!

值得注意的是,王国维不仅仅是直斥以梁启超为代表的社会美学的"亵渎哲学与文学之神圣之罪",而且在1903年至1908年间撰写了一系列文章,阐述自己的美学思想,从而为20世纪的美学革命开辟了一条完全不同于梁启超式社会美学的道路。这是一条从强调审美活动的工具性存在转而强调审美活动的本体性存在的道路,一条强调审美自主自律的道路,也是一条为审美而审美、为文学而文学的道路。它以与任何样式的美学工具论相区别的鲜明姿态,构成了与中国美学传统的根本区别,并且第一个在20世纪的中国高举起现代的美学本体论的旗帜。

首先,王国维对传统的美学工具论提出了尖锐的批评。政治、伦理对文学的干涉与支配,文学对政治伦理的盲目依附,以及在名利诱惑之下文学对自己的出卖,为利之"餔餟的文学",为名之"文绣的文学",都统统为他所不齿。他指出:传统的美学工具论,源于自主意识的缺乏,以及对于文学自身价值与神圣位置的意识的阙如。"披我中国之哲学史,凡哲学家无不欲兼为政治家者,斯可异已!孔子大政治家也,墨子大政治家也,孟、荀二子皆抱政治上之大志者也。汉之贾、董,宋之张、程、朱、陆,明之罗、王无不然。岂独哲学家而已,诗人亦然。'自谓颇腾达,立登要路津。致君尧舜上,再使风俗淳。'非杜子美之抱负乎?'胡不上书自荐达,坐会四海如虞唐。'非韩退之之忠告乎?'寂寞已甘千古笑,驰驱犹望两河平。'非陆务观之悲愤乎?如此者,世谓之大诗人矣!至诗人之无此抱负者,与夫小说、戏曲、图画、音乐诸家,皆以侏儒倡优自处,世亦以侏儒倡优畜之。所谓'诗外尚有事在','一命为文人,便无足观',我国人之金科玉律也。呜呼!美术之无独立之价值也久矣。此无怪历代诗人,多托于忠君爱国劝善惩恶之意,以自解免,而纯粹美术上之著述,往往受世之迫害而无人为之昭雪也。此亦我国哲学美术不发达之一原因也。夫然,故我国无纯粹之哲学,其最完备者,唯道德哲学,与政治哲学耳。至于周、秦、两宋间之形而上学,不过欲固道德哲学之根柢,其对形而上学非有固有之兴味也。其于形而上学且然,况乎美学、名学、知识论等冷淡不急之问题哉!更转而观诗歌之方面,则咏史、怀古、感事、赠人之题目弥满充塞于诗界,而抒情叙事之作什佰不能得一。其有美术上之价值者,仅其写自然之美之一方面耳。甚至戏曲小说之纯文学亦往往以惩劝为旨,其纯粹美术上之目的者,世非惟不知贵,且加贬焉。于哲学则如彼,于美术则如此,岂独世人不具眼之罪哉,抑亦哲学家美术家自忘其神圣之位置与独立之价值,而蒸然以听命于众故也。"①而对新的美学工具论,王国维也同样提出了尖锐的批评。"亵渎哲学与文学之神圣之罪",就是最为引人瞩目的抨击。在他看来,文学并非政治的工具,也并非道德的工具,文学之为文学,必须与政治、道德分离开来,并且坚守自身价值与神圣位置。文学之为文学,就是表达哲学揭示的真理,引导人们洞察人生的真相,从而在日常之欲的痛苦得以"蕴藉""解脱"。总之,文学禀赋着超越现实的自身价值与神圣位置,剥夺了这一自身价值与神圣位置,也就剥夺了文学本身。

进而,王国维从美学本体论的角度重新定义了文学,疏离传统的工具之思,强调文学的自身存在。在《论哲学家与美术家的天职》(1905年)一文中,他将哲学美术与政治伦理区别开来,在古老的中国首次阐述了哲学和美术的独立价值,并且首次在言志、载道、缘情之外予以讨论:"夫天下有最神圣、最尊贵而无与于当世之用者,哲学与美术是已"。它的价值不在于"合当世之用",而是自有其使命(揭示和表达真理)。"夫哲学与美术之所志者,真理也。真理者,天下万世之真理,而非一时之真理也。其有发明此真理(哲学家),或以记号表之(美术)者,天下万世之功绩,而非一时之功绩也。唯其为天下万世之真理,故不能尽与一时一国之利益合,且有时不能相容,此即其神圣之所存也。且夫世上所谓有用者,孰有过于政治家及实业家乎?"②因此,"天下之人嚣然谓之曰'无用',无损于哲学,美术之价值也。"不但如此,倘若一定要哲学和美术"合当世之用","于是二者之价值失"。而"若夫忘哲

---

① 《王国维文集》第3卷,中国文史出版社1997年版,第7页。
② 《王国维文集》第3卷,中国文史出版社1997年版,第6页。

学、美术之神圣,而以为道德、政治之手段者,正使其著作无价值也。愿今后之哲学、美术家,毋忘其天职而失其独立之位置,则幸矣!"①之所以如此,在王国维看来,是由于"生活之欲"的需要与"纯粹之知识和微妙之感情"的需要,哲学美术所满足的只是后者。这样,由于"生活之欲"与禽兽相同,而"纯粹之知识和微妙之感情"的需要则为人所独禀,因此满足后者的哲学美术无疑意义重大。而在《文学小言》(1906年)中,王国维则进一步重新定义文学。针对"餔餟的文学"和"文绣的文学",他指出:"文学者,游戏的事业也。人之势力,用于生存竞争而有馀,于是发而为游戏。婉娈之儿,有父母以衣食之,以卵翼之,无所谓争存之事也。其势力无所发泄,于是作种种之游戏。逮争存之事亟,而游戏之道息矣。惟精神上之势力独优,而又不必以生事为急者,然后终身得保其游戏之性质。而成人以后,又不能以小儿之游戏为满足,于是对其自己之情感及所观察之事物而摹写之,咏叹之,以发泄所储蓄之势力。故民族文化之发达,非达一定之程度,则不能有文学;而个人之汲汲地争存者,决无文学家之资格也。"②而且,"欲者不观,观者不欲"③,所谓"微言大义""寄托讽刺""兴观群怨",以及启蒙文论的以文学阅读作为政治教育、改良社会之工具,都是毫无根据的做法④。显然,在王国维看来,为文学之外的任何目的而文学,就都已经不再是文学⑤,而是非文学,也都已经是

---

① 《王国维文集》第3卷,中国文史出版社1997年版,第8页。
② 《王国维文集》第3卷,中国文史出版社1997年版,第25页。
③ 《王国维文集》第1卷,中国文史出版社1997年版,第4页。
④ 这一点,在《人间词话》对张惠言词论的批评中就可看出:"固哉,皋文之为词也!飞卿《菩萨蛮》、永叔《蝶恋花》、子瞻《卜算子》,皆兴到之作,有何命意? 皆被皋文深文罗织。阮亭《花草蒙拾》谓:'坡公命宫磨蝎,生前为王珪、舒亶辈所苦,身后又硬受此差排。'由今观之,受差排者,岂独一坡公已耶"?(《王国维文集》第3卷,中国文史出版社1997年版,第163页)
⑤ 正是由于王国维对于中国传统美学的拒绝,中国20世纪美学第一次得以开始了自己的独立话语的建构。这是一个根本的转换。在此之外,有些学者斤斤计较的他是用文言还是用白话写作以及他是沿用词话形式还是改为理论论述,甚至他是研究本土审美经验还是介绍西方美学,都已经并不重要。犹如尽管他拖在脑后的辫子在民初已经"硕果"仅存,但是却并不影响我们对于他的美学的"最具革命性"的基本判断。

不向文学要求文学,而是向文学要求社会认知。为此,王国维提出了"纯文学""真正的文学""文学自己的价值""为文学而生活"等概念①。

还值得一提的是王国维的《红楼梦评论》,它无疑是返回文学本身的一次重要探索。人们更多地关注的是《红楼梦评论》的"说什么",在这方面,王国维借助叔本华来评论《红楼梦》,有精辟见解,也有明显失误。不过,就《红楼梦评论》而言,更为重要的应当是"怎么说"。王国维从美学本体论的角度评论《红楼梦》,并且屏弃了从文学之外的政治道德因素来评价《红楼梦》的方式。这意味着一种自觉的文学性意识的诞生,以及中国美学史中第一篇基于文学自主意识的作品评论的诞生。也只有因此,王国维才首先意识到:在中国文学中只有《红楼梦》才是真正的文学作品,因为它所成就的正是文学之为文学自身的使命。《红楼梦评论》的划时代意义,恰恰就在这里。

除了开风气之先的《红楼梦评论》,《人间词话》《宋元戏曲考》也同样是返回文学本身的一次重要探索。王国维一生于作为传统文化的主流之《易》《诗》《书》《礼》《乐》《春秋》始终没有对其中任何一部著作去加以研究,于作为传统文学的主流之诗和文,也极少涉及。他所关注的是作为传统文学的边缘之小说、戏曲和词。然而他却对于自己的研究成绩自视甚高。在《宋元戏曲考》的自序中他说:"凡诸材料,皆余所搜集,其所说明,亦大抵余之所创获也。世之为此学者自余始。其所贡于此学者,亦以此书为多,非吾辈才力过于古人,实以古人未尝为此学故也。"②必须强调的是,王国维的这一选择与当时的其他小说、戏曲的关注者都有所不同。在后者,是出于小说、戏曲在"新民"中的出奇效用,因此他们要对其加以关注,并力图将其纳入主流文

---

① 王国维甚至把这种不必"合当世之用"而自有其使命的价值观念扩大到一切学术研究的领域,从而反对任何把学术作为手段的做法,并且将"学政合一""经世致用"视为中国学术不发达的根源。也因此,他对于学科建设的讨论从来就不是着眼于社会救弊,而是站在学术立场之上,为了学术研究的规范化、学科化和建立现代的、独立的学科规范。
② 《王国维文集》第1卷,中国文史出版社1997年版,第307页。

学的疆域①;在前者,则是要通过重新解释历史中的文本,来找到汉语思想精神再生的可能性。而小说、戏曲和词由于一直被排斥在主流之外,因此反而因祸得福,距离"载道""风教""惩劝"最远,距离"纯粹美术上之目的"最近。这样,从小说、戏曲和词入手,无疑有助于更好地标举文学之为文学的独立价值②。

最后,王国维还区别了"以文学为生活"的"职业的文学家"和"为文学而生活"的"专门的文学家"。这无疑仍旧是王国维美学思想的继续。"生百政治家,不如生一大文学家",这种"人本位"与"官本位"的决裂,在美学领域无疑也有着极大的意义。

学无新旧,无中西,无有用无用

进而言之,王国维的睿智与深刻还在于:引进西方美学思想的高度自觉。

与其他美学家所根本不同的是,王国维清醒地意识到中国美学已经完全没有可能再为自己提供新的思想。他所面临的绝不仅仅只是美学的危机——这在美学的里程中经常出现,而是美学危机。这危机使得他从根本上怀疑中国美学自我革新的可能性。中华民族真是一个不幸的族群。中国美学传统也真犹如"于今绝矣"的《广陵散》,丧失了任何的精神依赖,栖居于

---

① 结果,反而落入了王国维所批评的"甚至戏曲小说之纯文学亦往往以惩劝为旨"的陷阱(《王国维文集》第3卷,中国文史出版社1997年版,第7页)。还有必要强调的是,在遭遇到异质因素的挑战时,中国传统美学所习惯于采取的方式,就是返身内求,在自身寻求某些可能的资源去对摇摇欲坠的美学模式加以修复。这样,那些在中国传统美学中居于边缘的资源就有可能脱颖而出,成为一时之风范。然而,当异质因素的挑战触及中国传统美学的根本之时,这一切也就完全无济于事了。更为严重的是,有时这一模式还会导致相反的结果。例如我们在20世纪初所看到的"甚至戏曲小说之纯文学亦往往以惩劝为旨",就显然意味着在中国传统美学中根深蒂固的"载道""风教""惩劝"偏差不但没有被削弱,反而被大大地加强了。

② 王国维在提倡"境界"之时选择从"兴趣""神韵""性灵"入手,也是出于这一思路。"兴趣""神韵""性灵"一脉相对于主流美学而言,都居于边缘,功利色彩显然要薄弱得多,无疑有助于更好地标举文学之为文学的独立价值。

心灵的地狱,想跳过这样的心灵的黑暗去建设现代美学,那简直是做梦。匮乏的精神资源完全限制了中国美学家的思维空间。事实上,精神危机已经不仅仅是20世纪的困境,而且也是中国历史的常态。因此,照着谁讲,接着谁讲,自己又怎么讲? 这无疑意味着中国美学必须要从头再来。于是,1903年,差不多就是章太炎在监狱里读佛经之时,也就是苏曼殊译完《惨社会》后又复上山当和尚之时,王国维在通州师范学校的灯下开始了与西方大哲叔本华的精神对话。

在此之后,王国维写了一系列文章,介绍叔本华、康德、席勒等人的哲学美学思想,从而首次将一种全新的美学眼界引入中国。必须承认,在20世纪初,中国学界对西方美学思想虽有介绍但只是零星、皮毛,这一局面的大为改观,无疑是自王国维始。王国维的涉猎面之广,领悟之深,转述之达,确实远非时人能比。在《论近年之学术界》一文中,王国维大力提倡引进"西洋之学术"。不过,这所谓"西洋之学术",并非明末"与基督教俱入中国"的数学、历学,在王国维看来那只是"形下之学",也并非严复所绍介的经济学、社会学等"科学",更并非康有为、谭嗣同等以之为"政治上之手段"的"幼稚的形而上学",在王国维看来那都是"不能感动吾国之思想界者也"①。所谓"西洋之学术"即哲学、美学等"纯粹知识"。它们是"以事物自身之有价值者,为最高者,而不置利益于其中"。也正因为此,王国维可称是最早将西方哲学、美学引入国内并且进而关注中国哲学、美学建设的学者。当然,这些惟真理是求的思想即便是在西方也难为普遍民众所接受。"其在本国且如此,况乎

---

① 王国维批评严复的翻译《天演论》:"顾严氏所奉者,英吉利之功利论及进化论之哲学耳。其兴味之所存,不存于纯粹哲学而存于哲学之各分科。"批评康有为的《孔子改制考》、谭嗣同的《仁学》是"于学术非有固有之兴味,不过以之为政治上之手段"。"故严氏之学风,非哲学的,而宁科学的"(《论近年之学术界》),亦即是工具的,而非心灵的。它只是对于社会有益,"此其所以不能感动吾国之思想界者也"(《王国维文集》第3卷,中国文史出版社1997年版,第37页)。在王国维看来,必须完成真正"感动吾国之思想界"的"纯粹哲学"建设。正是因此,王国维才能够在那个最不利于完成真正"感动吾国之思想界"的"纯粹哲学"建设的时代,为中国的真正"感动吾国之思想界"的"纯粹哲学"的建设打下了第一块基石。

在风俗文物殊异之异国哉！则西洋之思想不能骤输入我中国，亦自然之势也。况中国之民，固实际的而非理论的，即令一时输入，非与我国固有之思想相化，决不能保其势力。"①基于此，王国维呼吁中国学术界"一面当破中外之见，而一面毋以为政论之手段，则庶可有发达之日欤？"同时，王国维更强调："中国今日，实无学之患，而非中学西学偏重之患。"孔子的"仁义"之说缺乏"哲学之根柢"，孟子及宋明诸儒的性善说较少"名学上必然之根据"，因此，"学无新旧也，无中西也，无有用无用也"②，"只有是非真伪之别耳"③。这样，倘若把目光从具体的历史时间段上拉开，放射到整个世纪，我们无疑不难发现，正是王国维，开辟了20世纪美学思想的真正源头，遗憾的是，这一点长期被排除在人们的研究视野之外，甚至至今也没有引起足够的重视。

王国维引进西方美学思想的高度自觉更体现在从知识传统向精神传统的转换上。回顾20世纪初对于西方文化的引进，从物质到制度再到文化，逐步意识到整个中华文明都衰老了，因此必须用西方文化再造中国文化，然后通过文化的再造来再造社会。但是，西方文化的根本又是什么？一般认为，是"科学"与"民主"。然而，引进的结果却是淮橘为枳。"科学"与"民主"在中国始终没有扎下根来。它们之于中国，犹如油浮于水面，而从来并非盐溶水中。更为严重的是，在"科学"与"民主"的背后，仍旧是三尺宝剑定天下，一条军棍打四百座军州，应天顺民，以有道罚无道，也仍旧是"抢到了天下的便是王，抢不到天下的便是贼"，"皇帝轮流做，明年到我家"的封建鬼魂。为什么会如此？无疑与当时仅仅注意到在人与自然维度引进"科学"、在人与社会维度引进"民主"，但是却忽视了在人与灵魂维度的引进"信仰"有关。因此，在引进过程中所关注的也只是知识传统，而并非精神传统。王国维所

---

① 《王国维文集》第3卷，中国文史出版社1997年版，第39页。
② 《王国维文集》第4卷，中国文史出版社1997年版，第365页。
③ 《王国维文集》第3卷，中国文史出版社1997年版，第39页。王国维还亲自动手，从1898到1911年，共翻译了哲学、教育学、心理学、伦理学、逻辑学、法学等各类西学著作26种，介绍"西洋之学术"的文章数十篇。王国维甚至还主张中国大学"悉聘外人以为教师"，是当时有关外籍老师来华任教的争论中的"激进分子"。

敏锐把握到的,正是这样一个根本问题。在他看来,亟待引进的应该是产生西方民主与科学的深厚的文化土壤。这就是所谓灵魂的维度。他指出:对于一个社会而言,政治与道德固然不可或缺,心灵的精神更不可或缺。这个心灵的精神就是"纯粹之哲学"。它并不直接为"社会"服务,但却是救度精神的饥荒、充塞灵魂的空虚的绝对必需。而从中国来看,这却又恰恰最为缺乏。所以王国维在《论哲学家与美术家之天职》一文中感叹云,"我国无纯粹之哲学,其最完备者,唯道德哲学与政治哲学耳"①。这样,既然在古老的中国文化中找不到,既然每个中国人都只是一具空壳,灵魂从来就没有发育过,情感与人性也从来就没有启动过,向西方学习,就必然是唯一的选择。"体素羸弱,性复忧郁,人生之问题,日往复于吾前"②,这里"日往复于胸臆"的"人生之问题",就是对于自古以来的灵魂维度的阙如的洞彻与自觉。而康德的"无目的的合目性"、叔本华的"欲望(生活意志)和利害关系是人生痛苦之根源"与尼采的"强力意志"以及席勒的"游戏说",则成为王国维的敏锐抉择③。

---

① 《王国维文集》第3卷,中国文史出版社1997年版,第7页。
② 《王国维文集》第3卷,中国文史出版社1997年版,第471页。
③ 值得关注的是,精神传统的转换在王国维无疑意味着美学谱系的转换。真正的美学研究,必须与美学的精神资源、经典文本密切相关,真正的美学问题,必然来自美学的经典文本,真正的美学家,必然拥有丰富的精神资源,真正的美学,也必然通过与伟大的心灵交流以获得勇气与力量,否则,就会枯竭夭折,无缘也无从成其伟大。换言之,美学谱系意味着思想的源头。只有这个思想的源头才能证明我们是什么,也只有这个思想的源头才能构成美学"贞下起元"的地平线。在这方面,丹尼尔·贝尔所提示的"原始问题"给我们以深刻的启发:"在文化中却没有积累,有的倒是一种对原始问题的依赖,这些问题困扰着所有时代、所有地区和所有的人。提出这些问题的原因是人类处境的有限性以及人不断要达到彼岸的理想所产生的张力。"(丹尼尔·贝尔:《资本主义文化矛盾》,三联书店1989年版,第218页)美学谱系无疑就来源于这个原始问题。它深刻地揭示人类精神上的永恒的困境,显示出人类思想的根本的危机。21世纪我们会落后,但是它却不会。不但不会,而且会给我们以永远的精神动力。王通在《文中子》中说:"天地生我而不能鞠我,父母鞠我而不能成我。成我者,夫子也。"套用王通的话,我们也可以说:成我者,美学谱系也。

人与灵魂维度的皈依与精神传统的转换，使得王国维走上了一条个体思维的道路。人与灵魂维度的任何一个根本问题都始终是个人的，都是个人的精神事件、精神遭遇，都是一些绝对性的问题，而与民族、群体无关。这是一个自古以来就要面对和所有人都要面对的问题。我们打开一本专著，理性主义预告的永远是历史与逻辑，而我们真正遇到的却永远是一个个人。真正思想的创造永远是由伟大的个人来完成的，也只属于那些创造性地理解世界、人性的个人。因此，面对真正的思想无异某种绝对的精神遭遇，重要的不是走向西方或者中国，也不是为某种民族精神的辩护，而是面对精神的事实本身，与古今中外少数几个人的精神对话本身。而哲学史上讲的唯物唯心、一般个别等等，只是说明了哲学的幼稚，百年来中国学人所津津乐道的民族精神的辩护或者批判，也只是说明了哲学的肤浅，任何人的思考如果远离了个人的生命体验，都不过是苍白的闹剧。真正的思想者不会再为这些无谓的问题而耗尽生命，而只会与那些根本的问题相依为命。在这方面，王国维无疑是20世纪最具有哲学家头脑的人，在整个人心动荡、社会躁动的百年，无数学人的头脑都被一些热闹的问题燃烧着、纠缠着，而王国维的思维却透过了政治、社会、民族的表层，长驱直入到了人生的深层。他从自身的体验出发，捍卫着心灵空间中最最个人的立场。联想到耶稣也只愿意做个人的救主，而不愿意做犹太人地上的王，联想到克尔凯郭尔始终认为哲学完全就是个人的，联想到1914年8月2日，卡夫卡的日记只有两句："德国向俄国宣战。——下午游泳。"联想到别尔嘉耶夫在《自我认知——哲学自传的体验》中提示的："只有偶尔才出现向真正的自我的突进，例如，在奥古斯丁的《忏悔录》中，在帕斯卡、阿米艾尔、陀思妥耶夫斯基、克尔凯郭尔那里，才有主体—个体（针对压抑它的客体化）。只有忏悔录、日记、自传和回忆录的文学，才超越了这种客体化，向存在论的主体性突进。"必须承认，在王国维，这是一个引人瞩目的抉择。而从精神传统的转换的角度看，王国维的抉择同样引人瞩目。他没有沿袭中西美学的优劣之类的传统思路，而是直接越过中国、西方、国家、民族的种种屏障，直接与自己所心仪的大师交流、对话。"疑思想上之事，中国自中国，西洋自西洋者，此又不然"。为什么会如此?"知力人人之所同有,宇宙人生之问题,人人之所不得解也",因而困惑,因而怀疑,因而渴求,而"具有能解释此问题之一部分者,无论其出于本国或出于外国,其偿我知识上之要求而慰我怀疑之苦痛者,则一也",出自本土还是来之域外又有什么关系?"同此宇宙,同此人生,而其观宇宙人生也,则各不同。以其不同之故,而遂生彼此之见,此大不然者也。学术之所争,只有是非真伪之别耳。于是非真伪之别外,而以国家、人种、宗教之见杂之,则以学术为一手段,而非为一目的也。未有不视学术为一目的而能发达者,学术之发达,存于其独立而已。"①只要能够解决人生的问题,只要能够作为自己的灵魂引路人,只要能够创造性地理解生命,只要能够给自己以启示,就有理由成为自己的精神对话的对象②。叔本华、康德、尼采、席勒,就是这样进入了王国维的精神生命③。

更为重要的是,我们已经习惯了某种理性主义的思想模式,因此习惯于"中西美学的高低优劣的比较""思想与逻辑的统一"之类虚假的思想关系,但是却因此而掩盖了真正的具体的思想源泉,更自欺欺人地遗忘了这一切实际不过是出于我们的虚构。

显然,历史为什么在众多的美学家中间选择了王国维,为什么偏偏是王国维而不是其他任何一位美学家得以独领风骚?换言之,王国维比我们究竟多出了什么?问题的答案已经昭然若揭。中国美学沉浸在逃避人与灵魂

---

① 《王国维文集》第3卷,中国文史出版社1997年版,第39页。
② 林语堂的发现更为绝对:只有四到五个具有独创性的心灵,其中有佛、康德、弗洛伊德、叔本华、斯宾诺莎、耶稣,才值得我们去与之对话。或许,这就是所谓"千古圣人血脉"?
③ 因此王国维的美学思考的卓绝之处就在于:中西美学的对话不是什么中西文化交流的必然要求,而是20世纪人类坠入价值虚无的深渊之际所提出的必然要求。这个问题完全是绝对性的,而并非民族性的(比起绝对的精神境遇,民族的精神境遇实在不算什么)。显然,谁能够解决这一困境,谁就有资格成为新的精神资源。因此,人类坠入价值虚无的深渊才是真正值得关注的"事情本身",而并非是为一种民族精神辩护。在此意义上,王国维所进行的对话只是自己与几个美学先知的精神对话,而不是中西美学间的对话。

维度的虚幻之中,一梦千年,却始终没有孕育出真正的思想,蒙难的历史、呼救的灵魂、孤苦的心灵之类深渊处境,都被漫不经心地放逐了。真正的美学一定要为漠视人与灵魂维度这一严重失误负责。必须学习让人与灵魂维度存在。而要做到这一点,唯一的方式不是逃避到儒、道、禅之中,而是建立与灵魂维度的联系,从而在巨大的精神黑洞中突围,并且找到那些真正值得去为之生为之死的东西。王国维所面对的,正是这工作。而一旦面对这一工作,需要解决的,就已经不是新世纪文化交融的精神困境,也不是民族冲突的精神困境,而是人类共同的精神困境。然而,作为"无援的美学",立身于中国美学所提供的精神资源之中无疑无法解决这一精神困境。鲁迅说中国人的"哑"是因为精神上的"聋",就是这个意思。因此,王国维毅然转向西方的叔本华、康德、席勒等思想大师,去寻求真正丰富的精神资源,并且在精神交流中获得了勇气、力量与智慧,从而使中国人的思想和心灵建构中最终得以摆脱中国思想者往往自囚于其中的封闭视域,真正进入人类共同的精神空间与心灵谱系。这,大概就是作为20世纪中国美学的开山祖师的王国维之为王国维的意义所在了。

人间须信思量错

毫无疑问,王国维并没有成功。事实上,他的投湖而死,已经形象地说明了他的失败。往复于"人生"的途中,他寻寻觅觅,尽管不断夺路而走,但是却到处都是歧路与穷途,无处可归,终于绝望自沉。为什么会如此?这无疑是更值得我们思考的。内在的思维机制的局限,应该是最为根本的原因。在中国,个人的生命体验或许可以借助西方美学的启示一蹴而就,但是内在的思维机制却必须通过坚韧的努力逐步完成。十分遗憾,在这个方面,王国维缺乏清醒的意识,既没有逻辑根据(手段)方面的转换,也没有终极指向(目标)方面的确立,最终只能中途而返,在作为"纯粹知识"的古史考据之中安身立命,谋求自我解脱。

逻辑根据是内在的思维机制的手段。西方针对人与灵魂维度的思考,依据于超验思维。这是一种外在的、二元的、抽象的追问。它把理想世界与现实世界、本体界与现象界截然二分,通过对于后者的绝对否定,以及对于前者的绝对肯定,最终把前者确立为世界之为世界、人之为人、审美之为审美的绝对根据,而王国维对此却毫无意识,他尽管贯彻西方的思维方式最为彻底,但是却仍旧没有学到"否定"这一关键,因而也就没有学到超验思维这一逻辑根据。这样,尽管他借助西方美学的启示敏捷地进入了生命体验,但是却仍旧滞留在中国的超越思维,这是一种内在的、两极的、消解的追问。它不存在理想世界与现实世界、本体界与现象界的二分,超越却不存在截然的二分,而是离中有合、合中有离,堪称思维上的中庸之道。而思维上的中庸之道必然导致美学的人文主义。从相信人的无所不能,到进而相信人是世界的中心,"万物皆备于我""自性俱足",因此可以凭借自身的力量(例如道德人格)自我提升。但是,无所不能者恰恰一无所有,事实上,人是有限的。因此人之为人的最大失败正在于从不正视自身,从而误入歧途。或者是诡辩和相对主义,或者是独断和极端主义。儒家由于拒绝"否定"而拒绝接受更高的精神存在,把一切都投射在平面化的人与人的关系之中。于是人与神的关系被视为虚妄;道家、禅宗由于拒绝"否定"而拒绝终极关怀,由于理性和逻辑的泯灭,一切价值感觉都付诸阙如,为所欲为或无动于衷就是最后的归宿。王国维的失败也在这里。他的悲剧是无视"否定"所导致的悲剧。本来,倘若从"否定"入手,王国维不难发现,由于人之为人的有限,生命的"痛苦"就完全是必然的。因此"痛苦"不但"可信",而且"可爱"。然而王国维却并非如此,他拒不接受"否定"这个环节,因此也就拒绝将"痛苦"作为必然,从而耿耿于怀,必欲除之而后快。但是又欲除之而不能,最终,只有以自杀而宣布自己的失败。

终极指向是内在的思维机制的目标。西方针对人与灵魂维度的目标,依据于超验追问。人类从生到死都无法摆脱有限,这无疑是一个事实,但却并不是认同有限的充足理由,反而必须超越有限的起点。这就是所谓终极关怀。它敞开了人的生命之门,开启了一条从有限企达无限的绝对真实的道路;通过对于生命的有限的揭露,使生命进入无限和永恒;通过对现实的占有的生命的拒斥,达到对于理想的超越的生命的肯定;通过清除生命存在中的荒诞不经的经验根据,进而把生命重新奠定在坚实可靠的超验根据之上。确实,假如不愿明察自身的有限,又怎么可能有力量追寻完美?假如不确知自身的短暂,又怎么可能有力量希冀永恒?假如不曾意识到现实生命的虚无,又怎么可能有力量走向意义的充溢?假如不悲剧性地看出自身的困境,又怎么可能有力量走向超越?终极关怀类似于基督教的"末日审判"(但不是到了彼岸才进行)。它是人类对生命的深切询问,是超验形态的绝对真实,是无限的否定性,是对于生命的超越,是知其不可为而为之的乌托邦。只有立足于此,人们才会看清自己的困窘处境和局限性,看清"在非存在的纯净里,宇宙不过是一块瑕疵"(瓦雷里语),看清再"美丽的世界也好像一堆马马虎虎堆积起来的垃圾堆"(赫拉克利特语)。为什么在有了改造对象推进文明的亚当之后,还要有发现自己确定自己的基督,为什么耶稣要降临在污秽的马槽里,并且还要用水来洗涤自己,为什么"欲过上一种新生活成为活生生的生命,我们必须再死一次"(铃木大拙语),不就是因为有了终极关怀这一绝对尺度吗?"没有救世主,就无所谓堕落"(帕斯卡尔语);没有上帝,就无所谓堕落。因此,终极关怀从来就是人类苦难的拳拳忧心。清醒地守望着世界,是它永恒的圣职。在这个荒诞的世界上,有了终极关怀,才有了一线自由的微光,才有了一个圣洁的裁判日。冷漠严酷和同情温柔、铁血讨伐和不忍之心、专横施虐和救赎之爱,在蒙难的歧途上孤苦无告的灵魂在渴望什么、追寻什么、呼唤什么,在命运的车轮下承受碾轧的人生在诅咒什么、悲叹什么、哀告什么,才不再成为一件无足轻重或者可以不屑一顾的事情。

然而王国维却并非如此,在对于人之为人的有限性有了充分洞察以后,却缺乏一种人性的力量推动自身从更高的角度去悲悯地看待人的有限性,而是每每从道德的角度来批评人的有限性,并且只是从道德的角度来弥补人的有限性。由于人的终点并非神的起点,一切都是在自我里面展开的,没有更高、更超越的价值依据,无法在虚无在怀疑中坚信意义坚持寻找,无法在被遗弃和主动放弃的孤独绝望中不放弃希望。这就导致他坚持以自我的意志情感、自我的价值观念作为洞察世界、关怀生存的起点,由此陷入了失去存在参照物并且找不到超越人的有限性的理由与力量的茫然不知所措的困境。因此,他最终又回到了中国传统的现实关怀。这现实关怀,是指的对于现实生命的执着。它从生命的福乐自足、完满无缺出发,是超验之维与经验之维的合一,也是天堂与人间的合一。在现实关怀之中,一方面超验之维是经过经验之维的筛选的,并非真实的超验之维,另一方面经验之维也是经过超验之维的筛选的,并非严格的经验之维;一方面认定天堂是可以建立在人间的,另一方面又迷信人间能够成为天堂。显而易见,这无异于一种虚妄的关怀。试想,它把形形色色的现实准则(社会、历史、自然)作为自己关怀生命的准则,懵然地审判一切,唯独不去审判自己。这样一来,在现实关怀中就必然隐含一个令人迷惑的失误:作为有限生命本身是不容询问、不容怀疑、不容审判的。这当然是一个根本的谬误。而且,正是我已经一再批评的那种虚无主义的根本谬误。本来,在一维的经验之维中,现实生命的有限以及由此而导致沉沦、丑恶都是绝对的,但现实关怀却偏偏赋予它以相对的属性;本来,在一维的经验之维之中,现实生命的有限以及由此而导致的完善、美好都是相对的,但现实关怀却又偏偏赋予它以绝对的属性。于是,它十分自然地把导致生命的沉沦、丑恶的原因,推向了外在世界。外在世界的有限导致生命的有限,外在世界的沉沦导致生命的沉沦,外在世界的丑恶导致生命的丑恶,改造外在世界的有限、沉沦、丑恶,就不难改变生命的有限、沉沦、丑恶。由是,甚至沾沾自喜地认定已经找到了存在的真实根据。果真如此吗?当然不是。作为一种价值关怀,现实关怀并未真正涉及"生命如何可能"这一本体论的问题,也并未真正解决现实生命的有限以及由此而导致沉沦、丑恶这一根本问题①。

　　既然没有逻辑根据(手段)方面的转换,也没有终极指向(目标)方面的确立,最终就只能中途而返,在作为"纯粹知识"的古史考据之中安身立命,谋求自我解脱。这正是我们在王国维身上看到的真实一幕。这一转变,可

---

① 这里涉及到一个更为深层的问题。胡塞尔非常强调"精神的欧洲",认为这种纯粹的理论态度以及精神的超越性、观念性在中国和印度都没有出现,而只存在实践兴趣。这无疑极大影响了王国维对美学问题的深刻反思与开掘。

以从两个例证看出：1911年辛亥革命之后，王国维赴日本与罗振玉共同生活。罗振玉在与他共论学术得失时："至欧西哲学，其立论多似先秦诸子，若尼采诸家学说，贱仁义，薄谦逊，非节制，欲创新文化以代旧文化，则流弊滋多，方今世论益岐，三千之教泽不绝如线，非矫枉不能返经。士生今日，万事无可为，欲拯此横流，舍返经信古莫由也。"王国维深表后悔，并检讨自己说："我亦半生苦泛滥，异同坚白随所攻。多更忧患阅陵谷，始知斯道齐衡嵩。"①1919年，当第一次世界大战呈现出西方文化的危机，王国维也退而采取传统的思路，把道德、科学分别等同于东方、西方："盖与民休息之术，莫尚于黄老，而长治久安之道，莫备于周孔，在我国为经验之良方，在彼土尤为对证之新药。"②至于以清室遗老自居，参与逊清政治活动，演古礼，颂张勋，以清词丽句写清室哀史，应该说，也都是不容忽视的事实。不过，王国维的中途而返，重回中国美学传统的虚幻迷宫，又并非简单地回到传统的老路，而是从相对于意志而言的"纯粹知识"（所谓纯粹审美），进一步引申出所谓"纯粹学术"。在王国维学术生涯中，这实在是一个迫不得已的"引申"。"疲于哲学"之后，王国维"渐由哲学而移于文学，而欲于其中求直接之慰藉也"。但这一"文学"时期却只是一个过渡期。"诗歌乎？哲学乎？他日以何者终吾身，所不敢知，抑在二者之间乎？"③可见他十分明白自己不可能在文学中安顿身心。很快，他就转向了面向"可信"之学的古史考证时期。实际上，这也就是从"纯粹审美"走向"纯粹学术"。事实证明，这一选择是他所能够作出的最好选择。我在前文中已经提及，文史考据之学堪称"纯粹知识"，并且因其"纯粹"而统一了"可爱"和"可信"，不但远离现实社会，而且对从事者来说确有某种解脱的性质。须知，西方的人与灵魂的维度是关注生命本身的结果，但是中国却只能从历史中寻找依据，而不可能从非历史的生命本身去寻找依据，这样，就是有了新思想的萌芽，也会自我窒息，于是，由生命问题

---

① 《王国维文集》第1卷，中国文史出版社1997年版，第263页。
② 王国维：《论政学疏》。此疏是王死后由罗振玉第一次在《王忠悫公别传》中公开。罗文见罗继祖主编：《王国维之死》，广东教育出版社1999年版。
③ 《王国维文集》第3卷，中国文史出版社1997年版，第473页。

转向文化问题也许正是解决心理矛盾的一种途径,因为如果"可爱"与"可信"的矛盾是由文化不同而引起的,那么回归某一文化则不但实现了文化认同,而且可以化解心灵冲突。结果,历经哲学、文学时期后,王国维终于在古史考据之中安顿下来。尽管,这一切都只是暂时的,无异于海市蜃楼,也根本无助于问题的解决。

第十章　西方美学在近代中国

"旧的又回复过来"

"别求新声于异邦"。深刻的历史抉择,使得中国近代美学革命从起步伊始就鲜明区别于明末清初的美学启蒙运动。

在隔绝状态下趋于历史性跌落和衰亡的中国古典美学,是一具"小心保存在密封棺木里的木乃伊"(马克思语)。门户一旦洞开,西方美学的新鲜空气一旦大量吹入,中国古典美学所面临的就无疑是"必然要解体"的历史结局。

然而,对于一个长期服膺于东方美学传统的民族来说,西方美学的输入或许是一个很难接受的事实。不独中国,整个东方在与西方美学的接触中,都曾经发生过激剧的冲突。这固然是美学间的冲突,而在东方的觉醒的背景下,又往往并不限于纯美学的性质,而具有深刻的政治意蕴。近代的东西美学冲突,是一个落后于时势的文明古国同充满生机的近代社会的矛盾在美学观念形态中的体现,是东西文化之争,因此而成为东方世界寻觅振兴之途的同步进程。不难想象,在所有的东方国家中,西方美学都曾遇到过顽强的抵抗。

中国古典美学与中国近代美学、中国古典美学与西方美学的对峙与冲突,贯穿在近代美学革命的全过程中,又集中地表现为"两种特别的现象"。这就是鲁迅在总结中国文化演进、中国美学演进中指出的:

> ……有两种特别的现象:一种是新的来了好久之后而旧的又回复过来,即是反复;一种是新的来了好久之后而旧的并不废去,即是羼杂。(《中国小说的历史的变迁》)

毫无疑问，它们同样深刻昭示着中国近代美学革命中新与旧、中与西两种美学观对峙冲突中表现出来的、值得深味的历史规律。这种"特别的现象"，尤以"五四"前夜与"五四"时期的两次美学回流最为昭著。

"五四"前夜的美学回流，发端于辛亥革命的失败。在此之前，中国近代美学革命的洪流曾经在中国大地上席卷而过。"诗界革命""戏剧革命""小说革命"的浪头强劲地拍打着中国古典美学的长堤。然而，辛亥革命之后，这一近代美学革命的洪流却骤然消歇。一度在近代美学革命洪流冲击下溃不成军的古典美学的阴魂又重新集结起来。封建遗老弹冠相庆，宋诗派、同光体纷纷出笼，"鸳鸯蝴蝶派"的问世更其引人瞩目。它通过把封建美学殖民地化，为已成颓败之势的封建美学注入一剂强心针，使它再度猖狂反扑，把刚刚诞生的近代美学打入冷宫。

这种历史现象的产生有着深刻的历史与逻辑的原因。辛亥革命以出人意料的速度在全国一举成功。所谓"兵不血刃，传檄而定"。在清帝退位诏书中的"今全国人民心理，多倾向共和"，清晰地勾勒出当时社会心理的转变。但是，如何进而从经济、政治、军事、文化各个方面实行资产阶级民主，真正战胜封建势力，革命派始终没有充分的思想准备和舆论准备；对封建势力利用各种新形势而东山再起乃至反攻倒算，更丝毫没有认识。以致政治上公开与隐蔽的反攻倒算接踵而来。

政治上的复辟与文化上的复古是相倚相助、默契配合的，这一不容忽视的历史规律在此期间表现得尤为明显。辛亥革命的大幕尚未落下，由封建势力一手导演的文化复古的丑剧便已迫不及待地大显身手了。1912年3月，中华民国临时政府颁布的《临时约法》，规定"人民有信教之自由"，这就从根本上否定了以儒家为核心的封建文化的独定一尊的地位。这种历史变端在封建文人眼中不啻"斯文扫地"，连逃亡海外的康有为也惊呼"中国数千年来，未闻有兹大变也"。同年7月，中华民国北京政府教育部召开临时教育会议，编制学校管理规则时，便公开提出要对是否保留奉祀孔子的仪典加以讨论。这是辛亥革命后文化复古由隐蔽转为公开的信号，是封建主义的旧文化向资产阶级的新文化反攻倒算的开始。继之，各地封建文人纷纷发起孔教会、孔道会,甚至出版了《孔教会杂志》。一时间,文化复古的喧闹甚嚣尘上。

与文化复古相一致,近代美学史中的复古回流也公开发难。陈衍在《京师万生园修禊诗序》中曾经扬扬得意地忆及他们的"复古"丑剧:

> 余出都航海之二日,停舟之罘,始忆为三月三日,命酒盈酌,怅然久之。是日也,南则樊山樊君修禊于上海之樊园,己庵、笏卿诸君会者十人,赋诗皆用少陵丽人行韵;北则任公梁君修禊于西郊之万生园,瘿公、实甫、书衡、叔进、印伯、昀谷、仲毅、藏青、秋岳、宰平、莹甫、伯夔、亚蘧、珏生、公甫诸君会者三十余人。以群贤毕至,少长咸集,……分韵。余至上海,既和樊山之诗,归里得仲毅、瘿公书,又次任公韵。嗟夫,以风雅道丧之日,犹复得此,可不谓盛欤!(《石遗室文集》卷九)

农历三月初三为"修禊日",古代的风俗,这一天要临水为祭,除去不祥。民国二年(1913年),封建文人在北京和上海蜂拥而出,妄图力挽"风雅道丧",重振古典美学,用心可谓良苦。同时,还有一些人则重新拉起了以维护古典美学为宗旨的社团。易顺鼎《诗钟说梦》追忆说:

> 寒山社第五十一集,同人到会,余与颖人、掞东、叔进、亚蘧、实斋、公甫、卤铭、北湖、瑟石、翼牟、曼仙、公达、彦博、伯厚及新入社之李右臣、刘厚斋、陆彤士共十有八人。因仿闽例,每人各阅一分,各定一榜,是日共作三次,最后一次,带家一唱。……樊山、节庵、涛园、伯严、向斋、诒书、子琴、黄楼、伯浩诸君,在沪上亦有诗钟之集,但人数太少耳。(《唐言》卷一,第24号)

于是,古典美学死灰复燃。伴随着"同光体"的诗人重新把持了诗坛,"诗界革命"的大旗无力地飘落下来,凌厉狂烈的古典诗歌的回光返照,遮蔽了晚清诗界改良那一度令人目眩的色彩;戏剧改良、美术改良、"废文言、兴白话"……这一切都成为美学历史的深远峡谷中的愤懑回响。

在盛极一时的封建美学的回流中,泛滥成灾而又最典型、最迷惑人的当推"鸳蝴派"。鸳蝴派是从清末狭邪小说脱胎而来,但 1900 年开始的晚清小说革命,全面地扫荡了封建没落的审美理想、审美趣味,"两性私生活描写的小说,在此时期不为社会所重,甚至出版商人也不肯印行"。① 然而,到了 1908 年,吴趼人的写情小说《恨海》出版了,这部写在作者"救世之情竭,而厌世之念生"时的作品,起了为鸳蝴小说推波助澜的作用,也显示着审美理想、审美趣味的演化。徐念慈敏捷地捕捉到这种变化的端倪,惊呼"而默观年来更有痛心者,则小说销数之类别也。他肆我不知,即小说林之书计之,记侦探者最佳,约十之七八;记艳情者次之,约十之五六;记社会态度、记滑稽事实者又次之,约十之三四;而专写军事、冒险、科学、立志诸书为最下,十仅得一二也"。② 此时的侦探、艳情小说,主要还是译作,但审美理想、审美趣味的嬗替,却是实实在在的。它造成了鸳蝴派小说的泛滥。同年 9 月,鼓吹小说界革命的《新小说》《绣像小说》《月月小说》《小说林》先后停刊。次年,《小说时报》(1909 年)、《小说月报》(1910 年)等鸳蝴派刊物相继问世,泛滥的潮头开始涌起了。然而,它的极盛则在辛亥革命后的 1914 年。当时,他们以《礼拜六》《小说丛报》为基础,同时又有《中华小说界》《眉语》《香艳杂志》等 16 种杂志为之摇旗呐喊,擂鼓助阵。之后的两年内,又有《消闲钟》《妇女杂志》创刊。将近十年的时间内,鸳蝴派如入无人之境,与文化复古、美学复古的思潮遥相呼应,牢牢占领了辛亥革命后的文坛。

从近代美学革命的逻辑进程来看,王国维在西方康德、叔本华美学的基础上,提出美是"意志于最高级之完全客观化"。人生深陷于个体与社会的冲突中不能自拔,"目之所观,耳之所闻,手之所能,心之所思,无往而不与吾人之利害相关"(《叔本华之哲学及教育学说》)。要从此间解脱出来,唯一的途径,就是"以美灭欲"。严复也提出:"诗之于人,若草木之花英,若鸟兽之鸣啸,发于自然,达于至深,而莫能自已。盖至无用矣,而又不可无如此。"

---

① 阿英:《晚清小说史》,作家出版社 1955 年版,第 5 页。
② 觉我:《余之小说观》,载《小说林》第 9—10 期(1908 年)。

《诗庐说》)然而,王、严的美学观在近代革命之初并不占主导地位。当时,领导近代美学革命的主潮而又风靡一时的是梁启超等人的美学观。他们将美的功能性突出加以强调,鼓吹"诗歌革命"、"小说革命"和"戏剧革命",把诗歌、戏剧尤其是小说,作为救国安邦的灵丹妙药。这些主张,是近代美学革命的重要内容,是近代美学的宣言,为近代美学的演进和"五四"文学革命奠定了基础,更严格区别于封建美学,构成了封建美学的反题。但是,它们又都有着思维进程方面的失足:片面发展、夸大了某一认识环节。在王国维、严复,是将个体从社会和现实中剥离出来,以纯思辨的方式把主体分裂为二重:一方面既有一个客观存在的主体,另一方面又有一个纯粹思维的主体,前者是"汲汲于生存"的主体,后者则是不"汲汲于生存"的主体;前者是生活着的主体,后者则是静观着的主体,而美和艺术正是这个"得之于天而不以境遇易"的静观着的主体的表现,并通过它去"发见人类全体之性质"。在梁启超等人,则是把美学同认识论混合起来,片面强调审美的认识功能、教育功能,虔诚相信审美教育有回天之力、盖世之功,是治国的妙药、救世的神符。这样一种认识,显然不可能达到预期的效果,伴随着深深的失望的,必然是向王国维、严复的美学极端的摇摆。于是,美学主潮复又涌向王国维、严复。然而,又不只是简单的重复,而是适应当时政治上复古、文化上复旧的趋势,抹去了王、严美学观中强调审美、艺术的独立性,借以批判封建美学"文以载道"的进步内涵,代之以"为艺术而艺术"的腐朽色彩。而鸳蝴派更进而以"游戏"于美取代了王国维的"以美灭欲"。这是近代美学史中的一次巧妙的偷梁换柱。由是,近代美学革命的成果便无声无息地丧失殆尽了。

这里,尤其值得一提的是,鸳蝴派的美学观,意味着中国近代美学史中最值得注意的一个现象的出现。这就是封建美学意识到自己业已缺乏号召力,于是便对西方美学加以主观的改铸和阐释,形成一种殖民美学。在美学思想上,鸳蝴派毫不隐晦。他们借助西方美学中的"游戏说",公开提出他们的审美理想、审美趣味在于茶余酒后的娱乐、消闲和消遣。《游戏杂志·序言·小言》声称:"不世之勋,一游戏之事也,万国来朝,一游戏之场也。""故作者以游戏之手段,作此杂志,读者亦宜以游戏之眼光,读此杂志。"(1913年

11月)王钝根在《〈礼拜六〉出版赘言》中提出:"买笑耗金钱,觅醉碍卫生,顾曲苦烦嚣,不若读小说之省俭而乐安也。"总之,他们是为趣味而趣味,为娱乐而娱乐。人生,在他们眼中,也不过是游戏、玩弄和笑谑的同义语。这样一种美学观,是与当时美学复古的回流相互吻合的。然而值得注意的是,它在实质上同于正统的古典美学,在形式上又是古典美学与西方美学的混血儿。这显然与他们主要活动在上海、天津这种地区有关。

"五四"时期美学回流的出现,则又有其特点。面对辛亥革命后出现的美学回流,近代美学革命的倡导者曾经及时地自觉总结。陈独秀指出:

> ……政治界虽经三次革命,而黑暗未尝稍减。其原因之小部分则为三次革命,皆虎头蛇尾,未能充分以鲜血洗净旧污;其大部分,则为盘踞吾人精神界根深蒂固之伦理、道德、文学、艺术诸端,莫不黑幕层张,垢污深积,并此虎头蛇尾之革命而未有焉。此单独政治革命所以于吾之社会,不生若何变化,不收若何效果也。推其总因,乃在吾人疾视革命,不知其为开发文明之利器故。

他的看法确属明快凌厉。并且,他深刻洞察到中西文化冲突、美学冲突与政治革命之间的密切关系。"数百年来,吾国扰攘不安之象,其由此两种文化相触接,相冲突者,盖十居八九。凡经一次冲突,国民即受一次觉悟。"对于三百年来"两种文化相触接、相冲突"的过程,他划分为:明中叶——清初——鸦片战争到甲午海战——戊戌变法——辛亥革命——共和成立以来三年——自今以往,大体为七期。从甲午海战开始,表现为"学术(科学技术)阶段",戊戌变法——辛亥革命是"政治觉悟阶段",但均未获得最后成功。原因何在?就在于伦理上仍旧"保守纲常阶级制"。陈独秀断言:"此而不能觉悟,则前之所谓觉悟者,非彻底之觉悟,盖犹在惝恍迷离之境。吾敢断言曰,伦理的觉悟,为吾人最后觉悟之最后觉悟。"[1]由此,近代美学革命也

---

[1] 《吾人最后之觉悟》,载《新青年》第1卷第6号。

由过去的对于古典美学的"和平共处",转向了全面的彻底批判:

> 我们要诚心巩固共和政体,非将这班反对共和的伦理文学思想,完全洗刷得干干净净不可。①

这样,西方美学、中国近代美学便与中国古典美学截然对立起来,犹如"南北之不相并,水火之不相容"。近代美学由是被推上了顶峰:"今兹之役,可谓为新旧思想之大激战"。

彻底批判古典美学的近代美学革命"大旗的竖立是完全的出于旧文人们的意料之外的。他们始而漠然若无睹,继而鄙夷若不屑与辩,终而却不能不愤怒而诅咒着了"。② 于是,封建文人破门而出,其中林纾的攻击新文化运动(美学革命自然也在内)的小说《荆生》《妖梦》以及《致蔡元培书》可以作为代表。他们指斥"提倡新道德,反对旧道德"是"违忤五常,叛亲蔑伦","提倡新文学,反对旧文学"是贬低了文学的价值。认为这样下去,"都下引车卖浆之徒所操之语,按之皆有文法,据此则凡京津之稗贩,均可用为教授矣。"辜鸿铭指责引进外国文学是"使人道德沦丧";黄侃则大骂白话诗文是"驴鸣狗吠",向西方学习是"曲学阿世"。不过,这股复古回流虽然来势凶猛,但却色厉内荏,空虚之极,极易为人们识破并唾弃,事实也证明确实如此。

与林纾等封建文人相比,另外一股美学回流或许就要复杂得多了。这就是旧人物穿上新衣服,旧货色换上新包装,以表面的"维新"来掩盖实际的复古。在这个意义上,不妨把它视作"鸳蝴派"美学思潮的继续。确实,这种情况比清末对"别求"于"异邦"的进步思想的镇压更为危险。它不但有利于旧文化、旧思想的保存,而且容易蒙骗幼稚的青年,造成一种新旧杂陈、良莠不分的混乱局面。《新青年》创刊号载文疾呼:"在昔前清之季,国中显分维新守旧二党,彼此排抵,各不相下,是谓新旧交哄之时代。近则……人之视

---

① 陈独秀:《旧思想与国体思想》,载《新青年》第3卷第3号。
② 郑振铎:《中国新文学大系·文学论争集导言》。

新,几若神圣不可侵犯。即在昌言复古之人,亦往往假托新义,引以为重。夷考其实,则又一举一动,罔不与新义相角触。因此之故,一切现象,似新非新,似旧非旧,是谓新旧混杂之时代。新旧交哄之时,姑无论其是否,然人各本其良心上之主张,不稍假借,国家一线之生机,犹系于此。独至新旧混杂,非但是非不明,且无辨别是非之机会。循此不变,势必至于举国之人,不复有精神上之作用,吾不知国果何所与立也。"(汪叔潜:《新旧问题》)上述担忧是有道理的。

在冲突中前进

当"五四"前夜的美学回流刚刚出现之时,近代美学革命的倡导者是那样的惊诧。他们没有料到自己辛辛苦苦积累起来的美学成果竟然如此脆弱,如此不堪一击,更没有料到封建文化、古典美学的势力竟然如此强大,如此气势汹汹。他们也曾经试图起而反击,结果却意外地发现自己没有能力去重新控制局面了。这不仅因为近代美学革命的倡导者中有不少被袁世凯政府或者收买过去,或者驱逐出国,而且因为一定的文化总是为一定的政治服务的,而辛亥革命并没有建立起真正意义上的资产阶级共和国。正像《新青年之新宣言》一文所指出的:"一九一一年十月十日的中国革命,不过是宗法式的统一国家及奴才制的满清宫廷败落瓦解之表征而已。至于一切教会式的儒士阶级的思想,经院派的诵咒书符的教育,几乎丝毫没有受伤。"因此,曾经大呼猛进,为资产阶级革命摇鼓助阵的近代美学偏偏成了无所依附的游魂,面对美学回流的猖獗,近代美学一筹莫展,只好乞灵于古典美学中最落后、最愚昧的部分。毫无疑问,这种批判非但未曾产生什么效果,反而立即就淹没在美学回流的喧嚣之中了。

对于"五四"前夜美学回流的批判,尤其是对鸳蝴派的美学观及恶劣影响的认真而又富有成效的批判,是《新青年》诞生之后才开始的,正如鲁迅所讲:

> 直待《新青年》盛行起来,这才受了打击。这时有伊孛生的剧本的

>　　绍介和胡适之先生的《终身大事》的别一形式的出现，虽然并不是故意的，然而鸳鸯胡蝶派为命根的那婚姻问题，却也因此而诺拉(Nora)似的跑掉了。(《上海文艺之一瞥》)

确实，西方文艺作品的大量引进，国内进步作家的大量创作，敲响了美学回流的丧钟。而最早的理论批判文字，应该说是李大钊1916年写的《〈晨钟〉之使命》，他拿青年德意志运动中青年文艺家在新审美理想的照耀下的美学成果，与被美学回流弄得乱七八糟的我国文坛相比较，指出：

>　　以视吾之文坛，堕落于男女兽欲之鬼窟，而罔克自拔，柔靡艳丽，驱青年于妇人醇酒之中者，盖有人禽之殊，天渊之别矣。

继李大钊而起的，是刘半农、钱玄同、胡适等人。刘半农在《诗与小说精神上之革新》中指出：鸳蝴派小说都在序言中亮出自己的美学观，什么小说为社会教育之利器，什么有转移世道人心之能力，实际上却都是在"用'迎合社会心理'的工夫，以遂其'孔方兄速来'之主义"的。因此，"街头巷尾，小书摊上所卖的'穷秀才落难中状元，大小姐后园赠衣物'的大丛书"，其实都没有超出腐朽的古典美学观的水平。胡适则更挖苦这些在古典美学观指导下写的小说，篇篇都是"某生、某处人，生有异禀，下笔千言，……一日于某地遇一女郎，……好事多磨，……遂为情死"；或是"某地某生，游某地，眷某妓。情好綦笃，遂订白头之约，……而大妇妒甚，不能相容，女抑郁以死，……生抚尸一恸几绝。"胡适义愤填膺地断言："此类文字，只可抹桌子，固不值一驳。"①不过，这些批判大多出于愤慨，因而指责怒斥远远多于理论分析。这或者是因为缺乏有力的理论武器，或者是因为真的认为"固不值一驳"。但无论如何，这都是一个令人遗憾的不足。

　　从这个角度看，更值得引起我们注意的，倒是邓中夏、萧楚女、恽代英、

---

① 《建设的文学革命论》，载1918年《新青年》第4卷第4号。

茅盾(沈雁冰)等人的批判。针对美学回流的"醉呀""美呀"之类"为艺术而艺术"的喧嚣,邓中夏着重强调文学的作用,在于"惊醒人们使他们有革命的自觉,和鼓吹人们使他们有革命的勇气",因而,文学不但不是"为艺术而艺术"的,而且反倒是"最有效的工具"。① 他进而指出:"他们什么学问都不研究,唯其如此,所以他们都是薄学寡识;唯其如此,所以他们的作品,即使引子写得多整齐,辞藻选得如何华美,句调选得如何铿锵,结果是,以之遗害社会则有余,造福社会则不足。"② 今天来看,邓中夏的看法虽然有偏重文学的"工具"作用之嫌,但从当时来看,是起到积极的批判作用的。沈雁冰也指出:"现在各种定期出版物上多至车载斗量的唯美的作家,实在不知道什么叫唯美主义,他们日日想沉醉在'象牙之塔'内,实在并未曾看见'象牙之塔'是怎么一个样子。他们可怜得很,只能使中国文人用旧的几句风花雪月的滥调,装点他们唯美主义的门面,他们中间稍强人意的,也只能拾几个舶来的已成为滥调的西洋典子如 Venus Cupid 等等。"③ 美学回流的内幕,就这样被揭露无遗。在这样的激烈而又义正辞严的美学批判面前,美学回流窘态百出,逐渐退避一隅,其内部也迅速分化,再也没能在美学领域中重占一席之地。

"五四"时期,复古回流的出现是历史的必然。因此,对于一味鼓吹"复古"的封建文人,近代美学革命的倡导者除了蔑视之外,并没有再次感到惊诧。对于林纾的《致蔡元培书》,蔡元培公开作答,指出,提倡白话文的北京大学教师并非无学之士,而是"博极群书""能作古文"。随之,人们对林纾群起而攻之,其中,以陈独秀的"答辩"最为有力:

> ……追本溯源,本志同人本来无罪,只因为拥护那德莫克拉西和赛因斯两位先生,才犯了这几条滔天的大罪。……要拥护德先生,又要拥

---

① 载 1923 年、1924 年《中国青年》第 7、10 期。
② 载 1923 年、1924 年《中国青年》第 7、10 期。
③ 《大转变时期何时来呢?》,载 1923 年《文学周报》第 103 期。

护赛先生,便不得不反对国粹和旧文学。大家平心细想,本志除了拥护德、赛两先生外,还有别项罪案没有呢?若是没有,请你们不用专门非难本志,要有气力有胆量来反对德、赛两先生,才算是好汉,才算是根本的办法。①

陈独秀不满足于字面上的攻击,希望能够"诱敌深入",在基本理论方面,在"科学""民主"这样的根本原则方面展开较量。可惜的是,封建文人无人敢出面应战。不久,五四运动正式爆发,这场美学冲突也就在革命风暴中宣告结束了。

对于"东方文化派",近代美学革命的倡导者指出:国粹论者有三派:第一派以为欧洲夷学,不及中国圣人之道;此派最昏聩不可理喻。第二派以为欧学诚美矣,吾中国古有之学术,首当尊习,不必舍己而从他。……第三派以为欧人之学,吾中国皆有之。第一派、第三派的思想特征基本一致,可以前清遗老遗少为代表。第二派以不偏不倚中庸的面目出现,在"调和中西文化"的口号下,行维护中国古代文化、古代美学之实,因此,危害就更大。近代美学革命的倡导者们针锋相对地指出:对于中西文化,只能严肃、谨慎地加以"抉择","利刃断铁,快刀理麻,决不做牵就依违之想"。针对"东方文化派"的西方文化发源于地中海沿岸,中国文化发源于黄河流域,一"动"一"静",各得其所,"二者不可得兼"的借口,李大钊指出:"二者固然一'静'一'动',但绝非各得其所。……一为自然支配人间的,一为人间征服自然的……东方之道德在个性灭却之维持,西方之道德在个性解放之运动……东方想望英雄,其结果为专制政治,有世袭之天子……西方依重国民,其结果为民主政治"。② 由此出发,要彻底抛弃中国传统文化,"期与彼西洋之动的世界观相接近"。不过,这种批判尚有地理环境决定论之嫌。相比之下,陈独秀的看法要更为精辟。他从中西社会性质的差异来说明中西文化的差

---

① 《本志罪案之答辩书》,载1919年《新青年》第6卷第1号。
② 《东西文明根本之异点》,载1918年《言治》季刊第3册。

异:封建文化,中西方无甚优劣之别。但以法国革命为转机,中西方"文化逐渐拉开了距离,西方进入近代社会,形成了近代文明",但中国文化"其质量举未能脱古代文明之窠臼,名为'近世',其实犹古之遗也"。不仅如此,他更从对中西文化的社会性质的分析,转向对中西文化的本体论的分析。他指出:西方文化的根本特点在于"科学与人权并重",而中国文化的根本特征则在于迷信与专制并重。这样一来,中西文化的优劣就彰明昭著了。中国文化移樽就教,接受西方文化,就是水到渠成之事了。"东方文化派"的另外一个反对中国文化接受西方文化的借口是文化没有普遍性。西方文化与中国的社会现实,"居于冲突之地位,绝不融合"(高劳:《现代文明之弱点》)。近代美学革命的倡导者高瞻远瞩,指出:当今世界已经明显一体化了,一个国家文化的"兴废存亡",不仅决定于自身,而且决定于外界因素,文化、美学,从根本精神上是无所谓国界的,"为吾人类公有之利器,无古今中外之别"。倘若在文化上固执"闭关锁国"政策,就不可能"图存于世界之中"(陈独秀语)。如此犀利的剖析,如此刨根寻底的批判,使近代美学革命的倡导者对"东方文化派"的反击锐不可当,势如破竹。

尤其值得一提的,是瞿秋白对于"东方文化派"的批判。当他尚在苏联学习之时,就瞩目于国内的"东西文化"之争。1923年1月,他从苏联回国后不久便陆续写了《东方文化与世界革命》《现代文明的问题与社会主义》《现代社会学》《社会哲学概论》《社会科学概论》等论著,最先从历史唯物主义角度阐明了近代美学革命应该采取的文化观,从而更深刻地猛烈抨击了"东方文化派"。在瞿秋白看来,"东方文化派"主张的"意欲决定文化""生活是没尽的意欲",文化的区别"是由于意欲之所向不同"等观点是完全错误的。"欲望、肉欲为社会现象的根本","是文明产生和进步的原动力","其实是唯心论"。[①] 他指出:广义的文化,"是人类之一切所作"。在这里,瞿秋白把文化视作"人类劳动的创造"和"生产力之状态",加上在此基础上形成的"经济关系",在此经济关系上形成的"社会政治组织",以及"依此经济及社会政治

---

① 《社会科学概论》,见上海夏令讲学会讲义,上海书店1924年版。

组织而定的社会心理,反映此社会心理的各种思想系统"等等的总和。而狭义的文化,则指的是"精神文化"。针对"东方文化派"的唯心主义文化观,他着重指出:"并不是'精神文化'(社会意识)产生那'社会的物质'(物质生产),而是社会物质的发展造成'精神文化'的发展",①"哲学、道德、风俗、艺术、科学……一切社会心理,都是经济发展之结果。"②在此基础上,他指出,东方文化并不像"东方文化派"讲的那样神圣、纯洁。它建立在"宗法社会之'自然经济'""畸形的封建制度之政治形式""殖民地式的国际地位"之上,是这三种因素的派生物。在历史上,东方文化曾经有其"维持生产秩序之用"。但在近代,随着作为基础的因素的解体,东方文化"已处于崩溃状态之中",成为阻碍新文化诞生的绊脚石。而"东方文化派"所要保护的恰恰"正是此等肮脏东西"。而西方文化呢?"它不承认君权、神权、父权、师权……天地君亲师一概扫除;学术已非'祖传'或'神授',而是理智的、逻辑的"。因此,在近代文化革命、美学革命之中,才需要引进西方文化、西方美学。"礼教之邦的中国,遇着西方物质文明便彻底的动摇,万里长城……失去威权,闭关自守也就不可能了。"不难看出,瞿秋白的理论剖析击中了"东方文化派"的要害,又具有一定理论深度,在当时实在是难能可贵的。应该说,它是近代美学革命的重要成果和宝贵财富。

"旧的并不废去"

然而,在近代美学革命的进程中,尤其令人感兴趣,尤其具有理论魅力的,似乎还不是美学洪流本身或动或静和时起时伏,而是近代美学革命倡导者自身的美学观的嬗变。它深刻地表现为鲁迅所指出的中国美学进程中的另外一种规律性的现象:"新的来了好久之后而旧的并不废去,即是羼杂。"

"旧的并不废去",实际正是一个美学—心理结构的改造问题。

倘若说中国古典美学是集中体现了中华民族美学反思的美学—文化模

---

① 《现代社会学》,见上海大学讲义,1924年。
② 《社会科学概论》,见上海夏令讲学会讲义,上海书店1924年版。

式,那么,作为它的对应物,美学—心理结构则是深深潜沉在人们内心中的深层结构。由于漫长的社会政治、经济、文化的浸染,美学思想逐渐在以感性形式出现的美学—心理素质中凝结沉淀下来,使得美学—心理素质自身由简单到复杂、由抽象到具体,最终通过世代相沿的获得性遗传和个体的学习过程而演化成为某种相对稳定的美学—心理结构,它是中国古代美学的最为内在的规定性,换言之,是中国古代美学的"遗传密码"。因之,一切美学革命最终都要深化为美学—心理结构的革命,一切美学革命的成果,最终都要借助美学—心理结构的革命的结果来加以巩固。

从这样一个角度来看中国近代美学革命,确实可以使我们的研究深入一步。"每一时代都有它的课题,解决了就把人类向前再推进一步。"(海涅语)中国近代美学革命以及它向美学—心理结构革命的深化同样如此。我们必须认真、细致地剖析这一逐渐深化的革命过程,必须在对前一时代美学—心理结构的特点加以全面考察的基础上,进而分析在激烈冲突着的心理领域中旧的心理因素如何在新的历史条件下变革、演化的情形,这种情形如何影响到邻近的心理领域,以及邻近的心理领域如何从不同的方向对正在发生变革、演化的心理领域起着微妙的影响和粗暴的制约。

中国近代的知识分子走上思想革命的道路,是在中日甲午战争之后。在此之前,鸦片战争的失败虽然给了中国知识分子极大的刺激,但却只局限于自然科学方面的变化。梁启超早年"日治帖括,虽心不慊之,然不知天地间于帖括外更有所谓学也,辄埋头钻研",可以说有代表意义。中日甲午战争的惨败,才使全中国为之震动。亲身经历此变的吴玉章先生曾追忆:"我还记得甲午战败的消息传到我家乡的时候,我和我的二哥曾经痛哭不止。"这正像梁启超总结的:"吾国四千余年大梦之唤醒,实自甲午战败割台湾偿二百兆以后始也。"(《戊戌政变记》卷一)于是,因为国家的生死存亡而开始改革,因为国家的落后而开始提倡新学。不过,由爱国而提倡改革,提倡新学,并不能代替中国知识分子的思想演变的实际进程,而只是把心中根深蒂固的封建思想掩埋起来。"窃思中夏被先圣先王之深,崇尚王道,一旦用夷变夏,人心本难自安。但以时事孔棘,亟在燃眉,参用西法,可图速效,转贫弱为富强,亦维持世变不得已之苦心也。而必黜之,亦未免拘于墟耳。"(张罗澄:《时务论》)这段话,不妨视作当时知识分子的内心剖白。它深刻地折射出中国知识分子的智慧状况,表明文化思想的变革,只是局限在文化思想问题上,而并未延伸到文化—心理结构问题本身。

近代的美学革命也是如此。第一代美学家都往往因"爱国"而从事美学革命,因而并没有自觉地注意到对古典美学的批判,更没有注意到美学—心理结构的改铸,以致美学队伍的动荡、改组,甚至规律性的倒退,成为一个极为突出的特色。我们不妨看看他们的思想历程。中日甲午战争之后,王国维、梁启超、严复等第一代美学家清晰地看到:"自三代至近世道出于一,……海通而后乃出于二",在这场"道术为天下裂"的两种文化的冲突中,他们自觉站在西方文化一边,大力提倡西方美学。然而,他们对西方美学的认识局限于当时的时代,也服务于当时的时代。因之,他们对西方美学往往采取了一种实用的观点,虽然也不时拿西方美学同中国古典美学相比较,并指出后者的不足,但并没有意识到两者之间的根本对立和整体差异,在内心深处,还保留着古典美学至高无上的地位。

如严复,一方面用"为艺术而艺术"的美学观与封建美学的"文以载道"相抗衡,另一方面却又认为:"窃尝究观哲理,以为耐久尤弊,尚是孔子之书。"(《与熊纯如书札》,第52函)又如梁启超等人,尽管大力提倡"诗歌革命"、"小说革命"和"戏剧革命",但原因却在于"戊戌政变的前后,这些能够读懂小说的'下等人'已经不大安分了,他们已经逐渐成为社会上的重要人物,他们已经是一种力量。——开明专制主义的贵族维新党,也企图经过小说来组织这些'下等人'的情绪,宣传维新主义"(瞿秋白:《论文学革命及语言文学问题》)。因此,他们的美学革命只是针对美学要为改良政治服务,至于内心深处的封建美学观念,则大多未曾触及。

第一代美学家思想深处的这一根本矛盾表现为一个颇具趣味的规律,这就是,他们大多是中日甲午战争之后弃旧图新,走上美学革命的道路的,又大多是在辛亥革命失败后弃新图旧,重返古典美学的,这是一个值得深味的现象。在赶跑皇帝、完成排满大业之后,这些近代美学革命的倡导者不仅不再力图同封建美学划清界线,反而迅速地相互混淆,开始反对提倡西方美学了。在研究介绍西方美学方面颇有成绩的王国维,此时公开声称自己"不懂"西方美学(参见狩野直喜《忆王静安君》),相反却认为"长治久安之道,莫备于周、孔"。严复也顿起"反古之思","究观哲理,以为耐久无弊,尚是孔子之书"。这就实际上偏袒了已成颓败之势的封建美学,使它们东山再起。包天笑1905年翻译《身毒叛乱记》时,疾呼"瓜分惨祸,迫在眉睫,大好亚洲,将成奴界",是小说界革命的鼓吹者,后来却成为鸳蝴派健将。吴趼人自诩"改良社会之心,无一息敢自已焉",并创作了《二十年目睹之怪现状》《痛史》等书,后来却转而写了开鸳蝴派先河的《恨海》,更"尝应商人之托,以三百金为撰《还我灵魂记》颂其药,一时颇被訾议"(鲁迅:《中国小说史略》)。

此时的梁启超,虽然不能称之为古典美学的鼓吹者,但起码已经不是古典美学的敌人。梁启超曾经这样追忆自己的思想变化:

> 在第二期(按指甲午战争——辛亥革命),康有为、梁启超、章炳麟、严复等辈,都是新思想界勇士,立在阵头最前的一排。到第三期时(按指"五四"及以后),许多新青年跑上前线,这些人一躺一躺被挤落后,甚至已经全然退伍了。这种新陈代谢现象,可以证明这五十年间思想界的血液流转得很快……①

这种剖析倒是十分真实的。1889年,梁启超赴京考试,"下第归,道上海,从坊间购得《瀛环志略》读之,始知有五大洲各国,且见上海制造局译出西书若干种,以无力不能购也。"②从此开始,他一直坚定地力主向西方学习:"古人所患者,离乎夷狄,而未合乎中国;今之所患者,离乎中国,而未合乎夷狄。"③

---

① 《饮冰室文集》第14册,第39页。
② 《饮冰室文集》第4册,第15页。
③ 《变法通议》,见1898年12月23日《清议报》第1册。

在美学方面,他举起大旗,冲破古典美学的束缚,率先发难,提倡近代美学革命。然而,他所提倡的近代美学革命,并没有触及自身的"遗传密码"——文化—心理结构,因此,辛亥革命之后,他的脚步停了下来。而大战后在欧洲的游历,更使他的美学理想为之一变:

> 数月以来,晤种种性质差别之人,闻种种派别错综之论,睹种种利害冲突之事,炫以范象通神之图像雕刻,摩以回肠荡气之诗歌音乐,环以恢诡葱郁之社会状况,饫以雄伟矫变之天然风景。……其感受刺激,宜何如者![1]

然而,异国的"感受刺激",却促使梁启超走向倒退。大战后破败不堪的欧洲文明,令一贯崇拜西方文明的梁启超大为震惊:"当时讴歌科学万能的人,满期望科学成功,黄金世界便指日出现。如今功总算成了,一百年物质的进步,比从前三千年所得还加几倍。我们人类不惟没有得着幸福,倒反带来许多灾难。如像沙漠中失路的旅人,远远望见个大黑影,拼命往前赶,以为可以靠他向导,那知赶上几程,影子却不见了,因此无限凄惶失望。"[2]而西方人所说的"西方文明已经破产了",要等着把"中国文明输进来救拔"他们,更使梁启超沉浸在"这种大业,只怕要靠我们才得完成"的心境之中。于是,他反过来折入古典美学,到处鼓吹"儒家之人生哲学,为陶养人格至善之鹄,全世界无论何国无论何派之学说,未见其比,在今日有发挥光大之必要"(《为创办文化学院事求助于国中同志》),成为古典美学的维护者。显而易见,梁启超的美学道路在第一代美学家中是极具典范意义的。

继之而起的李大钊、鲁迅、陈独秀、胡适、蔡元培、周作人、刘半农、郭沫若、茅盾、瞿秋白等第二代、第三代美学家,痛切意识到对古典美学如果不从整体上去否定和批倒,对西方美学如果不从整体上去肯定和高扬,不但

---

[1] 《梁启超年谱》第9册,第898页。
[2] 《欧游心影录节录》,中华书局1936年版。

美学回流还会出现,而且他们本身也还会像王国维、梁启超那样,以提倡美学革命始,以维护古典美学终。因此,他们把古典美学作为一个整体,作为西方美学的对立,全部抛进历史的垃圾箱。这一点,可以陈独秀的话作为例证:

> 欲建设西洋式之新国家,组织西洋式之新社会,以求适今世之生存,则根本问题不可不首先输入西洋式社会国家之基础,所谓平等人权之新信仰,对于与此新社会新国家新信仰不可相容之孔教,不可不有彻底之觉悟,猛勇之决心,否则不塞不流,不止不行。①

> 倘以旧有之孔教为是,则不得不以新输入之欧化为非……新旧之间绝无调合两存之余地。吾人只得任取其一。(《答佩剑青年》)

这就是说,在陈独秀看来,古代美学是一个整体。它不但已经腐朽了,而且也不可能通过内部调节以与西方文化、西方美学相融。他在给俞颂华的信中指出:古代文化、古代美学是无法改良的,唯一的抉择就是革命,就是否定。

从整体上去否定古典美学,这确实是近代美学革命唯一的路径。道理很简单,倘若说中国美学的进程是一个正—反—合的否定之否定的进程,那么古典美学就是"正",近代美学则是"反",两者的美学关系是否定与被否定的关系,而不是综合与被综合的关系。进而言之,否定得越彻底、越全面、越深刻,才越具备了达到"合"亦即现代美学的可能。中国近代美学革命不仅仅是在与"旧的又回复过来"的美学回流的激烈对峙中,而且更是在与自身美学—心理结构中"旧的并不废去"的"羼杂"的深刻冲突中艰难地开拓前进,"别求新声于异邦"的。它使中国近代美学革命的进程尤其复杂、多变,充溢着一种意味深长的悲剧色彩。

---

① 《宪法与孔教》,载《新青年》第2卷第3号。

在动荡中抉择

那是一个在美学史上少有的宽宏而富有生气的时代。面对世界而不再是面对中国,使得长期闭关锁国,服膺于古典文化、古典美学的中国人,一下子被抛到了古今中外大聚汇大变革大冲突的焦点上。五光十色、庞杂错乱的种种西方美学思想,潮水般地涌入中国,极为错综复杂地折射在人们思想的三棱镜中。几乎所有的作家、理论家和社团,都竞相以某一西方美学家或美学思潮作为自己的旗帜,几乎所有的大型期刊,以及报纸副刊都竞相以介绍西方美学为己任。一场轰轰烈烈的近代美学革命的活剧,就是以这样强劲的气势和浓烈的色彩出现在人们面前。

中国近代美学革命大体是从"始知有所谓西学"的中日甲午战争(1895年)发端,直到自觉地接受马克思主义美学的1927年前后才逐渐结束,并最终转向中国现代美学。在这三十年左右的时间内,年轻而软弱的中国资产阶级奋起直追,"别求新声于异邦",希冀形成自己的美学观,完成历史赋予自己的美学革命的重任。的确,这是一场曲折而又艰难的美学革命,它的曲折和艰难就在于必须在通过寻求异邦的新声中来寻求自身的美学革命的道路。就是在这样的历史过程中,蕴含着中国近代美学革命的根本特点和全部秘密。

中国近代的进步美学家对西方美学的探索与追求有其鲜明的特色,亦即远非一种纯理论的学术探讨。例如尼采,作为一个"文艺性的哲学家"(罗素语),曾经在中国美学界风靡一时。王国维、鲁迅、郭沫若等都深受其影响。然而他们对尼采美学的信奉却并非是建立在系统的理论研究基础之上,而往往只是各取所需甚至是断章取义地为我所用。这就是因为他们绝非沉湎于抽象的美学思辨而背离现实的人,因此他们并不关心尼采与叔本华的区别,更不关心尼采美学的来龙去脉乃至细枝末节。在他们看来,尼采美学中有益于近代美学革命的部分不妨撷取而加以运用,无益于近代美学革命的部分则不妨束之高阁,任其自生自灭。实际上,这样一种态度和做法,正是中国近代美学革命"别求新声于异邦"过程中的态度和做法的缩影。

确实,在林林总总、泥沙俱下的西方美学中,中国近代的进步美学家是借助独特的坐标系去追求"异邦"的"新声"的。借用比较诗学的术语,可以称之为选择性共鸣。对于外来文化,往往要加以削足适履地删削、剪裁甚至曲解。与其说这是一种粗暴,毋宁说这是一种独特的接受方式。中国美学的"别求新声于异邦"也是如此。中国近代的美学家,作为"阐释群体",只能以自身的客观需要和文化圈作为"别求新声"的坐标系,并在接受过程中将其中国化。在他们看来,这种颇具深意的"民族误差","是决计免不掉的"(曾自虚语)。由于此,诸如西方往往沾沾自喜地把中国近代美学称为西方美学在中国的"再现",诸如国内有些人把中国近代美学视作西方美学的"移植",就未必有多少道理了。

这方面,最具说服力的是创造社的美学主张。他们在主要接受了西方浪漫主义美学影响的同时,也受到了西方"唯美主义""艺术至上主义"等世纪末美学思潮的影响。然而这只是局限在对美学规律和审美特征的探索上(如同成仿吾所说:是渴望有美的文学来培养人们美的感情),而在美与生活、美的社会功用方面,他们与"唯美主义""艺术至上"是界线分明的。这就因为创造社的成员都是爱国主义者,怀有报国济民的抱负;又都是革命民主主义者,坚决反帝反封建;加之身居异国,备受歧视,这就使他们深刻地趋向浪漫主义。创造社的成员没有辜负时代的呼唤,拿同受世纪末美学思潮影响产生的郁达夫的《沉沦》与日本佐藤春夫的《田园的忧郁》相比,正像日本学者小田岳夫在《郁达夫传》中指出的:后者"根植于人生的无聊","与'国家'等概念简直是无缘的",前者"却是根植于'祖国的孱弱',一切基于对'国家复兴'的企求,所以两者存在本质的区别"。这确实比我国的某些学者更具只眼!进而言之,即便是西方浪漫主义美学,他们仍然是有选择地接受,而非一味照搬。资产阶级革命的胜利使得西方浪漫主义表现出"对于理想的真实的追求"(乔治·桑语)的鲜明的美学性格。而"创造社"的浪漫主义美学思想却表现出自己的美学性格:"我们只有喊叫,只有哀悲,只有呻吟,只有冷嘲热骂。所以我们新文学运动的初期,不产生与西洋各国十九世纪

(相同)的浪漫主义,而是二十世纪的中国所特有的抒情主义。"①

1978年8月的《亚洲研究》杂志上刊出的一篇文章指出,中国近代美学革命时期的美学家们虽然确实企图"用外国文学理论去改造中国文学",但"他们对于世界思潮的热忱深深受到中国特殊条件的影响"。② 这倒是一种公允之见。中国近代美学革命的"别求新声"同"中国何处去"这一关于国家、民族的独立、自由、富强的重大问题密切相关,这样一个近代美学革命的根本特点,使得中国近代美学革命追随着时代的步伐,时刻关注着时代提出的重大课题。当然,它也有其不可忽视的缺点,这就是一些认识环节被一掠而过,未能得到充分的展开和发挥,理论观点杂乱、肤浅,未能产生成熟、完整、系统、深刻的思想体系。然而,这个缺点在近代并不成其为缺点,只是进入现代美学后才日益深刻地暴露出来,迫使现代美学一次次加以补课。

另外一个问题却值得注意:对于错综复杂的西方美学思想的选择、删除、组合之后的兼收并蓄,使近代美学家的美学思想尤其复杂。仅是单向的影响研究(例如某一中国美学家与某一西方美学家之间的关系,某一中国美学家与某一西方美学思潮之间的关系),往往不易把握到问题的实质。只有去"立体"地加以把握,才不致以偏概全。这就是比较诗学所谓"圆形研究"。在近代美学革命中,这种情况是极为普遍的。在某种意义上,越是能够"立体"地接受西方美学的近代美学家,其美学思想就往往越深刻,越博大。

然而,在"别求新声于异邦"的过程中使情况变得异常复杂的地方却在于:19世纪末20世纪初,西方美学已经结束了光辉灿烂的上升时期而步入日趋衰落的时期。因之,西方美学是一个复杂的概念,它既含蕴着上升时期的精华,又混杂着衰落时期的糟粕。这就需要认真地鉴别、选择和批判。只有这样,才真正有益于美学革命的完成。遗憾的是,在近代美学中我们经常可以看到硬性移植或单纯模仿的情况。它使近代美学革命中进步与保守,中国美学与西方美学、古典美学与近代美学的冲突,以及开阔宽容的胸怀和

---

① 郑伯奇:《〈塞灰集〉批评》,载《洪水》第3卷第33期。
② 转引自乐黛云:《茅盾早期思想研究》,载《中国现代文学研究丛刊》1982年第1期。

顶礼膜拜的自卑，严肃负责的自尊和实用主义的褊狭，深深潜沉在向西方"别求新声"的特殊形式之中。陈独秀曾经力主全盘照搬西欧的美学和文学，胡适更良莠不分地主张"全盘西化"，周作人则认为日本近代美学、文学飞速发展的原因在于他们善于"模仿"，故中国不妨"模仿"这种"模仿"。但是，"别求新声"的目的在于创造新美学。"我国自改革以来，举国所事，莫非摹拟西人。然常此模拟，何以自立？"茅盾的看法道出了当时进步美学家的心声。

又如，我们曾提到创造社与世纪末美学思潮的关系，认为他们并未误入其中。但是，在20年代初，也确实"崛起了为文学而文学的一群"（鲁迅语），这就是上海的弥洒社和浅草社。他们"分明的看见了周围的无涯际的黑暗。摄取来的异域的营养又是'世纪末'的果汁"①，或者成天死呀美呀发泄莫名的悲哀伤感，以新"名士派"自居；或者声称"寄托我所爱的只有艺术"，借艺术寄托其在"象牙舟上翘首"的唯美的幻想，结果，世纪末美学思潮以其"最新"和"最不满现状"的招牌把他们推入了象牙之塔，在美学史上写下了沉痛而意味深长的一页。

不过，中国近代美学革命的倡导者，大多能够在动荡中选择，能够尽量避免从西方拔了"奇花瑶草，来移植在华国的艺苑"。西方的美学思想是否适合中国的近代美学实践，是否与"中国何处去"这样一个根本问题深刻地保持一致，就无疑成为一块百试不爽的试金石。茅盾曾肯定左拉的自然主义创作方法："自然主义者最大的目标是'真'；在他们看来，不真的就不会美不算善。"②但又在一定程度上意识到了它的危险性：左拉"主张文学家和科学家一样的坐在实验室中，检查分析物质的性质，将所得的结果，照原形写出，便成文学"，是片面的。"因为人生不仅是物质的，也是精神的，而且科学的实验的方法，未见得能直接用于人生。"③对拜伦，茅盾指出："中国现在正

---

① 鲁迅：《〈中国新文学大系〉小说二集序》。
② 《自然主义与中国现代小说》，载1922年《小说月报》第13卷第7期。
③ 《"曹拉主义"的危险性》，载1922年《文学旬刊》第50期。

需要拜伦那样富有反抗精神的,震雷暴风般的文学,以挽救垂死的人心,但是同时又最忌那狂纵的,自私的,偏于内欲的拜伦式的生活。"① 同样,鲁迅对表现主义、未来主义、罗曼主义、自然主义等也采取了类似的分析态度。

尤具说服力的,似乎当数尼采学说在中国近代美学革命中的命运。尼采在美学界、文学界的影响要远较在哲学界为大。萧伯纳、托马斯·曼、纪德、茨威格、高尔基、卢那察尔斯基都曾为他所深深吸引。中国的近代美学家也不例外。除鲁迅、郭沫若、茅盾外,王国维赞扬尼采"以极强烈之意志而辅以极伟大之知力","其高掌远蹠于精神界,固秦皇汉武之所北面,而成吉思汗、拿破仑之所望而却走者也"。② 陈独秀也同意尼采的主张,"尊重个人的意志,发挥个人天才,成功一个大艺术家、大事业家,叫做寻常人以上的超人,才算是人生目的,甚么仁义道德都是骗人的说话"。③ 傅斯年称尼采为一个"极端破坏偶像家"。郁达夫也夸誉尼采"洁身自好""孤独倔强"。乍看起来,这确乎令人迷惑不解:难道中国近代美学家统统失足于此了吗?未必如此。尼采曾自诩,他的著作,犹如一个不竭的幽泉,只要放下吊桶,总能汲出黄金和珍宝。实际上,他的著作,内容过于庞杂,这就给了中国近代美学家以利用他的可能。茅盾在初次接触到尼采学说的时候便指出:"读尼采的著作应该处处留心,时时用批评的眼光去看他",因为其中"有很多自相矛盾的地方","驳杂不醇"的地方。但又认为"应当借重来作摧毁历史传说的畸形的桎梏的旧道德的利器"。④ 而这也正是鲁迅、郭沫若等人所瞩目之处。鲁迅曾将尼采作为"大呼猛进,将碍脚的旧轨道不论整条或碎片,一扫而空"的"轨道破坏者","近来偶像破坏的大人物"。之所以如此,就是因为尼采"重新估价一切"的口号,有助于彻底批判传统文化、传统美学,把它们从神圣不可侵犯的殿堂中清除出去。茅盾则从"人总是要跨过前人"这一特定方面接受了尼采的"超人"说。因为这无疑会鼓舞人们的士气,与强大而又凶残的

---

① 《拜伦百年纪念》,载《小说月报》第 15 卷第 4 期。
② 《叔本华与尼采》,见《海宁王静安先生遗书》。
③ 《人生真义》,载 1918 年《新青年》第 4 卷第 2 号。
④ 《尼采的学说》,载 1920 年《学生杂志》第 7 卷第 1—4 期。

传统文化、传统美学作殊死的斗争。而尼采推崇主观创造的观点,更为郭沫若所接受,"尼采根本就是一位浪漫派",而尼采《悲剧的诞生》中提倡高度吹诩自我、表现自我、鼓吹反理性主义的酒神精神的思想,自然也被郭沫若揉进了自己的美学思想之中……如此等等。十分清楚,中国美学家对尼采,是从"中国何处去"这一特定角度去"借重"的,大致只从尼采的著作中,提取了很少一部分。这固然限制了对尼采的全面的理解和深入的批判,但另一方面,也就避免了堕入尼采的"幽泉"之中不能自拔的危险。

历史的筛选

就是这样,中国近代美学革命在向"异邦""别求新声"的过程中艰难地开掘、前进着。建树自己民族的近代美学的理想始终鼓舞着他们。他们万万没有想到,随着历史的斗转星移,竟然有那么一天,他们同西方美学整个地对立起来。他们终于恍然大悟:原来,近代美学革命的任务是二位一体的,亦即在扬弃中国古典美学的同时,还要扬弃西方美学。

这道理似乎并不难弄清楚。一定的"阐释群体"在独特的文化圈和心理模式的支配下,不但会对"异邦"的"新声"加以削足适履地删削、剪裁甚至曲解,还可能形成"心理防御机制",加以郑重地挑选,以决定取舍。正像卢卡契所说:"任何一个真正深刻重大的影响是不可能由任何一个外国文学作品所造成,除非在有关国家同时存在着一个极为类似的文学倾向——至少是一种潜在的倾向。这种潜在的倾向促成外国文学影响的成熟。因为真正的影响永远是一种潜力的解放。"[①]所谓"文学倾向"或者"潜在的倾向",实际是指某一"阐释群体"的需求指向。由此我们看到,中国近代美学对西方美学的寻求,是严格服从于自身的需求指向的。

在近代美学革命的进程中,最初向西方寻求到的"新声",并非马克思主义美学,而是康德美学和在他影响下出现的尼采、叔本华、杜威、詹姆斯、柏格森等现代浪漫主义美学思潮的代表。这是为美学革命迫切要求挣脱古典

---

① 《卢卡契文学论文集》(2),中国社会科学出版社1981年版,第452页。

美学的束缚,使美学服务于民族解放这个中心所决定的。研究中国近代思想史的人,普遍注意到启蒙思想家乃至激进民主主义者,其哲学思想往往具有夸大主体的倾向。谭嗣同一切唯心所造的思想,严复由唯物主义的经验论走向不可知论和主观唯心主义,早期鲁迅和孙中山思想中夸大主观作用的特征,以及在唐代原已没落的唯识宗在近代的回光返照,都表现出由经验论走向主观唯心论和主观地运用辩证法,是近代思想史中最具典范意义的哲学迷津。这样一种性格无疑深刻影响了中国近代美学,使它同样具备了在主观唯心主义基础上高扬审美主体这样一个根本特征。中国美学革命正是由这一点最先走向康德乃至浪漫主义美学,并以之作为"异邦"之"新声"。捷克学者马利安·加里克在《现代中国文学批评的起源》一书中,引用了郭沫若"文艺也如春日的花草,乃艺术家内心之智慧的表现"一语后评述说:"这段话以自己的方式表述了从康德到现代全部欧洲文学批评的观念,审美判断发现客体的目的在于主体自身,美不是别的,而是'没有目的的合目的性'。"这评语正道破了中国近代美学家对西方美学的最初理解。然而,这种浪漫主义的美学观,毕竟是建立在唯心主义基础上的,不可能科学地认识美、审美的本质和发展规律。只是在当时的条件下,这种局限性被暂时遮蔽住了。辛亥革命后,随着社会矛盾的日益深化,这种局限性便日益明显地暴露出来,并迫使在"别求新声于异邦"中诞生的近代美学革命深刻地走向新的美学探索。

从辛亥革命失败到"五四"以前,严峻的社会背景击碎了进步美学家浪漫主义美学幻想,推动他们正视现实,寻找新的美学道路。进步美学家"别求新声于异邦",最终倾心康德美学和浪漫主义美学的基本出发点是"中国何处去",他们关注着怎样使中华民族"雄厉无前,屹然独立于天下",因之才采取了"尊个性而张精神"的"立人"的方法。然而随着时代的发展,他们逐渐意识到,在人民未能痛切感到精神枷锁的沉重并产生砸碎它的自觉要求之前,他们狂热的呼喊是"背时"的,因而愈发感到"寂寞"和"悲哀"(鲁迅语)。对此,鲁迅作出了精湛的分析:"最初的革命是排满,容易作到的,其次的改革是要国民改革自己的坏根性,于是就不肯了","所以,此后最要紧的是改革国民性,否则……全不行的。"(《两地书》)注重国民性的改革,在鲁迅是一以贯之的,但此时他改造国民性的方案已经不同:通过对被压迫人民弱点的揭示及其形成的社会、历史、思想根源的分析,唤起他们的觉醒,因而从对浪漫美学的反省和否定,走向现实主义。不过,这种看法并非只属鲁迅。陈独秀1915年也曾疾呼:"吾国文艺……今后当趋向现实主义。"周作人也在《文学研究会宣言》中指出:"将文艺当作高兴时的游戏或失意时的消遣的时候,现在已经过去了。"文学应该"抒写本心,毫不粉饰","揭发隐忧,亦无讳意"。这样一种美学思潮的深化,也就使进步美学家跨越"异邦"的康德及浪漫美学而"别求新声"。

近代进步美学家的这一"跨越",更有其美学思想演进的内在的规定性。康德,作为西方现代美学的鼻祖,其美学思想存在着深刻的矛盾。这种矛盾在"'纯粹美'与'依存美'、美与崇高、审美与艺术、趣味与天才实即形式与表现的对峙中更深刻地呈露出来。一方面,美之为美如康德所分析在于它的'非功利'、'无概念'、'无目的的合目的性',这也就是所谓'纯粹美'、审美、趣味的本质特征。但另一方面,真正具有更高的审美意义和审美价值的,却是具有一定目的、理念、内容的'依存美'、艺术和天才,是后者才使自然(感性)到伦理(理性)的过渡成为可能。康德的美学就终结在统一这个形式主义与表现主义的尖锐矛盾而未能真正作到的企图中"。① 康德美学尖锐矛盾着的两个方面,都对现代美学产生了极大的影响。而浪漫主义、反理性主义、叔本华、尼采等正是康德表现主义一面的继承者。康德及其继承者的美学贡献和不足,康德与他的继承者之间的相同和差别,这种种问题可以不去涉及。但他们都鲜明地体现出一种远离西方文化传统的基本特色,却是有目共睹的事实。西方文化一贯推崇的是实证、理性和科学,力图从个体与社会、人与自然相互对峙的立场,用概念、命题、逻辑推理去人为地割裂、说明世界。而康德及其继承者恰恰瞩目于对此的超越,这就出乎预料地与远东文化相接近了。中国近代美学的情况却恰恰相反:它是反传统的,在未能认

---

① 李泽厚:《批判哲学的批判》,人民出版社1979年版,第392—393页。

清西方康德及其继承者的美学实旨之前,它曾与之在反传统这一点上内在相互沟通(当然,近代美学家美学—心理结构中古典文化、古典美学的潜在影响,也是一个重要原因),并引以为师。但中国近代美学家不久便发现,他们与"师长"实在是背道而驰的。他们要学习的西方传统,正是后者力图抛弃的;他们要抛弃的古典传统,却正是后者拼命追求的。他们发现,实证精神、理性主义和科学方法,这为自己所孜孜追求的美学理想,并不存在于康德继承者的身上。

然而,迷津安渡?周作人回忆说:他和鲁迅因为欧洲美学过分强调超现实的审美和艺术,"过分强调人性,与人民和国家反而脱了节",因而转向"具有革命与爱国精神"的俄国和东欧被压迫民族的美学。鲁迅本人也指出他对外国的"别求新声",由"伦敦小姐之缠绵和菲洲野蛮之古怪"转向"被压迫者的善良的灵魂,的酸辛,的挣扎"(鲁迅:《祝中俄文字之交》);并曾在后来《看书琐记》《我怎么做起小说来》等文中回忆自己"当时最爱看的作者,是俄国的果戈理和波兰的显克微支"以及"东欧及北欧作品"。那么,近代美学为什么向俄国和东欧、北欧美学"别求新声"呢?从西方美学史看,无论俄国的、东欧北欧的、西欧的美学思想,都以资本主义社会中激烈的阶级斗争为社会基础,以资产阶级人道主义为思想基础。然而它们又有不同的美学性格。俄国和东欧北欧美学最引人注目之处在于美学观与民族民主解放运动联系得极为紧密。就俄国美学讲,它的锋芒主要是揭露和批判封建农奴制及其残余。其中不仅有"叫唤、呻吟、困穷、酸辛",而且也有"挣扎和反抗"。它的主题始终是人民革命。东欧北欧美学也很类似。因而他们具有革命的思想内容和鲜明的战斗倾向,不是停留在对社会现实的消极的反响上,而是以变革现实的积极的战斗精神激励读者,"振其邦人"。这样的美学风貌,使处于类似民族民主革命的历史条件下的中国近代美学,与之日益亲近。而这种亲近,就使中国美学家恍然大悟:原来"世界上有两种人:压迫者和被压迫者"(鲁迅:《祝中俄文字之交》),从而"更加分明地"意识到中国劳苦大众的不幸,使民主思想进一步深化,这就构成了从对美学与民族的关系转向对美学与被压迫的人民大众的关系的探索的历史必然。而且,不仅止于此,俄国美学和东欧北欧美学所蕴含着的与西方文化传统相一致的人文主义、启蒙主义、浪漫主义和现实主义,更内在地推动正在脱胎换骨的激烈反传统的中国近代美学革命日益趋向于它们。正是在此基础上,近代美学革命才不但能够清醒地意识到,自己过去不是就"人生解释人生",偏偏"总是拿非人生破坏人生";①"满口艺术,满口自然美,满口唯美主义,其实连何谓美,何谓艺术,都不甚明了呢"!② 遑论能够冷静地面对现实,严峻地解剖人生。由此陈独秀才有可能提出"吾国文艺……今后当趋向写实主义……庶足挽今日浮华颓败之恶风",周作人才有可能提出"以真为主,美即在其中"。而鲁迅的小说之所以"一篇有一个新形式"(茅盾语),刘半农对于"她"字和"牠"字的创造之所以是"五四"时期打的一次"大仗"(鲁迅语),胡适之所以竭力鼓吹实证精神,抨击古代语言的不严密不科学,并提倡白话文和欧化语法,舍弃中国近代美学革命的根本目的的逐渐深化,也很难找到更为适宜,更为深刻的解释了。

五四文学革命之后,美学进入了一个在苦闷中反思、求索的时期。美、审美和艺术同社会的关系是什么?美、审美和艺术的根本特性和发展规律又是什么?人们在思考。而"五卅"运动、"三·一八"惨案等一系列血的教训,使进步美学家渐渐发现:自己总是希冀通过美"涵养人之神思",使"国民精神进于美大",然而,压迫者与被压迫者的矛盾依旧存在,因而"渐渐的怀疑起来"(鲁迅语)。"批判的武器"不能使被压迫人民获得解放,于是他们把目光转向"武器的批判"。鲁迅率先喊出了:要改变"中国现在的社会情状,止有实地的革命战争"(鲁迅:《革命时代的文学》)。这个拿血换来的结论是至为重要的。它不仅意味着进步美学家自我轰毁了美学思想中的唯心主义因素,更意味着他们已经把美学革命的完成同无产阶级领导的人民革命紧密联系了起来,正是在这样的思想背景下,一度被中国近代美学家奉若神明的西方资产阶级美学,被最终筛选掉了。中国近代美学家希冀借西方资产阶级美学以建树自己的近代美学大厦的美好幻想也最终化为泡影。他们又

---

① 傅斯年:《人生问题发端》,载1919年1月《新潮》第1卷第1号。
② 茅盾:《什么是艺术》,见松江暑期讲演会《学术演讲录》。

开始了新的美学探索。

从世界美学背景的角度,是否有其更为内在的逻辑上的原因呢?当然也是有的。其中尤为值得注意的原因,是西方资产阶级美学的历史性跌落。确实,犹如中国曾经为世界贡献了举世无双的古典美学,西方曾经为世界贡献了近代美学。它那博大的思辨、深刻的意蕴和完备的理论形态,它那以科学和理性为核心的美学风貌不能不令人叹绝。然而,随着西方资产阶级社会的继续发展,事情又在酝酿着根本的变化。最值得注意的事件有两个:首先,是现代物理学的崭新看法刷新了西方的全部文化观念,从文艺复兴时期起便被称叹和推崇的对于"不可思议的杰作"的人的迷信破碎了,已经牢固树立起来的科学、理性、"人是中心"以及日臻完备的无数命题、范畴、清晰、定量的分析方法、滴水不漏的推理形式,统统付诸东流了。其次,第一次世界大战的惨无人道的疯狂屠杀,撕去了资产阶级"人道""博爱"的伪装,人们陷入痛苦和失望。于是,西方资产阶级苦心经营了几百年的近代文化、近代美学宣告破产,起而代之的,是西方现代派的美学思想,是表现主义、未来主义、象征主义、意象派和超现实主义等等。它们美学思想的根本特色是"反传统"。"上帝死了!"尼采的这句话可以视为他们共同的宣言。

西方资产阶级美学是有其历史贡献的。西方古代美学对于美、审美和艺术的把握,往往是从认识论入手的,这种做法不能说毫无道理,但却毕竟有较大的局限。只讲美、审美和艺术同人的认识过程的联系,就远未触及人的社会性部分(诸如情感、意志、性格、能力等等)。这样,就必须把心理学引进美学研究中来,只有如此,才能把艺术与科学、美感与思维剥离开来。西方资产阶级美学正是循此把美学研究推向前进,因而做出了重大突破,完成了近代美学革命。但是,它又有着根本上的不足。因为他们只是通过实验,通过人的心理机制的考察去研究审美主体,研究美、美感和艺术,却忽略了对人类物质生产的考察,忽略了对于美、审美和艺术的产生与发展的社会物质条件及特定历史条件的考察。而西方现代派美学的出现,就完全可以认作对于这一根本不足的惩罚,完全可以认作是从这一被疏忽了的理论环节超逸而出的。并且,它们的出现,又进一步使西方近代美学的根本缺陷从反面充分凸现出来。

客观地说,西方美学的上述根本缺陷,倘若是在一个资本主义正常发展的国度中,是并不成其为问题的,更不会构成近代美学革命的反题。但是,在中国则全然不同。特定的世界背景,使中国不可能长驱直入资本主义,而是沦为半封建半殖民地社会。国破家亡的危机感,使中国近代美学革命走上了一条与"中国何处去"问题的解决密切相联的独特道路。由此出发,一向为西方美学津津乐道的美、美感和艺术的心理机制的实验和考察,始终未能引起中国近代美学革命的瞩目。恰恰相反,倒是一向为西方美学束之高阁的美、美感和艺术同社会的关系及其发展规律,突出地引起了中国近代美学革命的注意。正由于此,中国近代美学家意外地发现,西方美学为之驻足的理论终点,似乎只是中国近代美学革命的起点,于是,不可避免地,两者从融洽不分转而成为对立面,分手的时刻到了。

中国近代美学的建树实在是一幕"离奇的悲剧"。启蒙美学家曾经设想通过严肃、认真的"自我批判",走出中世纪,独立自足地建树自己的同样灿烂夺目的近代的美学大厦。然而,由于种种原因,他们的壮志未能实现。继之而起的近代美学革命,自认为已经找到了建树近代美学大厦的蓝图——西方资产阶级美学,遗憾的是又一次失败了。命中注定,中国近代美学革命仍然要在黑暗中徘徊和探索。

然而,这又何其艰难!西方资产阶级美学的历史性跌落,使得一贯盛气凌人的西方美学家也举目无望,希冀从东方美学中汲取一些营养,重振西方美学。正像罗曼·罗兰讲的,经过第一次世界大战的可耻厮打,西方已经没有力量拯救自己了。"为了拯救欧洲,单靠它自己是不行的,这一点已经看得很明白。亚洲的思想从欧洲的思想得到教益,同样,欧洲的思想也需要亚洲的思想,这两者就好比人脑的两个半球,有一个麻痹了,整个肢体就会萎缩",而且,"我们对有几千年历史的神秘亚洲茫然无知,而也许用不了五十年,亚洲就会用它力量和精神的触角把我们裹挟起来"。① 东西方美学的全

---

① 转引自《比较文学论文集》,北京大学出版社1984年版,第159页。

面汇流和交融开始了。不过,它又使中国近代美学革命的道路尤其艰难。西方美学的历史性跌落和西方美学家的向东方"别求新声",可能给中国的一些人某种虚假的信心,折回头固守古典美学的樊篱;而由于暂时未能找到相宜的理论武器,又可能用从古典美学出发的对西方美学的批判,冒充真正的、科学的批判。鲁迅曾尖锐批判上述两种做法,认为前一种是用美学的"密达尺"作为尺度,后一种则是用了美学的"虑傂尺"或"营造尺"作为尺度。这就是说,中国近代美学革命,既不能以西方美学为目标,更不能以中国古典美学为目标。鲁迅坚持认为:"世界的时代思潮早已六面袭来,而自己还拘禁在三千年陈的桎梏里。于是觉醒,挣扎,反叛,要出而参与世界的事业——我要范围说得小一点:文艺之业。倘使中国之在世界上不算在错,则这样的情形我以为也是对的。"西方美学的历史性跌落并没有使鲁迅重新把自己封闭起来,而是高瞻远瞩地提出,中国近代美学革命的唯一科学的尺度只能是:"存在于现今想要参与世界上的事业的中国人的心里的尺度"。[①] 这样,也就使自己的立足点不仅高于中国古典美学,而且也高于西方资产阶级美学。从而也就能够在扬弃前者的同时,努力去扬弃后者。而这样一种极高的立足点,也就从根本上提供了鲁迅以及他的战友们最终成功地完成中国近代美学革命的历史重任的可能性。

[①] 《当陶元庆君的绘画展览时》,载 1927 年 12 月 19 日《时事新报·青光》。

第三篇

从中国近代美学到马克思主义美学

第一章　中国近代美学革命的必然归宿

"分得那曙光的一线"

从明中叶开始,当我们的美学家开始艰难的"美"的长途跋涉之时,他们都有其自身的追求和目标,然而,就整个美学思潮而论,不论是美学启蒙,抑或是美学革命,却又没有任何人能够知道它的终极目的。究竟什么样的美学体系能够回答中国近代社会现实的挑战?更准确地讲,究竟怎样才能把握住中华民族的美学命脉,建树雄踞世界美学峰巅的美学大厦?在相当一段时间内,没有人能够回答。人们在探索中观望,又在观望中探索。

自然,到了今天,问题的答案是十分清楚的了:中国同西方14—16世纪的文艺复兴和17—18世纪的美学革命截然不同,它走着自己独特的道路。这就是:中国近代美学革命没有像西方那样为资产阶级政治革命、思想革命乃至文学革命的胜利发展开辟道路,没有最终导致资产阶级美学体系的建立,而是为西方马克思主义美学以及十月革命后的苏联无产阶级美学(马克思主义美学的"半东方化")在中国的传播(马克思主义美学的完全"东方化")铺平了道路,准备了美学方面的土壤和条件。换言之,中国近代美学革命的坐标不是指向资产阶级美学,而是指向马克思主义美学的。

为什么会如此?恩格斯曾经指出:"思维规律的理论决不像庸人的头脑关于'逻辑'一词所想象的那样,是一成不变的永恒真理。每一时代的理论思维,从而我们时代的理论思维,都是一种历史的产物,在不同的时代具有非常不同的形式,并因而具有非常不同的内容。"① 中国近代美学革命的理论

---

① 《马克思恩格斯选集》第3卷,人民出版社1972年版,第465页。

思维同样是一种历史的产物。它的坐标之所以指向马克思主义美学,有着历史与逻辑的深刻的必然性。

从历史的角度讲,中国近代美学革命的坐标之所以指向马克思主义美学,决定于19世纪末20世纪初的世界历史总进程和中国社会内部的政治、经济、文化诸条件。

近代的中国人曾经对西方充满了幻想,中国的先进人物几十年如一日向西方学习,希冀通过自己的努力把西方的社会制度文化思想嫁接到中国。然而,西方的一切非但不能救中国,反而使虔诚的中国人陷入了沉重的失望之中。而第一次世界大战的爆发,更充分暴露了资本主义的真面目。这一系列的失望远远超出了中国人所能承担的负荷。他们意外地发现:"现在我们所谓新思想,在欧洲许多已成陈旧,被人驳得个水流花落。就算他果然很新,也不能说'新'便是'真'呀!我们又须知泰西思想界,现在依然是浑沌过渡时代,他们正在那里横冲直撞,寻觅曙光。"[①]鲁迅的沉思是极具代表性的:"先前,旧社会的腐败,我是觉到了的,我希望着新的社会的起来,但不知道这'新的'该是什么;而且也不知道'新的'起来以后,是否一定就好"……正在这个时候,俄国十月革命胜利了,它给在黑暗中摸索的中国人带来了新的希望。从孙中山到李大钊,都把视线转向俄国。这种注视以及探求,为马克思主义美学在中国的传播开辟了广阔的道路。

而从中国内部的社会条件来看,中国近代的农民阶级没有先进阶级的领导,不可能用科学的世界观来认识美、审美和艺术等一系列问题。拜上帝教中包含的反封建的革命性、民主性的精华和"暗极则光"的辩证法的合理内核,使他们提出的美分高下、去浮存实、反对美艳和浓丽的美学观在近代美学史中犹如投射了一道强光而历久弥新。但它毕竟是建立在作为小生产者的农民的保守性上的,这又大大妨碍了中国近代美学的觉醒。而中国资产阶级虽然也为建立近代美学体系而积极向西方学习,做出了极有价值的理论贡献,但中国资产阶级的不成熟性,使他们只能从西方资产阶级美学中

---

① 梁启超:《欧游心影录节录》,中华书局1963年版。

移花接木,熔铸自己的理论武器。然而西方资产阶级美学的内在矛盾又随着西方资本主义的跌落而日益显露出来。它使中国资产阶级借学习西方资产阶级美学建立自己的美学体系的幻想最终破灭了。与此同时,伴随着中国资产阶级发展而来的中国无产阶级日益壮大起来,迫切需要掌握自己阶级的科学世界观和美学观,这就为马克思主义哲学和美学在中国的传播和发展,准备了强大的阶级基础。

而在意识形态方面,范文澜先生曾经指出,近代中国经历了三次大的思想解放运动,这就是戊戌维新、辛亥革命和五四运动,它们一次比一次深刻,一次比一次广泛地冲击着人们的文化—心理结构,在全社会和美学家中间造成了思想解放的风气。

其中首先值得一提的是,近代社会的剧变,使先进的思想家毅然离开了旧日的思想轨道,不再埋头于"古训",而是像明清启蒙思想家一样,又一次面向现实。谭嗣同曾经剖白过自己的思想进程:

> 往者嗣同请业蔚庐,勉以尽性知天之学,而于永嘉则讥其浅中弱植,用是遂束阁焉。后以遭逢世患,深知揖让不可以退崔符,空言不可以弭祸乱,则师训窃有疑焉。夫浙东诸儒,伤社稷阽危,烝民涂炭,乃蹶然而起,不顾瞀儒曲士之訾短,极言空谈道德性命无补于事,而以崇功利为天下倡。揆其意,盖欲外御胡虏,内除秕政耳。使其道行,则偏安之宋,庶有豸乎?今之时势,不变法则必步宋之后尘,故嗣同于来书之盛称永嘉,深为叹服,亦足见足下与我同心也。①

这样一种看法在当时是十分典型的。然而,明清启蒙思想家的理论并不足以支撑近代先进思想家的思想飞跃。于是许多向西方寻找救国真理的先进思想家,在国内大量传播西方近代科学、社会学和哲学新知识,用来反对传统的封建文化。严复就是其中最有代表性的一位。迄至《新青年》创刊伊

---

① 《致唐佛尘》,载《中国哲学》第4辑,第425页。

始,就以宣传科学民主,提倡个性解放为宗旨。陈独秀在创刊号发表的《敬告青年》一文中指出:近代西方的历史之所以成为"解放历史",原因在于,"人权平等之说兴",而"科学之兴,其功不在人权说下,若舟车之有两轮焉"。经过长期的努力,追求真理、尊重科学的传统在人们心中产生了极大的影响。正如19世纪自然科学的发展为马克思主义美学的诞生提供了条件一样,近代科学民主思想的出现和传播也为中国美学最终走向马克思主义美学提供了条件。

在哲学思想上,近代思想家迅速与古典哲学拉开了距离,但又未能提出一个比较系统、深刻、完整的哲学体系,而是勾勒出一幅庞杂混乱五光十色的图景。概括言之,在自然观、人性论以及社会历史发展等问题上,反映着资产阶级的政治经济要求,他们大致采取了朴素的自然科学和进化论的思想立场,其中包括了唯物主义的成分和因素;但在认识论、意识论以及如何改造世界方面,反映着阶级性格的软弱,他们又不约而同采取了相对主义、诡辩论、神秘的直觉主义和夸张"心力"的唯心主义。而连接这两个方面的理论纽带和逻辑关键则是对人类精神智慧问题在科学影响下的非科学的庸俗理解。但是,中国近代哲学的主要或基本的趋势,却是辩证观念的丰富,是对科学和理性的尊重和信任,是从宇宙万物来谈社会人世和政治伦理,是对自然和社会的客观规律的努力寻求和阐释,总之是唯物主义和辩证法因素的逐渐扩展。于是,就使得中国近代哲学一方面无法从矛盾冲突的哲学内容中挣脱出来,最终建立自己的哲学体系,另一方面又为向辩证唯物主义和历史唯物主义演进和深化准备了思想前提和土壤,使之成为不可避免的历史必然。而中国近代美学革命正是在这样的哲学基础上展开的,它有力地推动了近代美学革命的进展,也极大地阻碍了近代美学体系的建立,更内在地驱使中国近代美学向马克思主义美学转化。

同时,我们不能疏略了美学传统方面的影响。自然,马克思主义美学之所以能够为长期服膺中国古典美学的中国人所乐于接受,首先是因为在回答"中国何处去"的时代挑战中,向西方追求真理的先进的中国人历经种种失败和挫折之后,认识到马克思主义是能够拯救置身水深火热之中的中华民族的"放之四海而皆准"的真理,与此相一致,马克思主义美学同样也为长期摸索的中国人指明了一条阐释美、审美和艺术的科学途径。然而,即便如此,仍旧不能排除美学传统方面的深刻契合。同是诞生在西方,同是诞生在"客体和主体、自然和精神、必然性和自由"等等自古以来就有并和历史一同发展起来的"巨大对立"之中,马克思主义美学与西方资产阶级美学又有根本的不同。西方资产阶级美学有着浓厚的西方气氛和风貌:灵与肉的分裂,肉体的折磨,灵魂的拷问,回到上帝怀抱之后的迷狂与喜悦,禁欲主义与放纵情欲,反理性主义与理性至上,以及繁琐的概念堆积、逻辑推理……而这一切,在西方资产阶级美学日益趋于历史跌落之时,又在令人触目惊心的自我丧失、自我异化、自我分裂之中,极其尖锐地体现在形而下的生理层次、心理层次和形而上的哲学层次、思辨层次。这就使得西方资产阶级美学虽然推动了对于中国古典美学的批判,但却又与中国美学的传统格格不入,与虽然同样建立在个体与社会、人与自然的对峙冲突基础上但又并非尖锐体现在极端具体或极端抽象的极点而是尖锐体现在伦理层次和政治层次的中国近代美学格格不入,为中国美学所无法全盘接受。而马克思主义美学却有所不同。作为一个思想的先行者,它能够高瞻远瞩,洞察到已经现实地摆在人类面前的历史课题,这就是为西方资产阶级美学特别凸出了的个体与社会、人与自然的巨大对峙与激剧冲突在物质实践的基础上给以成功的解决提供了条件,这就使马克思主义美学与强调美、审美、艺术同"社会""人生"的密切联系的中国美学内在地趋于一致。于是,顺理成章地,中国近代美学革命迅速地掠过了西方资产阶级几百年的认识环节,在全面地否定了古典美学之后,旋即开始否定掉近代美学革命的理论成果,开始了接受马克思主义美学的否定之否定的历史壮举。

正是在这种国际、国内社会历史发展的转折时期,敏锐的美学家,在美学革命的发展过程中,看到了"世界文明的新曙光"。看到了"有了炬火,出了太阳"。由是,适应世界美学之大趋势,以鲁迅为代表的中国美学家纷纷由接受资产阶级美学转而接受马克思主义美学。他们突破了资产阶级民主主义及其哲学进化论的樊篱,找到了马克思主义,开始以历史唯物主义作为观察美、审美和艺术的强大思想武器。从此,中国美学终于找到了唯一科学的美学真谛,实现了中国美学史上划时代的革命变革,同时在世界美学史上写下了至今尚不为人所充分认识的光辉的一页。

近代美学革命的逻辑进程(上)

在近代中国,由美学革命向马克思主义美学的演进、深化,不仅有其深刻的国际、国内的社会历史根源、阶级基础以及意识形态方面的原因,而且有其由美学革命演进、深化到马克思主义美学的合乎规律的理论思维的逻辑路途。

在本书第一篇中,我们已经指出,从明中叶开始,浪漫主义——现实主义——批判现实主义三大美学思潮的出现,历史地昭示着近代美学革命的诞生,在中国美学的舞台上,演出了一幕声势浩大的美学启蒙的活剧。但是,由于社会政治、经济、文化及美学自身的种种原因,从美学启蒙转向近代美学革命的历史任务终未能完成。值得指出的是,当近代美学革命的洪流一旦涌起,却并没有从启蒙美学的理论成果出发,以启蒙美学的理论成果作为自己的逻辑起点,而是"别求新声于异邦"。之所以如此,在本书的前面已作了说明。这里要补充的是,中国近代美学革命为什么一开始就沿着西方已经过时并且日趋腐朽的资产阶级美学曾经走过的认识环节盘旋而上,却没有直接以西方马克思主义美学为"新声",并以之作为自己的逻辑起点呢?其中的原因固然很多。但从中国近代美学革命的逻辑进程来分析,原因却在于美学思想的演进有其客观的逻辑程序或曰认识圆圈。我们多次讲过,中国古典美学是从个体与社会、人与自然的融洽统一来考察理想人格的自由的实现,来考察美、审美和艺术的。当它循此特殊的美学路径走完自己的逻辑程序或曰认识圆圈,转而立足于个体与社会、人与自然的对峙冲突,也必须循此新的特殊美学路径走完自己的逻辑程序或曰认识圆圈。从而,正像西方资产阶级美学所走过的认识环节必然作为中国近代美学革命的逻辑起点和认识环节一样,马克思主义美学必然只能作为中国近代美学革命的逻辑终点。

而西方已经过时并且日趋腐朽的资产阶级美学,之所以能够为中国近代美学毕恭毕敬地欣然接受,并且确实起到了进步作用,其内在的逻辑原因正在这里。

同中国近代的哲学迷津相一致,中国近代美学革命从一开始,就展示出十分引人瞩目而又令人迷惑不解的美学迷津。这就是:在欧风美雨的沐浴下,中国近代美学家在自然观、发展观方面的看法,大多属进化唯物主义,但在进而考察美、审美和艺术问题时,却无一例外地走入唯心主义的迷宫。梁启超、王国维、严复、蔡元培、鲁迅(早期)都如此。这是为什么?众所周知,马克思辩证唯物主义产生之前的唯物主义,即便是进化唯物主义,统统失之于机械、形而上学,往往对主体的能动作用不够重视。相反,"唯心主义却发展了能动的方面",尽管如马克思所说"只是抽象地发展了"。因之,中国近代美学革命要有效地强调美学的重要性,要强调美学对人们精神世界的改铸,就只能转而通过唯心主义的途径。加之中国近代美学家虽然统统具有进化唯物主义的倾向,但它实际只处在朴素实在论的阶段。① 列宁对海克尔曾作过一段极具典范意义而又发人深省的分析:海克尔"没有去分析哲学问题,而且也不善于把唯物主义的认识论跟唯心主义的认识论对立起来,他用自然科学的观点来嘲笑一切唯心主义的诡计。他根本没有想到除了自然科学的唯物主义以外还可能有其他的认识论。他从唯物主义的观点来嘲笑哲学家们,但他不知道自己站在唯物主义者的立场上!"(《唯物主义与经验批判主义》)上述分析对于中国近代美学家也是适宜的。他们虽然具有朴素的进化唯物主义,但却只是海克尔式的,远未上升到哲学的高度,更没有把它同唯心主义自觉对立起来。因此,当他们的进化唯物主义遇到挑战时,便十分自然地到唯心主义学说中去寻找根据。需要指出的是,这并不意味着中国近代美学家的"倒退",而恰恰意味着"进步"。因为思想基础的上述变化

---

① 梁启超自述云:"康有为梁启超谭嗣同辈,即生育于此种'学问饥荒'之环境中,冥思枯索,欲以构成一种不中不西即中即西之新学派,而已为时代所不容。盖固有之旧思想既深根固蒂,而外来之新思想,又来源浅觳,汲而易竭,其支绌灭裂,固宜然矣。"(《清代学术概论》,中华书局1954年版)

并不是在对自然科学的剖析上产生的(近代进化唯物主义最初正是在对自然科学的剖析上出现的),而是在对美学的剖析上产生的。倘若在自然科学探索中产生的进化唯物主义已经无法满足在新领域的探索,假若唯心主义哲学中的某些命题补充了原有的进化唯物主义观点的某些不足,为什么不能公开承认是一个进步呢?我们马上就会看到中国近代美学丰富的辩证思想正是在主观唯心主义的理论中充分展开的。毫无疑问,中国近代美学思想的发展,有待于把辩证法思想从唯心主义的框架中解放出来,转而立足于唯物主义的坚实基础上,也有待于把他们的进化唯物论从不自觉的阶段推进到自觉的阶段,并消除其机械的性质而与辩证法相结合。但就中国近代美学革命的起点而论,中国近代美学以唯心主义为基础是有其重要意义的。"聪明的唯心主义比愚蠢的唯物主义更接近聪明的唯物主义。"(列宁:《哲学笔记》)中国近代美学家对意识活动的充分认识,使他们较之仅仅停留在自然科学的进化唯物主义阶段更加趋向和接近了聪明的唯物主义——辩证唯物主义和历史唯物主义。

具体而论,中国近代美学革命起步之初,就具有一种强烈的反古典美学的倾向。我们知道,不论西方近代美学的崛起,抑或中国启蒙美学的崛起,往往是以审美主体的自我意识为标志和起点的。尽管在西方和中国,这自我意识的美学内容有根本的不同。例如,在西方,审美主体的自我意识,是指的从神秘化了的审美客体的束缚中解脱出来,正像布克哈特讲的:"在中世纪,人类意识的两方面——内心自省和外界观察都一样——一直是在一层共同的纱幕之下,处于睡眠或半醒状态。这层纱幕是由信仰、幻想和幼稚的偏见织成的,透过它向外看,世界和历史都罩上了一层奇怪的色彩。"[1]因此,从美的本体论转向美的认识论,审美主体的观照方式及其可靠性的考察,就构成了西方审美主体的自我意识的美学内容。而在中国,审美主体的自我意识,指的是从紧密纠缠以至模糊不分的审美主客体中解脱出来,指的是审美主客体的两峰并峙、二水分流。故而它与西方的美学内容差异判然。

---

[1] 布克哈特:《意大利文艺复兴时期的文化》,商务印书馆1979年版。

而中国近代美学革命,由于它与涉及中华民族生死存亡的"中国何处去"的严峻历史课题密切相联,并从属于后者,因此,审美主体的自我意识这个历史课题,并未得到充分的展开。唯一注意到它的是王国维。王国维从美是"意志于最高级之完全客观化"推演出纯近代意义上的美学命题:

> 故美术之为物,欲者不观,观者不欲。
> ……观之之我,非特别之我,而纯粹无欲之我也。

而这就把中国美学的研究真正推到了一个新的起点。按说,我们本来应该从这个起点出发,将其广泛而又深入地加以展开,从而将我们的理论思辨大大丰富,使我们对美、审美和艺术的认识广为展开。但历史却不允许我们这样从容地建构近代美学大厦的坚实地基。因此,即便王国维本人也未能充分展开他的理论思辨,而是把它同"于此桎梏之世界中"的"一时之救济",同"人生解脱""息肩之所"甚至"涅槃之境"的充满时代感的沉郁思考掺杂在一起,并最终为后者所掩盖掉。这样,近代美学革命伊始,人们瞩目较多的倒是审美客体的研究,不过这种研究同样掩盖在研究美、审美与艺术同社会的关系之中,因而一开始就表现出对于审美社会学的浓厚兴趣。梁启超不就企图经过小说来"组织'下等人'的情绪,宣传维新共和"吗?而享有盛誉的"小说革命""诗界革命",说到底,不都是严格服从于政治上的维新变法吗?值得指出的是,近代美学革命关于美、审美与艺术同社会的关系问题的研究,同样充满了近代色彩。古典美学讲"美教化,厚人伦",讲"乐与政通""乐通伦理",而中国近代美学提倡的却是"生活的教科书",不复是指陶心养性,而是指认识作用。这其实也就是我们在本书第二篇第二章中指出的:变"言志载道"为"反映生活"。梁启超指出:

> 凡人之性,常非能以现境界而自满足者也。而此蠢蠢躯壳,其所能触能受之境界,又顽狭短局而至有限也。故常欲于其直接以触以受之外,而间接有所触有所受……此其一。人之恒情,于其所怀抱之想象,

> 所经阅之境界,往往有行之不知,习矣不察者……有人焉,和盘托出,彻底而发露之,则拍案叫绝曰:"善哉善哉,如是如是"……此其二。①

这正是从认识作用的角度,对于小说美学特性的近代意义上的分析,至于有人提出政界小说、商界小说、军人小说、妇女小说、学生小说之类的口号,同样是着眼于小说的认识作用,只不过把它推向极致就是了。而康有为讲的"方今大地此学盛"与梁启超讲的"在昔欧洲各国变革之始,其魁儒硕学、仁人志士,往往以其身之所经历,及胸中所怀政治之议论,一寄之于小说",则从理论渊源方面,为我们指出的上述看法提供了有力的佐证。

自然,不论王国维抑或梁启超,在美学思想的建树上,都是不成功的。在他们身上,往往深刻地浸透着中国资产阶级无比软弱的庸俗气味。我们透过表面的分裂对峙,不难发现他们内在的深刻的一致性:他们都把近代社会的现实矛盾,转化为对于人性分裂的审美分析,并把如何在审美的自由活动中克服人性的分裂,作为美学的出发点,以致认定真正的自由和解放,不在物质,而在精神,不在社会,而在个人。个体的道德完善、意志自由和审美教育,被凌驾于社会解放之上,并给以绝对的强调。于是,一切的错误都由此推演或展开。然而,尽管如此,资产阶级改良派的美学思想在美学革命的逻辑进程中却仍有其意义。这不仅因为他们在历史上第一次从纯美学的角度集中研究了美、审美和艺术的美学价值和特殊规律,研究了审美与功利、审美与社会的特殊关系,在一定程度上推进了美学研究,不仅因为他们猛烈冲击了"言志载道"的古典美学,从美学史上给之以彻底的否定,更因为他们第一次把民主、科学的光芒照射到美学领域,第一次把追求真理的风气带进这长期盲从儒道美学的封闭结构,第一次在个体与社会、人与自然的对峙冲突基础上把一直纠缠不清的审美主体与审美客体、内容与形式、表现与再现、审美与功利……统统剥离开来,从而使它们相互之间的近代意义上的内在矛盾充分凸出,而这也就为近代美学革命提供了理论起点,使其由此必然

---

① 梁启超:《小说与群治之关系》,载1902年《新小说》第1卷第1期。

地、合乎逻辑地、逐步地产生、发展和成熟起来。

我们以王国维美学思想为例,对此稍加阐述。王国维是早期美学家中向西方资产阶级美学"别求新声"最为认真的一个。他曾经执着地向西方探询,从康德到叔本华,从叔本华到原罪意识,最后到对西方所谓"新声"的悲观失望,产生"绝大之疑问",是在追求真理、热爱科学的探索中误入歧途。因之,尽管就整体而论,王国维的美学思想像是一曲阴暗、绝望的挽歌,但是由于他的探索是认真的,因而他的美学思想不惟构成了与古典美学截然相异的反题,而且在其中又不时飘逸出清晰、明快的变奏插曲,飘逸出几缕唯物主义的思绪。正因为如此,他才可能不断批评谢林和黑格尔哲学只是概念的游戏,批评康德哲学是"破坏的而非建设的",批评叔本华的"生存意志的否定"是无法实现的,等等。

具体而论,王国维提出:"古今之哲学家往往由概念立论,汗德(康德)且不免此,况他人乎!"①这种看法曾驱使他从康德转向叔本华。在他看来,"叔氏哲学全体之特质亦有可言者,其重要者,叔氏之出发点在直观不在概念是也"。② 不过,他的看法,严格说来,又不同于叔本华:

> 盖自中世以降之哲学,往往从最普遍之概念立论,不知概念之为物,本由种种之直观抽象而得者,故其内容不能有直观以外之物。……概念之愈普遍者,离直观愈远,其生谬妄愈易。故吾人欲深知一概念,必实现之于直观而以直观代表之而后可。若直观之知识,乃最确切之知识。③

这是王国维在转述叔本华的看法,但实际上却已不知不觉地给以改铸。在叔本华,直观是指对于概念的直观或对于意志的直观,直观的知识是观念的

---

① 《叔本华之哲学及教育学说》,见《海宁王静安先生遗书·静庵文集》。
② 《叔本华之哲学及教育学说》,见《海宁王静安先生遗书·静庵文集》。
③ 《叔本华之哲学及教育学说》,见《海宁王静安先生遗书·静庵文集》。

知识。在王国维,"直观之知识即经验之知识"。① 因此,王国维认为:"一切真理唯存于具体的物中","故抽象之思索而无直观之根底者,如空中楼阁,终非实在物"。这一看法无疑闪烁着科学和真理的光辉,使他的美学思想在某些方面能够超出康德、叔本华的影响,流露出一丝清醒的积极因素。例如,在研究方法上,他提出用"以概念比较直观"的科学方法来代替"以概念比较概念"的错误方法,这在中国美学史中实在是石破天惊的一语。他在分析"屈子文学"的美学特征时,不仅借西方美学观点与之对照,而且尽可能全面把握研究对象,甚至包括与作品相关的一定时代的社会制度、政治环境,乃至地理环境、风俗习惯,等等。在研究《红楼梦》的"悲剧解脱"时,综观全局,有条有理,终结了"红学"研究史上非文学、非美学的古典研究方法。在界定美学学科时,分学术为文学、史学、科学三大类,以哲学一以贯之,而将美学置于文学与哲学之间。王国维美学研究方法的科学性是毋庸置疑的。只不过它深深笼罩在"安得吾丧我,表里洞澄莹"的神秘的内省和冥索方法之中,不易为人察觉。在美学内容上,他在强调"人生解脱"的同时,往往不自觉地冲破自设的禁区。对林黛玉远非"解脱"的惨死,他不但未尝贬斥,反倒情不自禁地讴歌为"最壮美"(请与对金钏、尤三姐、司棋的评价对看),对"一疏再放,而终不能易其志"的屈原,他也一反常态地衷心叹赏为"廉贞"。他提出"一代有一代之文学",并对元曲等俗文学一再着意肯定。尤有意味的是,王国维甚至无视自身美学思想的逻辑规定,在反复申言意境是理念的呈现之时,却又偶尔流露出"返于自然"的迹象,把意境等同于"自然"。这时,"自然"便已经不再是理念的化身,而是客观世界本身了。……而在这些地方,我们看到的,正是科学的闪光,真理的闪光。确实,王国维美学思想是有其典型意义的。在他美学思想中极其复杂地交织在一起的科学与盲从、真理与谬误、进化与复古、唯物主义与唯心主义的冲突,正是近代美学的缩影。在这里,科学的、真理的、进化的、唯物主义的因素固然还很微弱,固然还只是美学地壳断裂时涌现出来的新的陆洲,但它的出现、形成和发展,在

---

① 《叔本华之哲学及教育学说》,见《海宁王静安先生遗书·静庵文集》。

美学史上却有不可估量的意义。

戊戌变法失败之后政治斗争性质的急遽变化，不能不引起社会意识形态尤其是美学思想的急剧变化。资产阶级革命派的美学家首先对美、审美与艺术同社会的关系问题给以极大注意。梁启超等把审美客体分解剖析出来，因而发现了文学的反映生活的美学功能，但他们并没有能正确阐释美、审美与艺术同"真"的矛盾，而是用他们的偏颇把这一矛盾突显出来，资产阶级革命派的美学家认为："昔冬烘头脑，恒以鸩毒霉菌视小说，而不许读书子弟一尝其鼎，是不免失之过严。今近译籍稗贩，所谓风俗改良、国民进化咸惟小说是赖，又不免誉之失当。"①"小说者，国民之影而亦其母也。"（《浙江潮》发刊词）同时，针对改良派公开声称"吾不屑屑为美"，借小说"发表政见，商榷国计"的偏颇，他们一方面强调"小说者，文学之倾于美的方面之一种也"，②另一方面更强调小说要忠实生活，从实道来，"如镜中取影，妍媸好丑，令观者自知……小说虽小道，亦不容着一我之见。"③不难看出，其中科学的、真理的、进化的、唯物主义的因素在明显地增加。

资产阶级革命派的美学家，可以蔡元培、鲁迅（早期）为代表。他们都曾经深受梁启超、王国维的影响，并给他们的美学思想以高度评价（蔡元培曾称誉王国维的成就"不是同时人所能及的"）。之所以如此，就因为他们的美学思想其时仍为唯心主义的。不过，彻底的革命意识，热爱科学和追求真理，使得他们自觉地超出梁启超、王国维，给之以美学改造。如蔡元培，他的美学思想虽然同样出自康德，但较之王国维却有了较大发展，似乎是在竭力向梁启超靠拢。例如，他认为美来源于"普遍性"和"超脱性"。但这里的"普遍性"，指的是美"不得而私之"的特性，意在肯定美的社会作用和社会价值应该是普遍有效的，使美从个人走向社会，从宫室走向博物馆，从狭隘走向博大，从自私走向公共。这里的"超脱性"则指的是破除"贪恋幸福之思想"

---

① 徐念慈：《余之小说观》，载1908年《小说林》第9、10期。
② 黄摩西：《〈小说林〉发刊词》，载1907年《小说林》第1期。
③ 黄摩西：《小说小话》，载1907年《小说林》第1期。

"卑陋的诱惑",培养一种积极的人生态度,这纯粹是从救国、革命着眼的。

鲁迅的美学出发点同蔡元培是一致的。最初,他曾一度幻想"科学救国",因而"走异路,逃异地,去寻求别样的人们"(《呐喊·自序》),希冀学习西方的医学,以医治"愚弱的国民"。写于1903年的《斯巴达之魂》《说鈤》《中国地质略论》等充溢着强烈的爱国、反帝、进化论和自然科学唯物主义思想的文章,真实体现了鲁迅其时的心情。但是短短几年后,鲁迅把着眼点由国民健康的体魄转向健全的精神。如何改造国民性,根除两千年盘根错节的旧的思想传统,日益成为他高度关注的中心课题。他为探索国民性问题由科学领域迈入历史文化领域,从宣传科学进步开始的思想探索,却以提出人性问题作为逻辑终点。救国必先救人,救人必先启蒙,不是外在的"黄金黑铁"或政治理工,而是内在的国民性,才是革命的关键所在,这就是鲁迅经过艰苦的上下求索所获致的答案。

鲁迅认为,长期的封建专制,使民族养成了"安弱守雌,笃于旧习""见善而不思式"的软弱无能的性格。人们为了"活身是图,不恤污下",成了"宁蜷伏堕落而恶进取"的愚弱麻木者。这样的"不争之民,其遭遇战争,常较好争之民多,而畏死之民,其苓落殇亡,亦视强项敢死之民众"(《摩罗诗力说》)。而且容不得新思想、新人的出现,"性解之出,亦必竭全力死之",因循守旧,盲从而无所确信。即使有所言说,也因"旧染既深,辄以习惯之目光,观察一切,凡所然否,谬解为多"。鲁迅深刻意识到改造"国民性"任务的艰巨,如何实现"理想的人性",也就成为鲁迅具有革命性质的中心问题。对此,作为一个启蒙思想家,鲁迅表现出少见的坚定的人本主义态度。他认定,民族的强大,"根底在人",因此,"救国之道","首在立人,人立而后凡事举"。而立人之本,在于"致人性于全",使人从精神上获得彻底的解放。只有这样,才能使"民族精神发扬,渐不为强暴之力谲诈之术所克制",变"沙聚之邦","转为人国";而"人国既建,乃始雄厉无前,屹然独见于天下"。鲁迅这一思想是极为深刻的,尽管他所谓的"人",还带有尼采的个人主义色彩,基本上属于资产阶级人本主义的内容,但他所发出的声音却带有摧毁一切封建桎梏的力量。而且,正像普列汉诺夫讲的,在启蒙思想家那里,他们的社会革命观常常就是他们的美学观。这使得鲁迅把自己对美学的思考,对崭新的审美思想、审美趣味的追求,建立在改造和培养民族精神这样一个根本的基点上。

鲁迅早期美学思想深受德国古典美学的影响(参见萧红的《回忆鲁迅先生》。鲁迅向她介绍的美学书籍大多与德国古典美学有关),因此在美学思想上,他与王国维有着内在的一致性。在《摩罗诗力说》中,鲁迅指出:"由纯文学上言之,则以一切美术之本质,皆在使观听之人,为之兴感怡悦。文章为美术之一,质当亦然,与个人暨邦国之存,无所系属,实利离尽,究理弗存。"在《儗播布美术意见书》中,鲁迅又指出:"言美术之目的者,为说至繁,而要以与人享乐为臬极,惟于利用有无,有所牴牾。主美者以为美术目的,即在美术,其于他事,更无关系。诚言目的,此其正解。"所以,"实则美术诚谛,固在发扬真美,以娱人情,比其见利致用,乃不期之成果。沾沾于用,甚嫌执持"。这样一种看法,将美的本质仅止规定为使人"兴感怡悦","与个人暨邦国之存,无所系属",显然失之偏颇,并与康德、王国维超利害、超功利、超概念的美学观相同。它说明鲁迅在美学理论上是服膺康德、王国维美学的。但鲁迅又与他们有着鲜明的歧异之处。他是从康德、王国维超利害、超功利、超概念的美学观出发,试图从理论上阐释梁启超发其端的美、审美与艺术同社会的关系问题。这是理解鲁迅早期美学思想的关键所在。在鲁迅看来,美、审美、艺术对社会的影响是十分巨大的:"顾瞻人间,新声争起,无不以殊特雄丽之言,自振其精神而绍介其伟美于世界。"之所以如此,就因为它有其使人"自觉勇猛发扬精进"的巨大作用,关于任何一个国家和民族的生死荣辱。鲁迅在《摩罗诗力说》中转述了英国卡莱尔的看法:

> 得昭明之声,洋洋乎歌心意而生者,为国民之首义。意大利分崩矣,然实一统也,彼生但丁,彼有意语。大俄罗斯之札尔,有兵刃炮火,政治之上,能辖大区,行大业。……(因无声)终支离而已。

将美、审美与艺术抬得如此之高,不能不令人想起梁启超等人的美学主张,何况,他们的语言又何等相似。不同的是他们的美学基点并不一致。这就造成了鲁迅在美的本体论和价值论方面的巨大割裂和矛盾,亦即在美的本体论泛泛否定功利与利害而在美的价值论又高度评价功利与利害。为了调和、化解这一割裂和矛盾,鲁迅曾经提出"不用之用"的美学命题,作为从美的本体论通向美的价值论的桥梁:

> ……人在两间,必有时自觉以勤劬,有时丧我而惝恍,时必致力于善生,时必并忘其善生之事而入于醇乐,时或活动于现实之区,时或神驰于理想之域;苟致力于其偏,是谓之不具足。……文章不用之用,其在斯乎? 约翰穆黎曰,近世文明,无不以科学为术,合理为神,功利为鹄。大势如是,而文章之用益神。(《摩罗诗力说》)

"善生"与"醇乐","现实"与"理想",它们分属于两个不同的世界。在"善生"与"现实"的世界中,美确实是超利害、超功利、超概念的,"其为效,益智不如史乘,诚人不如格言,致富不如工商。弋功名不如卒业之券。"(《摩罗诗力说》)但是,在"醇乐"与"理想"的世界中,美又确乎有其价值。"涵养人之神思,即文章之职与用也"。"故文章于人生,其为用决不次于衣食,宫室,宗教,道德。"(《摩罗诗力说》)"不用之用"的美学命题,就这样把美的本体论与价值论之间的巨大割裂、矛盾重新加以统一。

不过,尽管"不用之用"的美学命题有其逻辑上的必然性,但却又有其根本的不足。它并没有真正解决矛盾。因为问题的关键不在美、审美与艺术是否有"用",而在于这种"用"应当作何估价。在鲁迅看来,这种"用"可以从根本上改造社会,改造人生。"盖惟声发自心,朕归于我,而人始自有己;人各有己,而群之大觉近矣。"(《破恶声论》)这种看法虽然有极大的进步作用,但在理论上却无法自圆其说,经不起认真推敲。其中的理论偏颇,很多论著都曾谈到,这里不去涉及,我要指出的是,选择康德、王国维的美学思想作为自己的美学基点,这在鲁迅,不啻是一次颇具历史意蕴的举动,折射出使中国近代美学进入理论化、系统化、科学化轨道的深刻用心。鲁迅没有像王国维那样在这条轨道上一直走下去,而是在理论与需要、逻辑与历史两极摇摆、徘徊,因而最终也就没有从美学走向"人生解脱",而是颇具魅力地从美学走向了"社会解放"。这正是鲁迅美学思想中本体论与价值论之间产生巨大割裂和矛盾的原因所在。它预示着中国近代美学应该有新的出路。

与此相关的,是鲁迅美学思想中科学的、辩证的、进化的、唯物主义的因素在明显增长。在《摩罗诗力说》中,鲁迅已经臆测到了艺术美来源于现实,他指出:"古民神思,接天然之閟宫,冥契万有,与之灵会,道其能道,爰为诗歌。"在评论拜伦的创作时,又指出:由于拜伦"长游堪勃力俱大学不成,渐决去英国,作汗漫游,始于波陀牙,东至希腊突厥及小亚细亚,历审其天物之美,民俗之异,成《哈洛尔特游草》二卷,波谲云诡,世为之惊绝"。把"历审其天物之美,民俗之异"作为作品"波谲云诡,世为之惊绝"的前提,这无疑是道破了艺术创造的真谛、生活美与艺术美相互关系的真谛。同时,在"新声之别,不易究详"的西方美学中,鲁迅虽然瞩目于"摩罗"美学,但同时也肯定了荷马"自与人生会,历历见其优胜缺陷之所存"的现实主义,肯定了以"描写社会人生之黑暗著名"的果戈理的"以不可见之泪痕悲色,振其邦人"的现实主义特色。两年之后,在"收录至审慎"的《域外小说集》中,鲁迅又收入了解剖俄国普通人物的苦难命运的安特列夫、迦尔询的三篇现实主义作品。四年之后,鲁迅在《儗播布美术意见书》中,终于挣脱了唯心主义的美学框架,开始尝试用唯物主义世界观剖析美、审美和艺术。鲁迅指出:"盖凡有人类,能具二性:一曰受,二曰作。受者譬如曙日出海,瑶草作华,若非白痴,莫不领会感动,既有领会感动,则一二才士,能使再现,以成新品,是谓之作。"这就第一次摆正了美与生活的关系。同时,鲁迅又认识到从生活到艺术有一个从"天物"到"思理"和"美化"的过程,认识到在"再现"生活之际有一个对生活加以审视改造的过程。这也应该说是对美、审美和艺术的比较深刻的理解……之所以能够如此,固然由于在残酷、冷峻的现实的打击下,幻想着"凡有叫喊复仇和反抗的,便容易惹起感应"的鲁迅逐渐猛醒,痛楚地感到在人民还没有深切感到精神枷锁的沉重并产生砸碎它的自觉要求之前,热情的呼喊是背时的。凄楚的"寂寞"和"悲哀"之感,迫使鲁迅回起头来审视自己的理论武器。"这经验使我反省,看见自己了:就是我决不是一个振臂一呼应者云集的英雄""再没有青年时候的慷慨激昂的意思了"(《呐喊·自序》)。从而开始清算自己青年时代"做着好梦"似的唯心主义美学观。

近代美学革命的逻辑进程(中)

鲁迅美学思想可以称之为中国近代美学革命的理论跳板。"五四"时期,中国近代美学革命由此纵身一跃,迅速达到了近代美学革命的峰巅。中国美学的内容由外及内,由表及里,最终成功地从古典的优美转为近代的崇高,从古典的贵族性转为近代的平民性,从古典的封闭性转为近代的开放性,思维机制则由古典的"宏观直析"转为近代的"微观分析"……换言之,在与顽固、落后的古典美学的矛盾冲突中,在西方美学的推动下,中国近代美学从萌芽状态到形成一种因素和倾向,到形成一种粗糙而又深刻的理论,越来越明显地、广泛地、深刻地具备了科学的、辨证的、进化的、唯物主义的美学特征,最终演化生成进化论唯物主义的美学,成为中国近代美学逻辑发展的主导方面和主流。

这实在是世界美学史中叹为观止的一幕。倘若从 16 世纪算起,那么到中国五四运动爆发为止,西方资产阶级美学已经走过了三百多年的思想历程。在这三百多年中,西方美学从古典美学的本体论的探讨转向了对审美主体的审美能力及其可靠性的关于审美主体规定性的研究。"什么是美学呢?它是关于人类各个方面、各种程度及各个领域中的美感经验的科学和哲学。"这是《近代美学史述评》的作者李斯托威尔对西方近代美学的根本特点的概括,这是十分精到的。而黑格尔则颇具历史意义的转而从本体论形而上学的角度,提出"美就是理念的感性显现"。美作为理念,"要在外在界实现自己,得到确定的现前的存在,即自然的或心灵的客观存在。"[①]从而把艺术视若美的理念的"确定的现前的存在",在历史与逻辑的统一中加以考查。这就导致了马克思主义美学从社会存在的本体论角度,对基于人类物质生产的艺术作为精神生产的特性、规律,以及相互关系相互作用的考

---

① 黑格尔:《美学》第 1 卷,商务印书馆 1982 年版,第 142 页。

查,它预示着西方现代美学已经拉开了紫红色的大幕。

像人们所熟知的那样,在漫长的思想进程中,西方近代美学获得了长足的发展。它经过唯理论和经验论、独断论和怀疑论、直观唯物主义和唯心辩证法等认识环节,充分加以展开,表现为一个螺旋式上升的完整的认识圆圈的演进运动。然而,令人诧异的是,犹如起步之初中西古典美学曾经表现出巨大的根本差异一样,中国近代美学革命,又一次表现出与西方近代美学的巨大的根本差异。在前面我曾谈到如王国维等曾经设想走西方美学的老路。他们在个体与社会、人与自然的对峙冲突基础上,将美、审美和艺术研究中的所有因素初步加以展开,从而暴露了大量过去并不为人注意的理论疑点,为近代美学革命规定了逻辑起点,并且清扫出了近代美学革命"逐鹿中原"的战场。然而,从梁启超到蔡元培,从蔡元培到鲁迅,直到"五四"时期的近代美学家,越来越明显地表现出一种耐人寻味的急躁,他们不愿过多地在西方近代美学家长期驻足的任何一个理论环节停留,而是匆匆掠过,很快就经过审美心理学而走向审美社会学,从对审美主体的能力和可靠性的考察转向对美、审美与艺术的社会存在的考察。

中国近代美学革命的逻辑进程确实十分独特。之所以如此,原因固然纷纭复杂,但最根本的一点,不能不归结为中国近代美学革命的特殊的美学性格。我们知道,西方的资产阶级美学革命,是作为资产阶级政治大革命的号角和舆论准备而存在的。而中国却不能如是。帝国主义的虎视眈眈,激剧变化着的国际政治背景(尤其是十月革命的胜利),国内阶级矛盾的空前激化,爱国主义热情的极度高涨乃至中国无产阶级的初步发展,都为我们提供了首先进行"武器的批判",完成政治大革命的实际可能。只是,这同时也就规定和限制了我们的近代文化革命和美学革命只能在一个狭窄而又匆促的空间和时间中,迅速地展开,一俟达到一定的规模和成果,便同样迅速地转入实际的政治革命。

由是,政治革命就成为中国革命的中心环节,至于文化革命、美学革命则不过是严格依附于政治革命的一个侧面。也正是因此,中国近代美学革命的倡导者们,几乎无一例外地是从反帝反封建的政治追求走向近代美学革命的。他们是为了破毁中国封建社会的"铁屋子"而去唤醒其中"熟睡的人们"(鲁迅语)的。而这也就从根本上规定了中国近代美学革命所必然具有的深刻的社会内容,规定了中国近代美学革命同波澜壮阔的政治革命的有机联系,从而也就从根本上规定了中国近代美学革命果断地从西方资产阶级美学的逻辑进程超越而出的可能。

为了使问题的探讨更加深入,不妨再从中国近代美学革命中"别求新声于异邦"的"上下求索"的方向的急遽偏移来加以考查。

中国近代美学革命的坐标最初遥遥指向西欧的资产阶级美学。早期美学家假手于日本,从德国、英国、法国等西方资产阶级国家撷拾了大量的美学"新声",并且虔诚地信奉和遵循。然而,随着时间的推移,早期美学家逐渐看清了其中的内在缺陷与不足。在鲁迅等人看来,中国"别求"的"新声",不应是沉浸在思维领域的理论推理,而应是反封建的号角,不应是"人生解脱"之类的"息肩之所",而应是启发中国人沉睡着的灵魂觉悟,唤醒中国人麻痹了的精神的春风。然而,旨在"转移性情,改造社会"的"切实的指示"何在?

"转移性情,改造社会"的美学是有的。这就是俄国美学。与西方近代美学革命对审美主体的推崇,对享乐主义、纵欲主义和个性解放的高扬不同,在俄国近代美学中,激动着人们心灵的首先是社会问题。人性、欲望、个性的解放,都被纳入广大的社会问题,都无不首先表现为社会的解放。俄国美学家的苦闷是一种社会的苦闷,"这种苦闷往往把他们赶到教堂,赶到酒窖,赶到疯人院,但是却绝少把他们赶到对生活漠不关心的冷漠态度。"[1]奥地利作家斯蒂芬·茨威格曾在巴尔扎克、狄更斯与俄国作家陀思妥耶夫斯基之间作过比较:"在欧洲每年出版的五万本书中,请您打开任何一本来看。它们谈些什么呢?谈的是幸福。女人想有一个丈夫,或者某人想发财,想有权力和受人尊敬。对于狄更斯的人物,一切追求的目的只是大自然怀抱里的一座漂亮的小住宅和绕膝欢跃的一大群儿孙。巴尔扎克的人物所热衷的

---

[1] 高尔基:《俄国文学史》,上海译文出版社1979年版,第107页。

是高楼大厦、贵族头衔和百万金钱。陀思妥耶夫斯基的人物有谁追求这些呢？谁也没有。一个也没有。他们不愿停留在任何地方——甚至在幸福上。他们总是渴望走得更远些,他们都怀着一颗折磨他们的'火热的心'。"在这里,我们清晰地看到了西方与俄国之间美学理想的巨大差异。浓烈的感性追求,狂放的生活态度,这一切都发散出西方人"所常有的享乐的气息"(鲁迅语)。但俄国,作为一个半东方化的国家,它的美学理想却与强烈的爱国主义激情、执着的真理追求、博大的人道主义情怀、炽热的人民之爱密切相关。正像高尔基概括的:"在俄国,每个作家都的确是独树一帜的,可是有一种倔强的志向把他们团结起来,——那就是认识、体会,猜测祖国的前途、人民的命运,以及祖国在世界上的使命。"①而鲁迅则用更明朗的语言进行了概括:"俄国的文学,从尼古拉斯二世候以来,就是'为人生'的,无论它的主意是在探究,或在解决,或者堕入神秘,沦于颓唐,而其主流还是一个:为人生。"(《〈竖琴〉前记》)而俄国近代美学思想,也流溢出同样的"为人生"的浓郁色泽。杜勃罗留波夫称赞说:"不管俄国文学中发生了什么,不管它发展得多么茂盛,别林斯基将永远是它的骄傲,它的荣誉,它的光荣。直到现在,在我们这里刚刚出现的一切优美的、高贵的事物上,都可以明显地感觉到他的影响;直到现在,我们每一个优秀的文学活动家都承认,他自身的发展大部分应直接或间接地归功于别林斯基。"②而别林斯基的美学正是"为人生"的美学。

或许,从这里已经不难窥见中国近代美学革命的某些相似之处。确实,两者的相似远远大于两者的相异。也正因此,"五四"时期,中国近代美学家开始把"别求新声于异邦"的坐标指向了俄国。据《中国新文学大系·史料索引》统计,"五四"时期8年中共翻译外国文学作品187部,其中俄国文学便占了65部。鲁迅和周作人很早就因在日本时广泛接触了19世纪下半叶欧洲文学,为其"过分强调人性,与人民和国家反而脱了节"而深感不满,于是

---

① 《高尔基论文学》续集,人民文学出版社1979年版,第103页。
② 《杜勃罗留波夫选集》,1948年俄文版,第396页。

便转向了"具有革命与爱国精神"的俄国与东欧被压迫民族文学,由"伦敦小姐之缠绵和菲洲野蛮之古怪"转向"被压迫者的善良的灵魂,的酸辛,的挣扎"(鲁迅语)。"五四"时期,人们普遍对此有所察觉。李大钊高度评价俄国文学为"特质有二:一为社会的彩色之浓厚,一为人道主义之发达"。瞿秋白、郑振铎也称赞俄国文学是"切于人生关系的文学","文学只是社会的反映,文学家只是社会的喉舌"。而俄国批判现实主义的大师托尔斯泰,在"五四"时期更被称为19世纪末20世纪初的"第一大人物"(茅盾语)。郑振铎指出:托尔斯泰美学是"为人生"的。鲁迅则多次指出:"旧像愈摧破,人类便愈进步","托尔斯泰……是近来偶像破坏的大人物"。"看几叶托尔斯泰的书,渐渐觉得我的周围,又远远地包着人类的希望","无破坏即无新建设,大致是的;但有破坏却未必即有新建设。……托尔斯泰……若用勃兰兑斯的话来说,乃是'轨道破坏者'。其实他们不单是破坏,而且是扫除,是大呼猛进,将碍脚的旧轨道不论整条或碎片,一扫而空……"这一切,都证实着俄国美学"为人生"的强大旋律,在中国近代美学家心中引起深刻的共鸣,使他们历史性地走向俄国美学。

不妨再考查一下"五四"时期近代美学革命的逻辑进程。

"有作至诚之声,致吾人于善美刚健者乎?有作温煦之声,援吾人出于荒寒者乎?"鲁迅在1907年环视神州而发出的呐喊,在五四新文化运动中汇成了轰天惊雷。

辛亥革命的失败,使近代进步美学家一度被激起的革命热情变成巨大的不满和失望。当时的中国,犹如"绝无窗户而万难破毁"的"一间铁屋子"(鲁迅语)。对人民痛苦生活、不幸命运的深刻洞察和深切关怀,对封建主义野蛮残暴的强烈憎恨和激烈抗议,对历史和现实本质的透视和对社会人生的正视,使生活在苦难的社会现实和强大的黑暗势力中间的近代进步美学家,在深刻反省"中国何处去"的同时,深刻反省着自己的美学理论武器。鲁迅指出:"对于群众,在引起他们的公愤之余,还须设法注入深沉的勇气,当鼓舞他们的感情的时候,还须竭力启发明白的理性;……这声音,自然断乎不及大叫宣战杀贼的大而闳,但我以为却是更紧要而更艰难伟大的工作。"

(《坟·杂忆》)这无疑是经历了血与火的教训之后的深刻、痛楚的总结。

"人的启蒙"和"人的解放"因此而成为美学的最强音。

"最初,文学革命者的要求是人性的解放,他们以为只要扫荡了旧的成法,剩下来的便是原来的人,好的社会了……"(鲁迅:《〈草鞋脚〉小引》)周作人在"五四"前便发表了一篇影响很大的论文——《人的文学》,其中论及:"用这人道主义为本,对于人生诸问题,加以记录研究的文字,便谓之人的文学。"他把人看作"一种生物","与别的动物并无不同",因而人的一举一动,无不成之为美。这种看法与西方文艺复兴时期"以人文主义为榜样,由神的世界而渡到人的世界"(蔡元培语),与明中叶"自然发乎情性,则自然止乎礼义"(李贽语)是一脉相承的,虽然有其片面性,但在当时仍有美学上的启蒙意义,典型地代表了"五四"时期人们的心声。

正是在这样的美学背景下,鲁迅首先喊出了"'为人生',而且要改良这人生"的历史最强音。因为只有这样的美学和文学,才能"聊以慰藉那在寂寞里奔驰的猛士,使他不惮于前驱",也才聊以唤醒人们,引起疗救的注意。而且,鲁迅又"深恶先前的称小说为'闲书',而且将'为艺术的艺术'看作不过是'消闲'的新式的别号"。而《文学研究会宣言》则豪情满怀地宣布:"将文艺当作高兴时的游戏或失意时的消遣的时候,现在已经过去了。"茅盾提示说:"这一句话,不妨说是文学研究会集团名下有关系的人们的共通的基本的态度。这一个态度,在当时是被理解作'文学应该反映社会的现象,表现并讨论一些有关人生一般的问题'。"其实,这一句话何止"是文学研究会集团名下有关系的人们的共通的基本的态度",正像叶圣陶指出的,"现在的创作家,人生观在水平线以上的,撰著的作品,可以说有一个一致的普遍的倾向,就是对于黑暗势力的反抗,最多见是写出家庭的惨状,社会的悲剧和兵乱的灾难而表示反抗的意思。"[1]例如创造社,他们积极主张表现主观的真实,应对"写人生",但从根本上讲,他们表现主观的真实,正是更强烈、更炽热地"为人生"。郑伯奇为此而作的申辩还是很有道理的:"真正的艺术至上

---

[1] 《创作的要素》,载《小说月报》第12卷第7号。

主义者是忘却了一切时代的社会的关心而笼居在'象牙之塔'里面,从事艺术方面的人们。创造社的作家,谁都没有这样的倾向。郭沫若的诗,郁达夫的小说,成仿吾的批评,以及其他诸人的作品都显示出他们对时代和社会的热烈的关心。所谓'象牙之塔'一点没有给他们准备着。他们依然是在社会的桎梏之下呻吟的'时代儿'。"(《〈中国新文学大系·小说三集〉导言》)因此,把"为人生"作为近代美学革命中"人们的共通的基本的态度",作为近代美学革命深化的标志,是大致不差的。

然而,倘若从近代美学革命的逻辑进程去考查,"五四"时期的美学主张又各有其不同的特点。正如茅盾后来回忆的:"'五·四'时代初期的反封建的色彩,是明明白白的;但是'反'了以后应当建设怎样一个新的文化呢?这问题在当时并没有确定的回答。不是没有人试作回答,而是没有人的答案能得到普遍一致的拥护。那时候,参加'反封建'运动的人们并不是属于同一的社会阶层,因而到了问题是'将来如何'的时候,意见就很分歧了。""同样这种意识当然也会反映到文艺的领域"(《〈中国新文学大系·小说一集〉导言》)。从历史与逻辑的统一角度来说,这些"很分歧"的"意见",深刻地折射出中国近代美学革命的认识圆圈的发展。

从"为人生"的美学高度出发,许多进步美学家都清楚地看到了建立在唯心主义的抽象的人性分析基础上的唯心主义美学思想的苍白无力和不堪一击,于是纷纷将探索的目光投向了现实人生。陈独秀、周作人、瞿秋白、郑振铎、陈望道等都表示了如是的态度。这表明了中国近代美学革命的逐渐深化,它在个体与社会、人与自然的对峙冲突的基础上,强调美与真的统一,强调合目的性的美学思想,有目的暴露社会的黑暗,冷静地观察现实、解剖现实、认识现实,借对现实的美学否定去不动声色地"引起疗救者的注意"。从而使其中科学的、辩证的、进化的、唯物主义的因素明显增长。

其时,美学思想尤为深刻、典型的,当推鲁迅和茅盾。茅盾在以先进的思想启蒙者的雄姿投身五四运动之初,就瞩目于理论建树。他把近代美学革命同"五四"思想启蒙,同"再生我中华民族"的远大理想密切联系,认定"新思想一日千里,新思想是欲新文艺去替他宣传鼓吹的",循此而进,就会使中华民族的美学、艺术"发皇滋长,开了花,结了果实",这"艺术之花"反过来又"滋养我再生我中华民族的精神,使他从衰老回到少壮,从颓丧回到奋发,从灰色转到鲜明,从枯朽里爆出新芽来"。① 正是这样一种明确的理想,推动着茅盾在近代美学革命中劈荆斩棘,做出了自己的理论贡献。

茅盾十分看重美学的研究。他清晰地看到,随着社会现实的迅速变化,由戊戌变法发端的唯心主义美学,已经日趋反动。鸳蝴派等大唱"醉罢,美呀"的滥调,指责强调美的功利性是"对于清高的神圣的美的盲攻",茅盾十分反感,痛斥他们"崇拜无用的美","满口艺术,满口自然美,满口唯美主义,其实连何谓美,何谓艺术,都不甚明了"。② 他认为,美学确实有其特殊作用,人们"在丑恶的现实世界里创造一些美",从而"使人从卑鄙自私残忍而至于圣洁高尚牺牲的精神","使人忘了小我,发生为全人类而牺牲的高贵精神"。但却不是使人"怡然忘我,游心缥缈",更不是"人生解脱"或用审美取代现实的革命。与此相关连,茅盾更深刻指出:"最新的不就是最美的、最好的。凡是一个新,都是带着时代的色彩,适应于某时代的,在某个时代便是新,唯独'美'、'好'不然。'美'、'好'是真实,真实的价值不因时代而改变。"③这里,茅盾精辟地阐释了"新"的含义。尤其值得注意的,是他对"真"是"美好"的基础的强调,真实揭示了美学的根本性质和基本规律。他强调文学应该表现"一社会一民族的人生",而要如此,就要求真实地反映现实。"现社会现人生无论怎样缺点多,综合以观,到底有真善美隐伏在罪恶下面。"④新文学的任务,就是要把现实人生的"真善美"和国民性中的"真善美"特点挖掘出来,"综合地表现人生"。这样,才能创造出"真善美"统一的新文学。而违背"真善美"美学理想就会产生表现"假恶丑"的"伪品",不只"文以载道"的文学作品从根本上违背了"真善美"的美学思想,当时的一些"为艺术而艺术"的作品,也由于没能真实"反映痛苦的社会背景"而应该为能够真实地表现

---

① 《一年来的感想与明年的计划》,载《小说月报》第12卷第12号。
② 《什么是文学》,载松江暑期演讲会《学术演讲录》。
③ 《小说新潮栏宣言》,载1920年《小说月报》第11卷第1期。
④ 《为新文学研究者进一解》,载《改造》第3卷第1期。

社会生活的"真文学"所替代。不难看出,茅盾已经将双足触到了坚实的大地,已经坚定地转向了唯物主义。

"创造社"美学思想亦很典型。郑伯奇在《〈中国新文学大系·小说三集〉导言》中曾经剖析了"创造社"美学思想产生的社会原因:"当时所标榜的种种改革社会的纲领到处都是碰壁。青年的知识分子不出于绝望逃避,便得反抗斗争"。"创造社几个作家的作品和行动正适合这些青年的要求"。进而,他又剖析了"创造社"美学思想产生的个人原因:"第一,他们都是在外国住得很久,对于外国的(资本主义的)缺点,和中国的(次殖民地)病痛都看得比较清楚;他们感受到两重失望,两重痛苦。对于现社会发生厌倦憎恶。而国内国外所加给他们的重重压迫只坚强了他们反抗的心情。第二,因为他们在外国住得很久,对于祖国便常生起一种怀乡病;而回国以后的种种失望,更使他们感到空虚。未回国以前,他们是悲哀怀念,既回国以后,他们又变成悲愤激越;便是这个道理。第三,因为他们在外国住得长久,当时外国流行的思想自然会影响到他们。哲学上,理智主义的破产;文学上,自然主义的失败,这也使他们走上了反理智主义的浪漫主义的道路上去。"由此出发,他们一方面认为"艺术的本身上是无所谓目的","文艺也如春日的花草,乃艺术家内心之智慧的表现。诗人写出一篇诗,音乐家谱出一个曲,画家绘成一幅画,都是他们天才的自然流露,如一阵春风吹过池面所生的微波,是没有所谓目的。"①"文学上的创作,本来只要是出自内心的要求,原不必有什么预定的目的",应该"除去一切功利的打算,专求文学的全 Perfection 与美 Beauty"。② 在这方面,清晰地表明西方资产阶级美学家(如雪莱、歌德、惠特曼、华兹华斯、柯勒律治、康德、克罗齐、柏格森、弗洛伊德、佩特、王尔德等人)对"创造社"的影响,表现出"创造社"成员对于审美欣赏、艺术创造、艺术特征的刻意追求,这正意味着他们已经完全从古典美学的模式中摆脱了出来。另一方面,他们又坚决主张美学应该是"为人生"的。他们指出:"艺术

---

① 《沫若文集》第10卷,人民文学出版社1959年版,第83—84页。
② 《成仿吾文集》,山东大学出版社1985年版,第94页。

家要把他的艺术来宣传革命","任何艺术没有不和人生发生关系的事"(郭沫若语),文艺应该"促进改革这不合理的目下的社会的组成"(郁达夫语),文学应该"把住时代,有意识地将它表现出来"(成仿吾语)。在这方面,又清晰地表明社会现实对"创造社"的重大影响,表现出他们在文艺与现实、文艺的社会作用等问题上向唯物主义观点的靠拢。不仅仅如此,在社会现实和"水平线下"的劳动人民的痛苦生活以及革命浪潮的教育下,"创造社"的美学思想也在激剧地变化着。"无情的生活一天一天地把我逼到了十字街头,像这样幻美的追寻,异乡的情趣,怀古的幽思,怕没有再来顾我的机会了。"①这种剖白,真实地代表了每一个创造社成员的心迹。1924年,郭沫若断然宣布:"我现在对于文艺的见解也全盘变了。"在此之后,创造社每一个成员的美学思想都先后开始发生了变化,个别成员如张资平,美学思想转而沉沦;但大部分成员,如郁达夫、田汉、郑伯奇、何畏等,都程度不同地与西方资产阶级美学思想分手,走向唯物主义美学。

综上所述,中国近代美学革命在不长的时间内便不但全面批判了古典美学,而且开始了对西方资产阶级美学的批判,而这就使中国近代美学家走上了一个新的美学起点——唯物主义美学。这种陡然发生的转折,意味着美、审美与艺术作为社会存在的本体研究日益成为中国近代美学革命瞩目的中心。毫无疑问,就近代美学家目前已经取得的理论成果,已经掌握的理论武器而论,他们还不可能真正解决这个问题。令人欣慰的是,历史已经为他们准备好了解决这一问题的美学机遇。

马克思主义美学在中国的传播

马克思主义的美学理论在中国的传播,始于1920年。这年,在《新青年》的《俄罗斯研究》专栏中曾发表了一篇题为《文艺与布尔塞维克》的文章。其中报道一个叫费纳伦的俄国资本家在十月革命后回国参观,发现他过去收藏的俄国和法国名画670幅"没有一幅损坏",著名的特列基雅科夫画廊

---

① 郭沫若:《塔·前言》,上海商务印书馆1926年版。

"进步很好",连目录都"增订得很完美",因而证实"说布尔塞维克是生番野人,阻碍世界的文明进步","摧残文艺和博物馆"之类报道,纯属无稽之谈。这大概是我国关于苏联文艺现状的最早的报道。《新青年》第8卷第2号还曾发表郑振铎翻译的高尔基《文学与现在的俄罗斯》一文,郑振铎并介绍说,此文为苏联出版的《世界文学丛书》的序言。《小说月报》第12卷第1号和第2号上,也曾刊出茅盾译出的《劳农俄国治下的文艺生活》等文。而《新青年》第8卷第4号还刊出了卢那察尔斯基的《苏维埃政府底保存艺术》,文章从理论角度剖析了帝俄统治"在道德上和美学上日趋下流,几乎弄到奄奄一息",而苏维埃政府"现在的责任不独要阻止损坏的潮流,并要保存艺术的作品,提倡鼓励,不遗余力,创造新艺术,不以博物馆为满足,要弄到工人全体也发生美感"。这或许可以算作当时译出的第一篇理论文章。几乎与此同时,《小说月报》在1921年9月出版了第12卷号外《俄国文学研究》,其中有三篇"赤俄小说",一首题作《赤色的诗歌》的诗,这首诗就是《国际歌》。译者之一郑振铎介绍说:这首诗译自海参崴全俄劳工党第14种出版物。其中"收诗歌二十五首",都"充满着极雄迈、极充实的革命精神,声势浩荡,如大锣大鼓之锤击,声满天地,而深中乎人人的心中。虽然也许不如彼细管哀弦之凄美,然而浩气贯乎中,其精彩自有不可掩者,真可称为赤化的革命的声音。不惟可以借此见苏维埃的革命的精神,并且也可以窥见赤色的文学的一斑"。该专号中还有几篇文章则涉及马克思主义美学与俄国文学之间的关系。陈望道译介的日本著名俄国文学专家升曙梦的《近代俄罗斯文学底主潮》一文指出"自戈里奇(高尔基)等提倡了马克思主义,社会便生出一道的光明,渐次活动起来"。高尔基"作品中的人物性格都像是受过马克思洗礼……这人格底意识在戈里奇是同理想的希望密切关联的"。尤其重要的是,作者还解释了马克思主义的涵义:"所谓马克思主义就是根据德国马克思社会的经济论底东西,这在俄国是与经济的唯物论相提携的。据这种主义说,历史底主动力不外是经济的原因,不是阶级与阶级底斗争,就是利益与利益底冲突。"这种解释,对于中国的近代美学家是再重要不过了。

  对马克思主义美学的集中的、大量的介绍,应当说是1925年之后的事。

1925年未名社编辑的《未名丛刊》,不但刊用了爱伦堡等七人的短篇小说、拉甫列涅夫的中篇小说、勃洛克的长诗,而且出版了瓦浪斯基等的《苏俄的文艺论战》、托洛茨基的《文学与革命》等理论著作。同年,任国桢译介的《苏俄的文艺论战》由北新书局出版。鲁迅为这本由论文辑成的小册子作了校订,并在"前记"中赞扬任国桢的工作实在是"极为有益的事",并提醒人们,"别有《蒲力汗诺夫与艺术问题》一篇,是用 Marxism 于文艺的研究的,因为可供读者连类的参考……"1929年,鲁迅在《论文集〈二十年间〉第三版序》译者后记中又指出:"评论蒲力汗诺夫的书,日本新近译有一本雅各武莱夫的著作;中国则先有一篇很好的瓦勒夫松的短论,译附在《苏俄的文艺论战》中"。应当指出,瓦勒夫松的文章的确是一篇"很好的""短论",文章准确地介绍了普列汉诺夫历史唯物主义美学观的精髓:"在十年间,许多劳动阶级的理想家,蒲力汗诺夫也是其中之一,用马克思的犁几乎耕了社会意象学(译者注:或译观念学)的全领域,——蒲力汗诺夫以好探究的智力贯穿了社会的多层建筑物,他用马克思的X光线照了自然界,并照了重要社会制度的发达。"这样一种全面的介绍对中国近代美学有着巨大的影响。1928年6月20日,鲁迅在他与郁达夫合编的《奔流》月刊创刊号上,连载他翻译的《苏俄的文艺政策》。在"后记"中鲁迅指出:"俄国的关于文艺的争执,曾有《苏俄的文艺论战》介绍过,这里的《苏俄的文艺政策》,实在可以看作那一部书的续编。如果看过前一书,则看起这篇来便更为明了。"紧接着,鲁迅又先后翻译了卢那察尔斯基的《艺术论》和《文艺与批评》、普列汉诺夫的《艺术论》和《车尔尼雪夫斯基的文艺观》、日本片上伸的《现代新兴文学的诸问题》,加上鲁迅为各篇作的"小序""小引""译者附记""序言""后记",以及前此的《苏俄的文艺政策》,几年之内,鲁迅共撰写了约70万言。与此同时,冯雪峰也在几年之中,翻译了卢那察尔斯基的《艺术之社会基础》、伏洛夫斯基的《作家论》、普列汉诺夫的《艺术与社会生活》、梅林格的《文学评论》、玛察的《艺术与文学底意义》、升曙梦的《新俄文学的曙光期》《新俄的戏剧与跳舞》和《新俄的无产阶级文学》《新俄的文艺政策》等等。

综上所述,从20年代末到30年代初,中国近代美学家对于马克思主义美学的高度重视,明显地表现出了中国近代美学的重大趋向。尽管由于种种原因,上述对于马克思主义美学的译介,不免有其支离烦碎甚至语言难懂等问题,但它毕竟标志着中国近代美学革命的思想跃进。鲁迅在1929年《我们要批评家》一文中指出:它表明近代美学家"得了这一种苦楚的教训之后,转而去求医于根本的、切实的社会科学,自然,是一个正当的前进"。1931年,鲁迅在《上海文艺之一瞥》中又指出:"……输入了蒲力汗诺夫,卢那卡尔斯基等的理论,给大家能够互相切磋,更加坚实而有力。"稍稍有心的人,都不难从中窥见中国近代美学即将开始的历史抉择。

近代美学革命的逻辑进程(下)

从20年代中期到30年代初期,中国近代美学革命开始了巨大的历史转折。它将全面接受马克思主义美学作为自己的必然归宿。正像鲁迅1931年撰写的《黑暗中国的文艺界的现状》欣然宣布的:

> 现在,在中国,无产阶级的革命的文艺运动,其实就是惟一的文艺运动。因为这乃是荒野中的萌芽,除此以外,中国已经毫无其他文艺。属于统治阶级的所谓"文艺家",早已腐烂到连所谓"为艺术的艺术"以至"颓废"的作品也不能生产,现在来抵制左翼文艺的,只有诬蔑,压迫,囚禁和杀戮;来和左翼作家对立的,也只有流氓,侦探,走狗,刽子手了。

这就是中国近代美学革命的历史真实。

中国近代美学革命的最终归宿,根基于中国社会政治的历史进程,根基于"中国何处去"的历史转折。然而,从美学上看,中国近代美学革命全面接受马克思主义美学的必然归宿,也有其美学理论上的契机。

进入近代之后,西方美学从古典美学的本体论的探讨——亦即偏重回答主体审美观照到的,或应该审美观照到的是什么的关于审美客体规定性的研究,转向了偏重于回答审美主体的审美能力及其可靠性的关于审美主体规定性的研究。应当承认,它极大地开辟了人们进一步深入研究美、审美和艺术的广阔天地,把美学研究推向了一个崭新的阶段,因而雄踞于世界近代美学的峰巅。不过,也应当看到,这种从美感经验角度入手的美学研究,只满足于对人的审美意识、审美经验乃至人的主观方面的社会部分的考察,但它却疏忽、漠视和搁置了对于美、审美和艺术的客观方面,即对于美、审美和艺术与一定的社会历史条件的内在联系的考察。因此,最终难免陷入唯心主义。而要走出这一历史性的理论失误,给美、美感和艺术以完整的整体的科学阐释,就必须进而考察美、美感和艺术与社会存在的关系。首先意识到这一问题的,是黑格尔。他从本体论的角度,把美、审美和艺术同全部的人类思想史、文化史和艺术史联系起来加以考察。这样,尽管他的思维方法是唯心主义的,尽管他把自然和历史都视若精神的异在,视若绝对理念的发展阶段,但其中却流溢着一种"巨大历史观"。从而在本末倒置的歪曲的叙述中,展现出美、审美和艺术同人类历史、社会生活的内在联系。

十分清楚,对黑格尔美学的批判,只能在历史唯物主义的基础上进行。正像卢卡契指出的:"只有借助历史唯物主义,文学艺术的起源、它们发展的规律性、它们在整个过程中的转变、兴盛和衰亡才能得到理解。"[①]换言之,只有真实地揭示美、审美和艺术的社会存在,才能证实黑格尔对美、审美和艺术的本体存在的揭示的谬误。马克思主义美学的独特贡献正在这里。马克思从社会存在的本体论角度,把美、审美和艺术作为一种人类特有的精神生产,同人类的物质实践联系起来加以考察。他把美、审美和艺术看作是人的本质力量的感性成果,但却并未停留在一般的心理学讨论的范围之内,而是把它深化到经济学领域,借助对人类物质生产规律的考察,把美、审美和艺术作为生产的特殊方式,进一步又揭示了美、审美和艺术的规律:

>……艺术等等,都不过是生产的一些特殊的形态,并且受生产的普遍规律的支配。因此,私有财产的积极的扬弃,作为人的生活的确立,是一切异化的积极的扬弃,从而是人从宗教、家庭、国家等等向自己的

---

① 《卢卡契文学论文集》(1),中国社会科学出版社1980年版,第275页。

> 合乎人的本性的存在亦即社会的存在的复归。宗教的异化本身只是发生在人内心深处的意识领域中,而经济的异化则是现实生活的异化,——因此异化的扬弃包括两个方面。①

这样,马克思在人类历史上第一次科学地回答了美、审美和艺术在人类劳动和社会交往中的起源,回答了美、审美和艺术的本质之谜,回答了从原始社会、资本主义社会直到共产主义社会美、审美和艺术的特性与发展规律,回答了无产阶级在未来的美学革命中的地位和作用。并且,正因为如此,就使得美学不再是夸夸其谈的思辨说教,也不再是文人墨客的空洞呓语,而成为无产阶级的战斗武器。这一切,就使得马克思主义美学最终超出了在西方近代美学中雄踞"从康德以来的整个运动的顶峰"(恩格斯语)的黑格尔美学,成为西方现代美学问世的第一声惊雷。

如前所述,在社会历史条件和美学逻辑条件的推动下,中国近代美学革命已经匆促地掠过了西方近代美学的全部进程,正在美学的社会存在本体论的大门口徘徊。一系列问题日夜萦绕在中国近代美学革命的进程中,期待着中国近代美学家的回答。这就历史地铸成了马克思主义美学与中国近代美学相互接触的美学契机,换言之,中国近代美学革命以全面接受马克思主义美学作为最终归宿,因此而成为历史与逻辑的必然。

正是在这样的美学背景下,中国近代美学家开始自觉学习马克思主义美学思想,并以之作为理论武器,剖析并回答中国近代美学实践提出的理论问题。最先转向马克思主义美学的,是李大钊。作为"断头流血,万死不辞"的真理追求者,李大钊最初接受的是西方资产阶级美学。然而,当他接触到历史唯物主义之后,美学观迅即发生了激剧的变化。在《再论问题与主义》中,我们可以看到其思想的嬗变:

> 《新青年》和《每周评论》的同人,谈论俄国的布尔扎维主义的议论

---

① 马克思:《1844年经济学—哲学手稿》,人民出版社1979年版,第74页。

很少。仲甫先生(即陈独秀)和先生(即胡适)等的思想运动、文学运动，据日本《日日新闻》的批评，且说是支那民主主义的正统思想。一方要与旧式的顽迷思想奋战，一方要防遏俄国布尔扎维主义的潮流。我可以自白，我是喜欢谈谈布尔扎维主义的……我觉得布尔扎维主义的流行，实在是世界文化上的一大变动。我们应当研究他，介绍他……

显然，接触到了"布尔扎维主义"之后，李大钊对只是宣传"支那民主主义"的"思想运动""文学运动"已经不甚满意，对胡适的"防遏俄国布尔扎维主义"，更是嗤之以鼻。在李大钊看来，应该把"思想运动""文学运动"提高到"谈布尔扎维主义"、"研究"与"介绍""布尔扎维主义"的水平。这无疑是中国近代美学革命的深化。

具体而论，李大钊美学思想的激剧变化，主张表现在两个方面。首先，根据历史唯物主义的基本原则，对美、审美和艺术的社会意识形态的属性作出科学说明。在《马克思的历史哲学》一文中，李大钊指出：

社会变革便是历史。推言之，把人类横着看就是社会，纵着看就是历史。喻之建筑，社会亦有基础(Basis)与上层(Uberbau)。基础是经济的构造，即经济关系，马氏称之为物质的或人类的社会的存在。上层是法制、政治、宗教、艺术、哲学等，马氏称之为观念的形态，或人类的意识。从来的历史家欲单从上层上说明社会的变革即历史，而不顾基础，那样的方法不能真正理解历史。上层的变革，全靠经济基础的变动，故历史非从经济关系上说明不可。

这段话把笼罩在中国美学上空的几千年的历史唯心主义一扫而空，应当视作中国美学史中的光辉一页。李大钊正确地把美、审美和艺术划入社会意识形态，并且雄辩地论证了"物质变动和道德的变动"，"经济变化"和"思想变化"之间内在的因果关系。尤其值得一提的是，他在《"少年中国"的"少年运动"》中力主"两种的文化运动"。他认为"精神改造的运动"必须与"物质改造的运动"同时进行。这实际也就是对现存经济基础和上层建筑实行立体的变革的近代文化革命、美学革命的主张。这样,李大钊就对近代文化革命、美学革命的产生、发展和近代文化革命、美学革命终将取代古典文化、古典美学的历史大趋势,从根本上给予有力的令人信服的说明。其次,从历史唯物主义出发,李大钊深刻指出了近代美学革命与人民大众的血肉关系。李大钊历来重视美、审美与艺术同人民大众的关系。他指出:美与人们的劳动、生活、创造密切相联。"因为他们的活动,都是人的活动。他们的生活,都是人的生活。他们大概都是生产者,都是靠着工作发挥人生之美。"①由此出发,他多次提出"打破知识阶级的运动",使近代美学革命走向人民大众。

在近代美学革命的洪流中,李大钊的看法无疑高人一筹。它令我们情不自禁地忆及马克思的一段话:"谁要是经常亲自听到周围居民因贫困压在头上而发出的粗鲁的呼声,他就容易失去美学家那种善于用最优美最谦恭的方式来表述思想的技巧。他也许还会认为自己在政治上有义务暂时用迫于贫困的人民的语言来公开地说几句话……"②从马克思的论述,我们对李大钊的上述观点或许会有更加深刻的理解。它预示着美、审美和艺术真正深入劳动人民的历史时刻已经不远了。除此之外,李大钊还把"写实主义""人道主义"等文学口号,重新加以美学改铸,充实以无产阶级文学的美学内涵;他把美、审美和艺术的起源同人类劳动、社会生活联系起来,认为"从文字语言上,亦可以考察古代社会生活的遗迹,并可以考察当代社会生活的背景"(《原人社会于文字书契上之唯物的反映》);他大力提倡文学艺术要"救人救世",表现社会生活,鼓舞人民去创造"青春之中华"等等。这些都足以证明李大钊是中国近代美学革命中从近代美学向马克思主义美学转变的美学前驱。

李大钊的确是一个典型的例子。进而言之,这实际也是中国近代美学全面接受马克思主义美学的根本特点之一。在李大钊之后,20年代初,毅然

---

① 《光明与黑暗》,载《每周评论》1919年3月2日。
② 《马克思恩格斯全集》第1卷,人民出版社1959年版,第210页。

接受马克思主义美学的还有恽代英、邓中夏、沈泽民和萧楚女等人。邓中夏高度肯定了美、审美和艺术的社会作用,认为它们能够"儆醒人们使他们有革命的自觉,和鼓吹人们使他们有革命的勇气"。沈泽民也指出:

> 诗人若不是一个革命家,他决不能凭空创造出革命的文学来。诗人若单是一个有革命思想的人,他亦不能创造革命的文学。因为无论我们怎样夸称天才的创造力,文学始终只是生活的反映。革命的文学家若不曾亲身参加过工人罢工的运动,若不曾亲自尝过牢狱的滋味,亲自受过官厅的追逐,不曾和满身泥污的工人或农人同睡过一间小屋子,同做过吃力的工作,同受过雇主和工头的鞭打斥骂,他决不能去了解无产阶级的每一种潜在的情绪,决不配创造革命文学。①

在 20 年代初的美学论坛,这或许尚属"空谷足音"。在人们还在探索中痛苦徘徊的时候,他已经深刻认识到劳动人民是历史从而也是美学的主体,他们不但将挣脱统治阶级的锁链,建立自己的政权,而且,美、审美和艺术这个世界迟早也是他们的。同时比较突出的,则是萧楚女对于西方资产阶级美学的批判:

> "艺术",到底是不是专为人生的而有的?这已是两千多年来哲学、美学、心理学上的一个很古老的问题了!在我们相信唯物主义的人,自然是以为所谓艺术,就是"人生底表现和批评";但在相信二元论的两重生活的人们,却也自可主张他们底艺术至上主义,说艺术就是艺术,它底本身自有价值。(《艺术与生活》)

请注意,这里萧楚女对从西方贩入的"艺术至上主义"的注意,正反映出中国近代美学革命的深化过程中,所必然出现的对西方资产阶级美学的重新估

---

① 《文学与革命的文学》,载 1924 年 11 月 6 日《民国日报·觉悟》。

价。不如此便不可能顺利地转向马克思主义美学。在萧楚女看来,拥护"艺术至上主义",就会"成了一个拥护罪恶的罪人",因为"主张摆脱一切束缚,解放艺术创造的朋友们底意思……是在要求艺术界的安那其"。而这样一种艺术上的无政府主义,显然会把近代美学革命引上邪路:

> 老实说罢!朋友们要求相对的艺术创造自由,是对的;若像这样绝对的否认现实,故意颠倒事实底因果关系,那便不对了!艺术,不过是和那些政治、法律、宗教、道德、风俗……一样,同是一种人类社会底文化,同是建筑在社会经济组织上的表层建筑物,同是随着人类底生活方式之变迁而变迁的东西。只可说生活创造艺术,艺术是生活的反映。(《艺术与生活》)

显而易见,这是当时关于美、审美和艺术的最高水平的理论阐释,它显示着中国近代美学革命已经成功地在理论环节上跨越了西方资产阶级美学。倘若回顾一下李大钊的有关论述,我们就会确信,马克思主义美学已经逐渐为越来越多的近代美学家所接受。

李大钊、邓中夏、恽代英、沈泽民和萧楚女在中国近代美学革命中的作用是巨大而又深刻的,但他们毕竟是将主要精力投身于人民解放的政治家和思想家。因此,为了把握中国近代美学革命的最终归宿的整体进程,似乎还有必要进而考察一下近代美学家、文学家的思想进程。而其中最具代表性、典范意义和强大说服力的,莫过于鲁迅、郭沫若、茅盾的美学观的演进了。

茅盾是三人中最先转向马克思主义美学的。他很早就洞察到:"我国古训,所谓尊先王之法而过者,未有之也。又曰,不知不识,顺帝之则。皆不啻为奴隶道德四字作注解"。故汉代以来,学者们往往"揣摩君主之所好","取古人之陈言","考订雠校","盈篇累牍,盘旋曲折,琐碎已极"。而西方资产阶级文化与美学传入之后,虽然打破了古典文化、古典美学的"一统天下",但"西学太过于肤浅",因此它不但不能促使中国建树自己的美学体系,反而使"趋时之习","日甚一日"。① 这就促使他越过西方资产阶级美学而"别求新声"。正如他所自述的:"一九一九年尾,我开始接受马克思主义。"而美学思想最终发生转变的标志是:最初,茅盾根据西方资产阶级美学"古典——浪漫——写实——新浪漫"的"进化的通则",曾经大力提倡过"新浪漫主义",把它作为中国近代美学革命的最终归宿。然而,随着美学思想的日趋深入,茅盾却毅然抛弃了这一目标。20年代中叶,茅盾"确信了马克思底社会主义"。他在《论无产阶级艺术》《告有志研究文学者》《文学者的新使命》《现成的希望》等一系列文章中,全新阐释了他对美、审美和艺术的阶级属性、社会作用以及无产阶级美学(现代美学)产生的历史必然性和主客观条件等问题的看法,而这也就标志着茅盾并未将"新浪漫主义"而是将马克思主义美学作为自己最终的美学归宿。

从近代"为人生"的美学观到马克思主义美学观的转进,无疑是茅盾美学思想的巨大飞跃。这里,重要的区别在于,前者的理论基础是进化唯物主义的。它虽然卓有成效地指导了近代美学革命的实践,但却无法最终解决美、审美和艺术的社会存在的本体论问题,也就无法最终结束中国近代美学革命。后者的理论基础却是历史唯物主义的。具体而言,在美、审美和艺术的内容方面,最初茅盾只是空泛地提倡"为人生","欲使文学更能表现当代全体人类的生活,更能宣泄全体人类的感情,更能声诉当代全体人类的苦痛和期望,更能代替全体人类向不可知的运命作奋抗与呼吁"。② 而到了1925年,茅盾针对自己过去的"为人生"的空泛提倡,指出:"文学实是一阶级的人生的反映,并非是整个的人生"。③"在我们这世界里,'全民众'将成为一个怎样可笑的名词! 我们看见的是此一阶级和彼一阶级,何尝有不分阶级的全民众。"④进而,从经济基础与上层建筑的关系,茅盾又深入分析说:文学的产生要经过"社会的选择"和"个人的选择"。所谓"个人的选择",是指作家根

---

① 《学生与社会》,载1917年12月《学生杂志》。
② 《新文学研究者的责任与努力》,载1921年《小说月报》第12卷第2期。
③ 《告有志研究文学者》,载1925年《学生杂志》第12卷第1号。
④ 《论无产阶级艺术》,载1925年《文学周报》第173期。

基于自己的世界观和美学理想所作出的选择。"社会的选择",则是指经济基础和统治政权的制约。茅盾由此指出:应当抛弃"欠妥的"、"不明了的"、"乌托邦式"的"民众艺术"的口号,代之以全新的"头角峥嵘,须眉毕露的名儿——这便是无产阶级艺术"。在美、审美和艺术的社会作用方面,茅盾从过去的揭露"黑暗腐败的现实""旧势力的压迫""时代的缺陷""激励人心""唤醒民众"等含糊、直观的认识,转而认定"被压迫民族与被压迫阶级的解放就是现代人类的需要",而文学的作用,就在于推动"他们的自求解放运动"。在美、审美和艺术与现实的关系方面,茅盾从"迷信'文学者社会之反影'"一类多少掺杂了自然主义美学因素的观点,转而认为"文学中所表现的当代人生实在是经过作者个人与社会的意识所拣选淘汰而认为合式的"。"文学于真实表现人生而外,又附带一个指示人生到未来的光明大路的职务"。不过,"文学者决不能离开了现实的人生,专去讴歌去描写将来的理想世界。我们心中不可不有一个将来社会的理想,而我们的题材却离不了现实人生。……如果我们不能明了现代人类的痛苦与需要是什么,则必不能指示人生到正确的将来的路径,而心中所怀的将来社会的理想亦只是一帖不对症的药罢了。"(《文学者的新使命》)

郭沫若的转向马克思主义美学,略迟于茅盾。1924年夏天,他翻译了有20万字的马克思主义经济学著作——日本河上肇的《社会组织与社会革命》。在是年8月9日致成仿吾的信中自述说:

> 这书的译出在我一生中形成了一个转换期,把我从半眠状态唤醒了的是它,把我从歧路的彷徨里引出了的是它,把我从死的暗影里救出了的是它。我对于作者非常感谢,我对于马克思、列宁非常感谢。[①]

由是,他表示:"我现在成了个彻底的马克思主义的信徒了。"并且概括自己的崭新看法,说"马克思主义在我们所处的这个时代是唯一的宝筏";认为

[①] 《沫若文集》第10卷,人民文学出版社1959年版,第233页。

"物质是精神之母,物质文明之高度的发展和平均的分配才是新的精神文明的胎盘"。① 而在美学思想上,郭沫若也宣布:"我现在对于文艺的见解也全盘变了。"他深刻剖白自己:"我从前是尊重个性、景仰自由的人,但在最近一两年间与水平线下的悲惨社会略略有所接触,觉得在大多数人完全不自主地失掉了自由,失掉了个性的时代,有少数的人要来主张个性,主张自由,未免出于僭妄。"而牺牲个人的自由去为大多数人争取自由解放,这正是新美学的出发点,正是"新文艺的生命"所在。这正意味着郭沫若美学思想的理论基础由进化唯物论逐渐转向历史唯物主义。不过,郭沫若美学思想的转变过程直到1926年才基本完成。

1926年,郭沫若撰写了《文艺家的觉悟》《革命与文学》等文章,完整陈述了自己的看法。在美、审美和艺术的内容方面,他宣布:"我们所处的时代是第四阶级革命的时代,我们所处的中国尤为是受全世界资本家压迫着的中国",因此,目前需要的是"无产阶级的社会主义的写实主义",它"在形式上是现实主义的,在内容上是社会主义的"。显然,这一看法是与斯大林提倡的社会主义现实主义大体相类的。在美、审美和艺术的社会功用方面,郭沫若认为"文艺每每成为革命的前驱",并推断说:"每个革命时代的革命思潮多半是由于文艺家或者于文艺有素养的人滥觞出来的。"因为"无产阶级的理想要望革命文学家点醒出来,无产阶级的苦闷要望革命文学家实写出来"。在美、审美和艺术与现实的关系方面,郭沫若明确提出:"文学是社会上的一种产物,它的生存不能违背社会的基本生存,它的发展也不能违反社会的进化而发展。"这一看法表明郭沫若美学思想的明显飞跃。郭沫若竭力劝告文学家:

> 你们要把自己的生活坚实起来,你们要把文艺的主潮认定!应该到兵间去,民间去,工厂间去,革命的漩涡中去。你们要晓得,时代所要求的文学是同情于无产阶级的社会主义的写实主义的文学,中国的要

---

① 《沫若文集》第10卷,人民文学出版社1959年版,第233页。

求已经和世界的要求一致。时代昭告着我们:我们努力吧,向前猛进!

这是中国近代美学革命中的黄钟大吕之声。这段在今天听来已经见惯不惊甚至有些厌烦的话,在当时却实在是一声春雷。

鲁迅接受马克思主义美学则更晚。然而,他的思想演进最扎实,理论收获也最丰硕。"五四"前后,鲁迅经过长期的思想探索,成功地熔铸了"为人生"的美学武器,它标志着中国近代美学革命的最高成果,然而,这一"为人生"的美学毕竟是建立在进化唯物论基础之上的,毕竟掺杂着许多唯心主义的美学杂质,因此它既不足以从根本上战胜源远流长的古典美学,更不可能成功地指导近代美学革命转向现代美学。这就使得鲁迅更加深沉地在摸索中反省和寻求。早在"五卅"运动中,鲁迅已经痛切地看到了"空手鼓舞民气"的无力与无用,因此提出"必须设法增长国民的实力",因为改革最快的还是火和剑。"三·一八"惨案中,北洋军阀政府对学生运动的血腥镇压,更使鲁迅对于一向所知道的前人所讲的文学的议论,都渐渐地怀疑起来。他痛苦地自问:"被压迫的人","天天呐喊,叫苦,鸣不平,而有实力的人仍然压迫,虐待,杀戮,没有办法对付他们,这文学于人们又有什么益处呢?"(《革命时代的文学》)显然,长期而又曲折的美学实践,使鲁迅深刻认识到:美、审美和艺术本质的探讨,只有深化到社会存在的本体论,才能最终给予解决。而1928年他与创造社、太阳社的一场关于"革命文学"的激烈论争,更推动鲁迅积极去学习马克思主义美学:"我有一件事要感谢创造社的,是他们'挤'我看了几种科学底文艺论,明白了先前的文学史家们说了一大堆,还是纠缠不清的疑问。并且因此译了一本蒲力汗诺夫的《艺术论》,以救正我——还因我而及于别人——的只信进化论的偏颇。"(《三闲集·序言》)并且指出:"以史底唯物论批评文艺的书,我也曾看了一点,以为那是极直捷爽快的,有许多暧昧难解的问题,都可说明。"[1]显然,鲁迅对马克思主义美学的理解,是十分深刻的,他十分敏捷地把握到了马克思主义美学的真谛和精华之所在。

---

[1] 《致韦素园》,见《鲁迅书信集》,人民文学出版社1976年版。

准确认识和阐释鲁迅美学思想的根本变化的关键,是鲁迅对普列汉诺夫《艺术论》一书的译介和钻研。对于普列汉诺夫的美学思想,鲁迅给予了极高的评价,视之为马克思主义美学的代表。在《二心集·〈艺术论〉译本序》中,鲁迅指出:"蒲力汗诺夫也给马克斯主义艺术理论放下了基础。他的艺术论虽然还未能俨然成一个体系,但所遗留的含有方法和成果的著作,却不只作为后人研究的对象,也不愧称为建立马克斯主义艺术理论,社会学底美学的古典底文献的了。"这样一种态度,就使得鲁迅把普列汉诺夫的美学著作作为马克思主义美学的经典著作,作为"炬火"和"太阳",而鲁迅自己则在这"炬火"和"太阳"的照耀下,"心悦诚服的消失,不但毫无不平,而且还要随喜赞美这炬火或太阳;因为他照了人类,连我都在内"(《热风·随感录四十一》)。

鲁迅曾经欣然写下了普列汉诺夫尤其令他"心悦诚服"之处,这就是:

> (美学研究)须"从生物学到社会学去",须从达尔文的领域的那将人类作为"物种"的研究,到这物种的历史底运命的研究去。倘只就艺术而言,则是人类的美底感情的存在的可能性(种的概念),是被那为它移向现实的条件(历史底概念)所提高的。这条件,自然便是该社会的生产力的发展阶段。但蒲力汗诺夫在这里,却将这作为重要的艺术生产的问题,解明了生产力和生产关系的矛盾以及阶级间的矛盾,以怎样的形式,作用于艺术上;而站在该生产关系上的社会的艺术,从怎样地取了各别的形态,和别社会的艺术显出不同。

在鲁迅看来,这无疑是历史唯物论美学最为引人瞩目又最具生命力的所在。"艺术也是社会现象,所以观察之际,也必用唯物史观的立场"。这就是结论。而将西方资产阶级美学家那些"唯心史观者所深恶痛绝的社会、种族、阶级的功利主义底见解,引入艺术里去",也就意味着同资产阶级美学的彻底决裂。普列汉诺夫也好,鲁迅也好,都是如此。在普列汉诺夫美学的基础上,鲁迅断然提出了自己的美、审美和艺术的本质观:

> ……社会人之看事物和现象,最初是从功利底观点的,到后来才移到审美底观点去。在一切人类所以为美的东西,就是于他有用——于为了生存而和自然以及别的社会人生的斗争上有着意义的东西。功用由理性而被认识,但美则凭直感底能力而被认识。享乐着美的时候,虽然几乎并不想到功用,但可由科学底分析而被发见,所以美底享乐的特殊性,即在那直接性,然而美底愉乐的根柢里,倘不伏着功用,那事物也就不见得美了。并非人为美而存在,乃是美为人而存在的。

在相当一段时间内,人们所信奉的都是西方资产阶级美学超利害、超功利、超概念的美学观,甚至连鲁迅本人亦莫能外。直到李大钊,才开始把美同社会生活联系起来,遗憾的是,他未能对这一问题作出认真而又审慎的理论研究。现在,这个工作由鲁迅完成了。在鲁迅看来,美,不可能是别的什么,它必然也只能是"于为了生存而和自然以及别的社会人生的斗争上有着意义的东西",亦即在人类历史发展中有意义的形象。这种对美、审美和艺术的客观性和社会性的肯定,使鲁迅不但最终否定了西方资产阶级美学,而且全面超出了"为人生"的进化论美学,从而为中国现代美学的巍峨壮观的宫殿的建设,铺设了具有历史意义的理论基石。而中国近代美学革命,也就心悦诚服地以接受马克思主义美学作为自己的最后归宿。

第二章　中国近代美学革命中的鲁迅

自愿面对历史的必然

普列汉诺夫对历史过程中的个人因素、主观因素曾经给予了充分的强调："为了使一个拥有某种才能的人能运用他的这种才能来对事变进程发生重大影响，就需要两个条件。第一，他所具备的才能应比别人所具备的才能更适合当时社会的需要：如果拿破仑所具备的不是他那种军事才能，而是贝多芬那样的音乐才能，那他当然就会做不成皇帝。第二，当时社会制度不应阻碍具备恰合当时需要并于当时有益的特性的那个人物施展其能力。"[①]普列汉诺夫谈的是历史。对于中国近代美学革命中美学家的个人因素、主观因素，也应作如是观。

而对于中国近代美学革命中美学家的个人因素、主观因素的探讨，莫过于对中国近代美学革命的伟大旗手——鲁迅之所以成功的探讨。倘若说王国维是"一个伟大的未成品"，那么，我们完全有理由把鲁迅看作一座完美无疵的伟大的美学金字塔。还是郭沫若讲得好：

> 王国维和鲁迅的精神发展过程，确实是有很多地方相同，然而在很多重要的地方也确实是有很大的相异。在大体上两位在幼年乃至少年时代都受过封建社会的影响。他们从这里蜕变了出来，不可忽视地，两位都曾经经历过一段浪漫主义时期。王国维喜欢德国浪漫派的哲学和文艺，鲁迅也喜欢尼采，尼采根本就是一位浪漫派。鲁迅的早年译著都

[①]《普列汉诺夫哲学著作选集》第2卷，三联书店1962年版，第366—367页。

> 浓厚地带着浪漫派的风味。这层我们不要忽略。经过了这个阶段之后,两位都走了写实主义的道路,虽然发展的方向虽有不同,一位偏重于学术研究,一位偏重于文艺创作,然而方法和态度确是相同的。到这儿,两位所经历的是同样的过程,但从这里以往便生出了悬隔。王国维停顿在旧写实主义的阶段上,受着种种束缚不能自拔,最后只好以死来解决自己的苦闷,事实上是成了苦闷的俘虏。鲁迅则从此骎骎日进了。他从旧写实主义突进到新现实主义的阶段,解脱了一切旧时代的桎梏,而认定了为人民服务的神圣任务。他扫荡了敌人,也扫荡了苦闷。①

这样,鲁迅之所以成功的主观因素,就成为一个饶具趣味的问题。而对鲁迅之所以成功的主观因素的探讨,也因此而具备了典范的意义。

确实,鲁迅并非生而知之的天才。就他的成长道路而言,人们一直很强调家道中落使他较早领略到世态的炎凉,童年与农村孩子的友谊使他较早感受到劳动人民纯朴、善良、助人为乐的品质等等,借以说明鲁迅在起步伊始便与众不同。实际上,这是缺乏说服力的。上述种种固然有助于造成鲁迅思想性格的特点,但却不足以造成鲁迅思想性格本身。例如与农村孩子的友谊,由于鲁迅只是偶尔到农村去居住,加以他是用一颗未经世事的童心去感受,去接触,因而挣扎在死亡线上的农民和他们的穷苦生活,给鲁迅留下的偏偏是田园诗一般的美好印象,这就使得鲁迅在之后的相当一段时间内,未能给农民的凄惨生活以高度的重视,却去一味地礼赞农民的道德精神。正像鲁迅自己追述的那样,在那段时间内,他未能超出"古书和师傅的教训"的框子,把农民和农民的生活看得像"花鸟一样"。因此,早期鲁迅尽管有其特殊经历,但在总的思想面貌和身世经历上,却又与同代人有着一致之处,亦即都是在严格的封建教育和腐败的文化传统中成长起来的。为了遵从母命而对封建包办婚姻的屈就,为了照顾弟弟而对赴德国留学的机会的放弃,乃至留日期间出于对寡母幼弟的安危的顾忌而未参加"拒俄义勇

---

① 《沫若文集》第12卷,人民文学出版社1959年版,第542—543页。

队"和"青年会",暴露出封建"孝悌"观念的浓重影响;"他年芹茂而樨香兮,购异籍以相酬"的"屡败屡战"的努力,暴露出对于科举的依恋;不愿去作"哀乐由人"的幕僚或"见利忘义"的商人,以至宁愿去走进洋务学堂这样的为人讥笑的异路,暴露出封建的"贵义贱利""尚虚文而轻实际"观念的内在驱策;至于视义和团运动为"拳匪滋事",更暴露出封建传统观念在他内心中的深刻印痕。不仅如此,在投身中国近代文化革命、美学革命之初,鲁迅也远远不像时人描述的那样"一贯正确"。例如在学习西方问题上,鲁迅一方面疾呼要"别求新声于异邦",另一方面却又希冀保存中国"信奉神灵,普崇万物,敬天礼地"的"固有之血脉",反对"翻然思变"的热血青年彻底"撞击旧物",甚至担心"旧物将不存于世矣"。他的美学思想最初也是唯心主义的,充溢着本体论与价值论的巨大割裂;在美学思想的演进过程中,也落后于李大钊、茅盾、郭沫若等人。从最初踏上近代美学革命的征途,到最终成为近代美学革命的伟大旗手,鲁迅走过的无疑是一条漫长、崎岖而又不无痛苦的道路。因而,在这条道路上,鲁迅之所以能够成功,也就绝然无法用"时势造英雄"之类的套话去搪塞了事。

那么,鲁迅之所以成功的主观因素是什么?在我看来,就是:自愿面对历史的必然。美国威士棱(卫斯理)大学副教授舒衡哲在《自愿面对历史的必然》中曾颇为别致地将鲁迅、布莱希特和沙特(萨特)三者的成长道路加以比较。"这样做的目的就是为了更好理解他们三人都同样具有的批判的自觉。这种自觉为那些把鲁迅、布莱希特、沙特作为艺术家来纪念的人所无视,也为把他们作为革命家来纪念的人们所忽略。"她指出:

> 他们都把自己看作即将被历史淘汰的可诅咒的族类的一员,他们只有几种选择:或像保守的知识分子那样阻碍本阶级价值与特权的解体;或像他们同时代罗曼谛克革命者那样,把自己想象为即将继承未来的无产阶级的一部分;或是对历史保持沉默,把艺术限制在更高的、更超越时间的范围。鲁迅、布莱希特和沙特摒弃了这些道路,他们宁可对那舒适而熟悉的世界投以冷然一瞥,决定去加速它的溃灭。作为资产

阶级知识分子,他们自愿对他们自己所属的阶级加以批判的考察,并以此贡献于无产阶级斗争。他们自愿面对历史的进程,这个进程,他们不能,也无法加以阻止。①

鲁迅、布莱希特和沙特三者之间的关系究竟如何,上述这段话是否十分妥当,我们不必深究。但作者把鲁迅成长道路的根本特点概为"自愿面对历史的进程",我是深表赞同的。在中国近代美学革命的过程中,在中国古典美学与中国近代美学、中国古典美学与西方资产阶级美学、中国美学与马克思主义美学激剧冲突的美学背景下,鲁迅之所以能够披荆斩棘、奋勇前行,之所以能够从服膺中国古典美学到"别求新声"于西方资产阶级美学,到转而信奉俄国革命民主主义美学,直到最终接受马克思主义美学,之所以能够超出作为"伟大的半成品"的王国维,成为一座完美无疵的伟大的美学金字塔,最根本的原因,就在于鲁迅能够自愿面对历史的必然。这种"面对"的根本特点,主要表现在下述几个方面。

为"转移性情,改造社会"而研究美学。鲁迅曾经反复说过,他之介绍西方美学、西方文学,"并不是从什么'艺术之宫'里伸出手来,拔了海外的奇花瑶草,来移植在华国的艺苑"(《坟·杂忆》),而是为了"转移性情,改造社会的"(《域外小说集·序》)。这也正是鲁迅研究美学的目的。从事美学的研究,对于鲁迅来讲,就是因为他意识到先进的科学固然是照耀世界的"神圣之光","教宗学术美艺文章"也不能束之高阁。而一些改良主义者,企图通过"振兴实业""富国强兵"来改造社会,在他看来,是"只求枝叶,不图根本"。而尤具说服力的,是通过"洞达世界之大势,权衡校量,去其偏颇,得其神明"的"上下求索"。鲁迅指出:在西方,19世纪以来,"顾瞻人间,新声争起,无不以殊特雄丽之言,自振起精神而绍介其伟于天下"。而"新声之别,不可究详;至力足以振人,且语之较有深趣者,实莫如摩罗诗派"。为什么这样说呢?这就因为摩罗诗派"大都不为顺世和乐之音,动吭一呼,闻者兴起,争天

---

① 此文载《国外鲁迅研究论集》,北京大学出版社1981版。

拒俗","发为雄声,以起其国人之新生,而大其国于天下","固声之最雄桀伟美者矣"(《摩罗诗力说》)。这些评价,准确概括了摩罗诗派的美学观。确实,摩罗诗派反对优美的"和乐之音",主张文学"动吭一呼",使"闻者兴起,争天拒俗",受到巨大的精神鼓舞,产生"最雄桀伟美"的审美感受,从而"大其国于天下"。它是19世纪诞生在资产阶级民主革命风暴中的美学最强音。因此,它必然最能引起正在进行类似革命的中国人民的共鸣。这一点,鲁迅在回忆为何介绍波兰摩罗诗人密茨凯维支、斯洛伐斯基和克拉辛斯基时说得极清楚:"那时满清宰华,汉民受制,中国境遇,颇类波兰,读其诗歌,即易于心心相印"[《且介亭杂文二集·"题未定"草(三)》]。因此,鲁迅正是通过对摩罗诗派"雄桀伟美"的美学观的推崇,提倡一种以崇高为核心的浪漫美学,主张借崇高美感激起人们的反抗和斗争情绪。可见,鲁迅对于"异邦""新声"的寻求,是深深植根于本国时代和社会的土壤的,是与"中国何处去"这样一个问题密切相关的。正是如此,他才激烈批判古典美学的"平和之声",而那种把美学作为"息肩之所""人生解脱"的看法,鲁迅则从未接受过。他把美学看成是"引导国民精神的前途的灯光",把自己的美学研究作为一项关于"转移性情,改造社会"的神圣事业。"在寻求中,我就怕我未熟的果实偏偏毒死偏爱我的果实的人。"正是因此,鲁迅没有潜心于美学的"鸿篇巨帙",没有远远离开政治斗争的旋涡,拂砚伸纸,磨墨挥毫,去系统地铸造思辨美学体系,也没有借思想的天梯攀上思辨的天空,用大胆的手在天空的屋宇中东触西摸,而是置身风云激荡的时代,用自己脚踏实地的研究为当前的美学实践指明了方向,为"转移性情,改造社会"提供了理论基础。而这也就使得鲁迅的美学研究,焕发出灿烂的美学的光芒。

"读世间这一部活书"。鲁迅在《读书杂谈》一文中,曾经谈到自己关于理论研究的深刻见地。他指出:"听说英国的培那特萧(萧伯纳)有过这样意思的话:世间最不行的是读书者。因为他只能看别人的思想艺术,不用自己。这也就是朂本华尔(叔本华)之所谓脑子里给别人跑马。较好的是思索者。因为能用自己的生活力了,但还不免是空想,所以更好的是观察者,他用自己的眼睛去读世间这一部活书。"在他看来,任何美学思想只有和社会实际结合起来，才能够成为"源头活水"。在《上海文艺之一瞥》中，鲁迅曾指出无产阶级文学"很有些错误之处"，其中有一条就是"他们对于中国社会，未曾加以细密的分析，便将在苏维埃政权之下才能运用的方法，来机械的运用了。"因此，这就要求美学家把理论研究建立在"读世间这一部活书"的基础之上。中国古典美学是一贯主张"平和"，主张"大团圆"的。这不能说毫无道理。从历史上看，它是有其存在的根据的。然而，时代逐渐发生变化之后，尤其是在近代个体与社会、人与自然激剧对峙、冲突的社会背景下，再坚持上述看法就未免过于荒唐。鲁迅正是从"世间这一部活书"出发，从"悲凉之雾，遍被华林"，从"由本身的矛盾或社会的缺陷所生的苦痛"出发，才能够击中它的要害，才能道破它"瞒和骗"的美学实质。在美学理想的研究中也是如此。古典美学是以优美为美学理想的。30年代中期，正当文化"围剿"与反"围剿"的冲突十分激烈的时候，有人出来拿古典美学的主张来说明"静穆"的优美是"最高境界"。鲁迅认为对于美学理想的研究不能脱离具体的社会存在，美学家应该"深入民众的大层中"，成为"大众的一体，喜怒哀乐，无不相通"，做到"深知民众的心"。这样，就会发现，只有崇高才是人们的美学理想，也才是"最高境界"。而对周作人、林语堂提倡的"以自我为中心，闲适为格调"的"幽默"，鲁迅更深刻指出：在"炸弹满空，河水满野"的中国，根本就无"幽默"可言，"如果从奴隶生活中寻出'美'来，赞叹，抚摩，陶醉，那可简直是万劫不复的奴才了。"对于鲁迅的这一特点，在近代美学革命的大幕降下之后，人们渐渐有所认识，并深叹弗如。"读世间这一部活书"，这正是鲁迅所独具的特点，也是鲁迅独具的优点。

不屈不挠地追求真理。追求真理，是中国近代美学家共同的趋向。然而，在中国，强大的传统力量和文化沉积顽固地阻碍着对于真理的追求，使这种追求尤其艰难。鲁迅对此有清醒的认识，因此对于刘半农的"她"字和"牠"字的创造，他才会盛赞为是"五四"时期打的一次"大仗"。"旧社会的根柢原是非常坚固的，新运动非有更大的力不能动摇它什么。并且旧社会还有它使新势力妥协的好办法，但它自己是决不妥协的。在中国也有过许多新的运动了，却每次都是新的敌不过旧的，那原因大抵是在新的一面没有坚决的广大的目的,要求很小,容易满足。"(《对于左翼作家联盟的意见》)因此,没有不屈不挠的追求,就不可能得到真理。鲁迅称之为"韧"性的战斗精神:

> 要治这麻木状态的国度,只有一法,就是"韧",也就是"锲而不舍"。逐渐的做一点,总不肯休,不至于比"踔厉风发"无效的。(《两地书》)

中国古典美学,已经走到了穷途末路,新的出路何在?没有人能够回答。人们在黑暗中探索,有些人由于看不到"光明"和"出路",便"恸哭而返",复又折回古典美学,或者虽未倒退,但却在西方资产阶级美学的歧路上徘徊。但鲁迅则不然。他奋然"跄跄地闯进去",决不畏缩,更不退出。在他看来,"不是正因为黑暗,正因为没有出路,所以要革命的么?倘必须前面贴着'光明'和'出路'的包票,这才雄赳赳地去革命,那就不但不是革命者,简直连投机家都不如了"。鲁迅认识到古典美学的力量是强大的,最先去与之对抗,难免会碰得头破血流。而西方资产阶级美学思想又像潮水般涌来,令人真假难辨。因此,靠"一鼓作气"的"义愤"就很难奏效。"鼓鼙之声要在前线,当进军的时候,是'作气'的,但尚且要'再而衰,三而竭',倘在并无进军的准备的处所,那就完全是'散气'的灵丹了,倒使别人的紧张的心情,由此转成弛缓。所以我曾比之于'嚎丧',是送死的妙诀,是丧礼的收场,从此使生人又可以在别一境界中,安心乐意的活下去。"(《南腔北调集·漫与》)与这种"一鼓作气"式的追求相反,鲁迅提倡的是一种韧性的追求,一种科学的追求,"我以为国民倘没有智,没有勇,而单靠一种所谓'气',实在是非常危险的。现在,应该更进而着手于较为坚实的工作了。"(《坟·杂忆》)在中国近代美学革命中,纷纭错杂的美学思潮的对峙冲突,曾经使许多人误入歧途。很重要的一个原因,就因为他们缺乏深沉的"智"和"勇",未能着手"较为坚实的工作"。鲁迅则不然。例如,鲁迅是坚决主张美学界参与世界的:"世界的时代思潮早已六面袭来,而自己还拘禁在三千年陈的桎梏里。于是觉醒,挣扎,反叛,要出而参与世界的事业——我要范围说得小一点:文艺之业。倘使中国之在世界上不算在错,则这样的情形我以为也是对的。"(《而已集·当陶元庆君的绘画展览时》)但在鲁迅看来,在"出而参与世界的事业"过程中,"欧化"和"民族化"两种倾向都是错误的,都是"一鼓作气"式的缺乏"智"和"勇"的追求所必然导致的结果。实际上,问题要复杂得多。由于中国美学的"迟暮"和落后,使近代美学革命面临着两重桎梏、两重危险。一方面,随着西方文明的衰落,西方人开始瞩目于东方文明,而我们却可能误以为旧的就是好的,反而在"民族化"的口号下为陈旧的东西让出舞台;另一方面,当西方现代派开始清算西方美学传统时,我们又因为对西方文明若明若暗,误以为新的就是好的,反倒把它们全盘学了过来。真正意识到这两重桎梏、两重危险并给以科学解决的,是鲁迅。他指出,在纷纭复杂的美学思潮的对峙冲突中,应该像陶元庆的画那样,"以新的形,尤其是新的色来写出他自己的世界,而其中仍有中国向来的魂灵——要字面免得流于玄虚,则就是:民族性",而且,"内外两面,都和世界的时代思潮合流,而又并未梏亡中国的民族性"(《而已集·当陶元庆君的绘画展览时》)。同时,对真理的追求还应当是彻底的,无所畏惧的。勃兰兑斯说过:"文艺事业的情况是:几百个参加竞争的人们,只有两三名达到了目的。其余的人都精疲力尽地沿途倒下了。最先支撑不住的是那些才力显然不能胜任的不幸者,他们只有一鳞片爪的才能,却为名利所诱,在一种令人眼花缭乱的幻觉的气氛里向前奔跑,直到精疲力尽而晕倒,到了医院里才清醒过来。其次倒下来的是这样一些人,他们尽管确有高超的才华,却缺乏他们所生存的社会中为成功所不可缺少的特殊综合品质,他们没有能力适应环境,更不能改造社会来适合他们的需要,……另外还有一些人,屈服于与作家地位分不开的困难。社会的均衡在一定的时刻取决于不能公开宣布全部真理的默契。可是,每个社会都有一些特殊的个人,他们唯一的任务,他们的使命,就是要道出全部真理。这些人便是诗人和作家。除非他们道出真理,否则他们便堕落成为一味阿谀奉承的公式主义者。因此,作家永远左右为难。他必须进行选择:或者把他应该公开宣布的置之度外——这种行为会使他智力迟钝,成为废物——,或者采取直言不讳的危险步骤,这样作会使他成为只有在文学中才有可能的那种敌对情绪的众矢之的。"①在鲁迅看来,有些人的追求并不以"道出全部真理"为使命,却反为"名利所诱","大抵以'无特操'为特色"。甚至还有一些人,"他们的唯一的长处,是在暗示有力者,说某某的作品是收卢布所致。我先前总以为文学者是用手和脑的,现在才知道有一些人,是用鼻子的了"。②而鲁迅则是相反,始终是以对于真理的不屈不挠的追求精神为其特色的。

强调斗争的思维方法。从思想起步之初,鲁迅就坚决反对"平和"的思维方法,强调事物的对立和斗争的绝对性。"平和为物,不见于人间。其强调之平和者,不过战事方已或未始之时,外状若宁,暗流仍伏,时劫一会,动作始矣。""生民之始,既以武健勇烈,抗拒战斗,渐近于文明矣"(《摩罗诗力说》)。鲁迅对于古典美学的批判,以及在近代美学中的建树,都与这一思维方法有着密切关系。从事物的对立和矛盾的绝对性出发,鲁迅引申出了全新的近代美学思想。他激烈批驳"十景病"的古典美学思想。认为"'十'字形的病菌,似乎已经侵入血管,流布全身",它造成了"十全停滞的生活"和"十全停滞"的美学理想。鲁迅断言:"中国如十景病尚存,则不但卢梭他们似的疯子决不产生,并且也决不产生一个悲剧作家或喜剧作家或讽刺诗人。所有的,只是喜剧底人物或非喜剧非悲剧底人物,在互相模仿的十景中生存,一面各各带了十景病"。因此,鲁迅才大力提倡崇高的美学理想,因为崇高的美学理想恰恰是揭露矛盾的,"是十景病的仇敌"。他赞美家乡女吊、无常这样的鬼魂,他追寻:"只要一叫而人们大抵震悚的怪鸱的真的恶声在那里!?"(《集外集·音乐》?》)他提倡"作至诚之声,致吾人于善美刚健"之域,"作温煦之声,援吾人出于荒寒"(《摩罗诗力说》)之区,甚至,与"爽朗的江浙风景,热烈的广东风景"相比,他"却爱看黄埃",因为在这北方的悲壮景色中,可以使人"为人和天然的苦斗的古战场所惊,而自己也参加了战斗"(《三闲集·看司徒乔君的画》)。到了晚年,鲁迅仍保持着自己的上述美学理想:

---

① 《十九世纪文学主流》第5分册,人民文学出版社1982年版,第419—420页。
② 《致曹靖华》(1930.9.20),见《鲁迅书信集》,人民文学出版社1976年版。

> ……假使我的血肉该喂动物,我情愿喂狮虎鹰隼,却一点也不给癞皮狗们吃。
>
> 养肥了狮虎鹰隼,它们在天空,岩角,大漠,丛莽里是伟美的壮观,捕来放在动物园里,打死制成标本,也令人看了神旺,消去鄙吝的心。
>
> 但养胖一群癞皮狗,只会乱钻,乱叫,可多么讨厌!(《且介亭杂文末编·半夏小集》)

在鲁迅美学思想的各个组成部分,我们都不难窥见这种思维方法的潜在影响。例如,他反对"瞒和骗"的大团圆,反对"才子及第,奉旨成婚",反对"作善降祥"和果报昭彰,主张揭露矛盾,"大胆地看取人生并且写出他的血和肉来",故更多地瞩目于"病态社会的不幸的人们中,意思是在揭出病苦,引起疗救的注意"。因此,鲁迅心目中的美、审美和艺术,不是对心灵的抚慰而反倒是痛楚的鞭挞。鲁迅提倡"如实描写,并无讳饰"的清醒的现实主义精神,鲁迅在谈到陀思妥耶夫斯基的创作时讲:"他把小说中的男男女女,放在万难忍受的境遇里,来试炼它们,不但剥去了表面的洁白,拷问出藏在底下的罪恶,而且还要拷问出藏在那罪恶之下的真正的洁白来。而且还不肯爽利的处死,竭力要放它们活得长久。"(《且介亭杂文二集·陀思妥夫斯基的事》)这正是鲁迅心目中的现实主义。而在美学思想的发展观上,与某些害怕斗争,人为制造缓和气氛的人相反,鲁迅却认为:"有一个'坛',便不免有斗争"。但美学思想的进步是不可抗拒的。"历史决不倒转,文坛是无须悲观的"。所有这一切,都或隐或显、或间接或直接与鲁迅的强调斗争的思维方法有着密切的关系。

一个理论家,尤其是一个伟大的理论家的诞生,即便仅就个人的主观的因素而论,其原因也必然是异常复杂的。然而这并不排除其中有基本的或非基本的,主要的或次要的原因的区别。鲁迅自然不能例外。透过纷纭复杂的众多原因,为"转移性情,改造社会"而研究美学,"读世间这一部活书",不屈不挠的追求真理,强调斗争的思维方法,这四个方面就构成了鲁迅之所以成功的美学奥秘,从而也就在总体上构成了自愿面对历史必然这一根本的主观因素。

鲁迅与近代美学革命中的落伍者

鲁迅的成功是中国近代美学革命中的奇观。在"别求新声于异邦"的美学大趋势中,他充分地沐浴了"欧风美雨"的洗刷,迅速彻底与中国古典美学决裂,成长为一个坚定的近代美学家;而后,在十月革命的强劲冲击下,伴随着中国革命进程的深入发展,他又实现了与西方资产阶级美学的彻底决裂,转而接受马克思主义美学,最终成为中国现代美学的伟大先驱。

而在近代美学革命的进程中,一些曾经打过"大仗",为近代美学革命做出过巨大贡献的人,后来却转入歧途。像陈独秀,作为新文化运动的领导者,曾大力宣传资产阶级美学,他向中国人介绍了18世纪法国启蒙思想家,认为他们是"当代之文豪"。在《现代欧洲文艺史谭》一文中,陈独秀历数"欧洲文艺思想之变迁",介绍了法国的左拉、龚古尔、都德,英国的王尔德、萧伯纳,俄国的托尔斯泰、屠格涅夫、安特列夫,挪威的易卜生,德国的霍普特曼,指出他们"非独以其文章卓越时流,乃以其思想左右一世"。"他是这样的具有烈火般的熊熊的忠诚,在做着打先锋的事业。他是不动摇,不退缩,也不容别人的动摇与退缩的!革命事业乃在这样的彻头彻尾的不妥协的态度里告了成功。"①陈独秀接受马克思主义的时间,远远早于鲁迅。然而,他不但没能继续推进马克思主义美学与中国美学传统、美学实践的结合,反而很快就成为近代美学革命的落伍者。又如胡适,他曾立志"为大中华,造新文学"而塞旗"作健儿"。他提倡"文学改良",走"欧化"的路,成为新文化运动的先锋。然而,不仅在新文化运动中胡适与顽固守旧的封建文人称兄道弟,暗自来往,而且当马克思主义美学传入中国之后,胡适的美学思想更急剧发生变化,不但拼命加以诋毁,攻击说"被马克思斯大林牵着鼻子走,也算不得好汉",而且戏剧性地与中国古典美学同流合污。胡适曾经讲过:"人各有最明白的地方,也各有最懵懂的地方,在甲点上他是新时代的先驱者,在乙点上

---

① 郑振铎:《中国新文学大系·文学论争集·导言》。

他也许还是旧思想的产儿。"①这话用在他自己身上倒是颇为相宜。又如严复、梁启超、王国维、刘半农、周作人、林语堂等,都显现出思想变化的共同特征。他们以悲喜剧的浓郁色彩体现出中国近代美学革命的全部曲折性、复杂性和艰巨性,而且,从他们的失败,我们从更高的层次理解了鲁迅的成功。

我们不妨以周作人为例,作一点深入的剖析。

周作人是新文化运动中的著名人物。有人曾把他称为中国近代"深刻的思想家和战士"(康嗣群:《周作人先生》)。周作人同鲁迅一起投身中国近代美学革命,然而却又最终分道扬镳,给人们留下了深刻的印象。恰如郁达夫所说的:"两人的经历完全是相同的,而他们的文章倾向,却又何等的不同。"阿英也指出:"周作人的'小品文',鲁迅的杂感文,在新文学中,正说明了两种不同的趋向。"像鲁迅一样,周作人是在历史的推动下,在梁启超的巨大影响下,走上中国近代美学革命的征程的:"民族革命运动逐渐发展,《新广东》《革命军》公然流传,康梁的立宪变法一派随之失势,但是对于我们,《新小说》的影响还是存在,因为对抗的同盟会这一方面没有什么工作。"(《鲁迅与清末文坛》)"梁任公的《论小说与群治之关系》,当初读了的确很有影响……(主要是)主张以文学来感化社会,振兴民族精神"(《关于鲁迅之二》)。因此,起步伊始,他就激烈批判古典美学"删《诗》定礼",把美学推入"特准一人为言"歧途,主张进行美学革命和"文章改革","摈儒者于门外","夺之一人,公诸百姓"(《关于鲁迅之二》)。并坚决反对"谓著作极致在怡悦读者,令得兴趣,有美感也"的"纯艺派",坚决反对"尽为圣人立言"的"载道派",提出"文章者,国民精神之所寄也"。"文章或革,思想得舒,国民精神进于美大,此未来之冀也。"(《论文章之意义暨其使命因及中国近时论文之失》)只是,与鲁迅不同,周作人美学思想的理论基础,更多地来自英国性心理学家蔼理斯的学说。蔼理斯把"人从社会的存在还原为自然的存在",认为人除了动物性的"求生"意志之外,还有另外一面,这就是高于动物的"天赋之性灵"的自由倾泻,而这正是艺术产生的动因。周作人对之全盘接受,

---

① 转引自彭定安等:《鲁迅和他的同时代人》,春风文艺出版社1985年版。

从而也就逻辑地规定了误入歧途的可能。"五四"期间,周作人发表了被胡适称为"最平实最伟大的宣言"的《人的文学》,提出了风靡全国的"人的文学"的美学观。他发展了日本留学期间接受的将"人从社会的存在还原为自然的存在"的观点,反对长期占统治地位的"灭了体质以救灵魂"的"灵肉二元"论,认为"人的一切生物本能,都是善的美的"。显然,这种看法在自然观上是坚持了唯物主义的。在"五四"期间,对于批判古典美学,周作人的美学思想是起到积极作用的,因之,也就成为"五四"文学革命的理论旗帜之一。但是,从另外一个方面来看,"十月革命"业已全部改变了世界革命的背景,它使得"五四"文学革命严格区别于欧洲文艺复兴而成为即将全面展开的新民主主义政治革命的理论准备。周作人用抽象的人的解放取代社会的解放,用理想的"人的生活"取代阶级与阶级之间的改造社会、转移性情的伟大实践,就不能不为他的美学思想罩上一层浓重的阴影。"五四"文学革命高潮过去之后,周作人陷入强烈意识到"批判的武器"的局限性的美学反思。然而,美学反思的结论却是:"新的艺术决不能克服群众,这是永远的事实。"(《中国戏剧的三条路》)于是,周作人自己批判自己,声称:"有益社会"并不是"著者的义务"。并公开宣布:"文艺只是自己的表现"(《自己的园地·序》)。这是周作人美学思想的重大转折。从此之后,他在歧途上越走越远,最终转而激烈反对马克思主义美学的传播,鼓吹"以自我为中心,以闲适为格调"的"性灵"美学,成为中国近代美学革命的对立面。

突变与停滞,苦闷与追求,彷徨与抉择,前进与倒退,在周作人身上表现得何等典型。因此,倘若把他之所以失败的主观因素与鲁迅之所以成功的主观因素加以比较,显然会使我们对鲁迅的认识更加深刻。

在鲁迅,他之投身中国近代美学革命的目的是明确的,这就是"转移性情,改造社会"。但周作人则不然,他虽然有其希冀"国民精神进于美大"的一面,但另一方面,又掺杂着所谓"流氓的精神"。这里的"流氓",就是"精神上的'破脚骨'"(绍兴方言中的"破脚骨",亦即"无赖子")。周作人在外出求学之前,在乡间游手好闲的时候,大有流为破脚骨之意。当他投身近代美学革命之后,这种"流氓的精神"并没有及时消除。因此,他虽然在"冒犯"封建的文化思想、美学思想,但"都依了个人的趣味,随意酌定,没有什么一定的规律"。所以,这犯"决不是'叛',不过闹点小乱子而已"(鲁迅:《流氓的变迁》)。我们不妨回想一下何其芳对周作人与鲁迅的文章的评价:"读着两人早期的文章,我们就总有着不同的感觉。一个使你好像晒着太阳,一个使你像闲坐在树荫下。一个沉郁地解剖着黑暗,却能给与你以希望和勇气,想做事情;一个安静谈说人生或其他,却反而使你想离开人生,去闭起眼睛来做梦。"①这种殊异的感受,倒是深刻地说明,他们在根本倾向上一个以"转移性情,改造社会"为己任,一个却不免掺杂一些"流氓的精神"。于是,周作人最终的不再"对于文艺与人生抱着一种什么主义",不再自称"理想派",不再宣传"大抵有点得罪人得罪社会"的进步美学思想,不与马克思主义美学"做同道",就都是必然的。

周作人还以提倡"绅士的态度"著称。这种"绅士的态度"妨碍了周作人对于社会现实的正确认识。在《人的文学》中,于提倡"人的一切生物本能,都是善的美的"的同时,周作人更把这一看法同一种甜蜜的"爱"的说教联系起来。"这种'人'的理想生活,实行起来,实于世上的人无一不利。富贵的人虽然觉得不免失了他的所谓尊严,但他们因此得从非人的生活里救出,成为完全的人,岂不是绝大的幸福么?"这样一种从抽象的人性出发的美学思想,深刻折射出周作人对社会现实的看法。在《艺术与生活·文学上的俄国与中国》一文中,周作人曾经明确表示过自己的看法,认为像俄国那种"贵族"与"劳农"尖锐对立、冲突的社会,在中国并不存在,中国"早已没有固定的阶级"。由此出发,周作人甚至把"民众""政府""外国人"一同视作压制思想自由的元凶:"我是不相信群众的,群众就只是暴君与顺民的平均罢了。然而因此凡以群众为根据的一切主义与运动,我也就不能不否认。"(《北沟沿通信》)"中国极大多数人的思想"是"妥协、顺从","凡是改进的意见,没有不是为大众所指斥的"。从中透露出他"精神上的贵族主义者"的眼光。在政治理想上,周作人推崇"日本新村运动",认为它真正体现了人道主义精

---

① 《何其芳文集》第4卷,人民文学出版社1983年版,第27页。

神,实现了"人的生活理想"。在1919年7月亲自访问了日本新村后,周作人激动地表示:自己"体验到正当的人的生活的幸福"(《访日本新村记》)。究其实质,周作人所鼓吹的"新村主义"是一种浸透了民粹主义色彩的空想社会主义,是小生产者既要避免走西方资本主义道路,又要反对封建专制,既要接受西方文明,又要保存东方国粹所必然导致的结果。鲁迅对社会的洞察却要深刻得多。他不但在致钱玄同的信中表示,周作人宣传"新村主义"的文章"不是什么大文章,不必各处登载",而且更公开提出:"改革么,武器在哪里?工读么,工厂在哪里?""我要借了阿尔志跋绥夫的话问你们:你们将黄金时代的出现豫约给这些人们的子孙了,但有什么给这些人们自己呢?"(《头发的故事》)确实,鲁迅对社会的洞察要远大得多。他并未高踞于"十字街头的塔里"去异想天开或发号施令,而是同社会的脉搏联在一起,深切地感受着其中的悲欢、呻吟、苦斗和挣扎。因此他没有陷入半空中的奇妙幻想,而是"更看重现在,无论怎样黑暗,却不想离开"。于是,在周作人看到了理想的共同人性的地方,鲁迅却看到了压迫者与被压迫者的尖锐对立;在周作人从进化论向循回论转进之时,鲁迅却在从进化论向阶级论过渡;而在周作人从近代美学折回到古典美学的同时,鲁迅也就成功地从近代美学走向马克思主义美学。

周作人的失败,在于他缺乏一种韧性的追求真理的精神。"五四"时期,他"也可以算是一个爱中国者,因为爱他,愈期望他光明起来,对于黑暗便愈憎恨,愈要攻击"(周作人:《先进国之妇女》),因而给"非人的生活"、"非人的道德"和"非人的文学"以猛烈的批判,以至被人们视为当时思想界的"先驱"和"权威"。但他的批判大多是采自西方资产阶级的"近世文明"、近世美学的观点,却很少去脚踏实地地认真剖析现实,因而流溢出一种"浮躁凌厉之气"。这与鲁迅那种应用西方资产阶级文化、美学的解剖刀,深刻地触及中国古典文化、古典美学的深层,"也照秽水,也看脓汁,有的研究淋菌,有时解剖苍蝇",使它们在这种反抗的咆哮、寒光闪闪的利刃面前无可逃遁、原形毕露的"韧"性战斗精神相比,确乎难以望其项背。并且,鲁迅公开承认自己的"顾忌并不少"。他不喜欢"乱骂",也不喜欢"乱赞",反对只顾输入西洋名词,却又不甚了了。这显示出一个"坚实的、明白的"美学家的特殊气质。而"五四"之后,从近代美学转向马克思主义美学,已经成为中国近代美学革命的必然归宿。周作人却死死抱住已经过时的人道主义基础上建立起来的美学思想不放,这使他置身历史的夹缝之中。人道主义美学所具有的进步因素和与马克思主义美学之间的尖锐冲突,使周作人经常生活在一种被左右夹攻的苦恼之中。"有好些性急的朋友以为我早该谈风月了!……我自己也未尝不想谈,不料总是不够消极,在风吹月照之中还是要呵佛骂祖,这是我的毛病,我也无可如何"。并且,"检阅旧作,满口柴胡,殊少敦厚温和之气","以后要怎样才好,还须得思索过"(《雨天的书·自序》)。但大抵是"只想缓缓的走着,看沿路景色,听人家谈论,尽量的享受这些应得的苦和乐"(《寻路的人》)。这样,周作人未能像鲁迅那样无情地解剖自己,承认自己也背了"古老的鬼魂",掺杂着一些"中产的智识阶级分子的坏脾气",承认"自己的灵魂的荒凉和粗糙",也未能认定"以后的路,本来明明是更分明的挣扎和战斗",从而更韧性地去探索、去追求。1927年开始的十年反动文化围剿,将徘徊中的周作人推上了抉择的顶点。"近六年来差不多天天怕反动运动之到来,而今终于到来了,殊有康圣人的'不幸而吾言中'之感。这反动是什么呢?不一定是守旧复古,凡统一思想的棒喝主义即是。北方的'讨赤'不必说了,即南方的'清党'也是我所怕的那种反动之一。因为它所问的并不都是行为罪而是思想罪,——以思想杀人,这是我所觉得最可恐怖的。"由是,他似乎清晰地意识到自己有着浓郁的"儒家气""古典气","压根与现代的浓郁的空气有点不合"(周作人:《谈虎集·后记》)。于是他声明自己从此"洗手学为善士,不谈文学,摘下招牌"(周作人:《国语文学谈》)。"我以前是梦想过乌托邦的,对于新村有极大的憧憬,在文学上也就有些相当的主张,但这"憧憬"和"主张"却"没有多大的觉世的效力",因此不再"对于文艺与人生抱着一种什么主义"(周作人:《艺术与生活·自序》)。他把"五四"以来的美学和文艺论文编为《艺术与生活》一书,并宣布今后"只作随笔",不谈理论,正式退出了中国近代美学革命,从而实际上也就成了中国近代美学革命的对立面。正像鲁迅讲的,尽管"先前确曾和黑暗战斗",但现在他"本身又便变成黑暗了"。但是,"真的知识阶级是不顾利害的"。"革命时代总要有许多文艺家萎黄,有许多文艺家向新的山崩地塌般的大波冲进去。"(鲁迅:《马上日记之二》)在周作人"萎黄"和"变成黑暗"的同时,鲁迅却"从别国里窃得火来","煮自己的肉"。他接受"事实的教训","以为惟新兴的无产者才有将来",深信"地火在地下运行,奔突","总有一个大时代要到来",因此"不顾利害"地"向新的山崩地塌般的大波冲进去",发表了《革命时代的文学》《革命文学》《文艺和革命》等文章,宣告了一个马克思主义美学家的诞生。

思维方法的分歧,似乎尤其能说明问题。在鲁迅看来,他与论敌之间的争端,"实为公仇,决非私怨"。因此他主张"连根的拔去"任何"二重思想"。因为"此退一步,而彼不进者极少,大抵反进两步,非力批其颊,彼决不止步也"。① 何况"对于鬼蜮的慈悲,使他们繁殖起来,而此后的明白的青年,为反抗黑暗计,也就要花费更多的气力和生命"(《论"费厄泼赖"应该缓行》)。这样,近代美学革命的"世界虽然不小,但彷徨的人种,是终竟寻不出位置的"(《随感录·五十四》)。而周作人的"我相信西洋近代文明之精神只是宽容,我们想脱离野蛮也非从这里著力不可"(《黑背心》)的"二重的"思维方法,却深深潜藏着一种向自己的对立面转化的危机。

从鲁迅与周作人的对比中,我们不难看出,任何一个民族的美学革命,都有其历史与逻辑的必然要求,而一个美学家的能否成功,就在于能否满足这种历史与逻辑的必然要求。从源远流长、根深蒂固的封建的古典美学思想的束缚中解脱出来,彻底批判封建的古典美学思想,这实在是中国近代美学革命的根本课题之一。严复、梁启超、王国维、陈独秀、胡适、刘半农、周作人、林语堂之所以从近代美学革命的中坚转而成为对立面,从对"非人的生活"、"非人的道德"和"非人的文学"的批判转而"再回到中国古典文学的怀抱中去",鲁迅之所以能成为中国近代美学革命的巨人,之所以能最终走向马克思主义美学,都应当从这里得到解释。

---

① 《致曹聚仁》(1935.1.17),见《鲁迅书信集》,人民文学出版社 1976 年版。

鲁迅的典范意义

在中国近代美学革命的进程中,鲁迅并非最先接受马克思主义美学,然而,一旦掌握了马克思主义美学,鲁迅就充分表现出一个成熟的美学大家的气质。他对马克思主义美学的深刻理解以及在应用马克思主义美学指导中国美学实践时的毫无教条气、八股气,都清晰地折射出他接受和领会马克思主义美学,可以当之无愧地称为最艰难、最深刻、最完整、最扎实。

由于历史与逻辑的必然,中国近代美学革命并未充分展开所有的理论环节,而是匆匆掠过,直接走向马克思主义美学。这同时也就历史地规定了今后美学道路的异常曲折,历史地规定了今后必须时时回顾这些未能充分展开的环节。否则,稍有不慎,就会在适宜的社会政治、文化条件下滑逸而出,犯左倾、右倾或经验主义、教条主义的错误。十月革命以后的苏联就提供了这方面的教训:从发源于十月革命初年的无产阶级文化派思潮,到整个20年代一直盛行不衰的左倾文艺思潮,充分证实了这一点。由于对马克思主义的接受是在缺乏充分而必要的理论准备的背景下完成的,因此,在他们手里,马克思主义美学竟然成为僵硬的教条。他们否认美、审美和艺术的美学特性,而且从波格丹诺夫主观唯心主义的"组织学理论"出发,认为区别于科学的"用抽象的概念去组织经验",文学是"用生动的形象"去组织经验的。从这一观念出发,他们否认继承文化遗产的必要性,从内容到形式同文化传统割断了血肉关系。在他们看来,文化遗产统统是封建地主和资产阶级"用生动的形象"对于自己的思想、观念、感情的组织,是无法为马克思主义美学所继承的。这种左倾美学思潮直到1932年才逐渐被克服。

中国美学家在起步之初,就已经隐含着失误的可能。进而言之,美学革命严格服从于政治革命,这样一种根本性的优点同时就不能不成为根本性的缺点。在五四运动之前,由于实际的革命运动尚未公开化、尖锐化、对立化,思想文化方面的斗争也还是以"中"与"外"、"今"与"古"的形式表现出来,故这一缺点并未清晰暴露。那时候,近代美学革命也遵循着"为人生"和与"中国何处去"密切相关的原则,但人们心目中的"人生"和"中国何处去"

却是泛指的,并没有具体对象。茅盾曾说:"从全体上看来,《新青年》到底是一个文化批判的刊物,而新青年社的主要人物也大多数是文化批判者,或以文化批判者的立场发表他们对于文学的议论。他们的文学理论的出发点是'新旧思想的冲突',他们是站在反封建的自觉上去攻击封建制度的形象的作物——旧文艺。"(《中国新文学大系·小说一集·导言》)这实在是十分真实的描述。这种既在根本点上服从于当时的实际的革命运动,又相对独立的特点,曾经极大推进了近代美学革命的发展。但是,正像郁达夫指出的:"统观中国新文学内容变革的历程,最初是沿旧文学传统而下,不过从一个新的角度而发见了自然,同时也就发见了个人;接着便是世界潮流的尽量的吸收,结果又发见了社会。而个人终不能遗世而独立,不能餐露以养生,人与社会,原有连带的关系,人与人类,也有休戚的因依的;将这社会的责任,明白剀切地指示给中国人看的,却是五卅的当时流在帝国主义枪炮下的几位上海志士的鲜血。"(《中国新文学大系·散文二集·导言》)从"五四"之后到1928年,随着实际革命运动的日趋高涨,近代美学革命被理所当然地要求迅速转向。美学思想上的明确转向,是从早期共产党人开始的。之所以如此,就因为他们是从特定的角度,即美、审美和艺术与实际的革命运动的关系,去理解马克思主义美学的。因此,在不无正确的对于马克思的历史唯物主义美学的阐释当中,也就不能不掺杂进一些自以为是的理解。其中最为主要的一点,就是要求美、审美和艺术直接服从于革命运动。他们对美、审美和艺术的全部要求,集中到一点,就是要直接有益于革命运动,即所谓"儆醒人们使他们有革命的自觉,和鼓吹人们使他们有革命的勇气"。[①] 在这里,美、审美和艺术的作用被"纯粹"化为直接服务于实际的革命运动。于是,能否将读者推向"十字街头"的政治革命,就成为衡量美、审美和艺术的唯一标准。不过,作为政治家,对于马克思主义美学作出这种解释,似乎并非偶然,也并非不可以原谅的。

然而,对马克思主义美学的科学、全面的说明始终未能出现。1927年之

[①] 邓中夏:《贡献于新诗人之前》,载1923年《中国青年》第10期。

后创造社、太阳社的美学家们,反而把上述失误变本加厉地给以推演,酿成了一股"左"倾美学思潮。这些坚信马克思主义的青年美学家对于中国现实的缺乏了解,对于中国近代美学革命的缺乏了解,加之早期共产党人的美学观的强大影响,无形之中助长了他们的教条主义的美学观。而党内的"左"倾思潮,以及苏联"拉普"和日本"纳普"等"左"倾美学思潮,更起了推波助澜的恶劣作用。在美学思想上,创造社、太阳社的美学原则是:"革命作家不但要表现时代,并且能够在茫乱的斗争的生活中,寻出创造新生活的元素"。"一方面要暴露旧势力的罪恶,攻击旧社会的破产,并且要促进新势力的发展,视这种发展为自己的文学的生命。"(《太阳月刊》2月号)这一看法并没有什么不对。问题在于,他们不承认在达到这一美学原则之前,尚有一段漫长的路要走。他们认定现在已经完全具备了实行这一美学原则的条件,因之,"现在的时代不是没有政治思想的作家所能表现出的时代"(钱杏邨语)。具体而言,他们虽然指出:"文学是社会上的一种产物,她的生存不能违背社会的基本而存在,所以我们可以说一句,凡是合乎社会的基本的文学方能有存在的价值,而合乎社会进化的文学方能为活的文学,进步的文学。"(郭沫若:《革命与文学》)但他们的理解却是机械的、形而上学的。在他们看来,革命的时代产生革命的文学,反革命的时代产生反革命的文学。而且,"文学的内容是跟着革命的意义转变的,革命的意义变了,文学便因之而变了。……在第二个时代又成为反革命的文学了。"(郭沫若:《革命与文学》)这一发挥显然已经逸出了历史唯物主义美学的轨道。而且,他们仅仅从为政治服务这一狭隘的美学观出发,看待美、审美和艺术的价值。李初梨指出:"无产阶级文学是:为完成他主体阶级的历史的使命,不是以观照的——表现的态度,而以无产阶级的阶级意识,产生出来的一种的斗争的文学"。所以,他认为:"一切的文学,都是宣传。"还认为:"文学,有它的组织机能,——一个阶级的武器。"他认定革命作家的作品是"由艺术的武器到武器的艺术","是机关枪,迫击炮"。本来,美、审美和艺术的价值是多元的,而且这多元的价值必须通过"美"这个轴心折射出来。现在,用为政治服务这一功利目的服务取而代之,也就从根本上改变了美、审美和艺术的性质。于是,一个本来应当作十分广阔、复杂的理解的问题,被轻而易举地简单化,并被硬性塞入一个无比狭窄的框架之中了。更令人意外的是,他们以所谓的"辩证唯物主义的创作方法"否定被马克思、恩格斯一再肯定的现实主义创作方法。郭沫若认为:"只要你有倾向社会主义的热忱,你有真实的革命情趣",就可以写出优秀文学。彭康认为:"文艺是思想的组织化,同时又是感情的组织化。文艺不仅是现实社会底热烈的直接的认识机关,还是文艺家对于现实社会的一定的见解及最期望的态度之宣传机关。"(《革命文艺与大众文艺》)克兴认为:"我们知道一切过去的作品在于生活的描写,而现在最要紧的,在于如何应用文字的武器,组织大众的意识和生活推进社会的潮流。至于还要我们顾虑到资产阶级所给与文艺的本质,那是时代错误了。"[①]认为反映生活的现实主义,乃是资产阶级赋予文学的本质,只有直接服务于革命的辩证唯物主义创作方法,才表现着文学的本质。这就难免会同鲁迅等人发生争执、冲突了。

全面论述创造社、太阳社的美学主张,及其他们与鲁迅发生的美学冲突,并非本书的任务,在这里,使人感兴趣的问题是,为什么鲁迅就没有卷入这股"左"倾美学思潮?不但没有,为什么鲁迅还能坚决与之斗争呢?我们有必要回答这一问题。

与创造社、太阳社指斥的什么鲁迅"还是一个封建余孽""是二重的反革命的人物"(杜荃语)相反,1927年前后,鲁迅已经完成了向马克思主义美学家的历史性转变。他对封建的美学、资产阶级的美学继续给以激烈的批判。在批判文章中,我们看到的,正是一个真正的马克思主义美学家的光辉形象。

"新月派""第三种人""民族主义文学"以及"论语派",它们的出现、演进、分化和消失,时下很多论著都曾论及,毋庸再述。这里要指出的是,马克思主义美学在中国的传播,触怒了一些资产阶级美学家。这些人,如前所述,都在不同程度上参加了中国近代美学革命,然而,当美学革命一旦超出

[①] 《小资产阶级文艺理论之谬误》,载1928年12月《创造月刊》第2卷第5期。

了他们预想的领域,他们便转而退出,成为封建的古典美学的亲兄弟了。不过,略有不同的是,他们是穿西服的美学家,因此,并不是完全回到古典美学队伍之中,而是在西方美学与古典美学之间颇费苦心地寻找一个交点。"用新典一如古典",正是他们的共同特点。他们的意图是十分清楚的,就是要把马克思主义美学的"红旗"连根拔掉。理所当然,他们的猖狂进攻遭到了以鲁迅为首的马克思主义美学家的迎头痛击。而伟大的鲁迅,也正在这一斗争中"成了中国文化革命的伟人"(毛泽东语)。

从美学思想上看,"新月派""第三种人""民族主义文学"以及"论语派"的一个共同特征,就是否定美、审美和艺术的阶级性,鼓吹"为艺术而艺术"。他们都主张用人的自然属性取代和规定人的社会性,从而否定美、审美和艺术与人的社会实践的关系,以俾从根本上否认马克思主义美学。对此,鲁迅是十分清楚的。他指出:"倘以表现最普通的人性的文学为至高,则表现最普遍的动物性——营养,呼吸,运动,生殖——的文学,或者除去'运动',表现生物性的文学,必当更在其上。"(《"硬译"与"文学的阶级性"》)不过,在社会生活中,这种"生物性的文学""生物性的美学"并无立足之地。因为如梁实秋所说的"爱的要求""怜悯与恐怖的情绪""伦常的观念""身心的愉快"等"最基本的人性",都是社会实践的产物。鲁迅断言:"文学不借人,也无以表示'性',一用人,而且还在阶级社会里,即断不能免掉所属的阶级性,无需加以'束缚',实乃出于必然。"(《"硬译"与"文学的阶级性"》)应当承认,鲁迅对审美创造和艺术创造中的阶级性的分析是十分透辟的。较之过去他对审美和艺术的"一曰作二曰受"的空泛认识,较之过去"甲们以为可丑者,在乙们也许以为可宝"(1923年),较之"人和人的魂灵,是不相通的"(1926年)之类的朴素感受,显然已经前进了一大步,已经提高到历史唯物主义美学的高度。不过,虽然批判了梁实秋等人否定美、审美和艺术阶级性的谬误,鲁迅却并没有像当时的一些青年美学家那样,转而认为不存在共同美和共同人性,导致用一种形而上学去反对另外一种形而上学。鲁迅正确指出:在中国,有人"竟会将个性、共同的人性、个人主义即利己主义混为一谈,来加以自以为唯物史观底申斥,倘再有人据此来论唯物史观,那真是糟糕透顶了"。

在鲁迅看来,美、审美和艺术"一定都带着阶级性。但是'都带',而非'只有'"(《文学的阶级性》)。如此科学、全面的阐述,在当时堪称独步一时。它对于批判错误观点,宣传马克思主义美学,是十分有利的。

对于"为艺术而艺术"的美学观,鲁迅的批判同样令人信服。从历史的角度看,"为艺术而艺术"并非任何时代、任何条件下都毫无积极性。在中国近代美学革命蓬勃兴起的时期,王国维、蔡元培、郭沫若、闻一多都曾提倡过"为艺术而艺术",但它的斗争矛头毕竟是指向古典美学的,因而是进步的。但现在,"为艺术而艺术"的斗争矛头却是指向马克思主义美学的,这就不能不成为前进道路中的严重障碍。鲁迅指出:"'为艺术的艺术'在发生时,是对于一种社会的成规的革命,但待到新兴的战斗的艺术出现之际,还拿着这老招牌来明明暗暗阻碍他的发展,那就成为反动,且不只是'资产阶级的帮闲者'了。"(《又论"第三种人"》)鲁迅进而指出:"一切文艺,是宣传,只要你一给人看。即使个人主义的作品,一写出,就有宣传的可能,除非你不作文,不开口。那么,用于革命,作为工具的一种,自然也可以的。"(《文艺与革命》)这也就是说,在阶级社会中,绝对站在政治斗争之外的美、审美和艺术是不存在的。作为已经掌握了马克思主义美学的美学家,鲁迅丝毫也不掩饰美、审美和艺术的倾向性和功利性。他曾经庄严宣布:"无产文学,是无产阶级解放斗争底一翼,它跟着无产阶级的社会的势力的成长而成长"(《对于左翼作家联盟的意见》)。而"为艺术而艺术"的提倡者却宣传无产阶级"将艺术堕落到一种政治的留声机,那是艺术的叛徒","美的照出来是美,丑的照出来是丑,不掩饰丑,同时也不抹煞美,此之谓反映,这是与赞助某一阶级的斗争毫无关系的",等等,就不能不是一种欺骗。鲁迅对此作了深刻揭露:"生在有阶级的社会里而要做超阶级的作家,生在战斗的时代而要离开战斗而独立,生在现在而要做给与将来的作品,这样的人,实在也是一个心造的幻影,在现实世界上是没有的。"(《论"第三种人"》)

然而,鲁迅同样不因为反对"为艺术而艺术"就陷入另外一种形而上学:认为文艺只是宣传,只是工具。他指出:"我以为一切文艺固是宣传,而一切宣传却并非全是文艺,这正如一切花皆有色(我将白也算作色),而凡颜色未必都是花一样。革命之所以于口号,标语,布告,电报,教科书……之外,要用文艺者,就因为它是文艺。"(《文艺与革命》)不难看出,鲁迅对马克思主义美学关于美、审美和艺术的社会功利观,阐述得确实十分准确而又全面。我们曾经指出:在早期鲁迅的美学思想中,存在着一个本体论与价值论的矛盾,亦即在美的本体论泛泛否定美的社会功利,而在美的价值论又高度评价美的社会功利性。这个矛盾长期未能加以解决。这当然仍旧因为鲁迅的美学武器是西方资产阶级的,而西方资产阶级美学却无法从本体论的角度对美的社会功利性作出科学的令人信服的说明。从"深恶先前的称小说为'闲书',而且将'为艺术的艺术'看作不过是'消闲'的新式的别号",到认为"诗文完全超于政治的所谓'田园诗人'、'山林诗人',是没有的",直到1927年提出的"文艺和政治时时在冲突之中","政治是要维持现状,自然和不安于现状的文艺处在不同的方向",以及随着国家的出现,"文艺也起来了,和政治不断地冲突;政治想维系现状使它统一,文艺催促社会进化使它渐渐分离;文艺虽使社会分裂,但是社会这样才进步起来。文艺既然是政治家的眼中钉,那就不免被挤出去。"(《文艺与政治的歧途》)鲁迅的看法虽然在不断趋于进步,但却依然失之于笼统,直到接受了马克思主义美学思想,才终于从历史唯物主义的角度对社会功利从美的本体论方面作出了合理的解释,使曾经一度相互矛盾的本体论与价值论统一了起来。也正是因此,在批判"为艺术而艺术"的美学观时,鲁迅才会显得如此从容不迫而又所向披靡。

颇具魅力的是,一些自以为已经真正掌握了马克思主义美学的人,在同"新月派""第三种人""民族主义文学"以及"论语派"的论争中,却暴露出了某些"机械的"观点。诸如文艺与政治关系上的狭隘的"工具"论,诸如文艺的社会功能上的片面观点,诸如辩证唯物主义创作方法,等等。以至鲁迅、瞿秋白、冯雪峰都痛感当时有某些"机械的"观点亟需克服。冯雪峰1946年时曾回忆当时出现的问题说:"左倾机械论和教条主义,却是对文艺采取一种过激的主观主义的态度,忽视了文艺的这个客观的原则,结果是使文艺的方法成为文艺即是政治原理或口号的复述或演绎,而文艺的内容则是这类的政治教条和公式,所以说实际上取消了文艺。完全没有生活和思想内容的图解主义的、公式主义的、标语口号主义的东西,就是这样产生的。"[1]推而广之,不仅仅是与"新月派"等的论争,倘若我们拿鲁迅的美学思想同创造社、太阳社,同瞿秋白,同稍后的周扬等"左联"领导人相比,就会发现鲁迅对马克思主义美学是领会得最深刻,掌握得最全面,运用得最纯熟的。

鲁迅之最终超出创造社、太阳社的美学家的思想视野,"成为中国文化革命的巨人",成为中国近代美学革命的巨人,在中国近现代美学进程中具有极为深远的典范意义,我认为主要体现在下述三个问题上:

马克思主义美学同中国美学实践的结合。中国近代美学革命的"别求新声于异邦"过程中,对西方"新声"采取的是一种"兼收并蓄"的态度,在方法上往往是取其精华,为我所用。为追求真理而"别求新声于异邦",运用"异邦"的"新声"分析、剖解中国美学实践提出的新问题,这是一个问题的两个方面,在中国美学家看来,都是题中应有之义。因此,理论与实际结合,在当时并不成其为问题。然而,寻找到马克思主义美学之后,情况就截然不同了。本来,马克思主义美学并不是僵硬、死板的教条,而是美学实践的指南。它是一个宏深、博大的美学理论体系,更是一个对美、审美和艺术的客观规律加以主观运用的方法论的体系,两者在马克思主义美学那里本质上是统一的、血肉相连的。换言之,作为对美、审美和艺术的阐释,马克思主义美学是一种理论;作为认识美、审美和艺术的工具,马克思主义美学又是一种方法。马克思主义美学之所以"放之四海而皆准",最根本的原因就在这里。然而,当马克思主义美学被中国美学家普遍接受之后,其中作为方法论的更为本质的规定往往被疏忽了。马克思主义美学的理论观点被从中割裂、分离出来,以至成为一些抽象的教条。于是,马克思主义美学就成为"包打天下"的"灵丹妙药",而不是成为考察美、审美和艺术的锐利的思想武器,成为拒绝面对实际的思想障碍,而不是成为推动人们深入美学实践的思想动力。这样,理论联系实际的问题,就历史性地突出了,成为每一个愿意接受马克思主义美学的中国美学家要面对的重要的理论难关。在中国,首先敏捷地

---

[1] 《雪峰文集》第2卷,人民文学出版社1983年版,第129页。

认识到这个问题的,是鲁迅。他曾激烈批评"左"倾美学思潮,"只会'辱骂''恐吓'甚至于'判决',而不肯具体地切实地运用科学所求得的公式,去解释每天的新的事实,新的现象,而只抄一通公式,往一切事实上乱凑,这也是一种八股。"(《伪自由书·回信》)并反复提醒自己的战友们,"应该知道革命的实际,也必须深知敌人的情形"。"惟有明白旧的,看到新的,了解过去,推断将来,我们的文学的发展才有希望"。直到 1935 年,鲁迅更痛感这一问题的严重。认为这些老病,"现在并没有好,而且我有时还觉得加重了。"[①]至于鲁迅本人,则一贯主张"读世间这一部活书",并且是"由于事实的教训,以为惟新兴的无产者才有将来",才心悦诚服地接受马克思主义美学的。而作为美学理论和科学方法论的统一的马克思主义美学,使鲁迅更加执着地着眼于现实。例如,对于"五四"新文学运动,"左"倾美学思潮把它说成"完全是资产阶级知识分子的运动,所以这种文艺革命运动是极不彻底的,妥协的,同时又是小团体的,关门主义的"。[②] 这显然已经远离了历史的事实和科学的分析。鲁迅的评价则坚持从实际出发,不是把"五四"新文学运动同左翼文艺运动分割开来,更不是把它们对立起来,而是把它们视作一脉相承的历史链条。又如,文艺大众化问题,"左"倾美学思潮认为"新的大众文艺,就是无产文艺的通俗化","通俗到不成文艺都可以"。鲁迅则从实际出发,认为"现在是使大众能鉴赏文艺的时代的准备"。"倘若此刻就要全部大众化,只是空谈。大多数人不识字;目下通行的白话文,也非大家能懂的文章;言语又不统一,若用方言,……也只为一处地方人所懂,阅读的范围反而收小了。"(《文艺的大众化》)文化上的翻身,与政治、经济的翻身是一体的。在中国的具体条件下,不能照搬某一教条。所以鲁迅批评"左"倾美学思潮"对于中国社会,未曾加以细密的分析,便将在苏维埃政权之下才能运用的方法,来机械的地运用了"(《上海文艺之一瞥》)。

马克思主义美学同西方资产阶级美学的关系。中国近代美学革命首先

[①] 《致萧军信》(1935.4.12),见《鲁迅书信集》,人民文学出版社 1976 年版。
[②] 《瞿秋白文集》第 2 卷,人民文学出版社 1953 年版,第 880 页。

接触到的是西方资产阶级美学。在一旦接受了马克思主义美学之后,是否还要给西方资产阶级美学以足够的重视呢?这是中国的马克思主义美学家必须解决的又一个理论问题。"一切划时代的体系的真正的内容都是由于产生这些体系的那个时期的需要而形成起来的。所有这些体系都是以本国过去的整个发展为基础的,是以阶级关系的历史形式及其政治的、道德的、哲学的以及其他的后果为基础的。"[1]马克思主义美学自然不能例外。它是在现代大工业的背景下而产生的,又是在西方资产阶级美学的基础上产生的。它虽然是对西方资产阶级美学的扬弃,但这种扬弃决不在于简单地抛弃西方资产阶级美学的"全部思想内容,而是要批判它,要从这个暂时的形式中,剥取那在错误的,但为时代和发展过程本身所不可避免的唯心主义形式中获得的成果"。[2]而且,这种扬弃又是建立在西方资产阶级美学对西方封建美学的扬弃的基础之上的。没有西方资产阶级美学对西方封建美学的全面、彻底的扬弃,马克思主义美学的出现同样是不可能的。然而,在西方,上述两个扬弃过程是在几百年内循序完成的,而在中国,却是在几十年内几乎同步完成的。这样,就给中国美学家带来了极为复杂的问题:一方面,要彻底批判西方资产阶级美学,不如此,就不可能真正深刻理解马克思主义美学;另一方面,又要广泛引进西方资产阶级美学,不如此,就不但不能有效地批判封建的古典美学,而且不可能真正接受马克思主义美学。"左"倾美学思潮未能也不可能认识到这一点,而鲁迅却深刻地洞察到了这一点。因此,他绝不因为接受马克思主义美学,就拒绝接受其他有益于中国美学建设的美学遗产。"鲁迅从没有用他对马克思主义的兴趣来局限他的文学活动。他认为马克思主义是观察和研究世界的一种有用的新方法。他并不把马克思主义当作唯一可以依凭的信条来选择该读的书以及指导自己怎样去读这些书。因此,在这一段过渡时期,他继续阅读着非马克思主义的作品。"[3]这

---

[1] 《马克思恩格斯全集》第3卷,人民出版社1958年版,第544页。
[2] 《马克思恩格斯全集》第20卷,人民出版社1958年版,第539页。
[3] 哈雷特·密尔斯:《鲁迅:文学与革命》,载《国外鲁迅研究论集》,第27页。

正是鲁迅的卓越之处。1927年之后,鲁迅一方面积极号召多译几部"切实可靠"的马克思主义美学的基本著作,另一方面又积极号召"单就文艺而言,我们实在还知道得太少,吸收得太少",还要"多看些别国的理论","来打破这包围的圈子"。他一再指出:"我是主张青年也可以看看'帝国主义者'的作品的,这就是古语的所谓'知己知彼'。"何况,"一道浊流,固然不如一杯清水的干净而澄明,但蒸溜了浊流的一部分,却就有许多杯净水在。"对于西方资产阶级文化、资产阶级美学的这种高瞻远瞩的态度,从根本上保证了鲁迅不致误入"左"倾美学思潮。

坚持批判封建的古典美学思想。这个问题与上一个问题密切相关。由于对于封建的古典美学、资产阶级的近代美学的两次扬弃几乎是同步进行的,造成了中国近代美学革命的异常复杂。因为接受马克思主义美学之后,在国内受到了坚决反对马克思主义美学的资产阶级美学家的激烈反击,中国的马克思主义美学家把大量精力集中在批判资产阶级美学上,因而忽略了对于封建的古典美学的批判。然而,倘若不首先彻底扬弃封建的古典美学,对资产阶级美学的彻底扬弃是无法想象的。不仅仅如此,甚至还会把封建的古典美学的东西当作马克思主义美学的东西完整地保留下来,反而阻碍着马克思主义美学同中国美学实践的结合。鲁迅从一贯的批判封建的古典美学的立场出发,接受马克思主义美学之后,批判封建的古典美学的势头不但未减,反而火力更猛了。更具深意的是,鲁迅深刻意识到,在一些自认为已经掌握了马克思主义美学的人身上,还潜伏着封建的阴魂,拖着一条又粗又长的封建尾巴,只要气候一适宜,就会暴露出来。他反复强调:"对于旧社会和旧势力的斗争,必须坚决,持久不断,而且注重实力。"(《对于左翼作家联盟的意见》)在后期的将近十年的时间中,鲁迅全力从事于这一工作。他要把接受马克思主义美学的历史必然要求,同封建毒素的顽固攀附、寄存彻底剥离开来,还马克思主义美学的历史内容以本来面目,并彻底根除封建阴魂寄生的土壤。这种努力,不但使鲁迅同"左"倾美学思潮严格划清了界线,更标志着马克思主义美学同中国美学实践相结合过程的深化,甚至预示着中国现代美学进程中的一项重要内容和历史任务。它的深远影响将在中国现代美学史中不断呈现出来。

毫不夸张地说,鲁迅以他卓越的美学实践,为我们开辟了一条中国式的成功的美学道路。鲁迅曾经讲过:"夫激荡之会,利于乘时,劲风盘空,轻蓬振翮,故以豪杰称一时者多矣,而品节卓异之士,盖难得一。"(《河南卢氏曹先生教泽碑文》)其实,在中国近现代美学史中,鲁迅本人正是这样一个在不同美学思想的激烈冲突中诞生的"盖难得一"的"品节卓异"的美学巨人。然而,我们回顾历史,不能不遗憾地指出,中国近现代美学并未沿着鲁迅开辟的道路健康地走下去。从鲁迅时代至现在,有何等丰富的经验与教训有待我们去总结啊!对此,因为篇幅的关系,本书无法涉及并展开。

"痛定思痛",当我们在惊心动魄的警醒中重新回顾和考察现代美学的这些经验与教训,当我们把在美学进程中出现的一切先是放在实践的天平上,继而又把它推向历史深处去探寻更深远的原因,当我们用清醒的理性和探索取代了迷乱的盲从和轻信,我们就不能不在更广袤的美学背景下更深刻地认识了鲁迅的伟大,认识了鲁迅开辟的美学道路的典范意义。这是一次美学回归,然而又绝非一次普通的而是一次螺旋式的美学回归,它意味着中国现代美学开始在"苦难历程"中扬弃自己、提高自己并最终超越自己,而且已经站到了新的起跑线上。

第三章　大事因缘

从王国维接着讲：心灵黑暗的在场者的声音

与里尔克同时的旷世奇才卡夫卡说过：你在有生之年便已经死了，但倘若你有幸饮了里尔克这脉清泉，便能够死而复生。这，也是我们对于王国维所开创的充盈着无限思想活力的美学的评价。"这脉清泉"倾尽生命孕育着一个伟大的思想，成为这一伟大的思想的心灵之子、精神后裔，是我们的唯一选择，也是我们的美学契机。遗憾的是，在王国维之后，真正继承了他的这一美学选择并且把握了这一契机的，只有鲁迅。

中国美学的 20 世纪，是王国维与鲁迅的世纪。而王国维、鲁迅对于个体生命的关注，则是中国美学的创世纪。不过，在他们之间，"个体生命"所导致的结果又有其不同。我们已经知道，在王国维，个体生命的发现使得他成为开一代新风的中国现代的美学之父，同时，个体生命的发现也使得他成为打开魔盒并放出魔鬼的中国现代的美学潘多拉。然而，个体一旦诞生，生命的虚无同时应运而生。由此而来的痛苦，令王国维忧心如焚、痛不欲生。个体生命确实"可信"，但是却实在并不"可爱"；人生确实就是痛苦，但是难道痛苦就是人生？王国维绝对无法接受，于是不惜以审美作为"蕴藉"与"解脱"的暂憩之所，结果为痛苦而生，也为痛苦而死，整个地让出了生命的尊严。换言之，在他为中国美学补上"欲望"的时候，事实上就已经陷入了绝境。因为以"欲望"为本体，无异于打开了潘多拉魔盒，势必走向绝望，随之而来的只有两条出路，或者与欲望共舞，或者越过"欲望"走向"神性"。王国维没有选择这两条路，因为如果这样去做就或者要有极大的勇气，或者要有信仰作为支撑，例如他所服膺的叔本华的"绝望"就是同时与"解脱"并存的，正是由于"解脱"的作为"绝望"的解毒剂的存在,他才没有走上悲观主义的绝境。但是王国维却并非如此。他既没有极大的勇气,也没有信仰作为支撑,因此,他的"欲望"之路必然同时就是死亡之路,必然只能是以自杀来出让生命的尊严。这样,王国维的"欲望"固然有助于中国美学的走出"欲望",但是在中国美学的现代建构上,却有着严重的不足。在鲁迅,则有所不同。纠缠王国维一生的美学困惑在鲁迅那里并不存在。相比王国维的承受痛苦、被动接受和意志的无可奈何,鲁迅却是承担痛苦、主动迎接和意志的主动选择。因此,痛苦在鲁迅那里已经不是痛苦,而是绝望。有什么比"走完了那坟地之后"却仍旧不知所往和活着但却并不存在更为悲哀的呢?生命与虚无成为对等的概念,担当生命因此也就成为担当虚无。所以,生命的觉悟就总是对于痛苦的觉悟而不再是别的什么。而"绝望"恰恰就是对于"痛苦"的觉悟。既然个体唯余"痛苦",个体就是"痛苦",那么直面痛苦,与"痛苦"共始终,则是必须的命运。换言之,虚无的全部根源在于自由意志,个体的全部根源也在于自由意志。因此,可以通过放弃自由意志以致贬损自我的尊严,也可以通过高扬自由意志以提升自我的尊严。既然个体生命只能与虚无相伴而来,那么担当生命也就是担当虚无,而化解痛苦的最好方式,就是承认它根本无法化解。显然,这正是鲁迅的选择。

因此,应运而生的绝望,在鲁迅而言,就正是对于"痛苦"的大彻大悟。早年的鲁迅也曾揭起启蒙主义的大旗,以"立人"与"取今复古,别立新宗"的激愤之语警世,应该说,那时的他还只是一个儒家古典英雄;但是很快就进入了那座著名的"铁屋子",枣树似的"沉默与无所为",长达十年的无语,目睹振臂一呼应者云集的英雄们的纷纷倒下,他不再以启蒙者自命,而是从早期的启蒙主义话语中退场,进入了自身的在场,勇敢地承担起历史的"黑暗闸门",在此之后,直到作为"破落户"、"病叶"和"野草"的晚年,鲁迅都一直处于一个不断下滑的生命斜面。他的生命轨迹,也就是一个不断由中心向边缘的主动自我放逐的轨迹。一切都是令人惊怵的无,一切都没有意义,一切都不可能。而且,真正的危机并不是来自社会层面,而是来自心灵黑暗,这使得鲁迅不得不直接面对那些曾为千百年来的中国文化所深深掩埋着的自身生命的"虚无"问题,那些在传统文化和道德规范中所无法感受到的全新的荒谬体验,那些来自"无物之阵"的莫名的无法抵御的生命震撼。于是,置身自己生存于中而且非常熟悉的世界,鲁迅的心灵却开始了一场"多米诺骨牌"式的连锁反应,传统文化大面积倒塌,顷刻土崩瓦解,寂寞与怀疑之上,层层淤积起失望和颓唐。"独有叫喊于生人中,而生人并无反应,既非赞同,也无反对,如置身毫无边际的荒原,无可措手的了,这是怎样的悲哀呵,我于是以我所感到者为寂寞。"①人生中可哀可痛者,有过于此耶?这怎么能够不让他绝望?绝望,实在就是这个世界赐予鲁迅的礼物。

然而,接受这一馈赠也并非易事。在先后拒绝了儒道佛耶等慰藉方式之后,鲁迅事实上已经毫无依靠。他也曾想到"当土匪",想到自杀乃至杀人,也想到隐姓埋名地躲到乡下去"玩玩",还想到"以谎言"作盾牌来抵挡黑暗与空虚,想到通过"钞古碑"把自己诱惑到别样的世界,总之曾像王国维那样"用了种种法,来麻醉自己的灵魂",但最终还是没有因此就畏缩不前。儒道佛耶不足以支撑自己,他就转而依靠自己的人格力量——与黑暗势不两立的人格、知其不可为而为之的人格②。这意味着:盾牌的后方是生命的虚无,盾牌的前方是出路的虚无,要搏击这双向的虚无,唯一的姿态就是在绝望中站立。在我看来,这正是鲁迅的最为卓绝之处。面对无数"歧路"(不知走哪一条)、"穷途"(找不着路),鲁迅不但毅然堵塞了人们为逃避绝望的

---

① 《鲁迅全集》第1卷,人民文学出版社1981年版,第417页。
② 为此,区别于王国维的从叔本华那里汲取了"意志",鲁迅转而从尼采那里汲取了"意力"。区别于"意志"的"事已如此""你应该","意力"是"自身的解救者"和"快乐之施主",是"我要它如此""我要"。必须强调,"意力"早在梁启超那里就已经使用。更早的龚自珍、谭嗣同也已经使用过"心力"。鲁迅显然并非从中国文化入手。他明确地说:"孔孟的书我读得最早,最熟,然而倒似乎和我不相关。"所谓"意力",完全是从尼采的思想出发,是以个体的人格来承担过去的上帝的职责。而且,其中的昂扬的生命力也是中国文化所匮乏的。不过,他对于"意力"的阐发更多地是从"社会"的角度而并非"存在"的角度,并且与进化论相互整合,最终形成自己的启蒙思想(参加伊藤虎丸《鲁迅如何理解在日本流行的尼采思想》,见《鲁迅研究》第10辑,中国社会科学出版社,1987年),这则是一大缺憾。

人生所准备的一切退路,而且绝不问路地毅然向前走下去。由此,把自己一生都置于不施麻醉的绝望之中的鲁迅才不仅仅是现代中国最最苦痛的灵魂,而且是现代中国在20世纪所树立的不屈丰碑。他就是以这种绝望中的站立,引导着我们来到新的生命入口,面对着无限的可能与无限的远方。

必须强调,区别于王国维的痛苦,鲁迅的绝望的殊异之处在于根源的阙如。王国维的敏锐在于意识到了痛苦的存在,但是却总是要去寻找根源,因而这痛苦在终极意义上却是对于生命的消极否定,但是在鲁迅看来,不但人生就是痛苦,而且痛苦就是人生。它无根可寻无源可溯。"无所谓有""无所谓无""绝望之为虚妄,正与希望相同""唯黑暗与虚无乃是实有"。在这方面,鲁迅继王国维的"个人"之后提出的"中间物"思想值得注意。"一切事物,在转变中,是总有多少中间物的。动植之间,无脊椎和脊椎动物之间,都有中间物;或者简直可以说,在进化的链子上,一切都是中间物。"[1]在个体诞生之前,人们供奉的是"普遍、永久、完全,这三件宝贝",这无疑是在用"棺材钉"钉死自己,使自己萎缩为失却生命力的"末人"(传统文化所谓"圣贤""善人""君子"其实都是"末人"),而"中间物"强调的却是"现在""当下""有限""缺陷""偏至""环子""桥梁中的一木一石""速朽",等等。这意味着:重要的不在于成为什么,而在于成为的自由。就个体而言,一切都无一例外地是中间物,一切都是有限,一切都是"由此到彼",一切都是中断与无可奈何地逝去。与其躲进"普遍、永久、完全"三件宝贝中,毋宁"化为泼皮","寻野兽与恶鬼",做"速朽"之"野草","他知道小粉红花的梦,秋后要有春;他也知道落叶的梦,春后还是秋。"[2]因此,人类的出路就在于能够勇敢地说出"无出路",就在于在无路之路中夺路而走,在歧路中夺路而走。而究竟是天堂在前还是地狱在前,却根本不予考虑。"走"已经不仅仅是手段,同时也成了目的。生命的全部意义就蕴涵于这漫无目的的"走"。"我只很确切地知道一个终

---

[1]《鲁迅全集》第1卷,人民文学出版社1981年版,第285页。
[2]《鲁迅全集》第2卷,人民文学出版社1981年版,第162页。

点,就是:坟";"问题是在从此到那的道路"①。这样,痛苦之为痛苦在鲁迅就成为一种积极否定,生的意义就在于意识到了痛苦、死亡,意识到了绝望。而绝望也不是对于痛苦的超越,而就是人生的背景,只有面对绝望才是面对生命。既然个体唯余"痛苦",个体就是"痛苦",那么直面痛苦,与"痛苦"共始终,则是必须的选择。

由此我们看到,鲁迅所坚持的,仍旧是王国维的"忧生"的思路。对于"骛外者",他始终不感兴趣,而是力主"转而趣内"。他提出:要把"主观与自觉之生活"与"客观梦幻之世界"区别开,"去现实物质与自然之樊,以就其本有心灵之域;知精神现象实人类生活之极颠,非发挥其辉光,于人生为无当;而张大个人之人格,又人生之第一义也。"②唯一真实的,是"思虑动作,咸离外物,独往来于自心之天地",因此应该"以是为二十世纪文化始基"。而这就把个体、主观、选择的重要性提到了相当的高度。"立我性为绝对之自由者也","惟此自性,即造物主","夜草,根本不深,花叶本不美",这,就是人生;"秋后要有春",但是"春后还是秋",这也是人生。因此鲁迅没有像王国维那样悲观绝望,而是不惜以反抗去面对绝望。"生命是我自己的东西,所以我不妨大步走去,向着我自以为可以走去的路:即使前面是深渊,荆棘,狭谷,火坑,都由我自己负责。"③由此,鲁迅向传统的生命观勇敢地说"不"。人类无非就永远是"怎样服役,怎样纳粮,怎样磕头,怎样颂圣",人类自身也无非就永远是"暂时做稳了奴隶的时代""想做奴隶而不得的时代"。一治一乱,血腥、杀戮、暴政所在皆是。至于理想的人性,则从来就没有过。即使作者自己,也只是具有"四千年吃人履历的我"。人性真是黑暗到了极点,丑陋到了极点。然而中国美学对此却毫无察觉,因此尽管意识到了生命活动与审美活动的内在关联,但是由于审美活动没有从个体生命存在的角度考察生命活动,因此对这一切都毫无察觉,反而为人性大唱颂歌。顶多也就是把

---

① 《鲁迅全集》第1卷,人民文学出版社1981年版,第284页。
② 《鲁迅全集》第1卷,人民文学出版社1981年版,第54页。
③ 《鲁迅全集》第3卷,人民文学出版社1981年版,第51页。

黑暗、丑恶当作暂时、局部的现象。这就难免一种本质意义上的虚伪。鲁迅形象地称之为"忘却的救主"。"用瞒和骗,造出奇妙的逃路来,而自以为正路。"①因此,也就不是教人活着,而是教人死掉。而他自己则对人性持完全的否定态度。"惟'黑暗与虚无',乃是'实有'",也乃是人性的本来面目。举目所见,到处是"鬼打墙""无物之阵""空虚中的暗夜""无主名无意识的杀人团"。而"可悲的是我们不能相互忘却"。由此入手,鲁迅对于审美活动也作出了创造性的全新阐释:倘若"过客"可以用来宣喻人生,那么"行路"就可以用来指称美学。这样我们发现,像王国维一样,鲁迅也把审美活动作为个体生命的对应,但是不同的是,鲁迅没有再把审美活动看作解脱,而是看作苦难人生的强化。个体生命通过它以领会"天国之极乐""地狱之大苦恼"。这无疑严格区别于传统的"载道""游戏",而成为一种生命活动的最高方式,正如鲁迅所说:"由纯文学上言之,则以一切美术之本质,皆在使观听之人,为之兴感怡悦。文章为美术之一,质当亦然,与个人暨邦国之存,无所系属,实利离尽,究理弗存。"②

这样,在王国维"欲望"的基础上,鲁迅再为人性补上"反抗",他深悉儒家所导致的社会黑暗与道家所导致的心灵黑暗,也深悉"普遍、永久、完全,这三件宝贝"与"心造的幻影""好梦""成仙""高远美妙的理想""无限的宇宙""允执厥中""止于至善""极境""高超完美之极"的"乌托邦","毫无流弊"的"公平、正当、稳健、圆满、平和","理想家的黄金世界"等为中国人所津津乐道的理想的虚妄。认定既然人性是没有任何理由的,那么,干脆在毁灭的坠落中品尝生命的大欢喜,干脆"于浩歌狂热之际中寒;于天上看见深渊。于一切眼中看见无所有;于无所希望中得救",干脆"叫出没有爱的悲哀,叫出无所可爱的悲哀",干脆与"黑暗捣乱""玩玩""肩住了黑暗的闸门",干脆在无路中开路,在歧路中走路,明知没有出路,也要截断逃路,而且绝不问路,干脆就去做"地狱"之梦、"深渊"之梦、"黑暗"之梦,干脆在"废

---

① 《鲁迅全集》第1卷,人民文学出版社1981年版,第312页。
② 《鲁迅全集》第1卷,人民文学出版社1981年版,第71页。

弛的地狱边沿"开"惨白色小花"……黑暗、虚无、荒原、沙漠、无物之阵,无意义、无目的、无方向、无结果,"地狱"之梦、"深渊"之梦、"黑暗"之梦无处不在,终归意义上的"虚妄",以及形而上的绝望体验,像神秘的原罪一样勾勒出鲁迅眼中人生的真实剪影。这种"向黑暗里彷徨于无地"的绝望的抗战,堪称20世纪中国美学的最高境界。由此,不再是"我逍遥(逃避)故我在",而是"我反抗故我在",中国美学终于走出了"欲望",并且面对着新的历史契机。

不言而喻,鲁迅的探索,使得古老的中华民族的人生之足第一次被安放在可靠的心灵大地。不过,这心灵大地不是心灵的光明,而是心灵的黑暗。从"悲凉之雾,遍被华林"到"绝无窗户而万难破毁的""铁屋子",鲁迅实在堪称"爱夜的人",并且乐于领受"夜所给予的光明"。徐复观感叹,"读完了鲁迅的作品之后……只是一片乌黑乌黑"的感觉[①]。实际上,这正是鲁迅所要告诉我们的东西。在中国文化中,没有一条路可以通向"真的人"。中国也只有"官魂"与"匪魂",而没有灵魂。而心灵的黑暗也并非20世纪的困境,而是中国有史以来的常态。难怪狂人要说:"有了四千年吃人履历的我,当初虽然不知道,现在明白,难见真的人!""原来如此。"

由此,鲁迅把一种中国历史上从未有过的荒谬的审美体验,破大荒地带给了中国有史以来生存其中而且非常熟悉的美学世界。心灵黑暗的在场者,成为新世纪美学的象征。而鲁迅的来自铁屋子的声音,也成为中国有史以来的第一个在场者的声音。

所谓心灵黑暗的在场者,意味着通过一种在场的体验,毁去中国有史以来始终原以为"是"的牢笼,把中国有史以来就始终加以掩饰的荒谬存在真实地还原为荒谬存在,尽管"我所获得的,乃是我自己的灵魂的荒凉和粗糙。但是我并不惧惮这些,也不想遮盖这些,而且实在有些爱他们了,因为这是我转辗而生活于风沙中的瘢痕"。而这同时也意味着从既定的启蒙者的在场体验中退场。启蒙者事实上与传统美学异曲同工,通过对于自身人格优

[①] 《徐复观集》,群言出版社1993年版,第58页。

势的强调,把自己凌驾于启蒙对象之外和之上,并对之给予启蒙。心灵黑暗的在场者的在场体验却并非如此,它是与启蒙对象共同置身"铁屋子",不但无法启人之蒙,而且无法自救于"铁屋子"之中。彼此之间的差别,仅仅在于"惊醒"与"昏睡"之间。而且,由于"铁屋子""万难破毁"且"绝无窗户",因此他们的结局也就仍旧是共同的,那就是"闷死"。显然,这种身在其中的心灵黑暗的在场者的在场体验不仅与传统美学存在着截然的差异,而且即使从新世纪的美学革命、文学革命来看,鲁迅也是截然不同的"另一个"。所以他才强调,对于新世纪的种种所谓启蒙,自己"其实并没有怎样的热情",只是给热衷于此道者"助助威"。① 内心咀嚼着的其实是与尼采一般"苦的寂寞"即心灵黑暗的在场者的在场体验。有什么比"走完了那坟地之后"却仍旧不知所往和活着但却并不存在更为"寂寞"的呢?他一再提示,自己的所作所为只是"将旧社会的病根暴露出来,催人留心,设法加以疗治",显然,他已经将自己排除在"疗治"者的行列之外,只是"暴露病根"和"催人留心"而已。恰似他在《狂人日记》的"识"中所说,"今撮录一篇,以供医家研究",此时的"余"也只是陈述"病情",而早已不再以"医家"自居。话语立场和话语属性的转换,显现着鲁迅已经直接面对并进入了自身的心灵黑暗的在场者的体验,并且就是中国有史以来的第一个心灵黑暗的在场者。

鲁迅为心灵黑暗的在场者的体验所做的最为精辟的比喻,是在"铁屋子"之后花费十年才找到的"野草"。在荒原与地狱之上,"野草"是唯一的存在。这无疑是对中国有史以来的自身生存状态的一大发现。首先,"野草,根本不深,花叶不美",与有着高大躯干、斑斓花叶和丰硕果实的乔木相比,野草的唯一存在显示着生命的荒芜。倘若生命只能以野草这样一种原始形式存在,并且作为唯一的存在形式存在,生命进化的悲哀与荒芜无疑也就显而易见。其次,"我自爱我的野草,但我憎恶这以野草作装饰的地面",则揭示了生命荒芜的真正根源。贫瘠荒芜,始终没有生长出任何的希望,但是却偏偏以生命的外表来美化自己,偏偏以种种虚假的繁荣加以掩饰,"地面"的

---

① 《鲁迅全集》第4卷,人民文学出版社1981年版,第455页。

虚伪与无耻无疑也就同样显而易见。又次,"生命的泥委弃在地面上,不生乔木,只生野草,这是我的罪过。"造成生命的荒芜状态的,不仅仅是他人,而且也是我自己。以如此荒芜的生命状态面对生存,而未能为它播下乔木的种子,"这是我的罪过"。最后,"地火在地下运行,奔突;熔岩一旦喷出,将烧尽一切野草,以及乔木,于是并且无可朽腐。但我坦然,欣然。我将大笑,我将歌唱。"鲁迅多次明确表示,他"是讨厌天国的"[1],而"只要枭蛇鬼怪"[2],"且去寻野兽和恶鬼"[3],而且偏偏要在地狱边生长野草。鲁迅之所以青睐野草,就在于它以直接的方式,向世界公开了生命的全部秘密。而且,如果它一旦毁灭,自然也就是与地面的荒芜同归于尽。这正是鲁迅所期待的,也正是"野草"所期待的,因为"地面"根本就不配拥有生命,哪怕仅仅只是野草。

而所谓心灵黑暗在场者的声音,则是对于心灵黑暗的真实呈现。就批判现实的激烈而言,在鲁迅的时代,应该说并不以他为最,但是就对于心灵的黑暗的真实呈现而言,却无疑应该以鲁迅为尊。转向对内的否定一切,也应该以鲁迅为最。向自己也向世界说"不",在中国的 20 世纪,无人能出其右。正如鲁迅所说:"我的作品太黑暗了,因为我常常觉得惟'黑暗与虚无',乃是'实有'"。冠冕堂皇的论述和说辞,装神弄鬼的历史目的论,历史进化的憧憬,美好未来的希望,世纪初到处贩卖的廉价的"黄金世界",启蒙者吹嘘的"新纪元"、"新世界"、"新方案"和"新蓝图",都是鲁迅所不屑的"做戏的虚无党"的所作所为。在他看来,中国有史以来所做的一切无非就是剿灭"叛徒"和"异端",每一个思想家、文学家则无非都是"叛徒"和"异端"的围剿者。而他自己,则是唯一的例外。他直面黑暗的姿态,至今仍旧让我们惊心动魄。人性的黑暗随着历史的黑暗的揭露而被揭露,"病史""病症""病源"

---

[1] 《鲁迅全集》第 13 卷,人民文学出版社 1981 年版,第 638 页。
[2] 《鲁迅全集》第 11 卷,人民文学出版社 1981 年版,第 274 页。
[3] 《鲁迅全集》第 2 卷,人民文学出版社 1981 年版,第 200 页。

也随之而被深刻展现①。在他身上集中了整个时代的全部黑暗,但是却没有传递任何的假福音——一点也没有。由此我们甚至可以说,鲁迅并没有什么了不起,他的成功只是由于他的诚实,只是由于他没有像那些所谓正人君子或者"帝王师"那样去"瞒"去"骗",而是去做抚慰"叛徒"的"吊客",去如实地呈现心灵的黑暗(在一个只懂得说谎的国度,诚实就是最最伟大的思想),毅然以罪恶为罪恶,以羞耻为羞耻(但是"以美好为美好"鲁迅却未能正面顾及),"偏要在庄严高尚的假面上拨它一拨"②,"先行发露各样的劣点,撕下那好看的假面具来"③,"除去虚伪的脸谱""除去于人生毫无意义的苦痛""除去制造并赏玩别人苦痛的昏迷与强暴"④,"使麒麟皮下露出马脚","将假面具

---

① 在他看来,中国美学的根本缺憾在于:"不撄"。没有"刚健抗拒破坏挑战之声",没有"沉痛著大之声"(就是间或有之,"受者亦不为之动")。"因为古代传来而至今还在的许多差别,使人们各各分离,遂不能再感到别人的痛苦;而且因为自己各有役使别人,吃掉别人的希望,便也就忘却自己同有被奴使被吃掉的将来。"(《鲁迅全集》第1卷,人民文学出版社1981年版,第212页)"人人之间各有一道高墙,将各个分离,使大家的心无从相印。"(《鲁迅全集》第7卷,人民文学出版社1981年版,第81页)结果"早使中国一切人无不陶醉而且至于含笑"(《鲁迅全集》第1卷,人民文学出版社1981年版,第212页)。这种"用很多的人的痛苦换来的"(《鲁迅全集》第7卷,人民文学出版社1981年版,第312页)美学,"以凶人的愚妄的欢呼,将悲惨的弱者的呼号遮掩"(《鲁迅全集》第1卷,人民文学出版社1981年版,第212页)。在统治者是为了"保位",在百姓是为了"安生",充其量也只是"顺世和乐之音",体现着国人的"蜷伏堕落""污浊之平和"的精神状态,因此不但已经没有了"保存我们的力量",而且势必会"将中国唱完"(《鲁迅全集》第7卷,人民文学出版社1981年版,第309页)。遗憾的是,就是在鲁迅的时代,也仍旧"新声迄不起于中国",仍旧没有"撄心之作""新生之作",仍旧没有出现"沉痛著大之声"。就是那些革命家也如此,"近来的革命文学家往往特别畏惧黑暗,掩藏黑暗","只捡一点吉祥之兆来陶醉自己"(《鲁迅全集》第4卷,人民文学出版社1981年版,第103页)。总之,仍旧是"无声的中国",仍旧"人是有的,没有声音,寂寞的很"(《鲁迅全集》第4卷,人民文学出版社1981年版,第12页)。因此,鲁迅断言:"一到不再自欺欺人的时候,也就是到了看见希望的萌芽的时候。"(《鲁迅全集》第3卷,人民文学出版社1981年版,第101页)
② 《鲁迅全集》第3卷,人民文学出版社1981年版,第183页。
③ 《鲁迅全集》第3卷,人民文学出版社1981年版,第26页。
④ 《鲁迅全集》第1卷,人民文学出版社1981年版,第128页。

撕下来","将实话说出来"①。卡夫卡说得何其精辟:没有人能唱得像那些处于地狱最深处的人那样纯洁,凡是我们以为是天使的歌唱,那是他们的歌唱。这是地狱里的天使的歌唱,也正是鲁迅的歌唱。当然,用鲁迅的话来说,与其称之为歌唱,远不如说是"叫",他就是要"叫出没有爱的悲哀,叫出无所可爱的悲哀"②,叫出"无所不爱,然而不得所爱的悲哀"③。没有人熟悉这种"叫"法,正如没有人知道"无所有"便是他的"赠品",没有人知道"乌黑乌黑"就是他的所有。在《我的失恋》《秋》《希望》中,鲁迅对猫头鹰寄予了无限的期望,并且诘问:"只要一叫而人们大抵震悚的怪鸱的真的恶声在那里!?"④其实,鲁迅的向自己也向世界说"不"不就正是"只要一叫而人们大抵震悚的怪鸱的真的恶声"?借助于"叫",鲁迅不识时务地向世人报告他所洞彻的,通常是很不吉利的发现,从而把他的体验撒向人间。领受这份财富并不容易,他也因此而成为异类。

既然心灵黑暗在场者的声音只是对于心灵黑暗的真实呈现,那么审美之为审美、文学之为文学也只是对于生命的悲剧性以及对于生命的悲剧性反抗的表现。这意味着与王国维的根本不同,尽管鲁迅像王国维一样,把审美、文学作为个体生命的对应,但是不同的是,鲁迅没有再把审美、文学看作苦难人生的解脱,而是看作苦难人生的强化。个体生命通过它以领会"天国之极乐""地狱之大苦恼"。同时,这也意味着与鲁迅的老师尼采的根本不同。尼采在杀死上帝之后,失去了宗教与形上理性的安慰,转而以审美、文学作为"攫人之心"的刺激物、兴奋剂,期望以"天马行空似的大精神"的审美、文学来对付"萎靡锢蔽",以"精力弥满"的"有力之美"的审美、文学来化解"颓唐,小巧"的生命颓废,因此尼采可以一生把音乐当情人,可以借助文学来对抗他所看到的虚无与黑暗,但是鲁迅却不然,他没有在此意义上去界

---

① 《鲁迅全集》第3卷,人民文学出版社1981年版,第89页。
② 《鲁迅全集》第1卷,人民文学出版社1981年版,第323页。
③ 《鲁迅全集》第10卷,人民文学出版社1981年版,第197页。
④ 《鲁迅全集》第7卷,人民文学出版社1981年版,第53页。

定审美、文学的价值,也并不企图用审美、文学的说谎来对付心灵的黑暗,他的选择恰恰是正视、呈现心灵的黑暗。显然,这一选择会使得鲁迅远比尼采要更痛苦。因为审美、文学不但没有摆脱、超越痛苦,而且反而更为深刻地呈现了痛苦。鲁迅尽管偶尔也会"聊借画图怡倦眼",但是却全身心地沉浸到心灵的黑暗,而且把心灵黑暗以及因心灵黑暗而起的冲突、分裂、毁灭完全呈现给人类。

就是这样,作为来自心灵黑暗的在场者的声音,鲁迅的"绝望"穿透了中国的文化与历史,也穿透了中国的美学,并且把中国带入了新的世纪。

据说,达摩东来只有一愿,即寻一个不受人惑的人。然而,在我看来,只有鲁迅,才是中国有史以来的第一个不受人惑的人。他的成功,恰恰在于能够以极大的勇气面对绝望。就直面绝望、反抗绝望、坚持绝望而言,在20世纪,没有人能够出乎其右。正如闻一多先生所说:只有鲁迅在受苦,我们在享福。考虑到中国在这个方面的精神资源的极度匮乏,应该说,鲁迅的成就是非常难能可贵的。遥想当年,陈独秀、蔡元培发起和倡导新文化运动,贡献远在鲁迅之上;胡适介绍西学、整理"国故",成绩也在鲁迅之上;钱玄同、吴虞反对封建制度与封建文化,影响仍在鲁迅之上。那么,鲁迅为什么能够成为20世纪的先行者?为什么堪称"独一无二"?唯一的原因,就是鲁迅始终坚持了对于心灵黑暗的在场的体验,这使他成为中国思想史上无法归类的一个人、一个作为异数的思想者,更何况思考之深刻、感受之敏锐,至今无人可及;也因为鲁迅作为心灵黑暗在场者,代表着另一种声音、另一种目光,这声音,这目光,交织成世纪思想遗产以及古代中国之外的另外一座高峰。考虑到中国在这个方面的精神资源的极度匮乏,应该说,鲁迅的成就是非常难能可贵的。遗憾的是,鲁迅攀登得太高,攀登得也太孤独,一般人已经无从企及,有朝一日广大中国人若终于能认识到鲁迅的价值,那真是中国的大幸。

具体来说,古老的中国有史以来在人与价值的维度上就存在着灵魂的缺席。灵魂视角、信仰维度的阙如使得人在中国从不存在,人的问题在中国也还有待重新问询。没有灵魂没有尊严没有声音没有愿望,绝不自我提问、自我怀疑、自我负责,身洁如玉,无辜如羊。人类无非就永远是"怎样服役,怎样纳粮,怎样磕头,怎样颂圣",人类自身也无非就永远是"暂时做稳了奴隶的时代""想做奴隶而不得的时代"。至于理想的人性,则从来就没有过。即使作者自己,也只是具有"四千年吃人履历的我"。由此,人性真是黑暗到了极点,丑陋到了极点。然而人们对此却毫无察觉,这就难免一种本质意义上的虚伪。鲁迅形象地称之为:"忘却的救主"。"用瞒和骗,造出奇妙的逃路来,而自以为正路"。① 因此,如果要从历史的罪恶深渊中站立起来,首先就必须反省自己的灵魂。众所周知,对于鲁迅的最为准确同时也最为简练的评价恰恰正是"民族魂"。正是他,率先面对灵魂视角、信仰维度的阙如,率先走进内心的荒漠并找到自由的自己,因自由而无所畏惧,因无所畏惧而批判自己的存在,因批判自己的存在而质疑自己的生活,从而揭示生命的非存在性或者说"活着,但不存在"的真相。中国人陶醉至今的古老文明,终于被还原为人性的罪恶与堕落,"从来如此"也转为"原来如此",并且堵死了"从来如此"的逃路。能够令人无病而死的历史的黑暗、人性的黑暗、生命的黑暗被无情地还原。最终,鲁迅以自己的思考预示了中国美学的此路已经不通,预示了那个早就在中国美学的尽头等待着我们的死亡峡谷的到来。尽管鲁迅还不是民族的摩西,还不能把民族带出心灵的黑暗,但是毕竟已经第一个揭示了心灵的黑暗,第一个意识到生命的荒谬存在②。文天祥说:于人曰浩然,沛乎塞苍冥。托马斯曼说:我在哪里,德国就在哪里。而我们也可

---

① 《鲁迅全集》第 1 卷,人民文学出版社 1981 年版,第 312 页。
② 鲁迅对于曹雪芹、王国维的"共同犯罪"的思想又做了最为彻底的发挥。这就是他所提出的"中国历来是排着吃人的筵宴,有吃的,有被吃的。被吃也曾吃人,正吃的也会被吃。但我现在发见了,我自己也帮助着排筵宴。……中国的筵席上有一种'醉虾',虾越鲜活,吃的人便越高兴,越畅快。我就是做这醉虾的帮手……"(《鲁迅全集》第 3 卷,人民文学出版社 1981 年版,第 454 页)"我未必无意之中,不吃了我妹子的几片肉。"(《鲁迅全集》第 1 卷,人民文学出版社 1981 年版,第 432 页)而对于所谓"心灵的黑暗"的深刻发现,也正是出于对此的深刻发现。鲁迅的独一无二的贡献恰恰就在这里。

以说,鲁迅在哪里,中国就在哪里。唯有鲁迅,才使我们发现了民族心灵、精神、文化的真正所在,也才使我们找到了现代地平线的真正所在。

作为来自心灵黑暗的在场者的声音,鲁迅的"绝望"还意味着传统文化模式、美学模式的结束。它酝酿着一种真正伟大的东西,意味着一次美学的创世纪。它用直面痛苦代替中国传统美学对痛苦的消解与回避,用个体经验代替集体的记忆,用个人对自我的回归代替传统个人渴望被体制接纳及这种接纳无法实现后的苦闷与失望;它坚决地回到个体的美学,回到由个人建构的价值、个人体验的意义、个人担当的责任、个人践履的信念、个人守护的尊严、个人坚持的自我,而且,哪怕这种个体要面对存在的虚无也九死而不辞。由此,一条通向灵魂炼狱同时又重新发现未来的道路得以铺展开来,真正的灵魂深度、真正的人性深度开始闪烁着夺目的光芒。

在客西马尼园的入口处

然而,在王国维之后,鲁迅的探索却仍旧没有成功。

回首百年,作为20世纪中国的代表,鲁迅给我们留下的最为珍贵的思想遗产就是"失败"。鲁迅之为鲁迅,其最为令人瞩目之处,也无非就是:失败的鲁迅与鲁迅的失败。就前者而言,"失败的鲁迅"正是鲁迅的成功。在中国美学的历程中,假如将曹雪芹比喻为补天的女娲,将王国维比喻为逐日的夸父,那么鲁迅就应该是"怒触不周山"的共工。作为一个事先预知自己必败的美学斗士,既然无法与新世界共生,那么就与旧世界共亡。这,就是鲁迅①!也有学者说,假如将曹雪芹、王国维称为悲剧英雄,是在毁灭中造就悲剧,那么就只能将鲁迅称为后悲剧英雄,是在悲剧后承受毁灭,尽管毫无希望、毫无回报但是却仍旧没有任何怨言地承担起毁灭后的全部重量,并且

---

① 鲁迅所写下的美学历史,在此意义上可以称之为中国美学历史中的"共工"篇章。而"共工"鲁迅所引发的美学洪水,却既可能造就鲧,也可能造就禹。而究竟为"鲧"还是为"禹",则是作为鲁迅继承者的我们的无可逃避的抉择。

在无价值中承担无价值这一历史重负①。而鲁迅的来自心灵黑暗在场者的声音的全部意义,恰恰也就在这里。就后者而言,"鲁迅的失败"则意味着鲁迅的失误。面对无可救药的旧世界,鲁迅采取的仍旧是旧世界的斗争方式即诅咒的方式、仇恨的方式、取而代之的方式。这样一来,旧世界的不可救药同时也就成为鲁迅自身的不可救药②。结果,鲁迅自己就成为旧世界本身。这最终导致了鲁迅的自我分裂:超人的鲁迅批判庸众的鲁迅,启蒙的鲁迅批判被启蒙的鲁迅,总之是这一半的鲁迅对于另外一半鲁迅的批判。然而,"失败的鲁迅"无疑是历史的赋予,但是"鲁迅的失败"却是鲁迅自己的选择。因此,"失败的鲁迅"无法超越,但是"鲁迅的失败"却必须超越③。

显然,只有面对鲁迅的失败才能真正理解鲁迅,也只有尽快走出鲁迅的失败才能在王国维之后真正开启未来。遗憾的是,对于鲁迅的失败(以及鲁迅的失败给20世纪中国带来的极大伤害)人们却始终三缄其口。而且,鲁迅的失败在人们的眼中偏偏正是鲁迅的"成功"。人们津津乐道他的成功,却心照不宣地不去言及他的失败。然而鲁迅的失败却并不因为人们的讳莫如深就不复存在。最为触目惊心的是,他批判国民性,但是国民性却没有因为他的批判而出现丝毫的颓败,这无疑意味着鲁迅的失败;而在鲁迅身后,更甚至出现整体的国民性颓败,这残酷地说明,鲁迅的失败在他死后竟然还

---

① 由此人们发现,曹雪芹、王国维作为文化先知,早在历史风尘席卷之初,就已经洞穿了它的结局,因此前者能够从容地悬崖撒手,后者也能够从容地投湖自尽,但是鲁迅却不惜参与其中与之共同毁灭,甚至不惜成为历史的风尘。而曹雪芹的在内心世界构筑一个理想世界,以神话式写作方式去宣喻"新世界应当是什么"(因此而选择了长篇小说这一形式),也已经为鲁迅所不能甚至所不屑,他所采取的毋宁是一种寓言式的写作方式,是意在揭示"旧世界究竟是什么"(因此而选择了杂文这一形式)。
② 倘若将这个"不可救药"投射出来,无疑就会到处都是"敌人"(所以毛泽东才会说自己"与鲁迅的心是相通的")。而倘若竟然出于自己的仇恨而去向他人投掷匕首与标枪,那么倒下的就不仅仅是"敌人",而且还是投掷者自己。
③ 联想到陀思妥耶夫斯基、卡夫卡所面临的历史命运也是"失败",但是他们所选择的方式却与鲁迅不同,使我们意识到"鲁迅的失败"的被超越的完全可能。

在无休无止地继续①。

在上节中我已经指出,意识到要从灵魂的维度切入,这是王国维、鲁迅对于20世纪中国美学的最大贡献。而直面个体生命的痛苦、直面绝望,则使得鲁迅的来自心灵黑暗的在场者的声音成为20世纪中国美学的最强音。真正的人性深度借助灵魂维度的开掘而得以开掘。然而,成也绝望,败也绝望,事实上,鲁迅最终并未能将绝望进行到底,这就如他自己所说的:我终于不能证实"惟'黑暗与虚无'乃是'实有'"。这从他的不敢以绝望示人,以及许广平介绍的他自己虽然绝望但是却又希望给青年一种不退走,不悲观,不绝望中即可看出。在晚期,犹如王国维的从"忧生"转向了"忧世",他甚至逃入启蒙者的阵营或政治反抗者的联盟,希图寻找绝望之外的替代品来消解绝望,这难免给人以因为绝望而聊以启蒙的误解。其次,更为重要的是,在鲁迅的心灵中从来不曾纠缠过"陀氏"的困惑,而是既然不能在虚无世界中逍遥,就干脆让自己成为一块石头,冷眼、铁血、阴毒、玩玩、走走,以及"对于呻吟、叹息、哭泣、哀求无须吃惊"。但是,其中的根据究竟何在?鲁迅说:"我自己总觉得我的灵魂里有毒气和鬼气,我极憎恶他,想除去他,而不能。"②为什么明知"灵魂里有毒气和鬼气"(甚至称许广平只有"小毒"而自己却有"巨毒")却不能"除去"? 而且,必须诘问的是,"想除去他,而不能",就是不"除去"的理由了吗? 鲁迅说:"于是我就在这个地方停住,没有能够走到天国去。"③可是,这样一来,以扛起"黑暗的闸门"著称的鲁迅是否会变成另外一座"黑暗的闸门"呢?

更为重要的是,鲁迅只意识到灵魂的维度,却没有意识到信仰的高度。他没有能够为自身的生存、为直面个体生命的痛苦、直面绝望找到一个更高的理由,没有能够走向信仰,最终也就没有能够走得更远。同样,鲁迅确实

---

① 林语堂发现:中国人一提到大名鼎鼎的苏轼都会禁不住会心一笑,对于鲁迅,其实也是如此。其实20世纪中国学者身上的某种尖酸刻薄、偏执狭隘就往往是来自鲁迅。
② 《鲁迅书信集》上册,人民文学出版社1976年版,第61页。
③ 《鲁迅全集》第6卷,人民文学出版社1981年版,第411页。

来到了客西马尼园的入口处,但也仅仅是来到了客西马尼园的入口处。他没有能够在绝望中找到真正的灵魂皈依,也没有能够在虚无中坚信意义、在绝望中固守希望。他的来自心灵黑暗的在场者的声音,只是为绝望而绝望的声音。就是这样,鲁迅与"信仰启蒙"这样一个20世纪的思想的制高点失之交臂。

也因此,为绝望而绝望所导致的美学就不是爱的美学而是仇恨美学。绝望之为绝望,其原由或者是因为太爱人了,或者是因为太不爱人了。为信仰而绝望无疑属于前者,为绝望而绝望却必然属于后者。我们看到,鲁迅思想的起点开始于反对"吃人",那必然的归宿显然就应该是提倡"爱人",但是鲁迅却没有这样做。尽管表面上他也强调爱,例如他和许寿裳都认为,"我们民族最缺乏的东西是诚与爱"[1]。例如他自陈"我现在心以为然的,便只是'爱'"[2]。例如他甚至疾呼觉醒的人要"将这天性的爱,更加扩张,更加醇化;用无我的爱,自己牺牲于后起新人"[3],疾呼"革命的爱在大众"[4],疾呼"创作总根于爱"[5],但是,实际上在他那里却只有恨。他不是不想爱,而是缺乏爱的动机与爱的能力。时代的局限,思维的局限,使得鲁迅的"创作总根于"爱转而实际成为"创作总根于恨",这就是鲁迅的所谓"能憎才能爱"。而且,由于仇恨,所谓爱也不过是朝对手打去的一张牌,因此鲁迅的爱并没有眼泪(这个问题很值得研究)。于是,作为心灵黑暗的在场者,鲁迅所传出的竟然只是仇恨的声音。半个世纪以前,海明威《丧钟为谁而鸣》中的美国人罗伯特·乔丹面对即将飘然而至的死亡宣称,我已经为自己的信念战斗一生了。如果我们能在这里打赢,在任何别的地方也一定能够胜利。世界如此美好,真值得为它而战,我真不想离开。鲁迅却至死也未能如此,他的宣称仍旧是:一个也不宽恕。而且,自己的"怨敌可谓多矣",但是"让他们怨恨去,我

---

[1] 许寿裳:《我所认识的鲁迅》,人民文学出版社1978年版,第59页。
[2] 《鲁迅全集》第1卷,人民文学出版社1981年版,第133页。
[3] 《鲁迅全集》第11卷,人民文学出版社1981年版,第664页。
[4] 《鲁迅全集》第3卷,人民文学出版社1981年版,第532页。
[5] 《鲁迅全集》第6卷,人民文学出版社1981年版,第411页。

也一个都不宽恕"。为此,他无疑宁愿战斗而死,绝不为爱而生,也宁愿含恨而死,绝不宽恕而生①。许广平的回忆更能说明问题:鲁迅去世前做过一个噩梦,他走出家门时,发现四处埋伏了敌人,并且正准备向他发动进攻;他毅然决然拔出匕首,刺向敌人的身躯。这就是鲁迅——含恨离开人世的鲁迅!而且,鲁迅不但没有能够意识到真正的爱必须以宽恕为前提,甚至也没有能够意识到:仇恨就是仇恨,仇恨永远与爱无缘,仇恨永远不会成为爱,倘若仇恨不是以爱为基础为前提,就必然会把我们带向野蛮与残忍,把我们变成比敌人还要可耻的暴徒,因为我们还没有学会敬畏生命、尊重生命,没有学会把有罪的生命也当成生命,没有学会真正成为一个人。我们在惩罚敌人的同时却使自己犯下了凌辱和蔑视生命这一更大的罪。至于他对自由主义知识分子的挖苦,对于资产阶级乏走狗的嘲讽,以及对于他人的批评的反击中所充满了的人身攻击,就更是人格上、心胸上的等而下之的恶习了。

在此意义上,鲁迅的美学也许称得上是一种"仇恨"的美学,但却绝对称不上一种"爱"的美学。由于我们这个没有宗教精神、没有终极价值关怀的民族无法给他提供一种更高的终极关怀的尺度,作为心灵黑暗的在场者,鲁迅成为一个灵魂上的虚无主义者。既然一切争斗都不过是争夺地狱的统治权,而且其宿命只有失败,既然没有任何的东西可以寄托生存的意义,没有任何的东西可以依赖,于是他干脆什么也不相信。不难想见,当人自身无法靠自身的努力拯救自己的灵魂,而又没有超越自身的一种更高的终极关怀

---

① 从詹姆士·里德对于耶稣的被钉上十字架的描述,我们不难洞悉鲁迅的失败:"当他被钉上十字架,身体遭受到极度刺痛的折磨时,他的心中想到的不是他自己的痛苦,而是那些折磨他的人。他恳求上帝宽恕他们,因为他们的眼睛被蒙住,看不见真理的光明。不是他自己的痛苦而是这些人的罪最后使他难过伤心。""耶稣被钉上十字架时,他自愿地接受了所有的恶意中伤和残酷行为,并把其有毒的成分去掉,把恶意中伤与残酷行为变为具有奇迹般性质的爱与宽恕。这样,即使在耶稣被钉上十字架时,他仍然是强有力的。正是在这种精神的胜利中,完满人生达到了它的顶点。"(参见詹姆士·里德:《基督的人生观》,三联书店1989年版,第13、15—16页)这里的"把其有毒的成分去掉,把恶意中伤与残酷行为变为具有奇迹般性质的爱与宽恕",显然并非鲁迅所欲为,也并非鲁迅所能为。

的尺度(因而无法选择面向一个一种更高的终极关怀的尺度以进行自我灵魂的拷问与对话)可以皈依之时,他所能够面对的只有两种选择:自杀(毁灭自己),或者与世界为敌并且以唯我独尊的姿态与世界作战(与这个世界共同毁灭)。显然,鲁迅的选择正是后者①。他在绝望中把自己看成唯一的绝望者,通过极大膨胀自己的自由意志来与黑暗对抗、与虚无对抗,并且"对于呻吟,叹息,哭泣,哀求,无须吃惊",在黑暗、虚无中既"大欢喜"又"歌唱",结果,温煦、悲悯、慈爱、温暖、抚慰、柔情都没有了,只剩下敌意、荒寒、冷漠(所谓"安特莱夫式的阴冷")。鲁迅的阴、冷、黑、沉、尖、辣、烈,都堪称在20世纪中国中独一无二,道理在此。在鲁迅看来,要反抗世界的无爱有恨,自己就必须无爱有恨;要反抗心灵黑暗的在场,自己就必须进入心灵黑暗的在场,只有这样才能直面绝望。《伤逝》的主人公这样总结生活经验:"我要向着新的生路跨进第一步去,我要将真实深深地藏在心的创伤中,默默地前行,用遗忘和说谎做我的向导。"鲁迅在《华盖集·北京通信》中也说:"一要生存,二要温饱,三要发展。有敢来阻碍这三事者,无论是谁,我们都反抗他,扑灭他!"可是,倘若仇恨的毒素已经把人性中最美好的东西吞噬净尽,那我们要这样的生命还有何用?我们的心灵越是能够体验人性的黑暗,难道就不应该越是能够体验人性的灿烂,越是能够敏捷地感受着生命中的阳光与温暖?我们越是看清楚人类的缺陷和下流,难道就不应该越是能够去爱人类、去悲悯人类,越是永远像没有受过伤害一样欣喜、宁静地赞美着大地、生活与人类?

进而言之,鲁迅自以为是站在圣殿中向世界宣战,但是实际上却是站在了悬崖边上并且摇摇欲坠。在杀死上帝之后,我们将如何安慰自己?这是一个连他的老师尼采自己也不得不去追问的问题,鲁迅却毅然放弃了这一追问,就没有超越的神圣价值维度的中国美学而言,《野草》中的鲁迅和鲁迅

---

① 鲁迅的思考可以从这段自陈中看出:"在我生存时,曾经玩笑地设想:假使一个人的死亡,只是运动神经的废灭,而知觉还在,那就比全死了更可怕。谁知道我的预想竟的中了,我自己就在证实这预想。"(鲁迅:《野草·死后》)

的《野草》应该说已经走到了人生和创作的双重尽头。无法靠自身的努力拯救自己的灵魂,而又没有超越自身的更高更神圣的绝对价值。像更高更神圣的绝对价值所昭示的那样,在虚无中坚信意义,在怀疑中坚持寻找,在被遗弃的孤独、绝望中不放弃希望,在鲁迅就根本未能出现。就以《狂人日记》而言,"狂人"本身就是缺乏信仰世界的中国文化、中国美学的唯一选择,既然无法以更高更神圣的绝对价值角度来关照世界,就只能以狂人的眼光来关照自己所置身的世界。"世界竟然如此",就是狂人的眼光。他站在人性的根基上,意识到人性已然沉沦,因此幻想以真正的人改造吃人的人,而且,吃人的都是坏人,只要坏人被改造,世界就可以改变。由此,出现了鲁迅式的"火与剑",出现了鲁迅式的"爱的大纛"和"憎的丰碑"。然而,"火与剑"倒是很快就成功了,"爱的大纛"和"憎的丰碑"倒是也一直被奉若神明,但是,那能叫"成功"、能被称之为"神明"吗?其实,"世界始终如此",才是应有的眼光。站在人类之上,我们就会发现:是人在吃人,只有人本身被改造,世界才可以改变。由此我们看到:如果没有超越自身的更高更神圣的绝对价值,那么,犹如狂人的救世是根本不可能的,鲁迅的救世也是根本不可能的!

这样,鲁迅如果找到了更高更神圣的绝对价值,那么在写完《野草》之后,他肯定会意识到自己在中国文化、美学中已然是唯一的孤魂野鬼和匆匆过客,肯定也就不会再回到爱恨对等的平台上与"敌人"纠缠,而要把世界上全部的爱与美都集中在自己的身上,然后去担当世界的苦难。总之,在发现"吃人"之后就必须去理所当然地提倡"爱人",可惜,"吾行太远,孑然失其侣"的鲁迅并没有走上这条爱的道路,而是走上了恨的道路。在鲁迅那里,爱并非超乎恨的绝对存在,而是恨先于爱而存在,成为了生存的前提,爱被作为原因,作为对于恨的被动反应。就是这样一种爱与恨对等的错误,导致了一种鲁迅的"无援的美学"。人在其中实现了对于神圣者的反叛,窃取了终极者的宝座,所谓"涂之人可以为禹"(荀子语)。于是,人只为良心的自由而斗争。可是由于没有了神圣者,人却又会死在自己的内心,成为一个瘫痪的哈姆雷特。结果,爱与恨的对等败坏了鲁迅的判断力,也败坏了鲁迅的审美趣味,使得他未能真正找到国民性的真正病症,也未能开出疗治的药方。

忽而轻信于人，忽而又多疑于人，是如此；把中国的民众忽而看作"中国的脊梁"，忽而又看作麻木不仁的"黄脸看客"，是如此；因为让自己和阿Q站在同一高度，因此没有把这个形象当作"丧钟为自己而鸣"来塑造，没有注意到自己与阿Q之间的共同命运，以致不惜从后者身上挑剔出了太多的过错、太多的可憎、太多的可恨，以致在我们心灵深处唤起的不是"哀"和"怜"，而是"怨"和"恨"，也是如此①。

还必须提及的是鲁迅的"以毒攻毒"式的反抗。其至连尼采都要"向复仇感和怨恨感宣战"，可是鲁迅却认为"憎人却不过是爱人者的败亡的逃路""爱之深切，故亦恨之深切"，结果他偏偏忽视了：这"以毒攻毒"的"毒"并非他独创的法宝，而正是他的反抗对象——中国传统文化所先行赋予他的，须知，这本来正属于他毕生反抗的目标之一。因此，以毒攻毒本身反倒证明了他对于中国传统文化的不自觉认同，证明了他不但根本没有摆脱中国传统文化的控制，并且反而为他所最憎恨的中国传统文化所伤。在同中国传统文化的拼死搏斗中，中国传统文化的"毒素"也再塑着他自己。而且，在以中国传统文化作为破坏的对象之时，他自己却也正是中国传统文化的一部分②。他生就了破坏中国传统文化的"硬骨头"，同时又禀赋着中国传统文化的"巨毒"。于是，他"睚眦必报"，宁可"错杀"，也不"错过"。希望变质为绝望，热爱蜕变为憎恨。既没有上帝来裁判，便干脆由自己裁判，不妨以目偿头，也不妨以头偿目。甚至，鲁迅总是在不停地搜索着"敌人"的影子，他没有意识到中国的刘邦、项羽、陈胜、吴广们所说的"彼可取而代之""大丈夫当

---

① 鲁迅对于"庸众"的心灵无法相通也是如此。一味地认定人性的麻木、丑陋，因此时时以自我心灵的自高其大上来与之保持一定的距离，嘲笑而非悲悯，是鲁迅的失败之所在。比较一下陀思妥耶夫斯基笔下的双重灵魂、多面人格、复杂人性，就不难看出鲁迅的单一与简单。陀思妥耶夫斯基笔下还有一个"破抹布"的象征。它"又烂又脏"，但是"有自尊心""有灵性和感情"，这也是为鲁迅所不能及的。至于妓女索尼娅这类的形象，在鲁迅，更是绝对塑造不出来的。
② 事实上，鲁迅自己对此也并非一无所知："我们现在虽想好好做'人'，难保血管里的昏乱份子不来作怪，我们也不由自主……这真是大可寒心之事。"（《鲁迅全集》第1卷，人民文学出版社1981年版，第389页）

如此也""王侯将相,宁有种乎"等等,都并非来自人性觉醒后的爱的呐喊,而只是出自被压迫者对于压迫者的深仇大恨,结果竟然不再是去治病救人,而是去消灭病人。当然,消灭病人要比治疗病人容易得多,但是那已经不是一个医生的职责。早年学医的鲁迅竟然出此下策,不能不说是一种对于神圣职责的回避,不能不说是已经距离爱的圣坛越来越远。

其次,为绝望而绝望所导致的美学,着眼点并非个人而是社会。信仰维度标志着个人的真正成熟,而信仰维度的缺席则标志着个人的不成熟甚至缺席。就鲁迅而言也是如此,他尽管深刻地把握了个体与美学之间的内在对应,但是由于个人的不尽成熟,因此信仰维度本身仍旧是缺席。个体的心灵黑暗最终也被归因于社会的黑暗。例如,鲁迅执著于现世的一重世界,希望在现世就把一切账统统结清,主张"拳来拳去,刀来刀挡",甚至不惜"用更粗的棍子对打""一个都不饶恕",而不像他们那样坚持在人的世界之外去追求一个更高存在的维度。因此,与他们的为一个更高存在的维度而绝望根本不同,鲁迅是为绝望而绝望。也因此,鲁迅确实来到了客西马尼园的入口处,但也仅仅是来到了客西马尼园的入口处。于是,既然不能再在传统的游戏世界中逍遥,又没有一个更高的彼岸世界值得去固守,鲁迅就干脆让自己变为一块石头:冷眼、铁血、阴毒、玩玩、走走,以及"对于呻吟,叹息,哭泣,哀求,无须吃惊"。没有任何的东西可以寄托生存的意义。没有任何的东西可以依赖。一切争斗都不过是争夺地狱的统治权而已,一切的宿命都只能是失败,因此只有极大膨胀自己的自由意志,与黑暗对抗、与虚无对抗,温煦、悲悯没有了,只剩下敌意、荒寒、冷漠。而鲁迅说的自己"灵魂里"的"毒气和鬼气"[1],也就是指的敌意、荒寒、冷漠。结果,这样的鲁迅没有给20世纪带来更多新的东西,不但没有,鲁迅最终甚至并未能将绝望进行到底,这就如他自己所说的:我终于不能证实"惟'黑暗与虚无'乃是'实有'",因此,"怕我未熟的果实偏偏毒死了偏爱我的果实的人"。在晚期,鲁迅更甚至逃入启蒙者的阵营或政治反抗者的联盟,希图寻找绝望之外的替代品来消解绝望,战

---

[1] 《鲁迅书信集》上册,人民文学出版社1976年版,第61页。

斗取代了思想,战士取代了智者,行动取代了思考,自动远离文学创作,自愿把书斋改成堡垒,这难免给人以因为无法固守绝望而聊以启蒙的印象,其结果是,不但放弃了对于思想制高点的占领,而且失去了领跑20世纪的机遇。再如,是先有不吃人的社会才有真正的人,还是先有真正的人再有真正的社会?鲁迅的选择无疑是前者。鲁迅的著名比喻"铁屋子"就正是这个意思。因此鲁迅并没能建立起一个审问个体的美学法庭,而只建立起了一个审问群体的美学法庭,个体心灵黑暗被社会心灵黑暗所隐秘取代,个体心灵黑暗的在场者被社会心灵黑暗的在场者所隐秘取代,个体的罪被集体的罪所隐秘取代,个体忏悔也被集体忏悔所隐秘取代。或者是"吃人"的问题,或者是"自吃"的问题,但是却没有了"自审"的问题。这或许与近代是从国破家亡开始有关,但是更主要的原因却是在于鲁迅与西方的亚当夏娃吞下的东西根本不同。于是以文学为旗帜、晴雨表、"感应的神经"、"攻守的手足",纠缠于是非、善恶、邪正,鲁迅最终塑造而出的只是民族的灵魂、民族的精神指向。在此意义上,我们发现,鲁迅是因为批判国民性而成为国魂,但是,这国魂却偏偏又成为他所批判的国民性自身。同样,我们也发现,鲁迅的绝望也因此而颇具中国特色。例如,本雅明曾经提示说,理解卡夫卡的关键是他的作为失败者的绝望。但是,卡夫卡的绝望却与鲁迅的失败有所不同,绝望在他那里完全是一个既成事实,一切的一切都无非是去证实它,但在鲁迅绝望却是一颗实在难以下咽但是又不得不勉强下咽的苦果,他所渴望的却是希望。于是,在鲁迅谈论着"绝望""虚无""黑暗""坟墓"的时候,又会偶尔说到"希望",说到"人道主义终当胜利",个体的绝望与社会的希望以一种悖论的方式存在于他的世界之中,个体的绝望成为社会进步的一种必要的代价,民族与社会改造的内在的乐观,就是这样稀释着鲁迅的绝望。例如,阿Q、狂人就是群体的灵魂。"四千年吃人履历的我",这个"我"指的就是我们。《狂人日记》中的罪意识也不是宗教意义的,而是历史意义的。鲁迅并没有从中提炼出人之原罪的理念。从意识到"传统吃人"到"我也吃人",这当然是鲁迅的独到之处。"传统吃人",承担罪责的是父辈,"我也吃人",承担罪责的则是自己。不过,这只意味着历史之罪,而不是存在之罪。因此鲁迅没有重返父亲(像西方那样),而是要毅然抛弃父亲,并且唾弃父亲所代表的一切。"我也吃人",意味着造成历史之罪的,不仅是作为统治阶级的暴君,而且还是臣民。所谓"暴君治下的臣民,大抵比暴君更暴"。至于"有了四千年吃人履历的我,当初虽然不知道,现在明白,难见真的人!"更意味着在鲁迅那里"好人"与"坏人"的传统对比无非是为"吃人的人"与"真的人"所取代,而且,后者与前者相比并无任何实质性的改变,你死我活的二元对立仍旧存在。而且,还存在某些具有先天的免疫能力的"真的人",他们仿佛拥有先知先觉者的不坏金身,可以从自己发现的"吃人"或"被吃"的历史中脱身而出,可以通过"偶阅《通鉴》,乃悟中国尚是食人民族",并且自诩之曰:"此种发见,关系亦甚大,而知者尚寥寥也。"①结果,人性的黑暗转而为历史的黑暗,福柯的"疯癫与文明"也一变而为"疯癫=文明"或者"文明=疯癫"②。

第三,为绝望而绝望的美学只是"灵魂的伟大审问者",但却不是灵魂的"伟大的犯人"。恶中之善以及恶之向善转化的可能性,在鲁迅是不屑一顾的。基督所提示的一只迷途羔羊的失而复得所给人的欣喜要比九十九只羊的平安回归还要大,鲁迅也无疑不屑感受。所以鲁迅才不去爱仇人,而是爱仇恨,也才言之凿凿地疾呼要"痛打落水狗"。进而言之,还以鲁迅的著名比喻"铁屋子"为例,鲁迅所反省的并非是"怎么进去"这一真正的美学问题,而是"怎么出去"这一虚假的美学问题。这无疑是错误的。先有罪性,才有罪行,只有人们心中失去了"怕"的社会才是真正可怕的。而杀人也不仅是让他人去死,而是让自己首先去死。果戈理在遗嘱中也说:"需要思索的不是别人的黑暗,不是天下的黑暗,而是自己心中的黑暗。"因此,美学中的灵魂应该是个体的灵魂,而不应该是群体的灵魂,美学的问题也应该是个人的,而不应该是群体的。它关注的不是法律责任,而是良知责任;不是认不认罪,而是无罪之罪与共同犯罪;不是是非、善恶的讨论,而是心灵的展现;不是理性审判或者扬善惩恶,而是人性状态;也不是寻找替罪羊或者凶手,而

---

① 《鲁迅全集》第11卷,人民文学出版社1981年版,第353页。
② 因此鲁迅对于曹雪芹、王国维的"共同犯罪"的思想的发挥就仍旧是传统之罪、历史之罪,而并非存在之罪,也仍旧是人与自然维度、人与社会维度的"共同犯罪",而并非信仰维度的"共同犯罪"。

是一切都与我相关的灵魂不安,从而把人性带到良知的面前,让良知去审视,做自我审判。现实的拯救在哪里迷失了?人性在哪里迷失了?生活是否还有另外的可能?我们把什么最重要的东西遗忘了?现实的一切是否人类最想得到的?人世充满了苦难,但是倘若我们不仅仅承受苦难,更不让苦难把我们包裹起来,而用我们的爱心去包裹苦难,在化解苦难中来体验做人的尊严与幸福,那么无论现实有多可怕,或者如何无意义、如何虚无、如何绝望,在审美活动中都会使它洋溢着人性的空气,这无疑已经在内心中孕育了在精神上得到拯救的可能,也无疑不会自铸铁屋来禁锢自己。陀思妥耶夫斯基《卡拉马佐夫兄弟》中的佐西马长老坚持的"用爱去获得这个世界"的方式,就是这个意思。反之,则无疑就会导致铁屋子的出现。然而鲁迅却没有认识到这一点。他关心的始终不是"怎么进去"而是"怎么出去"。例如认为是坏人在吃人,只要坏人被改造,世界就会被改变。因此幻想以"真的人"改造吃人的人,以"真的人"的准则去改造社会,以使不真的人变成真的人,如此,便可以走出铁屋子,然而事实上是人在吃人,因而倘若颠覆人之为人的一切准则,铁屋子也就无从存身了。这意味着:任何现实的努力都无法拯救人类,如果能够,那人类早就获救了。而鲁迅之所以始终关注着"怎么出去"与尚未真正成为个体相关。能够为自己的行为负责的,只有个体;能够具有真正的罪责意识的,也只有个体。而尚未真正成为个体的人必然缺乏俄狄浦斯那种自刺双眼自我流放的认罪态度,也必然要把罪责推到他人的身上。对于他而言,负有罪责的永远是他人,是铁屋子,而他自己则在任何情况下都是无辜者和受害者。因此,应该被流放的也永远是他人,应该被抨击的也永远是铁屋子,至于自己,则永远是无辜的。①

显然,这就是鲁迅之为鲁迅,也就是鲁迅的失败之所在。其结果是鲁迅不但放弃了对于20世纪中国思想制高点的占领,而且失去了领跑20世纪中国思想的机遇。也因此,一个世纪后的今天,我们无论如何都不能对此再

---

① 这一点,在从《狂人日记》到《阿Q正传》的转向中,可以看得清清楚楚。从自我启蒙到大众启蒙,在人性启蒙中并无赦免权与优先权的知识分子,也因为被鲁迅赋予了"启蒙者"的地位而具备了赦免权与优先权。

漠视不顾。①

鲁迅的失败在与西方作家但丁、陀思妥耶夫斯基的纠葛中不难更为深刻地看到。

鲁迅对于但丁、陀思妥耶夫斯基的关注众所周知,但是,在鲁迅的内心深处却从来不曾纠缠过但丁的追求、陀思妥耶夫斯基的困惑,而且公开把他们列为自己"虽然敬服那作者,然而总不能爱"的"两个人"②。对于前者,"上穷碧落下黄泉"的鲁迅在读到《神曲·炼狱》一段时就意趣索然,他说:"不知怎地,自己也好像很是疲乏了。于是我就在这地方停住,没有能够走到天国去。"③对于后者,鲁迅在读了一半之后竟然也"废书不观"。这一切实在发人深省!名家名作对于人的塑造作用无疑非常之大,而且,从一个人爱读哪些名家名作,往往不难看出他的思想取向。反之,从一个人不爱读哪些名家名作,往往更不难看出他的思想取向。在鲁迅与但丁、陀思妥耶夫斯基之间就是如此。同样的国家兴亡、制度更替,同样面对着人世的险恶、凶残、打着道义的旗号杀人,而且,至少鲁迅还没有被监禁、流放,但是被流放的但丁,被监禁、流放的陀思妥耶夫斯基却不改初衷,仍旧是在黑暗中创造光明,在荒漠中创造温暖,在虚妄中创造真实,在荒谬中创造意义,然而鲁迅却没能如此。彼此情怀和气质上所表现出的巨大差异,原因何在?鲁迅曾经感叹中国为什么没有俄国一类的知识阶级,并且因为"此话说来太长"而没有深入加以发挥。但在我们却不能仅仅如此。因为,鲁迅也没有成为俄国一类的

---

① 傅雷谈到莫扎特时说:"他自己得不到抚慰,却永远在抚慰别人。最可欣幸的是他在现实生活中得不到幸福,他能在精神上创造出来,甚至可以说他先天就获得了幸福,所以他能反复不已地传达给我们。"(《傅雷论音乐》,湖南文艺出版社2002年版,246页)遗憾的是,在20世纪,我们未能在中国看到自己的"莫扎特"。那么,在新的世纪,谁是能够担当荒寒、冷漠的美学家,谁是能够深情悲悯世界的美学家?鲁迅在20世纪初曾经呼唤:"今索诸中国,为精神界之战士者安在?有作至诚之声,致吾人于善美刚健者乎?有作温煦之声,援吾人出于荒寒者乎?"(《鲁迅全集》第1卷,人民文学出版社1981年版,第100页)令人遗憾的是,这仍旧是我们在新的世纪之初的呼唤!
② 《鲁迅全集》第6卷,人民文学出版社1981年版,第411页。
③ 《鲁迅全集》第6卷,人民文学出版社1981年版,第411页。

知识阶级。那么,这是为什么? 鲁迅说:中国人的"哑"是因为"聋"。又说:"新主义宣传者是放火人么,也须别人有精神的燃料,才会着火;是弹琴人么,别人的心上也须有弦索,才会出声;是发声器么,别人也必须是发声器,才会共鸣。"①还说:再不输入精神的粮食,中国人就会成为尼采所说的"末人"。或许,这一切也可以用来解释鲁迅自己的失败?

在西方,站在新旧两个时代门槛上的是但丁;在中国,站在新旧两个时代门槛上的是鲁迅。在俄罗斯,在欧洲赢得巨大声誉的作家是陀思妥耶夫斯基②;在中国,在欧洲赢得巨大声誉的作家是鲁迅。如此重大的契合,为在

---

① 《鲁迅全集》第1卷,人民文学出版社1981年版,第354页。
② 陀思妥耶夫斯基值得注意。20世纪真正伟大的思想家都与陀思妥耶夫斯基有直接的渊源关系。托尔斯泰秘密出走的时候,随身带的两本书之一,就是陀思妥耶夫斯基的《卡拉马佐夫兄弟》。他认为,人们可以在陀思妥耶夫斯基的人物身上"认出自己的心灵"。尼采在晚年才发现陀思妥耶夫斯基,并一再表示21岁发现叔本华,35岁发现司汤达,与陀思妥耶夫斯基真是相识恨晚。陀思妥耶夫斯基是唯一能够使他学到东西的人,与他的结论是自己一生中最好的成就。卡夫卡说:现在我从陀思妥耶夫斯基的作品里读到了那处与我的不幸存在如此相像的地方。索洛维约夫、舍斯托夫、别尔嘉耶夫,按照美国学者白瑞德的说法,也都是陀思妥耶夫斯基的子弟。对于生命存在的困惑则是维系着他们的共同的东西。别尔嘉耶夫自己也评价说,没有一个人在基督教的写作上比陀思妥耶夫斯基更为深刻。之所以如此,就是因为陀思妥耶夫斯基与"原始问题"最近,而且思考得也最为深入。他说:"一个我自觉不自觉并为之痛苦了整整一生的问题,就是上帝的存在。"又借《群魔》里的基里洛夫的口说:"我一辈子只想一件事,上帝折磨了我一辈子。"而且,他甚至表示:如果基督与真理不在一起,那么我宁肯与基督而不是真理在一起。而在少年时给哥哥的信中他也说:不知道自己"忧伤的思想何时才能平息"。在《罪与罚》的草稿中,他干脆祖露胸迹说:"在这部小说中,要重新挖掘所有的思想。"当然,陀思妥耶夫斯基的小说不是美学著作,但是,它实在比许多的美学著作都要精彩。陀思妥耶夫斯基的小说不是哲学著作,但是这并没有影响他的思考成为哲学。白瑞德评价云:"俄国作家最了不起的,是他们直接把握了生命。""俄国小说在骨子里完全是形而上的,是哲学的。"(白瑞德:《非理性的人》,黑龙江教育出版社1988年版,第133页)这,当然首先就是指的陀思妥耶夫斯基。事实上,他的小说中充满了刚刚诞生的思想、未完成的思想、充满潜力的思想、赤身裸体的思想。因此,要进入真正的美学思考,要把握美学的精神灵魂、经典文本,从陀思妥耶夫斯基开始,是一个最好的选择。

他们之间的比较提供了重要的契机。下面,我们就以他们为例,略加比较,看看彼此情怀和气质上所表现出的巨大差异原因何在。

在西方文化的璀璨星河中,但丁的《神曲》显然是一部"天书"。作为一部但丁在被放逐期间写下的长诗,它偏偏并非心路历程,而是灵魂旅程。"你们没有意识到我们是幼虫,生下来是要成为天使般的蝴蝶,毫无防护地飞去受审判的吗?"①"成为天使般的蝴蝶"的隐秘愿望,推动着但丁成为人类灵魂世界的目击者与歌者,并且写下了这部恢弘的灵魂史记与精神史诗。也因此,重大的历史事件以及与世俗政权的斗争等外在的"救世"事件统统为但丁所不屑,"罗马王朝能否在废墟上重建"、人类灵魂能否"突围"与"自救"才是但丁所孜孜以求的问题。最具普遍性的历史,最具普遍性的人性,人类灵魂的苏醒与再生,生与死,灵与肉,此岸与彼岸,这一切谜中之谜,因为但丁而第一次得以进入了人类的视野;人类灵魂的深刻、博大、精彩、复杂,人类灵魂的张力与机制,也因为但丁而第一次为世人而展现冰山之一角。"我失去了天国,不是由于什么别的罪,只是由于没有信仰。"②"在人生的中途,我发现我已经迷失了正路,走进了一座幽暗的森林,啊!要说明这座森林多么荒野、艰险、难行,是一件多么困难的事啊!只要一想起它,我就又觉得害怕。它的苦和死相差无几。"③这无疑是无路之路,也无疑是第二次的死亡。然而,这也恰恰是人类的绝路逢生。正是这"无路之路"与"第二次的死亡",使得但丁得以直接面对灵魂,并且得以在灵魂之外去观察灵魂,描写灵魂,从而为人类构建灵魂的七宝楼台。最终,借助于但丁,为痛苦而痛苦,为赎罪而赎罪,为愤怒而愤怒,为体验而体验,为超越而超越,也为爱而爱……诸如此类的最为纯粹的精神旅程、灵魂旅程引人瞩目地超越了身份、地位、人种、国别的限制,成为人类自我超越的美学实践、文学实践与爱的实践。而人类一旦走上这条开掘自身的通道,也就无异于找到了一条皈依天

---

① 但丁:《神曲·炼狱篇》,人民文学出版社 2002 年版,第 91 页。
② 但丁:《神曲·炼狱篇》,人民文学出版社 2002 年版,第 57 页。
③ 但丁:《神曲·地狱篇》,人民文学出版社 2002 年版,第 1 页。

堂之路。

在这当中,尤其值得关注的是但丁对于地狱的发现。作为西方第一个正视灵魂的痛苦的人,但丁是西方第一个发现地狱的人,也是第一个活着就"进入"地狱的人。毫无疑问,只有热烈地爱着生命才会如此残酷无情地惩罚生命,只有热烈地爱着人性的善才会如此残酷无情地惩罚人性的恶。正是在同窒息人性的罪的搏斗时的主动行使心灵惩罚,使得但丁邂逅了绝路逢生的自由之旅。这意味着:地狱之为地狱,就是人类之为人类的精神别墅。只有通过地狱这段黑暗的甬道,才能进入天堂。只有发现地狱,才能发现天堂;只有热烈地爱着生命,才会残酷无情地惩罚生命;只有热烈地爱着人性的善,才会残酷无情地惩罚人性的恶。因此,每一个真正的思想者都必须从发现自己的地狱开始,这是无路之路,也是上帝所安排的天堂之路。我们看到,豹子、狮子、母狼在开篇的出现,将人类逼迫到精神绝境,也将人类逼迫上另一条道路。"上帝把他的最初的原因隐秘得如此之深,无路可以到达那里。"①然而,人类却毅然走上了无路之路。这,就是地狱,所谓地狱,是"愁苦之城""永劫之苦""万劫不复"②,"这里有痛苦,但不会有死。"③它的存在,是要"蜕掉那层使你们不能见上帝的皮"。④ 人类自己定罪、应罪、受罪、认罪、赎罪,然后主动下地狱,通过把灵魂交给魔鬼,通过强化自己的痛苦意识的觉醒,凝聚痛苦而不是化解痛苦,从而使得精神得以丰富,人性得以升华,最终走上皈依之旅。由此,我们才会知道,妓女塔伊斯为什么会面对地狱的残酷折磨竟然"简直是千恩万谢"。⑤ 显然,在这里地狱之为地狱完全地出乎中国人的意料之外,它是人类精神与灵魂的诞生地。既然在人性的历程中罪恶永远无法摒弃也永远无法逾越,并且命中注定要同人纠缠到死,那

---

① 但丁:《神曲·炼狱篇》,人民文学出版社 2002 年版,第 68 页。
② 但丁:《神曲·地狱篇》,人民文学出版社 2002 年版,第 15 页。
③ 但丁:《神曲·炼狱篇》,人民文学出版社 2002 年版,第 292 页。
④ 但丁:《神曲·炼狱篇》,人民文学出版社 2002 年版,第 13 页。
⑤ 但丁:《神曲·地狱篇》,人民文学出版社 2002 年版,第 115 页。

么,只有进入灵魂的痛苦,才知道自己所痛失的那些最最重要的东西究竟是什么,也才知道自己所亟待得到的那些最最需要的东西究竟是什么;同样,只有被打入地狱,才会看到自己的罪,才会将自己最为隐秘的心灵黑暗揭示出来,才会让自己猛醒到自己的对于这样一种沉沦的仍然心存期冀是何等的荒谬,因而再不陷入任何幻想,而去有尊严地承担罪,去一往无前地发动灵魂的战争,并且以此来表明:这就是人类唯一的生活,也是人类唯一的希望。

不难看出,鲁迅与这一切是何等的隔膜①。他尽管也承认:"那《神曲》的《炼狱》里,就有我所爱的异端在",但是也无法否认,毕竟只是读到一半,"不知怎地,自己也好像很是疲乏了。于是我就在这地方停住,没有能够走到天国去。"②为什么会如此?在这里,重要的并不在鲁迅没有能够通过但丁的方式进入天国(信仰毕竟是个人的,何况西方进入天国的方式也并非只有但丁的方式一种)而在于鲁迅没有能够通过但丁的方式引起对于信仰维度的必要的关注③。"有我所不乐意的在天堂里,我不愿去;有我所不乐意的在地狱里,我不愿去;有我所不乐意的在你们将来的黄金世界里,我不愿去。"④这就是那个我们所十分熟悉的鲁迅。

就以令鲁迅所最最难以理解的所谓"地狱"为例,中国人一般以为下地

---

① 王国维在《红楼梦评论》中也曾提及但丁的《神曲》:"至谓《红楼梦》一书,为作者自道其生平者,其说本于此书第一回'竟不如我亲见闻的几个女子'一语。信如此说,则唐旦之《天国喜剧》,可谓无独有偶者矣。"(《王国维文集》第 1 卷,中国文史出版社 1997 年版,第 20 页)这里,王国维将《神曲》同《红楼梦》并举,因为他敏锐地注意到但丁对贝雅特丽齐的精神恋爱在其创作《神曲》中所导致的重要影响,这显然与曹雪芹有着深刻的类似之处。

② 《鲁迅全集》第 6 卷,人民文学出版社 1981 年版,第 411 页。

③ 鲁迅两次比较集中地谈论但丁《神曲》的言论都是以"回想起来,在年青时候"和"我先前"开头,显然是指的年轻时候的看法,但是事实上鲁迅对于但丁《神曲》的看法一生始终都没有发生什么实质性的改变。

④ 《影的告别》。

狱的只能是坏人,地狱也只是对于坏人的惩罚。鲁迅也是如此①。然而,实际上这只是一种深刻的误解。对于"地狱"的理解,涉及不同的"罪"意识。在中国,是假定人的天生本性自然为善,它是自由意志所无法摆脱的,因此,只需恪守天生本性就可以自然为善。至于为恶即犯罪,则无疑是外在影响所致。所以中国人因为本心是可以依靠的而完全不需要灵魂的拯救(只要"反身而诚"),至于为恶即犯罪者,倘不能通过改造来促使其"良心发现",则需要进行暴力的诛杀乃至地狱的惩罚。西方却并非如此,它假定人的自然本性自然为恶。这意味着:在人的天生本性背后还有一个更为根本的自由意志,而自由意志的第一个行为必然是因为打破天真状态而导致的犯罪(天真状态并非自由意志的作用,因此也无所谓善),正如《圣经》所强调的,人是

---

① 对此,不难从鲁迅的下列言论中看出:"我先前读但丁的《神曲》,到《地狱》篇,就惊异于这作者设想的残酷,但到现在,阅历加多,才知道他还是仁厚的了:他还没有想出一个现在已极平常的惨苦到谁也看不见的地狱来。"(《鲁迅全集》第6卷,人民文学出版社1981年版,第502页)《野草》中的作品"大半是废弛的地狱边沿的惨白色小花"(《鲁迅全集》第4卷,人民文学出版社1981年版,第356页)。"称为神的和称为魔的战斗了,但并非争夺天国,而是要得地狱的统治权,所以无论谁胜,地狱至今也还是照样的地狱。"(《鲁迅全集》第7卷,人民文学出版社1981年版,第76页)"我总要上下四方寻求,得到一种最黑,最黑,最黑的咒文,先来诅咒一切反对白话,妨害白话者。即使人死了真有灵魂,因这最恶的心,应该堕入地狱,也将决不改悔,总要先来诅咒一切反对白话,妨害白话者。"(《鲁迅全集》第2卷,人民文学出版社1981年版,第251页)"我愿意真有所谓鬼魂,真有所谓地狱,那么,即使在孽风怒吼之中,我也将寻觅子君,当面说出我的悔恨和悲哀,祈求她的饶恕;否则,地狱的毒焰将围绕我,猛烈地烧尽我的悔恨和悲哀。"(《鲁迅全集》第7卷,人民文学出版社1981年版,第129—130页)"我想,要中国得救,也不必添什么东西进去,只要青年们将这两种性质的古传用法,反过来一用就够了:对手如凶兽时就如凶兽,对手如羊时就如羊!那么,无论什么魔鬼,就都只能回到他自己的地狱里去。"(《鲁迅全集》第3卷,人民文学出版社1981年版,第61页)"几百年之后,我们当然是化为魂灵,或上天堂,或落了地狱。"(《鲁迅全集》第6卷,人民文学出版社1981年版,第38页)"只有说部书上,记载过几个女人,因为境遇上不愿守节,据做书的人说:可是他再嫁以后,便被前夫的鬼捉去,落了地狱;或者世人个个唾骂,做了乞丐。"(《鲁迅全集》第1卷,人民文学出版社1981年版,第122页)

从"天真状态"堕入原罪的①,所以人的自然本性自然为恶(准确地说,在西方看来,人性可善可恶,不过自由意志却首先表现为恶),因此,罪意识就正是人的区别于动物的高贵性的所在。而且,由于自由意志的作用,人人都可以为善,但是也可能为恶,甚至前事为善而后事为恶,或者前事为恶而后事为善。既通过同一个自由意志而获罪,也通过同一个自由意志而获救。所以,只有在恶中锻炼出善并形成由恶向善的进化,人性才能够得以提升。舍此之外,别无他途。而且,更为重要的是,只有通过恶的激发才能导致善的实现。灵魂的苏醒、精神的震撼、生命的燃烧,假如离开了恶的激发,都无疑是根本不可想象的。所以黑格尔才会说:一个恶徒的犯罪思想也比天堂里的奇迹更伟大更崇高。同样,地狱也如此。在西方,地狱并非是"坏人"的,而是"人"的。每个人都必须在地狱中提炼出善并形成由恶向善的进化。并且,地狱还是人性的动力,是罪恶之渊薮,也是否定之动力。在地狱中,需要的不是所谓肉体的惩罚,而是自身自由意志的觉醒。遗憾的是,鲁迅对此茫然不知。在《祝福》中,我们所看到的知识者的在一位目不识丁的女乞丐祥林嫂的盘问下的落荒而逃,充分显示了鲁迅对于但丁所谓地狱的格格不入。至于他的将地狱的等同于现实的黑暗统治,他的对于"无论什么魔鬼,就都只能回到他自己的地狱里去"的诅咒,他的"堕入地狱,也将决不改悔",也都充分显示了对于但丁所谓地狱的格格不入。更为重要的是,鲁迅的未能将个体的绝望坚持到底,也与对于地狱的误解有关。地狱之为地狱,涉及的是个体自由意志的觉醒。鲁迅的内心痛苦("太黑暗""毒蛇"之类的感觉),表明他并没有意识到可以为善为恶的个体自由意志完全是生命之常态,甚至完全是生命之必然的。因此,"人所具有的我无不具有"。这样,借助但丁的地狱,他本来应该将个体的绝望坚持到底,进而意识到对于原罪的忏悔并非

---

① 以人类吃智慧果的故事为例,为什么说它是原罪呢?原因在于人类的这一行为是为了争取与上帝平起平坐的地位,其结果无疑就会从"以上帝为中心"转向"以人为中心",这当然就是所谓原罪。而此后人类的一切行恶,都显然与"以人为中心"并且认为自己可以全知全能有关。

自己这一代人的事情,而是人性的必然。其次,借助但丁的地狱,他本来也应该将个体的绝望坚持到底,从此远离那些根本就不值得关注的世俗恩怨,率先从"国民性批判"转向"人性批判",从历史原罪的反省转向个体原罪的反省,以"我不入地狱谁入地狱"的精神率先完成个体罪意识的觉醒,并通过向无限者的忏悔去展现自身由恶向善进化的灵魂旅程。最后,借助但丁的地狱,他本来还应该将个体的绝望坚持到底,确认对于原罪的忏悔无非意味着自己知罪并且具备了由恶向善进化的可能,但是却并非从此就可以脱俗成圣,从而具备了逼迫他人"改悔"甚至启蒙他人、改造社会的资格。可惜的是,由于对于但丁的地狱的误解,这一切鲁迅都本来可以也应该做到,但是却都没有能够做到。

地狱如此,对于与天堂乃至与天堂密切相关的所谓信仰维度的理解,就也只能如此了。"我是谁"的追问必然导致"上帝是谁"的追问,这也正是但丁《神曲》之所以要从地狱经过炼狱而最终皈依天堂的深层奥秘。倘若剥开天堂一辞所蕴涵的宗教内涵,那我们应该说:个体的自由意志可以为善为恶的必然要求在逻辑上已经必然导致信仰维度的存在(因为生命的有限而向往精神的无限,因为肉身的局限而追求灵魂的超越,这就是所谓信仰的维度)。信仰维度的存在是个体自由意志由恶向善的根本保证。而且,"痛苦"并非追求信仰维度的理由,人先行地皈依信仰维度,才是无悔地承受"痛苦"的理由。因此只有从信仰维度出发,灵魂的受苦才是有意义的。因为真正的灵魂痛苦并非来自人性的堕落,而是来自人性对于神性的悖离。至于信仰维度的与对于爱的瞩目密切相关(但丁的《神曲》就以象征爱的贝雅特丽齐为引导),则是由于:倘若由于人性的堕落,那么人们就完全可以问心无愧地面对一切罪恶与痛苦,倘若由于人性对于神性的悖离,那么人们就没有任何理由问心无愧地面对一切罪恶与痛苦。在此意义上,原罪就是一个针对绝对责任的基本假设。通过它,每个人都意识到罪恶的彼此息息相关,意识到丧钟为每一个人而鸣。而能够拯救这一切的,正是爱,也唯有爱。然而,天堂乃至与天堂密切相关的所谓信仰维度同样根本就不入鲁迅的"法眼"

(他曾明确表示,自己"是讨厌天国的"①)。在《三闲集·怎么写》中鲁迅指出:"莫非这就是一点'世界苦恼'么?""腿上钢针似的一刺,我便不假思索地用手掌向痛处直拍下去,同时只知道蚊子在咬我。什么哀愁,什么夜色,都飞到九霄云外去了"②。而在为《华盖集》作的《题记》中,鲁迅也说自己的写作"议论又往往执滞在几件小事情上,很足以贻笑于大方之家。然而那又有什么法子呢。我今年偏遇到这些小事情,而偏有执滞于小事情的脾气。"③《墓碣文》中的"自啮其身"更说明由于仅仅凭借于"中间物"而拒绝信仰维度,鲁迅甚至无法知道自己的"本味"④。即便是在为我们所熟知的"影""过客"等绝境背后,那个"坦然""欣然""大笑""歌唱"者也仍旧只是"人之子",仍旧并非"神之子"。而同样是由于对天堂乃至与天堂密切相关的所谓信仰维度的拒绝,鲁迅的启蒙也令人生疑。启蒙之为启蒙,重要的是启自己之蒙,而不是启他人之蒙。面对的是人与自我的关系,是对于"我是谁,我从哪里来,我到哪里去"的追问,而不是人与人的关系,也不是以一个国人幡然省悟、弃旧图新的"光明的未来"来冒充某种信仰。而鲁迅的态度却始终摇摆于两者之间。至于作为绝对责任的原罪意识的觉醒,尤其是爱的意识的觉醒,在鲁迅那里也仍旧还是一个亟待解决的问题。显然,"难见真的人"的思路使得他始终未能意识到个体的自由意志可以为善为恶的必然要求,未能意识到个体的自由意志对于神性的悖离所导致的灵魂痛苦以及这灵魂痛苦的息息相关,更未能意识到个体的自由意志可以为善为恶的必然要求在逻辑上已经必然导致信仰维度的存在。就是这样,中国的"天路历程"在鲁迅那里不但没有开始,反而被强行终止了。

但丁《神曲》的对于人类灵魂的关注,同样也令鲁迅味同嚼蜡。在《神曲》中,人的内在神性和无限追求禀赋着绝对的意义,从人到神、从尘世到天国、从有限到无限、从自身到永恒,构成了作品的主线。文学之为文学,因此

---

① 《鲁迅全集》第13卷,人民文学出版社1981年版,第638页。
② 《鲁迅全集》第4卷,人民文学出版社1981年版,第19页。
③ 《鲁迅全集》第3卷,人民文学出版社1981年版,第3页。
④ 《鲁迅全集》第2卷,人民文学出版社1981年版,第202页。

而找到了自己的人性根据。然而这似乎引不起鲁迅的任何兴趣。在中国，从来就是有宗教，没有宗教精神。中国传统文化更是与灵魂绝缘，到处是有辫子没脊梁的精神侏儒，处处充盈着暴戾的粗鄙之气，所谓儒释道充其量也只是一种精神意淫或灵魂手淫。鲁迅反其道而行之，以心灵黑暗的在场者的身份，还虚无以虚无，还虚伪以虚伪，还黑暗以黑暗，还无耻以无耻……却最终如所有的弃神者一样，没有寻觅到灵魂的家园①。"魂灵被风沙打击得粗暴，因为这是人的魂灵，我爱这样的魂灵；我愿意在无形无色的鲜血淋漓的粗暴上接吻。"②"我的生命，至少是一部分的生命，已经耗费在写这些无聊的东西中，而我所获得的，乃是我自己的灵魂的荒凉和粗糙。但是我并不惧惮这些，也不想遮盖这些，而且实在有些爱他们了，因为这是我转辗而生活于风沙中的瘢痕。"③"魂灵被风沙打击得粗暴"，"我所获得的，乃是我自己的灵魂的荒凉和粗糙"，但是鲁迅"并不惧惮这些，也不想遮盖这些，而且实在有些爱他们了"，从中不难体味到鲁迅对于灵魂问题的不屑（鲁迅根本不屑于"成为天使般的蝴蝶"）。而未能始终如一地致力于精神的觉醒和灵魂的挖掘，错误地把国民性的弱点等同为人性的弱点，并且甚至希图以外在的现实手段来克服人性的弱点，这，恰恰就是我们所看到的鲁迅。由此，文学之为文学，在鲁迅那里，因此也就在一定程度上丧失了人性的根据。发现只有文学才能发现的，这是文学存在的唯一理由。文学的形式可以有所不同，但是根本性质却绝对不允更改。就血缘而言，作家属于民族，就个人而言，作

---

① 鲁迅说："希腊人所用的火，听说是在一直先前，普洛美修斯从天上偷来的，但中国的却和它不同，是燧人氏自家所发见——或者该说是发明罢。因为并非偷儿，所以拴在山上，给老雕去啄的灾难是免掉了，然而也没有普洛美修斯那样的被传扬，被崇拜。"（《鲁迅全集》第 6 卷，人民文学出版社 1981 年版，第 7 页）显然他也看到了"普洛美修斯从天上偷来的"的火与"燧人氏自家所发见"的火是截然不同的。但是，他毕竟是"从旧垒中来"，"积习当然也不能顿然荡除"（《鲁迅全集》第 1 卷，人民文学出版社 1981 年版，第 286 页），因此还是未能把这个"截然不同"以及为什么"截然不同"思考清楚。
② 《鲁迅全集》第 2 卷，人民文学出版社 1981 年版，第 223 页。
③ 《鲁迅全集》第 3 卷，人民文学出版社 1981 年版，第 4—5 页。

家却属于人类。但是鲁迅却自觉地离开了文学的这样一个人性的根据。一篇《纪念刘和珍君》,固然可以使鲁迅蔑视百年来的所有知识分子,但是"引起疗救的注意"(指出现象却不去追根溯源)、"娜拉走后怎样"(这只是第二位的问题,"娜拉为什么出走、怎样出走"才是更为重要的根本问题)、"大炮的声音或者比文学的声音要好听得多",厌恶"隔岸观火"的文艺、"消费者的艺术",而喜欢"连自己也烧在这里面"的文艺、"生产者的艺术",诸如此类却不能不令我们痛心地发现,鲁迅已经不屑于用文学的眼光来看待世界,不屑于用文学的语言来说话。鲁迅说:"我们常将眼光收得极近,只在自身,或者放得极远,到北极,或到天外,而这两者之间的一圈可是绝不注意的……"①鲁迅所要关注的,正是"这两者之间的一圈"。离开这"这两者之间的一圈",绝对不是鲁迅所愿意的,像但丁那样倾尽全力地为人类饥饿的灵魂提供绝对、永恒的精神食粮,也绝对不是鲁迅所愿为的。"我以为如果艺术之宫里有这么麻烦的禁令,倒不如不进去;还是站在沙漠上,看看飞沙走石,乐则大笑,悲则大叫,愤则大骂,即使被沙砾打得遍身粗糙,头破血流,而时时抚摩自己的凝血,觉得若有花纹,也未必不及跟着中国的文士们去陪莎士比亚吃黄油面包之有趣。"②鲁迅最终不但"没有能够走到天国去",而且没有能够走到"艺术之宫里",为什么会出现如此的遗憾? 鲁迅在这段话中应该已经讲得十分清楚了③!

至于鲁迅与陀思妥耶夫斯基的巨大差异,则无疑可以从四个方面看出,这就是:信仰的维度、爱的美学、个人忏悔、进入方式。

首先看信仰的维度。与但丁一样,个体的自由意志可以为善为恶的必

---

① 《鲁迅全集》第 7 卷,人民文学出版社 1981 年版,第 386—387 页。
② 《鲁迅全集》第 3 卷,人民文学出版社 1981 年版,第 4 页。
③ 颇具美学象征意味的,是巴金。他历来喜欢的是屠格涅夫、托尔斯泰和左拉。但是在文革时代,他却喜欢上了《神曲》。他用一本薄薄的小练习本将《地狱篇》一曲一曲地抄好,抓住一切机会诵读。在他一生的读书生活中,这是他的第二次抄书。巴金的第一次抄书是在他十五六岁的时候,抄的是《夜未央》和《告少年》。而后来巴金的获得但丁国际奖,同样也颇具美学象征意味。看来,倘若要超越鲁迅,必然要从对于但丁的《神曲》深刻理解开始。

然要求,同样把陀思妥耶夫斯基逼入了天国。在他看来,倘若人性之善或许还可以为人类所想象,那么人性之恶则是为人类所绝对无法想象的。因此他毅然决然地"抬望眼","由神而人","投身"信仰的维度。更为可贵的是,在但丁之后,西方第一次面对着上帝的死亡,然而,没有人比陀思妥耶夫斯基更为深刻地洞悉这一死亡以及这一死亡之后西方文化所要面临的严重危机。与尼采等众多西方思想者截然不同的是,他仍旧绝不放弃信仰的维度。也因此,他才始终以思想大师的身份君临天下。遗憾的是,不论是出于什么样的主观的或者客观的理由,一个确凿无疑的事实是:鲁迅对于陀思妥耶夫斯基的这一历史性贡献一无所知。在心灵的朝圣之路上(假如鲁迅也承认自己也走在这条路上),宣称"别求新声于异邦"的鲁迅只吃到了知识树的果子,但是没有吃到生命树的果子。鲁迅的喜欢尼采(与对于陀氏的"废书不观"不同,尼采的《查拉图斯特拉如是说》却被鲁迅放在案头,并且经常翻阅);鲁迅的积极翻译阿尔志跋绥夫的《工人绥惠略夫》,把"憎恶人类"的绥惠略夫介绍到中国(当然并不完全赞同);鲁迅受俄罗斯影响而形成的那著名的"安特莱夫式的阴冷",就是例证。毫无疑问,此岸的维度与救世激情造就了鲁迅,而作为更高存在的彼岸维度与质疑"时代"的激情则造就了陀思妥耶夫斯基。他们彼此之间的根本差异在于鲁迅不但拒绝宗教,而且拒绝宗教精神(不要说"由神而人",就是连"由人而神",在他也是不屑为的);不但拒绝信教,而且拒绝信仰;不但拒绝神,而且拒绝神性。鲁迅显然从来没有畅想过天国,他恰恰"是讨厌天国的"①,"只要枭蛇鬼怪"②,也只"去寻野兽和恶鬼"③。他将生命的拯救归因于自身,"执著现在"④,坚持一种"是非审之于己,毁誉听之于人"(岳麓书院的著名楹联)的态度,不接受陀氏所许诺的那个人的生命之外的神圣的目标,不接受来自"天上的声音",而完全服

---

① 《鲁迅全集》第13卷,人民文学出版社1981年版,第638页。
② 《鲁迅全集》第11卷,人民文学出版社1981年版,第274页。
③ 《鲁迅全集》第2卷,人民文学出版社1981年版,第200页。
④ 《鲁迅全集》第3卷,人民文学出版社1981年版,第49页。

膺于来自"前面的声音"①(所以鲁迅笔下的作为"出走者"的知识分子往往自杀,因为他们成功地自毁了家园,但是前方却又无路可走)。所谓"黄金世界""胜利后""将来""大同社会",在他看来只是"虚悬了一个'极境',是要陷入'绝境'的"②;西方的信仰维度,在他看来也与菩萨、神仙等等"华夏传统的小巧的玩意儿"③没有什么两样。"娜拉走后怎样"?本来可以进而找到信仰的维度,进而进入与无限者的对话,但是在鲁迅却不然,鲁迅式的解决方式无非有二:认输回家,或者陷入空虚(自杀也是其中之一种,因此,中国的"出走者"事实上都还只是一个孩子)。祥林嫂被现实世界否定后怎样?本来她仍旧可以坦然生存,可以祈祷,可以倾诉……(这正是我们在陀氏的作品中所经常见到的),但是在鲁迅却还是不然,鲁迅式的解决方式偏偏是:在被黑暗世界"强暴"之后,竟然转而臣服于这"强暴"自己的黑暗世界。而陀氏笔下的弱女子索尼娅就不同,她的悲惨遭遇比起祥林嫂有过之而无不及,甚至连做乞丐与自杀都无可能,但是却能够以一颗完整、独立的宽厚悲悯之心直面作为启蒙者的知识分子。以鲁迅所无法接受的陀氏的对于横逆而来的忍从为例:"在中国,没有俄国的基督。在中国,君临的是'礼',不是神。百分之百的忍从,在未嫁就死了订婚的丈夫,坚苦的一直硬活到到八十岁的所谓节妇身上,也许偶然可以发见吧,但在一般的人们,却没有。忍从的形式,是有的,然而陀思妥夫斯基式的掘下去,我以为恐怕也还是虚伪。因为压迫者指为被压迫者的不德之一的这虚伪,对于同类,是恶,而对于压迫者,却是道德。"④鲁迅的这一理解显然道出了与陀氏的一大差异,即鲁迅是为绝望而绝望。但是陀思妥耶夫斯基却不然,是为信仰而绝望。"假如我的确没有力气撞开那堵墙,我就不会用脑袋去撞,但我也不会仅仅因为我面前有堵墙,我的力气不足而与它妥协。"⑤这无疑与鲁迅相同,但是,"人类存在的全部法

---

① 《鲁迅全集》第2卷,人民文学出版社1981年版,第191页。
② 《鲁迅全集》第6卷,人民文学出版社1981年版,第428页。
③ 《鲁迅全集》第3卷,人民文学出版社1981年版,第96页。
④ 《鲁迅全集》第6卷,人民文学出版社1981年版,第411—412页。
⑤ 陀思妥耶夫斯基:《中短篇小说选》,人民文学出版社1997年版,第400页。

则,仅仅在于人要永远能够拜倒在一个无限伟大的事物面前。倘若人们被夺去了无限伟大的事物,他们就活不下去,而将在绝望中死去。不朽与无限对于人来说,正如他居住的那个小小的星球一样不可或缺"①,"一定有某种比火刑,甚至比二十年前的吃人恶习更为强大的东西!……一定有一种思想比一切灾难、荒歉、酷刑、瘟疫、麻风病更强大,比整个地狱之苦更厉害,要是没有这种把众人黏合在一起、给心灵引路、使生命之源更丰美的思想,人们就不可能禁受住地狱之苦的煎熬啊!在我们这个万恶丛生和铁路纵横的时代,你们能给我拿出什么东西跟那种力量抗衡呢"②。这无疑就与鲁迅截然不同了。至于陀氏坚持认为"千千万万桩好事还抵不了一桩小小的罪行",坚持认为"假如没有上帝,还哪里有犯罪呢"③,以及对于"什么都可以做"的批评,对于"凭良心行事,不惜流血"的批评("要知道允许凭良心杀人,这……我看要比官方正式允许杀人,经过合法手续,更可怕……")④,尤其是对于"拯救世界的将是美"与"彻底的美""彻底美的人"的呼吁(这是一个真正的美学大题目,它由俄语中的三个词组成:世界、拯救、美,即世界=拯救=美),更不是在鲁迅的世界中所能够看到的。最终,在鲁迅的"神性"为"自性"所僭越的著作中没有能够形成陀氏著作中的那种人与无限者的"对答",而成为在平面维度无限延长的一种事实上"无所说"也"无可说"的"自言自语"。这个不回头的浪子,从传统的泥沼里一路杀来,却仍旧没能杀出泥沼⑤。

其次是爱的美学。在陀思妥耶夫斯基,对于爱要像圣物一样珍惜,即便无情地揭露黑暗,也仍旧给人以爱。"在这个地球上,我们确实只能带着痛

---

① 陀思妥耶夫斯基:《穷人的美德》,陕西师范大学出版社2003年版,第74—75页。
② 陀思妥耶夫斯基:《白痴》,湖南文艺出版社1997年版,第470页。
③ 陀思妥耶夫斯基:《罪与罚》,燕山出版社2000年版,第61页。
④ 陀思妥耶夫斯基:《罪与罚》,燕山出版社2000年版,第243页。
⑤ 在20世纪的中国,鲁迅是最有可能写出《罪与罚》《卡拉马佐夫兄弟》这样的巨著的,然而,这一切却令人遗憾地未能发生。看来,在"别求新声于异邦"的历程中,倘若没有建立一个内在的健全、成熟的自我理解、自我批判机制,任何的"别求新声于异邦"都是不可能的。

苦的心情去爱,只能在苦难中去爱!我们不能用别的方式去爱,也不知道还有其他方式的爱。为了爱,我甘愿忍受苦难。我希望,我永远充满感恩的心情离开这个地球,而不愿在另一个星球上死而复生。"①"爱是无价之宝,可以赎回全世界的一切,不仅能清偿你的罪孽,同样也能清偿别人的罪孽。"②"这种全世界的命运不是用剑去取得的,而是用博爱的力量"③,确实,世界一片黑暗,但是,我们却不能坐视黑暗把我们包裹起来,而应该用我们的爱心去包裹黑暗并且去照耀黑暗。因此在陀思妥耶夫斯基身上看不到丝毫的绝望,这因为爱完全是来自自我的需要,而不是来自对象的黑暗与残酷。绝望之走向虚无,恰恰是出于心灵中爱的缺失,也恰恰出于心灵的软弱。而对于爱的固守则必然出之于心灵的强大。并且,"如果人们的恶行使你悲愤得无法克制,甚至产生了要想报复作恶者的想法,那么你应该千万对这种情感保持戒惧。"④《卡拉马佐夫兄弟》中的阿辽沙只是生活着,看到了一切却从不加任何责备,更不做一切的裁判官,把他人的罪孽都当成自己的罪孽,就正是"对这种情感保持戒惧"以及对于爱的固守。而且,在《卡拉马佐夫兄弟》中陀氏还特别提示说,这是一种人类的积极的爱,一种完全出于内在的需要并且不以是否回报为条件的爱。借用弗罗姆的话,是因为我爱,所以我被爱;因为我爱你,所以我需要你。但是鲁迅就不同了。在他看来,爱和善良是无能的,惟有恶才是唯一的绝对力量,因此不惜以恶来担当恶,不惜"灵魂的荒凉和粗糙",不惜"灵魂里有毒气和鬼气",不惜以"巨毒"自况(而称许广平只有"小毒"),不惜推重"活无常"与"女吊"的复仇,不惜宣称至死"一个也不宽恕"(这与基督在十字架上的呼喊恰成对照,一个是绝望的反抗,一个是无尽的悲悯)。陀思妥耶夫斯基笔下的人物为之揪心的倘若没有上帝那世界的恶该如何承受之类的问题,鲁迅根本就从来没有问过。他昭示人们绝对不要相信爱心、神性、眼泪等一切神圣的东西,因为它们都是虚假的,唯一的功

---

① 陀思妥耶夫斯基:《中短篇小说选》,人民文学出版社1997年版,第568页。
② 陀思妥耶夫斯基:《卡拉马佐夫兄弟》上,人民文学出版社1981年版,第68页。
③ 陀思妥耶夫斯基:《穷人的美德》,陕西师范大学出版社2003年版,第186页。
④ 陀思妥耶夫斯基:《卡拉马佐夫兄弟》上,人民文学出版社1981年版,第481页。

能就是帮助历史扼杀生命。作为中国的尼采,鲁迅实在没有浪得虚名。而且,陀思妥耶夫斯基最怕的就是反抗,因为恶是无法通过反抗来消解的,倘若一意孤行,就必然会为善而作恶,必然会恶上加恶。因此陀思妥耶夫斯基与后来的卡夫卡类似:不是没有目的,而是没有道路。为此,他甘愿"懦弱"到底,也不愿成为什么"脊梁"。因此,鲁迅可以说是:只有道路,没有目的。同样,置身不幸,滋养陀思妥耶夫斯基灵魂的是爱,滋养鲁迅灵魂的却是恨;陀思妥耶夫斯基的爱不需要理由,也不因为对象的十恶不赦而改变,鲁迅的爱却需要理由,也因为对象的十恶不赦而改变;陀思妥耶夫斯基的爱是无限的,也是无条件的,鲁迅的爱却是有限的,也是有条件的。在《卡拉马佐夫兄弟》中,陀氏在谈到人类的积极的爱的同时,还特别谈到了人类的幻想的爱:"我爱人类,但是自己觉得奇怪的是我对全人类爱得越深,对单独的人,也就是说一个个别的人就爱得越少。……我在幻想中屡次产生为人类服务的热情,也许真的会为了人类走上十字架,如果忽然有这个需要的话,然而经验证明,我不能同任何一个人在一间屋里住上两天。他刚刚和我接近一点,他的个性就立即妨碍我的自爱,束缚我的自由。我会在一昼夜之间甚至恨起最好的人来:恨这人,为了吃饭太慢,恨那人,为了他伤风,不断地擤鼻涕。……只要人们稍微碰我一下,我就会成为他们的仇敌。然而事情常常是我对于个别的人越恨得深,那么我的对于整个人类的爱就越见炽烈。"①在陀思妥耶夫斯基看来,这种幻想的爱实则并非真爱,因为它要求以爱来报答爱,要求立即获得回报,否则爱就马上冷却下来,而且"是不能爱哪一个人的"。罗素在他的《西方哲学史》中将这种幻想的爱称为浪漫主义之爱。指出它实际是一种放大了的自我之爱,它指望从对方得到一种父母般的温情,但一旦求温情的欲望落了空,一旦发现别人有别人的自我,就感到愤慨,爱便转而成为憎恶和凶恶②。还借用弗罗姆的话,这种幻想之爱的实质在于:

---

① 陀思妥耶夫斯基:《卡拉马佐夫兄弟》上,人民文学出版社 1981 年版,第 75—76 页。
② 参见罗素:《西方哲学史》,商务印书馆 2001 年版,第 225 页。

因为我被爱,所以我爱;因为我需要你,所以我爱你。而这,正是硬骨头的禀赋觉醒冷眼而且被仇恨占据了整个灵魂的鲁迅区别于灵魂中充盈着神性温柔与受难爱心的陀思妥耶夫斯基的根本所在①。在这方面,鲁迅笔下的儿童远不如陀氏笔下的儿童更为可爱(鲁迅笔下出现的那个拿着芦柴棒对着愿为他牺牲一切的启蒙者喊"杀"的还不太懂事的孩子,在陀氏笔下就从未出现),就显然是一个典范的例证。而有人说读了《卡拉马佐夫兄弟》以后,觉得与这些人物同为人类是值得自豪的,但是在读了鲁迅的书后我们却无法产生同样的感觉,这应该也是一个典范的例证②。

再次是个人忏悔。陀思妥耶夫斯基也曾经像鲁迅一样地激进过,也曾经是一个在激进时代的推波助澜的弄潮儿,但是后来却幡然醒悟,成为激进时代的掘墓人。"人性可臻无限完善"的启蒙主义理想、使"杀人"成为天经地义的虚无主义伦理,被他指斥为虚妄不经。为人们所津津乐道的社会启蒙工程、社会革命工程,在他看来,就类似那座永远也无法建成的巴比伦高塔:"建筑这个高塔正是不靠上帝,不为了从地上上升到天堂,而是为了把天堂搬到地面。"而这种把人间建成天堂的努力所导致的,只有一种结果,就是把人间变成地狱。在《群魔》中,他已经深刻地洞见了1917年的革命的可能

---

① 因此,鲁迅的人生哲学与陀氏的人生哲学恰成对照,在鲁迅看来,人类存在的秘密在于"活着",但是在陀氏看来人类存在的秘密却并不在于"活着"而在于"为什么活着"。而且,倘若以著名的"农夫与蛇"的故事作为对比,毫无疑问,鲁迅会坚定不移地认为"蛇"永远是"蛇",而陀氏也会坚定不移地认为由于农夫的爱心,"蛇"最终将不再是"蛇"。

② 心理的无助感无疑会大大扭曲对于世界的判断,例如在飞机上对于危险的敏感就会大得多。作为精神孤儿,鲁迅自身浓郁的无助感的过分高亢,显然很容易产生严重的挫败、失望心态,并且很容易被无限地予以强化,应运而生的仇恨则无疑是对之予以消解的最好的解毒剂。它会使人产生一种特定的意义感、目的感,从而成功地抵消由于无助而导致的严重的挫败、失望心态。在我看来,鲁迅的"一个也不宽恕"的仇恨心态就是出于这一原因。同时,有必要顺便说明的是,在鲁迅的思想中充满了复杂的矛盾、悖论、困惑,而这复杂的矛盾、悖论、困惑正是理解鲁迅内心世界的关键。而本书限于篇幅,在考察鲁迅的思想尤其是考察鲁迅思想的失败时,只能更多地着眼于他的主要倾向、根本取向。

后果。他的《罪与罚》也完全可以再加一个副标题"1865",以便与司汤达的《红与黑》的副标题"1830"相对应①。难怪人们会称他为"忧郁的先知"。在他看来,与其日日将军,毋宁时时拱卒。因此他宣称:"没有任何一种社会制度能避免恶,人的心灵不会改变,不合理和罪恶源自人的心灵本身。"②这样,尽管从表面上看他远离社会启蒙、社会革命的旋涡中心,但是犹如真正拯救法国的不是拿破仑,而是雨果,真正拯救俄罗斯的也不是俄国革命,而是陀思妥耶夫斯基③。在他的作品中,历史的绝对意义从有限的形式中超越而出,人性也从自身走向绝对、走向永恒。然而,陀思妥耶夫斯基的这一取向恰恰为作为启蒙者的鲁迅所无暇顾及也不屑顾及。虽然在鲁迅内心深处确乎蕴涵着对启蒙的种种怀疑,但却毕竟只能以启蒙来支撑自身,从而走出抄碑帖、读佛经的颓废人生,虽然鲁迅也并非就一点也没有意识到陀思妥耶夫斯基所面对的困惑,但也毕竟只是浅尝辄止。鲁迅坚持的,是固守启蒙并且不惜将启蒙激进化之路。倘若陀思妥耶夫斯基笔下出现的是圣者与罪人,那么鲁迅笔下出现的就是启蒙者与庸众。而且,他的启蒙者不仅往往是"空降"到"铁屋子"之中(而陀氏的圣者却是诞生于心灵的地狱之中),更处处与庸众格格不入(有学者指出:《药》中"华小栓"与"夏瑜"就是"华"与"夏"的对立,也是两个"中华之子"的对立,而且他们死后也要被"中间歪歪斜斜一条细路"隔开)。至于庸众,则实在已经是"吃人"的代表(鲁迅的"吃人"意向只

---

① 苏联著名陀思妥耶夫斯基研究专家格罗斯曼在评介《罪与罚》之时,认为《罪与罚》完全有理由改名为"1865",参《陀思妥耶夫斯基传》,人民文学出版社 1987 年版。
② 陀思妥耶夫斯基:《穷人的美德》,陕西师范大学出版社 2003 年版,第 194 页。
③ 甚至同为穷人的受苦,也有截然差异。陀思妥耶夫斯基笔下的苦难就是个体的苦难,而鲁迅却要透过个体的苦难去写民族的苦难。在陀思妥耶夫斯基是穷人直接走上前台,在鲁迅穷人的苦难却总要通过前台的知识者的感伤叙述,其中的差异颇值深究。而且,在鲁迅的作品中往往只有抽象的善,但是却没有个体生命的爱的实践,即没有爱的圣徒(当然,这并不是说鲁迅就没有相应的思考,《非攻》中的墨子就是一个值得予以深究的人物),因此,20 世纪中国美学与文学的概念化、类型化、观念化取向,以及没有找到人性的力量,只有用"历史规律"之类的因果报应来安慰与恐吓,甚至不惜为此而"怨天尤人",鲁迅也难辞其咎。

有几处是用来批判统治者,更多的则被用来指责庸众)。陀氏的罪人是人本身,鲁迅的庸众却是有待启蒙者、有待开化者,是"狼群""蚊子""苍蝇""跳蚤""蚂蚁"(试问,陀氏可曾用类似的意象来比喻过他笔下的罪人),必要时甚至要无情地施以"无血的大戮"。"群众,——尤其是中国的,——永远是戏剧的看客。牺牲上场,如果显得慷慨,他们就看了悲壮剧;如果显得觳觫,他们就看了滑稽剧。北京的羊肉铺前常有几个人张着嘴看剥羊,仿佛颇愉快,人的牺牲能给与他们的益处,也不过如此。而况事后走不几步,他们并这一点愉快也就忘却了。对于这样的群众没有法,只好使他们无戏可看倒是疗救"。①"暴君治下的臣民,大抵比暴君更暴";"巡抚想放耶稣,众人却要求将他钉上十字架"。②"前面是一班背着洋炮的兵们和团丁,两旁是许多张着嘴的看客"③。"孤独的精神的战士,虽然为民众战斗,却往往反为这'所为'而灭亡。到这样,他们这才安心了。"④这就是鲁迅眼中的庸众。为此,他甚至大义凛然地提出,要肩住黑暗的闸门,放别人进入光明的未来。这无疑代表了他的社会启蒙、社会革命的最高理想。然而,个体的解放如何能够靠别人肩住黑暗的闸门来实现(所以鲁迅总是为人与人的灵魂无法相通的困惑所困扰,他也才会在《〈呐喊〉自序》中仰天长叹:"这寂寞又一天一天的长大起来,如大毒蛇,缠住了我的灵魂了"⑤)?如果肩住黑暗的闸门并不能导致个体的解放,那么,肩住黑暗的闸门的鲁迅本人是否也会转而成为黑暗的闸门(以致人们发现,这"铁屋子""黑暗的闸门"实际正是鲁迅担心为庸众所吞噬时产生的意象)?这是鲁迅所始终未能思考的,但是我们必须思考。

最后是进入方式。相对于启蒙、革命,陀思妥耶夫斯基一生都在有意无

---

① 《鲁迅全集》第1卷,人民文学出版社1981年版,第163—164页。
② 《鲁迅全集》第1卷,人民文学出版社1981年版,第366页。
③ 《鲁迅全集》第1卷,人民文学出版社1981年版,第525页。
④ 《鲁迅全集》第3卷,人民文学出版社1981年版,第140页。
⑤ 《鲁迅全集》第1卷,人民文学出版社1981年版,第417页。

意困惑的问题是:"现在在俄罗斯谁不自以为是拿破仑呢?"而一生都在有意无意痛苦的问题则是:上帝的存在。他清清楚楚地知道:自己完全是孤独一人,只有自己的弱点、自己的罪,以及自己心灵的黑暗,而从黑暗走向光明,就是他在自己一生的人间旅途中所能做的一切和应该做的一切。因此,至关重要的不是"罪",而是"罚",也不是"刑罚",而是"心罚"。与鲁迅的"铁屋子"类似,他也意识到"俄罗斯灵魂是黑古隆冬的",是一座地狱,但是"地狱是什么"? 就是"由于不能再爱而受到的痛苦"。"恶控制了人的机体,束缚着他的每一个行动,剥夺他同降落在灵魂中的黑暗进行斗争的任何一点想法和意愿,并且自觉地、心甘情愿地、怀着复仇的激情在内心中把黑暗当作光明"①,因此,既然进入地狱的原因是心灵自铸,那么,走出地狱的唯一途径就只能是"爱",所谓"我在故我爱"②。这就是"在堂上列举着人类心灵的黑暗的罪恶"与"在堂下陈述人类心灵的善良"、"在人类心灵中揭发污秽"与"在这被揭发的污秽中,挖掘那深隐着的光辉"的不同。"拷问出藏在那罪恶之下的真正的洁白"③,是陀思妥耶夫斯基瞩目的所在。因此恶中之善以及恶之向善转化的可能性在他看来都是毋庸置疑的。所以他尤其喜欢描写犯下滔天大罪的杀人者,在他看来,只有黑暗才孕育着光明,因此罪人恰恰与圣徒最为贴近。正如陀氏作品中的主人公所体会到的:有一个界线,你不越过去不会愉快,一旦越过去了却更加不愉快。在杀人之前,必须先在心中杀死自己;在杀人之后,也势必杀死了与所有亲人之间的爱意。于是,灵魂偏偏睁开了眼睛。在生命的虚无之中,灵魂偏偏开始到场。而在鲁迅则不然,"罪犯"既然已经是"落水狗",那就肯定不存在"罪恶之下的

---

① 陀思妥耶夫斯基:《陀思妥耶夫斯基散文选》,百花文艺出版社1997年版,第168页。
② 陀思妥耶夫斯基:《卡拉马佐夫兄弟》上,人民文学出版社1981年版,第482页。
③ 《鲁迅全集》第6卷,人民文学出版社1981年版,第411页。

真正的洁白"①。所以他会以病弱之躯痛打落水狗,会因为一只猫的行为而仇恨所有的猫。恶与善被绝对对立起来,并且彼此绝对无法转化。同时,在鲁迅,真正的善也不可能充分展开并且走向圣徒,而是止于"怒其不争"的感伤;真正的恶更不可能充分展开并且走向魔鬼,而是退向"哀其不幸"的丑。进而言之,陀思妥耶夫斯基坚持"不是'俄国人的心一团漆黑',而是他自己的心一团漆黑了"。② 他笔下的佐西马长老就并没有在罪恶和黑暗面前闭上眼睛。他"用爱去获得这个世界",时时"渴望着跟大家共同分享他内心的喜悦和欢乐",在临终忏悔时他说:"我们每一个人对世界上所有的人和所有的事都是有罪的,这是毫无疑问的。这不但是因为我们都参与了整个世界的罪恶,而且每个具体的人对于世界上所有的人和每一个人都是有罪的。"他笔下的阿辽沙也是如此,他生活在罪孽之中但却没有任何的责备。因为在他看来,别人的罪孽都是自己的罪孽。"我们每个人都应该对世上一切人和一切事物负责,这一点是毫无疑义的,这不但是因为大家都参加了整个世界的罪恶,也是因为个人本来就应当为世上的一切人和每一个人负责。"③"没有人能在地上裁判罪人,除非他自己觉悟到他和站在他面前的人同样有罪,而他对站在他面前的人所犯罪行的责任也许比任何人都要大。"④一切罪孽都是与自我一体的,都是从自己人性内部产生的。没有意识及此,正是自铸

---

① 对于"罪恶"的人与物的想象其实更多的并非来自真实。而是来自自己冷漠心灵的"心灵投射"。例如蛇,在农夫与蛇的故事中它十恶不赦,但是在儿童的眼睛中它却并非如此。儒勒·列那尔的《胡萝卜须》(百花文艺出版社1986年版)中的一个儿童在谈到"蛇"时,就出人意料地说:"太长了!"可见,正是冷漠心灵的"心灵投射"才造就了"蛇"的所谓绝对恶(事实上,大部分的蛇对于人类是无害的)。进而,"罪恶之下的真正的洁白"也才导致了基督式的宽恕、忍从、柔弱、不争,它缘于对于人性力量的坚信、爱的力量的坚信。而且,即便是因此而付出了血的代价,也仍旧不悔。因为他恰恰以自己的所作所为见证了"爱"的存在。鲁迅所缺乏的,正是对于人性力量的坚信、爱的力量的坚信。
② 陀思妥耶夫斯基:《白痴》,湖南文艺出版社1997年版,第285页。
③ 陀思妥耶夫斯基:《卡拉马佐夫兄弟》上,人民文学出版社1981年版,第239页。
④ 陀思妥耶夫斯基:《卡拉马佐夫兄弟》上,人民文学出版社1981年版,第480页。

地狱的原因,因此要走出自铸的地狱,就一定要从自我审判、自我忏悔开始。显然,"等到那样的时代风气一旦形成,人们将会惊讶为什么会这样长久地呆在黑暗里,看不见光明。"①这一切,无疑与鲁迅的态度恰恰相反。他虽然也自比恶魔,但是针对的却是"从来如此,便对么?"②的历史原罪。陀思妥耶夫斯基在《卡拉马佐夫兄弟》中批评的德米特里的"我把账还清了"的心态,恰恰就为鲁迅所信守。所谓"陪着做一世牺牲,完结了四千年的旧账"③。甚至,鲁迅的自我审判、自我忏悔也没有坚持到底,而是将个体的悲观建立在整体的乐观的基础上。"我独自远行,不但没有你,并且再没别的影在黑暗里。只有我被黑暗沉没,那世界全属于我自己。"④自我审判、自我忏悔就是这样地又回到了中国传统的自我牺牲,陀思妥耶夫斯基在作品中一再强调的"大家一起进地狱也胜过被分开""任何人都不是最后的法官"的自我审判、自我忏悔,在鲁迅却成为"不但没有你,并且再没有别的影在黑暗里"的自我牺牲。也正是出于这一心态,陀思妥耶夫斯基重在"罚",而鲁迅却重在"罪"。而且,对自己,鲁迅写了《我们现在怎样做父亲》,但是不写《我们现在怎样做子女》,呼吁"中国现在,正须父范学堂"⑤,但是却对于"中国现在,正须子范学堂"矢口不谈。对他人,鲁迅把"我与你"置换为"我与他",对于有些人"横眉冷对",对于有些人却"俯手甘为",而且更关注的只是启蒙者与不觉悟的群众之间的隔膜,是"苟奴隶立其前,必哀悲而疾视,哀悲所以哀其不幸,疾视所以怒其不争"⑥,即便是重写耶稣被钉十字架的故事,在鲁迅笔下诞生的也只是那种叛逆的猛士。自己永远是无辜的,负有罪责的永远是他人、是铁屋子。结果是,陀思妥耶夫斯基在罪孽中复活了,转而写出了"一个新的故事,一个人脱胎换骨的故事,一个人渐渐获得新生,渐渐从一个世界

---

① 陀思妥耶夫斯基:《卡拉马佐夫兄弟》上,人民文学出版社1981年版,第454页。
② 《鲁迅全集》第1卷,人民文学出版社1981年版,第423页。
③ 《鲁迅全集》第1卷,人民文学出版社1981年版,第322页。
④ 《鲁迅全集》第2卷,人民文学出版社1981年版,第166页。
⑤ 《鲁迅全集》第1卷,人民文学出版社1981年版,第296页。
⑥ 《鲁迅全集》第1卷,人民文学出版社1981年版,第80页。

走向另一个世界,认识至今不为人知的崭新现实的故事"。① 遗憾的是,鲁迅没有!

似乎全属偶然,数百年来,中国只出了一个鲁迅;偏偏又是必然,数百年来,鲁迅只出在中国。鲁迅代表着 20 世纪中国文化的最高海拔。将近一个世纪以后的今天再次回眸鲁迅,我们仍然能够强烈感受到鲁迅的魅力。然而,更多的却是深深的遗憾。既石破天惊,又功亏一篑。失败的鲁迅所拼尽全力抵达的终点,竟然只是西方大师慨然上路的起点。思之令人感慨唏嘘。

鲁迅的失败在于信仰维度的缺席。环顾整个世界,信仰的维度犹如巨大的精神杠杆撬动了人类社会。但是,也许是因为这个精神杠杆的支点实在太远,没有特定的人文背景,根本无从把握。鲁迅无疑也缺乏这一特定的人文背景。更何况,中国人实在太古老了,他们一出生,就有五千年。每个中国人都无异一个古老文化的传承者,在他们的身上不断散发出腐朽文化的臭味。为了从根本上改变这一千年一律的格局,中国人必须学习西方,必须盗来普罗米修斯之火。然而似乎是一种宿命,在整整一个世纪之后,我们不能不说,皓首穷经的中国人尽管始终把与世界接轨作为自己奋斗终身的目标。但是目标却遥遥无期。不但遥遥无期,阴魂不散的封建幽灵甚至还在以有形无形的方式悄悄修复着原有的版图。借助外来文化注入的一点新鲜血液,很快就为传统文化的"白血球"所包围,很快就一切依然故我。在创新中守旧,在前进中倒退,这一切已经是让我们见惯不惊的伎俩。鲁迅自然也不能例外,古老的传统文化,同样遮蔽了他的双眼。

具体来说,鲁迅的失败固然也有客观原因,例如面对国家兴亡、制度更替。因而很可能在发现生命本身的绝望问题,同时也发现了民族的绝望问题。这无疑有可能导致错过对人生问题进行深入探讨的契机,以致即便是探讨形而上的本体问题,也必须承诺它是解决一切社会问题的济世良方。国家命运的呼唤,民族苦难的呼唤,学生鲜血的呼唤,做人良知的呼唤,使得

---

① 陀思妥耶夫斯基:《罪与罚》,燕山出版社 2000 年版,505 页。

鲁迅自愿把书斋改成了堡垒,只顾趴在壕堑里向无处不在的敌人猛烈开火,并且自欺欺人地相信自己找到了摆脱内心矛盾的途径。但是,我们不能不问的是,同样面对国家兴亡、制度更替,雨果、陀思妥耶夫斯基为什么就没有错过对人生问题进行深入探讨的契机?为什么就没有把书斋改成堡垒,而且趴在壕堑里向无处不在的敌人猛烈开火?

事实上,从更为根本的角度说,鲁迅的失败还有其主观的原因。这主观的原因,就是个体的不尽成熟。

我们已经说过,王国维、鲁迅对于审美与个体的对应的意识是一大贡献。遗憾的是,这个"个体"却并不成熟。西方的个体是与终极关怀遥遥相对的,但是在引入中国这样一个信仰缺席的文化中时却解体了。个体之为个体,为中国传统的"越名教而任自然"的"狂者"所取代;终极关怀之为终极关怀,也为传统的"安邦定国"的"救世"所取代。不难想象,当鲁迅呼喊"尊个性而张精神"时,心中想到的无非是一种嵇康式的"师心使气",一种"敢说敢笑敢哭敢怒敢骂敢打"的快感。也因此,当"铁屋子"一般的黑暗社会禁锢得他几近窒息,才激起了他的拼死反抗。这样,我们看到,鲁迅的绝望与个体有关,但是却不像西方那样是来自内心深处的根本矛盾,而是来自外部世界的沉重压迫,所谓"背了这些古老的鬼魂,摆脱不开,时常感到一种使人气闷的沉重"。就以启蒙为例,尽管对于启蒙他始终心存疑虑,但是却从未深刻反省。他疑虑的只是事实证明民众根本无法被启蒙,疑虑的只是民众,而不是启蒙本身。一大群不是敌人的敌人——华老栓夫妇、红眼睛阿义、驼背五少爷,就是这样被鲁迅炮制而出。再以启蒙者为例,鲁迅对于"自己背着因袭的重担,肩住了黑暗的闸门",放他人"到宽阔光明的地方去,此后幸福的度日,合理的做人"的启蒙者形象念念不忘。鲁迅以为这就是所谓"真的人",即没有受到传统毒素"污染"的人,而实际上,无疑是把"原罪"偷换为历史罪,所以他最后的呼吁才是"救救孩子"。其实,即便是他的德国老师尼采,对于个体的原罪也毫不隐讳。就以那个"疯子"为例:"他大白天点着灯笼,跑到市场上不停地喊叫:'我寻找上帝!我寻找上帝!'""上帝真的死了!

是我们杀死了他!……有谁能洗清我们身上的血迹?"这"身上的血迹"不就是他的"原罪"? 可惜的是,这样的"原罪"感在鲁迅是绝对没有的。当然,在1925年的《墓碣文》中,鲁迅也曾意识到应该"抉心自食,欲知本味。创痛酷烈,本味何能知?……痛定之后,徐徐食之。然其心已陈旧,本味又何由知?"①但是,最终却仍旧是"疾走,不敢反顾",在内心世界的根本矛盾面前因为实在无法承受而逃开了。依旧回到了一种中国传统式的"吾日三省吾身""时时勤拂拭,莫使惹尘埃",似乎只要成功抵御了外部世界的毒素,回归"赤子之心",就一切大功告成,自满自足、自得自乐,而与自我否定、自我超越毫无关系。

　　进而言之,信仰缺席使得鲁迅在思考个体与终极关怀问题时欠缺了一种必不可少的超越精神。欠缺了这样一种必不可少的超越精神,也就欠缺了一种必不可少的关于人性的想象。我在剖析王国维的根本缺憾之时,曾经指出他在精神上站得太低,缺乏某种"获得世界的方式",而且是以谈论经验的方式来谈论信仰,这无疑也适用于鲁迅。在这种超越精神看来,个体的原罪是永恒的,原罪就是人之为人本身。但是鲁迅就不然了。在《破恶声论》(与《文化偏至论》同年发表)中,鲁迅把托尔斯泰与奥古斯丁、卢梭并列,并且因为他们都有《忏悔录》问世而赞曰"伟哉其自忏之书,心声之洋溢者也",并说凡要学他们"善国善天下"的人,"则吾愿先闻其白心。使其羞白心于人前,则不若伏藏其论议,荡涤秽恶,俾众清明"②,这就是说,一个人要"安邦定国",首先就要把自己的真心("白心")坦露在众人面前,但托翁等人的忏悔只是对于人性的批判,只是表明自己知罪,并且只是因此而使自己禀赋"获救"的资格,但是却绝不意味着要从此就可以洗净自己的灵魂,更不意味着从此就有权对国家、社会进行"改造"与逼迫他人"改悔",从此就具有了"安邦定国"的资格,甚至从此就有权力代上帝去"荡涤秽恶,俾众清明"。鲁

---

① 《鲁迅全集》第2卷,人民文学出版社1981年版,第202页。
② 《鲁迅全集》第8卷,人民文学出版社1981年版,第27页。

迅的理解,无疑导致自己走上错误的道路。显然,鲁迅的失败可以从中得到深刻的阐释。

由上所述,我们当然无须过于苛求鲁迅。在这片缺乏精神资源的黄土地之上,鲁迅能够彻底走出传统的误区,去直面绝望、反抗绝望、坚持绝望,已经可以说是达到了一个绝对的精神高度。更为重要的是,他以自己的毕生努力,向后人呈现了在以中国美学作为精神资源背景的情况下的对人性加以现代重构的全部过程以及最终极限——包括他最终的完全绝望。在此意义上,鲁迅不仅是一个开拓者,而且在某种意义上更是一个"中间物",一个过渡者,一个失败者。他希望他的思想"速朽",我们却希望他的思想永存。这样说,当然不是为了停留在他的失败的思想上,而是为了不断借此去进行反省,从而最终走出鲁迅——失败的鲁迅!在他之后,我们最为万幸的是,已经无须再重涉他的探索之途,就可以把美学"接着讲"下去,因为,我们的精神处境已经如此明显,用鲁迅自己的话说,除了"别求新声于异邦",已经没有任何的出路。

王国维之外的美学道路

由上我们发现:中国20世纪美学的大门是新一代美学家用带血的头颅撞开的。其中,王国维与鲁迅厥功至伟。

20世纪,没有哪个美学家比王国维、鲁迅走得更远。王国维、鲁迅所创始的生命美学思潮意味着20世纪中国美学的精神高度。而王国维、鲁迅的"超前"之处,恰在于他们早在20世纪之初,就借助于西方美学的慧眼,以天才的敏锐洞察到美学转向的大潮,并且直探美学的现代底蕴。然而,时光如梭,转瞬百年,站在新世纪馈赠给我们的现实高度上,回望已经成为历史的王国维、鲁迅,不能不感慨唏嘘。此后的社会美学、认识美学、实践美学自然是等而下之,从根本上偏离了王国维、鲁迅开始的美学道路,也无法与王国维、鲁迅开创的美学同日而语。面对王国维、鲁迅所开创的弥可珍贵的生命话语,他们之中能够在其中"呼吸领会"的美学家竟然至今也未能出现①。以李泽厚的实践美学为标志,20世纪中国美学最终转向的仍旧是"忧世"的陷阱!叶嘉莹先生不无痛心地说:"如果社会主义时代的学者,其对学术之见地,和在学术研究上所享有的自由,较之生于军阀混战之时代的静安先生还有所不如,那实在是极大的耻辱和讽刺。"②此话或许言重,但是无论如何,20世纪中国美学的不尽如人意完全可以从"忧生"起点的迷失得到深入的解释。③ 而且,只要我们考察一下王国维与叔本华(中国美学的起点正是从与西方现代美学的对话开始)、鲁迅与尼采、宗白华与歌德、朱光潜与克罗齐、李泽厚与黑格尔(李泽厚为什么反而会退回到西方传统美学,其中的奥秘颇值深究)、世纪末的生命美学与以海德格尔为代表的现象学美学……这一系列循环往复的血脉相联的思想历程,考察一下从朱光潜到李泽厚的从西方现代美学(以及中国美学传统的)的倒戈而退,考察一下20世纪中国美学的百年历程所走过的从"忧生"美学(生命美学)到"忧世"美学(反映论美学、实践美学)再到"忧生"美学(生命美学)与"忧世"美学(反映论美学、实践美学)的彼此势均力敌甚至"忧生"美学开始逐渐胜出的艰难曲折进程,考察一下经历了最为早出但又最早衰落(实际是被人为地贬到边缘,其中的过程颇值探询)的曲曲折折,生命美学如何直到20世纪90年代才终于得以再次走上美学的前台,平庸的美学论坛也才因此而重获神圣的尊严……就可以意识到我们所蒙受的"耻辱和讽刺"是何等的令人痛心! 更为严峻的是,对于王国维、鲁迅本身,我们也始终既未能"照着讲",也未能"接

---

① 他们从西方美学中接受的是罗马精神,以及恺撒的宝剑。因此尽管在他们之中不读王国维、鲁迅之者寡,但是,能够深入把握其中深意者也寡。直到今天,王国维、鲁迅的"超前"与今人的"滞后"之间的反差对比之大,仍旧给我们留下深刻的印象。例如,仅仅从"境界说"的角度研究王国维,仅仅从"美的圈"、"真实的圈"与"前进的圈"的角度研究鲁迅,就是两个最常见的例子。这实在令人啼笑皆非。实在无法想象,他们的思想竟会如此简单,如此传统。倘若果真如此,那么他们的思想竟然会在百年中国美学的历程中始终保持着巨大的魅力,始终吸引着一代又一代的学人,就实在是一件咄咄怪事。
② 叶嘉莹:《王国维及其文学批评》,广东人民出版社1982年版,第488页。
③ 李泽厚先生深刻地发现了救亡压倒了启蒙,在20世纪80年代曾经引起众多的思考,但是如今想来,就实在肤浅。因为他并没意识到:即使是在启蒙中也还存在着一个更为深刻的"忧世"压倒了"忧生"的问题。

着讲"。就"照着讲"而言,王国维、鲁迅所创始的生命美学思潮已经犹如"于今绝也"的《广陵散》,被我们遗忘得无影无踪。别尔嘉耶夫说:"现代哲学的疾病就是营养疾病,营养源已丧失,所以哲学思想陷于营养不良,因而无力同存在奥秘,同自己力求达到的永恒目的联合起来。……摆脱哲学危机的出路,就在于寻找营养,与源头和根源重新结合。"①在王国维、鲁迅之后,我们又一次将所有的美学思想都作为"知识资源"去加以批判继承,而再未想到其中还存在着某种作为美学的生命的精神资源。至于我们所信奉的中国的"言志""载道"的传统,西方的知识论美学传统等,实践也已一再证明:都完全是一些营养不良的东西。鲁迅说:"用秕谷来养青年,是决不会壮大的,将来的成就,且要更渺小……"②事实上,我们已经成为美学的弃子和灵魂的流浪者,那么,我们的美学失败又岂不指日可待? 而就"接着讲"而言,我们也没有能够意识到:王国维、鲁迅所创始的生命美学思潮并不是哪一个人的心血来潮,而是美学先知从美学王国中窃得的思想火种。王国维、鲁迅所创始的生命美学思潮也并不是哪一个人著书立说的结果,而是百年中国美学所艰难开掘出的最为宝贵的理论资源。王国维、鲁迅究竟走了有多远? 我们又如何接着走下去? 诸如此类的困惑至今还是一个全新的美学课题。也因此,在新世纪之初,我们还必须从20世纪初起步,既接上王国维、鲁迅的"大事因缘",更延续王国维、鲁迅的"大事因缘"③。而且,我们也必须意识到:"接上"的最佳方式,就是"延续"。

---

① 别尔嘉耶夫:《自由的哲学》,广西师范大学出版社2001年版,第7页。
② 《鲁迅全集》第5卷,人民文学出版社1981年版,第278页。
③ 陈寅恪先生1923年在《冯友兰〈中国哲学史〉下册审查报告》中写道:"佛教经典云:'佛为一大事因缘出现于世。'中国自秦以后,迄于今日,其思想之演变历程,至繁至久。要之,只为一大事因缘,即新儒学之产生,及其传衍而已。"在此,陈先生称新儒学的出现为"大事因缘",显然是以之作为先秦两汉魏晋隋唐学术思想发展的最后高峰(熊十力也曾经把释迦牟尼的出现慧眼独具地称为"一大事因缘出世"),那么,王国维、鲁迅所创始的生命美学思潮应该也是百年中国美学历程中的"大事因缘"。作为后来者,为此而孜孜努力,实在应当是一种理所当然。王夫之曾自题座右铭云:"吾生有事"。熊十力更鼓励他的弟子唐君毅等人云:"大事因缘出世,谁不当有此一念耶?"这是何等襟怀,吾辈能不猛醒?! 知常愚钝,但也愿意为王国维、鲁迅所创始的生命美学思潮这一百年中国美学历程中的"大事因缘"而毕生努力。

由此,需要面对的就不仅仅是王国维、鲁迅的贡献,而且更应该是王国维、鲁迅的局限。这当然不是以"应然"的方式去指责前辈,美学演进之"实然"绝对不是我等后辈所可以假设或者可以说三道四的,但是必须看到,王国维、鲁迅的局限也是那个时代的局限,甚至是整个民族的局限。发现这种局限,正是发现王国维、鲁迅本身,而发现王国维、鲁迅,也就是发现我们自身。有鉴于此,这一"发现"应该永远不会完结。

不过,我们首先必须关注的却是,在20世纪,王国维、鲁迅为什么没有走得更远?他们提供的为什么会是"未熟的果实"?

其中最为关键的,就是对于人的世界之外的更高存在的维度的无视。王国维、鲁迅无疑应该是汉语语境中最为完整、最为深刻地揭示出人性境遇的绝境之真相的人。他们让我们清晰地看到自己的极限、绝境、深渊以及最后的绝望,看到中国美学已入大限,已经绝对无法以自身的资源来实现所谓的凤凰涅槃。然而,他们却未能率先走上新的美学道路。我们还有没有别的方式来面对痛苦与绝望?例如,不是对等地反抗痛苦、绝望,而是把自己置于痛苦、绝望之上?诸如此类的问题,他们令人遗憾地从未提及。事实上,发现世界唯余痛苦与绝望,也仍旧存在一个截然不同的选择:或者像王国维、鲁迅那样与之共终共始,以致为其所伤害,直到成为一块冷漠的石头,或者坚决维护自己人性的温煦,坚决不让这个世界对我们的伤害得逞,坚决维护那个与痛苦、绝望的世界根本不同的东西,从而,不仅要与痛苦、绝望共终共始,而且要照耀痛苦、绝望,并且,不论痛苦、绝望如何伤害自己,都总是以温煦面目面对这个世界,而绝对不还之以"强颜"、"支离"、自杀或者刻毒、晦涩、阴冷。而这就无疑意味着一个人的世界之外的更高存在的维度的存在。这个更高存在的维度不是痛苦与绝望的反义词,而要比痛苦与绝望更高一个层次。它要求我们要无条件地去信守。从而,在黑暗中创造光明,在冷漠中创造温煦,在虚无中创造真实,在荒谬中创造意义。

王国维、鲁迅的对于人的世界之外的更高存在的维度的无视,还可以从一个更为广阔的背景来剖析。百年回首,不难发现,自20世纪初始,国人在借鉴西方文化与美学时,就仅仅接纳了提供民主与科学维度的希腊罗马文化这一源头,而坚决拒斥真正提供西方文明价值意义维度的希伯来文化这一源头。不论是文化激进主义或者文化保守主义,在拒绝与真正提供了西方文明价值意义维度的希伯来文化对话上,都是不约而同的。前者将"形而下"的希腊罗马文化提升为终极关怀,德先生与赛先生变成了"德菩萨"与"赛菩萨",成为具有终极价值意义的新偶像,后者则"返求诸己",试图在中国文化、美学的源头上重建现代终极关怀。此后,先是救亡压倒启蒙,继而革命压倒民主,于是,一个至关重要的课题,就这样与我们擦肩而过。借用卡夫卡的话来说:一切不是因为吃了智慧果,而是没有吃到生命之果,就是根本的缺憾所在。于是,在21世纪,我们必须扪心自问,我们怎样比王国维、鲁迅走得更远?

在西方,我们同样看到了王国维、鲁迅的身影,这就是叔本华、施蒂纳、尼采、黑塞、萨特、加缪。他们都看到了以逻辑论证去说明生命存在的荒谬,因此而出现的走向尽管稍有不同,例如叔本华走向了生命的悲观主义,尼采等人走向了生命的乐观主义,但是生命的绝望,却是其中的共同之处。结果,他们自以为是站在圣殿中向世界宣战,但是实际上却是站在了悬崖边上并且摇摇欲坠。俄罗斯思想家指出:"尼采的审美警句和审美判断精妙细腻,令人叹服,然而在道德政治问题上他却是个野蛮人。"托马斯·曼说:"作出这种区别不免幼稚,因为尼采大肆宣扬野蛮只是他的审美醉意狂放不羁的表现罢了。不过话又说回来了,这种区别揭示了一种我们完全有理由细加思索的相邻关系:唯美主义和野蛮主义的相邻关系。19世纪将近尾声时人们还没有看见、感到和担忧这两者近在咫尺的现象。"[①]但是在20世纪已过尾声的今天,我们必须"看见、感到和担忧这两者近在咫尺的现象"。毕竟是连尼采自己也在追问:在杀死上帝之后,我们将如何安慰自己?倘若我们放弃这一追问,那么,我们将如何面对黑暗,如何瓦解黑暗?如何使自由、平等、博爱、信仰在贫瘠的心灵大地上生根发芽?一味的批判、颠覆、反抗、冷

---

① 参见托马斯·曼:《从我们的体验看尼采哲学》,见刘晓枫编《人类困境中的审美精神》,知识出版社1994年版,第338页。

嘲、热讽、以血还血、以暴抗暴、以革命对革命、以流氓对流氓是否就能够驱散黑暗？就能解决问题吗？而且，以血还血、以暴抗暴、以革命对革命、以流氓对流氓固然是对于黑暗的极为凶残、卑劣的反弹，但这是否也是黑暗传染给我们自己心灵深处的精神病毒？我们竟然借助与黑暗力量完全相同的手段去反抗黑暗，这究竟是反抗黑暗还是参与黑暗、纵容黑暗？以"革命"的手段去反抗邪恶，结果自己却变成了邪恶；以流氓的手段去反抗流氓，结果自己却变成了流氓；以黑暗的手段去反抗黑暗，结果自己却变成了黑暗，这一切，岂不是我们经常看到的惨痛一幕？

最终，雨果、荷尔德林、陀思妥耶夫斯基、托尔斯泰、卡夫卡、艾略特、克尔凯郭尔、帕斯卡尔、索洛维约夫、舍斯托夫、别尔嘉耶夫、弗洛伊德、胡塞尔、海德格尔、舍勒、马丁·布伯、乌纳穆诺、马塞尔、蒂利希……的身影，就不能不涌入我们的眼帘。他们都不是"教授"，而是"美学家"，也都不是"学者"，而是独一无二的"个人"。在他们看来，那些"教授""学者"实在是苍白得可以，他们矫揉造作地大呼"惊奇"时，也根本就没有触及存在的秘密，更没有任何灵魂的悸动。"必然"这个墨杜萨已经把他们通通化为了思想的石头。而真正的美学家却必然是一些为思想而痛、为思想而病、为思想而死亡者（王国维就强调自己是为哲学而生，而不是以哲学为生。可惜不如他们彻底）。对于他们来说，人的生存问题始终是一个根源性的问题，自由的超越性则是他们所关注的唯一焦点。他们立足于"无何有之乡"，承担自己的被抛与无庇护状态，承担人的生存不接受任何先验价值的真实这一痛苦，承担生命之绽开只能以个体的形式实现这一悲剧，承担对于生命真实的领悟必须基于生命个体的亲身体验和印证这一界限，敬畏生命，纵身深渊，立足边缘，直面存在，洞穿虚假，承受虚无，领悟绝望，悲天悯人，从而，以审美之路作为超越之路，以审美活动作为自我拯救的方式，通过审美活动去创造生活的意义，以人的感性、生命、个体、生存重构审美活动，就成为他们的必然选择。

也正是由此出发，他们回应着英格玛·伯格曼的《呼喊与细语》中的那些无望的呼叫，为我们展开着全新的生命：坚持面对绝望本身，绝不寻找绝望之外的任何替代来消解绝望，而且自觉地实现了对社会、政治等等的超越,但是他们又深知人性的栅栏何在、以往的失败何在,因此能够为爱而忍痛,为希望而景仰,为悲悯而绝望,不仅洞穿人生的虚无,而且呈现人生的快乐。用全部的生命承担、见证人类的神性本质。因此,他们不是对等地反抗痛苦、绝望,而是把自己置于痛苦、绝望之上。在他们,神圣之为神圣,应该在人的"上面"而不是在人的"前面",应该是"使……成为"的东西。同样,光明并不与黑暗对等,而是远在后者之上;爱也并不与恨对等,而是远在后者之上。因此,不论是"光明"抑或"爱",都是要无条件固守的东西,而固守"光明"抑或"爱",都绝对不以这个世界也爱他们和也给他们以光明作为回报。即便是整个世界都给他们以仇恨,即便是整个世界毫无光明,他们仍旧要爱这个世界,仍旧要给这个世界以光明。因为,爱与光明都是他们的内在需要,并且绝对不以外在世界为转移。卡夫卡说:没有人能唱得像那些处于地狱最深处的人那样纯洁;凡是我们以为是天使的歌唱,那是他们的歌唱。海德格尔说:"疯子乃是叫喊着上帝而寻找上帝的人。在这里,莫非实际上是一位思想者在作歇斯底里的叫喊?而我们的思想的耳朵呢?我们的思想的耳朵总还没有倾听这叫喊吗?只要它还没有开始思想,它就听不到这种叫喊。而思想何时开始思想呢?"①荷尔德林则说:他所呼唤的是"盛满黑暗的光明"。《卡拉马佐夫兄弟》中的佐西马长老也说:"用爱去获得世界"。由此,尽管黑暗、绝望仍旧存在,但是人们看待它的目光不再是仇恨的、冷酷的,而是悲悯的、爱怜的。因为他们已经洞察到,一切黑暗都是与自己融为一体的,其中也有着我们自己灵魂的黑暗,丧钟不但为世界而鸣,而且为自己而鸣,因而一个人面对黑暗之时,就肯定会对之投以深深的悲悯、爱意,从而超越仇恨、敌意,使得心灵恢复健康,世界焕发光彩,天空展现光明。

也因此,他们不约而同地从反抗走向了悲悯。与叔本华、施蒂纳、尼采、黑塞、萨特、加缪等人不同,他们所更为关注的不再是控诉黑暗,而是赞美光明——哪怕是人性中一点一滴的光明。所以,雨果说"人不是一根消化管道",马丁·布伯说"敬畏上帝",卡夫卡赞美"背负十字架的苦行",里尔克呼

---

① 《海德格尔选集》上卷,上海三联书店1996年版,第819页。

吁"挺住就意味着一切"。其中的奥秘,则正如詹姆士·里德所揭示的:"目的在于,使我们分散的生命力集中起来。这就像修建水库的工程师所做的工作一样,把广阔平原上无数条分散的河水集中起来,再灌入到狭窄的水渠中。这不是真正在限制河水的力量。……一个人,只有当他的生活凝聚为一个统一体时,他才能获得一种完满的人生,或者说,他才能做到大公无私。"①为了说明自己的阐释,他还引用勃朗宁的话说:"世界好比一个棋盘,有人把它叫作附带着白方形的黑方形,有人则把它叫作附带着黑方形的白方形。有人把世界看作一个邪恶的场所,只是附带着一点善来作点缀。这些人越是盯着世界的阴暗面,他们的这种观点就越是根深蒂固,以致他们会认为生活本身就是一桩令人沮丧的充满危险的事情。在这种生活中,他们随时都可能会遭到不幸。另一些人则把世界看作是一个爱的场所,他们看到的是世界的光明面,黑暗只是分布在这个光明世界周围的不显眼的黑点。他们越是看着充满希望的事情,他们就越是能看到世界上到处都充满着希望。这种观点使他们生活的基础总是沐浴在爱与善的光辉之中……我们应该知道,即使生活把我们引向了它的黑暗面,从这黑暗后面射出来的光芒也将穿透黑暗,照耀我们。"②此言何其精辟!难道反抗的原因不是爱的缺席,反抗的对象不是爱的敌人,反抗的目的不是爱的恢复、滋长、发育、重建和完成?而且,倘若人们根本就体验不到无穷无尽的喜乐、尊严、神圣、爱意,那么我们承受黑暗、反抗绝望的动力何在?既然如此,从反抗走向悲悯,就是我们唯一的选择!

显然,美学应该被补上的极为重要的也是唯一正确的新的一维至此也就呼之欲出,这就是:信仰之维、爱之维。

这显然并非中国美学家的思想之所能。记得有人曾经提示:同是面对苦难,中国产生的为什么偏偏是硬骨头的鲁迅,而不是软骨头的雨果、陀思

---

① 詹姆士·里德:《基督的人生观》,三联书店1989年版,第76页。
② 转引自詹姆士·里德:《基督的人生观》,三联书店1989年版,第109—110页。顺便指出,也因此,真正的爱的象征并不是所谓的"牛虻",而是"蜜蜂"。

妥耶夫斯基？而假如鲁迅也面对陀思妥耶夫斯基的刑场,他肯定还会是硬骨头的鲁迅。确实,在中国这块两千年来从来就没有提供过爱心、温情的黄土地,也根本就无法出现陀思妥耶夫斯基的选择。然而,这也并非叔本华、施蒂纳、尼采、黑塞、萨特、加缪等人的思想之所能。蒂利希发现:叔本华、施蒂纳、尼采、黑塞、萨特、加缪等人的存在主义的出现是人类的福音,他们所揭示的都是一些人类本来应该知道但是却偏偏忘记了的东西。然而,他们却无力解决这些问题。人类只能以一个存在主义者的身份提出问题,但是却不能以一个存在主义者的身份解决问题。因为,这些问题的答案不在存在主义之中,而在一个更加伟大的思想传统之中。

这个伟大的传统,就是西方的希伯来文化传统①。张爱玲说:"因为懂得,所以慈悲。"对于美学而言,我们亟待"懂得"的,就是西方的希伯来文化传统。问题十分清楚,至今为止,尼采所预言的"超人"至今也没有诞生,但是人类承受的压力却是只有超人才能承受的压力,对此,人类又如何能够承受?而唯一的对策,就是重返伟大的文化传统。当然,世界已经成年,因此它未必需要什么宗教,但是它却肯定需要一种宗教精神——一种信仰。培根说:"粗知哲学,每使人倾向于无神论,然而精研哲学,则使人皈依宗教。"因此,海德格尔才会说:我的哲学就是对于上帝的期待。艾略特也才会说:你来这里是要跪下!当然,这里的"跪下"与那个已经被杀死的上帝并无关联,而是某种灵魂的皈依。这正如雨果在《石头下面的一颗心》中所提示的:"某些思想是祈祷,有时候,无论身体的姿态如何,灵魂却总是双膝跪下的!"

由此我们看到,中国美学已入大限,也已经走到历史的尽头,只有借鉴西方的思想资源,才可能完成新的凤凰涅槃。这,是一种千年来始终被我们

---

① 美学与某一美学谱系之间的关系只是"为什么",而不是"应当",因此美学与某一美学谱系之间是在彼此共同提出问题。因此,事实上美学与某一美学谱系之间的世界,也就是一个共同提出问题的世界。显然,以此为视界,我们就不难从错综复杂的美学历史中寻觅到一个充盈着无限思想活力的美学指向,一个重新理解美学传统的深刻思路,并且借以进而叩问未来美学的新的方向。

拒绝于国门之外的真正的精神资源(所以鲁迅说中国人的"哑"是因为精神上的"聋"),也是一种在王国维、鲁迅之外的西方众多思想者倾尽生命孕育的精神资源,我们只有与这种精神资源站在一起,成为这一精神资源的后人,自己的心灵才会丰富,也才会充满力量。从而始终保持自己人性的温煦,始终让这个世界对自己的伤害不致成功,始终保持自己内心中与黑暗的世界所截然不同的东西,始终保持自己内在的光明。不仅仅面对社会、存在,而且要洞穿社会、存在;不仅仅抵制黑暗,而且更照耀黑暗;不仅仅反抗"痛苦",而且以"爱"来照耀"痛苦";不仅仅直面"绝望",而且以"信仰"来照耀"绝望";不仅仅站在与黑暗相同的水平上来看待光明,站在与恨相当的平面上来看待爱,而且站在更高的层面上来看待光明与爱,这样,最终就不会像王国维、鲁迅那样被伤害得如此之深,以致听任自己以"强颜"、"支离"、自杀或者刻毒、晦涩、阴冷去面对世界,甚至听任自己成为一座"黑暗的闸门"。

进而言之,信仰之维、爱之维,这就是我们所能够超越王国维、鲁迅并且比他们走得更远的所在。人与世界,存在着三个维度,即人与自然、人与社会、人与自我。自20世纪初伊始,我们在人与自然的维度引进了西方的"科学",在人与社会的维度引进了西方的"民主",但是在人与自我的维度,却没有引进西方的"信仰"。其直接的结果,就是百年来尽管几经周折,民主与科学在中国却始终没有扎下根来。究其原因,无非是对于产生民主和科学的西方宗教文化背景的忽视。犹如移植了两棵大树,却没有注意到它们生长的土壤(所以中国人的心态才竟然是强调"远水不解近渴")。中国美学也如此。德国作家托马斯·曼在剖析普鲁斯特何以写不出陀思妥耶夫斯基小说《罪与罚》中拉斯柯尔尼科夫这样的充满道德思辨的大学生形象时,说过这样一句话:"这不是缺乏知识,而是良心。"显然,中国美学缺乏的也是"良心"即新思想得以生长的土壤。终极信仰的匮乏限制了我们对于生命的敬畏、对于苦难的悲悯。我们没有任何的精神依赖,充斥着心灵的黑暗。任何人想要跳过这个心灵的黑暗去推进美学的建设,都无异于白日做梦。

这样,要战胜心灵的黑暗,唯一的方式不是逃避到儒、释、道之中,而是毅然建立与终极信仰的联系(只有"远水"才解"近渴")①。

　　对于终极信仰的追求事实上就是对于内在自由的追求。真正意义上的自由不仅包括外在自由即自由的必然性,也包括内在自由即自由的超越性。科学与民主的实现(理性自决、意志自律),必须经由内心的自觉体认,必须得到充足的内在"支援意识"的支持。否则,一切自由都会因为失却了终极关怀和无所信仰,因为在价值世界中陷入了虚无的境地并为"匿名的权威"所摆布,而反而最不自由。康德之所以要从基督教的"信仰"中去提升出"自由",着眼所在正在这里。而从美学的角度,对于终极信仰和内在自由的追求,则与对于"爱"的追求密切相关。陀思妥耶夫斯基的《卡拉马佐夫兄弟》中的佐西马长老说:"一个人遇到某种思想,特别是当看见人们作孽的时候,常会十分困惑,心里自问:'用强力加以制服呢?还是用温和的爱?'你永远应该决定:用温和的爱。如果你能决定永远这样做,你就能征服整个世界。温和的爱是一种可畏的力量,比一切都更为强大,没有任何东西可以和它相比。"②叶芝则疾呼:"什么时候我们能责备风,就能责备爱。"爱唤醒了我们身上最温柔、最宽容、最善良、最纯洁、最灿烂、最坚强的部分,即使我们对于整个世界已经绝望,但是只要与爱同在,我们就有了继续活下去、存在下去的勇气,反之也是一样,正如英国诗人济慈的诗句所说:"世界是造就灵魂的峡谷。"一个好的世界,不是一个舒适的安乐窝,而是一个铸造爱心美魂的场所。实在无法设想,世上没有痛苦,竟会有爱;没有绝望,竟会有信仰。面对生命就是面对地狱,体验生命就是体验黑暗。正是由于生命的虚妄,才会有对于生命的挚爱。爱是人类在意识到自身有限性之后才会拥有的能力。洞

---

① 建立与终极信仰的联系并不就是建立与宗教例如基督教的联系。事实上,宗教例如基督教也面对两难:面对邪恶的始终未能消灭,无疑意味着上帝的并非全能;而上帝的面对邪恶却始终未能出手,无疑又意味着上帝的并非全善。因此,我所强调的终极信仰所更为关注的是一种信仰的维度、爱的维度。命中注定必置身黑暗但是又时时ου望光明,爱本无可能但是又确信其必然可能,这就是信仰的维度、爱的维度所禀赋的根本内涵,也就是建立与终极信仰的联系所禀赋的根本内涵。
② 陀思妥耶夫斯基:《卡拉马佐夫兄弟》上,人民文学出版社1981年版,第477—478页。

悉了人是如何的可悲,如何的可怜,洞悉了自身的缺陷和悲剧意味,爱,才会油然而生。它着眼于一个绝对高于自身的存在,在没有出路中寻找出路。它不是掌握了自己的命运,而是看清人性本身的有限,坚信通过自己有限的力量无法获救,从而为精神的沉沦呼告,为困窘的灵魂找寻出路,并且向人之外去寻找拯救。

因此,跨入21世纪的门槛,要在美学研究中拿到通向未来的通行证,就务必为美学补上素所缺乏的信仰之维、爱之维,务必要为美学找到那些我们值得去为之生、为之死、为之受难的所在。而这个所在,在我看来,就是:为爱作证!

具体来说,毅然建立与终极信仰的联系,必然导致个体的诞生①。而个体的诞生,则使得审美活动大有用武之地。这是因为,审美活动本来就应该是个体的对应形式,只是在理性主义的重压下,它才不得不扭曲自己的本性,去与现实为伍,勉为其难地图解生活或者博人一笑。现在生命一旦回归个体,审美活动也就顺理成章地回归本性,成为生命个体的"一个通道"(海德格尔语)。里尔克曾将诗人的工作阐释为:"我赞美"。这实在是一语道破审美活动之真谛。然而,生命固然有其美好的一面,但是还有其悲剧的一面,而且,就其本质而言,生命本身就是悲剧,是已经写成的悲剧和尚未写成的悲剧中最令人震惊的悲剧。因此,作为"一个通道",审美活动对此也无疑无从回避。甚至,不但无从回避,而且始终执着地呈现着世界,以便更完整、更不虚伪、更不矫揉造作地"赞美"世界。它并非游戏、趣味、把玩、自适、自失、净化、距离、无功利,而是赐予、显现、无蔽、敞开、澄明、涌现②。审美活动因此而从制造虚假的光明走近真实的黑暗,并且深刻地体验苦难、冲突、分裂、毁灭,甚至不惜把苦难推向极致,从而开启自由的大门,使得生命因此而开放、敞开、启迪、觉醒,并且在其中得到淋漓尽致的呈现。乌纳穆诺说:我

---

① 在20世纪,中国人已经作为一个"民族""站立起来了",但是,这还远远不够,在21世纪,中国人还必须作为一个"人"而"站立起来"。
② 这是理论与判断之外自己显现着的东西,隐匿的存在因此呈现而出,不在场因此呈现而出。

们不当吃鸦片以求自适,而应当在灵魂的创伤上撒盐粒或酸醋。马克思说:消除罪恶的唯一办法就是首先要真实地揭示罪恶。契诃夫《第六病室》的伊凡·德米特里奇说:"受到痛苦,我就喊叫,流眼泪;遇到卑鄙,我就愤慨;看到肮脏,我就憎恶。依我看来,只有这才叫作生活。"索尔仁尼琴说:一句真话能比整个世界的分量还重。阿多诺说:让苦难有出声的机会,是一切真理的条件。斯皮尔伯格说:《辛德勒名单》是"用血浆拍成的"。审美活动就是如此。因此,它使得人类再一次体验到了亚当夏娃的一丝不挂的恐惧、耻辱,但却又只能如此,因为审美活动正是这样一种面对自由而且对自由负责的生命活动。① 有一种看法认为:审美活动表现的是所谓"异化",这显然不够深刻。因为生命的悲剧是自古而然的,审美活动只是第一次真实地把它呈现出来,而不以伪装它们不存在而加以逃避而已。正如维特根斯坦说,在这个无聊的世界上,我们居然还能够活着,这本身就是奇迹,就是美。

然而,人们或许会提出那个我们曾经讨论过的鲁迅式的著名问题:既然人生犹如一个根本无从逃出的铁屋子,那么又何必残酷地将睡梦中的人们唤醒呢? 这无疑涉及到对于审美活动的现代理解。雅斯贝斯说得何其精彩:"世界诚然是充满了无辜的毁灭。暗藏的恶作孽看不见摸不着,没有人听见,世上也没有哪个法院了解这些(比如说在城堡的地堡里一个人孤独地被折磨至死)。人们作为烈士死去,却又不成为烈士,只要无人作证,永远不为人所知。"②苦难必须见证,才能为人所知,审美活动正是这样的见证! 苦难本身并非悲剧,只有对于苦难一无所知才是悲剧。而要使苦难为人所知,就要借助于审美活动。因为苦难是共同的,只有痛苦才是自己的,因此苦难只有转化为自己的痛苦时,才是所谓的审美活动。正如死亡并不痛苦,痛苦

---

① 假如在20世纪的哲学中发现的是人类的根本缺陷,那么20世纪的文学发现的就是这些缺陷是人类所根本无法承受的。因此,我们需要的不是"为人类而写作",而是"作为人来写作",把我们所遭遇、所忍受、所看见的苦难与耻辱记录下来,对于中国人来说尤其如此,我们再也不需要谎言,再也没有时间在风花雪月中逍遥了。

② 雅斯贝斯:《悲剧知识》。转引自刘小枫编:《人类困境中的审美精神》,知识出版社1994年版,第457页。

的是只有个人才会有的对于死亡的意识,因此只有死亡意识才会走向审美活动。也因此,"生命的悲悯"才得以脱颖而出。我们知道,人类生命的原动力正是痛苦,也唯有痛苦。离开痛苦,人类就会成为石头。因此真正的人生往往宁肯在痛苦中死去,也不肯在平静中苟活。而痛苦一旦转化为歌唱,就成为生命中的巨大推动力量。阿瑟·密勒在《英雄》中说过:"人人都有苦恼,不同的是我试着把苦恼带回家中,教它唱歌。"而这正是审美活动的根本意义之所在。并非冷漠而是忧心,是在仇恨中寻找爱心,在苦难中寻找尊严,在黑暗中寻找光明,在寒冷中寻找温暖,在绝望中寻找希望,在炼狱中寻找天堂。在这方面,陀思妥耶夫斯基坚持把幸福与眼泪联系在一起,给我们以无尽的启示。人世充满了苦难,但是我们不能仅仅承受苦难,更不能让苦难把我们包裹起来,而应该用我们的爱心去包裹苦难,在化解苦难中来体验做人的尊严与幸福。体验不到痛苦的心灵不是人性的,体验不到幸福的心灵不是审美的。无论现实有多可怕,或者如何无意义、如何虚无、如何绝望,在审美活动中都会使它洋溢着人性的空气。世界不是世界而是深渊,无法企及但又绝对不能放弃,审美活动即是这样见证着自由的尊严、人性的尊严,见证着人性尚在,这实在是一个重要的见证。它实际就是爱的见证!人类一旦因为觉察到人类别无出路而生长起最真挚、最温柔的爱心,就已经在内心中体察到了在精神上得到拯救的可能。陀思妥耶夫斯基小说中的佐西马长老就坚持"用爱去获得这个世界",坚持时时"跟大家共同分享他内心的喜悦和欢乐",在罪恶和黑暗面前,他没有闭上悲悯的眼睛,"我们每一个人对世界上所有的人和所有的事都是有罪的,这是毫无疑问的。这不但是因为我们都参与了整个世界的罪恶,而且每个具体的人对于世界上所有的人和每一个人都是有罪的。"这就是爱的见证。而在里尔克身上,人们发现:"他被重重恐惧包围着,他对自己的软弱供认不讳,然而,无论在他的作品中,还是在他的信柬里,我们里外翻寻都找不到一个疲惫、胆怯、不坚定的字眼,在最小的表述背后屹立着一个人。"[①]"我在他身上发现了一个人,我熟悉

---

① 卡罗萨。转引自余虹:《思与诗的对话》,中国社会科学出版社1991年版,263页。

他这个我们世界上最柔弱、精神最为充溢的人。"①这也是爱的见证。不难想象,一旦我们在审美活动中做到了这一切,我们也就最终战胜了苦难,最终"走出"了那个根本无从逃出的铁屋子(须知,只要能进去,就肯定可以走出)。

因此,置身审美活动之中,我们会永远像没有受过伤害一样,敏捷地感受着生命中的阳光与温暖,欣喜、宁静地赞美着大地与生活,永远在消融苦难中用爱心去包裹苦难,在化解苦难中去体验做人的尊严与幸福。这,或许可以称之为:赞美地栖居(它幸运地被拣选出来作为信仰与爱所发生的处所)。因此审美活动不可能是什么"创造""反映",而只能是"显现",也只能被信仰之维、爱之维照亮。而且,信仰之维、爱之维已经先行存在于审美活动之外,审美活动仅仅是受命而吟,仅仅是一位传言的使者赫尔墨斯,是信仰之维、爱之维莅临于审美活动而不是相反,否则,审美活动就无异于塞壬女妖的诱惑人的歌声。也因此,就审美活动而言,对于人类灵魂中的任何一点点美的东西、善良的东西、光明的东西,都要加以"赞美"(区别于时下美学的"歌颂");对于人类灵魂中的所有恶的东西、黑暗的东西,也都要给予悲悯(区别于时下美学的"批判")。而且,从更深的层面来看,悲悯也仍旧就是赞美!试想,一旦我们这样去爱,去审美,去在"罪恶"世界中把那些微弱的善、零碎的美积聚起来,去在承受痛苦、担当患难中唤醒人的尊严、喜悦,去在悲悯人类的荒谬存在中用爱心包裹世界,世界的灿烂、澄明又怎么不会降临?精神本身的得到拯救又怎么不会成为可能?

由此,思入信仰之维、爱之维,为信仰而绝望,为爱而痛苦,就是最后的希望。"信仰"与"爱",就是我们真正值得为之生、为之死、为之受难的所在,生命之树因此而生根、发芽、开花、结果。"我们怎样比王国维、鲁迅走得更远?"在新千年的美学追问中,新世纪的美学也因此而终于有了自己的答案。

---

① 瓦雷里。转引自余虹:《思与诗的对话》,中国社会科学出版社1991年版,263页。

结束语　爱的圣徒

论述至此,我们终于可以也必须再一次回到1927年5月3日王国维在北京颐和园昆明湖的黯然自沉。

这应该是生命的辉煌一搏。当人们争相以革命、暴力、进步的"雄关漫道真如铁"来创造历史的辉煌,王国维却以他的黯然自沉为纷纭的历史标志出生命的向度。它是生命之于历史的拒绝,也是死亡之于生命的见证。作为先知,唯独他看出了世纪的不可爱、历史的颓败并且已经洞悉一切,因此他没有拿起镰刀斧头,而是不惜以死来撞击地狱之门,以全部的生命点燃起灵魂的火炬。在他身后,是一部死去了的历史。

遗憾的是,至今人们也没有听到他那先知的启示,这个世界竟然已经把他遗忘,王国维的世纪似乎仍旧还没有到来。尽管,王国维的呼声越过了世纪的山峰,在新世纪不断激荡着悠长的回响。

更为遗憾的是,王国维最终所能够做到的,只能是以黯然自沉来昭示他所开辟的西学之旅的最终竟然走不出地狱之旅、死亡之旅这一宿命,或者说,只能是以死来见证生命。而百年之后的我们如何沿着他所开辟的西学之旅去走出地狱之旅、死亡之旅,又如何走向天堂之旅、光明之旅?这实在又是一次王国维以他的黯然自沉为我们留下的世纪之"问"——只是,它不再是"天问",也不再是"人问",而是"神问"。王国维因此而死于不死。

至于新世纪为此而给出的"天对"(准确地说,应该是"神对"),则无疑已经昭然。这就是:以生命来见证爱。

事实上,新世纪所需要的已经不再是学术烈士,也不再是破坏者,而是——爱的圣徒。是的,爱的圣徒。

漫漫百年,旧世界的破坏者肆虐其中。他们是世纪的战士,他们的武器是铁与火,他们所带来的,也无非只是仇恨与毁灭。而现在,我们要呼唤的,则是新世界的建设者,他们是爱的布道者、世纪的圣徒,他们的武器是血和泪,他们所带来的,是圣爱与悲悯。

回首往昔,"天不生孔子,万古长如夜";展望未来,"天不生圣徒,万世长如夜"。也因此,一方面,我们不得不承认,爱,确实不是万能的,但是另一方面我们又必须大声疾呼,没有爱,实在是万万不能的。而我们存在的全部理由,无非也就是:为爱作证。因此,我们虽置身黑暗,但是却既不仅仅痛苦、解脱,也不仅仅反抗、绝望,而是为信仰而绝望,为爱而痛苦,劈骨为柴,燃心为炬,去为爱作证,也为爱的未能莅临而作证。

于是,呼唤信仰之维、爱之维,呼唤为信仰而绝望、为爱而痛苦的爱的圣徒,就成为最后的希望。① 生命之树因此而生根、发芽、开花、结果。

还有什么东西值得我们为之生、为之死、为之受难?美学之为美学终于有了自己的回答。

1990年,我就说过:我们的"目标不能是别的什么,而只能是……神性"。"学会爱,参与爱,带着爱上路,是审美活动的最后抉择,也是这个世界的唯一抉择!"②可惜的是,知音少,弦断有谁听?至今未能在美学界掀起些

---

① 犹如中国美学传统的成熟有赖于与佛教思想的对话,中国当代美学的成熟也有赖于与基督教思想的对话。在我看来,离开了这一"对话",就没有新世纪的美学,自然也就没有生命美学。确实,美学之为美学,可以拒绝宗教,但是却不能拒绝宗教精神;可以拒绝信教,但是却不能拒绝信仰;可以拒绝神,但是却不能拒绝神性。

② 潘知常:《生命美学》,河南人民出版社1991年版,第127、298页。在《生命美学》中我同时指出:爱不是从自然形态的生命出发,而是从超自然形态的神圣生命出发,是从神性而来的情感。它建立在人与世界之间的主动关系的基础上。它需要不断创造。人只有在"爱"之中才能够立足。同时,爱绝对不能设身处地,也不能推己及人。爱不是似水柔情,而是如火烈烈,是永恒的祈望,绝对之爱。它超越了本然的情欲,是在感受到世界的冷酷无情时在心灵中创造出来温馨力量。相比之下,同情只是畏惧浊物,爱却不惜烧毁一切。总之,爱是无条件的惠顾,爱是乌托邦,爱是自由地呼唤自由。(参见该书297—298页)不过,这个问题毕竟太大,对于两千年来在心灵中从未播下爱的种子的中国人来说,尤其如此。

微涟漪。①

不难预见,如果美学不能为自己补上信仰之维、爱之维,如果美学不能为新世纪呼唤为信仰而绝望,为爱而痛苦的爱的圣徒,就必然仍旧是思想的荒漠,就既没有走进王国维更没有走出王国维,21世纪也就永远只是20世纪的"世纪末"。

鲁迅说:"今索诸中国,为精神界之战士者安在?有作至诚之声,致吾人于善美刚健者乎?有作温煦之声,援吾人出于荒寒者乎?"②

舍斯托夫说:"这类为'地下'人发现的真理,……决不能也没有必要把它们变成共同的财富。"③

弗洛伊德说:"如果我不能使上帝快活,我就把地狱唤醒!"④

我已经不需要再说什么!

---

① 在许多中国人看来,这一切都是根本不可能的。在此暂且引用两段话权作回答。"如果单纯地以为爱迄今为止从未实现过,就否认它的实现的可能性,那就大错而特错了。……在历史人类经历的较短几千年里,爱之不能实现,无论如何也没有给我们以任何理由,反对爱之将来实现。"(索洛维约夫:《爱的意义》,三联书店1996年版,第56页)"即使您达不到幸福的境地,您也应该永远记住,您走的路是正确的,千万不要从这条路上走开。……我很遗憾,不能对您说些比较轻松愉快的话,因为积极的爱和幻想的爱相比,原是一件冷酷和令人生畏的事。幻想的爱急于求成,渴望很快得到圆满的功绩,并引起众人的注视。有时甚至肯于牺牲性命,只求不必旷日持久,而能像演戏那样轻易实现,并且引起大家的喝彩。至于积极的爱,——那是一种工作和耐心,对于某些人也许是整整一门科学。但是我可以预言,就在您大惊失色地看到无论您如何努力也没能走近目的,甚至似乎反倒离它愈远的时候,——就在那个时候,我可以预言,您会突然达到了目的,清楚地看到冥冥中上帝的奇迹般的力量,那永远爱您、永远在暗中引导您的上帝的力量。"(陀思妥耶夫斯基:《卡拉马佐夫兄弟》上,人民文学出版社1981年版,第76—77页)
② 《鲁迅全集》第1卷,人民文学出版社1981年版,第100页。
③ 舍斯托夫:《在约伯的天平上》,三联书店1989年版,第30页。
④ 转引自何佩群:《20世纪谁在指导我们的思想》,敦煌文艺出版社2000年版,第1页。

末　篇

中国美学何处去？

正如克罗齐曾经讲过的:任何历史都是当代史。因此我们一旦从"中华民族三百年来的美学追求"的心路历程中超越而出,就不能不对中国美学在现代的命运给以应有的关注。

毫无疑问,类似的问题首先应该由社会实践来回答。因为这不仅仅是一个理论问题,更是一个实践性相当强的问题。然而,从历史与逻辑的统一的角度,从美学史是美学理论的历史的展开和美学理论是美学史的逻辑的浓缩的角度,我们又有理由并且有可能从美学史的逻辑进程来推断中国现代的美学研究的历史道路和理论起点。道理很简单。美学研究,只不过是美学思想历史演进的全部认识链条中的一环,它的逻辑进程和历史使命是前此的美学演进历史所给定的。"在哲学史上,逻辑理念的不同阶段是以前后相继的不同的哲学体系的姿态而出现,其中每一体系皆基于对绝对的一个特殊的界说。"①"如果我们能够对哲学史里面出现的各个系统的基本概念,完全剥掉它们的外在形态和特殊应用,我们就可以得到理念自身发展的各个不同的阶段的逻辑概念了。"②还是黑格尔的话对。当我们把展开为中国美学启蒙和美学革命历史进程的理论环节浓缩起来,它们就逻辑地表现为中国现代的美学研究本身。

中国现代美学研究的历史道路是与中国近代美学革命的进程密切相联的。我们反复强调,中国近代美学革命这样一场伟大而又不尽成功的革命导致了中国美学与马克思主义美学的结合,因而也就导致了中西方美学的

---

① 黑格尔:《小逻辑》,商务印书馆1980年版,第200页。
② 黑格尔:《小逻辑》,商务印书馆1980年版,第34页。

结合,导致了统一的世界美学的开始。但同时它又匆促地掠过了几乎所有的理论环节,在几十年内跑完了西方几百年的历程。西方曾经花费很大精力、很长时间去做的资产阶级美学对古典美学的扬弃和马克思主义美学对资产阶级美学的扬弃,在中国,却从未认真去做。这就决定了中国现代美学的历史道路必须是立体的、多层次的。亦即:一方面要从马克思主义美学同资产阶级美学的统一中,去扬弃古典美学;另一方面,要从马克思主义美学同资产阶级美学的对立中,去扬弃资产阶级美学;最后,又要从世界美学的角度去发展在马克思主义美学基础上建立起来的中国现代美学。这样一种历史道路,使得中国现代美学研究格外艰难,但因而也就格外具有魅力。

尽管中国近代美学革命是从批判中国古典美学开始的,并且构成了近代美学冲突的一个重要内容,但认真的批判乃至科学的扬弃,却从来未曾有过。古典美学的维护者在维护民族文化的旗号下妄图把它完整地保存下来,与其说是出于一种清醒的理性认识,毋宁说是出于一种对于西方美学的殊死抵抗。近代美学革命的倡导者无一例外地以批判古典美学作为振兴和改铸中国美学的出发点。然而这种批判往往出于一种激怒,一种反抗,一种破坏一切的心理,对于中国古典美学的历史形成,中国古典美学的内容与形式,中国古典美学的主要内容、民族性格、长处和短处及其可能的前途,同样缺乏深刻的认识和科学的考察,换言之,同样缺乏一种真正的自我意识的反思。

这一历史任务必须由我们也只能由我们来完成。在中国现代美学的历史进程中,我们要不断地回顾自己的历史。从历史形成到最终的跌落,从内容到形式,从美学思想、美学趣味到思维机制、理论形态……都要在现代美学的法庭上重新审判。中国古典美学的长处和缺点,它自身需要肯定和否定的因素,它在现代社会中的历史命运……都是在扬弃中国古典美学这个历史命题下我们要解决的问题,无疑,这将是一项严肃而又意义巨大的工作。

从文化的角度讲,这就是"美学认同"。所谓"美学认同",指的是经过自觉的、群体的、批判的扬弃之后的继承,指的是借助现代意识重新发现、阐释、选择传统。罗曼·罗兰曾经讲过:"我们现在谁也离不开谁,是其他民族的思想培育了我们的才智……不论我们知道不知道,不论我们愿意不愿意,我们都是世界公民……印度、中国和日本的文化成了我们的思想源泉,而我们的思想又哺育着现代的印度、中国和日本。"①当我们以充满生命力的现代意识返观中国古典美学之时,我们不能不扪心自问:在现在这个世界上,中国古典美学究竟能够做出什么理论贡献?换言之,中国将以什么理论成果"出而参与世界事业"?大时代需要大反省。反省或许是一种痛苦,但更可能是一种超越。这是我们在扬弃中国古典美学中所首先要考虑的重大问题。当然,也是中国近代美学革命始终未曾涉及的重大问题。

广泛引进西方资产阶级美学,是中国现代美学亟需解决的又一个重要内容。如前所述,"别求新声于异邦"曾经是中国近代美学革命的主要标志。然而,由于人们的注意力集中在政治上的"中国何处去",由于中国古典美学与西方资产阶级美学之间的冲突实际只是中国政治革命中先进与落后、革新与保守的冲突的折射。因之,中国近代美学革命向西方资产阶级"别求新声",其实"和学问之类,是绝不相干的"(鲁迅语)。而且,连中国人自己也不曾想到,中国近代美学革命竟然很快便从中国美学家预定的古典主义——浪漫主义——写实主义——自然主义——新浪漫主义演进的欧化进程匆促掠过,并最终走向马克思主义美学。这种情况,潜在地影响了中国美学家对于集西方美学之大成的马克思主义美学的全面理解和科学阐释。我们必须主动补上这不可或缺的一课。

毫无疑问,我们应该认真研究西方美学思想的演进历程,尤其是西方近代资产阶级美学的演进历程,借此来"发展和锻炼"我们的美学的"理论思维"能力(恩格斯语)。而在这一研究过程中,尤其应当注意弥补那些我们未能充分加以展开和发展的理论环节。

例如,个体与社会、人与自然的对峙与冲突,使西方美学对于审美个体的重要性、复杂性、丰富性给予了高度的重视,近代的且不去提及,像现代的

---

① 转引自《比较文学译文集》,北京大学出版社1984年版,第161页。

"以弗洛伊德等理论为基础的自由放纵倾向、与之相反要求回归上帝的神秘宗教倾向,以及追求离群流浪、单独承担全部精神苦难的'绝对'个性,⋯⋯等等,可能成为从各个方向对中国传统意识的挑战。"①迎接这种挑战,无疑会极大地推动在近代美学革命中未能充分展开的对于审美个体的美学思考。又如,西方美学中那种面对外在世界和现实生活、面对殊死斗争和人生冲突的崇高精神和悲剧意识,那样一种无穷无尽的渴求、不安、好奇和冒险,那样一种发扬踔厉、激切奋进的美学理想,无疑也会弥补我们在近代美学革命中未能充分展开的个体与社会、人与自然的激烈对峙与冲突的种种探索。还有西方美学内容的丰富性、现实性,对于极为丑恶和残酷的社会和人生的执着的美学表现,西方美学对于审美主体、审美客体以及美学范畴的独立自足的深入剖析⋯⋯等等,无疑都会促使我们近代美学革命一度激剧收拢起来的理论环节充分地重新加以展开。

值得着重提出的,倒是思维机制与理论形态方面的问题。在近代美学革命中,中国古典美学"宏观直析"的思维机制虽然得到充分近代化的改造,但这还不够。我们应该吸取西方"微观分析"思维机制的长处,尤其要"认真研究和注意吸取像德国抽象思辨那种惊人的深刻力量、英美经验论传统中的知性清晰和不惑精神、俄罗斯民族沉郁深沉的超越要求⋯⋯",②使我们的美学思维机制在更高的层次上重新建构起来。而在研究方法上,我们则要尽量吸取西方资产阶级美学的长处,以弥补我们的不足。研究的规范化即是一例。相对于中国古典美学的多义、分歧、模糊,西方资产阶级美学则愈来愈突出地追求研究的一致性和标准化。如在美学概念、范畴的语义学分析方面,它力主用逻辑的明确性取代经验的模糊性,用一套人工拟定的对象语言取代原有的自然对象语言,从而使作家所使用的符号系统具备定型,保证美学研究的逻辑有效性。又如研究过程的有序性和程式化,它要求不但研究方法是科学的,而且研究步骤、程序、环节也应是科学的。又如,研究的

---

① 李泽厚:《中国古代思想史论》,人民出版社 1985 年版,第 317 页。
② 李泽厚:《中国古代思想史论》,人民出版社 1985 年版,第 306 页。

多元化,西方资产阶级美学形成了多元的研究模式(心理分析研究模式、历史社会研究模式、原型研究模式),大胆地拿来,也有利于突破中国美学研究方法的单调。再如,研究的数学化,伯卡在《科学数学化的一些基本因素》一文中指出:在西方,"数学化令人向往的前景进一步扩大了它在近代的应用范围,而且几乎包括今天所有的行为科学和社会科学分支"。至于美学研究,"由于内心感受到数学和统计学令人目眩的成功,许多人尝试着使文学理论尤其是文体分析经得起数量化的检验,他们似乎相信一切不能测量的东西都是不真实的"(韦勒克:《进军文学及其他论文》)。这样一种用精确的数学语言、公式、函数关系来界定和描述美学课题的方法,大体分为数量统计方法和数学模型方法两种。借助它们来改进中国美学研究的模糊性,是极为适宜的。

在彻底扬弃中国古典美学而且彻底扬弃资产阶级美学的基础上,马克思主义美学同中国美学实践、中国美学传统相结合这一中国现代美学的主题才有可能充分展开。它将从"实践的人道主义""自然界生成为人"起步,它将从个体与社会、人与自然的统一角度考察理想人格的实现,考察美、审美和艺术,但又不同于中国古典美学那种原始朴素的统一角度,而是经过了对近代美学对峙、冲突关系的辩证扬弃之后的包容所有对立因素于一身的螺旋式的上升的对立的统一角度。它将融合中国古典美学"宏观直析"思维机制整体特征与西方近代美学"微观分析"思维机制的科学精神于一身,从"实物中心"转向"系统中心",从"平面"综合转向"立体"综合,从直线式的进化观转向螺旋式的发展观,从静观的知性分析方法转向能动的辩证综合方法,从分析——综合转向综合⟷分析⟷综合,总而言之,转向遵循辩证整体性原则,从综合入手。对美、审美和艺术的要素、层次、结构、功能、联系方式、发展趋势、外部环境及综合效应进行"立体"研究;它将使每一个审美个体都成为联接个体与社会、人与自然、理想与现实、历史与未来的中心和纽带,它将最终导致将向外探求、改造世界与向内追寻、谐调身心熔为一炉的现代美学的完成,而这也就意味着人类美学的史前时期的正式结束。……这是一个十分诱人而又颇具现实意义的问题,又是一个需要几代人去刻意思索和不懈追求才能给以答案的斯芬克斯之谜。限于篇幅,这里只能在刚刚结束的对"中华民族三百年来的美学追求"的探讨的基础上简单谈几点看法。

首先要谈及的不能不是中国现代美学的建树过程中的"西化"与"民族化"之争。近年来,在整个美学领域又一次出现了类似近代美学革命中的关于中国美学是"西化"还是"民族化"的激烈争执。它是当前中国现代美学领域种种纷纭复杂的矛盾纠葛的集中反映。这是近代美学革命之后中西方文化、中西方美学的又一次认真的对峙与冲突。但是由于这种对峙与冲突是在中国现代美学与中国近代美学革命的优良传统产生长期裂变的基础上产生的,加之更加复杂的特定社会政治、社会心理、社会情感、社会需要,就使得上述对峙与冲突显得越发艰难、曲折。同"五四"前后相类似,一部分人提出"全盘西化",他们把中国现代美学的坐标遥遥指向西方;另外一部分人则提出"民族化",在他们那里,中国现代美学的坐标又遥遥指向民族本身的美学传统。这两种看法都有其偏颇之处。近代美学革命的经验早已一再昭示我们,在中西方美学的激烈对峙与冲突之中,唯一的目标只能是"现代化",而不是什么"西化",也不是什么"民族化"。推动中国现代美学走向"现代化",这就是一切。毫无疑问,西方美学和中国美学都应当而且必须在这里得到重新的发现、阐释和选择。用一句前面曾经提到的术语,不妨称之为历史的筛选。在这里,"西化"的偏颇似不难弄清。很有迷惑力的倒是为人们所津津乐道的"民族化"的问题。本来,"民族化"并非一无可取,只是必须在"现代化"的基础上去理解,必须在"现代化"的庄严而又神圣的洗礼中获得美学升华。然而,我们很多同志却并非如此。他们看到西方现代派对于美学传统的激烈反叛,看到西方美学家越来越频繁地瞩目于东方,不由产生一种误解,认为西方的文明是"物质文明",中国的文明是"精神文明",西方尽管可以在物质上统治我们,但我们却可以在文化上统治他们。因此中国现代美学应该是"中学为体,西学为用"的美学。这实在令人哭笑不得。之所以如此,仍然像鲁迅分析的那样,是由于我们的"迟暮"造成的。这些同志疏忽了,西方是在走完了几百年的近代美学的全程之后,在充分高扬了不断从自然夺取自由的人类主体性之后,基于理性、科学意识的过分强化,为了摆脱束缚,才深刻地走向超越科学、超越理性,深刻地走向自然,从而也就深刻地走向东方美学、中国美学,希冀从中补充营养。它意味着世界美学大潮已经强劲地呼唤着人类历史上较之社会解放更为伟大的一次解放——在解放自然中最终解放自己。中国美学却大相径庭。不是理性和科学的因素被过分强化,而是理性和科学的因素从未得到强化(在近代美学革命中也只是一掠而过),中国美学缺少的,正是为西方现代派所超越的理性、科学,因此尽管中国美学一向强调"未知有物""复归于婴儿"的"自然",但一个为本质在展开中丰富生成后所需要的单纯,与一个为本质尚未丰实展开时所固执的单纯,难道可以同日而语吗?在达到美学的单纯性之前,必须经过美学的复杂性,在回归自然之前,必须先背弃自然。这就是中国现代美学的历史必由之路。在这种情况下,倘若不能保持冷静的头脑,分析的态度,就会重蹈前些年的老路,使古典美学中腐朽、封建、虚幻的东西在"民族化"的旗号下招摇过市。

还有一个值得一提的问题,是美学研究中的"道德化"倾向。在这里,需要慎重考察的是历史发展的必然性和道德化规范的正当性的相互关系。也就是说,对现实的美学把握,历史发展的必然性的标准应当高于道德化规范的正当性的标准。我认为这是中国美学能否走向"现代化"的关键所在。这当然因为中国美学长期被窒息、束缚在伦理型框架之中,只是在近三百年来才断然从中挣脱出来,但又很不彻底,因而给刚刚起步的中国现代美学投下了浓重的阴影:"不认识恶的历史作用,总是用一种美好的眼光来认识和说明世界;用登峰造极的完善来说明自己的本质,用可诅咒的邪恶来说明一切剥削阶级的本质;把过去的历史解释成一团漆黑的罪恶,把现实美化为幸福完善的天堂;把既往了解为好人受罪和坏人得志的历史,把现在了解为好人得好报和坏人受惩罚的现实。"甚至"马克思主义在某种场合下很可能曾经被解释成一种'诚实的意识',解释成一种坚持不渝地信仰某种社会正义的观念的东西,这恐怕是我们的文化思想、教育思想和文艺思想方面的一个基本的缺陷"。① 不过,我之所以提出这一问题,却是更多着眼于这种"道德化"倾向与现代社会的尖锐矛盾。现代社会的高度物质文明,往往无情地撕破各种各样建立在小生产基础上的温情脉脉的面纱。这种近乎冷酷的现实要求我们建立新的人生观、文化观、价值观、美学观,去积极适应而不是去虚假地粉饰。它是不容抗拒的。正像西方哲学家塞涅卡讲的:"愿意的人,由命运领着走,不愿意的人,由命运拖着走。"但是"道德化"倾向却可能引导我们与之抗争。它会使我们把现代美学大厦建立在虚假道德理想的沙滩上,从而转而阻碍现代社会的发展。如前所述,这种情况在近代美学革命中有着典型的表现。在学衡派、东方文化派的美学观中,甚至在章太炎、早期鲁迅的美学观中都不难看到这一点。它深刻地折射出在中国长期存在的借宗法农民的生产、思想、道德、文化、宗教反对资本主义的生产、思想、道德、文化、生活享受的民粹主义的暗流。遗憾的是,这种暗流在当前不但未能清除,在某些方面反倒比"五四"前后表现得更为强烈。

最后要谈及的,是中国现代美学与现代科学"联姻"的问题。之所以提出这样一个问题,倒不仅仅因为在这个方面凝聚着近代美学革命的经验和教训,更因为现代科学突飞猛进的发展,呼唤着中国美学的脱胎换骨。正像恩格斯深刻指出的:"随着自然科学领域中的每一个划时代的发现,唯物主义也必然要改变自己的形式。"由此,"美""审美""艺术""人化"……诸如此类的范畴都应该重新加以考察,并给以现代意义上的解释。例如,由于受牛顿经典力学的影响,美的主客观之争曾经是西方近代美学的重要问题。但现在人们却开始投以怀疑的目光。西方近代美学以崇高作为自己的美学理想,从自然科学基础方面看,这显然由于牛顿力学的巨大影响。"力"和"冲突"的概念,是近代一切事物发生、发展乃至消亡的最终解释。而"崇高"无疑是"力"和"冲突"等线性因果观念的最为完美的美学表述。但现在,事情已经发生了变化。现代物理学诸如波粒二象性、互补原理、测不准关系,在更深的层次上揭示出的人与自然的关系严格说来并不受线性因果律的支

---

① 陈焜:《西方现代派文学研究》,北京大学出版社1981年版,第165页。

配。所谓"力",无非"是人们为了在某个阶段上认识世界而引入的某种秩序,而秩序意味着去认识什么是相等的,它意味某种统一性。由此产生了有一个基本的本原的信仰,而同时也产生了从它导出万物的无限多样性的困难"(海森堡语)。因之,它理所当然为"场"的概念所取代。这种历史性的取代本身为现代美学提供了一条更趋近人的世界的思维途径。总之,在个体与社会、人与自然的关系上,崇高往往表现为主体对社会、自然的支配和占有。但是在现代美学中我们却不可能看到主体在左右着什么。不再是直线型的主体意志的自我运动,不再是从原因到结果的否定之否定的循环往复,而是在共轭的关系、网络的关系和等价的关系中为一种不属于任何一种线性因果的难以作出定量、定性分析的含蕴不露而又非"道德化"的整体力量所潜在地支配和占有。正是在这个意义上,西方现代派提出"逃避悲剧","人总有一天会摆脱悲剧的统治……我们居住的这个世界被人系统地悲剧化,往往是人们蓄意安排的结果"(阿兰·罗布-格里耶语)。"对于真正的现代头脑说来,人在其中出现的那种透视图和过去的西方哲学所作出的透视已不相同了,和过去的西方艺术所作的透视图也不相同了。这一场革命使我们感觉到烦恼,这是理所当然的,因为它可能是把人对自己的看法最终地非浪漫主义化……不是把宇宙看成是以人为中心的……这必将要求我们改变自己关于悲剧的观念。"(威利·赛弗语)这无疑是有其历史意义和逻辑意义的。而这种对于崇高(悲剧)美学范畴的扬弃,显然就在一个更宽宏而又更深刻的层次上切近了对人自身本质的现代意义上的揭示。它启示我们:现代美学应该建树自己的美学理想。由上所述,中国现代美学与现代科学的"联姻"的重要性已经不难体味。"正像关于人的科学将包括自然科学一样,自然科学往后也将包含关于人的科学:这将是一门科学。"马克思的这一伟大预言,在中国现代美学的艰难探索中应当逐渐成为现实。

目前,在现代科学高度发展的条件下,文化心理问题已经越来越鲜明地突出了。人类的低级需要不断下降,而归属、尊重、自我实现等中级乃至高级需要却不断上升。这种结果,是马克思早已预见到了的。他早就指出:

"技术的进步,似乎是以道德的败坏为代价换来的,""我们的一切发现和进步,似乎结果是使物质力量具有理智生命,而人的生命则化为愚钝的物质力量。"①从那以后,一个多世纪过去了,马克思的预见已经全然成为事实。"生活的机械化和非人化,这是科学技术思想发展的一个灾难性的副产品。真是罪孽!我找不到任何办法能够对付这个灾难性的弊病。"②爱因斯坦的感慨是颇具代表性的。不再是经济上的贫困,而是内心世界的苦闷、无聊、孤独甚至窒息,日益成为现代社会的首要课题。意志崩溃、道德堕落,精神生活由于找不到出路而彷徨无所依归……怎样才能将科学与道德、物质文明与精神文明、集体强硬的约束和个体"沉睡着的"潜能和谐地统一起来?这些问题的提出,就推动着人文科学的中心由马克思当年所着重研究并做出巨大贡献的政治经济学倒转过来,转向以自觉探究人的全面发展为内容的价值科学——生命美学。这使我们有理由相信,密切关注着人、人的感性塑造的中国美学,或许能够在使人们愉快而和谐地生活在一个既有高度物质文明而又不乏精神上的安身立命之处方面,做出积极的贡献?或许能够在如何使人得到真正健康全面的发展的探索中,给世界以历史的和逻辑的启迪?

令人鼓舞的是,中华民族三百年来的美学追求及其他所提供的理论成果,已经为中国现代美学在未来的重大贡献和历史地位奠定了坚实的基础。诚然,"西方文明的浪潮汹涌袭来之后,中国人却在痛苦中趋于分裂。'西化'乎?'俄化'乎?'本位'乎?中国人在西方文明的挑战下,尚未表现出有力的创造性应战"。③汤因比1972年作出的这番断语不能说毫无根据。但是中国美学毕竟没有丧失其旺盛的生命活力和创造性。经过长期的"西化"、"俄化"抑或"本位"的冲突和选择,经过相当长一段时间的左右摇摆,中国现代美学家稳步踏上了创造现代美学的征程。既不是"西化",也不是"俄

---

① 《马克思恩格斯全集》第2卷,人民出版社1958年版,第79页。
② 《爱因斯坦谈人生》,世界知识出版社1984年版,第72页。
③ 见《读书》1985年第7期,第19页。

化",更不是"本位",而是在"出而参与世界之事业"的基础上的一种伟大的历史创造,已经成为中国现代美学家心目中神圣而庄严的美学目标。显然,我们有足够的理由相信,中国现代美学将在世界美学史中写上更为辉煌、壮观的一页。

1985年完稿于郑州大学西二楼
2022年修订于南京卧龙湖,明庐

潘知常生命美学系列

- ◆《美的冲突——中华民族三百年来的美学追求》
- ◆《众妙之门——中国美感心态的深层结构》
- ◆《生命美学》
- ◆《反美学——在阐释中理解当代审美文化》
- ◆《美学导论——审美活动的本体论内涵及其现代阐释》
- ◆《美学的边缘——在阐释中理解当代审美观念》
- ◆《美学课》
- ◆《潘知常美学随笔》

Life Aesthetics Series